一部都市女人心灵拯救宝典
一堂女人身心灵成功修行课

懂心理的
女人最幸福

姜军 主编

一部使女人受益终生的心灵修行宝典
幸福，不是在别人眼中，而是在自己心里
点燃幸福的心灯，照亮女人的一生

西安电子科技大学出版社

图书在版编目(CIP)数据

懂心理的女人最幸福／姜军主编. —西安:西安电子科技大学出版社,2015.7
ISBN 978－7－5606－3733－4

Ⅰ.①懂…　Ⅱ.①姜…　Ⅲ.①心理学－女性读物
Ⅳ.①B84－49

中国版本图书馆 CIP 数据核字(2015)第 119817 号

敬启

本书在编写过程中,参阅和使用了一些报刊、著述和图片。由于联系上的困难,我们未能
和部分作品的作者(或译者)取得联系,对此谨致深深的歉意。敬请原作者(或译者)见到本书
后,及时与我们联系相关事宜。联系电话:010－84853028 联系人:松雪

总 策 划　杨建峰
策划编辑　高维岳
责任编辑　阎　彬
出版发行　西安电子科技大学出版社(西安市科技路 41 号)
电　　话　(029)88242885　88201467　　　邮　　编　710071
网　　址　www.xduph.com　　　　　　电子邮箱　xdupfxb001@163.com
经　　销　新华书店
印刷单位　三河市艺海万诚印务有限公司
版　　次　2015 年 7 月第 1 版　2015 年 7 月第 1 次印刷
开　　本　889 毫米×1194 毫米　1/16　　印　　张　27.5
字　　数　700 千字
印　　数　1～5000 册
定　　价　59.00
ISBN 978－7－5606－3733－4
XDUP 402500

如有印装问题可调换

前 言

PREFACE

　　尘世间的女子,无不渴望做一个幸福的女人。但随着生活节奏的加快,工作的压力、情感的困惑、家庭矛盾的困扰、子女的教育问题、自我能力的提升等,对很多女性产生了强烈的心理冲击,让她们感觉身心俱疲,觉得自己离幸福越来越远……

　　其实,幸福并非像想象的那么难以得到,我们身边也不乏让人羡慕的幸福女人。这样的女人,能够优雅从容地面对世事纷争,气定神闲地应对人生烦恼。她们不仅可以在激烈的竞争中稳稳地立足于职场,对爱情、婚姻和人际的经营也得心应手。

　　幸福的女人是一道亮丽的风景,恬淡优雅。于恋爱,幸福的女人善于把握爱情的脉搏;于婚姻,幸福的女人随时感受爱的温存,任心随之欢喜;于家庭,幸福的女人在和家人的相濡以沫中让爱和温馨散布于房间的每一个角落;于工作,幸福的女人陶冶自己的职业情操,在乐业中雕刻美好时光;于社交,幸福的女人用优雅的修养左右逢源、如鱼得水;于情绪,幸福的女人总能驾驭自己的心境,将坏情绪排斥在心门之外……

　　然而她们的这种幸福和超人的智慧并不是天赋异禀,而是在于她们了解自己和他人的心理,并且循着心理的指点一步一步打开生活的郁结,创造人生的幸福。只要学会了解自己和他人的心理,你也可以成为这样的幸福女人。

　　要成为幸福的女人,首先要了解自己的心理。大多数的女人都心思细腻、敏感、情绪化,加上现代生活和工作给女人的压力越来越大,遇到一点不顺心的小事都可能影响到她们的心情。所以,女人要了解自己及他人的心理,掌握一些审视心理状况、调节心理问题的方法,能够正确处理心中的怨气、愤怒、悲伤等不良情绪,才能使自己获得阳光心境。

　　《懂心理的女人最幸福》正是从爱情、婚姻、家庭、职场、人际交往等几大方面入手,教女人洞察周围的恋人或丈夫、家人、同事、上司、下属等各种人的心理世界,使其能够从他人的举手投足之间读懂其心意,从而相机行事;从他人的一个小习惯、一个小细节就可以识别其为人,从而为你所用;从他人的一个眼神、一句话就能判断出一个人的内心隐秘,从而让你把握感情的机缘,抓住人生的幸福,掌握人际交往的主动权,有步骤、有目标地落实自己的人生计划,进而在生活中化解各种矛盾,在事业上取得进一步的成就,赢得美好、幸福、成功的人生。

　　这是一本女人保持心理健康、构建幸福人生的必读之书。愿此书为你开启幸福之门,每个女人都能有爱,有生活,有魅力,都能一生温暖幸福。在岁月的长河里,也祝福每一个女人都能找到那专属于自己的幸福,做个幸福且幸运的女人!

目 录
CONTENTS

第一篇　情感恋爱篇

第一章　多面娇娃,满足男人不同的心理

第二章　了解恋爱心理,从容面对爱情

第三章　学会吸引,让男人在爱情中眩晕

第四章　剖析自我心理,走出爱的盲区

第五章　恋爱达人不告诉你的心理秘密

第六章　女人失恋不失志

第二篇　婚姻家庭篇

第一章　了解婚姻真谛,经营幸福婚姻

第二章　了解婚变心理,让爱的魔力永存

第三章　提高警惕,切莫陷入婚姻误区

第四章　懂得如何爱孩子,做个好妈妈

第五章　懂得如何培养孩子,做个完美母亲

第三篇　自我修炼篇

第一章　清楚审美心理,化美貌为战斗力

第二章　知晓情绪心理学,准备心灵急救箱

第三章　破解性格密码,遇见心想事成的自己

第四章　树立良好的心态,让幸福舞起来

第五章　拥有财商理念,让生活富起来

第四篇 职场社交篇

第一章 拥有事业,拥有更充实的心理

第二章　摸清上司心理,职场游刃有余

第三章　了解同事心理,营造良好氛围

第四章 职场女性可以不漂亮,但不能没有魅力

第五章 注意日常细节,一眼看透同事心理

第六章　职场求人办事,从攻破心理防线开始

第七章　聪明女人的社交心理

第八章　女人圆润处世的心理学

第一篇
情感恋爱篇

第一章

多面娇娃,满足男人不同的心理

男人喜欢性感女人

男人习惯"以貌取人",但即使在思想观念较为开放的美国,女人们平时也不会穿过于性感的服装。只有在每年10月份的万圣节前后,女人们才会照着各种形象打扮自己,比如,穿着制服的护士、连环画中的美女超人、热情的酒店女招待、甜美的空姐等。她们穿得大胆、暴露,却能够自由自在地享受男人的关注和尊重,甚至在万圣节过后很久还常常回味。这就是有趣的"万圣节现象"。

万圣节现象给女人的启示是:如果女人想时时吸引男人的注意,最好像过万圣节那样,不遗余力地把自己打扮得更性感。千万不要误以为男人不喜欢这样的打扮,男人们都喜欢穿着性感的女人。其实,大多数女人都知道如何吸引男人的眼球,但是,她们并不想穿得太出格,担心被别人指指点点,被男人误解。

几百年以来,女人们着装最为重要的目的,已不是为了御寒、遮羞,而是通过突出自己的女性特征让男人欣赏自己。20世纪60年代,在世界各地先后发起女权运动之前,情况一直如此。而女权主义者告诉女人,通过穿戴吸引男人并不重要,内在美比外表更加重要。但是,当女人们发现不注重穿戴会失去很多时,她们决定回到从前的做法,继续为吸引男人而打扮自己,把自己最性感的形象展示给他们,以此赢取幸福的爱情和婚姻。

所有男人都喜欢女人的衣着所透露出的"性感信息",这是毫无疑问的。当男人把目光投向众多女人聚集的地方时,比如在商业街、商场,那些穿着性感的女人总是首先吸引他们的眼球。男人如果觉得女人的装扮独特、性感,就很容易被迷住。

俗话说:"三分长相,七分打扮。"这句话说明了打扮对女人多么重要。结识更多或者稳固现有的伴侣,在一定程度上正是取决于此。当然,每个人都有自己的穿衣爱好,这是一种自由,没有人能强迫女人必须按照某种方式穿衣打扮。但是,如果女人给自己设置了这方面的障碍,那就相当于主动降低了自己的魅力。

如何将自己打扮得性感呢?这没有统一的答案,因为每个人的审美观不同,不过,总有一些基本原则可供参考。在大多数男人看来,女人在穿着上应该特别注意以下两点:

1. 选择最适合自己的装扮

并不是所有的女人都可以以同样的方式性感起来,而这恰恰是女人穿着的误区。女人总是喜欢效仿那些穿着较为成功的女人,但却往往造成"东施效颦"的尴尬,弄巧成拙。实际上,不同女人的性感点不同,性感是通过不同的方式表达出来的。每个女人都可以找到适合自己的风格。女人的穿着设计一定要符合自己的长相和身材,同时要扬长避短。比如,高个子女人性感在高挑的身材,小巧的女人则可以通过可爱展示性感。对高个子女人来说,可以选择稍长一些、略微遮掩大腿的衣服;矮小一点的女子则需要一双漂亮的高跟鞋,因为它会使她的双腿显得长,以此为自己加分。

2. 充分展示自己身体的某个部分

搭配衣服时,女人要突出自己身体最出色的部位,不管是漂亮的后背、一双修长的腿,还是惹人喜爱的锁骨。在大多数情况下,男人评价女人会尽量朝好的方面去想,尽量在女人身上发现优点。男人的目光会不知不觉地锁定在女人身体的一些比较出色的地方,因此,女人完全可以在身体的某个部位上"孤注一掷"。有的女人认为自己身无长物,但这多半只是因为她们不善于自我欣赏。把头发梳理成某种精致的发型,在脖子上戴一条耀眼的项链。总之,经过多次摸索,女人们一定会发现,自己能够用哪一部位吸引男人的眼球。

智者寄语

如果女人想时时吸引男人的注意,最好像过万圣节那样,不遗余力地把自己打扮得更性感。千万不要误以为男人不喜欢这样的打扮,男人们都喜欢穿着性感的女人。

最会说话的是眼睛

女人的眼睛总是会牵动人的心,因为心动而留下许多美好的诗句——"水是眼波横,山是眉峰聚","转盼如波眼,娉婷似柳腰"……

"目为心候"、"情发于目",眼睛会告诉别人很多的心思,有快乐,也有忧伤。

忧郁的眼神是美的,快乐的眼睛也是美的——"巧笑倩兮,美目盼兮",美丽的眼睛不仅会笑,而且是"清扬婉兮",目清,眉扬,顾盼流波。人都说爱笑的女孩最美,像阳光一样射入人的心里,温暖灿烂。弯弯的眼睛像个月牙,圈起一汪清泉,干净清澈;向上扬起的嘴角,挂着甜蜜与快乐,让不小心撞上这笑容的人也被传染,跟着微笑了起来……

眼睛是心灵的窗户,很多微妙的感情,都可以从眼睛里得到明确的答案。男人们会说:"女人的眼睛有时让我找不到北,有时让我对自己没底气,有时让我很踏实,总之,让我觉得很迷人。"男人们这一次没有骗人,女人会说话的眼睛最迷人,最令男人欲罢不能。

为什么男人喜欢女人的眼睛? 因为眼睛包容了无穷的情意,她的目光会告诉你一切,或喜欢,或厌恶,或渴望,或淡漠,眼睛里有女人的故事,故事很短或者很长,很简单或许很复杂。会说话的眼睛更能代替嘴……

不过"眼语"的使用有"三忌":

1. 转动的频率

与异性相处时,切忌快速转动自己的眼睛。正如人们常说的那"滴溜溜"的眼睛、"贼溜溜"的眼睛、"酸溜溜"的眼睛、"情悠悠"的眼睛等等。试想,你和异性交谈时,不停转动着眼睛,那"望穿秋水"的眼睛,那暗送秋波的眼睛,都会给人轻浮的感觉。"东边日出西边雨,道是无晴却有晴"的万种风情,也是通过"眼语"去表达的。

2. 斜视

与人交往之中,应平视对方,这是起码的礼貌。如果斜视,就是"飞",也是"飘"。这种眼语,有两种明确的意思:一是瞧不起对方,二是自己不庄重。在舞榭歌台里,在灯红酒绿中,常常能见到这种眼语。

3.久视

俗语说,"人看人,要转眼。狗看人,不眨眼。"无论是与人聊天或者商务谈判,如果眼光久视不收,似乎一定要看个水落石出,看个锅底朝天,那么,这种眼语会有什么样的效果?久视的眼语,有明确的两层意思:一是要把对方看个明白,二是醉翁之意不在酒。

女人在使用眼睛时要注意谨防以上三个误区。如果说人世间真的有魔法棒,那么女人的眼睛绝对是无形的魔法棒。当然,这一切的前提是女人的眼睛要会说话。

如果说男人的眼睛是喧闹的白昼,女人的眼睛就应该是静谧的夜晚;如果说男人的眼睛是金色的太阳,女人的眼睛就应该是温润的月亮。女人的眼睛是一举火把,照亮男人前行的脚步;女人的眼睛是一汪碧水,冲洗男人的征尘和疲惫;女人的眼睛是一抹阳光,激发男人的斗志。

───────────── 智者寄语 ─────────────

五官中,眼睛以其丰富的表情及夺人心魄的魅力成为理所当然的主角。女人要以会说话的眼睛来展现自己的无限魅力。

女人的腿魅力无限

1955 年,世界服装界发生了一件大事。就在这年,"迷你裙"开始问世,并以它独特的风格引起了整个西方世界的轰动。出乎意料的是,"迷你裙"的创始人玛莉·奎恩特是一位英国人,而英国人的服装在世界上一向被视为保守的、古板的。当时,及膝裙已经算是"迷你裙"了,但是玛莉·奎恩特勇敢地挑战女性裙子长度的底线,让"迷你"变得更加"迷你"。1965 年,她进一步把裙下摆提高到膝盖以上 4 英寸。露出大腿、时髦又大胆的裙子第一次出现在伦敦的街头,而英国少女的这种装扮,很快就受到了女人们的广泛追捧。

毫无疑问,"迷你裙"之所以广受女士们喜爱,是因为它能够帮助她们尽情地展示自己的美腿。当思想渐渐开放之后,人们意识到:女人的腿也释放着性感的信号。这从人们对短裙、丝袜的热爱程度就可看出。美国著名的 ZZ 爵士乐队曾经演唱过一首老歌,歌词中写道:"她有一双美腿,她最清楚怎样使用。"大多数女人潜意识里就知道腿的魅力,并努力加以保养展示。

每年参加世界小姐和环球小姐决赛的佳丽们的腿,都远比一般人修长,芭比娃娃的腿就是按这个思路设计的。那些生产长筒袜的商家,也用照片或者腿远比真人长的假模特展示自己的产品,以此提高其销售量。现代的女人们,常常从十几岁就开始穿高跟鞋,甚至在寒冬腊月里也是短裙丝袜,而这都是为了使自己的腿看起来更加修长,显得更有魅力。

可以说,腿是女人性感的支点,腿的曲线与女性性感指数是正相关的。相对女人身上的其他部位,腿是比较开放、张扬的。

就腿形而言,结实而浑圆的腿更受欢迎,而不是过于纤瘦或者肌肉过多。因为有肉感的腿会突出女人的性别特征,从而让其更加性感。但是,如果腿过于粗壮,则会适得其反。肥胖的腿形不美,灵动感也不好,显得非常笨拙。因此,男人喜欢女人的腿像女体操运动员那样健美。想要练就这种腿形,就要注意自己的饮食等生活习惯,再辅以适当的锻炼。

在腿形难以改变的情况下,要学会穿合适的裤子和裙子,以凸显腿形的优美,或掩盖腿形的缺点。腿不是很完美的女人,可以穿西裤或宽松度较好的裤子,多穿长或中长的裙子,不要暴露粗壮的小腿和比例有问题的腿。有时候,穿西裤或长裙更会让男人多一些兴趣,因为挡住了视线,增加了神秘感,这是另一种刺激和吸引力。腿是人们使用最多、同时也是最灵动的身体部位之一。对女人来说,要注意双腿的礼仪。一般而言,无论坐立,女人都应该双膝闭合。女人的双腿不应该像男人一样大大地打开,也不适合随意摆动,或者跷二郎腿,这都是不怎么优雅的姿势,通常会影响美感。

智者寄语

女人的腿,魅力无限。

为何男人喜爱金发美女

为何男人喜爱金发美女呢? 主要有两方面原因:

1. 金色属于稀有的头发颜色

物以稀为贵,稀有的当然容易受追捧。

中央华盛顿大学的生物学家托马斯·塞伦进行过一个测试:分别向男性和女性展示六张异性的照片,照片中的人年龄相同,条件相近,只是其中有一个人,在面部表情和头发的颜色上与其他五位有所区别。然后,问他们最想和哪位异性约会。测试表明:两性都比较倾向于与那个区别于其他人的异性交往,不同的是女性更注重面部表情,而男性则更注重头发的颜色。

人们也许会产生这样的疑惑:科技的发达让我们不再受先天因素的局限,我们可以根据自己的喜好把头发染成各种颜色,既然男性更偏爱稀有的颜色,那么为什么是金黄色,而不是更加稀有的蓝色或绿色呢? 这一点可以从进化学上解释。在人类演化的过程中,确实出现过金黄色的头发,但是却不曾出现过蓝色、绿色等稀奇古怪的头发颜色。男性对金发美女的偏爱并非一朝一夕形成的,因此,蓝色和绿色虽属稀有发色,但无法如此受宠。

2. 头发的颜色会随着年龄的增长而逐渐加深

从另一个角度来讲,根据金发美女头发的颜色深浅,可以判断女性的年龄。那么,男性为什么要依靠这种方法判断女性的年龄呢? 金发是在寒冷的气候带中演化出来的,在冰天雪地的情况下,女性的身体被紧紧包裹着,男性很难通过女性的身体状况判断其年龄,只有金发是判断女性年龄的最直接的依据。男性因此将金发视为女性年轻的象征,于是,就形成了对金发美女的偏好。

除了金发美女,男人还很容易对长发飘飘的女性着迷。这又是因为什么呢? 有人说男性留短发是为了表达对上帝的尊重,而女性留长发则是为了表达对男性的尊敬。在那个男尊女卑的年代,这样的观点可能成立,但现在男女的社会地位已经平等了,女性为什么还要留着长长的头发吸引男性的目光呢? 因为男性喜欢长发女性,并非因为自己受到了尊敬,而只是最基本的生物因素。

旧时医疗测试条件差,男性判断女性健康的标准就是女性的外表和头发。头发长在头皮上,对人类的生存没有关键性影响,人体的养分一般都是最后才到头发。如果一个人的健康状况良好,那么头发就能够得到充分的滋养;如果患有某种疾病,那么身体就会首先中断对头发的营养供给,集中力量抵抗疾病。所以,仅凭头发的质地和色泽,可以判断女性的健康状况。长发可以反映女性几年之内的健康状况,因此,男性青睐长发女性,也是出于健康的考量。

——————————— 智者寄语 ———————————

很多年轻的女性都喜欢将头发染成金黄色,以增加自身魅力,因为大部分男性都对金发美女情有独钟。

男人喜欢细腰丰臀的女人

每个女人都渴望拥有迷人的身材,以吸引男人的目光。那么,究竟什么样的身材才堪称完美呢? 有人总结出了身体各部位的黄金尺寸,对应的三围分别是 36、24、36。这些数字并非杜撰,得州大学的演化心理学家德温达曾指出:女性的腰臀比例是吸引男性的关键,并通过实验证实了男性更偏爱腰臀比例低的女性。女性的腰臀比例大多介于 0.7 ~ 1 之间,最受男性青睐的女性是腰臀比例为 0.7 的女性,而女性最喜欢腰臀比例为 0.9 的男性,这是具有广泛代表性的结果。

得克萨斯州大学研究进化心理学的教授德文德拉·辛的研究结论也与此吻合,即腰臀比例在 0.67 ~ 0.8 之间的女性最受男性欢迎,而且该比例重要性高于体重。辛教授做了一个实验:他将三种类型(偏胖、匀称和偏瘦)的女性照片给不同的男性看,让男性选出最喜欢的。结果发现体形匀称、腰臀比例为 0.7 的女性最受欢迎,而在偏胖和偏瘦的女性中,则是腰最细的女性最受欢迎。即使女性的体重偏重,但只要她的腰臀比例为 0.7,也同样会受宠。

从古至今,女人们为了追求完美的身材,可谓是想尽办法。她们不惜绑束腹带,甚至用更为苛刻的方法束腰,有时还要付出肋骨畸形、呼吸困难、流产等代价。19 世纪,女人们为了拥有浑圆的臀部,用穿裙撑的方法突出臀部,以迷惑男人。男人喜欢细腰丰臀的女性,当女性的腰臀比例超过 0.8 的时候,男人的兴趣就开始降低了。如果女性的腰臀比例接近1:1,那么男人就会兴趣全无。

男人为什么钟情细腰丰臀的女性呢? 德温达教授认为:腰臀比例低的女性比较健康,为什么腰臀比例低的女性更健康呢? 这是因为女性的腰部本来是不容易堆积脂肪的,这是女性的生理特征,但如果患上了糖尿病、高血压、心脏病、中风等疾病以后,体内的脂肪分布就会改变,腰部自然会变得粗壮。因此,通过女性的腰臀比例,男性可以判断出女性的身体健康状况,从而选择健康的女性。

此外,腰臀比例低的女性,也被认为具有较强的生育能力。因为她们的女性生殖器官更健康,更易于分泌荷尔蒙,因此,这样的女性比较容易受孕且怀孕时间较早。相反,那些腰臀比例高的女性,其子宫和卵巢周围必然堆积了过多的脂肪,这就影响了生殖系统的正常运转,就像男性的大脑和睾丸不能堆积过多的脂肪一样,否则就会影响正常的生育能力。

细腰丰臀常常是年轻、健康、生育能力强的象征,同时展现了性感的魅力,因此,女人们绞尽脑汁让自己的腰更细一些,臀更翘一些。女人患病或产子之后,细腰就会成为过去时,迷人的身材也难以恢复。在现代社会,我们常常看到一些年轻的未婚女性穿着露出腹部的上衣,而成年女性却很少穿这种衣服。

男人以为自己爱的是身材完美的女人,而进化的历程和经验,使得男人开始认定细腰丰臀的女人更健康,更具生殖能力。细腰丰臀的女性对男人的吸引力已然根深蒂固,并一直延续到今天。很多看似复杂的问题,其根源都是最简单的生物因素,只不过是人们主观地将简单的事情复杂化了。

在男人看来,细腰丰臀的女性是性感诱人的。

男人喜欢"假小子"

2005年夏天,全国各地最火的就是观看和谈论湖南卫视举办的大型歌唱选秀节目——"超级女声"。在该选秀决赛中,两名"假小子"——李宇春和周笔畅分别以超过300万条短信投票支持的绝对优势位列冠亚军,而其他成千上万的富有女人味的选手则被她们远远地甩在身后。

所谓的"假小子",就是那种打扮很中性,女性的各种特征在她身上表现得不那么明显的女人。男女之间的性别差异原本主要体现在三个方面,首先是被称为"第一性征"的生殖器官的差异;第二个差异,是乳房、喉结之类的"第二性征"的差异;而像性格、气质之类的人格特质,则是区别男女的"第三性征"。很明显,"假小子"主要是在第三性征上与其他女孩截然不同。

男女第三性征差别上的具体表现,比如在性格方面,男性直率,雄心勃勃,大胆,争斗精神强,对爱的要求强烈而且主动;而女性则羞涩,腼腆,胆小,多愁善感,温柔文雅,在感情上较被动,但对被爱的要求强烈。男人和女人同时拥有完全对立的气质:男性阳刚,女性阴柔;男性粗犷,女性细腻;男性坚强,女性温柔;男性直接,女性温婉……

男人之所以被女人吸引,很大一部分原因是因为女性具有独特的性格、气质以及身体各方面的特征,这些都可以算作女性独特的吸引力。然而,女人没有想到的是,许多男人也喜欢具有男性特征的"假小子"。在他们眼里,女人不论年龄大小,穿一条牛仔裤、一件T恤衫,束一马尾辫,即是性感的组合装扮。男人喜欢女人的"假小子"风格,是因为"假小子"风格让他们感觉自己是和一个朋友在一起,尽管不是那种所谓的"哥们儿",但仍可看做是一个和男人有些相像的朋友,一个性感却又不失趣味的朋友。跟"假小子"交往,使他们觉得没有任何负担和压力。

不过,说到底,"假小子"只是一个"假"小子,并不是一个"真"小子。女人归根到底还是女人,她不能完全按照男人的行为方式行动,成为一个真真正正的男人。举例来说,一个女人虽然能和男人们自如地交往,但是言谈举止中仍然带有女性特有的纤柔和娇气。当她跟自己的男朋友及其他的男性朋友们一起出去时,她处处轻松自然,不拘小节,看上去女人味儿十足,使人感受到她的言行中仍流露出一种女性气质,这是男人们最愿意看到的情形。

也就是说,在"假小子"身上维持了一种微妙的平衡,她集男人和女人两种截然不同的气质于一身。当她和男人相处时,她可以像男人一样,一边喝酒一边随意说笑,但是她也需要根据情况适度收敛,不然就可能被当做"真小子"。以一个"假小子"的身份与男人相处,她的男性朋友们完全把她当做好朋友,即使男人们喜欢她,也不会是男女之间的那种喜欢。其实只要能够惹人喜爱,有些地方像男孩子也无妨。当"假小子"和男人打交道时,她表现得越像女人,就越能让她的女性气质释放出最大的魅力。

24岁的王玲个子不高,一眼看上去男人味十足,做事从不拖泥带水,为人非常豪爽。但同时,她又有很女人味儿的一面,心思细腻,对家人和朋友的关心无微不至,亲朋好友们的公事私事都爱找她商量。在王玲的男性朋友看来，这个喜欢穿吊带装的平胸女孩个性里透着一股豪爽，跟她在一起，既可以一起喝啤酒海侃足球，也可以狂聊国家军事。她没有一般女人的矜持和扭捏作态，也不会动辄就为琐事哭鼻子。而另一方面，在男生面前，王玲也会偶尔很自然地流露出女性特有的娇羞和矜持；在别人伤心需要安慰的时候，她又不失女性的体贴温柔。因此，她在男性朋友圈里生活得游刃有余，既被一些人戏称为"穿吊带装的哥们儿"，又拥有一支庞大的、"竞争"激烈的爱慕者队伍，这让不少一见男人就不知如何自处的女人们特别羡慕。

简而言之，"假小子"们之所以能博得男人和女人的喜欢，是因为她们兼具男性气质与女性气质的优秀特征。如果说男人是一个世界，女人是另一个世界，那么，这种兼具两性气质的人无疑更容易在两个世界之间自由地穿行，当然，也比别人更容易赢得男人的好感。这是"假小子"越来越容易如鱼得水的基础。

智者寄语

"假小子"们之所以能博得男人和女人的喜欢，是因为她们兼具男性气质与女性气质的优秀特征。

面带微笑的女人招男人爱

人的表情通常被看做是内心世界的一面镜子。微笑，是人际交往中最富有活力、最有成效的表情之一。曾经有人说，女人出门时若忘了化妆，最有效的补救方法就是亮出你的微笑。古往今来，不知有多少男人，曾为蒙娜丽莎高贵而神秘的微笑倾倒。

真心的微笑会让一个女人的魅力大增，这是因为女人的微笑可以表明她的许多美好品质，是自信、健康、友好和接纳情绪的流露。

迷人的微笑，展示了女人健康的生活态度，给人一种美的人格力量。微笑是一种优良的气质，它有一种无法想象的力量。即使你没有美丽的外表，即使你穿得不华丽，但是，如果你始终保持微笑，就会给人一种积极向上的态度，使人感觉到你是一个热爱生活、热爱生命的人，从而产生一种感化人心的力量。人们很难想象，一个对生活和生命毫无热爱之情的人会经常把微笑挂在脸上。和这样的女人生活，男人们能时刻体验到生活的乐趣和爱情的力量，感受到女人独特的人格魅力，这也正是男人们所希望得到的。

同时，微笑也能向世人展示出女人的自信。我们已经说过，自信对女人来说至关重要。那些时常保持微笑的女人，常常用一种积极向上的态度看待生活中遇到的各种问题，包括情感问题。女人的自信来自于阅读、思考和经历，知识让她厚重，气质让她美丽，经历让她从容，而"腹有诗书气自华"，这一切都能用微笑诠释。

微笑的女人懂得宽容。男人最怕女人因为一些小事而歇斯底里，甚至陷入病态的偏执思维中。她们不懂得委婉，不懂得知性，面对问题总是缺乏理性的思考。而那些懂得宽容的女人则不然，她们有足够宽大的胸怀容纳一切，在经过理智的思考之后，她们从不轻言放弃，但也不过分强求，因为她们懂得知足，知道取舍的智慧。这样的女人，无论是在生活中还是在工作中，脸上总是挂着美丽的微笑。她们微笑着面对一切，从容地面对繁琐的工作，宽容地接纳身边的人和事,平静地对待各种困难。她们对生活的期望永远不会太高,因而失望也就比别人少很多,她们对待男人更多地持宽容和理解的态度。和这样的女人在一起生活,大概所有的男人都会高呼"理解万岁"。

一些女人为了使自己免受伤害,或者保持女生一贯的矜持,通常给男人一种冷冰冰、不好接近的感觉。男人和这样的女人生活,往往需要费尽心机,而且常常感到焦虑和担心。女人一个真诚的微笑,就能拉近她和男人之间的距离,使男人拥有希望和克服各种困难的信心。有时,在男女交往的过程中,女人的微笑能够消除两人之间的误会。

心中有爱,脸上就会不自觉地绽放出笑容。因此,培根说:"你的微笑就是你好意的信差,你的笑容能够照亮所有看到它的人。"人们通常会把微笑看做是友善的象征,而真诚微笑的人一定也有一颗善良的心。微笑能够让人看到你的友爱之情。一个微笑能使失意的人感到温暖,一个微笑能让眉头紧锁的人愁云散去,一个微笑能够拉近彼此的距离,从而使人与人之间多了一份愉悦、安详和融洽。

有一句话说得极为精彩:"微笑无需成本,却能创造出很多价值。"女人迷人的微笑,能创造更多价值。因此,无论是作为妻子还是恋人,请时刻将甜美的微笑挂在脸上,这样,你就会成为男人最爱的那个女人。

智者寄语

男人都喜欢脸上经常挂着笑容的女人。如果说幽默能为男人平添一份魅力,那么,微笑对女人而言也是如此。

自爱的女人最有魅力

男人们常常会对自己身边即将结婚的朋友说这样一句话:"婚姻是爱情的坟墓。"他们的意思是,只要一结婚,那么,责任和义务就纷至沓来,美好的感情就会被现实中沉重的负担所取代。

不论是男人还是女人,若是有一方在婚姻中迷失自我,就无法成就完美和谐的婚姻。这个问题对女人来说更加严重,因为女人更会这么想,这么做。作为一个女人,在婚姻中若一味地依附于男人,没有自己的独立性,把男人、家庭看成自己的整个世界,这不但违背了婚姻的本意,而且也无法体会到什么是真正的爱情。

对于女人来说,她们常常会将感情放在第一位,特别是在结婚生子之后,她们多把精力专注于家庭,事业不顺不要紧,只要丈夫和孩子好就行。对于她们而言,丈夫是精神的支柱,家庭是生活的全部重心,而自己反倒变得无足轻重了。女人在家庭、在感情上绝对不能迷失自我,忘我无我。夫妻也好,恋人也好,"你中有我,我中有你"才是最高境界,因为感情太浓会让我们承受不住,恩惠太多会成为负担,希望太多必定经常失望。

那些指望依靠男人实现自己满足感的女人最终都会发现,不知不觉中她们已经走进了一个可怕的误区。依赖性强的女人会变得极为脆弱,在感情上特别容易受到伤害。她们本身就在情感上处于弱势地位,而且她们显然把"找到丈夫、成立家庭"作为自己的终极目标,一旦走进婚姻的殿堂,她们就把自己的一切,包括经济、兴趣、精神、精力等全部投入到家庭上,完全失去了独立的能力。但是,事情的发展却并不像她们想象的那样。事实上,女人牺牲了自己的事业,男人却不一定会因此而感动;女人包揽一切家务,却并不一定能赢得男人的欢心;女人为男人和家庭付出了一切,最终却会失去男人的宠爱。

相反,如果情感关系中的男女双方都懂得自尊自爱,他们之间的情感关系,就会比两个过分依赖的情侣好很多。有时,容易到手的东西人们反而不会珍惜,得不到的才是最好的,这是人类共有的弱点。在感情世界里,这个法则同样适用。

那么,男人为什么喜欢自爱的女人?因为自爱的女人懂得独立。女人的独立,是牢固的、有弹性的感情关系的起点。有人把婚姻比喻成一部男人和女人的合订本,实际上,尽管两者因婚姻而结合在一起,男人和女人,最好还是两个互不相同的单行本。现代社会开放而流动,感情往往变数很多,无法预料,依附别人就容易迷失自己。人人崇尚自由,但真正的自由是以自立为基础的。实际上,任何人都必须有独自面对问题的能力。在爱来临时,你应该有资本投入;在爱消失时,你必须有疗伤的能力。在男人眼里,那些自立的女人最有魅力,她们不肯依附男人,这更激发了男人的好奇心和征服欲。女人若在生活中处处依赖男人,就会给男人形成巨大的负担和压力。要知道,只有对等的地位,男女双方才会得到平等的爱情。

懂得自爱的女人,也懂得凡事都不强求的道理。好女人善解人意,善待自己的同时也懂得理解别人。当拥有爱时会好好珍惜,当爱不在时会放手,给自己和对方自由。在现代社会,大多数男人都希望"好聚好散",爱时可以轰轰烈烈,但该放手时就要放手。不懂得自爱的女人,把自己的全部身心和精力都投射在男人身上,偏偏不会放手,这让男人十分恐惧。同时,不懂得自爱的女人,不明白爱情中的双方都应该有自己的独特个性,她们舍弃自己的个性,也强求对方像自己一样放弃个性。而自爱的女人却不会强求男人,更不会试图改变男人。

自爱的女人对幸福的追求完全不同于别的女人。莫泊桑的著名小说《项链》里的女主人公,为了一晚的漂亮,付出了10年苦役的代价,我们由此看到了虚荣的可悲后果。但现实生活中,类似《项链》的故事还在屡屡上演。比如,某些女人为了留住青春的尾巴,不顾生命安危花巨资丰乳肥臀,除皱去脂,而一旦手术失败,不但美容不成,反而财色两失。另外,还有很多女人为追求虚荣不择手段。在新闻中经常可以看到的是,那些落马的大贪官背后,常常有一个贪财的老婆或一群贪婪的情妇,正是她们的虚荣,加速了丈夫和家庭的毁灭。可见,虚荣会使得那些女人不择手段,轻易地出卖自己的感情,而且自甘堕落。这些行为就是不懂得自爱。

比较而言,懂得自爱的女人没有虚荣贪婪的心,她们了解自爱的本质绝不是虚荣。她们不会轻易付出感情,但一旦爱上男人,就一定出自真心。她们也知道,家庭绝不应该是一个女人精彩生活的终点站,而应当是女人的加油站,当自己的爱情、亲情从家庭中获得满足时,自己应该完成生命中的另一次飞跃,寻找生命的真谛。做一个有价值的女人,应该是女人一生的目标。这样的女人,才是男人心目中值得尊重、值得用一生呵护的对象。

━━━━━━━━━━━━━ ◎ 智者寄语 ◎ ━━━━━━━━━━━━━

做一个有价值的女人,应该是女人一生的目标。这样的女人,才是男人心目中值得尊重、值得用一生呵护的对象。

可以不漂亮,但一定要有气质

气质是一种典型的、稳定的动力特征。在心理学家看来,人的心理活动和行为方面能体现气质。在哲学家看来,一个人的文化、知识、修养、品质是气质的基础,它是一种个性特征,是通过眼光、神情、谈吐等表现出来的。

气质并不是一成不变的,有些女人看起来便很有气质,是因为幸运地有了一副好身材,这为她提供了很好的基础,然而气质是任何女人都可以具备的,时间会冲走漂亮,气质只会因时间的增长而越发明显。

造物主不是公平的,他创造出的人,有的俊美,有的丑陋。可是世上只有懒女人,没有丑女人却是我们一直信奉的。潜在的美是每个人都有的。女人要培养自己的能力去发现这种美,还要发扬这种美。时间的流逝会带走女人的青春,但经历岁月的积淀后焕发出的美丽却会一直存在。女人有气质,因为她具有面貌之美、身姿之美、性情之美、心灵之美、举手投足之间的美!时间匆匆,迷人的女人香会经久不衰。漂亮的女人只会美丽一段时间,可是有气质的人一生都是极为美丽的。

气质是一种精神的素质,不是一朝一夕便能培养出来的。有气质的女人具有良好的修养,它的形成可能是环境作用导致,也可能由于内涵。它并不是指时髦、漂亮或者金钱,它是单纯的细节展现出来的细小和纯美。暗香浮动的她,会让接触的人觉得她像是一道风景线!

有气质的女人是温柔的女人。她会把自己的爱用温柔传给他人,她具有的女人味不可抵挡。一个魅力十足的女人绝对拥有十足的女人味。当信任和爱充满了她温柔的神情、语言、动作时,女人也就成了具有吸引力的风景。她是温柔体贴的,她有生活情趣、一定的学识修养和文化底蕴。她外柔内刚,温柔却不软弱。

亦舒说:"有气质的女人,不会把自己读过什么书,去过什么地方,有些什么衣服,拥有多少珠宝告诉别人,因为她不会感到自卑。"有气质的女人因智慧、平和的心态以及对自己正确的认可而有满满的自信心。她利用每一个机会来完善自己,因此她永远会微笑着。她既不会紧张也不会慌乱,更加不会茫然无措,她深知她足够优秀。

让自己的气质得到修养,会给心灵带来安慰,也会给你带来财富。它综合表现为能力、知识、阅历、情感、生活的能力,是经过长时间的积累才能形成的。气质的培养需要环境和磨炼,想要繁盛只有扎根在文化、人格的沃土中。坚强的意志、豁达的性情、远大的理想、优良的品质、渊博的学识、宽阔的心胸,这些女人都应具有。随着岁月消逝,这样的品质会让一个女人显现出高雅的气质。即使青春不再,她也可以拥有不曾衰减的光彩。

有气质的女人就好像玉一般,可以洁白无瑕,也可以是色彩斑斓;好像泉一般,可以深不可测,也可以是清澈见底;好像水一般,可以波浪滔天,也可以是波光粼粼。她们有刚柔相济的女人性、赏心悦目的女人香、百转千回的女人味、含香傲立的女人美和温柔似梦的女人情,怎么会有男人经得起这般诱惑?

────────────── 智者寄语 ──────────────

气质是一种精神的素质,不是一朝一夕便能培养出来的。有气质的女人具有良好的修养,它的形成可能是环境作用导致,也可能由于内涵。它并不是指时髦、漂亮或者金钱,它是单纯的细节展现出来的细小和纯美。

第二章
了解恋爱心理，从容面对爱情

男女存在不同

在地球上，万千生灵，纷繁各异。其中，我们人类应该算是新居民，是由猿经过漫长的历史过程逐步进化而来的。生物之间有很多相似相同之处，其他动物分雌雄公母，人类则有男女之别，人类的大家庭就是由无数的男人和女人组成的。虽然同属一个物种，但男人和女人却像来自不同的星球，在思维方式、感情倾向等方面有天壤之别。

从表面上看，男人和女人系出同源，生活在同样的自然环境之中，接受同一种文化，他们应该很接近，可事实却恰恰相反。男人常常对女人的想法感到费解，而女人也常常觉得男人的做法不可思议。面对同样的问题，男人和女人的反应大多截然不同。更要命的是，男人和女人还经常相互误解，用自己的想法揣测对方的心理。在现实生活中，很多问题接二连三地出现，其原因就在于人们还没有认识到男人和女人之间的巨大差异。

男人和女人都更倾向于和同性交谈，因为同性之间有更多的共同语言。当女人对着一位女性朋友大谈电影中的精彩镜头时，她们会全身心投入，甚至手舞足蹈，但如果和一位男性朋友说，则大多会换来对方的冷淡回应。为什么反应如此悬殊？因为男人和女人在看电影时的侧重点不同。男人更注重整个故事的轮廓，对于细节之处甚少留心；女人则注重细节，她们不仅能记住剧情，而且还能将精彩的台词复述出来。

对于同一句话，男人和女人常常有不同的解读。男人大多会直接解读，而女人则会根据一些非语言信息进行解读。比如，有人对男人说了一句："你的衣服真好看！"男人一般只会觉得对方是真心赞美。而如果有人对女人说了同样一句话，那么，女人则会根据说话人的语气及表情等其他因素，判断对方是真心赞美自己，还是刻意挖苦自己，或者另有他意。同样，男人说话的时候，大多会开门见山地表达意图，而女人则喜欢拐弯抹角，通过间接的方式表达自己的真正意思。

男女各有所长，男人感兴趣的事物也与女人有所差异，所以男人和女人经常出现话不投机的现象。当男人对着女人畅谈国际时事或武器战争的时候，女人虽然表面上坚持倾听，可实际上却心不在焉。此外，在生活习惯上，男人和女人也大不相同。比如，男人喜欢体育节目，女人则喜欢情感剧；男人倾向于经常切换频道，女人则喜欢停留在固定的频道上；男人不喜探听他人隐私，而女人却能将朋友的私事娓娓道来；男人更注重整个故事的轮廓，对于细节之处甚少留心；女人则注重细节，她们不仅能记住剧情，而且还能将精彩的台词复述出来，等等。

男人和女人的差异并非局限于族群个例，而是一种普遍存在的社会现象。之所以具有普遍性，是因为男人和女人之间的差异是由性别造成的，只要存在两种不同的性别，这种差异就随之而存在。男人和女人虽然生活在一起，但两者却拥有各自的世界。男人的世界有男人的语言和生活方式,女人的世界也有女人的语言和生活方式。所以,男人进入女人的世界会十分不习惯,女人走进男人的世界也会"水土不服"。

男女存在差异,需要彼此适应。从不适应到适应需要一个过程,而了解对方世界的过程即是适应的过程。大自然演化规律决定了男人和女人要在一起工作,生活,还要结婚生子。如果总是处于这种不适应和水土不服的状态,那么,就会错误百出,手忙脚乱,严重影响生活的质量。差异并不可怕,只要尊重差异、理解差异,那么,男人和女人就可以和睦相处。当男女双方能够轻松地走进对方的世界而没有丝毫不适的时候,男女之间因差异而引发的诸多矛盾,也就迎刃而解了。

智者寄语

男女存在差异,需要彼此适应。从不适应到适应需要一个过程,而了解对方世界的过程即是适应的过程。

爱情不是等来的

人类永恒的话题莫过于爱情,这是人类永久的赞歌;平淡的生活因为爱情而绽放光彩。从古至今,不顾一切地奔向爱情的痴情少女不计其数,梦想着能够找到自己的另一半,无怨无悔。爱情是令人向往的、美好的,同时,绚丽多姿的爱情好比春雨,把大地所有的污秽都冲走,让世界呈现给人一种充满新鲜泥土的清新之感。

艾青这么写道:"这个世界,什么都古老,只有爱情,却永远年轻;这个世界,充满了诡谲,只有爱情,却永远天真。只要有爱情,鱼在水中游,鸟在天上飞,黑夜也透明;失去了爱情,生活像断了弦的琴,没有油的灯,夏天也寒冷。"

在女人的生命中,爱情仿佛点缀的烟花。作为女人一生中最华美的篇章,爱情为女人增色不少,因为有了爱情,女人变得更加具有灵气。女人有了爱情就像瀑布有了阳光,绚烂美好。爱情是如此美好,并不是每个女人都能得到这个福分,去和自己相爱的男人一起走过人生的所有旅程,那个人并不是没有遇见过,只是遇到相爱的男人却没有紧紧抓住他的心。倘若"女人只要安静等待,真命天子就会从天而降"这样的话你依然还相信的话,便是你的错了。有时候爱情就近在咫尺,需要的是我们拿出足够的勇气去抓住。

女人大多爱得很寂寞,像花儿默默开放一般,却又不乏纯情。她们把喜欢的人藏在心里,为他而欢喜而忧愁。但是地老天荒是不可能被一个人完成的,它永远是两个人共同创造的甜蜜。女人,别再只做等待爱情的人,别再等到心仪的白马王子拥别的女人入怀自己却眼睁睁看着,甚至等他和别的女人厮守一生。如果你爱他,就勇敢地告诉他,勇敢地去追求他,为幸福加分而努力。

《诺丁山》这部电影里,大牌影星安娜走进了伦敦诺丁山一家小书店,利用一杯橙汁,使威廉·塞克这个离婚后爱情生活一片空白的男人得到了她的吻,两人陷入了爱河。可是威廉·塞克十分羞涩,在女主角面前显得是那么不主动。因此主动的人变成了女主角,第一次到他的家里去,出了门之后又折了回来;在车站他们又发生了一次美丽的邂逅,他被她邀请去她的家里;因为前男友,她和他之间产生了误会,还是她主动上门要求重修旧好才解决此事……

男人憨厚善良,可能觉得这是一种不真实的幸福,一直都没有去爱的勇气,当爱情光临仍然躲避。不少观众看完这部电影经不住热泪盈眶,女主角内心的温柔和焦急肯定深深地打动了他们。也许这样的经历我们在生活中也都遇到过,一直不敢去追求心爱的人,就像局外人一样傻愣愣地在一旁观望,而不敢介入。

爱,除了要有感觉以外,还需要付出行动。去爱别人或者被别人所爱,其实都是一种幸福。可幸福是努力和创造而来的,并不是等来的。既然爱,又何必因为骄傲放不下面子而不先向对方示爱呢? 示爱并不是示弱的一种表现,如果示爱成功了,也并不意味着先示爱的人就低人一等,勇敢表白的人说明对自己的情感轨迹已经有了清晰的了解,这样才能把自己的幸福牢牢抓在手中。如果碰上了自己喜欢的人,千万不能迟迟不敢表白,如果因为担心对方对自己并不喜欢,那么你连选择的机会都会失去。

就算表白被拒绝也没有什么大不了的,只要克服自卑不安的想法和自愧不如的心理就好。别犹犹豫豫的,因为,事情可能在你勇敢地说出自己的心声之后就完全解决了,那么你可能也不会再忧心不已了。倘若你只是终日停留在忐忑不安中,却不采取任何做法,那么又有什么意义呢? 你应该给自己一点主动权的。

被拒绝并不是代表着你哪里不好,或许他恰恰是个忠诚的爱人而心中却另有所属;或许他一心一意在工作,根本没有精力将心思放在爱情上来;或许他最近心情低落,不愿意搭理他人。这些都不是你的错,就算被拒绝,也不要认为是被判了死刑,失去了勇气去追求爱情和幸福生活。

假如你爱他就向他表白,大声告诉他,千万别让自己后悔。女人不要眼睁睁地看着幸福溜走,幸福要靠自己来抓住。

———— 智者寄语 ————

女人不要眼睁睁地看着幸福溜走,幸福要靠自己来抓住。

初次见面,要给人留下好印象

初次见面的相亲,总会使我们感到局促和紧张。因为对对方不够了解,对方对自己的女友有什么样的要求以及对自己的满意度你都不知道。因此见面的时候,你需要根据对方的反应对自己的行为举止做出适时调整,又不能全盘托出自己。人们总会在这样的社交中感到疲惫和无力。因此,初次见面,一定要做好给他留下好印象的准备。

第一眼的印象是十分重要的,有的甚至对你一生的感情起决定作用。无论你见的是谁,为了使自己更加从容就得提前做好准备。也许,第一次见面的时候,你的外在形象或者一举一动就会给他留下深刻印象,使他肯定你——那个应该出现在他生命中的女孩便是你。既然这样,与男性第一次见面,有哪些细节需要我们注意呢?

1. 礼仪

男女双方在第一次见面时,比较适合的是点头加微笑的问候。女孩子不要太过于主动地去握手,这样会给人留下不矜持和太过正经的印象。但是,你也不能拒绝对方伸过来的手,要接受得落落大方。

2. 穿着

着装也要选择得合适、得体。最重要的是一定要保持整洁。着装不必讲求太隆重,搭配休闲装便可,邋遢可笑的坏印象更不可留于他人。

3. 装扮

不要以为过度的化妆就一定好,太过浓重艳丽的装扮会让人觉得你不够庄重。可是,如果你不化妆,却也不是天生丽质,千万别采用素面朝天的装扮。淡妆不妨是你很好的选择,你会在它们的衬托下显得更加柔美。

4. 言谈

交流的时候千万不要滔滔不绝,切不可自己单方面倾诉去表达自己的意愿。你应该有选择性地去说话,在别人表达的时候也要懂得认真倾听,这样也能很好地了解对方;不要一直保持缄默,交流从来都不是一个人的事情,如果你一直在听或者等待别人说话,气氛会显得异常尴尬。

5. 心理

心理方面也占有较大的重要性,以下几点问题是需要注意的:

(1)别假装。有些女孩错误地隐藏起自己真实的性格,想让对方看不透自己,认为如果对方发现自己的弱点是一件非常糟糕的事,事实上,这是对自己的一种束缚,同时也会限制你的表现。不要再把自己性格的真实一面隐藏起来了,有时候吸引对方的正是你的真实,这样更会给人留下好的印象。

(2)跟人相处我们便避免不了矛盾和冲突,两个人初次见面就更是如此。别寄希望于别人能百分之百地接受和喜欢自己。不要太在意别人对自己的评价,你只需要真实地展现自己就好,表达出自己的诚意,别对他人的看法过分在乎。总而言之,越是自我的真实表现,你的率真便越容易被人感受得到,也会更受人喜欢。当然,每个人都不是完美的,我们是不可能留给对方一个百分之百完美印象的,但是你需要留心见面时的小细节,把自己的性格真实地展现出来,将自己的诚意让对方知晓,你在他心中就是美丽的。

智者寄语

第一眼的印象是十分重要的,有的甚至对你一生的感情起决定作用。

制造邂逅,成就真爱

"前世的一千次回眸,才换来今生的一次擦肩而过;前世的一千次擦肩而过,才换来今生的一次相识;前世的一千次相识,才换来今生的一次相知。"曾经有人说过,一个人只有三十万分之一的概率遇到心仪的另一半。那些渴望爱情的单身女人们,不要再苦等,机会往往只有三十万分之一,应该主动出去寻找。

在《向左走,向右走》这部电影中,男女主角虽然生活在同一栋公寓里,却因为彼此有不同习惯:一个从右边走,一个从左边走,相遇的事情从未发生过。未曾相遇却不断擦身而过的两个人:进出于旋转门,上上下于电梯里,只能分站在月台旁……看起来很近,实际上却相距很远,就会碰到的那一点点总是稍欠。最终,由于欠下房租而对房东的纠缠百般逃避,他们来到了公园。他们相遇在水池的一端,便一见倾心,像一对失散多年的恋人一般,玩旋转木马,躺在草地上窃窃私语,不知不觉便度过了一个下午,既快乐又甜蜜。在两人的心底,一段浪漫的爱情悄悄萌芽。

假如不曾发生这场邂逅,也许他们始终没有相遇的机会,永远没有机会走进对方的内心,不会相信咫尺间便存在爱情的缘分。

我们总是向往电影里的那些情节,这么唯美浪漫的事情却难发生在生活中,因此女人别把希望寄托在让上帝把缘分赐予自己上,美丽的邂逅应当由自己来创造。当一个陌生的优质男出现在你周围,不要故作忸怩之态,落落大方地把自己介绍给他,找一些有意思的话题来和他聊,将那些有价值的爱情资讯捕捉到,现代女人追逐爱情之道应该在这里。并非制造美丽的邂逅是男人的专属,女人也可以是主动的一方,来创造浪漫的邂逅,意想不到的爱情说不定会降临。

住在一家医院附近的小清对医院里一个年轻的医生怀有好感,但是却找不到接近他的机会,之后她有了主意。有一天,一个双手抱满东西的小女孩撞上了迎面而来的男人,手里的东西全撒在了地上。女孩子正是小清,而她喜欢的医生就是这个男人。男人先帮她捡拾起地上散落的东西,又一直向小清道歉。小清十分害羞,但依然善解人意:"没事,毕竟你也不是故意的。"初次邂逅发生后,每天下班时间小清都会牵着小狗在医院周围溜达,差不多天天都能和那个年轻的医生相遇,渐渐地,两个人逐渐认识起来,在发现彼此的性格很合拍之后,便确定了恋爱关系。

在爱情中,一次浪漫的邂逅的伟大力量不容忽视,很多爱情包括白娘子和许仙,朱丽叶与罗密欧,灰姑娘和王子……他们的爱情都是在邂逅中开始的!

从某个角度上来说,人为地制造情分或缘分便是邂逅的制造。由自己主动制造的邂逅会让女人的爱情更有成就。在邂逅制造的过程中,女人要牢牢抓紧主动权,做好可能发生的种种准备,这样既可以给对方留下一个美好印象,也会给人带来惊喜。"不打无把握之仗"是制造爱情邂逅的原则,精心筹备,把每一个细节都做好,弄巧成拙的状况才不会发生。

阿雅盼望着天天都能见着她暗恋的一个男孩,为此她经常在男孩常去的地方,只为等到他。可是有一天她终于等到了,但是却是尴尬不已的窘况而不是美丽的邂逅。她身上的花袍裙太过宽大,让人误以为是个孕妇,她的卷发很长但却十分枯黄毛躁,像鸟巢似地随意披散着,脚上还穿着一双人字拖。男孩看到她这样一副样子,没有一丝惊喜,只有一丝惊讶闪过眼中。当时就呆住的阿雅十分窘迫,更不用谈前去与男孩子搭讪。能够与男孩子邂逅是阿雅每天都盼望着的事,但是怎么样去营造美丽的邂逅反而从来都没有想过。男孩走之前都没再多看阿雅一眼。正是因为没有做好充分的准备,阿雅便与美丽的爱情邂逅失之交臂。

只有经过精心的准备才会有浪漫的邂逅发生,但不能留下"人工操作"的痕迹,不能被他看出来,要让他觉得这是老天的安排;并且要把自己最好的一面展现出来。女人们,制造一场美丽的邂逅之前,应该动点爱情的小心思,让属于你的爱上演。

―――――――――――― 智者寄语 ――――――――――――

女人们,想要制造一场美丽的邂逅之前,应该动点爱情的小心思,让属于你的爱上演。

恋爱中，不适合的要及时拒绝

碰到追求自己而自己却不喜欢的人，这样的事在恋爱中时有发生，对于不适合的爱，女人应该懂得及时拒绝。有时候你很难去拒绝他，因为他对你有感情，纵使你用再委婉的方法都会伤害他。可是只要方式和场合选择得恰当，至少可以减少一些他心里的难受，尴尬也会减小很多，不至于出现你没有满足他使得他对你产生怨恨心理的现象。

可可的工作是在酒楼里当服务员，她长得既年轻又好看。有一个泊车员叫顾家明，与她同在酒楼里工作。他被可可的清纯可人和有主见而吸引，心里一直默默地喜欢她。他每天发短信给可可，却没有得到可可的明确的答复——可可每次都机灵地把他的表白挡了回去。顾家明误以为可可接受了他，便常常约可可出去玩。两人吃喝玩乐的费用全由顾家明来出。遇到可可喜欢的衣服，顾家明就毫不犹豫地买来送给可可。由于"恋爱"，顾家明的口袋变得拮据起来，日益增长的手机话费和给可可买东西的开支，占据了他一大半的收入，但他心甘情愿，认为为了心爱的人，牺牲这点物质是值当的。大约过了半年，可可与一位当地的公务员认识了，对方的才气和家庭背景很快便将可可深深吸引住了。对方采取鲜花攻势，可可便和他成了男女朋友。之后，两人公开了恋情。可可找到了好依靠让别人羡慕不已，可可也觉得自己被幸福包围着。这个消息被顾家明知道了，他很不甘心，于是威胁可可说可可玩弄了他的感情。可可终于知道事情没有她想象中的那么简单，便汇报给了领导。经过调查后，顾家明被领导以上班不专心、经常喝酒误事的理由辞退。顾家明失去了感情也失去了工作，这一切都是可可的错，他扬言说要给可可颜色看看。可可知道顾家明是个说得出做得到的人，她只好把工作给辞了，无可奈何地回到了老家，后来，公务员男朋友也宣布和她分道扬镳。

可可不懂得在感情中拒绝，结果使自己受到了伤害。如果追你的男孩并不是你自己爱的，那么一定要把自己的真实想法及时而简明地表达给对方，让他明白友谊更加长久。

有的女孩，也许在情感方面留有大片空白，也许还未遇到更优秀的人选，不去拒绝追求自己而自己又没有好感的男孩。她们不会给别人任何承诺，但对方付出的感情和物质好处她们也依然还在享受，给人一种她默认了彼此恋爱关系的错觉。她们不知道，这样做只会伤害他人而对自己也无利。不要只会利用对方的喜欢，也不要害怕拒绝对方，宁可及早说明也不要拖拖拉拉闹到最后不可收拾，这样对彼此的伤害都小一些。

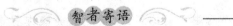
智者寄语

碰到追求自己而自己却不喜欢的人，这样的事在恋爱中时有发生，对于不适合的爱，女人应该懂得及时拒绝。

选一个懂爱的男人恋爱

信念、希望、爱和洞察力是人类能力的四种最高成就，这是著名心理学家荣格提出的观点。

爱代表着一个人的能力,你必须承担风险,就算全部付出都没有回报,也应该明白并且坦然接受残酷的结果,而且也必须懂得必要时要为爱做出牺牲。爱是一种高尚的品质,给人带来的不只是终极的幸福,也许痛苦也会随之而来。倘若懂爱,男人便不会被狭小的视野和人生观所局限,而会成长为宽大胸怀和大智慧的优秀男人。

懂爱的男人有很多共同点:

首先,他们关爱家人。他们能融洽并且和谐地处理家庭关系,血缘和家族情谊是他们最看重的东西,他们在家庭中自发去爱的同时,还希望家庭所有的成员都有这样的认知,并且薪火相传。他们会倾其所有帮助家人,无论财力和精力,只要有需要他们就会倾囊而助。笼罩着他们的是一种强烈的家族共荣感,他们还希望这种共荣意识能够影响你,并且贡献这个家庭。

其次,他们热爱生活。他们有着丰富的生活,他们用充满感恩的情绪对待每一天。他们对生活情趣十分在意,很多生活的小窍门他们也都熟知。他们不会完全远离家务,枯燥的家务劳动能被他们看成是件愉悦的事情。做饭便是用锅碗瓢盆奏出来的奏鸣曲,而滑步舞蹈则是拿着拖把拖地,洗衣时曲不离嘴。他们常常像个孩子似的说笑,但又像大家长一般不会不讲道理。他们每天的生活都是新鲜的喜剧,源源不断的欢乐被他们制造着。

再次,他们喜爱自然万物。春情会让他们感动,而秋声会使他们哀鸣;他们善待一草一木,不会轻易破坏它们;对待小动物和宠物极有感情,流浪的小猫小狗也会得到他们准备的口粮,他会为它们把伤口包扎起来,对它们从不舍得踢打。他们对待人也像对待自然一般。对于自己的家人和伴侣他们会细心照顾好,不会让心爱的人受苦。他们有如此强大的感同身受的能力,不只是他一个人要获得快乐,非得和所有朋友众乐乐才行。

另外,他们也关爱自己。他们明白只有自己才是最爱自己的人,爱己才能被人爱。他们有整洁的服装,得体的语言,优雅的举止,正派的品质。他们的形象优质而美好,并希望能够影响到他人。他们用温文儒雅、彬彬有礼的礼仪待人。他们自我完善、自我发展的脚步永远不会停下。不断达到一个又一个心灵的深度和灵魂的高度就是其目标。有能力去爱别人之前,心里要先有爱。如果没有守护纯洁感情的强大内心力量,怎么能使这份爱得到保证,让它不受伤害呢?

如果你恋爱的对象是个心中有爱的男人,虽然他会让你感觉到你是嫁给了一个导师,无时无刻不在接受教育、在被挑剔指责,可是时间一长,你的内心会慢慢充满满足感,你也会成熟起来。而且,你的心胸会变得开阔,眼界会拓展,你将会发现他在给你温暖,等你成长,他给你的爱的信念和力量也会越来越坚定。两人在一起如同有了座爱的银行,他会持续不断地提供爱的原动力给你。

───────── ❧ 智者寄语 ❧ ─────────

如果你恋爱的对象是个心中有爱的男人,虽然他会让你感觉到你是嫁给了一个导师,无时无刻不在接受教育、在被挑剔指责,可是时间一长,你的内心会慢慢充满满足感,你也会成熟起来。

了解男人的追求技巧

大多数情况下,男人都会采用一些所谓的技巧去追求喜欢的女人,并且根据女人的心理特点实施,在女人措手不及的时候便俘虏了女人的心。女人应该主动地学习并通晓这些"招数",这样可以变被动为主动,带着他们而非跟着他们走。在此,我们总结的一些招数便是男人惯用的,想要看男人是不是在追你,可以看看他是不是采取了这样的方法,你要根据他们的不同招数做出相应的反应。

1. 单刀直入

"无招胜有招"是这样的男人一直都坚持的理念,而走到女性面前自我介绍是他们的常用手法。他们甚至会将自己的企图直接表明出来,给你带来措手不及的感觉。"我承认这样不够理智,但是我一定会很遗憾,如果不来认识你。"他们常常用一副发现了新大陆的神情说这样的话。"可以成为你的朋友吗?"他们常常会使用搔一下头皮和搓搓手的动作,来表现他的木讷和生笨。此时的你,千万别让假象迷惑,切不可觉得他真是一个憨厚老实之人。

2. 旁敲侧击

有这样一个化妆品广告,男主角用这样的话:"这位小姐,我们是不是曾经是小学同学? 你看起来很面熟。"来吸引女人注意,"旁敲侧击"说的就是这样的,他不仅成功地和你搭了讪,还用你看起来十分亲近愉悦了你,这的确是一种超绝的搭讪成功的好方法。

以往,男人会用这样的话:"嗨,小姐,你看起来很面熟,在这之前是不是见过面啊? 你是叫赵丽吗? 你念的哪所中学?"来"旁敲侧击"。如今,这些话语和招数太陈旧,女人再也不会上当受骗了,但是与时俱进的男人们也许会这样:"小姐,你用的哪种牌子的口红(或香水)呢?"接着,当你处于惊愕中还未回过神时,他便装成羞涩的样子,真诚地说道:"我觉得很好看(或好闻),也想买给我的母亲。"此时,你一定要揭开他的面纱看到他的真面目,他只是在以惦记母亲为由惦记你。

3. N 个偶然造就必然

男主角在图书馆里,不小心撞掉女主角手上的书,在捡书道歉的时候,四目相交的瞬间爱情的火花油然而生,这样的剧情经常出现在小说或电影里。受这个方法的启发,男人们想出了很多招数来制造偶遇的机会,他们可能在你经常出入的地方观察,然后邂逅你,或者不小心将你撞倒,接下去便是道歉,还扬言以后要给你补偿,坚持留下你的姓名电话。不出意外,你在一来二去之中就成了他的战利品。

4. 适度地让你伤心

男人中所谓的情场老手便会使用这种招数,女人的心理他们十分了解。他们知道男女双方交往,对女人最具有杀伤力的往往是轻易承诺,双方的关系会因为女方适度的伤心而变得更加具有弹性。但是,为了不让你陷入绝望,他也很会拿捏分寸。比如,当你拿"你会一直爱我吗"这样的问题来问他的时候,他会回答"我尽量做到,但是不能保证",这样,你自然会有些不高兴,可仔细想想却体会到他对你坦白的感情。这样的"坦白"你千万不能相信,事实上他只是为不想做出承诺在找借口。

5. 打情骂俏

每个人都以为自己会认真地对待爱情,可是当两人相处到很亲密的时候,压力也会因为双方太严肃而变得更大,带点幽默感的恋爱才会让人回味无穷。

6. 保持距离,欲擒故纵

如果正在追你的男人突然采取冷淡的态度对待你,不要以为你已经让他失去了兴趣,也许他正在"欲擒故纵"。开始交往时男女之间保持一定的距离,能够保持一种神秘感,会使对彼此的爱慕和迷恋更深一层。

上面的招数都是男人喜欢用的,若有男人对你使用了这些招数而你也喜欢他,你不要急着答应他,让他得到一丝满足,用你的"圈套"不知不觉地套住他,来一场惊天动地的恋爱。碰到的若是你不喜欢的男人要及时刹车,别等留下了伤害的时候再后悔。

—————————————— 智者寄语 ——————————————

大多数情况下,男人都会采用一些所谓的技巧去追求喜欢的女人,并且根据女人的心理特点实施,在女人措手不及的时候便俘虏了女人的心。女人应该主动地学习并通晓这些"招数",这样可以变被动为主动,带着他们而非跟着他们走。

以退为进,减小对方心理落差

热恋时期,男孩可能会问一些你难以直接回答的问题,假如你不知道这些问题后的深层意思,很可能会给两人进一步发展带来烦恼。

男孩:"几天前,我们一起见了我的父母,之后我就一直想问你,对于我的家人你心底真正喜欢吗?"女孩:"自然喜欢,你怎么会这么问?"男孩:"不像你们家,我父母都是农民,我们家并不富有。"女孩:"之前我也一直和你说过,我父母以前也一样,甚至更艰苦。小时候,我还在农村待了好几年,还下地去干农活呢,你经历过吗?"男孩:"没有。"女孩:"那么,你会因为这个小看我爸妈,看不起我,讨厌我们吗?"男孩:"怎么可能。"女孩:"我也如此,我不会不喜欢你父母,我也会一直喜欢你。"

大多数情况下,男女间说话是有区别的,在说话方式上,男人是直白外露的,女人是含蓄内敛的。可是男人在恋爱中不免变得小心谨慎起来,因此,如果男人反常地问你对某件事的态度,特别是那些和自己的亲戚相关的人或事情时,女人一定要好好斟酌思量,答案往往比表面看起来的要复杂许多。

男孩问女孩的这个问题就是关于他的家人的:对于我的家人你心底真正地喜欢吗?有几种意思暗含在这个问题当中:一、男孩想通过女朋友对自己家人的看法去判断她对自己的态度。二、也许男孩的家人真有某方面让别人不太接受,女孩要是接受了说明她对自己的爱是真爱。

因此,这个问题看上去简单但却相当复杂,做出明确的答案不是聪明女孩所为。女孩先从自己父母艰辛的农村生活说起,接着用"你会因为我父母有这样的经历而嫌弃我,不喜欢他们吗?"来反问男孩。女孩以退为进,降低自己家人的身份位置,使得与男方父母身份地位相同,当对方的心理落差减小后,巧妙地解决了难题,把问题交给了男生,男方所回答的内容,不仅消除了女方心中的疑问和顾虑,也把自己心中的结给解开了。

经过这样一问一答,女孩早已摸透了男孩的心思。男孩的本意是想得到女孩的肯定,肯定自己的家人。女孩回答男孩问题讲述父母经历时,把父母的经历详细地做了强调,大家出生和地位都相同,他们怎么会遭到我的嫌弃呢?

如果交往的双方家庭存在差距,为了使感情更长久平稳发展,将另一方的顾虑打消,可以采取将自家优势降低的方法,给人两个家庭在各个方面都能匹配得上的感觉,那么,两人的感情生活才会稳固发展,不会受到家庭背景的影响。

　　如果交往的双方家庭存在差距,为了使感情更长久平稳发展,将另一方的顾虑打消,可以采取将自家优势降低的方法,给人两个家庭在各个方面都能匹配得上的感觉,那么,两人的感情生活才会稳固发展,不会受到家庭背景的影响。

过了恋爱观察期再交心

　　决定与男人恋爱与否的先决条件,是了解他,然后做出自己的判断,这个人能否给你带来真正的爱情。因此,在得出结论之前你得先学会观察。

　　他的干净要从他的生活上观察。例如,通过观察他房间里的摆设能看得出是不是干净。倘若其他都很整齐,但是床却给人乱糟糟的感觉,也许是近期内工作忙时间紧来不及收拾的原因。倘若房间的摆设都不整洁甚至落满灰尘,那么他可能根本不爱干净而且很懒惰,这时,你应该问好自己,你是否有足够的信心和这样的男人一起生活,你能不能放任他如此或者尽全力让他改变这种脏乱的习惯。

　　他的个性要从他的言谈举止中观察。一个人的性格可以从他说话做事中看出来。倘若他喜欢把自己的家庭挂在嘴巴,那么他很有可能是一个极具耐心的男人。如果他喜欢对人指指点点,小看别人,道听途说,甚至对别人的遭遇不予同情和怜悯,那么这样自大又自私的男人,离他越远越好。这样的男人可能有着不健康的心理,缺乏自信而且不会给你带来好处。有的男人喜欢发脾气,冲着电视节目大喊大叫是常事,甚至会大骂餐厅的服务员,对自我情绪控制能力差的男人,可能精神有潜在的问题,说不定还会发展成为抑郁症。

　　要特别注意他谈起前女友的神情态度,如果你不是他的初恋。大多数情况下,只有那些靠不住的男人才会讲前女友的坏话。对自己以前的女友还能保持尊重的男人才具有气概,当然如果他总在你面前述说前女友的种种好,也许他难忘旧情。

　　他对生活的态度可以从他对工作的态度中观察。如果他在工作上稍不顺心就考虑跳槽,那么两人真正过日子他也很难做到首先让步于你,妥协的总会是你。能不能容忍和这种男人在一起,你自己也需要考虑清楚。

　　想知道他是否有爱心,要看他对孩子的态度。一般有爱心的男人都会喜欢孩子。有些男人因为嫌小孩麻烦而拒绝亲近小孩,一般都没有什么责任感,这样的男人也很难成为一个好父亲。

　　如果他对你真心便一定会守时。倘若每次约会他到的都比你晚,证明你不是他最在意的,而且和你的时间比起来,他的时间更重要,这是不尊重你的表现。其实,他并没有那么在乎你,你该考虑放手了。如果一个男人是真心爱一个女孩,那么忙碌绝不会成为他的借口!要不是有什么特别的原因耽误,男人以"我工作很忙,过一阵子再去看你"或"今天我还有事,改天再约你吧"作为约会迟到的借口,那么,作为女孩的你便不必再相信他所说的话,更不必傻傻地以为他真的会在空闲时来找你,因为他已经表明了自己的态度了。邓丽君有一首歌是这么唱的"你说过两天来看我,一等就是一年多,证明你心里根本没有我……"因此,女孩要懂得这个道理,只有那些不让你等他们的男人才配得到你的爱。如果爱你,就盼着时刻和你在一起不分开;不爱又何必抽出时间陪你呢?

想知道他是否有孝心,要看他对母亲的态度,看他是否依赖母亲。男人如果对母亲很孝顺,那么也会疼爱自己的妻子;而懂得爱女人的男人一般都会爱母亲、尊重母亲。如果他很依赖自己的母亲,那么他很有可能有恋母情结,这样的人会不懂得爱你而使你受伤。

他的处世态度可以从他的消费情况及对金钱的态度中观察出来。有的男性很大方,但不一定是好事,可女孩一定难以忍受小气的男性。因为这样的男人也会很计较自己的爱情。在和女孩交往的过程中,有的男性喜欢抢着付款,这并不代表他多大方。当女孩用男人钱用得心安理得时,说明她默认了自己和男人的未来是联系在一起的,这点男人自然也明白,倘若你对他并没有想法,而他却帮你付账显得很大方,那么他只想把你控制住。有些男人,挥霍无度,经常透支,甚至负债累累,这样的人肯定不会有责任感,最终只能给你带来更大的伤害。

<hr>

智者寄语

决定与男人恋爱与否的先决条件,是了解他,然后做出自己的判断,这个人能否给你带来真正的爱情。因此,在得出结论之前你得先学会观察。

<hr>

接受男人在爱情中的游走

男人如同橡皮筋,当他选择逃避时,就像皮筋一样开始拉长,拉到一定长度,就会猛然反弹回来。所以,女人应该支持和理解他内心找回自我的渴望,也应该明白,这只是男人正常的"亲密周期",不久,他就会恢复常态,带着更强烈的冲动和激情主动回到你的身边。

慢慢地随着两人关系的更加亲密,男人想逃避的愿望将渐渐减少,逃避时间也越来越短,次数越来越少。要是男人还没有做好准备就与女友过分亲昵,整天相处在一起,那么,他逃避的需要就会更急迫、更强烈。这种情况下,他更想找回原来的自己。要是男人与女友亲密接触前还没有感受到四个方面的体验——身体上、情感上、心理上和精神上,那么,就没有足够的爱情拉力。当他走开之后,橡皮筋不断拉长,也许会突然崩断,使男人再也不回头。

32岁的德里克第一次看见30岁的罗切丽时,就产生了爱慕之情,罗切丽也非常喜欢德里克。几次约会后,两人确立了情侣关系,深信对方就是自己的灵魂之侣。每天,德里克都会给罗切丽打好多次电话嘘寒问暖。他们每周都共度周末,德里克从未有过这样强烈的感觉,充满柔情蜜意同时又热情似火,似乎觉得再怎么亲密、再怎么接近都不够。

然而,三个星期后,这一切突然改变了,德里克不再打电话了。罗切丽不明白到底为什么,她担心他出了什么事。于是,她给他打电话,可没想到他却淡淡地说,他好好的,什么事也没发生。他对她的态度依然很友好,但明显变得冷淡了许多,而且他也没有再次邀她一起出去。罗切丽很生气,感觉自己受到了冒犯。她难以接受这突如其来的转变,就像对她已经没有感觉一样。她表面上装得和以前一样,但内心却深受伤害。

又过了两天,德里克还是没给她打电话。她又气又恨,决定再也不见他了。但是她心有不甘,还是给德里克打了个电话,并且在电话中告诉他自己这段时间的感受。结果可想而知,在经过了一段极其不愉快的电话交谈后,他们不欢而散。

其实,德里克并不想欺骗罗切丽的感情。他原本也以为她就是他想娶的那个女人,但是,某天早晨,他醒过来,看着熟睡在一旁的她,突然产生了一种感觉,觉得她并不是他的全部。他产生了一种不可抑制的、想要离开的冲动。随后,在相处的过程中,他开始将她与理想中的女人比较。得出的结论是:罗切丽并不是他理想中的女人。如同他突然与她坠入爱河一样,他突然对她失去了感觉。

他不知如何向她解释这些,因此,他决定什么也不做。当她打来电话的时候,他听到了自己伤她有多深,更加下定决心结束这段感情。他感觉很内疚,但是只有分手才能结束这一切。他无法改变自己的想法,所以,他决定不再继续伤害她了。

回想起两人的交往,他真的想知道,假如他们当初再花一些时间了解彼此,情况也许和现在截然相反。他现在像以前一样,十分想念她。于是,他决定给她打电话,希望挽回这段感情。罗切丽接受了他的邀请,两人共进晚餐,交换了彼此的感受。

这一见面就一发不可收拾,他们又回到了从前的热恋阶段。这一次,即使仍然有身体上的亲密接触,但是他们尽力克制自己的欲望,放慢了进展的速度。他们决定给彼此的感情一个机会,花时间体会恋爱中的每一个阶段。

终于,德里克再次产生了逃避的想法。但这次与上次完全相反,就像橡皮筋一样,他弹了回来。他们花心思沟通彼此的想法,德里克逃避的欲望并不如先前那么强烈了。在他离开后,不出几天,对她的思念之情就占满了他的心房。终于,他们再也不用担心橡皮筋会拉断了。一年后,两人走进了婚礼的殿堂,直到今天,他们都非常幸福。

在充分了解与接触之后,恋爱中的男女便顺利通往亲密阶段。对许多男人而言,要想让他们抱着极大的兴趣与耐心深入了解女朋友在想什么,关心她的情感需求,就像重视肉体的接触一样,堪称奇迹的诞生。一旦男人领略到身体接触的乐趣后,女人再想让他关注她的思想感受和情绪波动,寻求两人的精神契合,就是毫无可能性的。事已至此,如果强求,那么,他一定会认为女人啰唆,然后急于摆脱,借故离去,而且再也不会回来。

倘若过分纵容他,他想做爱的时候就满足他,就如同本来可以享受感恩节盛宴,却不得不吃垃圾食品。如果按步骤去做,花费的时间、精力可能更多,但结果却真实有效且更为长久。花费时间共同走过恋爱的每个阶段,就可以确保女人在完全奉献自己之后,仍然能得到他最大限度的回报。

智者寄语

　　一旦女人接受男人在爱情中游走的欲望,她就能够创造适宜的条件,让他也发现她内心深处渴望靠近的想法。

用温馨的礼物给爱情加温

　　美好的爱情一定是有礼物相伴的。它可以是廉价简单的小东西,哪怕是一张照片、一本书或者是挂在墙上的格言,但是前提是能够使你受到感动,对自己有着独特意义的才是最值得珍惜的。当这些充满爱和幸福的物品时常出现在你的爱情里时,这些东西就会把那些美好的回忆调出来,提醒你身边的那个人对你的爱。这样,你就会减少和爱人的争吵,同时加深两人的感情。如果你还没有,现在就请去买一件爱的礼物吧,把自己的爱传递给自己的家人朋友。

　　要记住:送给恋人的礼物不是越贵重越好。很多人觉得,别人对自己的"好意",要用同样的甚至超出自己得到的爱来回报,让心理能够平衡。每个人都喜欢礼物,但并不一定都喜欢昂贵的礼物,有时候,贵重的礼物反而会增加对方的压力,会在心里形成一种负罪感,甚至认为你带有企图。因此,不需要太昂贵的礼物,需要的往往是真心和创意。以下几种小礼物都是合适的:

1. 时刻亲吻的情侣杯

情侣杯的设计创意十足,又蕴含了爱情的甜蜜。现在"仿人面"的情侣杯就是雕成人的侧面,嘴唇、下巴、耳环都具有,只要一喝水,你们的嘴唇就会触碰到一起。男女生分开使用才更能体现出设计的创意和用心:无论什么时刻都能亲吻。

2. 一瓶香水

香奈尔香水博物馆馆长安内特·古宁先生说:"女性天生是浪漫和美丽的尤物,她们在等待她们的白马王子到来。而香奈儿正是护送这白马王子的护卫。"在拉丁文中,香水的意思是"透过烟雾",爱情本就是一种朦胧而迷幻的感觉,就像香水的味道一样,充满恍惚的诱惑。香奈尔告诉女人:"在你想让人亲吻的地方搽上香水。"因此,先生们送给女人的最佳礼物莫过于一瓶优质的香水。

3. 花种或盆栽

如果想要有一种经营爱情的味道,那可以送植物或者种子。在肥沃的土壤中种下你们的爱情种子,一起见证你们的爱情开花结果,多么美妙。当然不同的植物,也代表着不同的含义。追求浪漫可以选择"天长地久"那样的植物种子;对自然喜爱的可以送些观赏类植物的种子;转基因的种子是追求时尚的人们的最佳选择。总有一种植物能表达出你的内心。男人通常是比较粗心的,所以送给男友的种子,最好充满了活力和生命力。

4. 调味罐

调味罐很实用,且造型越来越精致,特别适合送给女朋友,送女孩子可以让她做菜更方便。

5. "肉麻"贺卡

"一天不见到你/我便觉得生活失去了意义"、"对于我,你就像红酒,品一口脸会红,然后变得飘飘然,心里暖洋洋,之后……"这样的情人节贺卡往往很有趣,这种欲说还休的表达,更能加深彼此的暧昧,表现恋爱双方的"肉麻"。

6. 情侣表

"酷哥"贝克汉姆和"辣妹"维多利亚在足球赛上的一见钟情被众人钦羡。随后,记者拍到他们共度周末的照片。照片上的两人手上戴着劳力士情侣表。哪怕隔得再远,时钟也会不停转,每分每秒,成双成对,无不暗示出他们感情的甜蜜和温馨。

恋爱中一定要送一些礼物,不仅增添了浪漫,同时也能创造惊喜。但是不论是男孩还是女孩都别送太过贵重的礼物,哪怕你没想得到回报,因为这或许会给对方带来一定的心理负担。

智者寄语

恋爱中一定要送一些礼物,不仅增添了浪漫,同时也能创造惊喜。但是不论是男孩还是女孩都别送太过贵重的礼物,哪怕你没想得到回报,因为这或许会给对方带来一定的心理负担。

恋爱合同,遇到真爱会作废

《流星花园》这部电视剧相信大家都看过,里面的西门常强调他的每份恋情都不会超过半个月。虽然这只是口头协议，但旨在告诉那些女人，半个月后就不希望她还在自己身边了。虽然夸张，但是"恋爱合同"的确是存在的，并逐渐被大家接受和认可。

一天重庆某律师事务所来了一对热恋男女，他们希望律师能够拟一份"恋爱合同"交给他们。甲方是 26 岁的李俊，乙方是 22 岁的周雪梅。合同共包括 7 章共 15 条内容，恋爱过程中可能发生的各种情况都涉及了，对两人以后的约会形式、约会内容、恋爱费用支出、保密、违约责任等做出了详细列明。

周雪梅说，她是在半年前认识男友的，是朋友介绍的，在经过了解后，两人便相恋了。可是，她常常在一些媒体报道中看到一些恋人分手后恨之入骨，将对方的隐私曝光。"那真的是太恐怖了，我可不希望自己也那样。"周雪梅说。她还听说过很多恋人分手后互相纠缠报复的例子。于是她心里便萌生了拟定合同的念头，对自己的恋爱做出保障和限制。当她告诉李俊自己的想法时，遭到了李俊的拒绝，他认为合同只会伤害了彼此的感情。可是，听完女友的充分陈述，他还是被说服了。在事务所里，他们告诉了律师自己的要求，并花了好久的时间写出具体条款交给律师。

媒体刚刚披露这份"恋爱合同"，就立刻引起了一部分人的追捧，剩女们便用"签约式爱情"、"契约式婚姻"以及"夫妻 AA 制"等"时尚"因素来保护自己的恋情和婚姻。但是，法律对爱情的保护作用到底有多少呢？

爱情是彼此心心相印的一种感觉，它具有抽象性和不确定性。对方是不是爱你，主要还是看他是否还对你有爱的感觉。就算规定了违约要付出物质代价，可是这毕竟无法挽回他那颗爱你的心。"签约式爱情"表现出来的是一些女性在恋爱方面的不自信和不成熟。虽然阅历逐渐增加，女人开始变得老练起来，可是女性毕竟是感性的群体。心理学家也给出过这样的说法，男人和女人有着不同的思考方式，一个男人用左脑思考，就是用左脑和你交谈。但是女人截然不同。跟你说话的时候可能是左脑，右脑却一直没有停止活跃和思考，不管她左脑接收到了什么信息，她都愿意用右脑中的思考作为自己的内心信息表达出来。

女人是感性的，看到其他人受到伤害，就会不自觉地假设自己也会如此，因此无论事情最终是否应验，她们都希望早点防范。这其实是她们没自信，甚至幼稚的表现。在安逸的时候却整天杞人忧天，那么怎么使这份感情良好地发展下去呢？如果你的爱人在下班的时候，想给你定一个生日蛋糕，但是又不能违反合同里的按时回家的规定，你会希望他怎么办呢？

不要把恋爱当做商品交易，感情也没有固定的轨道。"契约"只是对两人身体的勉强和限制，却不能将心捆住。恋爱 AA 制，能够在分手后减少自己的损失，可是也会使爱情变质，会因不断追求自己的权益而变得自私，又何异于商品交易呢？又有什么浪漫可言？用心真诚地交往和坚持才是我们需要做的，而不是在契约中算计、防范。

女人是用右脑思考的，从而决定了她们在恋爱时会变得欠缺思考，假如遇到了她真正爱的人，再详细有效的合同，再多的条款都会作废。

智者寄语

女人是用右脑思考的，从而决定了她们在恋爱时会变得欠缺思考，假如遇到了她真正爱的人，再详细有效的合同，再多的条款都会作废。

短信是沟通感情的有效道具

在现代社会,电子科技已经融入我们生活的方方面面,其中包括恋爱等情感生活。除了打电话之外,用手机收发短信也成为约会男女联络感情的方式。相对于见面、打电话或者收发邮件等方式而言,通过短信表达感情,越来越受到人们的欢迎。

现代人一个普遍的感受是:有了短信,情人间能更好地交流,也能更加快速地传递彼此的心情感受,让双方距离更近,关系更好。事实的确如此,短信参与到人们的感情生活中,并且已经变成了一种重要方式。情人间短信沟通的特点可以归结为以下几点:

(1)短信可以随时随地发送。不管你是在上班还是在休息,只要一想到对方,就可以给他发条短信,表达你现在的感受。

(2)发短信看上去是一种"偷偷摸摸"的行为,这无疑能让爱情变得更加神秘有趣。

(3)由于不需要打电话就能相互沟通,因此短信显得更加方便。在很多时候,人们只需要传递简单的思念之情,打电话的话却显得过于隆重,短信聊天则比较轻松,而且没必要为说什么而伤脑筋。

(4)在发出邀请、表达爱意或提出请求的时候,短信可以使人避免被直接拒绝。在恰当的时候选择恰当的措辞,短信的确能产生神奇的效果,比如:突然有点想你了,我正在想象你现在在做什么,我刚醒来就想到了你。

(5)短信使撒谎变得更加容易。在打电话的时候,人们说话的语气以及周边环境所发出的声音,可能会"出卖"说话人某些不想告人或不可告人的秘密,只有书面文字的短信,可以让对方不知道不想让他知道的。利用短信,一个人可以轻松地同时和10个其他相同关系的人保持联系。

诸如此类的短信,虽然没有直接表达对对方的爱意,但却充满了想象空间,这种具有挑逗性的短信,会让对方惊喜若狂。这时,无论他在做什么事情,都会突然感到幸福从天而降,浑身充满了激情和力量。这就是短信的巨大魅力。

不过,随着我们包括短信在内的沟通和交流手段的增多,减少了面对面交流的机会。尽管短信是一种不错的工具,但它不同于打电话,不同于面对面的正面交流。短信联系尽管有很多优点,但是缺点也不能忽视,它毕竟只是正面交流的补充方式。在人和人的交往中,尤其是对处于约会阶段的男女来说,对对方的印象和情感,当然不只是语言所能做到的,除此之外,还包括许多直接的视觉印象、听觉印象等,更何况短信距离语言还有一段距离。因此,只有短信的恋爱是不完整的,面对面的交流必不可少。

因此,如果你打算在一开始就把握好感情的正确方向,就不要事事都用短信的方式与对方说。如果对方很热衷于这种方式,甚至每天都能给你发几十条短信,你也必须提醒他,让他习惯打电话,正式约会,和你坐下来面对面地交流。至于以何种方式提醒,就要看你们之间的关系发展到什么程度了。当然,要注意提醒的方法。

智者寄语

现代人一个普遍的感受是:有了短信,情人间能更好地交流,也能更加快速地传递彼此的心情感受,让双方距离更近,关系更好。

女人给男人打电话须遵循的原则

在现代社会,打电话已经成为人们交流沟通的一种重要渠道,对于约会中的人来说,亦是如此。然而,打电话貌似一件微不足道的小事,但有时候却足以决定一段感情的成败。

初次见面约会之后,女人对印象不错的男人接下来的表现充满了期待。她觉得若对方和自己感觉一样,就会给自己打来电话,或表达上一次约会的感受,或发出下一次约会的邀请。所以,女人会因为男人迟迟未来电而倍感难过,原因就如男人不了解女人的行为方式和习惯一样,她也不了解男人;她心里非常急切地想给他打电话证实自己的想法,但是却在电话旁犹豫了:是主动打过去,还是静候佳音?

是否主动给他打电话,这的确是一个问题。这个问题不仅会出现在第一次约会之后,而且还会出现在整个约会过程中。每当她预备主动打电话给他时,周围的人就会告诫她:"你是女人,这个时候千万不要先打电话。"但问题是,她真的好想听见他的声音。

以前,女人给男人主动打电话,的确是众所周知的禁忌,因为这会让女人失去两种被认为最该拥有的性格——稳重和矜持。从少女时代开始,女人就被灌输这样的思想:"在谈恋爱的时候,让男人追你的过程太容易,或者你过分地纵容他,你就会被他看不起。"这种说法尽管已经听到厌烦,但却不得不承认这是事实,而且直到今天仍然适用。

不管什么时候,只要她对他的热情远远超过他对她的程度,那么,这段情感就很难维持长久,男人需要通过追求的过程,发现自己是否真的爱这个女人。就像种子必须在适宜的生长条件下才能生根发芽一样,男女感情的发展也需要适宜的条件。尤其在约会的初期阶段,女人如果一直咄咄逼人,男人就会渐渐对女人失去兴趣。在感情的天平上,男人就会变得更加不上心,更加被动。男人对女人的兴趣,有时候会止于女人的主动追求。

实际上,在这个时候,男人不给你打电话,不代表他对你毫无感觉,你仍然是有希望的。你所要做的不仅仅是在电话旁等,而应该用各种活动取代忧虑和猜测,让凝固的时间飞逝。大多数女人犯的一个错误是,过于容易将焦点放在某个男人身上,为了一个男人而让自己的生活停滞不前。同时,女人期盼男人能够为她做任何事情,这无疑给男人带来了一种巨大的压力。如果你需要这个男人填补空白,并以此安排你的日程,除了他之外,生活就变得了无乐趣,那么,他对你的兴趣就会越来越小。相反,男人更感兴趣的,是那些善于给自己留下一些合适空间的女人,同时也会被她深深地吸引。

因此,女人应该将对其他东西的感情、兴趣作为主菜,将浪漫的爱情作为一道特殊的饭后甜点,从而使你的生活丰富多彩,在充实的生活中忘却那个揪心的电话。一旦你发现自己正在焦虑不安地等待着他的电话时,就赶快将你的注意力放在主菜上吧。

当然,主动打电话给对方并不是完全不可行,许多女人都这样做了,不过她们得出的结论都是:这种方法根本没有任何作用。但实际上,之所以失败,是因为她们方法运用不当。我们说最好不要主动给男人打电话,是考虑到许多女人在电话中运用了错误的表达方式。如果你运用得当,主动一点反而可以将你们的关系推向新的阶段。

当你准备主动打给对方时,你至少应该遵循以下这些规则:

(1)如果你为男人迟迟不打电话而难过,那么,千万不要打电话。很多女人几经内心挣扎,放弃了女性特有的矜持,主动打了过去,却说:"一直接不到你的电话,我非常难过。"如此哭诉会让他感到莫名其妙,从而在很大程度上阻碍你们之间展开恋情,也会让你显得过于主动。

(2)不要向他提出问题。在一两次约会之后,女人为了确定男人对自己的印象,常常不停地和他讨论感情问题。而此阶段的男人却只想先和你交往一下,看看彼此感觉如何,再考虑何去何从,因此,这个阶段的男人并不怎么想讨论这类问题甚至明确关系。

(3)作出积极的评价。这是你获得想得到的确认的方式之一。那就是你根本无须问对方对你的感觉如何,只要他积极评价你们之间的约会,你就可以把悬着的心放下来了。因此,不要提问,只需通过对他的积极评价,让他知道你的感觉即可。比如,告诉他你喜欢和他一起看的电影、一起玩过的游乐场……女人对男人的积极回应,会让他感到强烈吸引,而正是这种吸引,使得他对你的爱意日渐增长。

(4)不要对任何事情提出建议和帮助。女人越让男人觉得他有能力,有自信,就越能吸引他,让他为你着迷。即使你有十足的把握,认为在某件事上的建议能让对方获益良好,你也必须慎重,千万不要自作聪明。即使他向你征求意见,你也要格外留心。当你向他征求建议时,无论赞成还是反对他的建议,你都一定要给他留足面子,对他的努力帮助要心存感激。

智者寄语

我们说最好不要主动给男人打电话,是考虑到许多女人在电话中运用了错误的表达方式。如果你运用得当,主动一点反而可以将你们的关系推向新的阶段。

注定无法长久的 5 种恋爱

可云和男友的相遇是在学校的一次联谊会上,那时候男朋友读的硕士,她自己读的本科,以相貌而论的话,他们十分般配。两人毕业后便打算结婚。可是可云的母亲却一直反对他们,经常劝她:"这孩子其实挺好的,可是你们的生长环境和背景差异太大,这会影响到你们以后的婚姻生活的。"但是可云却觉得男友来自农村,人善良,肯吃苦也有追求,母亲的劝告对她而言根本没有任何作用,甚至和母亲赌气般地将坚持结婚。等真的在男友家生活后,可云才理解母亲的苦心。一回到家,便需要应酬一大堆老乡亲戚;吃过饭后,嫂子便把洗碗的任务交给了可云;晚上,还要听公婆的训话,他们甚至要求和儿子一起住,还得到了男友的同意,但实际上房子并不是很宽阔。可云反对的表态令公婆很不满意,家人关系一度陷入僵持……可云觉得自己很委屈,于是回了娘家。回来也没有等到男朋友的安慰,认为她本来就需要做这些,在一场大吵后,男友提出了分手。

我们都希望有长久的爱情,但却不是所有的爱情都能坚持到底。也许你会说自己能够维持,可是无论怎样努力,那些差异总是无法消除掉的。那么,什么样的爱情注定是短命的呢?

1. 仅仅是被对方的外表所吸引

外在美常常能催生爱情,可是却永远不是维持爱情长久的药方。原因在于用心经营才能真正拥有爱情,既不是精深的策划,也不是眼睛的单纯享受,而是需要付出真心。自然,外在的美丽常常让我们有感官和精神上的享受,可是时间久了也总会产生审美疲劳。我们总会有人老珠黄的一天,当出现新的漂亮外表,那么爱情的隐疾就会出现。只有"我爱你,不仅爱你年轻时的美貌,更爱你脸上岁月的沧桑。"这样的爱情才会坚不可摧。

2. 突如其来的好感

大多数情况下,这种爱情像烟花一样,绚烂但易逝。倘若某天,你对某人突然滋生了爱意,不是因为你太寂寞就是因为错觉。这种爱情就像空中楼阁,根本没有生存的根基和营养。心血来潮固然汹涌,但总会退潮归于平静。也许有人会反驳,电影《泰坦尼克号》里那段生死之恋何尝不是突然而来的,可是如果杰克活着,谁又能保证他们的爱情会有完美的结局呢?那样的爱,因为短暂和分离而愈加美好和痛彻心扉,不能够等同于日常中的爱情。

3. 失恋之后寻找安慰的爱情

人在失恋后往往变得极度脆弱和寂寞,很渴望有个人此刻来温暖自己。如果这时出现了那么一个人,你便会因为他的雪中送炭而死心塌地。他的安慰让你产生了感动和依恋,你觉得那便是爱情。可是你们的相遇是在错的时间,所以不会长久。一旦你从失恋的阴影里走出来,能够发现生活当中的一些细节,可能会觉得身边的人如此的陌生。他只是在你艰难的时候帮了你,你对他是感激而并非爱。

4. 因为赌气和一个人在一起

倘若你爱的人无法得到周围人特别是父母的认可,这时你的叛逆心理可能就被激发了,你会赌气,坚信自己的选择是正确的,想要跨越重重阻碍最终获得爱情的胜利。可是,爱情不是赌气,它会毁了你本该的幸福。你可以平静下自己的心,问自己是不是真的爱他,两人在一起是不是真的适合。合适就坚持,如果真有不合适的地方,就多听听父母给出的建议,倘若和一个人一起是因为赌气,最终是不会有一个好的结局的。

5. 对方不是自由身

如果你的爱人除了你之外还有其他的爱情对象,别把那些根本没有把握的承诺当回事。一旦对方不能立刻做出决定,那彼此不会幸福的。世界上的好人到处都是,别让自己陷入煎熬当中。

假如我们还未恋爱,可以通过这些学习经验;假如我们正好在这5种爱情当中,那么及早抽身,因为这并不是你真正的幸福。

智者寄语

假如我们还未恋爱,可以通过这些学习经验;假如我们正好在这5种爱情当中,那么及早抽身,因为这并不是你真正的幸福。

第三章
学会吸引，让男人在爱情中眩晕

永远不放弃美丽的权利

首因效应指的是两个人在初次接触或交往中留给对方的印象，并且占据着主导地位。它是指人们往往会对第一次接触的某物或某人有深刻印象。外形靓丽的女人，更容易让人眼前一亮，也更能吸引人的注意，男人自然也很难抵御美人的诱惑。

男人想要争得一个世界很可能需要拼搏一生，女人要获得一个世界只需征服一个男人。哪怕男人多么睿智理性，在美女面前都会对她心生好感，变得感性。你不要认为男人很幼稚，男人是作为视觉动物而存在的，男人的好色是与生俱来的。

为什么说好色是男人的天性呢？这源于男人的生理结构。上天把男女的性别特征以凹凸契合的形状来设计，人类便会产生契合欲望，男人尤为强烈。大脑支配人的意识和行为，脑下垂体是大脑里的一个器官，它的作用是分泌性激素（或叫性荷尔蒙），这就是男人天生便好色的原因了。面对美女，男人往往容易冲动，正是睾丸激素使得男人失去理智。

母性这一原始的元素女性天生就具备，男人往往难以抵挡妩媚的女性！有人欣赏的美才是有价值的。要是没有人欣赏，即使再美丽的事物也只能孤芳自赏，又有何趣味而言？因为男人好色，因为会有男人呵护，女人在生活中才会充满自信。如果每个男人都像柳下惠一样坐怀不乱，那么自古以来，"闭月羞花"、"国色天香"、"倾国倾城"、"沉鱼落雁"等佳人也只能独自抱着琵琶空悲叹了。

女人的容貌往往最先引起男人注意，然后才是其他的。在和美女初次打交道时，男人不太可能先对她聪明的头脑和傲人的才干感兴趣。比起女人的心智和头脑，容貌是男人更在意的。每个人都有爱美的心，每个男人都希望陪伴他走过似水流年的是一个如花的美眷。男人要是看到一个如花的美人，便会觉得生活很美好。一个女人要是能够让男人联想到美好，那么男人才会珍惜她。几乎每个女人都能做到赏心悦目。倘若女人放松、邋遢、懈怠了自己的形象，她的魅力也会因此减分不少。

女人总把感情遭遇失败之因归于男人的薄情。虽然男人有错，但女人也应该自我检讨，为什么男人会离开你而爱上别的女人。很多女人在恋爱多年后，便开始采取消极的保养。她不会再像从前为了约会花费时间去打扮，因为她早已认定了男友会是自己以后的家人，她之所以没有一些顾忌就是因为他们关系太熟悉了。但是作为视觉动物的男人，对美丽的女人天生缺乏免疫力，难免会厌倦看久了的恋人。女人要是没有留心，忽略了男人的视线，可能男人会抵挡不了别的女人的诱惑离你而去。因此，先抓住男人的视线才能抓住男人的心。可能你并没有非凡的美貌，但你也不会丑得不敢示人。我们虽然都只是很平凡的女子，但一定要给自己强大的信心。

世上只有懒女人,没有丑女人。女人要想变成美丽的天鹅就要将美丽的秘诀掌握好,这样才可以绑住喜欢的男人。

永远都不能放弃让自己美丽的权利才是聪明女人的做法。女人爱情不败的根本便是拥有美丽,男人不可能永远对一个善于完善自己的女人感到厌倦。虽然美丽是天生的,但是只要经过努力培养就能变得漂亮。要光彩耀人,并不一定要天生丽质。

───────────── ❧ 智者寄语 ❧ ─────────────

永远都不能放弃让自己美丽的权利才是聪明女人的做法。女人爱情不败的根本便是拥有美丽,男人不可能永远对一个善于完善自己的女人感到厌倦。虽然美丽是天生的,但是只要经过努力培养就能变得漂亮。要光彩耀人,并不一定要天生丽质。

用你的自信吸引他

一个人成功一定需要自信。男人有了自信会变得更加成熟,女人有了自信会变得更加迷人。女人拥有了自信才会美丽,女人的本钱是成功,但自信才是女人一辈子的依靠。女人自信才会更加明白生活的真谛,知道如何更好地体现人生价值,不论生活还是工作都洋溢着十足的信心,精神焕发,昂首挺胸,神采奕奕。她对生活、事业也十分热爱,她们永远保持着自信,沉稳干练,思维敏捷。这种自信需要日积月累,它是岁月沉淀的精华,要你时刻去关注去修炼。要想达到这种境界,女人要将内心当中的浮躁都摒弃掉,随着时间流逝,你会因自信成为真正的美人。

拥有了自信的女人也就获得了一生最宝贵的财富,自信能够塑造女人的美丽。自信为女人提供一种独特的吸引力,她让女人更加光彩夺目,绚烂迷人,也让女人变得更加坚强。自信赋予女人能力,让她不再害怕生活的艰难困苦,无论遇到怎样的风口浪尖,都会傲然挺立,即使遇到了挫折也不会低下头来,半途而废,而是逐渐充实和完善自我。

因为有了自信,女人便拥有了独特的气质,同时强大的向心引力也随之而来。自信的女人气质永存,不怕岁月的流逝使自己苍老。拥有自信的美丽女人像一弯深湖,优雅从容地将自己的精彩演绎着;诱人的气质和风度总会体现在自信的女人身上,让心中的内涵像花儿一样绽放出来。

虽有着花容月貌,却空虚、懦弱,缺乏自信,这样的女人即使美丽也会减分不少。自信的女人,就算她的外貌平凡,也会绽放光彩。因为自信会帮你塑造人格魅力,带给身边的人无限吸引力。自信的女人懂得如何恰当地穿着打扮,她会用自信把爱情的道路照亮,她也知道如何使自己的婚姻幸福美满。自信的女人在职场上也不逊色,她们更明白用内涵展现自己的魅力。不论你贫穷还是富贵,不论你漂亮还是平凡,我们都要相信自己就是公主,哪怕没有为你喝彩的人,但是一定要相信,幸福是自己创造的。

对于女人,自信是一种不可缺少的品性,倘若你希望变得美丽起来,那么,请骄傲地抬起头颅,让你的嘴角挂着自信的微笑,那时的你便是生活的主角,分外动人。或许你并不完美,可是世界上没有十全十美的人。对自己的一切坦然地接受,找到让自己自信的东西,扫除你的自卑,淋漓尽致地把自己的本色发挥出来,让每一天都过得阳光灿烂!

或许你并不完美,可是世界上没有十全十美的人。对自己的一切坦然地接受,找到让自己自信的东西,扫除你的自卑,淋漓尽致地把自己的本色发挥出来,让每一天都过得阳光灿烂!

将你的劣势捆绑于优势之上

对待爱情,有一种不错的方法叫——"爱情捆绑"。比如,每当超市有促销活动时,总有一些商家总会顺便绑些不起眼的商品放在高档促销品的旁边,让消费者购买。那些亮眼的促销品一下就吸引了消费者的眼球,就算搭配再不起眼也会被消费者自动忽略。或许你没有靓丽的外貌,或者你气质并不动人,甚至和对方比起来,你连他优势的一半都不具有,可是你不需要唉声叹气。在爱情的追逐赛中,聪明者懂得掩饰自己的缺点,将"闪光点"发挥到无限大,让对方接受你的优势也不嫌弃劣势。

飞荷长得很丑:具有一副龅牙、宽额头,而且身高仅仅1.48米,十分矮小。她周围的人都担心她不会有一段好的婚姻,只有和她一般的丑男人才会和她在一起,但令大家大跌眼镜的是,她的老公李云伟却有1.75米的身高,而且相貌端正,气度不凡。被问及当年是怎么看上这个相貌并不出众的新娘时,李云伟动情地说:"她没有出色的外表,但却具有热情、善良、热爱生活的品质。很多女孩见到我脸就变红了,害羞得什么也不敢说。可是飞荷不同,她喜欢和我谈天说地,而且这让我感到很开心。再说,现在会做家务的女孩还有几个,但是她还边说边笑地打毛衣,这样的人肯定会过日子。"这样,李云伟便很想娶她做老婆。结婚之后,两个人互相恩爱,生活幸福和谐。飞荷每天让家里变得干净而充满温馨,博得李云伟的称赞。

年轻的女孩子,别因为自己不完美,就自卑地认为在爱情里也是卑微的。你要是碰到了心仪的交往对象,不敢勇敢地向前,一旦错过,你可能会因为自己的自卑而后悔终身。为什么不放大自己的亮点,让自己的不足隐藏起来?

有这么一句话:"情人眼里出西施。"这说明了在心爱的人看来,有时候你的某一个亮点能够让人不去注意你其他劣势和缺点。

思柔是个长相平凡得不能再平凡的女孩,她身边的女孩都很漂亮。他们偶然相遇是在大学二年级。男孩十分优秀,很受人欢迎,他既稳重又很会幽默,对待人十分忠诚,还会画画,身边必然经常有女孩。可是他却从来没有和任何一个女孩相爱过。思柔同样爱慕着这个优秀男孩,可是只是站在一边看着而已,不敢接近他。当别的女孩疯狂地追求他时,思柔就越对他冷淡、无所谓。可是,爱情通常是出乎人意料的。没过多久,男孩竟然主动向思柔表白。思柔得到了甜美的爱情,成了幸福的小女人。许多人对他很好奇:"那么多漂亮的女孩你不选择,为什么爱上的偏偏是形貌平平不出众的她?"他便笑着说,"原因我也不懂得,她十分冷静,一种别的女孩没有的力量吸引着我,便想与她一起"。或许爱情没有规则可循,让人摸不到头脑,正是她的漫不经心才让幸福降临。

也许,思柔的聪明之处正是她的漫不经心,她懂得众人的追捧或许令男孩早就感到了厌倦。于是,她选择做独特的自己而不再与众人一般。如果自己并没有过人的优势,做一个另外的自己也是一个好办法。每个人都会有这样的转折点,需要的是你发现机会,努力去寻找。

年轻的女孩子们,只要明白了如何把劣势捆绑于优势之上,那么爱情之中的"捆绑"道理你们便懂得了。事实上,闪光点每个人都会有,有时候只需放大这些光芒,那么不足以大的劣势也便悄然消失了。

智者寄语

年轻的女孩子们,只要明白了如何把劣势捆绑于优势之上,那么爱情之中的"捆绑"道理你们便懂得了。事实上,闪光点每个人都会有,有时候只需放大这些光芒,那么不足以大的劣势也便悄然消失了。

给他制造"救美"的机会

动物必须保持物种的优越性才能生存和繁衍,雄性动物经常会为了争夺配偶发起战争。作为雄性动物的男人自然也少不了好斗的特性。性欲本能和生存本能会产生人类精神活动的能量,亘古之前,男人的英雄主义情结就从生物本能里衍生出来。

有这样一个说法,男人交心于世界,女人交心于男人。自从有了盘古开天辟地一说,男人就是既有进取心,又有征服欲;既有阳刚气,又有责任感的象征。从很小的时候,男人便被教导要成为顶天立地的大丈夫。小学时通过对历史人物的学习,把成吉思汗、彼得大帝当做偶像,他们征战四方杀伐决断;上中学以后看了《侠盗罗宾汉》,心目中强烈的英雄情结油然而生,逐渐便形成男人不仅征服得世界,更征服得女人的理念。

情场就好比战场,倘若一个女人始终高昂着骄傲的头颅,最后便会感到孤独,好像打遍了天下无敌手一般,处高处而不胜寒,"独孤求败"的念头难免会在不经意间生出。女人希望得到男人更多的疼爱,就要制造"英雄救美"的机会让他表现,在他面前适当地表现自己的柔弱。弱并不是指你要软弱不能坚强,更不是要乞求男人,而是要男人多关心、呵护、保护、疼惜你,作为女人,要会使用示弱这一杀手锏。有很多方法可以使男人很坚定地爱上你,有一招最管用、最平常,那就是让他觉得他的保护是你需要的。你要相信男人的天性之一就是保护女人。男人哪怕再幼稚矮小,也具有刚强和父爱的本质,要是把男人比作一片风景区,那么女人就是风景区里的盈盈之水、一草一木,没有一个男人不会倾其所有去保护他的风景区。

要想让男人对你产生保护的欲望,并不是需要你总表现得柔弱可怜,而是应该在他面前适当地表现自己的柔弱,让他产生想要照顾你的想法,使你们的感情更加亲密。因此,要留给他机会来表现,遇到事情多去询问他,读懂他的想法,最后对他所为你做的一切表示感谢。当一个男人觉得在你心目中他扮演的是超人的角色时,他肯定会对你更疼爱。那么男人的保护欲望该怎么激起呢?可以尝试以下几个方法:

首先,适当地让他去做事。你可以让他帮你收拾书柜或者给你做顿饭。当实质性任务的挑战被接受时,他在你面前会更有自信。

其次,多询问他的想法。该投保哪家保险公司的寿险可以去问他,或者问他要去哪里度假,征求他的意见会显得你很依赖他。

再次,选择柔软布料的衣服。男人会对人造丝、天然丝这些细致的布料有强烈的反应。它们能让你表现得更加柔美,让他对你更有爱意。

有关研究表明,面对成年人时,儿童常使用一些特殊的信号,让成年人知道他们需要得到保护。成年人的保护欲会受到孩子信号的激发,女人可以通过化妆给你一双大大的眼睛,略微倾斜着头,看着对方,那么男人会对你有强烈的保护欲,心里萌发出来的攻击性会被克制。因此,女人也可以利用这一点使男人的保护欲得到激发。

男人都希望自己是身披光亮恺甲,手拿钢枪的角斗士,他随时都做好了准备,去营救处于危难当中的公主,这样的英雄情结潜藏在每个男人心中。在内心深处,男人是渴望成为英雄的,他们可以放弃所有去保护自己心爱的女人。如果受到了女人的召唤,他不会犹豫、不会瞻前顾后,只能奋力向前。这也是古今中外的文学作品总是不厌其烦地上演英雄救美故事的原因,绝大多数男性基本的爱情需求能够被反映出来,因为男人都渴望自己在心爱的女人面前是施予者、解放者和救世主。因此睡美人想要被王子唤醒,必须一直沉眠;周围的妖魔鬼怪为公主被救埋下了伏笔。越艰险的道路,就孕育着越光明的前途、越坚强的堡垒,男人的无穷斗志才越能被激发。

智者寄语

女人希望得到男人更多的疼爱,就要制造"英雄救美"的机会让他表现,在他面前适当地表现自己的柔弱。

神秘感是抓住男人的首要因素

到底什么样的女子才招男人喜爱呢?淑女?才女还是美女?我们可以看下测试的结果。美国一家时尚杂志曾经对 500 名男士做过一项很有意思的调查,调查对象是经常出国旅游且年龄在 25～35 岁的单身者:最吸引你的是什么样的女人?

1. 温柔体贴的家庭主妇
2. 热情四射的性感女郎
3. 亲切可爱的邻家女孩
4. 妖娆又神秘的女子

答案在人们的意料之外,在女性可爱、性感、温柔、神秘等许多特点中,最受男人喜爱的是神秘。70% 以上的单身男士一致认为神秘妖娆的女子最能吸引他们。一个女人即使再漂亮,也要有吸引男人的神秘感。

叮当是那种走到街上,能赢得 80% 以上回头率的优质女孩。可是她的恋爱过程却总磕磕碰碰。有一天她又对朋友诉说自己失恋了,希望朋友能去咖啡厅陪自己。聊了很久之后才发现原因,在爱情里她表现得过于诚实,甚至对过去的情史都毫不隐瞒。

叮当的做法是恋爱的一大忌讳,男人知道了你的太多就会对你挑剔,也会因为没有神秘感而失去对你的兴致。女人要学聪明些,说话只说七成,留给他们揣摩和遐想的空间。女人想要一直吸引男人,不能靠惊人的美貌,也不能凭温顺的性格,更不能靠非凡的才华,而要展现给男人神秘感,让他们无法掌控,这样他们"狩猎"的欲望才能被满足。

男人都会追逐女人神秘的内心世界。对男人来说,神秘的女人就好比埃及金字塔,或者好比撒哈拉沙漠,虽然神秘但是极具诱惑力。正如《爱情心理学》一书中弗洛伊德的分析,"危险的坏女人"为什么总是会受到男人的喜爱,只因那样能带给他们挑战和刺激,他们的狩猎心理完全由女人的神秘感所掌控,不入虎穴焉得虎子!

你越神秘的话,他便会越好奇;你越被动的话,他便对你越主动。要是他了解了你的所有,失去好奇心,那么离他离你而去的日子不远了。"犹抱琵琶半遮面"这种东方式唯美应该体现在女人身上,而不是展现出所有的"接天莲叶无穷碧,映日荷花别样红"的绚丽,不能像白开水一般透明,也不能没有令人期待的感觉,激不起男人挑战的兴致。

智者寄语

"犹抱琵琶半遮面"这种东方式唯美应该体现在女人身上,而不是展现出所有的"接天莲叶无穷碧,映日荷花别样红"的绚丽,不能像白开水一般透明,也不能没有令人期待的感觉,激不起男人挑战的兴致。

爱情坚持"半糖主义"

对于恋爱,男人是经历爱——怕——烦——离开的过程,而女人经历的是无所谓——喜欢——爱——真情难收的过程。当男人很爱女人的时候,女人可能并不为男人所动;当女人逐渐对这个男人有好感,男人对你可能早已厌烦,想要离你而去。这也是女人爱得越深,越容易失恋的原因。男人在爱的过程中,把天鹅变成了癞蛤蟆,而女人在爱时,青蛙逐渐成了王子,爱的不对等往往使把爱人当成全世界的女人备受伤害。所以不要让男人那么轻易地拥有你。

追逐快感、激烈的竞争是男人的爱好。他们喜欢竞技、战斗、狩猎。先锁定目标再将目标实现是他们最爱做的。男人之所以眷恋猫捉老鼠的游戏,是因为这会让他们激动不已。稳定静止的情爱方式更受女性青睐,男性却不是这样,他们对变化运动的爱情游戏更加青睐,只有不断的新鲜和刺激才能使他们乐此不疲。

美国影片《偷心》中的一个情节是这样的,女主角娜塔莉·波特曼问男主角裘德·洛,什么原因让他爱上那个摄影师还爱得那么疯狂。"因为她成功了吗?"裘德·洛回答:"并不是这样,只是因为她不需要我。"不被男人得到的女人才会激发男人的欲望。你越难以抓住,他便越锲而不舍;你要表现出不冷不热才能博得他的爱。

港剧《金枝欲孽》中的尔淳就是个聪明女人,她能懂得男人心,她知道百依百顺是讨好皇上最笨的方法,那样会让皇上觉得无聊甚至厌烦。若即若离才是聪明的办法,让他觉得你可望而不可即。

在皇上想要主动接近她的时候,她便欲擒故纵,后宫千万佳丽钩心斗角、争风吃醋,为了靠近皇上想尽一切办法,她却反其道而行,欲说还休,欲拒还迎。由此一来,她把皇上的胃口高高吊起,使皇上被这个工于心计的小丫头迷得神魂颠倒。

别让自己成为容易上钩的鱼儿,故意和男人保持若即若离的距离,这样猎爱的过程男人通常会更期待,他会对你更加上心。

"我要对爱坚持半糖主义,永远让你觉得意犹未尽,若有似无的甜才不会觉得腻。我要对爱坚持半糖主义,真心不用天天黏在一起,爱得来不易要留一点空隙,彼此才能呼吸。"新时代的感情要坚持"半糖主义"。

爱情是不讲道理的,分别久了会怀疑对方是不是冷淡了不爱了;在一起太紧了,便觉得爱得太用力,爱便会很快燃烧。

陶娟和向岚是大学同学,相同的兴趣爱好和目标使两个人刚见面便结成了好姐妹。大二的时候,她们都恋爱了。在对待爱情时,两个好姐妹没有了往日的默契,向岚觉得想让爱情更加甜蜜就要采取"蜜糖主义";陶娟则觉得"半糖主义"的爱情能让双方意识到爱情来之不易而更加珍惜。两个人始终坚持自己的想法。向岚始终不渝地坚持"蜜糖主义"原则,除了睡觉和上课,她时时刻刻都黏着自己的男友,这对甜蜜恋人如胶似漆,一刻不分开。可是,他们并不是很幸福,没有距离的生活使得他们逐渐看到对方的缺点,滋生了重重矛盾,多次发生争吵,"分手"二字更成了两人吵架时的家常便饭,两人分分合合,身心受到了极大的伤害。最后疲惫到无力再去争吵的他们选择分手。而陶娟觉得爱情应该坚持"半糖主义",她没有把自己所有的时间和精力都献给爱情,只有晚饭她陪男朋友一起吃,然后两人就去学习。哪怕是周末,她也是把自己时间的一半留出来陪男朋友,另一半时间自己安排,同时也给男朋友时间和空间干自己的事,再次见面时两人还会讲述彼此发生的事。这段爱情因为距离反而更加甜蜜。大学毕业不到一年,陶娟就收到男友的求婚。

坚持"蜜糖主义"的向岚最终没能获得美好的爱情,赢来了幸福的婚姻的是陶娟的"半糖主义"。"蜜糖主义"觉得爱应该一刻不分开,一步不离开,对方完全是自己的。而"半糖主义"反对全糖式的爱情,是一种理性的爱情观,它主张保持距离和神秘感。相爱的两个人并不是非得如胶似漆,记住爱情不是生活的全部。婚姻不是一两天的事,假如有一天我们感到疲惫了,当初的激情和纯真随时间消逝后,那么细水长流的婚姻才能经得起时间的考验。

我们要用"半糖主义"来面对爱情,双方不必时时刻刻都黏在一起,让彼此都有一个空间和自由,只有这样爱情才会保持新鲜感。

------ *智者寄语* ------

别让自己成为容易上钩的鱼儿,故意和男人保持若即若离的距离,这样猎爱的过程男人通常会更期待,他会对你更加上心。

不说"我爱你"也能吸引他

《男人约会向北,女人约会向南》一书由美国著名两性情感专家约翰·格雷所著,书中提到:总想方设法取悦男人,满足男人的每个需求的女人,不仅没有了神秘感,还会使男人习惯你为他的付出并认为是一种理所应当。久而久之,女人总在付出,男人总在索取,男人就只会被动地接受,降临在女人头上的只是一场爱情悲剧。

面对自己心仪的男孩时,学做聪明女人,别去守株待兔,用更加巧妙的方法来使男人受到吸引,而不会产生反感的情绪,从而达到吸引男人并让他来追自己的目的。下面的妙招就是那些聪明女人用来吸引男人的,如果你正暗恋着他人,你可以借鉴下:

1. 间接法约男人

你可以策划一次郊游,同伴是两三个没有男友的女孩,并且对爱慕的人说:"我们要在这个星期天摘橘子,你要是没事的话就带着你的朋友一起加入吧！我们负责野餐,别的开销自己解决。"这样的良好条件,没有一个周末闲着的男人会拒绝参加。大多数情况下,男性不想请你就是担心需要负担过多的费用,你的条件让他没有负担很是轻松,他自然会答应。

2. 万绿丛中一点红

要引起男人的注意最好掌握此方法,但是要把机会和技巧掌握好。例如,在男人聊天的地方,你大可落落大方地走过去加入他们,因为他们绝不是在说正事,一定是无聊时分在那里海阔闲聊。这个时候加入,他们反倒会搬张椅子请你坐下,而不会让你离开。有了一次经历,你可能经常收到邀请一起娱乐,你的那个他自然会注意到你。

3. 瞬间引起他的注意

当你与爱慕的人擦肩而过时,一定要停下脚步,不让遗憾产生。其实,往往是毫无准备的见面,会提供更佳的机会让你们燃起爱情火花。因此,你应该时刻做好准备,说不定在下一秒你就有机会遇到心仪的他。

4. 制造机会,和他独处

比如说你可以拿着刚买的两张电影票去问他:"我这里有两张电影票,你晚上有空吗?"如果遭到了拒绝,你要想办法挽回电影票的损失,例如及时转卖给他人,或是先邀请再买票。另外,除了电影票,你手头两张远游的招待券也是不错的选择,那么你可以问他能不能陪你一起。你们的约会会在你的这种方法中顺利进行。

5. 寄贺卡表"诚意"

无论你是寄贺卡的人,还是接收的人,简单的贺卡,都不会像递情书一般让你羞涩,而且接受贺卡的人一定会对寄出者心有好感。倘若你是从旅行的地方寄出旅游明信片,你对他的心意他定会好好珍藏。在没有完全对他的内心想法有了解的时候,不要在信中写太多内容,还要看他的反应。假如知道他的生日,你最好送他一张生日贺卡以表祝贺,也可以表明自己的心意。总而言之,找找借口,给他的明信片和贺卡尽量简洁大方,那么以后见面,他不会觉得你厌烦。

6. 抓好机会表心意

如果他感冒了必须休息一个星期,此时你要大显身手,抓住机会探望他,让他知道你的关心。

上面的妙招学会之后,你心仪的他一定会注意到你并被你吸引,哪怕不说"我爱你",他也会放低身姿,乖乖屈服于你。

───────────　智者寄语　───────────

面对自己心仪的男孩时,学做聪明女人,别去守株待兔,用更加巧妙的方法来使男人受到吸引,而不会产生反感的情绪,从而达到吸引男人并让他来追自己的目的。

做让男人依恋的"坏女人"

日常生活中,很多贤惠的女人认为对男人好就是不停付出,让男人成为了自己的整个世界。她温和美好,反而会让男人感觉不到新鲜感,日子平淡不已。可是"坏女人"却不这样,她每时每刻都有清醒的头脑,和男人相处时分寸掌握得恰到好处,虽然她也对男人很依恋,但她更知道如何"折磨"男人,要耍小手段。她让男人觉得她飘忽不定难以捉摸,让男人充满了新鲜,最后让男人对她产生强烈的依赖,离不开她。做"坏女人"并不难,但是想要变"坏"还能让男人对你放心并不简单。

你必须要有善良的本性和拿得起、放得下的情怀;然后,"爱我当然好,不爱随便找",要豁达、洒脱;你应该是成熟、独立的,既含蓄又张扬,既内敛又妖娆,生活中的每个细节都要体现出你的性感、健康、优雅或者奔放,收放自如,对于情场、职场的游戏规则要谨慎遵守,不会为难他人和自己,必要的时候不妨把自己当作男人去处事,却像女人那样睿智且不乏女人味。

因此,想要抓住男人的心与他一同走下去,女人应该聪明一些,在爱恋男人的时候也要锻炼男人,不能一味地宠着男人,纵容男人,对他留出适当的距离。

"从现在开始,你只许疼我一个人,要宠我,不能骗我,答应我的每一件事都要做到,对我讲的每一句话都要真心,不许欺负我,骂我,要相信我,别人欺负我,你要在第一时间出来帮我,我开心了,你就要陪着我开心,我不开心了,你就要哄我开心,永远都要觉得我是最漂亮的,梦里也要见到我,在你的心里面只有我。"

这段话是张柏芝饰演的柳月虹在《河东狮吼》里说的,新婚第一天,她就给古天乐饰演的丈夫陈季常制定了这样一份日后夫妻生活守则。正是柳月虹的霸道才驯服了陈季常。

柳月虹可能会是每个女人的羡慕对象和崇拜者,可自己的恋人就不一定是陈季常了。那些"以夫为纲"的思想果断忘了吧。如果他是风筝,那么把风筝线牢牢拽住,让他在空中飞翔却出不了你的掌心。有的时候,要耍心计便会让他对你言听计从,做你的乖男人。

1. 创造挑战的机会

人类与生俱来就会对得不到的万分渴望,单身男人这种渴望更加强烈。面对自己爱慕的对象,你要是独自在那揣摩他的心思"他觉得我怎么样?他到底看上我什么?他会喜欢我吗",倒不如想"真的和他在一起了,他会带给我幸福吗?"保持一股傲气,让男人觉得得到你并不容易,他才会珍惜你。

2. 树立自己的威信

过去的女人在爱情中只能默默付出不求回报,而如今,爱他的话就要勇敢地告诉他,你为他和爱情做出怎样的牺牲。

3. 距离产生美

天天在一起容易产生"审美疲劳",学着聪明点,给自己一个小假期,让他有机会来思念你,重新燃起新婚时候的浪漫。

4. 把赞美挂在嘴边

对他进行赞美,特别是有他的朋友和同事在场时,你要表现的是个幸福小女人。哪怕相处时你是野蛮女友,对他百般吆喝,也要在外人面前当他的贴心女友,让他有面子。

5. 别忘鞭策

经常给你的男人提醒,要他知道生活的不易和他的任重道远,从而奋发向上。但是千万别成了抱怨他,也不要总拿他和别的男人做比较,你要考虑到他的自尊心。

6. 偶尔要耍小性子

你需要持之以恒地告诉男人一个理念:女人是用来宠的。如果时间长了,生活变得越来越平淡,你可以选择适当的机会耍耍小性子,比如让他晚上9点来公司楼下接加班的你,甚至要求他和你一起看韩剧。

女人,别再夸他人的男友如何温柔,而去抱怨自己的是粗心男友,你要知道,好男人是由女人培训出来的。

————————— 智者寄语 —————————

好男人是由女人培训出来的。

天天相恋不要日日相见

"生命诚可贵,爱情价更高,若为自由故,两者皆可抛"。人们对自由的无限渴望在这首诗中体现得淋漓尽致。人们为了自由不惜放弃生命和爱情,便说明了自由十分重要。坠入爱河的两个人往往唯恐失去彼此,幸福让人沉迷,尤其是没有安全感的女人,为安全起见,用尽一切办法来掌控男人,上网记录要查看,手机信息也不能放过,接触了异性便要受到百般盘问,女人老想着能够占据自己爱的男人的全部。可是女人忘了占据并不等于爱,爱就应该爱对方的一切,只是不能给对方的空间戴上爱的枷锁,每个人都应该有属于自己的空间。

不管什么时候女人都缺乏安全感,但是别认为把男人牢牢捆在自己身边便是有了安全感。有一个关于爱情的好比喻:爱情就好比握在手中的沙,握得越紧,流失得也会越快。男人天生渴望自由,像孩子一般不受管束,如果女人对男人管得太紧,会让男人感到压抑和苦闷,他便会想要逃出这种压力。

女人要给自己自由,别把全部心思放到男人身上却失去自己的空间,爱情是双方的,女人要是把全部的爱都奉献出来,在累了他人的同时也会累了自己。爱是愉快的,不要让爱变成一种煎熬。女人不要爱得太辛苦,让爱情轻松、简单一点,爱情才不会失衡。

爱在我们用心的经营和细心的呵护下才能长久。爱情好比阳光,沐浴在阳光下,有人会感到幸福,但也有人因爱而受尽痛苦折磨,还有的人会因为逝去的爱而不能释怀。就像我们不能缺少空气,我们给予对方的爱也不能缺少自由的空气。爱情要持久就要给对方一个呼吸的空间,爱情不能因总腻在一起而长久。

女人总是把爱放在心里的第一位,女孩子太爱一个男人,无异于一支蜡烛,奋不顾身地燃烧,只为求得一时的光与热,不顾燃尽的蜡烛早没有了任何价值,而男人只是一个手电筒,只要放进去新的电池,手电筒永放光芒。大凡女人都渴望拥有真爱,并希望爱能天长地久,她会用尽全部的力气去爱一个男人,也更希望男人能同样爱自己。可当一个女人一直向男人付出,他会逐渐当成习惯却不会付出。他会慢慢习惯女人对他的纵容,对于女人的付出无视甚至厌恶,而女人付出越多、投入越多,受到的伤害也越深!

学会控制自己的感情才能做聪明的女人,付出太多,期望亦跟着升级,届时若得不到回报,一定会不开心,弄巧成拙,何必呢? 你给了对方十分的爱并不是就能得到十分的回报。爱从来都不平等,也没有理由。不要爱一个人爱得浑然忘却自我。爱情不是一个人的事,在付出的同时也要有回报,只出不入的爱情是不会有好结果的。爱情是一种微妙的平衡,当只有一个人付出的时候,这种平衡就会被打破,失衡的爱情没有根基,不会长久。

男女之间的爱情,是世界上最复杂的方程。女人往往情不自禁地一心只关注男人,在不知不觉之中深陷其中,随之而来的烦恼和困惑会让女人受伤。所以,女人要有自己的生活、自己的空间。因为不论何时何地,只有你自己才不会背叛你。

整天只想着爱情的女人不会博得男人的喜欢,要给他呼吸的空间,也给自己留个余地。男人不喜欢女人的眼里除了爱情什么都没有。成熟的男人不会把爱情当作最重要的事。他除了需要女人带给自己的甜蜜爱情,更希望女人能在面对困难时为他分忧解难,希望女人有独立的生活和独立的事业,两个人能在工作和生活中一同进步。

女人把爱情当作一生中最大的投资,聪明的女人在付出部分的感情后会回过头来看看收获多少,如果没有收获,不懂停止地傻傻地投资只会让你血本无归。当你把生活的重心全部放在他的身上,你会忘了自我而他会忘了你的付出。女孩子在恋爱中多关心一下自己吧,不要把全部的心思都花在男人的身上,只有先关心好自己,才有精力关心他人。

智者寄语

女孩子在恋爱中多关心一下自己吧,不要把全部的心思都花在男人的身上,只有先关心好自己,才有精力关心他人。

第四章
剖析自我心理，走出爱的盲区

一见钟情还是日久生情

千万不要相信一见钟情——这是电影《非诚勿扰2》里姚晨饰演的芒果在自己的离婚仪式上对朋友的忠告。这忠告里有几分清醒几分醉我们不可得知，但我们知道的是，她后来又跟一个一见钟情的男人相爱了。

于是，也许有很多女人开始困惑，到底是相信一见钟情，还是相信日久生情呢？"众里寻他千百度，蓦然回首，那人却在灯火阑珊处。"这是信奉"一见钟情"的人对爱情所持有的观点："路遥知马力，日久见人心"则是信奉"日久生情"的人对爱情所坚持的观点。

在一瞬间的火花中产生的爱情，能够靠得住吗？许多女人对一见钟情式的爱情是否稳定、安全存有疑虑。在回答这个问题之前，先让我们一起来看看为什么会发生一见钟情的现象。

心理学家指出，每个人在成长过程中都会把自己梦想对象的特征储存于潜意识之中，就像把数据储存于硬盘中一样，称之为"爱之图"，也就是说每个人的内心都有一张关于理想恋爱对象的照片。这张照片最早由父母勾画，并不断被各种外界因素修正、补充。年龄越大，"爱之图"越具体，并且"爱之图"随着人生阅历而变化。由于"爱之图"的理想化、完美化，现实中这样的人往往并不容易找到，但我们还是会据此来寻找爱人。当某一个契机发生，在现实中看到某一个人与"爱之图"比较吻合，内心的满足、兴奋、激动油然而生，身体开始产生大量的兴奋物质，于是出现了心跳加快、手心出汗、脸红发热等一系列一见钟情的"症状"。

与此同时，"光环效应"开始产生作用。因为对方与"爱之图"的吻合度较高，所以对对方产生了非常强烈的好感。而在这种强烈的好感下，很容易将好感扩散到对方的其他方面，认为对方什么都好，进而与他走到一起成为恋人。

显然，从"一见钟情"产生的心理过程来说，这是非理性的，很容易让人忽略彼此性格是否合拍、生活方式是否相差太远等一系列问题。因此，"一见钟情"的风险很大，女人们如果想要通过这种方式修成爱情的正果，往往需要勇气和包容去完成彼此的磨合，但这种磨合往往是不容易的。因此，很多"一见钟情"式的恋情开始总是美丽的，而过程却是无比艰辛，结果往往是伤感的。

因此，当女人们遭遇"一见钟情"时一定不能任由感性中昏了自己的头脑，在遭遇美丽爱情的时候要提醒自己理性地衡量彼此的契合度，看看他的身份是否合适；看看他的兴趣和你是否相投，这样才能保证你们在同一条路上走下去……总之，要考量彼此生活的方方面面，然后再决定是否要和他携手一生。当然，你也可以"一见钟情"地爱下去，但是一定要有充分的准备去面对爱情中的那些摩擦，要有坚定的信心去守候爱情的果实。

而"日久生情"式的爱情主要有三方面的心理原因：依赖感、熟悉感、安全感需要。当男女相处时间长了之后,就会产生许多与对方紧密相关的习惯,一旦生活中少了对方就会感到非常不适,这样一来因为习惯就对对方产生了很强的依赖感。并且,由于彼此共同经历了许多事情,会产生友情、亲情,而这些情感会加深对彼此的依赖。同时,由于彼此很熟悉对方,相处便有了一种默契,少了很多摩擦,这样的相处让人非常舒适。此外,人都是需要安全感的,而人在越熟悉的人身边就越觉得安全。就在这样三种心理的作用下,会越来越离不开对方,然后找到一种方式——成为恋人——让彼此可以常伴对方左右。

总的来说,在对待爱情的态度上,一定要做到真心付出,坦诚对待。

一见钟情的人,要多一些理性、多一些冷静,不能只凭激情和感觉开单轨的"磁悬浮列车",要在保持着爱情温度的情况下,对对方进行细致、全面的了解,才可以下结论。因为通常人在他人面前都会只展现其优点,而将自己的缺点掩饰起来。有研究表明,一般要经过三个月的接触,才能对他人有初步的了解。因此,一见钟情者,千万不要"一叶障目",只有将感性和理性相结合才能使爱情的列车行驶得稳定持久。

而日久生情者,要对爱情负责到底,不要因为觉得沉闷、因为腻烦而去寻找新的刺激,从而背叛自己的爱情。张爱玲在她写的《红玫瑰与白玫瑰》里说:"也许每一个男子全都有过这样的两个女人,至少两个。娶了红玫瑰,久而久之,红的变成了墙上的一抹蚊子血,白的还是'床前明月光';娶了白玫瑰,白的便是衣服上的一粒饭粘子,红的却是心口上的一颗朱砂痣。"贪婪与无止境的占有并不能成就爱情,爱情需要的是责任、忠贞、小心经营、持久忍耐。

———————— 智者寄语 ————————

不管是一见钟情还是日久生情,其前提都有一个"情"字,要想让一见钟情变为永恒,要想让日久生情更为浓烈,都需要恋人们精心维护。

搞清楚爱情和房子的关系

现在越来越多的年轻女人在选择是否与正在交往的男人踏进婚姻殿堂的时候,除了会对彼此间的爱情做出衡量,还会用男方是否已经拥有了一套房子或者是否已经具备买房的实力来作为衡量的标准。那么,身为女人的你是不是也搞不清楚爱情和房子是否真的有关系呢?我们不妨从心理学的角度来分析一下。

首先,房子是女人的安全感来源。心理学研究表明,女人总是比男人更缺乏安全感。房子对于女人来说不仅仅是四面都是墙的盒子,更多的时候女人可以在里面找到安全感,这种感觉源自房子永远不会自己跑掉,绝对比喜新厌旧的男人要可靠;其次,女人缺乏安全感还表现在虚荣心上,只有比身边的人都生活得好,才能给自己足够的安全感。而房子代表的虚荣不能和买化妆品和高级皮草相比,房子是女人用来证明有没有彻底征服一个男人的象征。谁会喜欢不愿意给自己一个安定处所的男人呢?最后,如果你真的因为对方没有房子而没有选择和他结婚,那只能说明你不够爱他,你还没有做好结婚的准备,在一个女人遇到真爱的时候,是绝对顾不上房子的,而女人如果面对一个自己深爱的男人,彼此间的爱情就可以为女人带来足够的安全感。

综上所述,爱情和房子是没有直接关系的,和房子相关的不过是女人的安全感,当你需要房子来作为结婚必需品的时候,只能说明那个男人的爱情没有带给你足够的安全感。事实上,不只是中国女人，全球的大多数女人都认为只有有了房子才能够保证幸福，有了房子才算有了家，没有房子会让自己有种始终在漂泊的感觉。这更加可以说明，和房子相关的是安全感，并不是爱情。

但是，有了房子，有了安全感之后，你就可以幸福了吗？在房子和幸福感之间，并没有必然的联系，甚至是两个互不搭界的事情。美国一项超过40年的调查显示，人的幸福感并不与经济发展成正比。积极心理学告诉80后的年轻女人们，用微笑、乐观、积极面对生活，积极的情绪就会长久地围绕在我们身边，我们才会拥有更加强烈的幸福感。

所以，与拥有固定居所的安全感相比，拥有独立思想的80后女人们更为看重的应该是爱情的品质。年轻女人们应该培养自己渐渐脱离心理学上所说的从众心理，不要因为周围的形势从而影响自己的判断，应该更加注重自己的个性，能够忠实于内心的真爱。

如果现在的你已经拥有了那个相爱的人，即便暂时你们还没有能力拥有属于自己的房子，也不要因此而结束这段感情，要知道，在人的一生中真爱往往只有一次。如果你觉得你们除了房子，已经做好了其他结婚的准备，那不妨试一下租房吧。虽然租房意味着漂泊，相对于买房来说，肯定会失去很多的安全感，但是，租房也可以提高你们生活的品质。

首先，租房占用资金少，一般人都能承担，而因买房背上的巨额房贷，会让人失去很多生活的乐趣。用租房省下来的钱和相爱的人去旅游、去欣赏艺术、去追求自己的爱好、去帮自己充电，以更好地适应时代和工作的需求；其次，可以根据兴趣、职业、工作地点等灵活选择合适的租住氛围。而一旦决定买房，面对的也许是每天长时间往返于工作单位和家之间，浪费时间、浪费精力；再者，租房更适合于现今社会中女人们的猎奇心理，换一个居住环境就相当于转换了一种心情，会让生活有波澜和色彩，何乐而不为？

对于80后的女人们，特别是25～30岁的女人来说，正处于事业的上升阶段，与其把钱投入到安家中，不如用买房的钱作为创业基金，争取一份能独立自由的事业，让婚姻生活更有保证。

智者寄语

年轻人要买房不是一件容易的事，甚至可以和找到真爱的难度相抗衡，如果贪心的你要真爱又要房子，可能就更加困难了。与房子相比，女人更应看重爱情的质量。

不要让男人牵引你的喜怒哀乐

《伊索寓言》里有这样一则故事：夏阳高照，又热又渴的狐狸经过一片果园，看到树上的葡萄熟透而多汁。口渴难耐的狐狸忍不住想摘葡萄吃，接着它便后退了几步，想要向前冲，再跳起来，直到够到葡萄，他反复尝试了几次都没能成功。最后只好放弃，说："它肯定是酸的。"酸葡萄定律就是说的这个，解释了人们在想要却得不到的东西面前，总有适当的理由。类似的故事还有，一个人有一个柠檬，但是却是青的，他告诉自己这柠檬一定是甜的，心里方能好受些。"甜柠檬心理"指的就是从来不会说自己达不到目标或者拥有的东西不好，反而坚信容易或已经达到的目标或者已经拥有的都是好的东西，从而使自己内心的失落减轻，安慰自己。

爱情迷途中的女性想要摆脱折磨，不妨试试"酸葡萄"和"甜柠檬"定律。女性常会对失败的爱情，对于以前的旧时光难以忘怀，越想越觉得受伤。这个时候可以将对方的缺点和种种不好挑出来，和自己的优点相比找到自信，从而使失败爱情带来的伤害减少，从而引导自己跳出失恋的阴影。

　　小颜在一家外企当白领,她对已经结婚的上司产生了爱慕之意,她坚持不懈地用10年光阴等他,没有丝毫的保留。就连男人一次次的伤害她都不介意。她幻想着有一天男人会回到她身边跟她结婚。因此,十年来小颜为自己准备的结婚礼服都有3件。礼服的款式越来越简单化,她对婚姻的渴望和梦想也随之淡化。对于爱情,她只是奉献者,爱得那么卑微,她把自己的一切都抛弃,只为了爱一个男人。可是最后男人把她抛弃了,被爱所伤的她成了郁郁寡欢的怨妇,她想缓解心中的痛苦,便用锋利的尖刀结束了自己。

　　在爱情里,这样的女人失去了尊严、目标和独立的人格,把男人作为活动的中心,哪怕已是遍体鳞伤却舍不得放手。她们往往在爱情甜蜜的时候迷失了自己的方向,当失去爱情的时候,便发现自己已经找不到出路。要是为了一个人付出所有失去自我,当爱情在某天悄然离去的时候,就会发现自己不知道用怎样的心态和方法去面对。

　　女人要有自己的精神世界,要是都被男人掌控,那么便是悲哀的女人。作为现代的新型女性,必须拥有独立的空间。高素质的心态和全新的价值观是独立基础。在经济上,女人也应该独立,它是精神独立的坚实基础,只有这样才能维护自己的尊严。人人生来就是独立的,作为独立的个体,我们需要自己去掌控自己的一切,不允许他人侵犯自己的自主权,学会对男人说"不",不能允许他们擅自闯入这片领地,哪怕你们彼此是那么相爱。

　　此时,"酸葡萄"与"甜柠檬"心理定律不妨借我们一用,将他的好忘记,将他的坏记起,给自己进行疗伤,让自己失而复得并且锻炼一颗坚毅的心,不要让自己的情绪被男人所左右。女人在爱情中更要呵护自己,千万别连自我都失去。生命中并不只有男人,不要把自己的所有都一味地付出和牺牲。

　　自己的喜怒哀乐不要被男人牵着走,记住女人要为自己而活,对待生活积极乐观、体会生活的乐趣,这样生活才会有意义。对自己好一点,做个爱情里的独立女人。

智者寄语

　　自己的喜怒哀乐不要被男人牵着走,记住女人要为自己而活,对待生活积极乐观、体会生活的乐趣,这样生活才会有意义。对自己好一点,做个爱情里的独立女人。

跳出单相思的旋涡

　　恋爱应该是两个人间的情感交流,一厢情愿的感情不是真正的恋爱,那只是单相思。单相思只是默默地藏着自己的爱,沉迷在自己的单方面幻想中,因此这种感情很强烈,最易受到伤害并且产生很大的心理影响。那么为什么会形成单相思呢? 一般有以下两个原因:

1."爱情错觉"

　　将同学朋友间的友谊这种男女间正常的感情误以为是爱情,在自己的幻想中自我沉迷陶醉,于是便形成了单相思。

2."理想模式"

　　每个人都有着属于自己心中的理想爱人,如果有那么一位在容貌、才华、气质、风度上都和自己理想中的恋爱对象一致,难免就会产生爱慕和冲动,对方的感情甚至与你还未有共鸣,你的单相思便形成了。很多人都有过单相思的苦涩经历,根据调查,14~18岁是更容易发生单相思的年龄。

单相思是对爱情产生渴望的表现和心理反应,但是其感情基础并不是双方相恋,而是当事人自己幻想出来的"自作多情"。有的单相思的人想在对方身上倾注自己的想法和情感,但又对对方的心意无法肯定,于是变得痛苦和忧虑;也有一些对倾慕对象一往情深的单相思者,他们急切地想得到对方的答应,于是经常会误以为对方的一言一行是对自己的暗示和好感。

单相思者爱慕的对象具有不确定性,既可以是好朋友也可以是陌生人,也可以是曾经的恋人,更有甚者还可以是屏幕上或者书中的人物,那一瞬间的美好铭刻在心中挥之不去,便产生了爱慕之情。单相思的人常常百般殷勤,对方却冷漠待之。这种情感的失衡让单相思者常常感到十分痛苦。而且,时常会为来自内心的道德谴责煎熬苦恼的单相思者也有。例如,自己爱上的女孩本来就有男朋友,于是他会想:"原来我真的是一个如此不道德的人吗?"还会想:"为什么他不喜欢我,是我真的很差吗?"单相思的人会因这些错误的想法而感到痛苦不堪。

单相思是一个人心理状态的真实映射,是一种心病。这样的人往往也会感觉很自卑,即使老是陶醉在爱情里面,当真正地与对方面对面的时候,便会变得手足无措、惶恐和不安,还想要将自己的真情掩盖,于是说话语无伦次,行为举止笨拙怪异,这样的行为会让对方觉得很奇怪。而当事者在事后往往也会为自己的失态懊悔莫及。他们常觉得相思的人是自己高不可攀的,虽然他们很向往现实中的恋爱,却畏于向对方表白,因为怕得到的结果是拒绝。他们深藏起自己的深情,可是又焦急地期盼着对方对自己表达爱慕。感情上的压抑和失望,会使他们内心的忧郁和苦闷更加严重。

单相思的人应该怎样结束和逃脱这种焦虑和不安的苦闷呢?这里有三种方法:

一是移情,用学习和工作来填充自己,转移注意力。当你很忙的时候,那么自然没有时间去处理情感问题。

二是倾诉,一方面,能够把自己内心的苦闷说与密友听,另一方面也可以间接地将自己的爱慕之情告诉意中人。如果你的爱被接受了那自然再好不过了,要是他以各种理由搪塞和委婉地拒绝,你就可以死心了,至少大家还是可以做好朋友的,那么你也可以适当地解决自己的苦恼。假如遭到了拒绝,你就放肆地大哭一场疯狂一次,毕竟这是一次情感体验和磨炼。美梦醒来的瞬间或许会万分痛苦,但相信时间会改变一切,还会不断出现吸引你的事情。假如他对你采取不理睬的漠视态度,你应该安慰自己:他根本没资格让你如此付出,一个完美的人怎么会漠视他人的爱呢?当你以客观的眼光重新审视他时,你会发现他其实并没你想象中那么好,你也会发现这是多么有趣的一种体验。

三是用贬值法。有些东西,其好与坏其实就在于你看待它的态度。那么可以试着将他贬值,多想想他的不足和缺点,以减少对其的依恋。多想想他的坏处,那么你会发现自己的对象也只是很平凡的一个人,从而依恋自然就少了。曾经以为自己最爱的心仪对象,如果让你感到了忧愁,那么可以将他贬值,使自己不再依赖他。没有了那些忧愁和焦虑,便能更好地享受生活的美好了。

———————————————— 智者寄语 ————————————————

单相思是一个人心理状态的真实映射,是一种心病。

女人的感性判断会阻碍恋爱进程

感情问题往往是感性和理性兼备的问题。感性的女人们对于感情问题,总是从自己的本能和直觉出发,因此,难免会犯错,从而妨碍感情的发展。在这些大大小小的错误之中,较为严重的是在不当的时间作出不当的判断。

在一切失误的判断中,女人错误地选择了恋爱开始的时机和对象,这是最为严重的错误之一。早在女孩阶段,她们就渴望长大后快乐幸福地生活,尤其憧憬邂逅一场浪漫的爱情。一旦生命中出现了她心目中的"白马王子",她就会无可救药地爱上他,以至于忽视各种现实,比如,她没有成熟的心智,各种客观条件还未准备充分等。尽管她不具备判断真爱的能力,但是她拼命地想博得男人全部的爱,希望他也能爱上自己。于是,她把自己打扮得美丽动人,喷上香水,写情诗,寄卡片,给予他所有的赞美、感情和容忍,让他自我感觉良好。她总是担心男人是否认为自己是最佳伴侣,但忘了判断他是否是自己的合适人选。实际上,在这种不当的时机所做出的判断和行为,有时是错误的。其结果是,付出得不到男人的回应,或者最后恋情失败,女人才会发现:她们在错误的时机,在错误的男人身上投入了过多的感情。

在感情发展的各个阶段,女人都有可能判断失误。一般整个约会的过程可以分为四个阶段,每个阶段都有各自独特的情况,必须面对和解决之后,才能进入下一阶段。但是女人通常会很快地爱上一个人,她们对每个阶段的情形判断不准确,却盲目地踏进其他的阶段。

比如,如果男人处在第一阶段(吸引),而女人却得出判断,认为已经在第二阶段(尚不确定)了,这种状态的不同步,会使女人陷入窘况。如果女人刻意地和男人保持一定的距离,男人就会在心里犯嘀咕:她怎么这么高傲?她还没有看到真实的我,为什么拒我于千里之外呢?这么看来,她肯定不是一个理解和宽容我的人,这样的女人肯定不适合我。越到后面的阶段,男人和女人的距离越大。比如,当男人尚在不确定阶段时,女人却认为两个人的感情已经到了第三甚至第四阶段。自然,女人会过度热情,同时也希望男人同样地对待自己。而这时男人则认为:"她对我的期望那么高,好像她认准了我、非我不嫁一样,可是我还不确定我爱她。为了不让她失望,不伤害她的感情,我应该对她热情一些。"实际上,处于这一阶段的男人,对女人产生怀疑是很正常的。但是如果女人还显露出更高阶段的表现,那么,男人就会在下一个阶段徘徊不前。这种担心给他造成了一种无形的压力,所以,他常常趁交往尚浅的时候及时退出。

在一起生活的过程中,女人所作出的不当判断实在是太多了。比如,大多数男人经常一心扑在工作上,没有注意到女人的情绪,尤其是当他的工作特别忙碌的时候。当然,这本来是男人一种无意识的举动。然而,女人对此却很难理解。依据他对家庭、对自己的冷淡态度,她会产生这样的判断,认为男人是在故意与她冷战,忽视她。又比如,男人经常习惯性地对周围的一切都表现出冷漠的态度。而女人却无法忍受这种冷漠,或者想用行动改变这种状态,于是就不停地向他表达自己的关心,并且提供帮助,殊不知这时的男人不需要任何人的打扰,她的举动会让他感到厌烦。甚至有时候一段感情处于危机时期,但是还未到感情破裂的地步,女人却依据本能判断这段感情已经结束,于是放弃所有努力,眼睁睁地看着感情的消逝。

―――――――――――――――― 智者寄语 ――――――――――――――――

可以说,女人作出判断时十分感性,很多判断都妨碍了感情的发展。当然,我们不能否认女人的美好愿望,但是,感情的顺利发展是需要理智对待的。

从网恋的梦中醒来

一位心理医生曾听到过一个女孩讲述自己的恋爱经历,不同的是,她的恋爱是网恋——虚拟空间的恋爱。下面是她和医生的对话:"医生,你觉得网上的恋情会有好的结果吗?"她直接问道。医生看着她着急的样子,心里已明白了七八分,但并没有立刻做出回答,反而问她:"你信吗?"女孩肯定地点点头,但又立刻摇起了头。她的恋情十分简单,课余时用上网打发时间,她在聊天室与一名叫江湖的男生认识了。渐渐地两个人便产生了感情。于是男生要求与女孩见面,女孩同意了,可是令人意外和难过的是,等到真正见到时才发现现实的男孩和自己想象的太不一样。为了不那么尴尬,女孩开始躲避男孩,她断绝了一切和他的联系方式,希望他能够忘记自己。她觉得自己这样以貌取人是不对的,心里很自责。

医生对面前这个茫然若失的女孩子说:"放松,你没有理由如此自责,网恋只是将你爱做梦的天性满足,可是只是虚幻的爱。""那我该怎样解决这个问题呢?"女孩问。"把过去忘记,然后勇敢地面对未来。"医生说。"这也太简单了吧,这真的可以吗?"女孩感到很疑惑。医生点了下头,"想要解决心理问题并没有那么难,它们不是什么大病大问题,有时只要你的心态转变一下,所有的心结就都不在了。"

网络给人们带来了限制,但也给足了自由,人们可以没有顾忌地在网络上恋爱、倾诉、分享情感。这样的网恋可以说是一种纯粹精神上的恋爱,可是,当网恋回到现实中的时候,现实的落差便取代了网上的虚幻和刺激,那么女孩的梦自然便会破灭了。

以心理动机来分析,上文中的女孩对待这份感情还是非常单纯和稚嫩的,对待爱情,她又有比较浓重的理想主义色彩,甚至把爱情当做生命中的一切。在网络里,她的倾向正好能够得到满足,网络的虚拟性刚好保证了她对纯洁的要求。可是她并不知道,网络上的一切美好只能被现实的规律所取代。矛盾在于相信网络里的爱情是精神和心灵的双向交流,但是回归到现实,她却无法摆脱世俗和社会的价值标准。当理想不能在现实中得到映射时,她便陷入纠结之中,在对现实失望的同时又责怪自己不能够坦然地面对现实。

有人把网恋比作一场游戏或者一场梦,原因在于有的人没有真正把网络的虚拟和现实分清。只有走出虚拟,走进现实,才能避免发生矛盾。解决的办法是尽快地回到现实,对自我有个正确的把握和认识,从而走出虚无缥缈的网络。

—————————— 智者寄语 ——————————

网恋可以说是一种纯粹精神上的恋爱,可是,当网恋回到现实中的时候,现实的落差便取代了网上的虚幻和刺激,那么女孩的梦自然便会破灭了。

女人的恋父情结

"爱烈屈拉情结"是古希腊神话中的一个故事,用现在的话来说就是恋父情结。传说,迈锡尼王阿伽门农和克吕泰涅斯特拉有一个女儿,叫爱烈屈拉。其母在与外人有染后,因为害怕事情暴露而将其父杀害了。当她的父亲被她的母亲杀害之后,她托父亲的好友抚养了弟弟,当她和弟弟都成人之后,她将一切都告诉了弟弟,两姐弟合力将母亲和奸夫都杀掉了。后来,这个故事在奥地利心理学家弗洛伊德的分析中被认定为,女孩对自己父亲的感情是很深的,取代母亲位置的愿望会一直存在于她的潜意识里。

根据一些研究结果显示,女人的恋父情结比男人的恋母情结要严重得多。俗话说,女儿是父亲上辈子的情人,这句话说的就是女人的恋父情结。有一部分的女孩在成长的历程中,始终都会与父亲保持一种较为亲密的联系,以至于和母亲的关系疏远,甚至于到了正常的年龄也不会对同龄男人感兴趣。而且也有的女孩在择偶的时候,总是以父亲对待她们的标准来要求自己的对象。

正因为这样的特性存在于女人身上,因此,很多女孩在小时候就开始和父亲亲密相处,缠着自己的爸爸抱抱,希望得到父亲的宠爱……她们长大之后,还是会想要一样的感觉。从某种意义上,对于女孩的追求者们来说,女友的父亲就成了最大的敌人。如果女友的父亲对她是疼爱有加的话,若想追到她,就必须在各个方面都要比她的父亲做得更好。而做不到这一点的男人,往往很难得到女人的青睐。

一个过早失去父爱的女孩,往往会在择偶的时候将对父亲的标准安在男友的身上,使得男友就像是自己的父亲一样,但是他与父亲又不同。因为父亲的光环效应,父亲的形象在女人的思想中往往会更加的伟岸和不可替代,因而,女孩在择偶的时候总是会觉得和自己的男朋友或者是伴侣缺少共鸣的感觉。

"情结"和"爱情"是不能够画等号的,但是女孩懵懂得分不清,因而,她们在青春期时的感情就会像"巫山云"一样,逐渐褪色。所以,若是男人所心仪的女人也有这样的情结的话,一定不要太着急,而是要慢慢地去打动她,最终使她解开这个情结。

──────── 智者寄语 ────────

"情结"和"爱情"是不能够画等号的,女人必须将两者区分开来。

潜意识里的宠物心理

女人生性脆弱、敏感,因而注定了她们的心理有很强的依赖性。依赖,这个词原本应该是适用于小孩身上的,但是这个词往往会在女人身上用到。

抛开性别不谈,小时候的心理都是依赖父母师长,但是随着年龄的增长,男人会更自由,可同时更多的责任也要担负起来,因而男人会在成长的过程中走出这种依赖。对一个男人最大的讽刺就是说他有"依赖心",这与说他是"娘娘腔"没有什么两样。可是,女人的依赖心理却会一直存在,直到生命终结。

在心理学家眼中,缺乏信心是依赖心的主要表现,她们往往不愿意通过自己大脑的思考去决定什么,总是会有自卑的现象出现,且总是希望别人为自己遇见的事情做决定。大部分的女人就是这样的,她们小时候的依赖心理和男人是一样的,成年之后就会对男性有依赖,而年老之后又会对儿女有依赖。心灵无所依托是她们最怕的,内心一旦空虚,她们往往会尝试不同的办法来填补。如果女人心中空虚的话,就会想寻找寄托,如果合适的男人一时找不到,就会通过别的方法来解决。

大家都明白，宠物是许多空闲的女人喜欢养的，但是她们为什么要这么做呢？因为她们的心中会很容易产生寂寞之情，而宠物恰好可以在她们寂寞的时候陪在她们的身边。若是平时用心的话，你会惊讶地发现，城市里的许多独身女性都喜欢养小动物。女人之所以会喜欢宠物，不仅仅是想体验养宠物的感觉，也是对归属感的体验，同时还是精神寄托。

她们所表现出来的"宠物心理"实际上是她们现实生活态度的反映：在潜意识里，她们希望有人像她们宠爱"宠物"一样宠爱自己，即使现在她们是施爱的，但也能够体会到"被宠"的愉悦。心理学认为，这样的行为是"代偿行为"。女人对各种小动物的饲养，有可能在潜意识中就把它们当成自己的情人或者丈夫，因而对小动物非常爱护，以此获得精神上的寄托。

这样的话，我们就很容易理解有些女人为什么对走进婚姻的殿堂那么迫不及待。从女人的角度来看，就算她们在经济上是独立的，也会觉得她们的生活是不完整的。因此，她们会希望找到一个疼爱自己的老公或者是情人与自己生活在一起，并将对方看作是自己的一切。如果一个女人失去了自己的男人，她的世界就会陷入昏天黑地的境地。尽管她的男人有的时候对她并不好，但是她已经习惯将这个男人作为自己的天。一旦失去他，生活也变得自怜自哀。

一个女人没有感到有人真正在她身边的时候，她的内心就会缺乏安全感。这时候，她就会通过不同的手段去寻找，以使她心灵上的空白得以填补得以安全，当然，不一定非得去找男人。目前，很多单身女性往往会两两住在一起，她们之间的关系并不是暧昧，而是一种精神寄托。换句话说，男人给妻子或女友的感觉必须是可以依靠的。若是男人不能满足妻子的这种需求，就算顺利结婚，女人也不会过得幸福、快乐。

也就是说，大多数女性的依赖心理都很强，特别是当她们在男性面前的时候，这样的心理会更严重，希望保护自己的可以是眼前这个男人，能够让自己依赖。但事实上，无论是在爱情中还是在事业上，这种依赖都不好。毕竟，只有独立的女人才能有大发展。

确实，女人要想活出风采必须要独立。女人不能总是想着依靠自己的男人或者是亲人，一定要学会自立。只有有自立的能力，才能更好地主宰自己的人生。女人有权利自己独立，且一定要通过自己的努力独立，但往往女人做得不彻底的就是这个方面。美国女诗人沙拉·默顿曾经说过："尊严、事业、快乐、权力都是属于男人的；而女人只能包揽义务、家庭、美德，并宁静而愉悦地顺从。"因此，很多女性的独立都是相对男性而言的，可是，这样的独立并不是真正意义上的独立。

事实上，真正的独立是对自己的不断完善，同时是对自身进步的不断促进。独立的最终结果就是女性在物质上得到一定的满足后，进而渴望并追求精神自由。独立与财产关系不大，最重要的是要挣脱掉男人的束缚，才是真正依靠自己。女人独立是精神与气质的独立，与别人没有任何的依附关系。

所有成功的女人，不论美貌与否，不论聪明与否，都不会对某些人有很强的依赖性，都会有自己的主见和想法。个体要独立，就要在经济上、情感上、事业上都有一定的独立的程度，这样的话，女人才会更加自信，而男人也会心甘情愿为这样的成功女性效劳。

<hr />

智者寄语

大多数女性的依赖心理都很强，特别是当她们在男性面前的时候，这样的心理会更严重，希望保护自己的可以是眼前这个男人，能够让自己依赖。但事实上，无论是在爱情中还是在事业上，这种依赖都不好。

恐婚，其实是恐惧变化

钱钟书在《围城》里这样描述婚姻："城外的人想进去，城里的人想出来。"也不知是不是这句话的缘故，如今社会出现了一群"婚姻恐惧症"的女人，在她们心里，婚姻就是一座围城，宁愿支着帐篷在城外，也不愿意进去，这种现象使很多男人很惊讶。

美国明尼苏达大学心理学教授大卫·奥尔森指出，全世界都能找到惧怕结婚的现象，在美国，也有很多这样的人存在。美国有部《逃跑新娘》的电影，主要内容是说一个叫玛琪的年轻女子渴望婚姻，但对婚姻有恐惧感，她三次在婚礼上逃跑都是因为婚姻恐惧症。有一个作家知道后，在专栏里写了这个话题，对她冷嘲热讽。当时，玛琪正打算和她的第四任男朋友举行婚礼，看到这篇报道，于是第四次逃婚了……

这部影片充满了喜剧色彩，但是在这背后却揭露了一个社会现实：目前的都市女性都对结婚有一种恐惧的心理。那么，她们始终徘徊在婚姻大门外的原因是什么呢？在长期的调研之后，发现有这样几种心理负担普遍存在于有"婚姻恐惧症"的女人中：

1. 对婚姻失去信心

大部分都市白领阶层都属于这种类型，她们的薪水都很高，生活过得也很不错，她们的经济束缚已经完全摆脱了，因而对婚姻并不会有太大的期待。她们不愿意结婚的理由很简单：不希望重蹈前一辈的覆辙。她们认为，只要不合，就不会有离的存在，因而她们不想留机会去"离"。

2. 担心不被男方家庭接受

中国人的等级观念比较强，通常情况下，心惊胆战的都是寒门嫁入豪门的女子，这些女子确实都是很优秀的，但是依旧会避免不了地害怕对方家长提出反对。

小丽的出身并不好，但是她才华横溢，一个富家公子非常青睐于她，她原本能够以富家公子为跳板，从贫民窟里跳出来。但是，她最终还是拒绝了。这是为什么呢？如果她嫁入豪门，所有的物质问题就都能够得到解决。但是生活在那样的环境中，所有的举动都得非常地谨慎，一定会非常累，而且她的出身又不好。因此，"婚姻恐惧症"就出现在了她的身上。

3. 担心婚姻会成为爱情的坟墓

害怕结婚的女人会想："爱情会使人兴奋，而婚姻却容易让人打盹！唯一可以让爱情延长的方法，就是晚些结婚！"这样的女人会认为，婚姻的"枷锁"一旦套上了，柴米油盐就抹去了爱情的浪漫，因此她们更希望彼此之间是男女朋友，而不是做伴侣。

4. 不敢担负婚姻的责任

害怕结婚的女人会想："青春年华并不长，为什么要在无限的家务和为他人服务中浪费青春呢？而且彼此之间的好感若想长久地保持，就要有一定的距离。"说白了，她们就是不愿意承担婚姻的责任。

小岩的男友各方面条件都很好，在5年的交往过程中，他们的感情一直都很好，现在，男朋友多次向她提出结婚，但是她却有些躲闪。因为她认为，一旦结婚了，她就担负着作为一个妻子的责任，要承担这个家庭的责任，而在做到这些的时候必须要放弃掉很多个人的事情，她不希望看到这个。

5. 社会因素

社会的高离婚率、小三、婚外恋等现象,使得很多女人对婚姻产生了一种无形的恐惧感,她们认为,与其婚后不愉快,不如直接不结婚,因而拒绝结婚。实际上,这些对结婚恐惧的人往往是理想主义者,完美生活就是她们所期待的,而且也是因为她们对自己的单身生活早已习惯。

现实生活中,很多女人都有"预知恐惧症",对男人一接触就想将来是否可靠,然后就越想越糟糕。但实际上,生命的珍贵就在于生命中的每一分每一秒,只要遇到了感觉好的人,就应该好好地把握住机会,好好地相处。若哪一天不行了,到时候再分开也不晚。不要像一般女作家一样泛滥自己的情感,一味地感性,而是理智地思考、权衡事情。

林徽因就是女性超脱的例子,帮助她摆脱一直以来限制女性视野的就是她的理性,她能够放宽眼界去看待世界上的一切,并从中吸取精华来充实自己。然而她杰出不失去温婉,在生活中并不会盛气凌人,而是体贴、尊重他人,用"善解人意"来形容她是非常贴切的。

林徽因能够把自己的感性和理性收放自如。曾经有人说过这样的一句话:"男人不会要求女人多有深度,只需要女人有弧度就行了。女人,若是做不到性感,就要做到感性;若做不到感性,就得做到理性;若是做不到理性,就要心中有数;若有人一样都不具备的话,这位女性是不幸的……"太感性或太理性的女人都不完美,唯有理性与感性完美融合的女人才会更加有魅力,更加能够吸引人。

———————— 智者寄语 ————————

太感性或太理性的女人都不完美,唯有理性与感性完美融合的女人才会更加有魅力,更加能够吸引人。

解读女人的怕丑心理

女人毕生追求将美丽进行到底,很难让女人承认自己丑,为了美丽她可以做出任何的努力。如果你只是在恭维女人的美,哪怕你是在讽刺、调侃她,女人大多数都会把你的话当做赞美。说一个女人丑陋,会比骂她、打她来得更令她难受。大多数女人,对自己美丽的在意就像她们对自己的健康与生命一样在意。

因为女人对美如此在意,导致怕丑的女人到处都是。大街上昂首阔步的美女我们常能看到,因为她们可以炫耀她们天使般的面孔和魔鬼般的身材。女人强烈的自卑心有部分来自她相貌不好,有时候还会因此产生罪恶感。因此,为了能让自己挺直腰板从众人面前走过,她们经常光顾各大医院的整容科。为了变得好看,对于让自己的皮肉经受一次次的刀割、针缝她们心甘情愿。

在心理学家看来,女人的怕丑心是错误地估计了自己的价值,错误地认为外表是价值所在。但是这也是由于社会对女人的外表美过分强调所导致的,这种价值标准是男权社会强加给女人的。为了适应社会,女人只能把自己的价值与社会的价值观同化。相貌不好的女人在社会发展中受到空间的限制,从工作到结婚,处在其次被考虑地位的大多都是相貌一般的女人。而且,女人之所以产生怕丑心理,与其幼年成长经历脱不了干系。孩子都会受到家长说"聪明"、"听话"、"漂亮"这样的话的赞许。在长大过程中,孩子开始萌发自我意识,有的女孩会觉得自己很少得到鼓励,得到更多表扬的都是比她漂亮的女孩,便造成了心理落差。她们心中,十分地想靠拢传统价值标准,她们希望得到夸奖,希望人们喜爱她。

还有些其实本身不丑的女人,只是有许多赋予她们的东西如社会地位、身份、前途等,是她们本来不应该承受的,于是对自己的外表格外担心,有的还会因此对其他方面进行否定,甚至不愿意与外界打交道,从此孤僻寡言。女人这样,不如把自己的美丽修炼出来,使自己的内心得到充实,让心灵更加美丽。

智者寄语

大多数女人,对自己美丽的在意就像她们对自己的健康与生命一样在意。

眼泪攻势,适度才有效

著名诗人拜伦曾说:"自古以来,所有的男性,都被俘入女人的怀抱内,女人的眼泪可以湿润所有男人的心。"在这爱的泪水面前,无论怎样无情、粗暴的男人也会变成一只柔顺的羔羊。无毒不丈夫,无泪不女人。女人爱哭是与生俱来的特点,正如男人的有泪不轻弹一样。阳光的白昼由男人用坚强撑起,阴柔的夜晚则由女人用泪水丰盈。男人女人一起构成了多彩的世界。水做的女人善用泪来做武器。哭是女人的专利,有的女人像婴儿用哭闹引来父母的注意一样,用眼泪引得男人关注。不安慰时委屈而哭,安慰时反而引起更伤感而哭,沉沦在女人眼泪中,男人不知如何是好。

婷婷是个坚强的女孩,父亲从小教育她不可以轻易哭泣。恋爱之后,她几乎没有怎么掉过眼泪,遇到事情的时候自己会想办法解决,只有两次,男友的做法实在太让她为难了,她才忍不住流泪。

第一次,是男朋友在交往三个月后提出亲密的要求。婷婷是个传统的女孩,坚决不同意这么做。他问那什么时候能够两个人在一起,婷婷说必须在见过家长,双方家长都同意之后,才能够在一起。男友嫌时间长,他说那得等到猴年马月,现在哪还有人经过家长同意才在一起的?婷婷很为难但坚决的态度不变,最后男友以分手相威胁,婷婷的眼泪便一滴滴掉下来。看到一向坚强的她竟然哭了,男朋友软了下来:"依你依你还不行吗?明天我就跟我父母说,周末我就带你去见我爸妈,见过双方父母并征得他们同意我们就在一起,总行了吧。你别哭了,宝宝,看着你哭我心里也不好受。"

第二次,男友的父母回老家过春节想要带着婷婷一起,顺便把婚事定下来,婷婷对结婚倒是不反对,只是这么多年春节婷婷都和父母一起过,这还没结婚就不陪他们过春节了,他们心里肯定难受。婷婷说不过男友,因为结婚之前的春节和他们过不是不可以,最后,进退维谷的她一声不吭,眼泪却在眼眶里打转。男友一看婷婷又要哭,就慌了,赶紧说:"没事没事,春节你就安心陪爸妈过吧,三十过了我再接你,到我老家过十五成不?"婷婷这才破涕为笑。其实两个人谈恋爱,不要在各种各样的小事前轻易掉眼泪,不过要掉,就要让眼泪成为金豆豆,让眼泪捍卫自己的尊严。

眼泪是一种以柔克刚的手段,是女人的一种激情奉献,也是女人特有的一种文化韵味。女人的眼泪常以爱为前提条件,流泪只是表达了对爱人的爱。没有女人不喜欢用眼泪作为释怀情绪的渠道,女人把眼泪作为征服男人乃至这个世界的武器。眼泪,是女人的特权,女人的风情,女人的快乐,女人的天赋。眼泪不请自来,女人却也无师自通。眼泪是女人在步履维艰的社会里化骨为绵无往不利的道具。在无法数清的爱哭的理由中,女人才显得爱哭。

女人的眼泪有许多妙用,女人可以用眼泪表达恳求,要挟,进攻,撤退,痛恨或者关怀,一切依照女人的心情而定。流泪不需要原则,无聊之时也可用眼泪来打发,好比男人没事点一支烟。女人的眼泪是免战牌,两个人的战争会在女人的眼泪中戛然而止。女人的眼泪是一种智慧,它能无声地命令男人放下一贯的架子,向你束手就擒,俯首称臣。有时候女人流泪是为了以泪洗面,一解心中愁,有时候是为了男人们的怜香惜玉。"还君明珠泪双垂"是无奈之泪;"泪眼问花花不语"是伤感之泪;"一声何满子,双泪落君前"是沧桑之泪。不可师出无名,泪出亦不可无名。

女人的眼泪能感动男人,换来男人的心疼和妥协,但是纸币发行太多会通货膨胀,眼泪流得太多也会贬值。正确利用眼泪才能发挥流泪的作用。它同核武器一样,威慑的效果超过使用的力量。女人只需眼圈一红,男人就会接收到你即将流泪的信号,他的心即刻就软了。可一旦动用了核武器,它巨大的威力能摧毁一切。眼泪一旦使用,再升级为"一哭二闹三上吊",愁云惨雾,也是无法收场。应该根据具体的情况来行动,要知道,女人的美德包括适量的眼泪。

―――――――――――――― 智者寄语 ――――――――――――――

女人的眼泪能感动男人,换来男人的心疼和妥协,但是纸币发行太多会通货膨胀,眼泪流得太多也会贬值。

男人的忠诚度不是"考验"出来的

每个女孩都希望自己一生只有一次婚姻,因而在选择伴侣的时候会非常细心重视。这个观念没有错,这些考验男人确实需要经受。毕竟选的是要托付终身的人,而不是随随便便的买菜挑黄瓜。如果对他没有足够的了解,你如何放心地把自己交给他呢? 不过,考验也要注意把握分寸,要有合适的度。

女孩有很多种考验男人的方法,拉着自己的男朋友在大热天的时候挨家地逛精品店或者是服装店就是最常见的一种考验方法。在这个过程中女孩一次次试穿衣服鞋子,而男人则只能在一边无奈地等着。但是,女孩在这种情况下一般会对男性的行为视而不见,继续考验她们的男朋友。要求男朋友和自己逛街并不过分,但逛街是男人最不愿从事的活动之一。因此,在这件事上要有分寸,偶尔为之就行,但如果你每周都要他陪同,无休无止,可能会使你们之间产生矛盾。

在考验对方的时候要讲究方法和技巧,千万不要太过分,下面就有一则例子。

小晴一直都有贫血的毛病,因而眩晕的状态经常出现。当她和男朋友约会的时候,每次出现这种状况之后,男朋友就会非常着急、心疼。这样的次数多了,小晴有一次就想:我何不借此机会好好地试探一下他是不是真心对我? 于是,小晴告诉自己的男友:"亲爱的,其实我现在患有血液病,情况不是很乐观。但是我不想拖累你,所以,你还是好好考虑一下我们的关系吧。"她的男朋友听后,非常悲伤,依旧留在她身边陪着她。

小晴看着对自己如此忠诚的男友,心里非常高兴。但是她还是不放心,想再试探试探。

于是，小晴又谎称自己有不孕症。不巧的是，她的男朋友家是三代单传，男朋友的家人是绝对不会同意这件事情的。在万般无奈之下，男朋友只能忍痛离开。

小晴认为，男朋友会因为这件事情和自己分开，说明他对自己的爱不够。她认为，如果和这样的人在一起，以后很可能不会幸福，于是就放弃了。不久以后，小晴开始后悔了。仅仅因为自己捏造出来的一件事情，就让自己失去了最爱的人，这样是不值得的。于是，小晴想去找男朋友解释清楚，但是，她的男朋友已经有了新的女朋友。

或许对方确实很爱你，但是这种爱也是有底线的，如果你的考验超出了对方的底线，你们之间的感情随时都会有危险。女孩在恋爱中都是爱耍小聪明的，但是，只有掌握好了分寸，才不至于让小聪明使自己失去更多。

女孩之所以对另一半进行考验，是因为害怕，但不是对于以后是否幸福的害怕，而是对于失去的害怕。很多的女孩总是会说"那你找别人去吧"这类的话来验证男人的忠诚度。刚开始的时候，男人会尽力地安慰女人，哄着女人。而女人在随后的时间里就会惯用这样的手段。时间一长，男人就会失去耐性，总有一天，会真的将别人搂入怀抱。他之所以离开你，并不是真的不爱你了，而是他已经被你折磨得筋疲力尽。

对婚姻的信心和彼此感情的增加的确要靠适度的考验，但是一定要适度，不然就会打击他们的信心。由于你总是对他们抱有怀疑的心态，因而，当你的这种态度超过了他们忍耐的底线的时候，他们的行为就会如你所抱怨的。或者他们会因为你的怀疑或者是抱怨而失去信心，变得自卑，并且觉得自己无法给你想要的幸福，于是在最后选择离开你。

有智慧的女孩也会对周围的男人进行考验，但她们的考验绝对不是会涉及原则的大问题。她们往往会选择"你真的让我很生气，不和你说话了"等话语，半是撒娇又无关紧要。同时，她们懂得借助台阶顺势而下，一旦男人上前哄，鼓励的微笑就立刻奉上。把男人手里的花接过来以后，还会补上一句：这个太贵了，以后就不要这么浪费了。她们很清楚，考验的目的不是考验本身，而是升华爱情。

从上述来看，考验也需要掌握一旦的技巧。考验既能锦上添花，也能弄巧成拙。因此，当你想考验一个男人的时候，一定要谨慎行事，免得好男人飞走了，不会回到你面前了，到时候，后悔也没有用。

───────── ❧ 智者寄语 ❧ ─────────

考验既能锦上添花，也能弄巧成拙。因此，当你想考验一个男人的时候，一定要谨慎行事，免得好男人都飞走了不会回到你面前了，到时候，后悔也没有用。

爱情不能只有愿望

大多数人对爱情的最初印象，往往源于浪漫的爱情神话。在故事中，男女主角的爱情堪称完美。当自己身临其境，人们发现爱情的感觉的确十分神奇。尽管恋爱中的人们都曾目睹过其他人的爱情不但饱含甜蜜，还有辛酸苦辣，但是，他们却出自本能地认为，同样的情形绝不会出现在自己身上。他们仍然坚信，永恒的爱情、无限的欢乐与幸福，将永远伴随自己和"那个人"左右。

　　然而,不幸的是,这毕竟只是情侣们一厢情愿的想法,现实和理想之间的落差,有时会大到让我们无法接受。许多单身者不能理解,甚至不敢承认这些基本现实,他们似乎在想象和愿望之中恋爱。

　　人们在坠入情网时,通常都会意乱情迷。情侣们,尤其是女人,一般都有这样的心愿:我爱他,我想与他永远在一起;他也爱我,他一定也想跟我过一辈子。然而这时,如果对方有一些跟她想象不同的举动,比如,处于"亲密周期"之中的疏远行为,她就会感到失落,然后胡思乱想。对女人来说,打击更大的是,如果对方以两人在一起不合适为借口提出分手,她就会误认为对方一直在欺骗、撒谎。"其实他根本不爱我。"于是,惨遭背叛的愤怒向她袭来。其实,女人常常忘记这样的现实:爱情,尤其是长相厮守的爱情,只靠理想根本无法实现。如果作为女人的你,早就知道爱情并不是单凭想象和愿望就能得来的,那么,你就不会把每一次感情的挫折都看得无法逾越,因而能够从容地面对下一次恋爱。

　　在那些走进婚姻殿堂的情侣中,有很多人并没有掌握"爱情房门"的那把"钥匙"。对感情一直渴望完美的人,总期望十全十美的婚姻,在携手走进婚姻殿堂的那一瞬间,他们以为白雪公主与王子的幸福生活就要展开了。实际上,在经历热闹辉煌的婚礼后,肯定要面对残酷的现实生活。随着时间的推进和彼此了解、接触的加深,爱情的魔力开始减退,各种繁琐且烦人的事务占据上风。男人期待女人适应他的生活方式,而女人却认为他的那些行为不可思议。在差异出现的时候,他们没有花时间和精力,理解和尊重两人之间的需求和渴望。接下来,他们的生活经常出现颐指气使、责怪别人、固执己见……正是这些,损害了两个人之间的关系。

　　尽管在内心深处,他们对爱情仍旧怀着最美好的渴望与最真挚的期待,但他们却不得不面对这样的事实:他们的爱情列车已然不受双方的操纵,正不可阻挡地冲出感情的轨道,奔向颠覆的终点。于是,在彼此不理解的状况中,矛盾和冲突取代了爱情的甜蜜,成了他们生活的主旋律,沮丧的情绪、怨恨的情感越来越无法排遣。他们互不信任,各不相让,直到有一天,他们向对方"摊牌":既然你不爱我,我也没有必要再爱你了。这时候,被认为是"不可战胜"的爱彻彻底底地消失了! 幸福而甜蜜的美梦也无情地破碎了。

　　直到这一天,他们才问自己:"原来不是这样的啊! 这到底是为什么?"

　　我们每分每秒都在寻找陪伴自己一生的合适人选,或者在品味爱情那妙不可言的感觉。与此同时,也有无数曾经相爱的人在绝望和伤心后各奔东西,或者不再相爱,但却貌合神离地生活在一起,婚姻给他们的只是悲伤和痛苦。他们也在问同样的问题:为什么爱情从他们的指尖悄悄溜走了?

　　要回答上面的问题,我们随时都可以搬出复杂的哲学观点、生理学知识加以阐释:爱情或急或缓、或早或晚地死亡成了家常便饭,每个人都可能经历爱情或婚姻的困境。但是问题的关键仍然在于,大多数人的爱情还停留在想象阶段,而爱情只有愿望是不行的。

───────────── 智者寄语 ─────────────

　　每个人都按照自己的方式构建理想爱情的蓝图,殊不知,自己和对方对爱情各有一套完全不同的思考方式与行为模式,两个人的需要在多数情况下并不相同。

第五章
恋爱达人不告诉你的心理秘密

恋爱中的男女心理

由于生理特征、认知方式等诸方面的差异,心理差异在恋爱男女中不可避免,了解这些差异的女人能够在恋爱中与自己伴侣的爱情更加稳固。下面让我们一起来看看恋爱中男女心理差异是怎样表现的。

1. 男性比女性更容易一见钟情

好感萌生爱情,而人们之间的好感,第一印象占了很重要的部分。有的初见没有什么,但是日久生情;有的只要一面见过了,情愫顿生。一般情况下,男性更注重女性的外貌长相等外部特征,而男性的内心世界则是女性更加注重的,选择对象一般比较慎重。因而男性比女性更容易一见钟情。

2. 男性求爱时积极主动,女性则偏爱"爱情马拉松"

在恋爱的过程中,比较主动的往往是男性,敢于大胆表白,喜欢速战速决,与对方接触不久,就展开大胆的追求,希望能在短时间内取得成功。而女性则不然,她们喜欢采取迂回、间接的方式,把自己的感情含蓄地表达出来,喜欢将爱情的种子珍藏在心灵深处。

3. 男性在恋爱中的自尊心没有女性强

在恋爱中,男性并不非常计较求爱被拒绝的尴尬。如果求爱受挫,他们会用精神胜利法来安慰自己,以求得自身心理上的平衡。女性则相反,特别是恋爱中她们非常敏感,自尊心极强,会想方设法来避免损害自己的自尊心。

4. 男性的戒备心理没有女性强

一般来说,男性在恋爱中的戒备心低于女性。不少男性在开始与女性接触后,几乎不会怀疑对方的心理。女性则不然,恋爱初期的她们异常冷静,常常以审视者观察对方是否真心实意,考察对方的家庭细节,很怕上当受骗。所以刚刚进入恋爱时,女性往往显得十分小心谨慎。

5. 女性的情感比男性细腻

恋爱之中粗心的往往都是男性,不能体察女方爱情心理的细微之处。他们顾及大的方面,而不注意小的细节,发现对方变化了情绪,经常百思不得其解,不知所措。

女性有很细腻的情感,擅长琢磨对方的心理。她们追求爱情的亲密,要求男子的言谈举止都要称心。男友马马虎虎、粗心大意,或许无意间的一句话、一个动作,就可能会搞得她们伤感不已或火冒三丈。

6. 在情感表现方面,女性较男性含蓄

男女在恋爱中的情感表现大不相同,即使是热恋阶段感情已经白热化了也是这样。

男性拥有迅速强烈的反应、坚强的意志、勇敢大胆的品质、洋溢的感情,但有不稳定的情绪。这种特点,让他们对爱的感受容易溢于言表、喜形于色,却不考虑后果,易冲动,受到刺激时不善控制自己,如着急表达爱情用亲吻、拥抱等形式。

女性一般有充沛而内敛的感情,沉稳持重、情绪多变。恋爱过程中的表现,则是她们感情羞涩而少外露,善于掩饰自己,羞于开口来表达自己的爱情,普遍用婉转含蓄、暗示的方法,而不喜欢动作、行为的过早亲昵。

7. 失恋后,女性的承受能力较强

失恋这件事情对男女双方都很痛苦。面对失恋,男性的承受力低于女子,常常表现得消沉、哀伤,甚至绝望。因为男性有很强的浪漫主义恋爱色彩,对失恋缺少理智的分析和考虑。另外,男子的忍受力较差,很容易就哀伤、消沉在这种失恋挫折之中。女性失恋后自然也非常痛苦、伤感,但她们有较强的承受能力,又不喜欢外露,所以看起来就不怎么痛不欲生。

以上是在恋爱过程中男女之间的心理差异。女性相比男性情感更为细腻复杂,心理活动更复杂、多变,尤其是女人在恋爱中,有着让人捉摸不透的心理。恋爱中的女性还存在以下几种特殊心理:

1. 假心假意的"转移"

恋爱中的女性总是希望男友常常说"亲爱的,没有你和我在一起,我很寂寞""我永远离不开你"等甜言蜜语,但是能了解这一点的男性很少。所以,女性会有意识地在男朋友面前与其他男性友好、亲热,以求让男友吃醋,考验男友有多真诚,但现实中往往适得其反。因为大多数男性会真的相信女性这种"移情",而主动退出恋爱,从而导致双方美好恋情就此结束。

2. 扑朔迷离的"施虐"

恋爱中的女性具有一种施虐意识,如与恋人约会时,故意去晚甚至不去,让久等的恋人焦急、烦躁、疑惑、担心,甚至备受煎熬,让自己在男友的苦楚中得到快乐。恋爱中,这种轻微的、偶尔的"施虐"是不可缺少的"作料",但是施虐过分就是变态了,是万万不可取的。

3. 莫名其妙的嫉妒

女性对周围的人或事甚为敏感,尤其在恋爱中,会不断地比较自己和他人,脑海里总担心自己的价值得不到对方的承认,嫉妒就因此产生,有时候甚至没法解脱自己。嫉妒心理是有害的,不仅对他人有害,也影响自己的身心健康。

4. 真真假假的否定

女性在恋爱过程中总是用含蓄委婉的方法来表达欲望,有时还会是反向的。她说"不"的时候,内心往往是"好而愿意"。比如约会看电影,男性说自己去买票,女友说不要,男友就不去了,等女友去买,那么,肯定看不成这场电影。

女性的这一心理看似奇特,实际上是一种自我保护。当然,有时候是女性真实想法的表达。如果心爱的男人比较迟钝,对你的这些心理理解不了,那么,就把自己的心放宽,迁就他一下,你收获的爱情将是完美的。

智者寄语

由于生理特征、认知方式等诸方面的差异,心理差异在恋爱男女中不可避免,了解这些差异的女人能够在恋爱中与自己伴侣的爱情更加稳固。

恋爱中，要直视自己的要求

确立恋爱关系以后，你会难以避免地发觉男友和你在见解和癖好上有些差异。即使两个人非常相爱，并且生活理念相同，有时候对对方的需求也会忽视。当这种情况发生时，感觉到被忽视了的那个人必须大声说出来。如果你恰好就是这个人，你的立场必须坚定，哪怕和他大吵一架。

如果你的男友是一个"大男人"，你可能会面对很沮丧的生活。他对任何挑战的第一反应，都感觉是威胁了自己，从而采取粗暴的方式，并不是首先倾听。这样，你就会感觉他令人生畏，于是总是隐忍不发，以求避免任何看上去像是与男人对抗的情况发生。

通常，为了使事情变得缓和，做出很大让步的总是女人。例如，当男女要住在一起，总是女人放弃自己的公寓；为了两个人有更长的时间在一起，总是女人放弃自己那些消磨时光的兴趣爱好；女人总是把自己的假期重新安排，以迁就男人的时间，而不是采取其他方式。

事实上，为了避免同男友发生对抗，大多数女孩什么事情都愿意做，包括撒谎。当他问你和谁吃的午餐时，某闺蜜会成为你脱口而出的对象，而不是说实话，你和前男友赵军一起出去吃他的生日午餐，尽管你们俩现在只是朋友，但是你并不想向这个非常容易猜疑与激动的现任男友解释，为什么你会和其他男人在一起。

然而，托词常常会弄巧成拙，因为所有的撒谎都有可能被发现，并且，因为他强烈地需要你的忠诚，所以他觉得背叛是可怕的。尽管你是被他逼急了，你才撒谎，但这种解释往往是对牛弹琴。他会坚持自己是对的，甚至可能会一直惩罚你。

撒谎和过分妥协都要尽量避免，因为这样给你们的关系带来的负面影响是可怕的。在某种意义上，开放式的爱情交流的浪漫在你的谎言中已经被放弃了。你决定不告诉男友你的真实感受和真实想法，其实就是在说："我是'害怕'你，所以不信任你。"

不要先假设他会阻止你对自己生活的选择，并以此责怪他；也别假设他一点也不愿意改变自己。许多女人的生活都是哀怨而自我牺牲的，如果她们足够相信男友，她们想要的东西是可以都有的。

你的男友看上去似乎很难搞定，但希望是有的。他在大男子主义伪装下变得非常敏感，但不会完全掩盖他的理性，他生活的世界是现实的，他知道什么叫公平。

━━━━━━━━━━━━━━ ❧ 智者寄语 ❧ ━━━━━━━━━━━━━━

如果男女关系是鲜活的，那么呼吸是必需的。换句话说，你在关注他要什么的同时，你也要同样关注自己的需要，直接追求你的需要，不要总是迂回。

异地恋，用什么爱你到底

我们常说距离会产生美，异地恋因为距离而感情更加深厚；也有人把异地恋比作爱情的毒药，没有人能服下后坚持到最后。其实，异地恋是需要很大的勇气的。谈恋爱的双方，相隔很远，由于时间地方的限制，彼此很少见面，肯定是极为痛苦的。李清照的词《一剪梅》就真切地体现出了异地恋的苦楚："……花自飘零水自流，一种相思，两处闲愁。此情无计可消除，才下眉头，却上心头。"那样的情绪，只能让人牵肠挂肚、愁思万缕，既挥之不去，也斩之复来，"剪不断，理还乱，愁绪万千啊"。异地恋让许多女人都备受煎熬，最终还是让她们输给了时间和距离。

　　有对恋人相爱是从高中开始的，结束高考后，女孩考上了北京一所学校，而男孩却在另外的城市。只有放假的时候他们才能见上一面，两人开始都坚信彼此一定能走到最后。男孩每晚都会打电话给女孩，两人一聊就是几个钟头，有时直到深夜，他们都不肯挂断。宿舍里的其他女生都对她很羡慕，都相信他们一定能有一个幸福的未来。但是大二快结束时，女孩子便不再按时回宿舍，早出晚归，脸上满是甜蜜的微笑。不久后，大家发现她的身边原来有了一个新男生，也就是她的新男友。大家都觉得很奇怪，他们以前的感情那么好，怎样突然就分开了呢？原来她跟前男友恋爱并不能感觉到幸福，由于距离，她时常觉得孤独寂寞又饱受相思苦，苦痛了两年之后她终于无法忍受了，于是她只好对那段虚无缥缈的情感说再见。

有很多对恋人由于异地而最终分开，这样的恋爱给他们都带来了极大的伤害。《亲爱的你怎么不在我身边》这首歌的流行也从侧面体现出异地恋的苦楚和无奈。现代发达的网络技术，让很多人企图通过网上交友收获自己的一份美好爱情，这样异地恋的概率也大大提高，可是爱情的压力更来自于空间的阻隔，让许多恋人遭受着距离的考验。

想要异地恋最终获得圆满，你需要有很强的忍受寂寞的能力，还要对爱情有足够的勇气和信心，倘若一直坚守着忠贞不渝的信念就一定能走到最后，"两情若是长久时，又岂在朝朝暮暮"虽然是老套的说辞，可是也能增强彼此的信心和走下去的勇气。异地恋能否取得好的结果，最终彼此能否走到婚姻的殿堂，关键在于能不能做到以下几个方面：

（1）信任。像相信自己一样相信对方永远不会背叛和放弃。

（2）意志坚定。要承认异地恋不能朝朝暮暮的现实，不要羡慕其他人在一起的甜蜜，多想想他们争吵的时候；身边人的游说也不要理会，倘若她（他）对你说有人暗恋你追求你，你一定要坚持不考虑。

（3）充实生活。思念是一种病，美丽也充满忧伤，需要你忍受住漫长的寂寞煎熬，空余的时间多看看书，少逛逛街，看不见情侣的亲密状，你也就没有太多心情波动了。

（4）保持联络。准备好电话卡，经常打电话聊天谈心，可以进行些新花样，除开 E－mail 和书信，还可以通过邮局寄有趣的东西给对方。

（5）创造一起工作的条件。真正的幸福是和恋人在一起的日子。

（6）注意自己的身体。人在身边时会变得脆弱而更需要关心，因此要预防疾病。

爱情到底是什么呢？竟然可以教人不顾自己的生死。爱情有时候令人疲惫，异地恋更是这样。假如无法忍受隔离的煎熬，那就不要尝试异地恋；如果你爱的人在异地，希望你用真爱缩短心的距离。

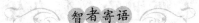

智者寄语

　　假如无法忍受隔离的煎熬，那就不要尝试异地恋；如果你爱的人在异地，希望你用真爱缩短心的距离。

两个相似的人更容易擦出爱的火花

根据恋爱心理学，是相似相吸还是不相同的人更容易吸引呢？我们经常会觉得遇到和自己志同道合的人，令人心情愉悦，还会不自主地想要理解和接触对方。"物以类聚，人以群分"，在人际交往中，往往相似者更容易相互吸引。

心理学研究人员曾将美国普渡大学的一些男女学生安排在一起约会，他们的社会和政治观点是相似、不相似或者相反的。每一对学生只有45分钟的时间可以约会并相互了解。根据结果，相似的人之间显得更具吸引力。年龄、种族、性格、出生背景、受教育水平和社会阶层等方面有相似的情侣幸福感会更强。

我们都爱自己，相似的人仿佛就是另一个自己，那么我们也会喜欢对待和自己相似的人。而且潜意识里觉得和自己相似的人也比较喜欢自己，那么感情的投入也会得到相应的回报。在慢慢接触后便会发现，正因为彼此有太多相似之处，所以相处起来便容易很多，冲突也会少很多。因而两个相似的人更容易擦出爱情的火花。

可是为什么有些性格迥异的人也会产生吸引呢？"对立吸引"和"相异吸引"的男女常常就是影视剧中"死对头"的欢喜冤家角色。这是因为两人身上的巨大互补性在产生作用。譬如富家小姐往往爱上的都是贫穷的小子，这是因为他们之间有极大的不同，这些不同使其产生好奇和刺激，才会发生吸引。许多富家小姐与贫穷小子最初是因为相异而产生吸引，可是到最后，深入了解后才发现彼此的很多方面还是相同的，这才真正走到一起。有的没能在一起的人反而正是由于这巨大的差异性。

和自己相反的观点和思想可以更好补充自己，所以对立也会吸引。比如，如果自己无趣就希望能有幽默的人让自己开心；自己做事犹豫不决就希望有个果断的人出现。于是"对立吸引"便发生了。可是这种情况还是比较鲜见的，不应多强调。它们本质上还是相似相吸，只是其在不同境况下的表现不同而已。

虽然表现形式多样，但两性所追求的还是相同地方。因此，你想要吸引什么样的恋人，就要努力使自己成为那样的人。如果你自己生性冷漠却想要热情的恋人的话，就要试着让自己变得开朗热情一些。

───────── 智者寄语 ─────────

你想要吸引什么样的恋人，就要努力使自己成为那样的人。

不要把约会复杂化

现代社会的大部分男女通过约会来增进认识并发展感情，因此，约会的作用变得越来越重要。过度的关注，极高的期待，再加上神秘感十足，使得约会让人感到有压力，甚至产生神经质的紧张。在约会的过程中，人们常常担心各种莫名其妙的问题，比如，"我的牙齿缝间有菠菜叶吗?""我看上去还好吗?""他觉得我这个人怎么样?"这类让人紧张的问题一直贯穿在整个约会过程之中,结果频频出错,使约会变成了一件非常困难的事情。

尽管约会有时能给人带来刺激和惊喜,但约会时大多数人都在担惊受怕、小心谨慎中度过。在约会的时候,男女双方都聊一些可有可无的事,企图建立起一种合适的沟通方式,但却往往紧张兮兮,狼狈收场。最让人沮丧的是,即使在约会之后,人们对于约会的效果也还是长时间担忧,似乎看不到什么希望。

但实际上,约会可以是很轻松的。约会不会总让人看不到希望,似乎无休止地努力约会,却一直找不到合适的人。约会时有心理压力,要么是你自己心理暗示的结果,要么是没有正确地看待约会这件事情。

约会中之所以有压力和恐惧,多半是因为不了解对方。如果你明白了约会中的每个阶段男人和女人都在想些什么,做些什么,就会发现约会其实真的很简单。实际上,这是完全有可能的,男人们的思维方式是有规律可循的,女人们也是一样,他们的行为和想法都有迹可循。比如,初次约会之时,尽管言谈甚欢,彼此印象不错,可是第二天,女人却没有接到男人的电话,这让她完全料想不到。于是,她开始怀疑自己是不是没有魅力,以及自己是不是没有得到他们的欢心。但事实上,即使他已经被你深深地吸引住了,也可能并不急于打电话,这是他的恋爱策略。明白了这一点,女人就不会再担心,从而采取必要的措施。在这种时候,如果女人不想坐在电话旁傻傻地等,完全可以主动起来,找个巧妙的理由给他打过去。

一旦理解了两性间的差别,就可以理解一些以前不理解的情况,帮助自己更好地赢得对方的欢心。例如,一个女人如果知道男人需要什么,如何吸引一个男人,那么,她就能轻易地俘获意中人,这无疑会使她信心倍增。现实生活中经常出现这样的情况,女人喜欢的某一样东西,男人却不感兴趣,这就是男女差异的重要表现。只要弄清楚了这些差异,女人就知道在约会时自己应该做些什么,而不再束手无策。

如果对约会了如指掌,你就会十分有把握。一旦你对恋爱的感觉收放自如,就不会频繁出错。即使仍然有错误,也会从这些错误中汲取经验和教训,而不再犯同样的错误。当约会变得清晰明确的时候,你可以做到游刃有余,收放自如;当约会陷入僵局时,你立刻就能意识到问题所在,并轻而易举地化解。

在约会过程中出现的各种让你觉得有压力的情况,大都是因为你过于关注自我,期待过高。实际上,约会只是为了让双方认识,人们不可能希望一次约会就能发展成为永恒持久的恋情。记住:这仅仅是一次约会而已。在这次约会之后,你们要么不再有任何联系,要么还有更多接触的机会,因此,这次约会并不能决定你们的未来。

当意识到这一点后,约会在你的眼里就会变成一件很轻松的事,不再那么异乎寻常地被重视,以致成为你的负担。这样,约会就值得期待了,你也能乐在其中,回归到最自然的状态。在这种视角下,你将更加清楚地发现,正和自己约会的这个人,究竟是不是能够陪伴自己一路走下去。充分准备的你会发现,约会其实是非常简单的事情。

智者寄语

约会不会总让人看不到希望,似乎无休止地努力约会,却一直找不到合适的人。约会时有心理压力,要么是你自己心理暗示的结果,要么是没有正确地看待约会这件事情。

要重视男女之间的首次约会

在所有男女之间的约会中,第一次约会特别重要。在这次约会上,男女双方给对方提供和接收的信息都很有价值,双方会根据彼此所得到的信息作出判断:要么你们可能是天生一对,还要长久地发展下去;要么并不合适,应该尽快分手。

决定你在对方心目中印象的最重要的因素是你的吸引力。而要想表现出吸引力,就必须在约会中表现一个健康、向上、积极、自信的自我。无论面对什么样的女人,只要男人能够让女人感觉到自己能为她做很多事情,而且还能让女人觉得他是优秀的,他就算是成功了。因为这样一来,男人在女人的心目中就会有无穷的魅力。同样,如果女人看起来足够迷人,性感,并且自始至终对男人体贴周到,关怀备至,为他做很多事,也就是说,充分展现了自己女性的一面,就能成功地吸引男人。而只有双方都成功地做到各自需要做到的部分,感情才会长久地进行下去。

对女人来说,需要做的事,就是与他分享她人生中最美好、最积极的一面,比如,令她快乐的事情,她的独立和自强等。女人的多愁善感是她们天生的武器,但在初次见面时千万要慎用。要想给对方留下深刻的印象,或者获取对方更多的信息,最重要的一点,就是让男人了解到她阳光的一面,集中精力努力展示最好的自我。

然而,在这么重要的约会中,人们总是爱犯一些严重的错误。其中最为严重的错误之一,就是仅仅注意展示自己的魅力,而忽视了回应对方。约会总是带给人压力,而且是不小的压力。这种压力使得约会中的男女都过分关注自身,把注意力过多地集中在自己身上,而没把注意力转到对方身上,从而无法真正全面地收到对方表达的所有信息,或者是遗漏了那些非常重要的信息。这种状况的出现在初次约会时更加明显,所以,人们总是白白浪费重要的机会。在第一次约会的时候,过多地关注自己,会使人们浪费原本可以作出重大决定的最初几个钟头,或者在这段时间里,作出片面的甚至是错误的判断。

比如,男女初次见面,男人对女人很有好感,但却并不愿意倾听女人说了什么,也并不想了解对方,而是打断女人的诉说,长篇大论地谈自己的事业以及雄心壮志。很明显,他了解他需要展示自己的能力,并且认为这些他认真准备过的东西,一定会引起她的注意,以至于征服这个女人。恰巧,女人的发问也正是这方面的,这就越发使他觉得,夸夸其谈是她想看到的。结果呢?一场约会下来,男人意犹未尽,而女人却感到烦躁不堪,失去耐心,从此不再和他约会。

这样的男人的确成功地展示了自己的能力和才华,但是他的自私很伤害女人。女人可能出于礼貌,表面上认真听男人的讲述,但是心里却认为很无聊。她也需要表达自己的看法,因为她也需要向他展示出自己优秀的一面。其实在这个问题上,女人也应该负起一部分责任,因为她没有适时地打断对方的侃侃而谈,这就让男人以为女人喜欢听。正确的做法是:用恰当的方法打断对方的“演讲”,发表自己的见解。

同样的,对于女人来说,在第一次约会中掌握一定的技巧也十分重要。她很有可能像在女性朋友身边所表现的一样唠唠叨叨,因为女人们就是通过这种方法沟通感情的。实际上,当女人喋喋不休地向男人诉说她近段时间的种种不快时,她的原意是对男人真诚坦率,共享自己的内心世界。但是男人却有不同的想法和观点,他反而认为,这个女人对生活有这么多的抱怨,可真难伺候。一旦女人摆出一种很难取悦的姿态,男人一般就会认为这个女人很难追求。

初次约会失败,通常是因为男女双方都过于紧张,因此,你们有必要共同努力营造出一种非正式约会的氛围。所以，即使你们一见钟情，也别轻易说出喜欢。一旦进入约会，你就需要尽快地忘掉自我，关注对方，从对方的言行举止中了解对方是一个什么样的人。你需要做的就是和他轻松地交谈，展示自己的美好。至于谈论的话题，可以是音乐、旅行、教育等任何一个方面，但自始至终，都要让整个过程充满乐趣。

结束约会时，你可以通过各种方式向对方暗示你的态度：我对你有好感，希望有再见面的机会。如果你确定这个人不讨自己欢心，最好明确地告诉他你和他不合适，因为你的态度可能直接影响他的决定。

智者寄语

一旦进入约会，你就需要尽快地忘掉自我，关注对方，从对方的言行举止中了解对方是一个什么样的人。你需要做的就是和他轻松地交谈，展示自己的美好。

女人应该了解男人的约会心理

在男女约会的过程中，最为遗憾的事情，是相互有感觉的两人最终"有缘无分"。这主要是因为没有深刻了解对方，男女有别的差异在这时表现得更加明显。在约会的过程中，男人和女人的心理、体验不同，因此，从开始约会到逐渐确定关系的过程中的表现也有所不同。对于同一件事情，两个人的感受不同，表达的方式不同，于是误会就产生了。这是约会成功最困难之处。

女人熟悉自己每一个阶段的心理特征，但对约会时男人的心理却知之甚少，或者说几乎一无所知。每个约会中的女人都十分渴望了解男人们的想法。"他究竟在想什么？""他觉得我怎么样？""我应该怎么做才能赢得他的好感？"这些都是女人迫切想知道的事情。只有在了解了男人的这些心理之后，她才能更好地把握约会的过程。

大多数男人都有相同的约会心理。为了更快达到目的，很多男人通过朋友介绍认识另一半，最后才选择平常邂逅的人。

和女人希望双方感情"循序渐进"的想法不同，男人在每一个约会阶段都有明确的目标，有的甚至希望第一次约会就确定两个人的关系。男人通常将初次约会的地点定在餐厅，然后看电影，然后是运动或远足。对男人来说，第一次约会非常重要，如果第一次邀约被拒绝，或者在约会中印象不佳，他很可能尝试下一个女人。不是每个男人都有强韧的神经，经得起打击，他们同样害怕受到挫折，担心被无情地拒绝。

男人在第一次约会中往往表现得很殷勤。只有初次约会获得成功，男人才会认为接下来两个人的关系将"长势"良好。相反，如果第一次约会并没有进行下去的希望，即便他表现得很诚恳，并礼貌性地要了你的电话，他还是会消失得无影无踪。因此，女人如果有接受对方的诚意，就应该主动发出暗示或对他的各种建议作出积极的响应，这样才能传达"我认为可以交往下去"的信息。如果你一直保持矜持，不给出任何暗示，那你们两人的关系就很有可能毫无进展。

当和你约会时，大多数男人表面上似乎在认真听你说话，实际上却在心里审视你，甚至开始判断你们之间是否会有结果。如果他觉得可以继续下去，并且相信你也有这样的感觉，那么，在这次约会之中或者有过几次约会之后，他就会开始考虑加深你们之间的关系。当然，一般来讲，当他们怀有某种和你进行亲密接触的企图时，会想办法先了解你，同时也尽力争取把好感传达给你。他们当然知道，因太过冒失而被女人赏一耳光，或者把酒倒在脸上的感觉不好。

在试探女人心意这一点上，很多男人都可以算是高手。比如，在看电影时，假装无意地轻轻触摸女方的手，或者用膝盖靠近女方的膝盖等轻微的身体接触，以此了解女人的想法；在酒吧，通过肩与肩的触碰了解她的态度，这些都很常见。如果女人很反感和自己做这样的接触，男人就会判断出她目前还没有打算深入发展；反之，如果她不回避，就代表她并不拒绝自己的亲密行为。当确认可以进一步采取行动以后，男人就想延长约会，于是提议吃餐后甜品，一起散步，或者送女方回家。这些邀请或建议，基本都是"醉翁之意不在酒"。

男人们总是无数次模拟约会的情景。比如，约会前的准备，怎么打招呼，在何处用餐，餐间聊些什么话题，如何实施下一步骤，怎样让对方接受自己，全都在考虑之中。加上不断设想能否获得成功，结果常常给自己很大的压力。在约会期间，他们也会绞尽脑汁地考虑很多问题，经常错过一些很重要的细节。即使女人已经进入倾心而谈的佳境，他们也往往浑然不觉。这种时候，那些观察入微的女人，很容易误解男人不认真对待约会，但事实并非如此。

无论有怎样的周密计划和心理准备，实际约会总是和想象中的不一样。初步互有好感却又处于相互试探阶段的男女，双方都有很微妙的心态。如果女方婉拒亲吻或其他亲密举动，除了很少一部分男人还不肯放弃之外，绝大多数男人都不会再次相求，而是直接放弃这样的举措。如果女人有与他相处下去的意愿，即便在对方要求亲密接触时自己尚且没有做好心理准备，也应该尽量讲清楚，以避免误会，留下遗憾。

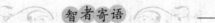
智者寄语

男人一旦希望接近有好感的对象，大多会主动邀请对方，当然，除非这个男人特别胆小或者自尊心过强。

女人如何应对男人不来电话

曾经有歌唱到："他为什么不来电话？"这句话道出了恋爱中的女人的心声。男人向她要电话号码，或者带她出去之后，从此杳无音信；或者，两人分开一连几天都没有电话。女人们困惑、迷惘、焦急地等待，于是开始胡思乱想：他为什么不来电话？出什么事了吗？我做错什么了吗？他不喜欢我吗？我是不是错过了他的电话？

在每次约会之后，女人本能地期待着男人的电话。按女人的想法，她认为，他对真正关心的人的体贴方式就是直接说出来，不论是在平时还是在约会之后，表达关心以及爱慕之情是非常重要的。在女人看来，打电话是最基本的事。尽管女人都暗自希望男人送自己一束鲜红的玫瑰，或租赁一架飞机，在蔚蓝的天空上写下自己的名字，如此求爱的男性，遗憾的是只在电影中出现。在真实的生活中，甚至连电话铃响都听不到。第二天没有，第三天没有，之后几天依然没有。

男人不打电话，让女人芳心大乱。然而，男人们无法体会接到这个电话对女人来说多么重要。在许多情形下，他也仅仅是遵循本能处理这样的事情。他所想的是，只有刻意地不打电话，他才能在这次恋爱之中稳操胜券，确保成功。他等待，是为了避免显得对女人过于渴求。男人感到，如果他显得过于兴奋，就会有损身份。

事实上，男人这种做法也有道理，他这么做与他的思维方式相符。男人注重自信、独立和坚强,在事业上如此,感情上也不例外。约会对男人而言,就相当于一次工作中的面试。只要是参加过应聘的男人都知道,面试之后,就算没有耐心,也不能立刻给自己面试的公司打电话,询问自己是否被录用,而是选择等待一阵子。如果过于焦急,就有可能给人不稳重的感觉,这就无形之中影响了个人形象,减少了自己的竞争筹码,还很有可能使应聘失败。

如果男人经常打电话给女人,向女人表达自己的强烈感情,并得到肯定的回应,那么,女人很有可能会躲得远远的。但是,男人并不了解,自己如果第二天就给充满期待的女人打电话,并且明白无误地告诉她:"我很喜欢你,我要和你继续交往!"女人肯定很高兴,这种自信不但让男人极具魅力,还会给女人一颗定心丸,因此,她会非常感激,并且真正地爱上这个体贴和自信的男人。

但是,现实终究是现实,大多数男人都不了解自己和女人的不同,迟迟不打电话;而女人也无法理解男人正常而又自然的行为,所以,她在男人最终打来电话时流露出她的不满,要么厉声指责,要么间接拒绝。因此,往往在难以察觉的情况下,约会之后的两个人都破坏了彼此的感情。约会之后再度联络,原本应该十分美好,却发现彼此的吸引力都消失了。女人多半会心生抱怨,并有意无意地向男人提出质疑;而男人则非常委屈,感觉这一切都太不公平了。

我们在电视剧和电影中看到的爱情故事,切莫信以为真,天下的男人并不都是那么浪漫的。而且,每个人都有自己的示爱方式,也正因为如此,才不至于枯燥。有的男人约会之后会立即打电话;有的则需要较长时间理顺纷乱的情感头绪,"消化"这段感情,无论何种做法,并无高低与优劣之分。

话说回来,男人不打电话的另一个原因是:女人对情感的需求千差万别。有的女人,十分头痛一大清早就有人站在自己家门口,声情并茂地朗诵自创的爱情诗歌;她们讨厌男人们又酸又长的短信留言、连篇累牍的电子信件,反感他们乐此不疲地往女人办公室打专线电话……并非每个人都能接受这种死缠烂打的示爱方式。当然,也有人喜欢这样。此外,伴随情感升级而日趋敏感的恋人关系,使双方谁都不愿稍有闪失,错失良机。考虑到这些因素,男人可能会克制冲动,不愿鲁莽行事。

男人和女人对待这件事的心理差异,在一定程度上受两者之间对待爱情的态度差异的影响。对于大多数男人来说,他们并不喜欢一开始就确定恋爱关系。若即若离的约会阶段让男人觉得刺激,心情跌宕起伏;而女人却极其憎恨男人的这种爱好。女人寻求的是爱情的着陆点,是可以停泊的码头,所以,她们希望越快越好地直奔终点。女人的普遍想法是:不就是打个电话吗?说一声"我爱你"有那么困难吗?

对女性来说,重要的是目标;对男性而言,重要的是过程。因此,如果他真的"反应慢",太久不给你来电话,别激动也别失望,要有耐心,给他足够的时间和空间,让他慢慢地回味对你的感觉。如果你实在耐不住性子,为什么不发一条短信给他或写一封信给他呢?三言两语,无需多言。

～～～～～　智者寄语　～～～～～

对女性来说,重要的是目标;对男性而言,重要的是过程。因此,如果他真的"反应慢",太久不给你来电话,别激动也别失望,要有耐心,给他足够的时间和空间,让他慢慢地回味对你的感觉。

男人会如何接近女人

在现实生活中,男人主动接近一个女人,比女人主动接近男人常见得多,也简单得多。男人并非天生的情感游戏专家,对情感的要求也并非高于女人,而只是在现有的社会环境下,男人们不得不扮演主动的角色,并在如何接近女人这件事上花费了更多的心思而已。了解男人如何接近女人,不但能让女人更加了解男人,而且能为那些想主动一回的女人提供借鉴。

男人总是在不知不觉中接近女人。那些对自己魅力缺乏信心的女人,也许认为这事儿从来没在她们身上发生过,她们认为,这些年来从来没有男人主动接近自己,但实际上,对于绝大多数女人而言,男人主动接近的情形一定出现过:它可能发生在公交车上或者酒吧里;他们中既可能有正人君子,也可能有不怀好意的色狼。你也许从没有注意到这些人,这是可以理解的,因为他们总是在你无意识中靠近你。当然,由于种种原因,他们打了退堂鼓而没有进一步采取行动。

男人接近女人并不一定次次告捷,包括那些经验老到的男人。或者可以说,他们丰富的经验是在屡次拒绝中积累起来的。有些男人谨小慎微,知难而退;另外一些男人则变得分外聪明,成熟和强大。女人的冷漠和白眼带给他的刺痛和耻辱成为他们的动力,使得他们越挫越勇,不断进步,最终成为一个擅长接近女人的"职业高手"!他们方法多样,在不知不觉中靠近你,发起攻势,成功地让你成为被他捕获的猎物。

当某个经验丰富的男人对你有兴趣的时候,他首先会根据你的穿戴方式、言行举止、年龄以及你的身材等有关数据,对你形成一个全面的判断,然后将你归类。他结识女性方面的经验如此丰富,以至于形成了一系列可靠的对女人分类的标准。比如,一个对自己生活厌烦的女人、工作压力过大的女人、喜欢逍遥自在的女人,或者"假小子"式的女人等。根据这些判断和分类标准,他将精心为你制定一套有针对性的"游戏计划",让你成为他的朋友。

首先他会尝试接近你。如果是"坏小子"或成熟男人靠近你,不大可能对你说:"你好,女士,我能认识你吗?"因为这种开场白显得太突兀。当他开始和你交谈的时候,不太可能以自我介绍或主动握手作为开场,而会表现得好像和你是老相识一样,这样一来,沟通就变得自然、顺畅且合情合理了。这种方法可以称作"假装好友"。这种方法的好处是,尽可能在短时间内让你觉得安全和舒适,当你事后回忆的时候,根本无法意识到他是如何接近你的。而当你意识到他在假装好友的时候,他可能早已把它变成了事实,你已经顺其自然地和他处于交往的状态中了。

有经验的男人发现,有时候借助一个"女性随从"的帮助,接近女人会更加容易。在一般情况下,女人对男人总是怀有不同程度的戒备心,男人的话在女人看来是一种拙劣的诱饵。而当她和另外一个女人相处时,她会解除这些戒备。因为女性随从的存在,可以创造出一种安全的氛围,这就为男人成功接近女人增添了筹码。

女人通常喜欢扎堆聊天。但在一般情况下,谁都不会明显地对同伴旁边的那个男人表现出兴趣。因此,男人就采用了分而胜之、突破弱点的方法。他要么与那个看起来似乎最缺乏吸引力的女人交谈,要么与最友善的女人交谈——遭到这两种人拒绝的可能性比较小。如果她喜欢和这个男人交谈,他便成为了她们中的一员,他成功地打入了她们内部,这时,他就可以开始向别的目标发动攻势了。

在刚开始和你接触的时候,有心机的男性总是让自己看起来很诚实可靠,像是完全没有心机。他甚至可能在谈话之初就提到自己的一些隐私,这样做的好处,是让自己看上去不像是一个谈情说爱的老手。而恰恰是这一点,使得你失去戒备心,让他放心大胆地开始自己的"捕猎"计划。

智者寄语

　　一个谈情说爱的老手,往往会把自己伪装得毫无心机。而恰恰是这一点,使得你失去戒备心,让他放心大胆地开始自己的"捕猎"计划。

女人如何向男人表达爱意

　　在男人追求女人的过程中,女人利用自己特有的优势吸引男人,可以算是一条建立情感关系的捷径。欲推还就的表达,为女人创造了必要的吸引力,让男人产生了兴趣。而且,女人还可以趁此过程考察男人是否适合自己,避免自己轻易地成为他的俘虏。正像一句歌词所说的那样:"容易到手的东西,往往都不被珍惜。"恰当的表达方式,能使女人保持魅力。

　　在女人向男人表达爱意的行动中,最为关键的一点是:女人善于接纳这个男人的所为。女人向男人表达爱意,仅仅是通过女人特有的方式向男人传递这样的信息:"我正在四处寻找,并且喜欢你带给我的一切,说不定你就是我找的那个人。"而男人在被表白的时候,会被勾起兴奋感和征服欲,这让男人体会到了追求成功的乐趣,还会让男人不断寻找机会证明,他能给女人带来幸福。但是,女人需要掌握适度的原则,既对他敞开心扉,乐于接受,也别要求太多。无论在什么情况下,都不要让男人觉得女人很喜欢他,即便女人特别喜欢他。女人的表达,实际上是通过接纳男人表现出来的。

　　在表达的过程中,女人必须把握好限度。如果女人向一个男人表达,却又在男人激情高涨的关键时刻,给他狠狠地泼上一盆冷水,男人就会觉得被女人欺骗了,从而认为这种女人既残忍又邪恶。这样做的结果很有可能是,要么男人带着心理阴影一走了之,要么跟她逢场作戏,先不动声色地与她交往一段时间,等到她真正投入的时候,再狠狠地打击女人一番。男人看起来都很强壮,他们的情感并不脆弱,但是这并不意味着他们没有感情,而且他们的忍耐力是有限度的。要知道,他们讨厌被捉弄。女人应该有节制地使用这种手段,以免让自己陷入困境之中。如果她做得过火,男人对她的期待和要求就会高到她不能满足。

　　以下这些方法可以为约会时期的女人们提供参考:

　　(1)在约会后,向他表示你和他在一起很开心。

　　(2)在听他说话的时候,适当地眨动你的眼睛或歪着脑袋,以表达出你对他感兴趣。

　　(3)在关于某个问题的讨论中,尽可能就他的某个观点提出明智的挑战,表示自己深入思考了这个要和他讨论的问题,并且认真思考了他的观点。

　　(4)即使自己能够办到,也尽量请他帮助你做一些事情,然后再感谢他。

　　像上面这样微妙的举动还有很多,在男人看来,这些举动是非常好的机会。女人委婉地表达爱意,这正是她吸引男人的地方。

智者寄语

　　女人向男人表达爱意,仅仅是通过女人特有的方式向男人传递这样的信息:"我正在四处寻找,并且喜欢你带给我的一切,说不定你就是我找的那个人。"

哪些地方是约会圣地

由陌生到相爱的男女,无疑是约会让他们的感情从陌生到熟悉,从距离到亲密。

将约会目标选定后,另一大难题就是选择约会的地点:是选择刺激多多的游乐园,还是清幽雅静的公园,抑或是情调十足的餐厅……为了一个合适的约会地点不少人左右为难。

这里有一些意见,让你知道以下什么地方是可以营造出浪漫爱情的。

1. 情调十足的餐厅

初次约会是浪漫的,为了配得上浪漫的氛围,你选择的餐厅要情调十足,选择靠窗的位置,将大众的眼光避开,让空间更利于彼此的交谈。餐厅是什么样,也能够显示你的生活品味。可是你不能光在意情调,经济实力也要考虑在其中。

2. 麦当劳等快餐店

麦当劳这样的快餐店被很多人选为第一次约会的地点,彼此的紧张感会因为轻松随意的气氛而消除,加强双方的情感交流,经济压力也不大。

3. 清幽雅静的公园

工作时每天都忙,疲惫的是身心,那么周末正好可以与大自然来个亲密接触,漫步在公园蜿蜒的小路上,找一些轻松的话题来聊,那么彼此的感情也能得到增进。

4. 电影院

不妨一起去欣赏电影院刚上映的大片,浪漫的爱情片是最好的选择,也可以将你心中的爱意含蓄地表达出来。

5. 刺激多多的游乐场

人在游乐场容易状态兴奋,氛围坦率而开放,也会增多聊天的主题。但对方的意思不要忽略了,不要过度表现,让对方觉得你太过于开放,原来的好感消失殆尽。

6. 运动场所

倘若两个人都是爱运动的人士,那么理想的约会地点就是运动场地,挑的运动最好是两个人都擅长的,可以让你的长项得到充分体现,让对方觉得你富有青春气;而且很快乐的事就是拥有共同的爱好。如果两人都开心,那么感情也会升温。

7. 一起散散步

晚饭过后,你们可以散步在宁静的路上,聊聊白天发生的事,深邃和宁静的夜可以拉近彼此心的距离。

智者寄语

约会的场所具体的要看人来选。如果作为女生的你好静,对方又带有较浓的书生气,那么约会场所选在博物馆就不错。两人有很多可谈话题,可以使彼此的距离得到拉近。如果你们俩都活泼好动,那么歌舞厅这样活跃的场所就是不错的选择,将你们的热情美丽尽情释放,更能碰撞出爱情的火花。

女人如何倒追男人

大多数女人认为,在男女感情关系中,男人应该主动一些,如果女人碰到了自己心仪的男人,也是一样。然而,经常见到的是,许多女人眼睁睁地错过自己喜欢的男人,在等待多年之后,蓦然回首才突然发现自己已成了"剩女",最后不得不随便"将就",与一个自己并不那么喜欢的人在一起,这也是造成婚姻不幸福的原因之一。

情感专家指点迷津:不想剩着,就应该主动追求,把幸福牢牢地把握在自己的手中。人们之所以不理解女追男的行为,主要是因为更习惯于男追女;如果倒过来,变成女追男,好像女人有点"降价出售"的意思。其实要说传统,女追男现象也是存在的,比如,七仙女倒追董永,田螺姑娘倒追谢端,白素贞倒追许仙,祝英台倒追梁山伯等,人们在听到这些爱情神话或故事的时候,并没有觉得有什么别扭的地方。

在观念更加开放的现代,女追男尽管仍然不是主流,但也不是不存在的。在现实生活中,我们可以发现许多找到完美的"白马王子"的女人,都是自己追求得来的。那些依靠主动的方式获得真爱的女人,经常会有这样的经验:很多男人以为女人放弃矜持才是真爱,他们其实不懂,多数正常女人的性格相对慢热,所以,女人要想与众不同,只要遇到自己喜欢的男人猛烈进攻即可。这可以说是女追男的秘密所在。

女人让自己在约会、恋爱中处于主动,抢占先机,好过被动地接受。我们可以把感情生活比作钓鱼,这能容易理解一些。任何人都喜欢鱼儿自动上钩,您只需舒舒服服地坐在沙发上,等着鱼儿朝着自己游来,还自带了说明和菜谱。您只需行举手之劳,从雅致漂亮的鱼群中挑选出最让您赏心悦目的一条,岂不是很轻松的事儿?不过我们都知道,那是不可能的事情。如果想钓到自己喜欢的"那条鱼",女人们就必须亲自"下海捕捞"。

人说"男追女隔重山,女追男隔层纱",这其实是有一定道理的。如果遇到了自己喜欢的男人,女人最好勇敢地迈出第一步,主动勾引他。在接近男人的时候,你的态度应该既随意又果断。当然,对女人来说,引他上钩最好的方法是积极响应他做的事,甚至还可以采取稍微主动一点的方式,比如,向男人请求帮助就是最有效、使用频率最高的求爱技巧。即使遇到那些自己能够解决的问题,你也可以用它来成全你们。男人非常愿意帮助你,因为这样能让他获得成就感,也省去了他绞尽脑汁考虑如何接近你。另外,这还能让他感觉到他在你心目中的重要性。总之,你要采用聪明并且不外露的方法,让他在不知不觉之中上钩,成为你爱情的俘虏。

那些直率的表白、粗暴的示爱只会让爱情胎死腹中,换种方式,成功的可能性就大得多。比如,女人可以装作不小心表露心意。总之,倒追的最高境界,是当你把他追到手之后,他还觉得是他主动的。

智者寄语

女人倒追男人并不意味着不顾一切,而要在主动的同时,保持女人特有的矜持和魅力。

第六章
女人失恋不失志

爱你，但我可以没有你

　　脆弱的女人在面对分手的时候常常乞求对方说："我很爱你，真的不能没有你。"

　　其实离开对方没什么大不了的，只是考虑到曾经付出的感情在失去对方以后就都化为乌有，自己用心经营的感情都白费了，会觉得难受。所以，面对分手，更多的痛苦来自于自己，而不是对方，在这世界上，谁离开谁，地球都能转。

　　小尚跟佳宁在一起相处了6年，她一直很痴情，从来没有想到过放弃。大学的时候，两个人在不同的城市，最长的时候半年才能见一次面。周围的姐妹都忙着打扮约会，只有她孤零零地躲在被窝里看小说。小尚从来没有因为这些而抱怨过，每次接到佳宁的电话，她都觉得很高兴。

　　毕业以后，两个人都盼望能分到一个城市，可是命运喜欢捉弄人，佳宁南下，小尚却成了北漂一族，两个人的爱情受到了考验。一年后，佳宁向小尚提出分手，两个人的爱情终究还是失败了。

　　小尚说，和佳宁分手以后，她特别难过。每时每刻，她都能回忆起两人在一起的点点滴滴，以前的哪怕是一丁点的甜蜜也会在回忆中被无限放大，可是回忆过后，就是一阵难忍的疼痛。她始终都无法面对事实，明知道是自欺欺人，她也要去维持一种幸福的假象。可是，现实就是现实，很残忍，无论自己怎么伪装，都不能改变既定的事实。

　　慢慢地，小尚逐渐接受了现实，习惯了一个人吃饭、逛街、散步，生活好像又回到了和佳宁认识之前的日子，有一种久违的亲切。她把自己的感受写在日记里：两个人的生活很甜蜜，一个人的生活也很自由快乐。任何时候，都不会有人永远爱着你，所以，我要学着一个人快乐地生活。

　　如果两个人在一起很长时间了，一旦分手，就会觉得对方对自己有所亏欠，心里越想越痛苦。一个人只要动了真情，哪怕还有更好的选择，也往往会坚守现状。因为人们割舍不下的并不是对方，而是自己，是自己的那些岁月和真情。

　　可生活就是如此，人生中的每个阶段都会出现一个很重要的人，他并不一定会陪伴你很长时间，也并不一定是唯一陪伴你的那个人，只是许多许多人中的一个而已。

　　面对失恋的时候，我们应该对那个男人说："虽然我爱你，但我还是可以没有你。"

───────────── 智者寄语 ─────────────

痛苦如浮云，时间会带走所有的忧伤。虽然我爱你，但我还是可以没有你。

当爱搁浅时，请不要悲伤

爱情刚开始的时候往往是美好单纯的，正因为这样，它也是极为脆弱的。通常急切而炽热地开始，却很快地失去激情和感觉。女人，不要为了你匆匆失败的爱情而伤悲。

一个女孩子失恋了，她长得很清秀。她来到了与男友经常约会的公园，哭得十分伤心。路过的人看到了都跑来安慰她，但是经过别人的劝告后，她更加觉得委屈，不知道为什么男孩再也不爱她了。后来她不再伤心了，但觉得不甘心，最后又对男孩充满了怨恨，为什么那么狠心、那么无情，为什么自己的付出不能换来应有的回报。她难以抑制心里的悲伤，一直哭得停不下来，心里满是失落、自卑以及怨恨。

一个长者知道了她的故事，笑着对她说道："你损失的只是你不爱的人而已，他却损失了爱他的人。所以，应该难过的是他而不是你啊？而且，既然他不爱你了，你还要让自己美好的未来埋葬在这份不值得的感情中吗？"听了长者的话后，姑娘恍然大悟。她擦干泪水，决定开始崭新的美好生活。

当爱情即将离去的时候，我们总是竭力挽留，可是这样往往于事无补，为什么不把它忘掉呢？忘掉关于那份爱的所有记忆。关于那份感情的任何一切，对于失恋者都是一段痛苦的回忆。当某天这份感情的记忆变得模糊时，我们就真正释怀了。往往经历了真爱，人才会变得更加成熟。不管最后的结果是怎样，只要自己曾经真的爱过付出过，就无怨无悔。

我们还年轻，还有很多机会和时间允许我们去放肆地爱。要相信在未来的日子里总会有一份爱在等待着我们。在失恋的时候，学着放开遗忘，也给自己的心少一些沉重。

在《忏悔录》里，卢梭这样写道：他11岁时，在舅父家遇到了德·菲尔松小姐，她刚好比自己大十一岁，她算不上漂亮，可是她身上散发着成熟女孩特有的清纯和靓丽，这使得卢梭深深地爱上了她。她似乎也很"喜欢"卢梭。不久后，两人便陷入了美丽的恋爱当中。可是慢慢地，卢梭发觉自己不过是她用来刺激男友的工具，用来遮掩其他的勾当，于是，他的心中便充满了怨恨，并发誓永远也不会再见这名负心的女子。20年过去了，卢梭回到故乡看望自己的父亲，此时的他已在世界上享有极高声誉，在湖面上，他竟然遇见了那个他爱了但又怨恨了的菲尔松小姐，她穿着简朴的衣服，显得十分憔悴。卢梭想上去说些什么，但还是叫人划开了船。他写道："对于我来说这是一个报复的好机会，可是我觉得和一个40多岁的女人算20年前的旧账不是一个成熟男性的行为。"

在遭到自己最爱的人无情抛弃和愚弄后，不管是谁，心底都会产生很深的怨恨和愤怒。为什么再次见面却没了报仇雪恨的欲望和怒火，却还要同情对方呢？归根到底还是爱的缘故。他们曾有过爱情，虽然痛过，但那曾一度温暖和甜蜜过他们的青春和心灵的爱还是会深深烙印在心中的。忧伤、仇恨最终都可以被消逝的时间带走，可是心里的爱恋留下的美好与感动却是永远抹不掉的。那份单纯的爱，深藏于心底，经久不衰。

智者寄语

哪怕不再相爱，哪怕受到过伤害，即使做不成好朋友，也不该成为仇人。

失恋后,你还拥有许多

失恋并不可怕,可怕的是从而失去生活的信念。爱情虽然重要,但毕竟取代不了你全部的生活,还有许多更有意义的事情等着我们去做。因此哪怕失恋了,你也不要萎靡不振,而应该及时调整心情,开始新的美好生活。你要坚信,总会有一个真正爱你的人疼你呵护你,哪怕现在你失败了,也不应该对爱情失望。如果失恋了便开始消沉,从此无所事事,那是逃避现实的懦弱表现。假如你想独身一人一辈子,那也根本就不是现实的。爱情是人生必不可少的一部分,你要重新追求并接受爱,从而继续向寻求真爱的道路上前进。

就算失恋了也别失去你的品德。不要觉得失恋痛苦而去实施一些实际幼稚的报复行为。那样只会显得你更加肤浅、无知和愚昧。如果失恋便想着报复想着自杀,不但不能使痛苦得到解决,还会触犯法律,甚至给社会造成不良影响。失恋了,也许你与对方的爱情就破碎了,可是友谊和做人基本的准则却是无辜的,不应该被抛弃。积极的做法是静下来思考问题总结经验教训。如果对方离你而去是忍受不了你的缺点,你可以换位思考:假如你的情人是这样,我是否有勇气包容他的缺点呢?倘若你开始改正缺点而不是报复,并期望用崭新的姿态来追求新的爱情,那么失恋一定会让你更加成熟。如果是因为对方的喜新厌旧或者其他个人原因把你抛弃,那也不要愤恨,应这样想:恋爱的时候就这样,一旦结婚了岂不是更不好过了?还好现在和他分开了,这样子心里的痛苦也会减轻很多,也会更加有信心来面对明天。

就算失恋了也别失去你的诚信。如果分手是两个人共同的决定,那么一定要断绝所有暧昧的联系。特别是对方有了新的对象,更加保持与对方的距离。不然旧情的痛苦一定会继续伤害着你,并且也会离间和破坏新的恋情。

就算失恋了也别感到失望。失恋后更要保持乐观向上的心态,使自己的精神得到振奋,将眼光拉长到以后,别对现在的失恋耿耿于怀。但是,你也要总结自己失恋的原因,从中吸取一些教训,对未来的新恋情也会有很大的帮助。

你必须把失恋当做是一种幸运,随后才感到不幸。原因在于失恋的痛苦证明我们曾经真的深爱过。你需要知道,好多人一辈子都不能体会到真爱的滋味,你已经有让人羡慕的资本了。哪怕最后失去,可是起码我们学会了成长,生活得到了丰富,也获得了深沉的情感,思想因此变得高深,也会越来越成熟。

就算失恋了也别失去微笑。微笑是战胜失恋的最好法宝,对于任何人,情绪都要昂扬向上,也是对所有人最好的处理方式。很多人一失恋便否定自己,觉得世上再没有人比自己更悲惨了;或者失恋了就会侮辱对方,骂对方真是瞎了眼,是他没福分得到自己,这样都是不明智的举动。失恋对于对方的痛苦或许不比你的少,或许他既要忍受失去爱人的痛苦,还要看着你苦,却无法为你抹去沉重的泪水。他越是悲痛,越容易增加双方一些不必要的苦痛,同时也无助于问题的解决。

总而言之,失恋并不可怕,但是倘若一个女人无法以一个正确客观的心态对待它,她失去的不仅是一份爱,还有自己的生活和自由。因此,要采取正确的态度对待失恋,正如梁静茹所唱的:"分手快乐,祝你快乐,挥别错的才能和对的相逢。"要坚信那个优秀的他就在不远处为你守候着。

智者寄语

失恋并不可怕,但是倘若一个女人无法以一个正确客观的心态对待它,她失去的不仅是一份爱,还有自己的生活和自由。

调适心情，走出失恋的阴影

　　恋爱的一方否认或中断恋爱关系，从而使对方被抛弃而遭受痛苦的心理挫折便是失恋。曾经真的用心爱过，且这份爱到达一定的程度，并曾付出较大的物质和精神投入想要获得爱的结果的男女会出现这样的情况。出乎意料，这份爱突然被一方强制中断，他们由此感到内心无比失落、伤心甚至痛不欲生。失恋有时候是无可避免的，再多的痛苦除了消磨自己再也挽救不了什么，不如将自己的心态调整好，对失恋采取正视态度；早日摆脱失恋的痛苦，获得快乐的生活。

　　1. 正视现实，不要纠缠与责难

　　如果他对你已经没有了爱情，到了分手的时候，那就大度地放手和释怀，可能纠缠会让对方一时之间不能逃脱，也可能使得他离开的脚步更急促；不要因为一时的痛快便去责难，因为会破坏你们曾经有过的美好；不要对自己天生缺乏魅力进行怪罪和怨恨，那样你只会有更加沉重的生活。得不到的终究不是自己的，所以不必再为他伤心劳神、浪费感情与青春。也许刚开始你会因为放弃感情而痛快万分，可是它却给了你真正的幸福一个机会。

　　2. 学会宣泄

　　失恋了，你会觉得自己一度的寂寞和无助。那么找你最好的朋友或师长，向他们诉说你的悲伤和烦恼便是最好的办法。用心感受他们真心的安慰和温暖。假如你不善于交流，你也可以在纸上写下内心的所有悲痛，使心得到解脱。你可以关上门痛快地哭一场，这是最有效最真实的发泄方式。还可以去参加娱乐活动，将心中的郁结消除，不要让失恋带来心理压力。

　　3. 做出不在乎的样子

　　假如失恋，不可能说自己心里毫无感觉，可以表现得不在乎，对控制自己的情绪有好处，最重要的是给予自己积极的自我暗示。你可以这样对自己说："我要用自己以后的幸福告诉他，没了他我可以生活得更好！"或者："不要期望看到我为你痛苦伤心！"又或者："既然他已经不在乎，我何必要在乎？冷静下来，就当自己做了一场噩梦而今梦醒了。"

　　4. 自我安慰

　　有时候，也可以把挫折合理化，转移自己的情感。将个人对目标求而不得的好处缩小或者否定，多想想对方的各种缺点和不足，这就是"酸葡萄"心理。假如失恋了，多想想对方的缺点，事实上就是吃不到的葡萄就是酸的道理。不缩小目标的好处，应该尽力扩大失去所带来的益处，这就是"甜柠檬"心理。假如失恋了，你可以说这样对自己集中精力进行学习更为有利。合理运用这两种方法可以使失去的苦痛和难以接受的痛苦得到延缓，直到自己有心理准备面对现实为止。自我安慰只是种消极的办法，如果完全受这两种心理的支配，从而逃避现实，那始终不能使问题得到解决。

　　5. 移情

　　及时适当地在失恋对象以外的其他人或事上转移自己的情感。用自己喜欢的事来缓解内心的痛苦，原因在于做自己喜欢的事心里的郁闷就会少一些。如果失恋，可以多发展与朋友间的关系，多参加娱乐活动，让自己苦闷的心情得到释放；也可以多出去走走，旅旅游，投入到大自然博大的胸怀中去。

　　6. 要懂得爱惜自己

　　要把一段曾经真心付出的感情忘掉，绝不是一天两天就可以做到的。对自己不要太苛求，给自己一点时间和空间。人活着不能只为了自己的喜怒哀乐，你还有亲人朋友和你的工作。你要爱惜自己，为了他们也应该重新振作。不用再惦记着那个人，刚好可以好好爱自己了。

失恋有时候是无可避免的，再多的痛苦除了消磨自己再也挽救不了什么，不如将自己的心态调整好，对失恋采取正视态度，早日摆脱失恋的痛苦，获得快乐的生活。

全身而进，全身而退

爱情好像是两个人在拉皮筋，最后松手的往往是受伤最深的。如果爱情已经变质，为什么还要执着呢？覆水难收，一切也随风逝去无法回头，为什么还要再去想，还要苦苦哀求呢？也不要去报复，其实，对他最大的报复就是你的开心和幸福。爱情是美丽的，主要是它充满了自由的选择。当他爱你时是真的爱你，他不爱你了便也是真的不爱你了。他有权利做这种选择，这是他的自由。你不用因为他人的自由而将责任背负，你有你的自由和选择。当爱已不在，再多的强求也只是无谓的纠缠。

女人安静地在化妆台前细心地打扮着自己的妆容，朋友风风火火地进来，一脸的惊慌：你丈夫背叛了你，他爱上别的女人了。她的脸色顿时变白了，眉毛因为拿眉笔的手一抖便有点斜。她强忍着悲愤，挤出一个微笑然后继续画眉。过了十几分钟，她踏上舞台，依旧保持着往日精致的装扮和美丽的笑容。她说着轻松的话，和观众互动，让观众很开心。在后台，她只是默默地卸妆，却仍旧没有表现出一点的难过。这个女人就是靳羽西——羽西化妆品的创立者，丈夫的背叛并没有使她一蹶不振，反而让她干劲十足，使她拥有一个更加灿烂的人生。

他离去后，你不应该一边哭泣，一边对自己埋怨"是我做的太差，所以他才会离开我"，这其实也是一句蠢话，并不是事情的原因。也许是他觉得自己无法承担起你的好，心里十分介意。或许他觉得你太过于强大，而他却是那么的卑微，于是充满了疲惫，想要从你的阴影里挣脱出来。现在，弃妇已不再是悲剧和同情的标志。弃妇千万别一蹶不振，应做的就是重新振奋，过更好的生活。

爱情是双行道，两个人共同的呵护和珍惜才是爱情。如果有一方去意已决，那这份爱注定不会长久的。女人在恋爱当中往往具有无私奉献的精神，更加脆弱也更容易受到伤害。当爱情发生裂纹，无论女人再做什么样的努力和挽留，只能是痛苦和寂寞更深罢了。心已经不在你身上了，再多的强求也只是徒增伤害，你应该将目光放向未来，鲜花和希望会伴着你的前路，给自己的心一个机会，你会发现新的美景。

恋爱既要能够全身而进也要能全身而退。当爱情突然而至时，不要犹豫不决，全心全意地投入幸福的恋爱当中；当爱情破灭的时候，勇敢放下一切转身离开。不要花力气去恨他，何必为了一份不在的感情心力交瘁呢？还不如跟过去说再见，只留下坚决的背影，留一些自尊给自己重新生活。

恋爱既要能够全身而进也要能全身而退。

失恋乃恋爱之母

恋爱时,女人是最没有安全感的,最害怕失恋的。在经历过一段深刻的感情后,遇到失恋,自己的心也仿佛破碎了一样。但是,假如女人一直在过去美好的回忆里无法自拔,一再为自己曾经的付出和失去而伤怀,你只会拥有永远悲伤的内心。但是,如果我们转化下思想,也许我们的心就会早日得到释放。对我们来说,失恋是一种损失,但是不过是丢掉了一个不值得爱的人,可是对方却是把一个深爱他的人失去了,这样,我们还会为自己的失去而难过吗?

失恋是恋爱的母亲,一个人离开了我们的生命,会有无数更加优秀的爱我们的人来将我们的生活点缀。虽然失恋是痛苦的,可是也不至于是世界末日般的绝望。只有经历过刻骨铭心的爱,人才知道珍惜,也才更让我们懂得把握自己的真爱。失恋有时候并不一定就意味着损失,痛苦过后,我们能加深对自己的了解,从而在真爱到来时好好把握和珍惜。

不能否认的是,失恋会让人伤心,可是失恋也并不是一件完全负面的事。我们该怎么做才能在失恋中尽量减少负面影响,获得益处呢? 可以参考以下几种方法:

1. 思考中断法——转移注意力

失恋后往往会觉得意志消沉,孤独寂寞,但千万别沉湎于往事中不可自拔。当你思念对方的时候,要立即控制住自己的情感,将回忆中断,集中自己的注意力,回到现实生活当中来。

2. 比较疗法——比比谁最惨

看看灾难影片,感受里面发生的惨痛的生离死别,从而明白生命中还有更多值得珍惜的人和事。在世上,失恋过的并不是只有自己一个,那么这样你也觉得平衡一些。

3. 建立信心法——自我快乐

失恋后一些人会对自己全盘否定,觉得自己一无是处。事实上,无论如何,都应该坚定不移地爱自己,相信自己。将自己的发式改变下、为自己换上新装,使自己的心情也发生改变。每过去一天失恋的日子,就对自己进行赞许:"其实一切并没有想象中的那么难以承受,撑过了昨天,今天肯定也可以。"虽然会感到寂寞,也要在心底暗示自己:一个人的生活也没有什么不好的,可以过得自由惬意,不再为他人或喜或悲了。

4. "罪状"加强法——挖掘对方缺点

失恋了,可以将对方的所有缺点一一列出来。于是觉得他恶言劣行、寡义薄情,让自己慢慢觉得他不过如此,然后厌恶他,你便能更加客观了。

5. 融入朋友法——恢复本色

恋爱的时候往往是重色轻友的,现在一个人了,就要多关心一下身边的朋友,他们会更加了解、包容、心疼你。与他们在一起,你没有什么是需要掩饰的,你也就没有闲情去思考那些痛苦的回忆了,这样能够帮助将从前良好的感觉找回来。

6. 投注工作法——收之桑榆

恋爱是要投入精力的,你的学习和工作难免会受到影响,失恋后你便又可以全神贯注于自己的工作或者学习了。"把伤心化作力量",重新努力塑造自己,提高自己的能力和素养,让自己成为拥有更好条件和资本的优秀者,这样还怕自己不会遇到更好的吗? 你要做的就是不断提升自己,然后静静等待。

失恋并没有什么,把自己的心态放平,把失恋看作是一次生命的历练和学习,早日脱离苦海,那么明天才会更加美好。

智者寄语

失恋并没有什么,把自己的心态放平,把失恋看作是一次生命的历练和学习,早日脱离苦海,那么明天才会更加美好。

别太快进入下一段感情

在感情的空白中,女人很容易沉浸在寂寞里,如果一位男人向你示好,并追求你,这时候你往往会很轻易地答应,可是你没有想到这是很危险的。失恋的女人对于甜言蜜语的抵抗力通常很低,受伤了,难免希望有另外一个人为自己抚平伤口,也或许有那么一点私心,想借另一个男人在前男友面前炫耀一把。这时候的女人动机不纯,很容易迷惑自己的双眼,和不该爱的人恋爱,无论是哪一种恋爱态度,对彼此都是一种错误。

听听刚刚经历了痛苦的分手,就有一个对她有好感的男生追求她,男生虽然内向,但又是送花又是请客吃饭,那份殷勤惹得单位的女同事都很嫉妒。男生对她说:"看到你现在这样,我真的好心疼。你放心,我绝不会像他那样对你,我会尽我最大的努力给你幸福。"短短的几句话让听听的心不由得为之感动。听听原本看不上他,可又觉得自己很痛苦,在这个时候突然有一个人很关心自己,接触了几次以后,听听就答应做这个男生的女朋友了。

刚刚过了一段时间,听听就发现这个男生虽不像前一个男朋友那样花心,可是他的占有欲极强。他每天都要打十几通电话查岗,和朋友出去玩,去哪里、跟谁去都要向他汇报,在电话上和别的男生多聊了几句,也要跟他解释很长时间。听听没有了自由,每天精神都很紧张,做什么事情都要考虑男友的反应,要是有一点没有想到,换来的就是他的大发雷霆。一个月下来,听听的精神就已经到了崩溃的边缘,无奈之下,听听提出了分手,并结束了这段荒唐的恋情。

有些女人因为情感上处于空当期,正好没有合适的人选,就对追求自己的男孩来者不拒。她们享受着别人带给她们的感情和物质好处,从来不给对方任何明确的答复,所以让人误以为她默认了这段关系。

殊不知,害人又害己是这样做的唯一结果。明知道对方喜欢自己,既然不喜欢对方,就应该表明态度。拒绝可能会伤害对方,但是长痛不如短痛。拒绝并不可怕,及早说明比拖拖拉拉对彼此的伤害要小得多。

有一些女人,明明不喜欢对方,可是又没有更好的选择,就将就着去恋爱,去结婚,表面上看是没有辜负对方,实际上却是一种变相的伤害。不爱他还要嫁给他,是一种自私且不负责任的行为。不爱他,就不要惹他;不喜欢他,就不要接受他;给不了他爱情,就不要给他痛苦。否则,最终痛苦的是你自己。

为了给自己疗伤、为了寂寞而恋爱的女人,可能是因为害怕再次受伤才像刺猬一样,或者因为害怕失去而缠着对方,甚至因为急于求成而表现得过于热情。总之,当我们抱着为自己疗伤的态度去恋爱时,对方一定会感受到我们心中的焦虑,甜蜜的爱情掺了杂质、变了味,时间长了就无法继续下去了。

智者寄语

在空当期获得的爱情中会掺杂着别的东西,不易保持长久。

当你足够优秀时,爱情自会来敲门

失恋的女人在大街上走着总能遇见成双成对、亲亲密密的情侣,而自己孤孤单单一个人,不禁心里一酸,回到家抱着枕头哭。她们常常为此烦恼,于是,很想找个人来疼爱自己,告别单身生活。

然而,爱情不像衣服,只要下定决心就买得到。就算是衣服,也往往在无意当中才能发现最合心意的。其实,单身有单身的好处。男人认为恋爱只是生活的一小部分,而对于女人来说,却是生活的全部,一旦沉溺其中就不能自拔,有时还会影响到工作和学习。单身你就不用因为男女朋友之事而烦恼;你可以节约大量电话费,买自己喜欢的东西;你有很多的自由时间,可以专心工作学习;更重要的是,你可以趁这段时间好好完善自己!

你不需要四处向朋友述说你的失恋之苦,这样不但解决不了问题,而且还会耽误你解决问题的时间。不如把时间都放在工作上面,周末加班也不会顾忌什么;也可以多提升自己的专业技能,平常多看几本书,或者报个培训班;再或者参加一些娱乐活动。总之,利用你的自由时间,多学东西,好好工作,你的生活就会变得很充实,自己也会慢慢变得更优秀。

你现在虽然还年轻,但是在竞争的时代里应该懂得,趁着年轻打好基础,要不然等老了会后悔的。

不要把一切都放在"要不嫁人算了"这句话上,自己都不优秀,有什么资格嫁到好男人呢?所以,你需要让自己变得优秀起来,其他的一切问题都不用思考。平时不要把诸如"这样没意思"、"这样好郁闷"之类的话放在口头上。周围的人再亲密也不要受到他的影响,不要拿自己跟其他人比。如果你什么地方都好,人长得漂亮又优雅,工作有前途工资又不菲,到时求婚的人肯定会络绎不绝!

生活很现实,当你很优秀的时候,所有好事都会在同一时刻降临,无论是金钱还是男朋友,一切的一切都会随之到来。所以,做好自己,改变自己,爱情自然就会降临!

智者寄语

当你很优秀的时候,所有好事都会在同一时刻降临,无论是金钱还是男朋友。

扩大姻缘版图

倘若20多岁了,你还没有感情的依靠,也许常常很羡慕女伴儿不知从哪儿找来的好老公,心里想着好男人究竟都躲哪儿去了。其实,要想沾上桃花运,首先要扩大接触的圈子,争取有机会接触到好男人。别老是公司与公寓两点一线了,时不时地出去走走,说不定"众里寻他千百度,那人就在灯火阑珊处"。

在单位找对象肯定是不合时宜的事情,不妨与同学、好友、客户建立"资源共享",如果优秀男人出现在朋友公司里,不妨请朋友牵线搭桥。

(1)请朋友帮你观察鉴定一下,到底这个男人有无内涵。

(2)一些双方见面的机会是自己创造的,相互了解一下对方的生活喜好和个性是否合适,然后再看有无必要进一步成为男女朋友。

(3)即使是在朋友公司的办公室里见面,无论着装打扮还是言谈举止,都要温柔可人,注意优雅的姿容,那种男人婆的作风是要不得的。

高级住宅小区里住着很多黄金单身汉,你也可以选择通过参加社区活动锁定你的"猎物"。一般来说,越优秀的男人住在越是高级的小区里。

(1)观察这些男人日常生活中的言行举止,然后锁定你的目标。

(2)一有机会就和目标"猎物"招呼闲侃,稍显主动,让他变成你的熟人。

(3)如果对方对你也有好感,不妨找些借口要到他的 MSN、QQ、手机等联系方式,这样一来,生活当中的接触就多了,滋生爱情的机会也多了。

使你和他走到一起的往往是共同的想法,在诸如 MBA 研修班、外语班、考证培训等高级学习班中,主动出击是个好方法,没准美丽的情缘就是同窗感情升级来的。

(1)课余时间多与男生交流学习感受和工作成就,要把你聪慧善良的一面做一个巧妙的展示,哪个男人不爱慕优秀的女人?

(2)有必要了解一些关于同窗的具体情况,详细了解目标"猎物"的背景资料后,筛选出你的目标"猎物"。

(3)课堂或课间的争论,措辞不要过于激烈,把男人吓跑的往往是那些强悍的女子。

出入喧闹低俗场所的一般不会是优质女人,红酒音乐吧、高尔夫球场等有品位的高雅休闲娱乐场才是优质女人的偏爱。精心装扮的你,在这里邂逅一位有品位的单身男士并不难。

(1)出席宴会派对的场合时,妆容精致、晚装迷人、姿态优雅,都是让你赢得关注的关键。

(2)高尔夫球场是优秀男人云集的地方,你需要从头到脚的专业包装,必要的装备相信你不会马虎。

(3)如果初涉高雅的休闲娱乐场所,别太担心自己技术不精,可能会出现某个有风度的男人帮你,也就是这个教你的时候,正好为你制造了交谈和肢体接触的机会。

旅途是恋情的高发地带,一般来说,最能考验人的品格及毅力的是这些野外生存的场景,在这些地方容易出现患难真情。那些富有阳刚味,能够与你一起度过生死考验的男人,应该就是你一直渴望邂逅的对象。

(1)背包族的旅游信息值得你事先寻找到,然后申请加入;旅游途中,如偶遇情投意合的单身男人,你可以和他结伴而行;一些新结识的旅游爱好者也值得邀请,这样大家可以一起徒步穿越无人境地。

(2)旅途中的同伴们来自四面八方甚至海外,如果遇上来自异地的心仪对象,若想进一步发展,则原有的生活方式也许要被颠覆,你必须慎重考虑。

(3)安全是结伴旅游时需考虑的一个大问题,要时刻与熟悉的人保持联系,以备在需要的时候及时求助。

这个时代,年轻女人们乐于追求自己在事业上所获得的成功,所以她们对爱情的最大颠覆是:她们所需要的爱情,并非好男人的出现就是全部,而是要主动开辟出自己的姻缘版图。爱情如同商战,底线和收获是一致的,同拼事业一般,要把自己的优势展现出来,通过努力去争取爱情。遇见心仪的男人,任何发展的时机都不要错过,你可以享受爱情,但不要犹豫不定。

———————————— 智者寄语 ————————————

遇见心仪的男人,任何发展的时机都不要错过,你可以享受爱情,但不要犹豫不定。

剩女"自检"

一本女性时尚杂志如此定义"剩女":有自己的想法,长相出众,受教育程度高,有个性,有原则,有品位,有理智,感情丰富,心思细腻,十分自我,清高,孤傲……找合适男朋友存在问题的那些女孩。

按照世界对中国的估计,重男轻女的思想以及计划生育的实施使中国的男女比例严重失调,到 2020 年,5 个男的就有 1 个光棍。可目光所及,光棍变少了,剩女却多起来了。社会学家说,这是"A 女难嫁理论",找个比自己强的是女人们的梦想,于是塔尖上的就变成剩女了。

有的人对爱情挑剔,其他人就劝告,不能要求太高,情爱姻缘,早有神圣莫名之本质。科学家说了,气味是两情相悦的基础,是否爱上一个人,全看一个叫犁鼻器的器官做出什么反应。她就会反驳:嫁人要考虑的是门当户对,哪有什么犁鼻器? 还有人心灰意冷,别人都说,别太灰心,实在不行去庙里烧香拜佛。她嘴一撇:那些脑门光光的佛虽然有香火供奉着,但知道什么叫爱情吗? 拜佛也得拜佛祖管得着的。过分乐观也是一部分女性的心理。年方 25 的她坚信中国的男女比例失调还未真正来到,异常期盼 2020 年:"好好保养到那一天,我只不过 40 岁,仍然风韵犹存;而未婚男青年却应有尽有,大把男士任我挑,管他是为了什么目的。"

上述三类人的心态似乎都出了毛病,这也就是为什么经济越发达剩女越多的原因,但是似乎越是剩下的越是高水准、高要求。其实,有时没有步入婚姻大门的原因不是因为缘分未到,而是因为没有觉察到自己身上存在的问题,以致隔绝了"异性缘"。要想摆脱这种局面,做个自我检查是个好办法,看看自己是不是以下类型,或者总是给别人带来这样的印象。

1. 争强好胜

症状:过于独立自主,这挑战到了男人的自信与尊严;缺乏敏感的情感天线,让男人感到乏味甚至生畏;和你交手的绝对是那些勇气极大的男人。

处方:世界不是以你为中心的,用心考虑别人的需要,把自己的愿望强加于他人是不明智的。少一点儿高傲,多一点儿虚心和谨慎。

2. 倔强固执

症状:你很倔强,让男人不能忍受;男人对你的固执无路可退;你喜欢以自我为中心,不乐于听取批评和反驳的意见。

处方:给规律的生活来一点儿出其不意的改变。多找一些生活中共同的爱好,固执的争论是没有收益的。享受是双向的,他人的感受值得你考虑。

3. 敏感猜疑

症状:男人没有安全感,因为你太过于精明;你有强大的占有欲望,一交手就让男人失去了空间和自由;你太敏感,习惯猜疑;你把男人累得筋疲力尽,导致个人的生活也一团糟;变化多端,反复无常,与其说是战胜了男人,还不如说是摧毁了男人。

处方:猜疑是爱情的烈性毒药,相濡以沫的理解是真爱的必需品,需要平和的包容。少一点儿猜疑,多一点专注与信任。

4. 多情善变

症状:他人无法琢磨清楚你内心的真实想法;情感不专一,对谁都漫不经心;害怕孤独,出没于各类朋友之间;有太多不可告人的秘密,说不定有时还同时交往几个异性。

处方:善变可以带来新鲜感,但彼此的隔阂也由此拉大了。爱情是两颗心的碰撞,专一才能稳定。少一点儿移情别恋,给忠诚和坚定加点分。

5. 现实自我

症状:男人窒息于你情感上的自私;生活方面太过现实,像苦行僧一样没有情趣;斤斤计较于蝇头小利;过分地自我保护;喜欢扮演母亲的角色。

处方:多参加集体活动,学会放弃自我。给予对方以自由的爱,少一点儿个人主义,在关怀和尊重方面多下一些工夫。

6. 苛刻挑剔

症状:拘谨和自我束缚,让人难以接近;对任何事情都吹毛求疵,跟批评家无异;挑剔的完美主义情结,容不得半点缺憾。

处方:放大生活视野,给生活把脉,善于把别人的优点总结出来,爱他就要接受他的不足,而不是扯着他的缺点不放。少一点儿吹毛求疵,多一点儿欣赏和赞美。

7. 娇惯孤僻

症状:你害怕寂寞,交男友只是你填补空虚生活的手段;你自我娇惯,早早露出贪图享受的迹象;你只注重眼前的痛快,对未来的生活没有清晰的规划;你过分依赖男人,不像个贤妻良母;你只关注外表,隽永的实质不是你关注的焦点。

处方:要善于体悟自己和他人的内心世界,平静地享受孤独,男人不喜欢没有观点的应声虫和交际花。学会操持家务,关心另一半的生活细节(不仅仅是甜言蜜语)。

8. 放任不羁

症状:你跟一匹野马一样难于驾驭,当你需要男人时,你总要求他在身边,当男人需要你时,你却不在眼前;你直率得缺乏含蓄,忽视了男人也会脆弱;男人不敢娶你回家,虽然他很乐于与你玩耍。

处方:把自己打扮得像个温柔得体的女人。关注男人的情绪,不要直言不讳。少一点鲁莽,含蓄和柔情往往更让男人青睐。

年轻的你也许还没有这种担心,但是问一下自己是不是不太招异性喜欢呢?是不是总是没人追呢?如果回答是"YES",那么真该做做自检了,毕竟,早一点发现问题,你才能找到问题的症结。

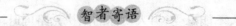

智者寄语

其实,有时没有步入婚姻大门的原因不是因为缘分未到,而是因为没有觉察到自己身上存在的问题,以致隔绝了"异性缘"。

第二篇
婚姻家庭篇

第一章
了解婚姻真谛，经营幸福婚姻

认真选择婚姻

如果将爱情和婚姻做比较，那么，爱情是两个人的感情游戏，婚姻则是两个人立下的契约。尽管两者都需要规则，但是后者的规则却严格得多。婚姻是人生中最重大的事情，它直接影响到人生是否幸福，因此，在选择的时候一定要慎之又慎。很多人在步入婚姻殿堂后，一天到晚都在一些问题上困惑不已：我到底爱不爱他？他真的爱我吗？和他结婚，是成就了我，还是埋没了我的一生？会不会有更好的选择？这些问题司空见惯，然而，它们却关系到婚姻幸福与否，是至关重要的决定因素。如果没有解决这些基本问题就结婚，婚姻不幸福就不难解释了。

婚姻在本质上是一种抉择。在这个问题上，要考虑的因素实在太多。和谁结婚？什么时候结婚？现在结婚是不是条件还不成熟？如果结婚了，是否应该为将来留有余地？在面对所有这些问题的时候，你必须经过深入细致的思考，才能作出最终的决定。

选择结婚的人尤为重要。对彼此的要求与社会地位、财富，甚至受教育程度、自身素质、品位是相适应的，这就是所谓的对等与匹配的问题。两个人只有门当户对，才能生活平静。当然，这并不是婚姻稳定的唯一条件，婚姻的稳定与否和两人之间的情感、修养、责任感都有关系。同时，结婚的时机、动机、条件等问题也至关重要。只有婚姻的各种条件和谐统一，婚姻才能稳定，才能抗拒外在诱惑，婚姻的双方才会有幸福的生活。

婚姻既然由自己抉择，就必须有自己的主见。很多女人在结婚的时候，需要依靠别人作决定，当然，一定的参考是必要的，但是婚姻最忌讳的就是从众。我们的生活都有一定的圈子，我们的生活模式、观念和性格等，总是不由自主地受这个圈子里的传统因素等条件制约。这个圈子里的那些无形的东西，在一定程度上对生活在圈子里的人起到约束作用。但婚姻就是属于自己的东西，它的好与坏与别人毫无关系。只有自己才知道什么样的人与自己匹配，什么样的人真正地适合自己，没有人比你更清楚自己，别人也不会为你的婚姻承担后果。

实际上，只要我们仔细思考，认真对待，就有作出理性或尽量理性选择的能力。我们对社会、对生活、对婚姻的认识，会随着生活阅历的增多、社会地位的提高、财富数量的积累而逐渐成熟。只有对社会、生活、婚姻都有自己独特的理解和认识，作判断才不会那么冲动。

认识婚姻，重要的是先了解生活，只有心理上成熟了才能了解婚姻，才会经营婚姻。在我们没有读懂生活的时候，最好不要匆忙做出选择，因为这种选择总是感性多于理性，或多或少地带有盲目性和冲动性。也许刚开始双方都很真诚，但随着生活的不断变化，慢慢发现对方并不是合适的人，这样的婚姻也并非自己渴望得到的，那时候势必对双方都造成伤害。所以，对婚姻一定要有耐心，要善于等待，只有考虑周全，充分准备，才能在婚姻这条漫长的旅途上经历各种考验。

然而,人们总是在时机还不成熟、思考并未周全的情况下,仓促作出决定。有一些人在两个人共同的生活中,觉得相处越来越难,闹到分居,离婚,于是,接着在茫茫人海中寻找下一个目标。在辛辛苦苦地找到自认为是理想的对象之后,又急急忙忙地与这个人走进婚姻,真正走到一起后,却发现仍然不合适……就这样一直在循环中摸索,直到最后,婚姻仍旧充满不幸。

首先,你必须细心作出抉择。一旦你选择了婚姻,就必须认真履行你的承诺:爱他,照顾他,关心他……即便是双方感情出了问题,也要尽量设法补救。不过,对于那些已体验过婚姻的人,如果经过仔细思考后,还是认为对方并不适合自己,那么,就应该尽早放弃这段婚姻,而不应该"凑合"着过,你有选择的权利。一味地迁就对方,被婚姻的契约束缚,只会让双方都受到伤害,而那样的婚姻是没有任何意义的。婚姻既然是一种选择,结果就可能是不幸的,但不论结果如何,都要善待它,因为那仅仅是自己过去的一种选择,而不是自己将来的人生。

智者寄语

婚姻在本质上是一种抉择。在这个问题上,要考虑的因素实在太多。和谁结婚? 什么时候结婚? 现在结婚是不是条件还不成熟? 如果结婚了,是否应该为将来留有余地? 在面对所有这些问题的时候,你必须经过深入细致的思考,才能作出最终的决定。

适度向男人寻求帮助

正确地请求对方的爱和帮助,是解决诸多婚姻问题的核心和关键。但是,男人和女人都觉得要求对方支持自己难以启齿,惧怕请求的结果让他们对对方感到失望和沮丧。实际上,要想得到对方的爱和帮助,你必须主动要求,而且使用恰当的方法,否则这将成为你们婚姻中的一个隐患。

比较而言,女人更加容易在这一问题上手足无措。向男人请求帮助,仿佛是一件没什么难度的事,但无数女人曾经因为这个问题而受伤。她们以为,男人会像她们那样直接接纳他人的要求,主动给予支持和帮助,如果男人爱她,那么,无须她要求,他也会提供帮助;在很多时候,她甚至有可能故意不要求,以此检验男人是否真正爱她。然而,这些方法却对男人无效。男人如果有什么需要,就会直接提出要求,而且,他一般不可能积极提供帮助,除非有人向他要求。

有不少女人向男人请求帮助的方式不对,她们通常以命令的口吻向男人提出要求。殊不知,在大多数情况下,男人是无法对命令或气愤做出好的回应的。即使男人希望能帮上忙,女人的气愤或命令也会使他打退堂鼓,从而大大减少她获得帮助的机会,这是男人天生的自尊心在作怪。但不管原因如何,女人都需要学会新的请求方式,告诉男人自己需要得到他的帮助。

做到有效地得到男人帮助的第一步,是适当地请求你先前已得到的帮助。如果注意观察,你就会发现其实男人已经帮你解决了许多困难,尤其是那些并不起眼的小事情,像提重物、修理东西等。开始要求他做他早已在做的小事情,之后向他倾诉你难于言表的感激,这样可以让他习惯听你用非命令式的口吻要求他做事。男人假如明白你感谢他,他就会更想讨好你,尽可能以积极的态度回应你的要求;然后,他会主动提供支持。但不要在这步骤刚开始之初,就渴望有这样的收获。此外,你必须确信他将听你的要求,并有所回应。

适度请求男人帮助的窍门,分别是适当的时机,非命令的态度,简短的理由和直接的表达。如果缺乏这些,男人很有可能拒绝你。

1. 适当的时机

不要要求他做他早已计划好的事,那将让他以为你在告诉他该完成什么。还有,如果他已集中精力在某些事情上,不要期待他可以马上回复你的请求。

2. 非命令的态度

谨记要求并非命令。在请求帮助时,应尽量注意措辞。如果态度是命令和蛮横式的,他将觉得你不感激他原先所给予的,从而可能对你的要求说不。

3. 简短的理由

避免给他一长串他凭什么该给你帮助的理由。你解释得越多,他越会反抗,因为这让他觉得你不相信他,或者觉得被你控制了,因此不想给予帮助。提理由时,要尽可能简短。

4. 直接的表达

女人通常在没有提出要求的情况下,就认为自己已然请求帮助了。她需要帮忙时,可能只是提出问题,但却忘了应直白地提出请求,而男人常常忽视这其中的要求。因此,提出请求时,最好直接表达出来。

在严格遵循这些原则且收到了良好的效果之后,下一步骤你可以尝试要求更多。

在试图要求男人帮助更多之前,最好先确定他对你的感谢有所领悟,再继续要求他支持,但先不要期待他做得比现在多,因为他需要自己无论何时都得到认同。只有当他习惯于听你不过分的要求时,他才觉得不需要为了拥有你的爱而改变自身,才乐意帮助你。此时,你可以冒险适当多要求一点儿。

这一步骤最为关键的一点是,让男人知道,假如他回避给你帮助,仍然能得到你的尊重。如果他知道你能接受拒绝,他就会比较坦然,没有心理包袱。一般情况下,一旦男人有足够的自由,他们就比较愿意说是。

女人在请求男人援助之前,下意识地认为男人一定会答应她,因此,有不少女人在遭到男人拒绝自己的情况后,经常选择不要求。这肯定是不合适的。首先要知道,即使他拒绝了你的要求,也是最正常不过的事情,不要让他的态度影响你提出要求。即使你感到他在反抗或明明知道他会拒绝,也要主动要求他的帮助。即使他拒绝了,你也应该对他说"没问题",这样他会听得很顺耳,并且对你的信任和尊重表示感谢,下次就比较愿意支持你。

如果你已经能够非常坦然地面对对方的拒绝,那么,接下来就到了女人最期望到达的阶段,即向他提出确定的要求。这表明针对你的请求,他总是有求必应。在这一阶段中,如果他仍拒绝你的要求,你要接受这一事实,并继续等待,直到他答应为止。

确定要求的诀窍,在于要求后立即保持沉默。当拒绝你的要求后,他会用各种方法为自己的拒绝寻找理由,于是开始抱怨,叹息,皱眉,责怪等。这时候,女人通常会误解男人的抱怨,认为这说明他不愿帮助自己,但事实并非如此:他在拒绝后抱怨,可能表明他对你的要求尚在思考,如果他不考虑,他就会直截了当地说"不";他会因考虑你的要求最后转而答应你。假设他正要上床睡觉,你却让他去商店买牛奶,他或许会抱怨说:"我累了,想睡觉。"假如你对这种抱怨产生误解,可能会回答:"我下班回来之后,做了多少事情,你却只躺在沙发上,现在想让你帮个忙,还说累!"这样,争论就开始了。

但如果你知道他的抱怨只是习惯性的,心里可能已经准备答应你,你就没必要和他吵闹了。因此,千万不要急着否定他的抱怨。女人常因说一些话而不经意间破坏这种沉默,失去力量,比如,你说"就当我没说好了","我非常失望",或是"能否解释你为什么不做",如此等等,你企图说服他答应你的要求。但不管他答应或不答应,下次你再要求帮忙时,他都会更加反抗。

问问题,然后停顿,给他预留满足你需求的空间。让他抱怨,你只需要沉默。不要误以为他在以抱怨反对你,只要你不和他争论,他就不会反对你。有时他也许无法马上答应你,或问你一些问题。你停顿时,他可能会有一些通常性的问题,你可以保持沉默,不要说话,除非他真的要你回答。如果他累了,不要证明你比他更累,所以他该帮助你;若他真的很忙,不要竭力证明你比他更忙,避免找理由认定他该做。必须牢记:你只是要求,而不是命令。

学习这种艺术,能保证你们的婚姻长久。只有如此,你才能最大量地取得你需要的爱与支持,而他也会更高兴。实际上,男人很乐意给你帮助,而他最快乐的时候,就是满足了你的请求的时候。学习得当的要求支持,不但能帮助你的男人感到被爱,也会使你获得你本该拥有的爱,这种良性循环,将使你的家庭生活更加和谐。

────────── 智者寄语 ──────────

谨记要求并非命令。在请求帮助时,应尽量注意措辞。如果态度是命令和蛮横式的,他将觉得你不感激他原先所给予的,从而可能对你的要求说"不"。

女人需正确定位自己

由于社会传统和生理变化的影响,男人天生比女生显得更强势,女人天性阴柔。因此,女人在男人面前多少都有自卑感。的确,从表面上看起来,男人在诸多方面都比女人强,比如,总是由男人占据社会上大多数重要岗位,他们对待困难的态度通常比女人更加淡定,他们总是保持有逻辑的思维能力和判断力,甚至在身体上也比女人明显地占据优势。

尽管女权主义者已经为女人争取到了诸多社会权益,但是,大多数女人在心理上还是无法摆脱这种包袱。在婚姻和感情方面,多数女人仍然缺少自主性,甚至于认为自己在婚姻中只有为家庭尽职尽责的义务,而没有满足自己需求的权利。实际上,女人在男人面前根本无须自卑,在许多方面,女人所拥有的特长男人却没有,女人可以胜任的工作男人不一定合适。归根结底,男人和女人的不同,并不是谁强于谁,而是各有所长,互相弥补。

科学证明,男人和女人的大脑在智商上的差距不大,只是各有所长,并不存在谁优于谁的问题。男人的大脑更显专业化些,它总是运用某一脑半球的某个特定区域处理一项任务;女人的大脑则属于"发散型",它能够同时使用两个脑半球处理情况。因此,男人经常把注意力放在一件事情上,而且需要在相当长的一段时间内竭尽所能地排除干扰;女人则天生具有一种"全脑加工"的能力,她们擅长把大脑的不同区域有效、快速地结合起来,在同一时间内处理多重任务。女人在倾听的同时,会思考、回忆、感受并作出判断。相对于男人来说,女人可以在更大的目标范围和活动背景下看待各种事物,由此着手处理一系列任务,而不单单只就一个纯粹的问题。当受到压力的时候,男人很容易忽视他的伴侣;而女人即使在面临巨大压力的情况下,也不会忽视对家庭和男人的关心。

男人和女人的大脑之所以在进化上存在明显的差异,是为了确保生存。因此,男人和女人是相互合作的关系,他们的职责分工很不同。正如我们在日常生活中已经注意到的,男人和女人的行为、思维方式和感受方式差别很大,而这种不同,正和他们在社会上的不同任务密切相关。比较而言,男人更加独立,更富有进取心和控制欲,他们的空间感和逻辑思维能力比女人更具优势。而女人比男人感性,在感情方面更加容易得到满足,并由此形成了比男人更出色的语言和社交技巧。在家庭中,男人和女人通常扮演着不同的但却都至关重要的角色。比如,当讨论如何把储蓄作为投资之用时,男人办事一般喜欢冒大风险,而女人则比男人显得更加谨慎;男人在很大程度上仍然承担着家庭的大部分责任,女人则负责协助男人管理好家庭的日常事务。

　　一般而言,男人对于自己的情感需要以及对于完成当下任务的要求十分敏锐。这是因为,在很长一段时间里,男人始终像猎人一样生存,他们需要在狩猎场上展现自我生存的能力,在此过程中,男人的大脑形成了敏锐的方向感和定位能力,使他们可变成优秀的猎人,也成为提供家庭生活来源的主力军。女性祖先通常负责在自家周围寻找食物并照看小孩。在感情上,她们对孩子和其他女人有着强烈的依恋。当女人为了生活而采摘浆果、干果时,她们必须了解并适应周围的环境,因此,女人的大脑更擅长考虑和"加工"他人感情和要求的信息,更容易把家庭看成是人生的核心,处理情感和家庭问题是女人们的长项。今天的女人还拥有一项强大的能力:她们能及时发现家中的器具是否损坏,冰箱中的生活食粮是否充足,而男人则很难做到一目了然。男人的体力是为了使他们有能力在激烈的竞争中生存;女人则借助语言这种武器和别人争论或说服别人,因此,比较而言,女性在语言和沟通技能上占有较大的优势。

　　至于审美方面的问题,就是一个各有各自看法的事情了。实际上,家庭是建立在男女双方平等的基础上的,那些不平等的思想根本毫无根基。女人应该正确认识到自己在家庭、社会中扮演的角色及定位,努力做到最好。

智者寄语

　　女人在男人面前根本无须自卑,在许多方面,女人所拥有的特长男人却没有,女人可以胜任的工作男人不一定合适。归根结底,男人和女人的不同,并不是谁强于谁,而是各有所长,互相弥补。

让自己更有女人味儿

　　女人似乎总是处于一种尴尬的境地。前人不断地努力追求,好不容易逐步改善了今天的女人们的地位和权利,她们慢慢走向社会生活,和男人共同管理着这个世界。然而,越来越多的女人发现自己存在一个更恐怖的处境:女人味的消失。

　　当踏入社会之后,女人第一次强迫自己在毫无任何温柔和女人味的环境中工作。女人上班有严格的时间限制;工作时主要考虑基本的工作能力而不谈个人感情;下命令时没有时间思考如何保护自身作为女人的一面不受侵害;与人合作完全出于利益而不谈友谊,投入时间和精力则纯粹是为了自身而非他人。所有这些,都使得女性的女人味越来越少。

　　但是女人还需继续充当妻子的身份,这个角色需要她保持足够的女人味。性别差异是夫妻间必须加以培育的最重要的差别。为了使女人一直对男人有吸引力,女人必须始终表现出她的阴柔之质。当然,女人也可以彰显出她像男人的一面,不过,如果男人无法欣赏到她的阴柔之质,就会丧失兴趣。正如男人需要为更好地显示他们的阳刚之气而付出巨大的努力一样,女人也必须尝试为自己女性的特质而做各种努力,即使这种努力在某种程度上可能意味着痛苦。

　　如果你觉得自己身上缺乏女人味,那么,就需要尝试进行以下的努力:

1. 在外表上显露性感

　　很多女人常常因为工作的关系而打扮成一个女强人,并希望借此建立积极能干的形象。实际上,女人化的服装并不会影响这样的效果,有时反而能给你增光添彩。在平常,更要舍弃那些工作服,让自己变得非常性感。一双合适的高跟鞋配上薄丝高筒袜,能让你的双腿亭亭玉立;对颈部有自信的女人,穿 V 字领的衣服,再搭配以金项链,可以烘托出高贵的颈线;对肩部有自信的女人,不妨穿着削肩、直筒型的服饰。

2. 回归女人本色

如果你意识到自己在待人接物时常常过于强硬,那么,就让言行活动保持女人味。毕竟温柔才是女人最有魅力的品质;在必要的时候,害羞也是女人吸引男人并增加情调的秘密武器,出现得适时而又恰如其分,便成为一种女性美。

3. 不要在男人面前表现得过于坚强

为了满足男性天生喜好保护女性的本能,适当地表现一下"脆弱"是必要的。这种"脆弱",既可以表现在体能、体力方面,比如,让他帮你提衣箱或帮你开门,即使自己可以做好的事情,也希望对方帮助自己;也可以表现女性天生就有的多愁善感,比如,被一个凄美的爱情故事打动而掉眼泪。

4. 与更多的人分享自己的生活乐趣

不要整天都在工作方面忙碌,每天多花点时间,与其他女人讨论一下自己生活中的问题。最好边散步边讨论,当然,你并不能指望用这些来解决诸多的问题,只是借此回归女人对生活问题敏感的本色。经常打电话给亲朋好友,或者常与他们取得联系,使你可以与更多的人分享你工作中的乐趣,分享你家庭和睦的温馨。

5. 做一些跟性无关的身体接触,是非常重要的

比如,定期做一些按摩是极有益的,它可以使你保持放松,并能使你和自己的身体产生熟悉和亲近的感受。另外可行的方法,是定期做瑜伽或做简单的园艺工作。

6. 创造能够培养女人味的工作方式

比如,参加帮助他人的活动,而不是在工作问题上纠缠;参加无功利性的助人活动,能够使你从中得到满足,而不需要关心你的职业声誉。

7. 营造温馨的氛围

尽一切可能,在你的周围尤其是家庭中营造温馨的氛围。比如,可以练习经常和家人、朋友拥抱;在别人给予你帮助时,学会表示感谢;或者在你工作的空间摆放家人和朋友的照片。

8. 使自己保持不断的活力

假如条件允许,最好经常在自己居住的城市观光游览,以及进行短期休假。如果有条件,甚至可以设法离家度假,欣赏新的环境。这样,才能让自己永远保持美丽,更富有吸引力。

9. 保持自己的独立性

给自己腾出充裕的活动空间,而不要成天和男人黏在一起。如果能做到每天两次抽出一些时间不替任何人办任何事,则更加理想。每隔一段时间(如一周)留一个晚上给自己,做自己想做的任何事情。比如,你可以去影院看电影,或去剧院欣赏戏剧,当然也可以洗个痛快的热水澡,欣赏一段优美的音乐,读一部绝妙的好书,或者什么都不做,任凭思绪自由地驰骋……

当然,最为重要的是你要保持警惕心,时刻意识到保持自己女性魅力的重要性,只有思想重视了,你才能真正下意识地做这些事情。

　　　　　　　智者寄语

为了使女人一直对男人有吸引力,女人必须始终表现出她的阴柔之质。女人也可以彰显出她像男人的一面,不过,如果男人无法欣赏到她的阴柔之质,就会丧失兴趣。

女人要学会包容男人

虽然每个人都渴望自己的生活风平浪静,没有任何波澜,但那是不可能的,现实毕竟是现实,比理想残酷得多。即便你与家人关系融洽,也一定有不顺心的时候,这很正常,任何一种感情都要面对这样的考验。你不需要因此而责备自己或家人,更不需要质疑你们之间的感情,你需要做的就是对家人多一些包容,多一分体贴,不要为这样的细微之事与家人纠缠不清。女人应该有一定的胸襟和度量,这是让自己幸福、家庭和睦的重要因素之一。

他可能每天早上都一边吹口哨,一边打领带,准备上班,也可能永远随手乱扔用过的毛巾;他出去打酱油,可能从不带回零钱;他看电视的时候,也常常锁住体育频道不转台。怎样解决这些麻烦?如何解决这些问题?情商低的女人,往往因为对方的一些鸡毛蒜皮的小事而碎碎念叨,大发脾气,使得整个家庭只剩下争吵和战火,甚至最后两个人不欢而散,这样做,其实根本没有必要。

可是,擅长"撒娇"的高情商女人则不会做这种傻事。她们知道,所谓的小毛病都没什么大不了的,计较这些小问题,对婚姻根本没有好处。况且,人的精力十分有限,如果在小问题上纠缠太多,就会忽视那些真正值得关注的大问题。

张曼和老公结婚才一年,就察觉到老公的毛病很多:一边开车一边跟着收音机的音乐在方向盘上打拍子,时间长了,她感觉他的动作真让人难以忍受,甚至想用头撞车。她也不喜欢他洗完澡后弄得到处都是水,总是把各种功能的毛巾到处乱挂。他挤牙膏时总是手放在哪儿就从哪儿挤,而不是从底部开始有规律地挤……老公的这些毛病让张曼无法接受,她的生活越来越痛苦。她总是想:我怎么偏偏找了个这样的老公呢?日子这样下去怎么过啊?她曾就每个问题跟老公沟通过,但是他当时什么都应允了,一会儿就又会忘记,这让张曼更加痛苦。

实在走投无路了,又不想离婚,张曼决定把眼光放开一些来看这个问题。她竟然发现丈夫身上也有许多她喜欢的优点。张曼直喊庆幸,自己差一点就被老公那些毫不起眼的、小小的毛病蒙蔽了双眼!在那些无关紧要的小问题上纠缠不清,简直得不偿失。想法一变,心情也就变了,张曼的婚姻生活又像以前一样幸福了。

面对一些无关紧要的小事情、小错误,明智的女人都会选择睁一只眼闭一只眼。因为事情根本就没有重头来过的可能,就算是错误,既然已经发生,再去探讨错误本身,是毫无意义的。又不是什么原则上的问题,更何况这个人是与你惺惺相惜的老公。死抓着他的小毛病、小过错不放,不仅会伤害他的尊严和信心,还会破坏你们之间的关系,给家庭的整体氛围笼罩上一层阴影。

生活在大千世界里,有时必然遭遇沙尘天气。如果你的心像眼睛一样容不得半粒沙子,那就不但会使对方觉得很累,你自己也会很累。其实,婚姻是两个人结伴过日子,没有必要为任何事计较。保持宽容的心态对待对方,放过那些小问题,婚姻之路才能长久。

从某种意义上说,包容别人,也是在一定程度上包容自己。如果在别人犯错误的时候你宽恕了他,他以后也会以同样的态度对待你。所以说,你的包容其实是给自己留有余地。谁又能保证一生都不犯错误呢?雨果曾说过:"世界上最宽广的是海洋,比海洋宽广的是天空,比天空更宽广的是人的心胸。"我们的胸怀比海洋和天空更宽广,怎么不能容忍他人的过错呢?面对生活中的琐事,不要总是斤斤计较,得理不饶人。"忍一时风平浪静,退一步海阔天空。"对于无关痛痒的问题,又何必非要争个你死我活呢?

需要注意的是,女人应有的包容只能局限于生活琐事,如果处处忍让,事事委曲求全,那女人就将永远没有出头之日了。家人之间的相处应该建立在平等的基础之上,任何人都没有义务包容其他人的一切。整日为小事斤斤计较自然没有必要,但遇到任何事都忍气吞声则更不可取,那样只会让女人处于低一等的位置,使其他家庭成员对你越来越不尊重。女人有权利捍卫自己在家中的地位和尊严,在小事上包容是大度,事事包容那就是自贱。

包容是有条件的,要视具体情况而定,该包容时一定要包容,不该包容的就绝对不能让步,这才是好命女人的做事准则。

智者寄语

可以说,共同生活是考验女人包容心和耐心的开始,因为夫妻长期生活在一起后,个人的习惯和癖好都会展现在彼此面前,各种烦人的家庭琐事也将挤满生活。

巧妙"拴住"丈夫的心

在爱情中,想要拴住男人的身体或者很容易,可女人想拴住的是男人的心,这就没那么简单了。没有必要为了爱情付出一切,过于在乎,谢晓东的歌里是这么唱的:"爱你很好,真的很好,你知道什么是我想要。当被你拥抱我甚至想不出有什么是我所缺少。早餐做好衬衫熨好,让我看来是你的骄傲。你从不吵闹,但是这安静的生活使我想逃……"一个聪明的女人总是能够巧妙地在无声中虏获丈夫。你可以参考以下几个方法:

1. 用爱好拉拢丈夫

有一位商界的女强人结婚了,为了弥补自己不能陪伴下班的丈夫的遗憾,便开始对丈夫的业余爱好进行有意的培养。她买了一套音响效果不错的卡拉OK给丈夫,教丈夫唱歌。不久之后丈夫就爱上了这些,夫妻关系也很美满。妻子就是用这种方法不仅培养了丈夫的爱好,还防止了感情变质。让男人拥有适当的业余爱好,是"稳"住男人的好方法。

2. 用美貌与孩子留住男人

年轻的女人自然能够将自己的男人深深吸引,这个时期男人因为女人的美貌留在她身边。可是女人的青春和美貌会随时间消失而非永存,因此这是段非常危险的时期。女人有了孩子到孩子慢慢长大是第二个时期,妻子的母性和孩子的纯真无邪,一般能够将男人留下来。孩子渐渐长大,女人对丈夫要宽容、大度、热情,悉心照顾他,有家这样的避风港和善良的你,男人自然不会割舍你。

3. 让家舒适、整洁

对于男人来说,不管他有怎样的工作性质,他的工作能激发他多大的兴趣和欲望,或者让他如何着迷,工作中的男人都会有一定的紧张心理。当他回家,自然希望有个清净、舒适的环境,让他工作一天的紧张疲惫得到消除,他才会有充沛的精神和体力投身到工作。妻子在幽雅、舒适的家庭环境上起关键作用。妻子不要把自己个人的爱好完全作为家庭的装饰与布置的参考标准,把家庭装扮得过于自我可能适得其反。给家营造出祥和、愉快的氛围,会让男人感到舒心轻松,不怕留不住他的心。身为人妻,你要学着用这方法留住丈夫的心。

4. 美满婚姻必需和谐的性生活

要想维系婚姻稳定,万万不可忽视两性生活。有一位心理学家,经过细心研究发现,四种情况会导致离婚:一是在性生活方面不能有很好的满足,二是两人有不同的业余爱好和活动,三是受经济问题影响,四是两人在思想、情感和躯体上发生反常状态。而导致婚姻破裂最多的原因是第一个。

5. 不可过分"妻管严"

女性的疏忽常常会导致家庭破裂、爱情变化。她们认为男人的责任心和自制力不强,不加以管制的话,男人容易失去控制、把持不住自己。因此,有的女人总会严加监管自己的丈夫,可是对丈夫的管理太严格反而会让丈夫觉得紧张,原本该轻松的家庭让他疲惫。因此"妻管严"要适可而止,聪明地采用一张一弛的文武之道,那么他也不会逃出你的掌控了。

爱情就好比一门艺术,只有用心来调和,平日里把幸福的感觉传递给他,让他无时无刻不惦记着你,这样才会获得美满长久的爱情。

智者寄语

爱情就好比一门艺术,只有用心来调和,平日里把幸福的感觉传递给他,让他无时无刻不惦记着你,这样才会获得美满长久的爱情。

每天至少花十分钟,倾听他的心事

很多女人都喜欢向男人倾诉,倾诉自己的委屈,也倾诉自己的快乐,把男人的倾听当作一种温暖的依靠。却很少会有女人想到,男人也一样需要倾诉,有时候,你的耳朵就能给他安慰、支持和鼓励。

心舒一直暗恋一个与她从小一起长大的邻居赵维,不过赵维只把她当作小妹妹,并无什么特殊的情感,况且他也有女朋友。

赵维与人合伙办公司,最终别人携公司款跑了,多年的辛苦付诸东流,赵维心灰意冷,被女友一通臭骂后,他心情沮丧到了极点,找了心舒一起去酒吧喝酒。

赵维一瓶接着一瓶地喝,从最初的创业一点一点地说起,心舒仔细地听着,偶尔在他开新一瓶酒的时候,说一句,"别再喝了。喝多了身体受不了。"一晚上,赵维就在那一直说,而心舒就始终听着,天亮后,她叫了辆出租车把赵维送回了家。

第二天,赵维酒醒后,简单洗漱完了就去找心舒。他脸上有点尴尬,但是很感谢她能陪他这一夜,赵维知道心舒的心思,这一刻,他矛盾得很,他发现自己再也不能忽视这个女孩的心意了。如果此刻自己不说出来,自己会后悔一辈子。他结结巴巴地说,"我想……我们能不能在一起……相处一下。"心舒愣了半天,才回过神来。没有想到的是,自己在这样一个清晨听到这样一句话,激动得双眼里噙满了泪水。

两年后,他们新婚之夜那天,赵维对心舒说,"亲爱的,就是你陪我的那一晚,我第一次发现你是那么的美丽,你身上像披了一件有光芒的外衣,虽然你一直在沉默,但是,我感觉得到你沉默的背后是相信我,肯定我的。这对我来说不知道有多重要。"

现代社会,男人承受的压力越来越大,他们需要倾诉,需要一双耳朵给予他关注和温暖。但遗憾的是,很多女人一旦结了婚,就开始染上了唠叨的毛病,一天到晚都把丈夫的耳朵塞得满满的,根本不给他们倾诉的机会。于是,沟通越来越少,时间长了难免会产生感情危机。

有一家公司曾对员工的妻子做过一项调查报告,刊登在《福星》杂志上,里面引用了一位心理学家的话:"作为一个妻子应该做的一件重要事情,就是让她的丈夫尽情地倾诉在办公室里不能宣泄的苦恼。"能够尽职尽责的妻子,被赋予了"镇静剂"、"共鸣器"、"防哭墙"、"加油站"等称号。

同时,这项调查也指出,男性一般不想听劝告,他们只需要静静的倾听。他们和女人一样,需要在家中宣泄一些自己的情绪。毕竟,办公室里通常没有发表意见的机会,遇到特别高兴的事情,也不能在那里引吭高歌。遇到不痛快的事情,也不能一股脑儿地都说给同事听。所以作为妻子,一定要做丈夫最好的听众,而不是三心二意,心不在焉。

马先生匆匆忙忙地回到家里,顾不上喘气,兴奋地嚷道:"亲爱的梅梅,你知道吗?今天真是个值得庆祝的日子!董事会把我叫过去,向他们详细汇报有关我做的那份区域报告,他们称赞我的建议非常不错……"

他的妻子却没有表现出高兴的样子,显然想着别的事情:"是吗?挺不错。亲爱的,要吃酱猪蹄吗?咱们家的空调好像出了点问题,吃完饭你去检查一下好吗?"

"好的,甜心。我终于引起董事会的注意了。说真的,今天在那么多董事会成员面前,我都紧张得有些发抖了,不过情况很好,甚至连老总都很赞赏,他认为……"

他的妻子打断他的话:"亲爱的,我觉得他们根本不了解你,也不重视你。今天孩子的老师打电话来,要找你谈一谈,孩子最近成绩下降了不少。对于你的宝贝儿子,我已经没有任何办法了。"

马先生终于不再说话了,他想他的妻子是不会听的。他以为能做的就是把酱猪蹄吃下去,然后去修空调,然后再给孩子的老师回个电话。可是,他对这一切似乎都没有了兴趣。

将心比心地试想一下,当我们兴致勃勃,而老公却爱答不理、顾左右而言他的时候,我们心中的滋味又如何呢?

如果你实在烦透了男人的喋喋不休,那么,也别他一开口,你就立马附上一句"闭嘴"或者"真烦",至少每天给他十分钟的时间,让他来倾诉自己的想法。善于倾听的女性,能让丈夫感觉到你对他的爱、理解和尊重,这是对他最大的安慰和鼓励。

有人说家庭就是语言的"垃圾箱",虽然比喻不那么贴切。但是聪明的女人应该明白,倾听在婚姻中占据了多么重要的位置。如果你不能安静地听丈夫说话,不能适时地给以安慰,那么你们的感情终究会出现问题。

智者寄语

男人,不只需要你时常夸奖他,不只需要你爱心的叮咛,更需要你留一只耳朵听他说话,听他的喜怒哀乐,听他的"疯语癫言"。

除了喂饱男人的胃,更要洞察他的心

什么样的妻子最能讨丈夫的欢心?一定是能理解他的妻子。能理解他的妻子,不仅能理解他的难处,还能理解他的处境,从不抱怨什么。如此贤惠的女人,是所有男人都向往的。

有首歌唱道:"女孩的心思你别猜,猜来猜去也猜不明白。"其实何止女人的心思要人猜,男人的心思也一样让人琢磨不透。如果你已为人妻,不妨问问自己,他的心思你都明白吗?

很多女人在聊天的时候都说起过她们的困惑:"我真搞不懂他为什么会那样?""他说的是真的还是玩笑?"……她们的迷惑,就是因为对自己的男友乃至对整个男性的心理都很茫然、很盲目。

我们都说女人是情感型动物,男人是理智型动物。这决定了女人和男人在思考问题时会有很多分歧,女人在结婚后,仍然会希望丈夫能像恋爱时那样对自己,生气了哄一哄,情人节了不能忘记送自己玫瑰,吵架了无论怪谁都是他道歉。而男人婚后就不会再注重这些了,他们通常会认为,都老夫老妻了,那些幼稚的东西早该叫停了。于是,就会有争吵,然后,就有女人认为是丈夫不喜欢自己了,不爱自己了,还有的甚至会产生怀疑,认为丈夫有了外遇。这些想法让她坐立不安,心里恐慌。其实呢,都是因为她不明白丈夫的心思罢了。

男人走进了围城后,责任压身,淡忘了爱的表露,麻木了爱的感触。他们会认为女人只要做好家务,照料好家庭,就是一个好妻子了;会认为女人怎么长不大,三四十岁的人了,还作小鸟依人状;会认为自己对妻子已经很不错了,可妻子怎么还不知足;会认为女人总是对男人没完没了地抱怨;会认为男人已经很辛苦了,却还是不能令妻子满意。

佟鑫对朋友抱怨说:"我不愿和妻子交流,你知道我妻子每天都在干什么吗?美容、时装、化妆、逛商场,还有就是俗不可耐地看电视连续剧。连我的需要也不配合还说我不正常,说我老了还想那事,是神经病。我怎么会有这么个妻子?"

林海程则在和妻子大吵一通后,出去在网吧给妻子发了一封电子邮件,他写道:"老婆,你读的什么书?看的什么报纸?关心的是什么?你知道你老公每天都在干什么吗?你知道你老公也需要有一个知音吗?你清楚你老公的缺点吗?你除了在老公心烦意乱的时候火上浇油,你还能教会你老公改正什么?你为什么不能成为他的知音?"

听了这些男人的牢骚,也许做妻子的也该明白一点,那就是丈夫也和自己一样有情绪不好的时候,有烦恼的时候,自己为什么不能理解他,并与他进行心灵的交流呢?

也许,恋爱的时候,你习惯了情绪低落时,他来抚慰你;习惯了不开心时,他逗你开心;习惯了身体不舒服时,他关心呵护你。但是,你有没有想过,他也是需要关心的。是你忽略了丈夫的需要,忽视了丈夫的价值和追求。只把丈夫当擎天柱,没有设身处地地为他着想,去了解他的需要、他的苦恼、他的一切。

都说男人难,他们也的确比女人难。他首先是一个人,其次才是男人。女人面临的难题他也同样面临,而作为一个男人,他除了必须承担家庭责任之外,还必须立足于社会,被朋友、同事、领导认可。再加上一些女人对自己的丈夫有着过高的期望,这更增加了他的压力。比如一些女人总是拿自己的丈夫和别人比,她会说:"你看看人家张弛,和你一样是大学毕业,人家现在年薪几十万呢。"她也会说:"我今天看到咱邻居家,又换新车了,啧啧。"这些话都无形中加大了丈夫的压力,让他感到焦躁。

你有没有想到,世界之大,竞争之强,每一个男人都能那么优秀吗?为什么妻子就不能理解一些,宽容一些呢?少一些苛刻,多一份关爱,就算是不成功的男人在家庭中也能撑起一片天地。成功的男人与不成功的男人在家庭人格上都是平等的。

所以,如果你的老公很平凡,那么请你不要去抱怨他。你的抱怨并不能改变什么,相反的是会恶化夫妻间的感情。与其抱怨,不如转变心态,寄放忧愁,化解怨气。因为每个人的天赋不同,机遇不同,性格不同,不要试图去改变他,不要逼迫他去做自己不喜欢的事,更不要以自己的意愿去要求他。孔子早就教导我们说:"己所不欲,勿施于人"。做妻子的一定不能苛求自己的丈夫,如此才能求得他的爱,求得家庭的和睦和幸福。聪明的妻子会做一些对老公有所鼓励的事情,男人总是喜欢听到鼓励的话,这样他才能调动所有的积极因素,为你,为这个家撑起一片天地。

大概没有男人愿意陪女人逛商场,所以一些商场就抓住了这一点,专设了"老公寄存处"这样的人性化场所。恋爱的时候,他不敢拒绝你,怕你不开心。结婚后,他也许就不怕了,难免会拒绝你的要求。其实,你又何必逼他呢? 他不愿意做的事,就不要勉强好了。你想想如果你不喜欢做的事,他非要让你做,你心里作何感想? 将心比心,还是饶了他吧。否则,他人被你带到商场了,心里却还惦记着别的,表现的自然无精打采,甚至会让你难堪,这又是何苦呢?

还有一点就是,男人为了显示自己男人的本色,总是乐意为女子效劳,愿与女子交流,偶尔看到漂亮女人,也会多瞄一眼,但这并不能代表他花心,更不影响心中最爱女人的位置。所以你不要随便吃他的醋,那样只会让他觉得你心胸狭窄。要知道现实生活中,你也有异性的朋友,正常的交往也是可以的,千万别把丈夫往外推,否则,会适得其反的。

当你总是时时处处想要老公明白自己心里的想法时,也不妨多静下心来替他想一想。有些事情他不愿意告诉你,是怕你跟着操心,而不是把你当成了外人。与其成天抱怨,不如真的走进他的心里去。

总之,你要记住,一位好妻子是丈夫的一所好学校,丈夫是原料,你得经过加工、烹调等一系列的付出,才可以品尝佳肴。你得接受有着凡人缺点的他,培养他与人相处的能力。因为,任何一个男人都像孩子一样,活得激情而又任性。别拿老公的错误折磨自己,更不能拿自己的错误折磨老公。要想你的老公死心塌地的永远爱着你,不仅要喂饱他的胃,更要时刻洞察他的心。

智者寄语

当你总是时时处处想要老公明白自己心里的想法时,也不妨多静下心来替他想一想。

像对待客人一样对待自己的丈夫

很多恋人都经历了这样的过程:谈恋爱的时候,两人见面总是心情愉快,相互客客气气的。结了婚以后,就因为成为了一家人而变得"随便"起来,没了之前的客气与礼貌。

先生在办公室里遇到不愉快的事情,把怒气带回家,发泄在太太的身上。太太也变了,谈恋爱时的那个温柔娇笑的女子不知在什么时候摇身一变,成为一个整天挑剔、抱怨、发牢骚的啰唆妇人。这样的状态是婚姻的大忌,有多少家庭因此而走向了解体。

礼貌,在我们日后的婚姻生活中,占有很重要的位置,这就好像"唇亡齿寒"的道理一样。礼貌就好像一扇敞开的门,它让人看到了长在门内的花朵。相信任何一个做丈夫的,都是最怕泼妇、悍妇、长舌妇了。

彤宁在这方面就表现得不够"聪明"。彤宁的丈夫患有胃病,一次到吃饭的时候了,他的丈夫还在看书,虽然她很心疼和关心丈夫,专门给丈夫煲了汤,但她却在叫丈夫吃饭的时候说："还磨蹭什么？自己有胃病不知道？快来吃饭，当心得胃癌。"一句话说得她丈夫脸色铁青，心想，这个婆娘居然咒我得胃癌……两个人为这一句话大吵了一架，事后彤宁觉得自己很委屈。其实如果她能够温柔一点，礼貌一点，对丈夫说："快来吃饭吧，你的胃不好，我今天给你煲了汤，很养胃的。"意思一样，但她的丈夫会感动不已，而前一句却让丈夫恼火至极。

粗鲁、无礼会毁灭了爱情的果实，毁灭了婚姻的美好。你回忆一下，当你接待任何一位访客时，是不是多多少少总是比对待家人有礼貌得多了？你绝不可能对正在说话的客人插嘴喊道："我的天啊！你怎么又在老调重弹了呢？"并且你也绝不会未获他人许可，而私自拆阅信件，或窥伺他人隐私。

但是你在发现自己最亲近的人犯了错的时候，哪怕是很微小的错，你都有可能公然破口大骂。很多男人就是这样慢慢地和妻子产生隔阂的，他说："我不明白她为什么常常为一点鸡毛蒜皮的小事大发脾气？真让人受不了。"

真难以想象，对自己说出那些尖刻、伤感话的人，往往都是自己亲近的人。我们总是很容易原谅别人，却不肯原谅自己身边的人。这真是一件令人十分惊讶的事。

现实生活中有那么多的女人，常常对自己的老公发威，却未曾与她们的同事或朋友声色俱厉。作为妻子如果你能像对待其他人那样宽容地对待自己的丈夫，你们的感情又怎么会日益疏远？

前俄国著名小说家屠格涅夫这样说过："假如能有一个女人，在一个地方关心着我，等着我归去吃饭，我将会放弃我所拥有的天赋及我一切的著作。"

荷兰人有一种风俗，便是在人们进屋时，必须将鞋子摆在门外。换句话说，就是在入家门时，要把一天的不如意，全抛置在脑后。

很多女人都以为，结婚了彼此的距离就近了，也就没必要在意那么多礼节了。事实上，距离越近越容易伤害到彼此，就像两只刺猬互相取暖，太近的时候总是扎到对方；但是太远了就感受不到彼此的温度，所以你要把握好这个度。既要对丈夫关心体贴，有时候还要像对待朋友和客人那样，温文多礼，谦让三分。婚姻之道其实就是两个人的相处之道，聪明的女人，当想对丈夫发火的时候，你不妨把他当作你的朋友或者客人来对待。

婚前的女孩是不食人间烟火、只懂爱的天使，而婚后的女人忽然一下子成了整日为柴米油盐操心的俗人，老公在婚前有求必应，婚后你要有求必应，这好比把一个仙女从天界扔到了凡间，使她一下子无法接受，无法适应。其实结婚不仅是女人身份的一次蜕变，还是一场心理的考验。如果你认为这个和自己同眠共枕亲密无间的男人是自家人了，完全可以像对待私有财产一样随意，那你就错了，一个好命的女人，对待自己的丈夫，会像对待客人一样，文雅有礼。

当他为你做了什么的时候，哪怕只是一件微不足道的小事，也别忘记对他说声谢谢。让他知道你能感受到他的爱，同时也给了他继续疼爱你的动力。

───────── 智者寄语 ─────────

当你披上婚纱，被一个男人牵着手走进结婚的礼堂的那一刻，你就要把自己那些所有关于爱情的美好憧憬收藏起来，不是说你们的爱已经终结，而是你们的爱才刚刚开始，这种刚刚开始的爱更需要你的尊重、理解和宽容。

让婚姻更牢固的五大秘诀

现代社会的离婚率远远超过以往任何时候,大多数人对白头偕老的黄金婚姻已经不再抱希望了。确实如此,两个行为方式、思维方式,以及其他方面都有太多不同的男女结合在一起,共同生活长达几十年之久,要坚持下来的确不是一件容易的事情,必须战胜诸多不同的艰难险阻。但是,如果学会控制婚姻的秘诀,那么,你就能将婚姻的艺术发展到至高境界。离婚,自然也是可以避免的。

要想让婚姻的纽带更加坚实,你可以参考以下秘诀:

1. 差异吸引

使男人和女人最后相聚到一起的是吸引力,而吸引力的丧失,正是导致许多婚姻失败的罪魁祸首。就像磁铁的正极和负极永远互相吸引一样,男女之间相互吸引,最重要的原因是男人和女人的差异。因此,如果男人可以持续他的雄武阳刚之气,女人则保持其阴柔秀美之质,那么,他们就可以在婚姻中保持长久不衰的吸引力。

在正确处理差异所带来的冲突的前提下,不能否定客观存在的自我差异,这样我们才能保持持久的吸引力。相反,丧失自我取悦另一半,最终只会置感情于死地。在现实生活中,女人更容易为了获得男人的欢心而放弃自我,使自身的吸引力越来越弱。毫无疑问,只有当女人完全体现出自己的阴柔之美时,才对男人最具吸引力。

当然,这种吸引力并不仅仅指身体上的吸引。实际上,在有感情的基础上,我们对自己伴侣其他方面的好奇和兴趣会与日俱增。我们会惊异地发现,我们对伴侣与自身的作为、感觉和思想等方面的差异,仍然很感兴趣。当然,其前提在于一直让感情充满新鲜,这样才能使差异发挥作用。在此前提下,运用新的婚姻关系技巧做出些许变化,使自己与自己的性别角度更加相符,不断地丰富自我的内在。通过这种丰富,我们可以进一步挖掘潜在的自己,从而产生持续不断的吸引力。

2. 变化和成长

人们的新鲜感往往只能保持一段时间,与此相对的是,许多人都不会主动改变,因而无法提供源源不断的新鲜感,这也是很多婚姻受挫的根源所在。与同一个人一起生活几十年,朝夕相处,耳鬓厮磨,如果不能不断地推陈出新,就无法培养新鲜感,索然无味的感觉与日俱增。所以说,新鲜感对婚姻的双方都是至关重要的,也是保持双方吸引力的重要环节。保持新鲜感的重要方法,是不断变化和成长,让对方永远充满期待和惊喜。

孩子们的身体发育能够让人感到一日一新,与此相同的是,我们的精神和感情也应该持续生长。然而遗憾的是,人们的婚姻关系总是不自然地束缚夫妻的生长,最终导致婚姻双方的关系逐渐变淡。

许多女人在潜意识中,以为爱自己的伴侣就意味着整日厮守不分,她们并没有意识到,整日厮守会使婚姻关系平淡无味,毫无神秘感。实际上,每天生活在两人的空间里,人们容易变得沉闷,而与其他的朋友相处,或者单独参与其他的活动,则可以给婚姻关系带来新鲜元素。

女人唠叨日常琐事,常常使男人感到乏味,男人关注的是重要的事。尽管对于女人来说,不断变化谈话的方式和内容非常困难,但只有这样的倾听和分享,才不再是令男人感到厌烦的事,反而变为增进情感的重要仪式。

没有激情的婚姻关系会阻碍夫妻的成长,从而让婚姻变得更加乏味。已婚男人如果感受不到尊重,就不会继续成长,并且渐趋于保守。他可能会莫名其妙地认为回到家中就不开心,与妻子的关系越来越疏远,行事的主动性也大为下降,他对日常事务的处理,则越来越刻板和一成不变。

习以为常的惯例也是让感情变淡的重要因素之一。尽管按惯例办事会让你得心应手,但不时地打破惯例却是有益的。事实上,有时做点新颖的事可以让人耳目一新,而几乎所有打破常规的努力,都会带来意想不到的效果。

3. 需要和依恋

男人和女人因为相互吸引而走到一起,但是结合往往更多考虑爱的需要。如果感受爱的过程令人感到不安,自己的需求并没有从对方那里得到满足,感情自然就会立即减淡。一旦女人失去使男人愉悦的能力,他的感情很容易就会遭到控制;如果女人感受不到倾诉情感的安全,她也会压抑自己的感情,关上心灵的大门。不管是女人还是男人,不断压抑其感情,久而久之,在他们心灵的周围就会筑起一道围墙。

恋爱开始时,你能够渐渐地享受到爱,因为对方总是想尽办法满足自己的感情需要,那时,压抑感情的心灵围墙并没有阻隔你们的心灵。而一旦那堵围墙彻底隔断了你们的内心,爱恋的情感就不复存在了。每当我们尽自己的努力满足对方的需求时,就像将这层围墙的一块砖挪走了,这会使一小束感情之光射入我们的心灵,让我们感到满足。通过彼此间成功的交流和相互间的满足,那堵大墙一定会被慢慢击垮,感情之火将再次熊熊燃起。

很多夫妻在结婚之后开始趋向"务实",认为对物质的需要比任何东西都重要,他们完全忽视了对方的真正需求。实际上,只有彼此了解相互间的需求,并尽力满足对方的需要,才能最深切地体验相互间的感情。如果你需要的正好是对方可以给你的,那么,需要和依赖就会开启感情的闸门。相互间越满足,你们便越信赖彼此,感情关系也就坚不可摧,因此,请尽量学会满足对方的感情需求。

4. 个人的责任和自我解除烦恼

很多人在结婚之后,倾向于把所有问题都推到对方头上。当他并不快乐时,对方总是成为他推卸责任或抱怨的对象。由于自己不开心而责怪伴侣,无疑是一个不明智的举动。尽管我们希望自己的伴侣像父母一样疼爱我们,不计回报,但是,这种期望无异于感情的杀手。对方的确可能对你付出无私的爱,但是,你可以做的只是别无他求。

我们内心的烦恼应该由我们自己平复。心中感到不快时,应该自我安慰。切记,女人期望男人慰藉她们,那是过高的期望。如果你不是自己作出改变,而是依靠对方改变,那么这种依赖越甚,你的偏执也越甚。如果在你感到很开心时,对方做了一件让你扫兴的事情,由此而生的烦恼也应该你自己平复,责怪自己的伴侣是一种错误的举动,它只能让你的不快雪上加霜。

当女人觉得失去耐心时,不要要求男人不断地作出改变,也许对方正在不断地给你所需要的支持。你所应做的是,不必强求自己的伴侣改变,而要更多地注意改变自己的态度。如果你对自己的伴侣心生怨恨,那么,你就很难接受或者原谅他的不足。当你无条件地爱自己的伴侣时,双方的爱恋就会加深。要永远记住,尽管已经结婚,但你的问题仍然是你的问题,需要你自己解决。

5. 自主和乐趣

很多不幸的婚姻通常都是因为牺牲自己,当然,尽管男人在很大程度上也愿意牺牲自己,但是女人却更容易这么做。为了适应男人,避免冲突,或者为了维护婚姻外表的安稳,女人总是做出这样的举动。

当产生消极的感受时,女人总是克制它。这么做,表面上看来值得敬佩,然而却是不可取的。如果一个女人关心男人,却又不帮助他支持自己,那么,她实际上是在伤害婚姻关系。因为,只有当男人真正满足女人的需求时,他才能在婚姻关系中保持充足的激情。如果女人愿意为婚姻关系牺牲自己,或许你们会觉得相对平静,但是感情之花却很快就会枯萎。

真正健康的婚姻关系,是夫妻双方如同朋友一般,也就是说,他们总是知道在自主和依赖之间保持平衡。假如你不过分依靠男人,承担起自己的责任,那么,当对方无法满足和帮助你的时候,你就能自己激励自己。

智者寄语

两个行为方式、思维方式,以及其他方面都有太多不同的男女结合在一起,共同生活长达几十年之久,要坚持下来的确不是一件容易的事情,必须战胜诸多不同的艰难险阻。但是,如果学会控制婚姻的秘诀,那么,你就能将婚姻的艺术发展到至高境界。

第二章
了解婚变心理，让爱的魔力永存

轻松度过三年之痒

我们常说结婚后会有三年之痒。到底什么是三年之痒呢？三年之痒主要是指在结婚以后彼此之间失去吸引力。生活慢慢地走上婚姻的正轨，生活已经定了型，女人变得不再漂亮，而男人则变得不再会对女人"花言巧语"，而是越来越实际。人们在稳定的生活中就想寻找一点刺激，所以也就形成了三年之痒。

婚后的夫妻关系非常微妙，可以说是一种依恋关系。这种依恋关系有可能持续终生，也可能因中途发现对方的缺点而演变成厌恶情绪。构筑起良好的依恋关系，可以使婚姻生活更加长久、美满。近年来，结婚后不久就离婚的家庭增多，而且通常在结婚第三年迎来婚姻危机期。

人类学家费舍尔博士横向分析了全世界58个地区关于离婚的统计数据。结果发现，结婚之初的几年容易发生离婚，结婚4年之后，离婚率逐渐降低。而且，离婚者具有如下特征：20多岁居多、有1~2个孩子的居多、再婚者居多。

费舍尔博士推测，之所以结婚第三年出现离婚高峰，可能与养育孩子的周期存在某种联系。结婚第三年，多数家庭的孩子已经学会走路了，而且已经不需要母乳喂养和父母的陪伴。而孩子在成长到这个年龄之前，还需要妻子与丈夫的合力照顾，无法一人独立抚育。也就是说在抚育幼儿的工作完成之前，家庭就是一个夫妻双方相互协助的系统。在荷尔蒙和脑内分泌物质的影响下。夫妻之间感情融洽。但是，当抚育幼儿的工作结束之后，这个系统就消失了。因此，结婚三四年后夫妻离婚、分别再婚的现象很多。

那么，面对这种婚姻生活中的审美疲劳和"高原反应"，我们应该采取怎样的措施才能避免两人最终分道扬镳呢？

"分居"策略就是一个很好的方法。这里的分居并不是指两个人真的由于感情冷淡而分居两地，而是指夫妻之间刻意制造一些距离感，用"距离产生美"的方式增加生活中的乐趣和情趣，从而再度让两人享受一下婚前的自由生活；同时也在远距离的异地相处中，用思念之情增强了彼此的感情。

　　每当在婚姻生活中感到疲惫与乏味的时候。李明伟就会产生想过单身生活的念头。这时，他就从心里盼着妻子出差或者回娘家。如果恰巧赶上妻子出差或回娘家，他会大呼"万岁"。妻子一走。李明伟就完全放松自己。先是上网，与网友放开胆量聊天；接着找上几个酒友喝酒，即使喝得酩酊大醉也无妨，醒后到饭馆吃点可口的饭菜，再约几个好友出来打打麻将、泡泡吧、聊聊友情、谈谈国际形势等。这样的情况持续了一个星期，李明伟就觉得无趣了，回到家里空落落的，他开始想念自己的妻子了。他想念她煮的饭菜，还有她说话的声音，以及微笑时出现的小酒窝。

他忍不住给妻子打了一个电话:"老婆,你什么时候回来?"妻子说:"你的单身生活过完我就回去。"一听这话李明伟心里急了:"我想让你现在就回来……"只听妻子说:"你以为出差是玩儿啊,说回去就回去。"听到这里,李明伟瘪瘪嘴,而妻子却在电话的另一头笑着说:"老公,我也想你,不过,你不觉现在这样挺好吗? 要不是我出远门,你什么时候这样想过我,呵呵,我觉得我俩有时候就得这样分开一段时间,你没听过三年之痒吗? 那就是一起待久了会腻的。"

日子就这样日复一日年复一年地过去。夫妻二人要觉得单身生活好,就会故伎重演,分开一段时间。偶尔煲个电话粥,谈谈两人的见闻和感受,平淡的生活竟也没有那么乏味了。

中国有句俗话叫"小别胜新婚"。小小的离别比如胶似漆地腻在一起更能令人感受到感情。生活是可以选择的,婚姻模式也不是一成不变的。"分居"策略的明智之处就在于它摆脱了周而复始的生活方式,夫妻感情在分离中得到了凝聚。其实,当初的热情在柴米油盐酱醋茶的磨损和耗费后,婚姻就很可能蜕为一种既定的模式和程序,而这样"炒剩饭"的行为自然会影响到两个人彼此间的情感流通。

人们步入婚姻,常常意味着失去独自的空间,饭要一起吃,觉要一起睡,一切成双结对。有时候两个人粘得太紧也会让人窒息,所以,营造近在咫尺、却又远在天涯的氛围就更显得可爱而有趣。

婚姻是重要的,但还有比婚姻更重要、更难以割舍的东西,那就是许多人的婚姻价值判断,毕竟早已过了婚姻等于一切、婚姻大于一切的时代了。"两情若是长久时,又岂在朝朝暮暮。"古人希冀的美好感情在当今这个多元的社会里,终于可以由我们自己来选择和实现了。而实际上,不论怎样生活,我们渴望的都是婚姻赐予的一份快乐和轻松。

智者寄语

"分居"策略的明智之处就在于它摆脱了周而复始的生活方式,夫妻感情在分离中得到了凝聚。

取他之长,补己之短

"性格不合"几乎成了很多夫妻挂在嘴边的分手理由。因为他们都认为自己的性格好,而抱怨对方的性格不好,并经常为此发生争执,最后夫妻感情受到严重的影响。所以,私下他们会很后悔地说:"当初,我真是瞎了眼,找一个这种性格的人……"大多数男女婚后发现彼此的性格相差很多,使他们每天都为之而苦恼。

其实,性格不同的夫妻在相处的过程中能体验到更多的激情和浪漫。如果夫妻俩一个外向,一个内向,最不利的一面是他们需要花费很长时间相互适应。而性格合得来的夫妻则会发现,与对方的生活容易变得枯燥乏味,因此需要两人共同努力才能拥有丰富多彩的生活。

结婚之前吸引两个人走到一起的因素恰恰成了婚后主要矛盾的根源。性格相反的夫妻很容易发现,整天的耳鬓厮磨使各自的偏好显得更极端、更无法调和。

夫妻俩的性格相容,有利于感情的发展,反之,应该接受配偶与自己的不同之处,用语言称赞对方的独特性,不要妄图按照自己的偏好来改造对方。

　　恋爱的时候晓晴就知道他们是两种性格的人,但是直到结婚后,晓晴才意识到他们的性格竟然有那么大的差距。晓晴是个性格开朗、健谈的人,非常奇怪的是她却喜欢上了一个沉默寡言、深思熟虑的男人。为此,两人没少争吵过。

　　晓晴已经不记得那天为什么事情跟他吵架了,只知道自己在骂他,而那个男人只是默默地不说话,出现这个想法的时候,晓晴正在烧开水,壶里的水大约有40℃。以至于到最后,晓晴只想收拾东西走人,远远地离开这个在一起生活了两年的男人。

　　晓晴翻出搁在壁柜里的两年前自己投奔他时拎来的一个旅行袋,现在已经沾满了灰尘。想想自己两年前带着怎样的期望走进这个屋子,然后日复一日给他熨衬衣洗袜子,却换来这样的结果,眼泪顺势奔涌而出。

　　而那个男人就坐在晓晴背后的沙发上抽烟,看见她哭了也无动于衷,一言不发,一副垂头丧气的样子。晓晴在想那个男人现在显然已经不在乎她了,跟这种性格的男人在一起过一辈子,根本不会有什么情趣。她果断地擦掉眼泪去看水开没开,晓晴又想他既然不稀罕他们的感情,自己又为什么要稀罕?她在心里想水一开她就走,一分钟也不停留,可是水没开,还是温温的。

　　晓晴开始往袋子里装自己的东西:衣服、书、牙刷、毛巾等。与其让他丢掉不如自己拿走,终于收拾完了,鼓鼓囊囊的袋子就搁在房子中间,最后她取下手表和项链,那是当初他买给自己的,放在桌子上还给他。屋子里的空气几乎凝固了。

　　在晓晴来之前,他经常感到肚子疼,却找不到原因。因为两年来一直都是她烧的开水,所以只有她才了解这只开水壶——水烧到80℃的时候就开始沸腾,但是要多烧三分钟水才能喝。他一个大男人并不知道这些,所以晓晴要等到水开再走。

　　晓晴心想等5分钟后,水开了再走。

　　可是水非但没开,反而逐渐变冷了。原来水壶坏了,灯也没有亮。她决定放弃这壶水,于是拎起袋子就要走,突然那个男人从她背后抱住她,声音嘶哑地说:"不要走!"他的眼泪落在她的发丝上。

　　他们性格的差异并没有影响到爱情关系,晓晴手中滑落的旅行袋重重地掉在地上。晓晴知道慢性子的他原来还是很在乎自己的,所以她留下来了。

　　这时他们已度过了最初的磨合期,走进了幸福安全的婚姻,那个断路的开水壶,如今就搁在他们家的壁柜里。后来他主动交代,他弄断了开水壶的电线,就是为了不让晓晴走。为了挽救他们即将折断的爱情,他只能选择这样做了。

我们可以从上述的事例中看出:如果性格差异较大的夫妻能做到以下两点,一定会相处得很好,成为恩爱夫妻。因为婚姻幸福与否,并不在于性格是否不同、相近或相同,而在于夫妻之间如何相处。

第一,既要正确了解自己的性格,也要懂得尊重对方的性格。这一点是非常重要的。性格是人对事物所表现出来的方式、情绪,没有好坏之分,但是与品德是有区别的。不同的性格有不同的长短之处,它们有着各自的优点与缺点。例如,性格急的人,直爽,容易相处,但也容易发火,发起火来让人忍受不了。性格外向的人活泼开朗,性格内向的人则稳重。相反,慢性子的人大都态度和蔼,容易相处,办事讲究质量,不讲究时间观念。

第二,有了对性格的正确了解后,就要主动宽容对方,在家庭生活中放大彼此的优点,尽量避开各自的缺点。例如,理财应该交给家中做事心细的一方,主外应该交给善于交际的一方。

夫妻双方要适当地克服自己的缺点。性子比较快的要用心克服自己性子比较急的急躁情绪,办事再沉稳一些;相对来说,性子比较慢的则应该注意提高速度。但更应该注意的是,千万不要试图改造对方,虽说人的性格是可以改变的,但也要尊重对方,帮助对方。只有这样,夫妻之间的生活才会和谐,婚姻才会变得美满幸福。

因为性格不同,当有问题出现时,双方会从不同的角度分析问题。我们要学会取他人的长处,补自己的短处,这对思路的拓宽有绝对的积极作用。当然,也因为性格的不同,观点不一致、产生摩擦是时常会有的,这需要时间来慢慢地磨合。

智者寄语

千万不要试图改造对方,虽说人的性格是可以改变的,但也要尊重对方,帮助对方。只有这样,夫妻之间的生活才会和谐,婚姻才会变得美满幸福。

要时常"晒晒"你们的幸福

女人要想把男人守住,就必须时刻都做好准备。不要以为嫁好了就可以一劳永逸,沾沾自喜。嫁得好只是获得幸福人生的开始,走上红地毯、迈入婚姻大门的那一刻同时也开启了女人的第二段人生,这段人生是否能够幸福,还要靠你的用心经营。在感情中,男女都会发生改变,想要婚姻幸福的女人,不光要嫁个好老公,还要在婚姻的经营上面多用点时间。播种下的种子要用心呵护才能茁壮成长,没有太阳和雨水的滋润是不行的。婚姻这颗种子,即使是很健康的种子,如果没有细心的呵护和照顾也结不出丰硕的果实。

电影《大内密探零零发》中,人们欣赏周星驰在剧中饰演的零零发具有超强的神奇魔力,尤其是他和刘嘉玲饰演的妻子之间的恩爱更让人们美慕。在两人激烈的争吵中,妻子总能化解他们之间的矛盾,令争吵变成一种幸福。在吵得不可开交的时候,她会突然很体贴地问:"老公,你饿了吧? 我去给你煮面吧。"大吃一惊的零零发,一把抱住妻子说:"老婆,我爱你。"或者,在争吵后,她跑出去藏起来,而零零发总能很容易地从桌子底下把她找到,并说:"你每次别总藏在这个桌子底下,好吗?"妻子说:"我害怕你找不到我藏的地方嘛。"当她这样一脸委屈地说出这话的时候,零零发被她感动了,其实任何一个男人都喜欢这样可爱的女人,把她抱在怀里,愿意把全部的爱都给她。所以,要时常给婚姻加点激情。

在旁人面前经常"晒晒"你们的幸福。一段感情需要长时间的呵护,需要在平淡之中增添一些浪漫。现代社会,博客、微博等是每个人的心灵港湾,我们可以把自己的心情写在上面,感情方面的事情也在上面晒一下,让每个人都知道我们多么的幸福,并且希望得到他们的祝福和认可。同时,这也是提醒自己珍惜这段感情。受到众人注视的夫妻,都会很努力地经营他们之间的爱情。

智者寄语

想要婚姻幸福的女人,不光要嫁个好老公,还要在婚姻的经营上面多用点时间。播种下的种子要用心呵护才能茁壮成长,没有太阳和雨水的滋润是不行的。

做他人生旅途的伴侣

　　大多数任性的女人都会对爱情产生依赖感，要求对方了解自己的一切，她们就像弱小的动物一样，希望男人可以 24 小时保护自己，从中找到依靠的感觉。其实，不管是爱情、婚姻，还是工作，过度的依赖都会导致失败。爱情诗写道"以树的形象和你站在一起"，要做旅途中跟随他的伴侣，而不是他的行李，否则，不管走到哪里，他都会因你而累得喘不过气来。这样做的后果是，他累到不行就会丢弃你，或者他被累死，没有办法再爱你、呵护你。

　　　　我如果爱你——
　　　　绝不像攀援的凌霄花，
　　　　借你的高枝炫耀自己；
　　　　我如果爱你——
　　　　绝不学痴情的鸟儿，
　　　　为绿荫重复单调的歌曲；
　　　　也不止像泉源，
　　　　常年送来清凉的慰藉；
　　　　也不止像险峰，
　　　　增加你的高度，衬托你的威仪。
　　　　甚至日光。
　　　　甚至春雨。
　　　　不，这些都还不够！
　　　　我必须是你旁边的一株木棉，
　　　　作为树的形象和你站在一起。

　　比肩而立，各自以独立的姿态深情相对。舒婷的这首《致橡树》很明显地表明了女人在爱情中的人格魅力。

　　现在很多年轻女人，无论需要什么东西都会向男朋友或爱人索求，这样的她们是不自由的。除了健康和美丽之外，她们最需要的就是独立。化妆品皇后靳羽西曾这样说过："我曾经嫁过很有钱的男人，他没有给我一毛钱。现在的我可以从自己的口袋里掏钱买书、买衣服，女人最大的自由莫过于此。"

　　女人只要独立自主，就不会迷失自己，也不会成为他人的奴仆，使自己没有闪光点，这样男人就不会离弃或背叛你。一心想嫁入豪门的女人们不知道，不是所有的麻雀都能成功地变成凤凰，只有那些有独立自主精神的麻雀才有变为凤凰的潜质。

　　女人要培养自己的独立性，要让爱情平等，让幸福永恒，就要拥有独立自主的能力。女人的能力是最重要的，只有把握住自己的梦想，才能使自己得到一切，包括爱情。独当一面的女人能够让心仪的他在巨大的压力之下，享受一丝惬意，从而多一些精力读懂你的美丽。

　　第一，事情拿不准的时候，要在慎重思考后，拿出初步解决问题的方案与丈夫商量。时间长了，就会使自己积累很多经验，培养自己遇事多动脑的习惯，为自己以后独立解决好问题奠定基础。

第二,要懂得过分地依赖并不能使丈夫对自己的爱情更坚固,而只会让你在丈夫面前失去魅力,这就是所谓的爱情坟墓。要培养自己的自信和独立的意志,加强对自身的修养,培养良好的生活习惯。

第三,遇事要有主张,而不是看丈夫的眼色行事,只有独立才会受到丈夫的尊敬。不要总是违心地讨好丈夫,失去自我,要有勇气按照自己的想法行事。那些敢于独立思考、独立行事,获得成功的女人,才是最令人刮目相看的。

太过依赖,只会使你成为对方的累赘,让他对你产生厌烦的情绪。所以,不如好好靠自己,与他建立平等的婚姻关系。就像战友一样,平等、互相扶持,共同对抗慢慢开始变质的感情。虽然你们迈进了婚姻的殿堂,但你们仍然是两个个体,都有各自发展的空间。因此,在婚姻当中不要过分地依赖对方,迷失自己,这样对你没有任何好处。

───────── ◆◇◆ 智者寄语 ◆◇◆ ─────────

要做旅途中跟随他的伴侣,而不是他的行李,否则,不管走到哪里,他都会因你而累得喘不过气来。

试着做一个善解人意的女人

遇上国色天香的美女算是运气,遇上善解人意的女人则是男人一辈子的福气。男人都是喜欢美女的,但是男人心里最明白,美妻未必是贤妻。

对于家庭,男人们最渴望找到那种善解人意的好女人。因为在生活重压之下拼死奋斗的男人们,活得实在不容易。

作家李敖,对好女人有十分明晰的见解。在这茫茫人海中,当你发现了这种女人,你才知道她多么动人。一通电话,她使你魂牵;一封来信,她使你梦萦。他说:"真正有水平的女人,聪明中带有深度,柔美中带有妩媚,清秀中又是那么的善解人意,体贴自己的爱人,可爱的她是毫不夸张的,就像空谷幽兰,很难被人发现。所以,善解人意的女人是最可贵的!"

善解人意的女人知道自己需要什么,同时更明白男人的需要。她很了解自己的身边这个男人是她今生的最爱,但他是个独立的男人,同时他的心虽然是属于她的,但他属于他自己更多一点;女人的善解人意让好男人成为高空中盘旋的鹰,只有鹰累了的时候,才会飞到女人旁边,让自己享受女人的温情。善解人意的女人不会要求男人的浪漫,因为她们心里知道平淡才是她们最想要的。她知道,在男人的骨子里,事业比爱情更重要。因此,善解人意的女人无论在什么时候都不会把男人当成自己的私有财产,不会霸占男人的时间,让男人听从自己的意愿,更不会在男人工作很忙的时候责怪他,也不会又哭又闹,让男人为自己担心。

善解人意的女人知道男人最看重面子问题,知道在男人的精神世界里有哪些禁区,她们会很小心地绕过这些禁区,尽力保护男人的自尊。男人脆弱的时候,被事情纠缠不愿去解决时,善解人意的女人会在男人没开口之前就把事情处理好,过后就当什么都没发生过一样。善解人意的女人不会和自己的男人争地位,更不会像泼妇一样把男人骂得像只斗败的公鸡。

夫妻两人的生活,就像同乘一条船漂流在河流上。在男人眼里,善解人意的女人是帮着他撑船的,而不仅仅是坐船和划船的。在他迷茫的时候,能得到她的拥抱和温言细语的安慰;当他比较忙时,她能帮他照顾好家中的一切;当他犯错时,能得到她的包容和谅解。

智者寄语

在男人眼里,善解人意的女人是帮着男人撑船的,而不仅仅是坐船和划船的。

和谐的婚姻也要偶尔"吵一吵"

有人戏称,夫妻间吵架,就像女人的生理周期,每月来一两次才正常。从不吵架的夫妻,因繁杂的情绪长久积累,反而会使婚姻"超载",有翻车的危险。

世界上不是没有十全十美的婚姻,但是极少。要知道和谐的婚姻并不是两个人志同道合,完全没有争吵,而是争吵发生后彼此如何正确处理与面对,这是婚姻生活中很重要的一门学问。要以一颗平常心对待彼此之间的分歧和争吵,所以,不管男人女人都没必要将婚姻中的吵架当做是多么大的一件事情。

夫妻之间争吵应遵循以下三个原则:

(1)争吵的时候先处理心情,再看问题。夫妻常常不看对方的优点,而非要计较对方的缺点、毛病,总是将问题记在心里,然后放大。夫妻间一方如果长期被挑剔、否定、指责,吵架就会成为家常便饭。夫妻吵架往往不在于是谁的对错,而取决于双方的心情。心情好,能把坏事看成好事;心情不好,能把好事看成坏事。

(2)不要一味地要求对方改变,主要的问题是改变自己。双方对待生活的态度、处理事情的方法有所不同。夫妻在一起共同生活,有的兴趣、爱好、性格以及思维模式和行为习惯完全不相同。所以,对自己伴侣的这些缺点应该相互包容和适应,而不要强调让他改掉这些缺点,更不要把自己的兴趣、爱好、思维模式及办事方法强加给对方。

(3)夫妻都不要在争吵时求胜,而应力求沟通。夫妻吵架的目的不是谁输谁赢,而是要让对方知道自己心中存有不满的情绪,这就是为什么有人把吵架说成是一种强烈的沟通形式。通过吵架,对方可以知道你的想法和意见,哪怕他并不完全接受。吵架是一种被动的沟通,但是,它总好过夫妻间把什么事都闷在心里。

夫妻吵架时,脑子一热,什么事都干得出来,什么话也都说得出来,彼此都处在不冷静的状态中,都不会考虑后果。

记住:如果你希望自己的爱情能够天长地久,夫妻能够白头偕老,不管你当时怎样生气与动怒,也不能将一些话说出口。以下的话以及与之相类似的话是最容易伤害夫妻感情的,属于争吵中的"忌语":

(1)真没用,你这个窝囊废。

(2)倒了八辈子霉跟你结了婚。

(3)人家好,你就去跟人家过吧。

(4)当初嫁给你我真是瞎了眼!

(5)告诉你,我早想和你离婚了,要不是因为孩子,我一分钟都不会在你们家多待!

(6)我再也不想看见你,你给我滚蛋! 滚得越远越好!

(7)你爱怎么着就怎么着吧,我不管了,我对你已经彻底失望了!

夫妻间的吵架,很少是由正经问题引起的,因此不必"较真"。如果凡事都非要争出个对错来,那么"较真"本身就已经错了。只要吵架有原则性,即使一辈子的吵架也能成为一种很好的沟通方式。痛并快乐着,这才是婚姻的真谛。

———————— 智者寄语 ————————

吵架是对情感中蓄积的不良情绪的一次释放,好比婚姻的"安全阀",偶尔吵架的婚姻更趋于稳定。

不要做一个刨根问底的女人

人往往接受不了真相,但又渴望了解真相,而锥心刺骨的痛总是会跟真相一块儿袭来。很多时候,男人对女人撒谎,其实是因为在乎你,女人不要在这时候去逼问。要懂得,说出实话正是婚姻到头的开始。

于莉和丈夫一直很恩爱,可最近她总是对丈夫产生猜疑之心。

于莉的丈夫晚上回到家后,对她说:"明天我要去见个老客户,做系统维护,挺急的。你就别等我吃晚饭了。"

"没事,我等你回来一起吃吧,反正我明天也加班。"

"你还是先吃吧,工程比较复杂,也许要在那待一晚,我晚上可能不回来了,后天才能回来。"

"你们的工作我又不是不了解,再怎么忙也不用一晚上不回家睡觉呀。"

"晚上要等客户到齐了一起开个会讨论一下解决方案,要是回家再去就太麻烦了。"

丈夫说完倒头就睡。

第二天晚上,于莉给丈夫打过几次电话,丈夫并没有接听。丈夫真的没回来,于莉心里的猜疑更重了——难道他在外面有女人了?

于莉给丈夫的同事打电话了解了一下情况,丈夫的同事说根本就没有什么紧急的工作,她想来想去还是决定问个清楚。

丈夫一回到家,于莉就开始对他不停地质问。

"你们公司昨天根本没有什么紧急维护的工作,说吧,你昨天到底去哪了?"

"你知道什么呀,紧急维护还得向全公司通报吗? 我都累了一天,而且一晚上没睡觉,求你放过我好吗?"

"昨天晚上给你打电话为什么打不通?"

"那会儿正忙着呢,你有什么重要的事吗?"

"行。你小情人的事最重要,我的事都不重要。"

"你别污蔑我,我可没有什么小情人。"

"我盯了你好久了,没有把握,我也不会这么说。你今天要是不说清楚,我就跟你没完。"

丈夫在于莉的盘问之下,终于说出了一个女人的名字。

于莉听后瘫在了沙发上。其实,丈夫之所以瞒着她,是因为还很爱她,也很爱他们的儿子。这件事情已经很长时间了,他这次正准备和那个女人断绝关系。可是,事情到了这个地步,他们的婚姻已经亮起了红灯,他们在一周后离婚了。

男人在面对女人的逼问时撒谎,只能证明他还比较在乎你们的感情和过去,不想让你受到更大的伤害。男人总是认为,女人既然已经知道了,那就交代清楚,这样才能获得女人的谅解。

智者寄语

聪明的女人在有些事情上会适当地捅破,但绝不会逼他,只会睁一只眼闭一只眼。

面对出轨,女人应该保留男人脸面

在《蜗居》这部电视剧开始热播的时候,出现了新的名词,称呼"第三者"为"小三"。剧情其实是关于现代人房子的问题,人们讨论的焦点却不是房子,而是"小三"。剧中人把小三的危害总结成一句台词:"一旦斗不过'小三','小三'就会变为合法的妻子,花咱本应该花的钱,住咱应该住的房,和心爱的老公同床,还要打我的孩子……"哪个妻子说不害怕,肯定是假的。

很多女人面对"小三"最想用的办法就是不管是如来神掌,还是打狗棒法,碰见"小三"就开打,怎么撒气怎么来。但是,即使全世界的人都支持你"惩恶扬善",法律也不会答应你的。所以,现实还是要依照"和谐"的办法去做。

《京华烟云》里的姚木兰,美丽聪慧,知书达理,懂得取舍,从来不钻牛角尖,说放下就会放下。她按照父母之命嫁给一无是处的曾荪亚,把有理想、有抱负的孔立夫尘埋在心底,一心一意地做好曾家儿媳妇。曾荪亚刚刚有外遇的时候,姚木兰就感觉到了,这样集美貌和智慧于一身的女子,同样也会遇到"小三"的问题,但她处理事情是那么的冷静、完美,不但维持了完整的家庭,而且努力把自己的生活过得有声有色。她只是悄无声息地挽救着自己的家庭,并不是像多数女人那样又哭又闹。她请来父亲给自己出谋划策,然后把自己打扮得很漂亮,和身为"小三"的女学生曹丽华沟通。曹丽华知道自己没有她优秀,主动退出了"小三"这个角色,最后两人还成为了好姐妹,同时,姚木兰并没有过多地怪罪曾荪亚。

不幸遭遇"小三"的姐妹们应该多学习姚木兰的办事技巧。比如,丈夫一向下班后准时回家吃饭,但忽然有一阵子天天加班,而且手机一响就神色慌乱,短信加了密码,或者删除得一干二净……首先,要争取及早发现丈夫不轨的苗头,掐灭一个烟头肯定比灭一场大火容易得多。这些都是电视剧里经常上演的情节,很多人看了都觉得编剧头脑简单,但其实真的就是这么回事儿。男人出轨多为"审美疲劳",并不是想毁掉自己辛辛苦苦建立起来的家庭,婚姻成本这笔账,男人往往比女人算得更加清楚明白。如果你发现这些"危险信号",绝对不能掉以轻心,要善于利用家庭的天伦之乐、夫妻的深厚感情拉住丈夫想出轨的念头。要立刻进入"战备状态",组织家庭旅游、爬山、泡温泉等;有时候也可以把孩子送回父母家,看看电影,来个烛光晚餐等,过过二人世界;学会打扮自己,制造一点儿生活惊喜。

遇到这样的情况,女人心中当然会不舍,况且,没有哪一个妻子会甘心。十几年的夫妻,就算已经没有了"火热的激情",但想一想同甘共苦、风雨同舟的携手之路,所谓"十年修得同船渡,百年修得共枕眠",相濡以沫的夫妻情分岂能轻易地输给一段"婚外情"?

如果你还想维持这个家庭,那就选择原谅他,永远不要再提,这样,出轨的男人才能回心转意。

────────── 智者寄语 ──────────

很多女人面对小三最想用的办法就是不管是如来神掌,还是打狗棒法,碰见小三就开打,怎么撒气怎么来。但是,即使全世界的人都支持你"惩恶扬善",法律也不会答应你的。所以,现实还是要依照"和谐"的办法去做。

做一个善于发现老公优点的女人

女人渴望完美的爱人和完美的婚姻没有错,可若是处处挑刺,则只会把婚姻扎得千疮百孔。男人需要女人的肯定,妻子的肯定会让男人感受到爱和力量。可是,有的女人总拿自己丈夫的短处和别的男人比,越比越失望,越比越瞧不起自己的丈夫。

亚伯拉罕·林肯是一位伟大的总统,他展示给人们的基本上都是自己光辉的一面,但他的婚姻生活并不幸福。林肯夫人认为林肯所做的一切都是错误的:比如,她觉得丈夫走路很难看,一点风度都没有,就像一个印第安人;她嫌林肯的手脚都太大,两只耳朵与他的头成直角地竖立着;她甚至埋怨林肯没有一个挺直的鼻子和漂亮的嘴唇……她不停地挑剔林肯的一切,向他发怒,她吼起来很吓人,隔一条街都能听见,经常闹得四邻不安。她不仅仅在声音上占尽上风,有时甚至会把一杯热咖啡迎头泼在林肯的脸上,哪怕当时还有客人。无论林肯怎么退让,林肯夫人都无法改变自己刁蛮的性情。林肯对这段不幸的婚姻感到非常痛苦,他很怕回家,因为他实在难以忍受妻子没完没了的挑剔。

夫妻之间往往只盯着对方的一点小毛病,却看不见对方的优点,这对于婚姻的巩固十分不利。所谓"明察秋毫之末而不见舆薪",其实每个人身上都有许多优点,只是没有被发现而已。《妇女》杂志上登过这样一则故事,相信看过之后你会有所感悟,在挑剔对方之前,静下心来想一想,放大对方的优点,一定会有所收获。

一个40岁的美国女人登了一份报纸广告,广告的标题是:廉价出让丈夫一名!她的这种做法很令人吃惊。

那个女人卖自己丈夫的原因是她对丈夫已不再欣赏了,因为那个男人除了旅游、打猎和钓鱼以外,对什么事都没有兴趣,包括自己的妻子与家庭。他每年4月都要离开家,外出钓鱼或探险,直到10月初才回来,在外面要游荡整整半年,而那个女人却从来不喜欢外出。他们结婚20多年了,女人总是感觉到孤独,她终于厌倦了那个男人,于是,她想卖掉自己的丈夫,而且卖得非常便宜。广告后面有那个女人的附加条件——收购我丈夫的人,可以免费得到如下物品:他平时喜欢使用的全套打猎和钓鱼的装备,那个男人送给自己的一条牛仔裤、一双长筒胶靴、两件T恤衫以及一条里布拉杜尔种的狼狗,自制的晒干野味50磅!

让她始料不及的是,广告登出仅仅一天,她就收到了62位太太小姐们的来电,大部分都是很诚心地想与她丈夫取得联系的人。她原本认为这样糟糕的丈夫是没有人要的,但事实却让她大感意外。

各种理由似乎证明这样的男人简直无处寻觅,所以她们真诚地希望能合法购买她的丈夫。有人认为她的丈夫崇尚自然,这样的环保男人比较有生活激情,和这种男人相爱,一定是很健康的;有人觉得这个男人爱好休闲的生活方式;还有人认为她的丈夫是一个真正的勇者,还具有冒险精神,这样的男人值得依靠而且还是一个懂得生活的男人……

女人在这些购买者表明理由的时候,突然发现自己的丈夫居然有这么多优点、魅力,而自己却一直没有发现。

第二天,她又补登了广告:"因为种种原因,廉价转让丈夫事宜取消!"

从恋爱走向婚姻,双方的缺点就会凸现出来。夫妻之间要继续深入地了解对方,尤其是着重了解对方的优点,才能长相知、长相守。聪明的女人,一定是先看到自己老公的优点,并鼓励他发挥长处的女人。

───────────── 智者寄语 ─────────────

学会忽略对方的缺点,放大对方的优点,你会看到一个与众不同的爱人,因为人没有十全十美的。

用宽容来系住男人的心

在漫长的婚姻生活中,夫妻双方都不免犯错,要学会在对方知道错的时候,放他一马。婚姻需要双方的经营,给他一个台阶下,婚姻生活才会获得幸福。所以,有人说:"婚姻也需要浇灌、施肥,要不然它会枯萎的,因为婚姻是活的!"

一个女人哭着去找律师帮她写离婚协议。她对律师说:"你是律师,一定要帮我写离婚协议。我丈夫太欺负人了,他从来都没有理解过女人。我每天也有很多工作要做,家里面鸡毛蒜皮样样管,每天都忙得上气不接下气。可他呢?只顾单位里的事情,回到家什么也不管。还有,结婚前我就告诉他我脾气不好,可现在呢,他的脾气比我还差,总是让我下不了台。还有,他出差去别的城市开会不带我,却把厂里一位年轻的寡妇给带上了……还有,今天早上,他竟然动手打了我。这回我是铁了心,非跟他离婚不可!"

律师对她说:"好吧,我答应帮你。你既然有这么多委屈,现在离婚也不迟。只是你要想一想,是你痛苦还是他痛苦?"

"当然是我痛苦了。他高兴还来不及呢!"

"这样你太吃亏了。又受气,又挨打,最后还落得个让他高兴的离婚下场,该离婚时就要果断地离,可你所说的这些事值不值得离呢?如果你能在他做错了某件事的关键时刻放他一马,说不准你们的婚姻还会有转机呢!"

听了律师的话,这个女人先回家了。

"准备好了吗?我明天就能帮你写离婚协议了。"两个月后,律师在路上碰见那个女人。

"可别再说那件事了。我们现在已经和好了,我回去后仔细想了想,觉得什么事都得退一步。他既然已经知道错了,我干脆顺水推舟算了,让他带我去旅行,也算是再度一次蜜月,没想到他还是那么爱我,每天都缠着我,我再也不想离婚的事了!"

聪明的妻子不会失去理智、大吵大闹，而会以柔克刚，在关键时刻用宽容来系住男人的心，所以她获得了婚姻的幸福。平淡的婚姻很容易遭遇风暴和激流，刚结婚时对未来的一切总是充满了渴望和幻想，哪会想到未来其实是消耗在一日复一日的柴米油盐的烦琐中。当一对男女结成夫妻开始过日子时，久而久之会感到厌倦，于是怨恨和争吵开始了。如果在关键时刻不能处理好矛盾和冲突，那么就会出现不愿看到的婚姻悲剧。如果女人得饶人处且饶人，就会避免很多不必要的麻烦。如果意识到婚姻中出现的很多问题并非全是男人的错，婚姻就不会走到无可挽回的地步。

聪明的妻子不会失去理智、大吵大闹，而会以柔克刚，在关键时刻用宽容来系住男人的心。

为他的出轨进行狭隘的报复不可取

面对他的出轨，保持理智和宽容的心态是最重要的。

女人出嫁时，都想与自己的爱人一生相守，然而在漫长的人生中，能够拥有一份真挚而无悔的爱情是何等的不容易。很多夫妻都经历过配偶不忠的痛苦，看上去很美满的家庭中也有发生婚外情的可能。哥伦比亚大学临床精神学教授说："有时候男人在事业上失败了，会需要婚外恋来对自己的力量进行证实，而女人因为抚育孩子疲倦不堪，也需要婚外恋对自己的女性魅力进行肯定。"但是，不管出于什么原因，配偶不忠都是生命中最深的伤害之一。这其中，女人所受的伤害要大于男人，在不幸降临的那一刻，很多妻子会大吵大闹，只因为她们失去了理智，愤怒而悲伤，最终导致婚姻的裂痕无法修复。其实，保持理智和宽容的心态，也许结果会比想象的好些。

如果婚姻还可以挽救，那么做妻子的就不要陷入以下狭隘报复的误区：

1. 为报复，自己也找婚外情人

杨蓉得知丈夫有了外遇后，大病了一场。她是一个性格内向的女人，当看到自己的丈夫和另一个女人亲热时，心痛不已，而且那个女人看上去明显要比自己年轻。杨蓉并没有大吵大闹，但是她在心里已经种下了愤怒和怨恨的种子。她想报复丈夫，于是她很快和同事好上了，但同事并没有丈夫出色，杨蓉也不爱他。半年以后，杨蓉的丈夫浪子回头，两个人和好了，她想和同事分手，但那个同事却一直纠缠她，把杨蓉弄得筋疲力尽……

"带有报复性的婚外恋是最可怕的，那种企图获得满足的结果往往是毁灭性的。"这是美国的一位咨询专家的警告。

2. 把丈夫的不忠告诉别人

婚姻专家说："当你因心里难受而把丈夫的不忠告诉他人时，你已经犯下了很大的错误。"

琳的丈夫出轨了，但他们仍然生活在一起，一则他们是大学同窗，彼此谈了很长时间的恋爱才结婚，过去的时光太美好了，两个人都忘不了；二则两人曾共同创业，有着比较牢固的婚姻基础。但琳心里一样难过，她想通过向他人倾诉来解除心中的苦闷。于是，她把丈夫的不忠告诉了亲人和朋友。很快，她便意识到自己的生活中出现了另一种尴尬：修复婚姻关系的同时，还要照顾因同情自己而对丈夫产生仇恨的亲人和朋友。琳把自己弄得更累了,父母和朋友们也总是用怪怪的目光看她;丈夫不想被这些事弄得心烦,节假日总是躲在家里,很沉闷地一支接一支地吸烟,不再和孩子玩,也基本上不和琳说话了。这种可怕的家庭氛围让琳觉得无聊至极!

3. 抓住丈夫的越轨行为不放

有些男人出轨后又回到了自己的妻子身边,回到了曾经的家庭,但妻子却根本无法释怀,在生活中总是时不时地提起丈夫那段"不光彩的往事"。希里·苏兹曼是法国的婚姻专家,她说:"有些妻子能把丈夫的已经结束的婚外情记10年之久,甚至还要更长。她们把这当成了武器,用它来制服自己的丈夫。"遗憾的是,这种心态并不利于建立美满的婚姻,更无法使双方恩爱如初。这种心态只能在给自己带来深切痛苦的同时让丈夫加深压抑感,时间长了,丈夫很容易产生逆反心理和自暴自弃的想法,很有可能再次发生婚外恋的情况。到时候,仍然是妻子独尝痛苦之果。

4. 到丈夫单位大吵大闹

菲发现丈夫兜里的情书时,大脑里一下子空白了,她用颤抖的双手抓起那封信,转身冲下楼去。丈夫正在自己的办公室里对一个下属交代工作,菲一边哭一边把情书摔到他的办公桌上。从此,丈夫在单位里一直抬不起头。没过多长时间,他就辞职独自去了另一个城市。菲后悔了,因为她这一不明智的举动,丈夫失去了已经拥有的地位和名誉,她自己也失去了很多女人所没有的优越和骄傲。最主要的是,她亲手把丈夫推出了家门,因为丈夫正是去了那个女人居住的城市。菲痛苦不堪,她想,如果换一种解决方式,可能不会出现这种状况,可是现在后悔也晚了。

如果有着牢固的婚姻基础,遇到丈夫婚外情的行为可以用理智和宽容的态度去处理,这其实是一种明智之举。这样,在维护婚姻的过程中,你的角色是一个成功的妻子,同时也是一个优秀的女人。

智者寄语

面对他的出轨,保持理智和宽容的心态是最重要的。

试着做一个百变"妖精"

很多女人,温柔贤惠,几十年如一日。不管丈夫的情绪怎样波动,她都永远不温不火地对待他;不管丈夫做了什么事情,她都会以一成不变的方式面对他。这看上去似乎非常符合中国女人的传统美德,但是聪明的女人千万不要相信这是一种美德。"读你千遍也不厌倦,读你的感觉像三月。"蔡琴的一首经典老歌唱出了男人心中完美女人的特质——变幻莫测,百看不厌。

相信看过《爱情呼叫转移》的女人都会有所启发,妻子在老公想离婚的时候,非要让他说出个理由,老公很直接的理由居然是:"你在家里面永远都穿一件紫色的毛衣,我最烦紫色知道吗?每个星期四永远是炸酱面、电视剧、电视剧、炸酱面。还有,你吃面条的时候能不能不要嘬着那个面条一直打转转?刷牙的杯子必须放在格架的第二层,连个印儿都不能差。牙膏必须从下往上挤,那我从当中挤怎么了?我愿意从当中挤怎么了?"

不止是现在的人,连古人都是如此。我们身边也常常会发生这样的事情:一个男人长年累月都处于一种稳定的关系之中,看起来他是真心爱这个女人的,可说不定哪天,他抛下一句"我认为我不适合结婚"给真心爱的人,就逃之夭夭了。随后,他会迅速开始一段新的恋情。为什么女人付出了这么多,却拴不住男人的心? 对于这点,我们不得不说,有的时候传统的观念未必是对的,或许还害人不浅。

班婕妤是汉朝后宫少有的才女。因为美丽贤惠,她得到了汉成帝的宠爱。但是她败就败在太拘泥于一成不变的礼节。汉成帝为了能够时时刻刻与她形影不离,特地命人做了一辆较大的辇车,以便同车出游。不过,她严词拒绝了,说:"夏、商、周三代的末主夏桀、商纣、周幽王,有嬖幸的妃子在座,最后竟然落到国亡毁身的境地。我如果和你同车出进,那就跟他们很相似了,能不令人凛然而惊吗?"此后,汉成帝便不再要求了。当时的太后听到后,也非常欣赏她,赞叹道:"古有樊姬,今有班婕妤。"

班婕妤有着非常好的妇德。君王对她爱意正浓,总是夸她贤淑善良,后宫对她也越来越逢迎,仿佛她是楚庄王的樊姬。班婕妤也有些得意,毕竟可以集所有宠爱于一身是一件很不容易的事,她以为君王的恩爱会一直这么持续下去。

但是,事情并没有她想的那么顺利。赵飞燕和她那更加妖艳的妹妹赵合德来了,她们是她的克星。曾经的所有怜爱与宠幸,都飞去了那个身轻如燕的舞女身边。"新制齐纨素,皎洁如霜雪。裁作合欢扇,团圆似明月。出入君怀袖,动摇微风发。常恐秋节至,凉意夺炎热。弃捐箧笥中,恩情中道绝。"班婕妤选择了服侍太后,后来又在成帝陵前孤独终老。

班婕妤美貌与才华皆俱,只是没有飞燕起舞绕御帘的轻盈,也没有合德入浴的妖娆妩媚。一成不变最终毁了自己的爱情。

────────── 智者寄语 ──────────

每个男人的内心深处其实都渴望自己的妻子是百变的"妖精",因为"妖精"能满足男人的猎奇心理,让男人心潮澎湃。

第三章
提高警惕，切莫陷入婚姻误区

婚姻不要有投机心理

现代社会的高离婚率逐渐变成一个新的社会话题。这似乎足以说明，人们的"幸福指数"并不高。但是，如果从另一个方面看，却有相对乐观的解答：离婚，在某种程度上是因为现代人对于婚姻关系的要求比以前更高了。如果说以前父母包办的婚姻更平稳，只能说明那时人们对于幸福的要求并不高。但是现在，人们对于婚姻的要求，已远远超越了从前任何时候。

现代社会的婚姻，已经不单纯是为了寻找另一半，或者和人分享一张"长期饭票"，它被人们普遍认为是一次"投资"。不管挑选谁，都可视作一种投资；无论选择"原始股"、"潜力股"还是"巅峰股"，都需要承担风险。在这次投资中，每个人都掌握着主动权。选择是最重要的，你掌握着自己的选择权，可以选择是否结婚，跟谁结婚，什么时候结婚。当然，这种主动权并非如此绝对，因为人们的选择总是受到各种客观因素的制约，尤其是当遇上爱情或者错过最佳的选择时机时，主动权会不由自主地转给别人，甚至放弃权限。不过，就"投资"结果而言，只有选择了正确的"投资对象"，并选择了正确的"投资方式"，婚姻的投资才能收到满意的或者让人惊讶的投资"效益"。

从相对数量上来说，真正满足一个人投资需求的人很少。许多人迟迟不婚，乐此不疲地在茫茫人海中寻求那个唯一，然后抓紧时机，把他牢牢"抓"在手中；但仍有很多人匆忙结婚，却不得不承认自己不够幸福，后悔当初的选择。这是两种截然相反的投资策略：前者对于婚姻的投资十分谨慎，充分考虑婚姻的各种风险，考察最适合自己的"投资对象"；后者则是一种非理性的投资行为，自然无法获得对应的"收益"。

爱情只是快乐的泉源，而不是快乐本身。调节要适度，投入要合理，只有这样，在婚姻中的快乐资源，才能转化为真正的快乐。不过，无论怎样选择，世上没有十全十美的事，当然，也不会让你彻底绝望。我们把自己的感情和其他东西投给我们的伴侣，期望伴随时间的流逝，得到越来越多的回报。一开始，我们对自己的投资决定充满怀疑，但是多年之后，我们越来越相信自己的眼光。

必须明白，任何人的投资对象都不可能稳赚不赔，你永远无法获得一个只赚不赔的投资对象。在很大程度上，投资是否值得全在于你自身的感触。正如3支同样明亮的蜡烛放在一起，当拿起任何一支放在眼前，总感觉比另外两支都亮。同样的道理，在婚姻之中，当你感觉到你爱他时，用心去看就觉得"它最亮"，他的一些轻微的举动会使你体会到巨大的幸福感；当你"把它放回原处"时，你却找不到"最亮"的感觉，因此，你对他感到非常失望，感觉自己找错了目标。实际上，面对婚姻带来的正面完美的同时，还要承受背面的真实；婚姻有时让你感觉良好，但有时也会使你感到糟糕。无论怎样选择，都有遗憾。但如果深谙选择的秘诀，主动发现和接受，懂得感情投资的种种规律,就会知道谁是那个最好的。

与一般投资行为不同的是,婚姻这种投资需要持续地付出。也就是说,这种投资不仅意味着你需要选择投资的对象,还包含你投入的多少。对大多数人而言,这种投入包含了作为一个妻子(丈夫)对家庭、丈夫(妻子)的责任,义务和付出。一般而言,投入越多,收益越大,这是无可非议的事情。不过,针对不同的婚姻状况,这种投资有程度上的差别。一段双方都感到很吃力的婚姻,往往意味着我们的投入都很大。当婚姻面临困境的时候,就是需要加大"投资量"的重要时候。当然,有些人却在这时放弃了投资,那么,就只能眼睁睁地看着这段婚姻失败。

我们结婚的目的不是为了离婚,因此,即使存在诸多不稳定的外因,我们的选择还是要尽量慎重。两个人一旦结婚,面临的情况就无比复杂。如果希望有最大的收益,那么,对待所有的问题,选择"投资的对象",选择"投资量",以及判断"投资的成效"时,我们都应该真诚。

智者寄语

婚姻这种投资行为,并不会只得到收益,还需要支付一定的"成本",所以,不能有投机的心理。

不要对男人的完美过于期待

几乎每个女人都幻想过自己的理想伴侣,即使目前和自己生活在一起的这个男人与其相差十万八千里,她仍然希望这个男人是自己想象中的那样。

刘婕是一个美丽温柔、学历高且收入不菲的女人,自然有其理想中的"完美情人"。她说:"我不喜欢总是坐在办公室的男人。我的他必须具有叛逆精神,富有创意,与众不同,浪漫,有品位;他还必须会弹奏吉他,重感情而非金钱;当然,他首先应该没有那些令人讨厌的嗜好,这就是我梦中的白马王子。"

很多人说这样的男人已经不存在了,但刘婕却真的找到了自己的白马王子,她所列出的上述一切条件他都符合。

可是没过多久,刘婕心里就开始不高兴了,因为他30岁了,仍然习惯于和一帮朋友混在一起,无意寻找一份固定的工作。更加让刘婕气愤的是,他们在同学生日聚会上相聚时,刘婕让他换上那身高级西装,但他坚持要穿夹克,任凭刘婕怎么说,他硬是不听,这让刘婕非常生气。他对刘婕的气恼大惑不解:"刚才我还很优秀,怎么转眼之间就变成犟驴了?她真的喜欢我吗?"

无独有偶,在现实生活中,不止一个女人像刘婕这样,在一刻之间,觉得几近"完美"的"白马王子"变成了讨厌的家伙。在你身边有很多这样的人:你可能认为自己的女邻居福气好,遇到了一位体贴的男人,他照顾孩子,做家务,任劳任怨,可是如果你仔细思考一下,也许会发现他的脑子里除了老婆、孩子、房子之外,空空如也;那个让你大为惊叹、口若悬河、出口成章的好友的男友,却被她抱怨说素质和品位太低;你的男人地位很高,对你百般娇纵,但你却怪他经常不回家……在现实生活中,永远也找不到完美无瑕的男人。

女人美梦中的理想情侣只是她一厢情愿的想法。当你想在现实生活中让自己的美梦成真时,总会发现这样那样的缺憾,一个人既有优秀的品质,也有令人讨厌甚至痛恨的反面,它们就好像一枚钱币的两面,谁也无法将它们分开。如果你希望自己的男人是完美的,那么,该是你变得现实的时候了!

每一个女人都梦想着自己的丈夫能够成为完美情人。女人深爱她的男人,觉得有必要帮助男人成长或成熟,于是想让男人更绅士,改进他的想法和做法,改正那些让人讨厌的缺点。这种一厢情愿的改造,是男人对女人的最大抱怨之处。男人会对这种善意的行为奋力反抗,拒绝她的帮助。不过,女人应该知道,男人排斥的往往并不是女人的需求和愿望,而是她对待他的方式。即使她的出发点无可挑剔,也必须寻找非常有效的方式,选择让他感觉舒适、温暖的措辞,恰当地表达内心的愿望。只有当男人感觉女人欣赏他,信任他,认为他是善于解决问题的人,而不是女人眼中的"问题"时,他才有可能接受女人的批评和建议,接受她的"改造"。

当自己的渴望得不到满足时,女人就会感到很失望,这就是很多妻子面对丈夫的缺点和错误时,往往选择抱怨、唠叨或是咒骂的原因。当然,这种不理智的行为并没有效果。如果她只知道一味地责备男人,那么,就会让他倾向于抵抗,即使他明明知道自己错了,也依然不愿意改正。结果往往是,尽管她是出于善意考虑的,但换回来的却是无休止的争吵或者离婚。其实,女人不妨多给男人一些鼓励,只有给予男人足够的同情、宽容和谅解,他才会感激她,转而想改变那些缺点。

客观地看待男人的毛病和错误是很重要的,只要无伤大雅,真的没有必要因为一些小毛病和男人针尖对麦芒。当男人的一些行为真的引起众怒时,也请不要立即责备他。女人应该先让自己冷静下来,然后理智地分析一下,也许那时候可以找到更好的途径。如果她对他表示出理解和同情,那么,就有可能让他主动改正错误。

实际上,在很多时候,所有这些问题都在于心态,如果女人心态正常,不对男人期待过高,就不会那样严格地对待丈夫;而且,如果能换个角度看待,说不定男人的缺点就会变成优点了。如果她总是盯着丈夫的缺点看,久而久之,只能看到他的缺点。面对一个一无是处的男人,可想而知她也不会好过。

────────── 智者寄语 ──────────

女人对男人宽容,也是对自己宽容,只要男人的日子好过了,她的幸福就会多起来。

不要用自己的意志左右男人

女人和男人相处时最常犯的错误,是希望他们摒除之前的生活特性,完全按照自己期望的方式做出反应并采取行动。生活中,女人总是苛刻地要求男人,比如,让男人每天洗脚,告诉男人不要把东西到处乱放,让男人帮助自己做家务。男人常常误解女人的需要,因而很难让女人满意。一旦她们的要求得不到满足,她们的心情就会变坏。尤其是恋爱时间长了之后,她们觉得男人总是独自忙碌,对女人的需要太不关心。于是,男人和女人之间往往发生冲突,甚至发展到难以收拾的地步。

当女人感到有压力的时候,她们渴望向男人倾诉。她们需要的是男人的理解和支持,并不需要男人帮助她解决问题。而男人减轻压力的方法与女人不一样,他们通过解决问题缓解压力。因此,当女人向他们倾诉的时候,他们总是积极地想出办法解决。这就会导致一种不可避免的结果:男人尽心尽力地帮女人解决问题,但是女人感觉自己没有得到应有的关心,双方必然发生冲突。

从全新的角度看待男女双方的差异,双方的交流和沟通就会变得更顺畅。如果男人能够尊重女人的需要,在适当的时候帮助女人,那么,双方就能和谐相处。如果女人对男人的思维方式和行为模式有了正确的认识,就不会把心思放在那些她们得不到的东西上,而是把精力放在那些自己能够得到的东西上,那么,她们的烦恼就会少很多。

女人常常抱怨:

> 他总是把东西到处乱放,我在后面跟着整理。
>
> 当我想向他倾诉的时候,他要么心不在焉,要么给我提出很多解决问题的办法。
>
> 他一点都不关心我,他白天工作,回家之后不是看电视,就是外出或睡大觉。
>
> 我一整天都在处理家务,照顾孩子,他回家之后却怪我很多地方没有做好。
>
> 他过去对我温柔、体贴,总是给我制造浪漫,但是现在除非他有求于我,否则就根本不管我的事。
>
> 当我忙里忙外的时候,他总是坐在那里看电视,从来不为我分担。
>
> 只有我主动提出请求,他才会帮助我,他不明白我的真实需求。
>
> 我认真打扮之后,他好像从来没有注意到过,真希望他能称赞我几句。
>
> 除非他想和我行房,否则他很少主动和我亲热。
>
> 我白天也要上班,下班之后还要收拾家务,为什么他不能帮我做些事呢?

男人和女人有不同的感受,他们也对女人的反应产生了很多抱怨:

> 她们总是有做不完的事,为什么不能坐下来休息一会儿呢?
>
> 她总是期待我明白她的心里所想,我怎么知道她在想什么?
>
> 当我给她出主意的时候,她总是提出各种问题,我真是自找麻烦!
>
> 当我想休息的时候,她总叫我干这干那。
>
> 她总是抱怨,总是小题大做,总是感情用事。
>
> 她总是念念不忘我过去的错误,经常提起。
>
> 当我希望休息一会儿的时候,她抱怨我不和她交流,我真不明白有什么需要交谈的。
>
> 当我和孩子在一起的时候,她总是告诉我不要这样,不要那样,我不希望她告诉我应该怎么做。
>
> 我帮她做了很多事,可她仍然不满意,我真不知道她需要的是什么!
>
> 她要么抱怨工作太累,要么抱怨挣钱太少,我不知道该怎么做。

女人总想改造男人,这是女人的通病。她们希望男人陪她们聊天,希望男人帮助解决所有问题。女人白天上班很辛苦,下班后还要承担母亲和家庭主妇的责任,她们需要男人给予理解、支持和帮助。她们希望男人在家庭以及情感关系中承担起与她们同等的责任,但是,这并不意味着男人需要改变他的本质。男人下班之后希望妻子送给他们一个温情的拥抱,准备好可口的晚餐,并把家里打理得井井有条。还希望当他提出性爱要求的时候,她们能主动积极地满足他的需求。与其说这是大男子主义,不如说这是人类几千年的历史所形成的传统习惯。

男女平等并不意味着男人和女人之间没有差异。女人没有必要为了取得事业的成功而放弃女性的特质,把自己打造成一个铁骨铮铮的女强人。女人应该面对自己与男人之间的差异,承认对方的本质属性和内在需要,以宽广的心胸理解对方为自己提供的一切。如果总是期望男人按照自己的需要行事,那就太不切实际了,希望必定落空。只有真正认识到彼此有很多不同,男女双方的情感才能更加亲密。认识到这些差异之后,女人就不会再强迫男人做出改变,反而对双方的差异产生兴趣。

爱一个人应该爱他本来的样子,接受他的本来面目,而不应该期望他做出各种改变。男人天生不同于女人,他们的一些特性是他们天生就存在的。俗话说"本性难移",如果总是期望男人做出改变,那不是自寻烦恼吗?当然了,这里说的特性是指男人想问题看事物的方式,而不是指吸烟、酗酒、赌博等恶习。

智者寄语

爱一个人应该爱他本来的样子,接受他的本来面目,而不应该期望他做出各种改变。

不要用性爱俘获男人

在男女关系中,性总是吸引人的重要方面,对于男人来说尤其如此。因此,很多女人在感情面临问题的时候,常常寄希望于用性帮助男人。她们认为,只要吸引住男人的身体,就能抓住他们的心。于是,她们不惜打破传统的女性保守印象,在男女的性生活中扮演主动者的角色,然而,这种俘获男人的方法有时却不牢靠,起不到任何作用。

在大多数情况下,女人不应该直接表达对性的渴望,尤其当它并不是你的真正需求时,或者你只是把它作为吸引男人的一种手段。如果你打算引发男人的兴趣,就需要改用你的风度、你的思想和你独特的灵魂。如果做到这一点,那么,你们就能在相处时感到很甜蜜。你表现得越有女人味,你就越性感,也就越能吸引你的丈夫。

为了说明你有最大的优势,请把你们之间的对比制造得更加强烈些,当然,这并不仅仅包括性爱方面。习惯用性引发男人兴趣的女人们,通常会降低自己的女人味,吸收男性主动的特点,以此吸引男人。当然,你穿着打扮很时尚,但是你必须要知道,矜持也是女人性感的一部分。如果女人在性方面过于主动,不仅会大大降低新鲜感,而且还降低了性别对比度。

当然,并不是说女人在性生活中不能主动,只能一味地作为接受者,而是说女人不能总是处于主导地位。偶尔的主动也许会使男人更高兴,但是如果过于频繁,甚至总是如此,男人就失去了表现机会,还会因自己处于从属地位而不开心。他可能认为,女人的这种行为,无非是想让自己掌控婚姻生活。很明显,当他感觉到这是女人的要求时,他不会表现得很积极,而是变得漠不关心。因此,这并不能改善你们之间的关系。

还有一个我们不能忽视的事实是,尽管必要的性生活让男人感到身心愉悦,并且从中感受到爱情,但是,这里有一个前提,即出于自身需要。当女人把男人有外遇当作感情出轨的有力证据时,男人的回答通常是:"我并不爱她,那只是肉体关系。"这种回答让女人觉得不可理解,因为她不相信存在没有爱的性。可是,或许这样做是错的,但事实上他说的却是实话。对于女人来说,爱和性是交织在一起的,性和爱是一回事。但是,男人却倾向于分开爱和性,尤其当他认为自己是在履行"职责"的时候。男人的大脑具有把爱情和性分离并分别应付的能力,在划分之后,他一次只能看到一件事情。即使他对这种肉体关系感觉良好,并被深深地吸引,但是对男人来说,性是性,爱是爱,虽然有时它们同时发生。因此,对于用性吸引男人的做法,在很多时候是无法奏效的。

在大多数情况下,女人不应该直接表达对性的渴望,尤其当它并不是你的真正需求时,或者你只是把它作为吸引男人的一种手段。如果你打算吸引男人,就需要改用你的风度、你的思想和你独特的灵魂。

把握倾诉的度

当女人和男人建立亲密关系之后,她们总是没有任何隐瞒地告诉他自己的所有感受,把他当做无所顾忌的宣泄对象,并希望得到他的关怀和理解。亲密的夫妻关系确实可以给女人在情感上带来很大的满足感,但是,这并不意味着可以和伴侣分享一切。如果女人期望男人理解自己的所有感受,满足自己的所有需要,她就一定会失望。

女人认为结婚之后,夫妻双方应该无所隐瞒,无话不谈,不管有什么想法和感受,都应该告诉对方。她们甚至认为,把一切都告诉对方是对对方的尊重和信任。尤其是当女人受到不良情绪困扰的时候,特别希望向丈夫倾诉,希望得到他的关怀和安慰。

事实上,妻子无所顾忌地向丈夫宣泄自己的情绪,对于促进两人关系并没有什么好处。在婚姻关系中,双方应该尽量把自己良好的一面表现出来,这样才能保证情感获得长久的生命力。如果妻子总是向伴侣倾诉自己的抱怨,那么,她在丈夫心中的形象就会越来越差。

很多女人的婚姻之所以遭遇失败,就是因为她们无所顾忌地向丈夫宣泄自己的情绪,想到什么就说什么,把丈夫当成发泄的对象。也许开始的时候,丈夫还能忍受,还会安慰她,开导她,但是时间久了,丈夫就会感到自己成了女人指责和发泄不满的对象。一旦他们感到压抑,就会试图逃离这种关系。

有人说"婚姻是爱情的坟墓",一个重要的原因就是结婚之后,两个人天天在一起,彼此太熟悉了,于是两个人不足的地方越来越明显。有些女人认为既然他愿意娶我,就应该接受我的一切优点和缺点,包括偶尔宣泄的不良情绪。她们不再考虑如何制造浪漫的气氛,忘记了当初的情景。在恋爱的时候,女人见男人之前总要精心打扮一番,和男人聊天的时候,力求表现自己温柔、可爱的一面,从来不在他面前发脾气,更不会把男人当做发泄对象。结婚之后,女人失去了往日的温柔、可爱,变成了整天唠唠叨叨的怨妇,因此,男人经常指责女人爱唠叨。唠叨的唯一结果就是损害夫妻双方的关系,女人越爱唠叨,感情就越容易冷淡。

男人的体贴和关爱同样需要满足。如果女人总是无所顾忌地向男人宣泄自己的情绪,却不考虑对方的需要,对待丈夫的态度还不如对待一个陌生人,那么丈夫对她们就会越来越没有感情,逐渐疏远她们。所以,即使是在爱人面前,也要考虑对方的感受,不要想到什么就说什么。

女人的情绪波动比较大,当她们心情非常不好的时候,确实需要向人倾诉。她们需要向丈夫表达自己的感受和想法,但是没有必要把想到的感受全部说出来。女人如果想宣泄内心的全部感受,可以养成写日记的习惯,把自己的坏情绪写在日记上。或者,可以找几个好朋友、能够提供支持的女性团体、情感问题专家或心理治疗专家进行交谈。

也许有的女人会说,为什么朋友能够非常耐心地对待她的宣泄?那是因为她的感受和想法与朋友没有直接的关系。朋友只要倾听她诉说,并表达一下同情和关心就可以了,他们回家之后就会忘记女人的烦恼。但是,丈夫听完女人的倾诉之后,则会想办法帮她解决问题。他们不知道女人只需要理解和关心,而不需要他们想出解决问题的办法。当男人对女人提出解决方案的时候,通常会遭到女人的排斥和拒绝。但是,男人无法只是消极、被动地做很多事,因此,如果女人不停地向男人宣泄负面情绪,男人就会感到烦躁、恼火。所以,女人有消极情绪的时候,最好的方式就是找朋友倾诉。当女人把消极情绪释放之后,她们就更容易与伴侣交流积极的感觉以及愿望和需求。

在开始的时候,男人可能会对她表示关心,但是时间久了,他们就会感到恐惧和不信任,这将导致夫妻关系的紧张乃至彼此的冲突。夫妻间彼此自由和感到安全,才是亲密关系的主要来源。妻子应该给丈夫适当的体贴和关心,而不是回家之后就向丈夫倾诉自己一天的遭遇。

要想避免感情出现问题,女人就应该知道什么时候说什么,注意说话的内容、语气和方式,而不是向丈夫倾诉自己所有的想法和感受。这样不仅有助于男人认真倾听女人说话,还能帮助女人分泌更多的催产素。妻子只有把握好倾诉的度,才能维系良好的夫妻关系。

智者寄语

女人的情感宣泄会给男人带来一种压迫感。如果女人滥用男人对她的关心,那么,她就是在惩罚男人。

婚姻中切勿虚荣

女人太过虚荣,受苦的常常是男人。虚荣的女人爱在别人面前吹嘘自己的老公多么有本事;讲究吃穿和排场,喜欢在亲朋好友面前吹嘘;自作主张替老公答应一些他根本就没有能力解决的事情,从而将男人陷于进退两难的境地……虚荣的女人对非常重要的社会事件漠不关心,却非常关注自己周围的事情,看到邻居家买了一台跑步机,她就想:我一定要买一台超豪华型的。看见中意的时装,第二天如果在街上看到别的女人已经穿在身上,并且光彩照人,她就会感觉很难受。她一定要抽空把那件时装买回来不可。

女人虚荣的时候,就是男人最无地自容的时候,因为女人的虚荣心伤害了他们的自尊心,让他们抬不起头来。

娶了一个虚荣的女人,男人只有两条路可以走,要么硬着头皮配合女人的虚荣,要么无视女人的感受,只做自己应该做的事情。无论男人最终走向哪条道,其结果都只有一个,即让婚姻变得不幸。

男人虽然也有一定的虚荣心,但理智的男人大部分选择做适当的事,只做自己能力范围之内的事情。理智的男人不会太把女人的虚荣放在心上,他们通常认为,女人因为虚荣要点儿小脾气是正常的,很快就会过去。但是,当他们发现女人因为太虚荣而一味抱怨时,就会觉得女人一点儿也不可爱了,从而对女人失去兴趣,开始对她置之不理,当然,也可能与女人分道扬镳,从此形同陌路。

让男人永远都硬着头皮配合女人的虚荣是不现实的,别说男人做不到,男人的自尊也不允许他们总是这样委屈自己。当男人厌倦了女人,女人也开始对男人感到不满时,一场婚姻危机就随时都可能爆发了。不管这场婚姻危机最后会不会导致婚姻的破裂,都必然使婚姻出现裂痕,使夫妻间的关系不再和谐。

从表面上看,似乎是男人破坏了原本"和谐"的婚姻,但究其根本,这一切都是因为女人过度的虚荣。

有些女人虚荣心作祟,盲目攀比,强迫丈夫很强悍,好让自己很尊贵,希望自己的丈夫飞黄腾达,而且越快越好。这种过分的虚荣,势必使那些并非"财大气粗"的男人精神紧张,不堪重负。

幸福的婚姻需要两个人共同构建,只有男女双方在婚姻中都得到自己想要的,才能让婚姻持久地幸福美满。男人需要有一个善解人意的好女人,这是男人拼搏和奋斗的动力,也是好女人有人疼的秘密。

───────────── 智者寄语 ─────────────

虚荣是女人天生就有的一种心理。适度的虚荣心并不是坏事,但如果过分虚荣,就很可能毁掉自己的幸福和婚姻。

女人无须过分坚强

女人如果太过柔弱,就会任人摆布,没有办法处理自己的事;可是,女人如果太坚强,从不在男人面前表现出一丝脆弱,任何事情都自己处理,即使遇到再大的困难也自己扛,甚至连男人的一切都打理得妥妥当当,男人就会觉得自己无事可做,时间长了,就会失去激情,最后甚至有可能变成窝囊废。

聪明的女人不会走这两种极端。聪明的女人充满智慧,不会因为一点儿小事就愁眉不展,更不会事事都麻烦男人。她明白:男人不是万能的,他的时间、精力都不是无限的,如果把一切都推给他,不仅对男人不公平,也会让他身心疲惫,不堪重负。压力过重男人常常难以自控,表现得异常烦躁,动不动就发火,这必然影响婚姻的质量。聪明的女人懂得分担,她们主动分担男人肩上的重担,帮助男人减轻心理压力。

男人受不了小题大做的女人,也同样难以接受比他们更坚强的女人。男人们从小就受到这样一种观念的影响:作为一个男人,他应该坚强,任何事情都必须处理好。男人们已经习惯于这样的观念,如果自己不能做好某事,那就表示他很无能。因此,一旦有女人在男人面前表现出过分坚强,男人就会产生防御抵触心理,可能还会毫不犹豫地拒绝女人的帮助。当他被女人示意要施以他援助时,他感到自己受到了侮辱,进而坚定地说"我能行"。

所有男人都有一种天生的自我保护,在男人看来,女人需要用心呵护和照顾。他们渴望成为女人的护花使者,渴望自己能够保护女人不受伤害。这就是男人在女人面前更像男人,女人在男人面前更像女人的原因,这是两性先天的差异和各自不同的需要所造成的。聪明的女人会恰当地说明自己很失落,让男人觉得她很需要他,但这种需要与依赖又是不同的,她不会让男人产生被束缚的感觉。男人既没有失去自由,又感到女人很需要自己,这不仅大大满足了他们的虚荣心和保护欲望,而且也让他们感觉自己很行,从而给了他们信心和力量。

过于坚强的女人的出发点也许是好的,她可能只是不想给男人多添忧愁,但是,这种做法却是不可取的。女人的过分坚强只会让男人敬而远之,认为女人并不需要他。男人的保护欲望如果在你这里得不到满足,就会寻找他人满足自己的欲望,而且他也更希望把自己的爱给一个真正需要自己的人。

有些人可能觉得女人太坚强并没有什么不好,这样男人不就轻松多了吗？没错,如果女人把所有的事情都料理好,男人就可以什么事都不用操心了,他们可以什么事都不做,靠女人养活。这样的情况在现实生活中并不少见,但这种"女主外,男主内"的夫妻分工真的幸福吗？这其实是有违男人核心价值观的。相对于女人来说,男人更重视做事的速度,他会不断地积蓄能量,千方百计地用这些方法说明他的能力。他的人生态度和"成就"、"成功"等指标密切相关,这些东西都可以给他带来最大的满足感。而在男人所有的价值观之中,渴望成功、追求业绩,是其价值观的核心所在。

聪明的女人绝不会将老公闲置,即使她们能处理所有的事,她们也不会这样做,因为她们明白,男人需要展现自己的舞台,证明自己的能力,没有事业的男人是不会幸福的。她们向男人请教一些工作中的问题,并适时鞭策鼓励老公,让其取得更大的成就。

――――――――― 智者寄语 ―――――――――

聪明的女人会恰当地说明自己很失落,让男人觉得她很需要他,但这种需要与依赖又是不同的,她不会让男人产生被束缚的感觉。

女人不能要求男人太多

与独立性较强的女人相比,那些依赖性较强、小鸟依人型的女人一定能够得到幸福的情感吗？当然不是。作为女人,如果她这么做,那么,就陷入另一种极端了。

有些女人认识到不能过分渴求和依赖男人,否则最后一定会失去他。因为如果她过分依赖男人,就很容易觉得自己所需要的远比男人所能提供的多。一旦有了这种意识,她就会产生负面情绪,埋怨男人不懂她的心思。如果这种情绪长久地累积下去,当积累到一定程度的时候,必然爆发,并在言行举止、态度神情等方面表现出来。那时候,她的所有行为都传达出这样的信息:女人不但不欣赏他、感激他的付出,恰恰相反,女人认为他所做的事情远远不够,远远低于她的需求。当然,她的这些看起来并不那么友好的言行举止,实际上并不是因为她需要的东西太多,而是她缺少对男人的赏识,从而让她看起来像一个贪得无厌、永不知足的女人。

实际上,有一些小技巧,使女人完全可以既表示出对男人的需要,又不致显得过于渴求。这种方法是在男女交往时,女人应该和男人保持若即若离的关系:从不掩饰自己对男人的需要,但也不束缚男人。其实,当一个女人需要男人时,并不意味着必须从对方那里得到多么多的东西,她只要按照内心的愿望,接受男人能够提供给自己的东西,然后对这种付出表示感激,就足够了。

在这个过程中,女人逐渐培养出自信、接受和积极回应的态度,这将促使男女关系发展得极为自然而顺利,而不致受到更多不利因素的困扰。过分依赖和要求男人,只会消磨女人的独立性,扼杀男女之间良性发展的情感。在那些单身的女人身上,自信则表现为她不排斥与男人的接触交往,她至今仍然单身的原因,只不过是那些最适合自己的另一半尚未出现而已。但是,这并不阻碍她的自信与美好。唯有如此,她在男人眼中才最具有吸引力。

从男人的立场看,只有当女人清楚地意识到自己的需要,并且相信这些需要能够被满足时,她才最具有吸引力,这表现出了她的一种自信。

女人应该和男人保持若即若离的关系:从不掩饰自己对男人的需要,但也不束缚男人。

女人不应该让男人感到沮丧

众所周知,很多时候男女交往是为了满足相互的情感需要。然而,在和一些女人的交往中,男人总是感觉很失望,根本不能从对方那里得到情感的慰藉,于是,他开始远离这个女人。如果女人总是因为这种原因与爱情绝缘,那么,尽管男人也可能犯错误,但是,女人却应该负主要责任。

男人因为有以下自己的一些需要,才想和女人发展长期稳定的关系:

需要有人注意到他的努力,感激他的付出;

需要有人分享成功的喜悦;

需要有人给他满足女人需要的机会;

需要有人鼓励、激发他表现出美好积极的一面;

需要有人相信并依赖他;

需要有人喜欢他,爱他;

需要有人积极回应他所做的事;

需要有人为他提供想法;

需要有人仰慕他;

需要有人谅解他的不正确;

需要有人赏识他,认可他。

当接触到的女人无法满足自己的这些需要时,男人通常会觉得失望。一般而言,令女人感到沮丧的最大原因是孤独。即使她能够不依赖别人而独立做事,如果没有人在旁边支持与陪伴,她的心情也不会很好。男人却恰恰相反,如果男人对自己没有信心,觉得不被需要,他就会感到很沮丧。

如果他能感觉自己被别人需要,就会产生良好的自我感觉;别人越需要他,他的自我感觉越好。从某种意义上说,男人宁愿自己被女人"使唤",这能让他产生强烈的成就感。在帮助别人之后,如果他能够得到某种回报,他就会感到一种巨大的满足感。当他付出劳动并得到认可,同时也得到了回报时,他的自信心将空前强大,觉得生活充满意义,认为自己是天底下最幸福的男人。与此相对的是,如果男人生活困难甚至无法养活自己,那么,他肯定非常沮丧,毫无自信。在和女人的关系上,如果男人付出了很多,却得知他根本派不上用场,对方不感激、认可他的付出,他就如同当头挨了一闷棍,再也无法振作起来。这就是女人的感激、信任和需要对男人来说十分重要的原因。

现代的女人和男人一样接受高等教育,和男人从事一样的工作,在某些行业甚至超过男人,因此,她们感觉有责任、有能力独立生活。同时,她们也尽量克制内心的种种需求,生怕在男人面前表现出来的柔弱面会被男人看不起,天生情绪化的情感性格也会被男人看成是缺点,于是,尽量表现自己的聪明与理性。比如,尽管女人有时觉得男人为家庭的打拼很值得尊敬,同时也使自己更爱他,但是,她却羞于表达感激之情,因而被男人误解为对方不需要自己的付出。女人的这种责任感以及控制自己感情的习惯,十分打击男人,它使得男人感觉自己不再被需要,使他的自信心、成就感和需求得不到满足。这正是男人在此类女人那里得不到幸福的感觉,从而远离她的原因。

因此,如果女人想让自己充满吸引力,从容地从更多的候选名单中选出最满意的一个,最需要做的事情,就是让男人感到被需要。而最好的办法,则是不再让自己那么富有责任感,同时积极表达自己的情感。

———— ∽◇∽ 智者寄语 ∽◇∽ ————

男女相处的问题看似很多,其实非常简单:男人需要为别人提供服务;而女人则需要有人为她效劳。尽管男女之间的需求不同,但却是彼此互补的。只有满足这两方面需要的感情,才能健康持久。

女人应该合理地为家庭付出

女人有强烈的家庭责任感,她们天生乐意为家庭付出。她们总是有做不完的家务,总是不停地做了这事做那事。她们很难闲下来,即便坐下来休息,她们也在想还有什么事需要处理。她们整天忙里忙外,为的是布置家里的环境,创造一个舒适的家。

生孩子之后,女人会把全部心血倾注在孩子身上。她们辛辛苦苦地喂养孩子,给孩子换洗尿布,讲故事,教孩子说话和走路,给孩子买衣服,接送孩子上下学,辅导孩子做功课……这是传统的教养方式。

除了做家务和照顾孩子之外,她们还要侍候老公,孝敬老人。她们要做的事情太多了,她们整天劳累,难得休闲。女人为男人打理生活中的一切细节,甚至牺牲自己的空间,完全融入对方。如果别人对她们说:"你老公有了你,真幸福死了",她们就会感到满足和自豪。

对她们来说,这些付出并不会让她们感到委屈或不公平,这种付出是一种本能,对家人的付出能够带给她们幸福感和满足感。结婚不是做买卖,如果用等价交换的原则衡量婚姻中的付出,男女双方都会认为对方占了便宜。对女人而言,只要有爱就应该奉献一切。美国精神分析学者埃里契·弗洛姆认为,"付出"就是发挥自己的潜力。我们每人都具有丰富的内涵,付出能让对方了解自己的智慧和力量,付出虽然辛苦,但却可以让人更加肯定自己,通过付出,我们还能认清自己的存在价值。婚姻中的"付出"是一种非常积极的体验。

"付出"使女人获得家人的认同,并体会到成就感和价值感。只要女人的付出得到丈夫的肯定、支持和理解,她们就能获得积极的体验。只有当她们的事业和家庭关系发展不均衡的时候,这种付出才会出问题。如果她们的付出无法得到家人的理解,她们就会感到失望、委屈和不公平,难免时时抱怨。

赵小姐结婚的时候,家里一贫如洗,她在照顾家庭的同时努力开创事业。慢慢地,她开始产生不平衡感,因为她觉得自己付出的太多。这种感觉让她非常痛苦,她对丈夫和家人的埋怨越来越多,她的抱怨使得夫妻间的关系越来越紧张。

当今的女性除了要照顾好家庭,还要兼顾工作,她们没有足够的精力像她们的母亲那样把家里打理得井井有条。下班回家之后,她们得不到闲暇,而是受到传统观念和强烈的家庭责任感的驱使,不停地忙碌,无法得到放松。如果女人因为做家务而得到理解和支持,使她们女性的一面得到认可,她们就会产生成就感。只有这样,她们才能得到真正的放松,愉快地完成家务。

很多家庭的丈夫和孩子对女人的付出习以为常,认为这本就该是女人的事情。如果偶尔女人不做家务或不付出,他们就会感到不平衡。大多数男人很会享受生活,在工作之余,他们有很多爱好,比如,钓鱼、看球赛、健身等。当男人想关心女人时,通常会说:"你做得太多了,你应该休息一会儿。"男人认为,只要女人少做一点儿事,就不会那么累了。事实上,她们干得多少并不是问题的所在,问题在于,男人必须知道女人总是倾其全力、不计代价地为家庭付出。

女人之所以感到疲惫并不是因为她们做得太多,而是因为她们没有得到足够的关心和支持。只要她们得到关心和支持,她们的疲惫感就会神奇地消失,从而精神饱满。如果男人不能给女人关爱和支持,比如,经常让她独守空房,或者只让她少做一点家务,这就会让女人感觉受到冷落。

女人应该认识到,家务是不可能做完的,她所依据的是从前女人有足够时间做家务的标准。男人确实应该分担家务,但是,女人不应该把这种期望强行加在男人头上。反过来,男人在满足女人的情感需求的同时,也要自觉地帮妻子分担一些事情。只要男人帮助妻子做一些力所能及的小事,比如,倒垃圾、清洁厕所,女人就会觉得很满足。当男人回家之后,就能得到他们期待的赞许和温情。

女人在为家庭付出的同时,也应该为自己保留一些独立性,找到自己灵魂的位置,而不应该在家庭中迷失自己。

智者寄语

女人在为家庭付出的同时,也应该为自己保留一些独立性,找到自己灵魂的位置,而不应该在家庭中迷失自己。

妻子在争吵过程中易犯的错误

夫妻之间发生争吵的时候,双方都会推卸责任,总觉得对方没事找事,自己才是最讲道理的。俗话说"一个巴掌拍不响",发生争吵,那就肯定不是一个人能完成的。

情感专家约翰·格雷在《金星女火星男为什么相撞》一书中,阐述了在吵架时女人常犯的一些错误。了解这些错误之后,女人就能够明白为什么男人总是与她们对立,以及她们的需要为什么得不到满足。

(1)当女人情绪化的时候,她们会不自觉地增大音量与对方辩论,语气中传达出指责、抱怨、嘲弄、讽刺、挖苦等消极情绪。要想避免争吵,在一开始说话时,女人就应该尽量保持平静的语气。

(2)当女人表达对男人的不满时,总是提出反问性的问题,比如,"你怎么可以这么做?""你怎么能说出这样的话?"这些反问性的问题带有挑衅的意味,男人经常因此被激怒。女人应该直接表达自己的情感和需求,比如,"我不明白你这样做的原因,但是我认为你这样做对我不公平,我感觉受到了伤害。"

(3)如果女人非常情绪化,且针对男人的观点和行为不加掩饰地表明自己的态度和情绪,也会使争论升级。比如,"你根本不在乎我,否则你不会这样说……这让我很生气!"要想避免争吵,应该委婉地重述男人的话,比如,"你是不是想说……"

(4)女人经常把抱怨扩大化和具体化,比如,"你从来不关心我","你总是这样那样不好"。男人不同意这种说法,肯定会为自己辩解。女人应该说出自己的真实需求,比如,"我希望你陪我聊会儿天","我希望今天你来拖地"。

(5)女人经常不直接说自己的需要,而是抱怨。显然,这样无助于解决问题,反而会扩大问题。女人不应该说"你这样做不对","我不喜欢",而应该说"我希望……"

(6)女人总是期望男人按照她们的方式做出回应,而没想过男女有别。比如,"你为什么不说出你的感受呢?""为什么不把心里的想法告诉我?"她们没有意识到男人并不善于表达自己的感受。要想使谈话顺利进行,女人可以说:"我理解你的意思,你是想说……"

(7)女人有时把自己的男人与别的或以前的男人进行比较。比如,"我以前的男朋友就不会这样做","你以前比现在关心我"。这样的做法是不明智的,女人应该感激男人为她做的一切,这样才能促使他做得更多。比如,"我很感激你为我做的"。

(8)当女人情绪失控的时候,她们总是只顾着表达自己压抑的情绪和感受,因此,自顾自地说个不停,不给男人表达的机会。这个时候,女人应该做几个深呼吸,让自己冷静下来,听一听男人的意见。

(9)女人经常让男人负担起让自己快乐的全部责任,而不是自行承担起部分责任。比如,"如果你不这样做,我就很难过"。这会让男人受到束缚,感受到很大的压力。女人应该自己想办法,让自己放松,快乐。

(10)女人常常通过情绪宣泄的方式表达自己对男人的不满,比如,"我觉得你就是想惹我生气……"或者"你的话让我觉得你一点都不关心我"。男人觉得女人们是在无理取闹,这样必然引发争吵。正确的做法是尽量客观地诠释男人的语言和行为,比如,"我知道,你的意思是……"

(11)女人和男人争吵的时候,经常把陈年往事都提出来,用来证明自己的观点和立场的正确性。比如,"上个星期你就这样,现在还是一样不改……"男人不喜欢别人揪着自己的错误不放,更别说是已经过去的错误了,这必然导致争吵升级。女人不应该让过去的记忆成为争吵开始的理由。

(12)夫妻争吵之后,女人常常发起冷战,除非伴侣做出改变或主动道歉,否则决不先行开口说话。一味等待对方妥协,容易引起对方的反感和抗拒,从而难以做出积极的改变。女人应该主动敞开心扉,请求他采取行动满足你的需求。女人的包容和理解,能让男人积极改变。

(13)如果女人采取命令式的方式向男人提出请求,男人就会反感。比如,"你应该这样做","你不应该那样做"。虽然是同样的意思,如果用委婉请求的方式,效果就好得多,比如,"我很感激,如果你愿意去"或者"我觉得这样做更好一些,你愿意这样吗?"

女人可以从上面这个清单中找到自己常犯的错误,面对男人时,要提醒自己避免这些错误,避免产生一切不必要的争吵。

女人需要认识到自己在争吵中扮演了什么样的角色，是什么原因导致争吵不断升级。这样有助于她们排除消极情绪的干扰，并做出某种妥协，从而避免因为一些鸡毛蒜皮的事发生争吵。

亲密有间，才能进退自如

曾经在一本杂志上看过这样一段话：

三个女人在聊天，其中一个对另外两个说："我发现我老公最近神神秘秘，每天都得很晚才回来，我感觉好像有问题。"说话的语气显得很肯定。她其中的一个好朋友给她提出了建议："那你每天以每小时一个电话的频率来掌握他的行踪，对待男人就要一刻都不放松！"第三个女说："我看行，而且让他每天下班回来就主动交代自己的行踪。"

这三个女人都认为她们是爱丈夫，关心丈夫才这么做。但是，这并不是一个很好的理由，也不能说是爱。的确，她们这么做是体现了她们珍惜爱情，但是，当他们之间的爱情被严重扭曲的时候，爱情还会正常地存在吗？

要想让自己与爱人之间的关系保持在一定的状态，就得掌握距离，多远才算是夫妻的安全距离呢？远了就成了陌生人；近了就会无意中给对方带来伤害。夫妻之间的距离是不能够用尺子或者具体的东西来衡量的，而是需要用智商和情商去拿捏分寸。夫妻之间的关系就好比是两只刺猬，离得太近会受伤，离得太远会感到寒冷，只能在不断被刺痛的过程中，才会知道适合彼此的安全距离。

早上的时候，临出门的丈夫匆忙告诉妻子："我今天会和朋友出去玩儿。"以前，妻子对丈夫的行踪并不会过问，而丈夫也会主动告之。但是现在，他提前说都没有说起过一句，临走时才告诉妻子。妻子心里很不高兴，她觉得他们肯定早就约好了出去玩，而且肯定已经说好一段时间了，"他为什么不会提前告诉我呢？他不会还有很多的事情都没有告诉我吧？"想着想着越发生气，就拦着丈夫，硬要丈夫解释一下。丈夫被惹怒了："我是不是吃喝拉撒什么都要向你汇报？"说完就气冲冲地走了。

妻子非常生气，在接下来的几天中，经常和朋友外出吃饭，有时候晚回家，有时候回父母家，对丈夫所有的事情都不闻不问。这样过了很久之后，丈夫终于忍不住了，对她说："我觉得你现在根本就不爱我了，什么都不管了。"妻子反问道："不是你自己说不用我管吗？以后什么都不用向我汇报。"虽然还是有点生气，但是两人说完后却相视而笑，他们把彼此之间的距离调整到最佳。因此，他们之间的感情也又拉近了一步。

很多时候，爱情就是这样。爱情中的两个人关系亲密，几乎没有你我之分。进而两个人开始组建家庭。但是，时间会悄然加大你们心灵之间的距离。当你没有安全感的时候，你就会要求对方走近你并密切关注他的行踪，想完整地掌握他的一切，但是这样会让对方感觉很难受，认为你侵占了他的私人领域，因而，对方很可能在你的"逼迫"下离开。如果出现这样的情况，就要学着为爱情创造合适的距离，那么，具体该怎么做呢？

1. 别说爱

有人曾说:永远不要在你的男人面前表达你的爱,因为这会使他们自负。

2. 节制电话

打电话时先于对方挂掉,让他意犹未尽,保持自己的神秘感。

3. 别太迁就

在婚姻生活中,两个人都是爱情的主角,要适当地保持自我,不要过分地迁就对方。

4. 注意保持距离

爱情的寿命也有限,只有保持一定的距离才能使爱情长寿。

5. 不要太在乎对方

"我心中有很多房间,而荷西只是众多房间中的一员。"正如台湾女作家三毛曾说的,就算结了婚,也要好好地维系自己的人脉,只有这样,你的圈子才不会缩小。

6. 不值得的醋不吃

为了一点小事就吃醋会让他开始厌恶你。比如,看对方的短信、询问对方的行踪、对他的一举一动都打破沙锅问到底会使他厌烦。

要想测量空间距离很简单,但两个人心灵的距离却不容易被量出。爱情的安全距离是没有衡量标准的。如果你们之间的距离太近的话,你的咄咄逼人会让对方逃跑,因为对方会想要一个自由的空间,放松心情,让心不再那么紧张。

───────── 智者寄语 ─────────

当你没有安全感的时候,你就会要求对方走近你并密切关注他的行踪,想完整地掌握他的一切,但是这样会让对方感觉很难受,认为你侵占了他的私人领域,因而,对方很可能在你的"逼迫"下离开。

爱他就让他独自去闯

一位非常成功的经理人曾经多次被人问到,太太们究竟要怎么做,才能更好地帮助丈夫获得成功?

这位经理说:"我相信,有两件最重要的事情,妻子要是做到了就能帮助丈夫的事业,第一是爱他,第二是放手让他独自去闯。妻子个性可爱,会给丈夫营造一个欢乐和舒适的家庭生活。如果她够聪明,能够让丈夫专心处理工作不受外界干扰,她的丈夫就一定能发挥出所有的才能,为事业努力拼搏。"

他继续解释说:"这个不干扰的政策,不仅适用于夫妻两人的关系上,也可用于妻子和丈夫同事的关系上。"

"丈夫的工作常常会受到妻子的严重干扰。"他这么说,"有的妻子喜欢对丈夫进行劝告、干预和影响,或者排斥丈夫的同事和工作,要么就是对丈夫的薪水太低、工作时间太长进行抱怨,她经常以丈夫经营事业的非正式顾问自居,妻子的这种做法往往会断送丈夫的事业,类似的事情能严重影响丈夫的前程。"

刚结婚不久的女人都会做这样的美梦,在自己的帮助下,男人的事业蒸蒸日上。她们会想出一些计谋,对丈夫的工作给予暗示或提醒;有时候她们还想和丈夫的同事培养友谊。

可是她们往往只会弄巧成拙,她们看上去的好心和方法反而会使丈夫失去工作,而不是节节攀登。

有一位非常能干,对工作十分胜任的经理,可是在一次他接到了新的工作任务后,便一直受到了妻子的干预。早上,妻子都和他一同来上班,成了他的贴身保镖,有事便让外面的秘书小姐来做。而且,她竟然想改变丈夫所有的工作环境。最后导致丈夫根本就不能在办公室里专心地工作。不久之后,开始有人提出了辞职,其余的人也处在观望的态度。这个刚到任3个礼拜的新经理,收到了人事经理礼貌的劝诫,让他另择他处。

故事中的妻子就是干预丈夫工作的女人的典型。妻子想助丈夫事业成功就要懂得:有了妻子的干预,就算动机再好,也可能毁了丈夫的前途。

还有位妻子20年来,她一直努力打造丈夫,使其成为一名白领。她的丈夫原本是个水管工人,技术高明而且活得很快乐。可妻子看来,丈夫的工作让自己丢尽了脸面,为了使自己这种心理上的不满足感得到填补,她悉心为丈夫做着改变。因为想让太太开心,他放弃了工人的工作而去公司当了书记员。过了几年,他克服重重困难,在工作中表现良好,不仅升了级,还大大增加了薪水。他太太也觉得自己自信了不少。可是,书记员的他对现在的工作没有丝毫的兴趣,也没有了快乐。

假如你喜欢对自己丈夫的工作进行干预,这些故事一定给了你不少启示。倘若你真的爱他,便也要接受他的工作,体会他所认知的幸福,肯定他的判断和能力,多多进行鼓励,相信你的他一定会成就一番事业。

━━━━━━━━━ ❧ 智者寄语 ❧ ━━━━━━━━━

倘若你真的爱他,便也要接受他的工作,体会他所认知的幸福,肯定他的判断和能力,多多进行鼓励,相信你的他一定会成就一番事业。

越迎合越失败

自古以来,我国的女人都要迎合、隐忍、谦和地对待男人,可是女人们这样做真的可以让自己的男人疼爱自己吗?事实上,过多的迎合只能带来越多的失败。

在没有结婚的时候,娶到一个内外兼优的完美女子是所有的梦想,但是,当他们的梦想真的达成了之后,就会感到情绪压抑、焦虑无比、郁闷烦躁。他们有的时候会想故意找茬,可他的妻子却那么优秀无可挑剔,这使得他们非常难受,因而会想方设法让妻子不痛快。那些性格、脾气好的女人,她们对待老公总是十分迁就,尽量满足。时间一长,老公的心中就会有负疚感。他不知道怎么行动才能回报妻子的爱。等到时间积累到一定的程度,丈夫就会想要从这个情境中解脱出来。

不管是男人还是女人,你越是不顾一切地迎合他,满足他,到最后你可能会更加受伤。

刚结婚那段时间,只要是老公出差回来,晴晴都会亲自迎接。老公一到家就一屁股坐在沙发上,晴晴独自把准备好的饭菜放上桌,然后给老公盛饭,老公这才慢慢地开始吃饭。时而说怎么没有做自己爱吃的大虾,时而又抱怨她做出的苦瓜太难吃,特别挑剔。

后来,晴晴老公又出差,回来的时候却没有见到晴晴像从前一样来迎接他。老公发火了,问她:"你干吗呢,人呢?""啊? 哦,你没有告诉我你今天回来呀!"晴晴委屈地说。

这时候,男人意识到,他把晴晴的迎接当作一种习惯,把她的迎接当作是应该的。但是,他也的确忘了把自己出差归来的日期告诉她,想到这儿,他心想算了。

但经过这件事情后,晴晴决定不再迎合老公,有次老公出差回到家里想吃饭的时候,却发现晴晴没有做饭,刚想要发火,晴晴却一撇嘴:"有没有带礼物给我啊?"老公一愣,只好低声说自己忘记了,于是晴晴顺势说:"连礼物都忘记了,就自己去做饭吧!"语毕,独自出去看电视了。老公无奈地看着晴晴骂道:"你这女人真狠心!"但却听话地把围裙系好,开始准备晚餐了。

无论是在谈恋爱,还是过日子,两个人之间始终进行着一场博弈,只有两人旗鼓相当,日子才会比较平静。男人喜欢的并不是对他百依百顺的女人,因为他们一旦觉得自己能够完全掌控好女人,就会对女人失去兴趣和新鲜。因此,只有偶尔对他们好一点,他们的印象才会深刻。如果男人对你的感情是真心的,那他们当然会希望你表态,当然了,你要恰当地对他表现真心,不要不顾一切掏心掏肺地对他太好,否则很可能会让他将对你的爱转移到别人身上。

───────── ❧ 智者寄语 ❧ ─────────

过多的迎合只能带来越多的失败。

第四章
懂得如何爱孩子,做个好妈妈

爱是做好妈妈的首要条件

贾欣生了个漂亮的千金,可是她并不快活。因为她根本就不想要这个孩子,觉得自己还年轻,应该多享受几年自由舒心的日子,可是抵不住父母的唠叨、丈夫的恳求、朋友的劝说以及其他各方面的压力,才心不甘情不愿地做了母亲。

不过贾欣是个负责的人,不会把这说不清道不明的怨气发泄在孩子身上,对女儿,她倒是照顾得很好,对女儿衣食住行的打点几乎可以成为大家参考的范本。

可是在这样一个"模范妈妈"的养育下,贾欣的女儿却没有像别的同龄孩子一样活泼可爱。虽然她文静乖巧,但总带着一丝怯生生的味道,说话做事显得不够自信,眼睛里时不时闪过惊惶、害怕的神色。

这天贾欣送女儿去上学,这是寒假过后开学的第一天,学校热闹得像集市,家长们纷纷叮嘱孩子注意这个注意那个,饿了记得吃零食,渴了记得去小卖部买饮料,上课要专心,下课要和同学好好玩……

这种情况下,贾欣和女儿的对话显得尤其简短。

"没什么事了?"

"没有了。"

"那我走了。"

"妈妈再见。"

"对了,晚上我有事晚点回家,晚饭爸爸做。"

"知道了。"

贾欣转身走了。

旁边的班主任听见了觉得诧异:孩子才一年级,要是换了别的母亲有事回家晚而不能按时做饭,肯定得叮嘱孩子几句,先吃饼干啊,或者放学路上买点什么吃啊,哪像这位妈妈那么干脆。

看看贾欣走远的背影,班主任似乎有点明白了班里这个可爱小姑娘为什么总是显得有点过分内向孤僻。

表面上看贾欣是个不错的母亲,把女儿的生活打点得相当妥帖,但是她缺少一个成为好妈妈的首要条件,那就是对孩子的爱。

爱是孩子成长环境中必不可少的重要因素。然而完成任务、尽自己的责任、给别人交代、满足长辈的愿望……贾欣怀孕的所有理由中唯独没有一个:我希望有一个爱情的结晶。她的情感从一开始就处于被动状态,由于没有足够的情感动机做支撑,所以尽管她尽职尽责地养育孩子,事实上她并没有完成从女人到母亲的心理准备,所以她无法从生育和养育的过程中获得快乐,甚至在潜意识中还有排斥的情绪。

这种情绪从贾欣的一举一动中散发出来,从每一个细节传达给女儿。小孩子远比我们想象的要敏感,心灵更加脆弱,母亲不爱自己这个事实会给她严重的不安全感,造成她自闭、忧郁、自卑等负面性格。

因此,贾欣虽然因强烈的责任感为女儿提供了不错的物质条件,教育方面可能也是一丝不苟,但是因为女儿感受不到母亲的爱,整个成长环境是冷漠的,所以女儿只能用谨慎的言行来保护自己,以冷对冷。

尤其是当她发现自己与别的孩子待遇不同,别的母亲对孩子亲昵宠爱时,她就会产生怀疑:为什么妈妈不这么对我?妈妈是不喜欢我吗?是因为我不够好,做错了事,妈妈才讨厌我吗?即在潜意识中将自己的待遇归结为自己的原因,进而对自己不自信,影响性格的正常发育。

爱是亲子教育中不可缺少的一环,比起各种专家吹捧的教育方式,母亲的爱重要得多。有了爱,其他一切可以逐渐改善;但是没有爱,再尽责的母亲、再完美的教育,都无法养育出出色的孩子。

孩子一出生就需要爱,甚至在妈妈的肚子里时就需要爱。婴儿尤其需要父母温暖的怀抱以及爱的关注。父母细心的养育及照顾,孩子能感受得到。成长中的孩子仍需要父母的爱,通过爱和照料,他们将会了解父母的付出。

爱,对孩子而言,是绝对必要的,也是人类的基本需求,绝不会因成长而递减。即使成人,也仍需要别人关爱、亲密和温暖的安抚。每一个人都需要别人的接纳和友谊的滋润。

当我们温柔地对待孩子,伴随着爱的话语和照料,孩子将感受到自己被关怀。孩子需要知道他们被爱,需要更多的拥抱、亲吻、温柔的轻拍,因为他们觉得这是别人对他们的"爱的保证"。他们需要别人的抚慰,或许这是最根本、最普通的需求,就像父母对于新生儿的重要性一样。

───── ❧ 智者寄语 ❧ ─────

爱是亲子教育中不可缺少的一环,比起各种专家吹捧的教育方式,母亲的爱重要得多。有了爱,其他一切可以逐渐改善;但是没有爱,再尽责的母亲、再完美的教育,都无法养育出出色的孩子。

孩子的成长离不开妈妈的陪伴

刘女士是一个7岁男孩的妈妈,她儿子叫小强。最近刘女士很伤心,因为她生病住院的一个月里,儿子只来看过她两次,每次都待不到一个小时,就吵着要回去。他根本不关心妈妈生的什么病,也不关心妈妈什么时候能够出院,他只惦记着家里那只叫旺旺的小狗是不是饿了,是不是该出去散步了,惦记着他养的那些鱼该吃东西了。

小强的爸爸赶回来看妻子,硬把小强从家里抓到了医院,要他陪着妈妈。小强很不高兴,在病房里不跟妈妈说话,只是看着窗户外面。爸爸生气了,骂小强:"你小子还有没有良心?你妈妈病了,你连问都懒得问一声。你对你亲生妈妈的关心还不如对你养的鱼。"小强呆呆地看着爸爸和妈妈。刘女士有些不忍心,劝丈夫算了,不要责怪孩子。爸爸接着说:

"你的那些玩具、零食、衣服,你用的电脑,都是你妈买的,你怎么就一点都不知道感激呢?"

小强这才瓮声瓮气地说:"旺旺陪着我。看着小鱼游来游去,我很开心。妈妈能够像旺旺一样陪着我吗? 你和妈妈总不在家。同学们都羡慕我有漂亮的衣服,有各种电子产品,有你这样有钱的父母。可是我羡慕他们每个周末都有妈妈来学校接,睡觉前有妈妈讲故事。而我每个周末,都只有旺旺在家门口等我,连照顾我的张阿姨都走了。"

听了儿子的话,爸爸愣住了,刘女士忍不住掉下眼泪,她总以为自己给予了孩子最大的关爱,小强应该是幸福的,因为他比很多同龄人拥有更优越的生活条件,却没想到小强更需要的只是妈妈的陪伴。

小强对妈妈这么"冷漠"、"无情",是因为对她太陌生。妈妈,尤其是工作压力大、社交圈子广的职业女性,因为工作、与朋友聚会、应酬、充电学习等原因,无法抽出更多时间陪着孩子。孩子希望得到母亲关注、陪伴的愿望没有得到满足,就会缺乏安全感,时常产生孤独、无助、自卑的感觉,这种情况甚至会影响孩子成年后的生活。

有的妈妈给孩子丰富的物质条件,以此来表示对孩子的爱。但妈妈应该明白,再多的钱,都不能代替对孩子的陪伴,代替不了与孩子在一起时让孩子体验到的爱。

小慧的父母都是生意人,为了给女儿创造更好的生活条件,他们在外面拼命工作,天天早出晚归,因此小慧平常很难见到父母的面。

小慧虽然花钱不愁,但只要她看见别人一家人在一起其乐融融的情景时,就会对父母心生怨恨,认为父母只认识钱,不在乎自己、不爱自己。这样,小慧与父母的关系一直都很紧张。

小慧的妈妈注意到了女儿的不满情绪,于是抽空与女儿聊天,了解到女儿渴望父母的陪伴,希望父母能经常与她说说话、看看电视、一起出去玩,于是决定,每天无论有多忙,都要抽出一定的时间来陪伴孩子。

妈妈说到做到,她和爸爸约定每天轮流抽出一段时间来陪伴孩子。小慧在父母的陪伴下,感受到了他们对自己的爱,变得快乐了许多。

妈妈无论多忙,都应该抽出一些时间来陪伴孩子,用关爱拉近与孩子之间的距离,陪伴着孩子健康、快乐地成长。想成为一个称职的好妈妈,就应该做到以下几点:

1. 时刻关注

时刻关注就是给予孩子全心的关注。这种关注向孩子传达的信息是:孩子自身很重要,我喜欢与你在一起。这会使孩子觉得他对妈妈来说是世界上最重要的人。

2. 行动支持

妈妈对孩子的行动支持,不仅是对孩子表达爱的一种方式,还是给孩子以身作则的人生示范。妈妈为孩子所做的服务行动,最终目的在于帮助他们成为成熟的人,并学会借由服务的行动去爱别人。而服务不单包括帮助自己爱的人,也要服务那些根本无法回报或偿还这些慈爱的人。

3. 身体接触

身体接触是最易于使用的爱的语言:常被拥抱与亲吻的孩子,比那些被长期甩在一边且无人接触的孩子容易发展出健全的感情生活。

4. 赠送礼物

赠送礼物是表达爱的有力方式。有意义的礼物会变成爱的象征,而那些真正传达爱的礼物,则是爱之语的一部分。赠送孩子的所有礼物,最终都会成为展示父母的爱的见证。

智者寄语

有的妈妈给孩子丰富的物质条件,以此来表示对孩子的爱。但妈妈应该明白,再多的钱,都不能代替对孩子的陪伴,代替不了与孩子在一起时让孩子体验到的爱。

承担起照顾孩子的责任

嘉嘉从小是爷爷奶奶带大的。虽然后来爸爸妈妈买了房子,可一是爷爷奶奶舍不得,二是爸爸妈妈的工作太忙,实在照顾不了他,还是把嘉嘉留在了爷爷奶奶身边。爸爸妈妈也觉得这样工作起来没有牵挂,轻松了很多。

一天,妈妈下班去爷爷家看嘉嘉,发现嘉嘉一放学就在看电视,老师留的作业一个字也没有写。再拿出嘉嘉的作业本一看,上面一个一个的红叉叉,真是错误百出。妈妈对嘉嘉说:"你怎么回事?看你这作业,出了多少错!跟你说了多少遍,放学回来先写作业,然后才能看电视、玩儿。你怎么做的?"嘉嘉对妈妈的话充耳不闻,完全沉浸在电视的情节里。妈妈急了,过去把电视关上。嘉嘉大叫:"干吗?我还要看!"妈妈火了,对嘉嘉说:"看什么看!先写你的作业去,然后把这些错了的地方全部改对才能看。以后不许回来就看电视,得先学习!"嘉嘉冲着妈妈大喊:"我就要看,就要看。爷爷奶奶就让我看,你管不着我!"说完见妈妈没有妥协的意思,就大声地喊爷爷奶奶,让他们把妈妈"轰走"。

爷爷对妈妈说:"你也是,来了就招惹他。他要看,就让他先看会儿呗。"妈妈对爷爷急了:"爸,怎么也得让他先做作业吧,要不耽误了学习怎么办?"爷爷说:"得了,不用你教训我,我自有分寸。嘉嘉非常聪明,我孙子以后错不了。"说完,又把电视机打开了。

嘉嘉在一边得意地看着妈妈……

有些父母往往因为各种条件限制或是工作忙等原因,把孩子完全托付给爷爷奶奶或外公外婆照顾、教育,也落得自己轻松、清静。殊不知,有时,祖辈无原则的"隔代亲",给孩子的成长带来很多问题。

(1)祖辈对孩子的疼爱往往带有溺爱的成分,对孩子呵护有加、事事包办代替,不注意管教和培养孩子的自立能力。所以,祖辈带出来的孩子多有娇气、任性、缺乏自我控制能力和生活自理能力的问题,不利于孩子独立意识、行为能力和责任感的建立和发展。

(2)祖辈的教育观点与父母的教育观点,常常存在着宽与严的矛盾。尤其是妈妈或爸爸偶尔到老人家见到孩子,更多的是询问孩子的学习情况,并对孩子提出各种要求。这种过分宠爱和严格要求的分歧,会使孩子的心理和感情出现错位,觉得爷爷奶奶疼我,而妈妈和爸爸不喜欢我,净挑我的毛病。这些容易使孩子疏远与父母的感情,导致亲子之间的隔阂。有时,还会造成祖辈与父母之间的矛盾。

做父母不只是个"头衔",更是一份责任。父母必须尽量承担起照顾、教育孩子的责任,以便及时发现和纠正孩子的一些问题,适时地给孩子一些指导和帮助,培养孩子良好的习惯和个性。

如果父母确实无法独立完成教养孩子的任务,需要祖辈来帮助时,也应该尽量创造条件多与孩子在一起,关心和了解孩子的学习情况和心理需要,而不要把孩子推给老人就撒手不管了,只是在发现孩子的问题时批评和训斥孩子。

父母也要与祖辈交流,把一些新的、正确的教育观念传达给老人,把发现的问题提示给老人,以便把孩子教育得更好。但父母要注意与老人沟通时的方式方法,要注意老人感情上的承受能力和接受程度,心平气和地与老人商讨,用一些事例来说明情况,让老人明白其中的道理,而不要对老人的做法横加指责,伤害老人的感情。

智者寄语

做父母不只是个"头衔",更是一份责任。父母必须尽量承担起照顾、教育孩子的责任,以便及时发现和纠正孩子的一些问题,适时地给孩子一些指导和帮助,培养孩子良好的习惯和个性。

让孩子感受到你的爱

韩女士的儿子是个黏人的小鬼,小时候就喜欢攀爬在韩女士身上,上学了还是常常靠在韩女士身边撒娇。韩女士很享受这种和儿子亲密无间的感觉,直到一天到家里玩的朋友惊讶地笑起来:"哎,这么大个人了还黏在妈妈身上,男子汉大丈夫,羞不羞?"

韩女士一想也是,儿子都10岁了还那么黏人,也许的确是自己娇惯太过,这么下去说不定会养出个"娘娘腔"来。

于是每次儿子想要抱抱韩女士的时候,韩女士都会闪开,告诫他说:"男子汉大丈夫,站直了,别总靠在别人身上。"

直到那天送儿子去为期一个月的军训,看着儿子小小的个子背着大大的背包渐渐走远,韩女士突然心头一酸,忍不住跑上前去抱住儿子,狠狠地把他搂在胸前好一阵才松开。

"妈妈,你是大人,这么做好羞哦。"儿子刚说完又放低了声音,"妈妈我好舍不得你。"

韩女士开始回忆儿子想要抱自己的时候:

考试成绩不好,哭的时候;

拿了第一名,开心的时候;

收到礼物,表达谢意的时候;

舍不得离开,撒娇的时候。

韩女士发现,拥抱这个简简单单的动作可以容纳如此丰富的感情,在特定的场合似乎难以找到可以完全替代它的方式。真情流露并不是一句"娘娘腔"、"黏人"可以概括的,自己为什么非要制止孩子这种爱意的表达呢?

她想,儿子军训回来的时候,她还要拥抱他。

现在有些妈妈很少拥抱孩子,其实,这个举动是表达爱的最好方式,足以包含所有爱的内容。

拥抱,虽然只是一个小小的举动,却体现了妈妈对孩子深沉的爱,同时,也能化解与孩子间的很多误会与矛盾。它不仅是妈妈对孩子爱的表达,同样也是孩子对妈妈爱的表达。

在人类的各种动作中,拥抱是一种非常独特的行为。根据美国心理学家赫洛德·弗斯博士研究发现,经常拥抱的人比起同龄人会更加年轻有活力,经常彼此拥抱的家庭关系更为亲密,而经常和父母拥抱的孩子心理素质更好,生活态度更为积极,能够承受较大的压力。

对父母来说,拥抱则是通过肢体传达感情给孩子最直接的方式,一个简单的动作能在众多不同环境下给予孩子安慰和动力。中国传统文化一向以含蓄为美,父母子女之间的拥抱没有得到足够的提倡反而会受到一些阻碍。但是,像上文中的韩女士一样,在了解到拥抱的作用后,你还愿意放弃拥抱你的孩子吗?

有些父母需要学习如何表达对孩子的爱意。一位妈妈描述她小时候和爸爸妈妈都保持一段距离,爸爸妈妈爱她,却从未表示过对她的爱意。现在她当了妈妈,仍沿用以前的方法。她很爱她两岁的女儿,却无法很开放地表达爱意。

这位妈妈感性地说出了心里的话,于是决定打破惯例,学习如何表达自己的感情。她比以前更常抱女儿,靠在女儿身边讲故事给她听,或抱她荡秋千。她发现,每天有无数次机会可以表达爱意,而女儿从没拒绝过。经过几个星期的练习,她兴奋地对公司的同事们说:"你们知道吗?刚开始我是为了女儿才这么做,现在我觉得这对我也很重要。"

家人之间关怀的表达可以营造出一种每个人都很重要的气氛,使孩子深深感受到安全感。然后,你需要以拥抱和亲吻来贯穿这些气氛,使孩子感受到自己是个可爱而独特的个体。孩子最爱我们轻轻抚拍他们,不管膝盖擦破皮,或心理受了伤,在爸爸妈妈怀抱中的孩子,很容易舒服地安静下来。一个拥抱或温柔的轻拍,有时候可以帮助孩子抚平伤痕。

(1)孩子起床时,拥抱会使他迅速调整好心理状态迎接新的一天。

(2)孩子入睡时,拥抱会在潜意识中给他安全感,使他尽快入睡。

(3)孩子成功时,拥抱可以让他感受到你心中的喜悦和骄傲。

(4)孩子受挫时,拥抱表示对他的接纳,减轻他的负疚和害怕被责怪的恐惧。

(5)孩子哭泣时,拥抱会使他的压力迅速传达出去,情绪逐渐镇定下来。

(6)孩子情绪低落时,一个拥抱传达你对他无尽的支持。

─────── 智者寄语 ───────

拥抱,虽然只是一个小小的举动,却体现了妈妈对孩子深沉的爱,同时,也能化解与孩子间的很多误会与矛盾。它不仅是妈妈对孩子爱的表达,同样也是孩子对妈妈爱的表达。

规划一个专门亲子时间

元元7岁时,妈妈送给她的"六一"节礼物就是一本精装《格林童话全集》,孩子如获至宝,放学回家的路上就津津有味地看起来。作为一个一年级的小学生,在读书时会碰到许多"拦路虎",虽然有拼音,但有些字词的意思还是不明白,孩子就常常拿着书来问妈妈。每天晚上睡觉前的一个小时,是这个家庭的"读书时间"。这个字怎么念?它是什么意思?为什么白雪公主的继母那样坏?……面对女儿的提问,妈妈有些当时就能解释,有些就引导她自己去想,去查资料,让她自己去寻找答案。通过提问、动脑筋后,她明白了许多道理,养成了爱提问题的好习惯。

随着年龄的增长,元元读的书慢慢多起来,从童话到科技发明,从《一千零一夜》到《十万个为什么》……妈妈经常与她在一起交流读书体会,扩大她的眼界和知识面。现在,每星期六下午,全家经常到书店看书、买书。每天晚上做完作业以后,就一起读书,鼓励孩子把书中的故事情节和内容复述出来,并在本子上写一段自己喜欢的内容,再配上图画,让孩子展开丰富的想象。

很多做了父母的成年人并不认为和"无知"的孩子待在一起是让人开心的事情,而是把这些时间看做生儿育女过程中永无休止的麻烦中的一环,能免则免。那些缺乏耐心的步子总是把流连于周围绚丽风景的孩子甩得老远,那些烦躁的眼神总是可以用种种理由拒绝、搪塞孩子五花八门的问题!

现代生活节奏很快,和从前很多时代相比,成年人承受的压力要大得多,相比之下,留给亲人的时间就要少得多。很多父母都是披星戴月地回家,天将破晓的时候离开。有些孩子被父母送到全托幼儿园,只不过为了节省自己一点儿可怜的工作时间。元元父母的成功之处,就是规划了一个亲子专门时间,在这个时间段里,元元不仅感受到了父母的爱和关怀,还学得了不少知识,养成了爱读书、会读书的好习惯。

无论是对于父母还是孩子,专门的亲子时间都是十分必要的。我们必须给予,哪怕是牺牲一些所谓的利益。当我们发现在付出越来越多的亲子时间之后,孩子和我们的关系越来越融洽、相处越来越轻松,孩子的成长越来越像你所预期的那样,我们会觉得这种付出是值得的,甚至我们已经不再把它当成是一种付出,而是一种和孩子共同分享的享受。

就像很多成年人热衷于居室装修一样,对亲子时间的安排和"布置"同样需要我们的巧心思。

(1)为了与儿子沟通,妈妈常常有意识地记住儿子感兴趣的动画人物。在日常交流或者和儿子发生冲突的时候,这些动画人物就派上用场了。家长借用动画人物出面跟孩子交谈,或者让动画人物做孩子的榜样,很多问题往往会最终迎刃而解,还拉近了亲子距离,何乐而不为呢?

(2)可以买一些亲子游戏的书,让父母和孩子一起做游戏。孩子并不太在意场地的大小或者环境的新鲜程度,他们更多的是需要爸爸妈妈的陪伴,追求的是游戏的"有趣"。

(3)上街前可以给孩子布置任务,如回来要写篇日记或作文,这样便于培养孩子上街时留心观察、积极思维的习惯,提高观察社会的能力。

(4)和孩子一起逛公园、城市。一边转悠,一边可结合城市发展史及名胜古迹,给孩子讲一些历史知识,培养孩子爱家乡、爱祖国的感情。

(5)选择商店。进商店要有所选择。比如多进新华书店、文具店等,少进一些服装店、冷饮店、饮食店,让孩子从小养成重知识、爱文化的美德。

(6)在逛商场的时候,教孩子合理花钱,告诉他为什么买这而不买那,并培养孩子花钱首先考虑别人比如爷爷、奶奶的需要的习惯。

(7)和孩子一起逛街时告诉他们遵守交规,进行遵守交通规则的教育。例如讲怎样过人行道,红绿灯及各种交通标志有什么用途等。

(8)和孩子在户外活动时,教会孩子注意卫生,爱护街道两旁的一花一草,不乱扔果皮废纸。

(9)要注意培养孩子良好的社会公德。如坐车排队、与人打交道礼貌用语、扶老携幼等。

总之,在亲子时间里,我们不要把它理解为单纯意义上的玩耍时间,寓教于乐是可以做到的。在亲子时间里,在享受阳光、新鲜的空气和天伦之乐的同时,不要忘了,我们的孩子是在爱、期望和教诲中成长的。

─────── 智者寄语 ───────

在亲子时间里,在享受阳光、新鲜的空气和天伦之乐的同时,不要忘了,我们的孩子是在爱、期望和教诲中成长的。

亲子时间不能成为说教时间

今天又是星期五了，同桌的亚楠高兴地对陈树说："真好，又到周末了！"陈树奇怪地问："周末怎么了？每周都有，值得这么高兴？"亚楠说："当然，爸爸妈妈又可以陪我了，当然高兴。我们有时去爷爷奶奶家，有时去公园，有时去看演出，有时就在家里看书、玩游戏，可有意思了。难道你不愿意过周末？"

陈树摇摇头，说："要是像我爸爸妈妈那样陪我，我宁肯天天上学。"

陈树说："爸爸要是陪我，就会不停地给我讲学习有多重要，反复地告诉我学习不好上不了大学，就没有好的工作、没有好前途，听得我耳朵都要起茧子了，恨不得堵上棉花。妈妈要是陪我，就是让我做卷子、写习题，然后听写、背课文，写得我手也疼，眼睛也疼。我只要一表示我不愿意听、不愿意写了，妈妈就会说，人家的孩子都愿意爸爸妈妈陪着。你倒好，我们这么忙，只要一休息就花时间陪你，跟你一起学习、做功课，你还不愿意！然后就是新的一轮教育和妈妈的唉声叹气。我多想让他们也像你爸爸妈妈那样，陪我出去玩玩，哪怕就是上街转转，根本不用买什么。再不就在家，陪我下会儿棋、玩会儿游戏机，也行呀。可是，那是不可能的。"

陈树停了半天，又对亚楠说："所以，现在周一到周五，我就问他们星期六、星期天加不加班。如果他们去加班，或是有事出去，我会觉得特开心，因为我就能做些自己想做的事情了。"说完，陈树的眼睛里充满了希望。

有些父母知道孩子需要陪伴，但却不知道孩子需要什么样的陪伴。陈树的妈妈觉得，平日里自己要忙于工作和家务，孩子忙着上学、做作业，很少有时间关心孩子的学习，好不容易有周末、节假日这样完整的时间，应该多给孩子一些教导，多帮助孩子温习温习功课。

其实，孩子需要父母的陪伴，需要父母拿出时间来关心自己、了解自己，对孩子、对父母，这都比多做几道习题、多写几个生字、多考几分更重要。如果父母只注重孩子的学习，把陪伴孩子的时间全部用来对孩子进行说教，让孩子无休止地完成父母加码的学习任务，使亲子时间变成说教时间和额外学习时间，就失去了它应有的作用，不仅不能与孩子进行良好的沟通和交流，还会使孩子厌倦与父母在一起，甚至把父母的这种陪伴当做负担。

另外，孩子还会从父母的行为和切身的体会中，得出这样的结论：父母只是为了变相地对自己进行说教、变相地监督检查自己的学习，才肯拿出时间来陪自己，他们说的跟心里想的根本不一样，根本就是在欺骗自己。因此认为父母是自私的、虚伪的。

父母与孩子相处的亲子时间，不是为了教育孩子，而是为了了解孩子的感受、需要，增进亲子之间的感情。在亲子时间，父母应该暂时放下孩子的学习、功课，放下自己的工作、家务，参与到孩子的活动中，切身体会孩子的感受。

其实，各种活动中都蕴涵着知识、道理和教育理念。父母可以有意识地把这些贯穿在与孩子的共同活动中，而不是靠说教、讲大道理来完成。比如通过下棋、玩扑克，让孩子知道规则意识，知道公平竞争；在外出游玩时，引导孩子观察环境、花草，培养孩子的好奇心、观察能力等。在游戏、玩乐中孩子会更加容易地接受这些知识和道理。

亲子时间也不一定非要刻意安排什么活动，有时只是和孩子一起聊聊学校的事情、同学之间的事，或是一起做件家务，都可以达到同样的目的，只要父母真正把心思用在孩子身上，真正从孩子的角度来与孩子共处、共度这段时光就可以了。

在亲子时间,父母应该暂时放下孩子的学习、功课,放下自己的工作、家务,参与到孩子的活动中,切身体会孩子的感受。

积极参与孩子所热衷的活动

刘女士从未忘记参加有孩子参与的每一项活动:市篮球联赛、运动会、学生音乐会、话剧表演——即使儿子只是演一棵树。刘女士是一名财务人员,对运动一窍不通,对音乐也不大感兴趣,但她还是努力抽出时间去为儿子加油。因为她说,希望自己在孩子成长过程中尽量陪着他。最近一段时间,儿子迷上了制作遥控飞行器,为此,他甚至办了寄宿,专心地在学校里研究试验。每天,他都会给妈妈打电话,报告自己的新进展:他的飞行器反应更灵活了、飞得更远了……一天,儿子打来电话:"妈妈,明天下午就开始比赛了,来替我加油吧!"刘女士兴高采烈地回答:"太棒了!我明天一定准时去。"第二天,刘女士请了一天假,上午跑到书店里找了很多遥控飞行器方面的书,又给儿子买了一组飞机模型,下午准时赶到学校。遗憾的是,儿子那天并没有取得好名次,面对专程赶来的妈妈,孩子有点惭愧。刘女士拿出自己准备好的礼物——书和模型送给了儿子,然后用玩笑式的威胁口吻说:"小伙子,看到了吗?这么贵的书和礼物都买了,你要是敢因为一次小小的失败就放弃,那我绝对饶不了你。"儿子大笑着接过礼物:"什么放弃呀,等着吧,下次第一名就是我。"这时,他已经完全振作起来了。

孩子们通常有自己的社会活动,比如学校组织的风筝大赛、校际篮球比赛、乒乓球赛,等等。一些父母可能会认为,这只是小孩子的游戏,关我什么事儿呀。其实这种想法是完全错误的。教育学家建议父母们,要像上文中的刘女士一样,积极参与孩子的这类活动,因为你的参与就是对他们的肯定。

腾出时间陪孩子一起做孩子所热衷的事情,是无比重要的。如果你希望孩子养成持之以恒的品质,掌握其他与工作、生活相关的技能,你就要在参与孩子活动的过程中,用你自己的兴趣、可依赖性及独特的指导,为孩子树立自信心,陪伴孩子健康地成长。

一旦参与了孩子的活动,就要陪孩子一起坚持下去,即使孩子兴趣转移或者某些方面令人灰心丧气,也要鼓励孩子坚持下去。

陪伴孩子的过程就是教育孩子的过程,因此父母要抓住每一次参与孩子活动的机会,教会孩子多种技能和本领,当然还有合作和坚持的精神。

首先,参与孩子的一次活动,做一件你和孩子都想去做的事情或一件需要你们共同努力的工作,都是一个有意义的家庭合作计划。家庭计划可以是多方面的,如开展家庭读书读报活动、学习写作计划、为报刊撰稿、参观博物馆或定期进行乡土旅游与异地旅游、开展家庭小收藏活动、建一座游戏室或室外储藏间等。

其次,在参与孩子的活动过程中,父母可以教育孩子如何将某一任务分成几个小任务,循序渐进地完成它,接受指导以及正确衡量、制订并执行资金预算,从而开发孩子的想象力,培养孩子的合作精神,促进各种感官的协调配合等。

━━━━━ 智者寄语 ━━━━━

　　陪伴孩子的过程就是教育孩子的过程,因此父母要抓住每一次参与孩子活动的机会,教会孩子多种技能和本领,当然还有合作和坚持的精神。

给孩子多一点关爱

　　伟伟是一个活泼可爱的小男孩,今年6岁了。对这个家里唯一的孩子,父母视其为掌上明珠。由于家里比较有钱,伟伟要什么,爸妈就给买什么,想去哪儿玩,就带他去哪儿。他的爸妈认为这样就可以让儿子过得快乐些。但是,伟伟仍然有很多不满意的地方,经常冲着父母发脾气。

　　伟伟的父母不知道伟伟到底是怎么了,什么都不缺,儿子还是这么不快乐。

　　有一天,伟伟突然吵着要去学钢琴,伟伟的妈妈一听,马上去为儿子买了一架钢琴,并且还专门为他请了一位家庭教师。可没想到的是,伟伟只有三分钟的热度,学了两天就说学够了。后来,伟伟又要学画画,要报幼儿园的美术学习班。伟伟的妈妈很支持,儿子既然有这方面的兴趣,当然要正规地学!为此,特意高价请来美术学院的资深老师单独授课。可是,像学钢琴一样,只学了三天,伟伟又不学了。对于伟伟的这种情况,他的父母很恼火,于是就责备了他两句,没想到,他就又吵又闹地哭个没完。

　　伟伟的父母由此而得出这样一个结论:这个孩子没什么长性,不管学什么都不会成功。

　　后来,伟伟父母的一个朋友来做客,问伟伟为什么想学钢琴和绘画,但学了两天却又不学了,伟伟这才说出了原因:钢琴班和绘画班里有许多小朋友,我想,有那么多的小朋友在一起玩,肯定会很开心的。

　　孩子需要父母的关爱,这种爱不仅仅是给孩子丰富的物质生活,还要求父母进入孩子的内心世界去了解他们,让孩子接受父母。而父母要想被孩子接受,就要选择合适的位置,倾听孩子的心声,了解他们的内心世界。伟伟的父母就是不了解孩子,没有读懂孩子的心,也不知道孩子真正需要什么,虽然给伟伟提供了最好的物质条件,但伟伟仍然不快乐。

　　著名教育家陶行知说过:"我们必须要变成小孩子,才配做小孩子的先生。"他还说:"你不可轻视小孩子的情感,他给你一块糖吃,是有汽车大王捐助一万万元的慷慨;他做了一个纸鸢飞不上去,是有齐柏林飞船造不成功一样的踌躇;他失手打破了一个泥娃娃,是有一个寡妇死了独生子那么的悲哀;他没有打着他所讨厌的人,便好像是罗斯福讨不着机会带兵去打德国一般的恼气;他想你抱他一会儿,而你偏去抱了别的孩子,好比是一个爱人被夺去一般的伤心。"在此,陶行知所提倡的,即是父母要走进孩子的内心世界,读懂孩子的心。

　　父母应该如何走进孩子的内心世界,读懂孩子的心呢?

　　(1)交流思想。亲子间加强思想上的交流,不仅可以让父母了解孩子的真实想法与真正动机,也可使孩子体谅父母的疾苦,从而逐步学会为父母分忧解难,学会承担一部分家庭责任。

　　(2)学会观察。俗话说:眼睛是心灵的窗户,言为心声。孩子的语态、动作或多或少都可以反映孩子一定的思想;同时,孩子的课本、作业本、听课笔记本上的涂涂画画也是他们心灵的独白,父母可以从中了解不少信息。更重要的是,父母应该有意识地观察孩子经常交往的朋友。

(3)不摆架子。成功的父母往往是因为他们懂得理解孩子内心的真实需要,他们懂得如何尊重孩子,懂得倾听孩子说话的重要意义。父母对孩子说话时应该有正向的目的,例如提供知识信息、解决疑难、分享情感、表达自己的意见等。对话时,一定要注意语气与态度,尽可能经常微笑,以欢愉平和的声音,显示出友善可亲的态度,以达到沟通的效果。父母如果能表现友善,不以强者的权威压制孩子,往往会得到孩子相对的友善。

当前,很多父母都发出如此感叹:孩子越大,却越不懂孩子了。这也难怪,孩子小的时候,父母处处以一个长者的身份教导着孩子的一言一行,并不曾真正体会孩子的感受。当孩子渐渐长大,父母和孩子只能是越走越远,从而难以把正确的思想和经验传递给孩子,导致教育的失败。但如果父母从一开始就能做到和孩子一起成长,那么,父母会发现,在孩子慢慢读懂这个世界的同时,自己也慢慢读懂了孩子这部书,走进了孩子的心灵世界。

──────────── ❧ 智者寄语 ❧ ────────────

孩子需要父母的关爱,这种爱不仅仅是给孩子丰富的物质生活,还要求父母进入孩子的内心世界去了解他们,让孩子接受父母。

不要把无微不至的关爱变成"唠叨"

张凯家的早晨永远是这样的景象:

妈妈早早地起来,一边收拾房间,一边为张凯准备早餐。6:30,牛奶、鸡蛋、面包准时端上桌,妈妈就开始一遍一遍地叫张凯起床。不知妈妈叫了多少遍,一直到快7:00了,张凯才懒洋洋地起来。胡乱刷刷牙,抹两把脸,张凯坐到饭桌前用最快的速度对付着这顿早餐。这时,妈妈在为他叠被子,收拾凌乱的衣服、物品,嘴里还不停地唠叨着:"看看你,老是把哪哪儿都弄得乱七八糟,让人跟在你屁股后面收拾。每天叫你起床都得喊破嗓子才动,早饭都凉了吧? 总吃凉饭,还这么狼吞虎咽的,胃要坏的,天天跟你说也没用。要是妈一叫你就早点起来,不是就不用这么紧张,也不会老是迟到挨批评了……"

张凯对妈妈的话充耳不闻,只顾把吃的、喝的填进肚子,用手背抹抹嘴,抓起妈妈早已经为他放到客厅沙发上的书包,转身就往外走。妈妈追在张凯的身后喊着:"着什么急呀,就吃这么几口呀,一上午的课呢,会饿的。哎,上学的东西都带齐了吗,别又落点儿什么,每天都得让人提醒……"

等妈妈追到门口,张凯已经没影儿了。妈妈站在门边,无可奈何地摇着头:"我这是造的什么孽呀,你为他忙来忙去,他连理都不理你就走了……"

张凯妈妈的行为,是中国父母最常见、最可怕的错误──唠叨。做妈妈的事无巨细、无微不至地"关怀"着孩子,每天把叮咛嘱咐时时刻刻挂在嘴边。当孩子没有做好时,更是说个不停、抱怨个没完。

如果问中国的孩子,他们在生活中最烦的是什么,可能最普遍的回答就是"烦爸爸妈妈的唠叨"了。天津某心理中心通过对千余名学生的问卷调查发现,90%以上的孩子都认为自己的妈妈过于唠叨。

父母为了孩子好,对孩子是"千叮咛,万嘱咐"。但是很多时候,孩子却觉得父母太"唠叨",很多的孩子为此产生了厌烦心理。央视《实话实说》曾做过一期"爱唠叨的妈妈"的专题节目。

节目里,妈妈们给出的道理是:我是因为爱你才唠叨你的,如果我不爱你,我才懒得管你呢!遗憾的是,这种特别的"关爱"不但不为孩子们认可,反而被许多孩子深恶痛绝。

看看下面这些孩子对自己父母唠叨的评价与看法吧:

"我不想听时,就说自己要学习。只要我躲进书房,妈妈就不唠叨了。"

"唉,我懒得听,当做没听见,不要顶嘴就行,时间长了他们就不唠叨了。"

"如果他们说得太多,我就到外面呼吸一下新鲜空气吧。"

许多孩子都认为,父母的唠叨是种对自己精神的疲劳轰炸,很是让人厌烦。面对父母没完没了的唠叨,一些脾气温顺的孩子可能采用自觉忽略的方法,左耳朵进、右耳朵出,完全不当回事。有的孩子甚至最终会形成一种比较明显的心理惰性和行为惰性,一件事情你不叫上十次八次,孩子压根就不会去做,于是家长就只好再唠叨不休,形成了一种教育效果越发低下的恶性循环。

一些个性较强的孩子可能会将自己的不满情绪流露于言行之中,会故意与父母对着干,你说向东他偏偏向西。唠叨最终不但不能达到目的,还可能会给孩子带来伤害,甚至引发一些严重的后果。

有的孩子长期听到家长唠叨之后,为了找个地方清静清静,于是就开始夜不归宿或者干脆离家出走;有的孩子则因为忍受不了家长的唠叨而想自残或自杀。报纸曾经报道一名13岁的女孩因无法忍受妈妈的唠叨,竟买了100片安定片对母亲说:"妈妈,我是你的累赘,我已经忍受不了你的唠叨。你要疯了,我也要疯了,我吃了这药让咱们都解脱了吧!"

做父母的一心一意地为孩子着想,大事小情都为孩子安排得妥妥帖帖,唯恐因为自己的疏忽、不周和提醒不到而耽误了孩子。父母很累、很辛苦,但孩子却往往不领情。这是有原因的:

(1)有些事情是孩子不愿意做的,是父母代孩子做主安排的,孩子当然没有积极性、自觉性。父母越是提醒、唠叨,孩子越是反感。时间久了,孩子就会对父母的话充耳不闻,无论对错,全当做耳旁风。出现问题时,孩子会把责任推给父母,觉得是父母没有为他想周全,或是没有提醒他。

(2)有些时候,父母的要求过于笼统、含糊,比如"你得好好学习"、"你得乖",让孩子不得要领,也就无所适从,而父母见孩子没有达到自己的要求,往往会更多地唠叨、不断地抱怨。由此,形成不良的循环,使父母与孩子的矛盾越来越激烈。

(3)随着孩子独立意识的增强,他们希望摆脱父母的安排,能自己做决定,找到长大成人的感觉。如果父母仍然把他们当做小孩,无微不至地"关怀"着、"嘱咐"着,孩子必然会厌烦,觉得自己的自尊心受到了伤害,并由此产生逆反、对立的情绪。尤其是父母在外人、同伴面前数落他时,这种逆反心理会更加强烈。

唠叨的不良影响如此之多,父母怎能不引以为戒呢?在与子女交流的过程中,为了亲子之间的交流更顺畅,父母应尽可能地避免"唠叨",做个受孩子喜爱的好父母。

"该放手时就放手。"在孩子的成长过程中,父母不要一直在孩子身边教导"应该怎样"或"不应该怎样",而应该试着放开你的手,让孩子尝试着自己去努力。

如果想让孩子做什么事,只需把你的要求和其中的要点给孩子讲清楚就可以了,当孩子没有做好的时候可以提醒他一下,有分量的话讲一两遍就行,千万不要唠叨个没完。

即使孩子做错了,家长也不要喋喋不休地数落孩子,反反复复地教训孩子,只要孩子能够认错并愿意改正就可以了。要知道孩子亲身经历错误更能积累经验和教训，以后自然会总结并寻找正确的方法去做。

学会换位思考，放下父母所谓权威的"架子"。父母不妨假设一下，如果自己的父母当年也这样唠唠叨叨，一句话重复上十几遍，自己会是什么感受。

当您的孩子觉得您"好烦"的时候，不妨坐下和孩子好好交流一下："你觉得妈妈哪里烦了？刚才的话是不是只要说一遍就记住了？下次是不是只需要说一次你就能够做到呢？"

学着去倾听孩子的想法，变单向的唠叨为父母和子女间双向的对话交流。这不仅能够创造轻松愉快的家庭氛围，更有利于为孩子提供一个倾诉的机会，为了解孩子提供帮助。

───────── 智者寄语 ─────────

学着去倾听孩子的想法，变单向的唠叨为父母和子女间双向的对话交流。这不仅能够创造轻松愉快的家庭氛围，更有利于为孩子提供一个倾诉的机会，为了解孩子提供帮助。

别以爱的名义约束孩子

王英已经4岁了，可是现在她身边连一个较好的小伙伴都没有，其中的原因要归结到妈妈身上。妈妈快40岁时才有了王英，对她自然呵护备至，除了包办她日常生活中的所有事情外，还限定了她的交际范围。妈妈要求王英周末老实在家待着，不允许她出去玩，怕她有危险。王英想自己洗衣服，妈妈怕她累着；王英想自己端饭，妈妈怕她烫着……但是王英却没有因此变得开心，她觉得自己完全受妈妈的摆布，没有自由。

现在的孩子多是独生子女，生活条件优越。而很多父母也都像王英的妈妈一样，有这样的心理：爱孩子就要为孩子做好所有的事情。于是，溺爱孩子也就成了一个普遍现象。

父母认为，不能让孩子受苦，于是竭尽全力地从各方面满足孩子的需求，甚至包括无理的要求，代替孩子完成孩子自己力所能及的事。他们以为，这样就能保证孩子幸福健康地成长。

但是孩子并不会因此对父母心怀感激，反而会为此和父母产生隔阂和矛盾。因为孩子会认为父母束缚了自己的自由，阻碍了自己施展潜能，因此很难和父母保持良好的关系。

好父母要站在孩子的角度考虑问题，充分尊重和理解孩子的想法，不要过度约束孩子，要还给孩子属于他自己的空间。

适当的约束，可以让孩子学会遵守生活和社会规范，掌握基本的礼貌和人际交往常识，促使孩子养成良好的习惯。父母对孩子过度的爱，尤其是以爱的名义对孩子进行限制和约束，会剥夺孩子的自由，不利于孩子自主性和实践能力的提高。

因此，好父母不要以爱的名义约束孩子，而要让孩子在爱中既得到情感的满足，又能有更多的机会去探索外面的世界，尝试做各种事情。

父母爱孩子是人之常情，但是在爱孩子的过程中，要讲究原则，把握分寸，合理控制对孩子的爱，把握好爱孩子的"度"。

在很多人眼里，念念比同龄孩子显得更懂事，当别的妈妈在为孩子不能自己穿衣服犯愁时，念念已经会洗衣服了，这和念念妈妈从小就大胆地对她放手、让她尝试做事情有关。

从2岁起，念念就有了自己独立的房间，妈妈坚持让她自己睡觉、起床、穿衣服。妈妈很爱女儿,可更希望女儿早日独立。懂事的念念知道这是妈妈爱她的表现,就非常认真地按照妈妈的要求去做。

好父母应该给孩子适度的爱,让孩子在父母的爱中,丰富自己的情感世界,进而升华为进步的动力,而不是让过度的爱成为约束孩子成长的障碍。

1. 用爱帮助孩子成长

父母的爱能够帮助孩子成长。父母的爱应该是孩子成长道路上的不竭动力,而不能成为孩子前进的阻碍。

父母不要约束孩子,要以促进孩子的成长为目的对孩子进行管教。当孩子犯错误时,父母要用爱安慰孩子,帮助孩子认识自己的问题,努力地改正;当孩子取得成绩时,父母要用爱表达对孩子的赞赏;当孩子迷茫时,父母要用爱为孩子指明前进的方向。这样,孩子才会在父母的爱中取得进步。

2. 在尊重的基础上爱孩子

教育要尊重孩子的天性,重视孩子的自主权。让孩子自己做决定,自己解决遇到的难题。父母不应该以爱的名义,强迫孩子按照自己的要求去做事,而要尊重孩子的意愿,不过多干涉孩子的生活,让孩子在尊重中成长。

有智慧的父母会将自己置于和孩子一样的位置,以平等的态度和孩子进行交流和沟通,不给孩子太多的束缚,让孩子尽早学会自理、自立、自主。

3. 给孩子自由的时间

很多时候,父母为了让孩子更加优秀,总是把孩子的时间安排得满满的,除了孩子正常的学习外,还会为孩子安排很多特长培训班。父母用这种方式表达对孩子的爱,但实际上,这对孩子的健康成长是不利的。

父母应该解除对孩子的束缚,不要让爱扼杀了孩子解决问题的能力。给孩子自由的时间,让孩子自由地成长。孩子自己能做的,不要试图去帮助孩子,让孩子学会对自己的行为负责。

4. 给孩子适度的空间

很多父母出于对孩子的爱,将孩子束缚在自己的身边,限定在自己的视线范围之内。即使孩子不在身边,也会随时关注孩子的一举一动,以为这就是对孩子的爱。

其实不然,这样会阻碍对孩子独立性的培养。孩子在父母规定的范围内活动,缺乏了自主性,养成了依赖性,不能按照自己的意愿做事,这也会使孩子不满,造成亲子关系的不和谐。

———————————— ✦ 智者寄语 ✦ ————————————

孩子在父母规定的范围内活动,缺乏了自主性,养成了依赖性,不能按照自己的意愿做事,这也会使孩子不满,造成亲子关系的不和谐。

对待孩子的态度要避免情绪化

妈妈下班回到家,菲菲马上跑来腻在妈妈身边:"妈妈,我都饿了,你怎么才回来呀?"妈妈搂着菲菲,"心肝"、"宝贝儿"地叫着,亲昵地问中午"小饭桌"都吃了什么、在学校注意喝水了没有、有没有和同学吵架、上体育课磕着碰着没有、回来饿了有没有自己找点东西吃,还时不时在女儿的脸上亲一下。

虽然,菲菲已经是个 11 岁的大姑娘了,可还是和小时候一样,就爱跟妈妈腻歪,什么事情都要靠妈妈替她想着、提醒她、督促她。妈妈呢,觉得反正就这么一个女儿,怎么疼爱也不过分。

亲热够了,妈妈想起了前两天的阶段测验,就问菲菲成绩下来没有,考得怎么样。菲菲说:"下来了。语文 95,数学 90,英语 92。"妈妈听到这个成绩,再看看菲菲无所谓的样子,笑脸就变成了长脸:"考成这样,你还乐呀? 你都五年级了,明年就要考中学了,怎么自己就没有一点儿着急的意思!"菲菲一脸无辜的表情:"怎么了,我都考了 90 分以上,我们班还有不到 80 分的呢。"妈妈坐正了身子,换了一副严肃的样子,对菲菲说:"你怎么就知道往下比呀! 你这个孩子也真是,年级低的时候,我们也不要求你非得考第几名,成绩差不多就得了。可你都上五年级了,也该明白认真学习的道理和重要性了。可你看看你现在这样,一点儿也不像这么大的孩子,不懂得自己着急用功读书,不知道自己管好自己的东西,也不会自己照顾自己,什么事情都得让妈妈操心。"妈妈越说越觉得着急,平日里没有觉得是什么问题的事情,现在全都想起来了,一件一件的都成了菲菲的毛病。

菲菲似乎一点没觉得怎么样,身子扭一扭,还想往妈妈身上靠:"妈妈,干吗对我这么厉害……"妈妈一把拉住菲菲,没有给她撒娇耍赖的余地:"别黏糊我,我跟你说正经的呢!"菲菲的小脸一下变了表情,很委屈地望着妈妈。

有些父母会根据自己的情绪,对某件事情的看法和对其重要性的认识,而在对待孩子的态度、管教的方式和对孩子的要求上忽冷忽热、忽高忽低,非常随意和情绪化,根本没有考虑这样做会对孩子的情绪、心态产生什么样的影响。

菲菲的妈妈就是这样,她在生活上过度地娇惯、纵容孩子,把孩子当做小不点儿来照管,对孩子永远是笑脸、是依从、是呵护,唯恐孩子有什么闪失,使孩子没有独立的意识和责任感。但当遇到学习问题时,妈妈却要求孩子达到甚至超过她年龄应该有的认识,自主、自觉、努力取得好的成绩。妈妈态度和行为上的矛盾,使孩子的生理年龄与她的心理成熟程度、承受能力出现错位,对孩子的生长是不利的。

父母在教养方式和态度上的随意、情绪化,会使孩子无所适从、诚惶诚恐,不知道自己什么时候是父母的"心肝宝贝",什么时候又会被父母训斥、指责,处于茫然、紧张、无助中,使孩子的心理健康受到影响。

父母管教孩子的方式、关注的重心,应该根据孩子年龄的变化、心理成熟程度的变化而变化,让孩子适时地养成良好的习惯、具备生活的能力、建立应有的独立意识和责任感。这样孩子的生理年龄和心理年龄才可以同步成长。

父母要以尊重、平等的态度对待孩子,掌握正确的方法和尺度,保持稳定的情绪和心态。既不要以为生活中的很多小事对孩子无关紧要而忽视,也不要把重心只放到学习上而过分扩大孩子的问题,这样,孩子也就可以建立起对待学习和生活的正确态度,以平和稳定的心态,承担起他这个年龄能够承担的责任。

—————————— 智者寄语 ——————————

父母要以尊重、平等的态度对待孩子,掌握正确的方法和尺度,保持稳定的情绪和心态。

对待孩子应做到"严"中有"爱","爱"中有"严"

有一次,小王到友人家串门,见友人的儿子正悠闲地坐在沙发上津津有味地看动画片,并且把声音开得很大,完全不顾别人的感受。突然,碟片卡住了,孩子的妈妈赶紧拿出来用水冲洗,再用干净的布擦干,可还是放不出来。小孩子不依了,非要求妈妈马上去店里调换。于是,不敢怠慢的妈妈急急忙忙为儿子租回了新的片子,满足了儿子的要求。看到这一幕,小王默然了。有什么办法呢?因为这一切都是这位妈妈自愿做的,没有人强迫他。这位妈妈坦言,电视机基本上让儿子霸占了,因为儿子特别喜欢看电视。为了孩子,做妈妈的只好忍痛割爱,给孩子看电视让路。有时候她实在想看电视,只好等儿子睡着以后才敢放小音量看一会儿。孩子的霸气可见一斑。

给予孩子爱,这是任何父母都可以做到的。正如高尔基所说,爱孩子这是母鸡也会的事情,可是要说到教育,却是一桩大事,需要有教育的才能和生活知识。父母对孩子的爱受认识限制,所采取的方式、方法不同,因而对孩子性格形成的影响也不同。

很多父母像上文中的妈妈一样,对孩子爱得过分,由爱发展到了溺爱,对孩子百依百顺,包办代替,没有原则地迁就,造成了孩子"以我为中心",不善于替别人考虑,容易形成任性、自私、胆小怕事、依赖的性格。

一位妈妈说:"平时我对儿子关心得无微不至,可儿子对我却非常冷淡。我过生日那天,朋友往家里打电话。恰巧我不在家,儿子接的电话,朋友告诉他:'今天是你妈妈的生日。'儿子冷冷地说:'我妈过生日关我什么事!'听了朋友转述这话,我的心都伤透了。"

一位下岗女工,知道孩子喜欢吃虾,一次不顾昂贵的价格从菜市场买了虾,做好后端上桌,看着孩子津津有味地吃,自己舍不得动一筷子。眼看孩子已吃完饭,妈妈忍不住想去尝一下剩余的虾——"别动!"她13岁的孩子说,"那是我的!"这位母亲在讲述这件事时,眼含泪水。

一位家境富裕的母亲,见女儿花钱大手大脚,就对女儿说:"你不用着急花钱,爸爸和妈妈这些钱,以后还不都是你的?"谁知女儿听了把眼睛瞪得圆圆的,厉声对妈妈说:"我告诉你,从明天开始,你要省着花钱,这些钱都是我的了!"

在广州有一位母亲,为了照顾家庭,放弃自己原本不错的工作,整天在家相夫教子,每天风里来雨里去,骑车送儿子上学。为了让孩子能有好的教育,她忍受巨额学费送儿子上了贵族学校。而后,妈妈到学校去看儿子,儿子却嫌弃母亲穿得太"土",给他丢脸,告诉同学这是他的"老乡"。后来,竟提出了一个无情的要求:让母亲做他的"地下妈妈",否则就不认她这个妈!

为什么十几年的爱得到的却是如此冷酷无情的回报?是孩子生下来就不会爱别人吗?不,那么这"爱丢失症"的根源在哪里?是父母的极度关爱、过分溺爱、无限纵容滋长了孩子的自私,使孩子心中只有自己,没有别人。

天下的父母都爱孩子,却未必会正确地爱孩子。母亲的心总是仁慈的,但是仁慈的心要用得好。如果用不好的话,结果就会适得其反。过分地关心和溺爱孩子,实际上是减少了孩子遭受适当挫折、困难和学习关爱别人的机会。长期这样对待孩子,会让他们从小只会享受,不知奉献;情感世界中只关注自己,不会体谅别人。

父母爱自己的孩子,这是人之常情,但是爱得过分就不好了,反而会伤害孩子。所以,只有正确地爱孩子,才能促进孩子的健康成长,避免孩子养成任性、自私等不良习惯。

那么,父母应该如何掌握爱孩子的"分寸"呢?

1. 要有理智地爱

在爱孩子的过程中,父母要能自觉地控制自己的感情,克制那些无益的激情和冲动。前苏联著名教育家马卡连柯说过:"子女固然由于父母方面爱得不足而感受痛苦,可是,他们也会由于那种过分洋溢的伟大的爱而腐化堕落。理智应当成为家庭教育中常备的节制器。否则孩子们就要在父母最好的动机下养成最坏的习惯和行为了。"

然而,有些父母,尤其是相对年轻的父母,在处理与孩子的关系上往往缺乏应有的"分寸感"。他们对待孩子往往是无原则的、过分的宠爱。有的对孩子姑息迁就,任其发展;有的只知道想方设法无条件地满足孩子的物质要求,却不懂得给孩子良好的精神食粮和思想营养。这样势必把孩子宠坏,以致适得其反,自食苦果。

2. 既要爱,又要严格要求

所谓"爱之深,责之切"就是说,严格要求正是出于深切的爱。所以,父母不应该受盲目的爱所支配,要"严"中有"爱","爱"中有"严"。当然严格要求并不意味着对孩子严厉,或者动辄训斥打骂,而是要做到以合理为前提,提出要求时态度应该是耐心的、循循善诱的。

严格要求对孩子来说是很重要的。因为孩子对是非界限的认识还不十分清晰,对自己的情感和行为往往也不善于自我控制,如果父母对他们不严格要求,他们往往还不能主动、自觉地学习或按行为道德标准来行事。因而,需要父母对他们严格要求,使他们养成良好的思考和行为习惯。只有爱,也不能教育和培养出优秀的孩子来,父母在教育时应该把爱和严格要求结合起来。

智者寄语

父母爱自己的孩子,这是人之常情,但是爱得过分就不好了,反而会伤害孩子。所以,只有正确地爱孩子,才能促进孩子的健康成长,避免孩子养成任性、自私等不良习惯。

不要总强调自己的付出

这是美术特长班报名的最后一天。刘老师正在整理学生的报名表,宋佳悄悄地走进来。

刘老师很喜欢这个有艺术灵气的孩子,笑眯眯地对宋佳说:"我还要找你呢,怎么到最后一天了才来报名?"宋佳把头深深埋在胸前,小声说:"对不起,刘老师。我不报美术班了。""为什么?"刘老师奇怪地问,"你学了几年了,现在放弃太可惜了。"宋佳慢慢抬起头,眼里已经有点点的泪花。"我也不想放弃,可妈妈不让我学了。"刘老师让宋佳坐下,耐心地说:"来,跟老师说说是怎么回事。"宋佳说,爸爸妈妈对他很好,在家里什么事都不让他做,吃的用的都给他最好的,可他却觉得活得一点都不开心。每天回家,除了吃饭睡觉,爸爸妈妈就看着他学习,刚在电视前一站,妈妈就说:"净偷懒,还不去看书。"只要他有一点的不服从,妈妈就教训他:"我们给你创造这么好的条件,花那么多钱让你上好学校,给你买书、买电脑,让你上这班那班,要是学习不好对得起谁?"宋佳觉得,在父母的眼里,因为自己上学花了他们的钱,让他们养育成人,就欠了他们很多很多,所以只能听他们的话、按他们的要求做,没有一点儿的自由和自尊。

"我想继续上美术班,可妈妈让我上计算机班,我和他们解释了半天、争取了半天。最后,妈妈急了,对我说,'你报班是我给钱,就得听我的',我就再也没得说了。"宋佳望着刘老师,难过地说:"我们怎么不能像国外的孩子一样自己打工挣钱?我真的再也不想花他们的钱了,那样我就可以做自己想做的事了。"

有些父母只注重为孩子提供充裕的物质生活,只注重孩子的学习,而忽视孩子情感、心理和学习以外的其他需要,这是一种不理智的、片面的爱。

有些父母像宋佳的妈妈一样,总把自己为孩子的付出、把为孩子花了多少精力和钱财挂在嘴边,希望以此给孩子一些鞭策、动力,实际上却成为孩子巨大的心理负担和精神压力。

父母觉得为孩子付出了,孩子服从父母的安排、按照父母的要求行事就是理所当然的。因此,在对孩子的教育和管理中往往态度冲动、急躁,方法简单、粗暴。

父母这种不理智的爱,常在无形中给孩子造成很大的精神压力,使孩子觉得自己在父母眼中没有地位、没有自我,活得没有自由、没有自尊,只是为了回报父母的付出、实现父母的希望而学习、生活。有些孩子会因此产生一种无助和惶恐,总怕自己没有达到父母的目标而紧张不安,生怕对不起父母,让父母失望,生活在负疚和无所适从中;有些孩子则会认为父母为自己所做的一切都是有目的的、功利的,是出于自己的私利,而根本没有为自己考虑过,并试图用抗争、逆反来改变这种状况,甚至抱怨和痛恨父母,做出一些极端的事情来。

父母的爱要理智。孩子不是父母的私有财产,而是一个独立的、有思想、有感情的人。父母为孩子的付出,是做父母应尽的义务和责任,而不是为了让孩子背负一笔永远亏欠的、无法偿还的债务。所以,父母要尊重孩子的人格、自尊,要关心孩子的心理和情感需要。

父母要以平和的心态对待孩子的学习成绩、兴趣爱好,尊重孩子的选择。父母可以给予孩子一些指导,比如告诉他学习一项什么样的技能会非常有用、会对他的学习以至以后工作都有所帮助,建议他可以试着学学,但一定不要强制,更不要因此强迫孩子放弃原来的爱好。

千万不要用"我给你花了多少多少钱"之类的语言。其实,父母的付出不是为了得到孩子的回报,孩子应该了解父母为他的付出,懂得体谅父母的苦心,但不要让这些成为孩子的负担。

───────── 智者寄语 ─────────

孩子不是父母的私有财产,而是一个独立的、有思想、有感情的人。父母为孩子的付出,是做父母应尽的义务和责任,而不是为了让孩子背负一笔永远亏欠的、无法偿还的债务。

不能用物质来代替感情

韩伟的爸爸是一家外贸公司的老总,妈妈在一家房地产公司做销售经理,都是成功的白领人士。因为爸爸妈妈的工作忙,韩伟从小就和外公外婆生活在一起。老人疼爱外孙,衣食住行都安排得妥妥当当,加上韩伟也聪明懂事,学习上从来不用大人操心,成绩一直不错,所以平日里学习、生活的事情,爸爸妈妈几乎没有怎么管过。

爸爸妈妈也觉得自己的付出太少,有些对不起孩子。于是,凡是爸爸妈妈能够想到的、看到同龄的孩子有的,或是韩伟要求的,无论是吃的、用的、玩的,爸爸妈妈都尽力满足他。逢年过节,或是韩伟生日,爸爸妈妈都会给他买很多礼物、给他很多零用钱。假期里,爸爸妈妈也会让韩伟去参加各种冬令营、夏令营,甚至是远赴欧美的文化交流活动。但爸爸妈妈觉得,韩伟似乎与他们越来越疏远、越来越没有感情了。爸爸妈妈到外婆家看他时,韩伟只是打个招呼,或是一起吃顿饭,就回到自己的房间不知干什么去了;爸爸妈妈问他一些学校、学习的事情,韩伟总是敷衍了事,或是用最简短的语言回答;爸爸妈妈偶尔有时间想陪他出去玩玩,或是逛逛街,韩伟经常会找种种理由推辞,让爸爸妈妈把钱留下让他自己来解决。更让妈妈接受不了的是,他们给韩伟买来的吃的、用的,韩伟常常连看都不看,就那样放在柜子里或是干脆没开包装就送给了同学。外婆偷偷地告诉妈妈,她听到韩伟在电话里对接受他礼物的同学说:"甭谢我,无所谓的,反正我爸妈钱多得是,也不管我到底需要什么,买了放在那儿也是浪费。他们也就剩下给我买东西、给我零花钱了。"

爸爸妈妈不明白:我们为了韩伟什么钱都舍得花,给他最好的物质和生活条件,他怎么就不领情,还这样对待我们?

韩伟的父母因为工作忙,没时间和孩子在一起交流,只是尽力在经济、物质上给予孩子最好的条件,认为这样就可以弥补与孩子在情感上的沟通。

孩子的成长中,最需要与父母在情感、心理上的沟通,这是其他任何人都无法替代的,也是经济、物质上的优越无法替代的。即使工作再忙,也不应该成为父母疏于与孩子进行交流和沟通的理由。否则,孩子会认为父母并不重视自己,也不关注自己的情感、心理需要,而与父母疏远、对父母冷漠,甚至产生逆反和隔膜。

孩子因为得不到父母的关爱和重视,其心理需要得不到满足,会使孩子的心理健康受到影响。孩子会变得孤僻、多疑,对他人尤其是父母不信任,情绪不稳定,没有责任感、没有爱心,不懂得理解和关心别人。

通过生活中点点滴滴的小事,父母就可以与孩子交流、沟通,对孩子表示关爱,并不一定要专门的、安排好的时间。父母不应该因为工作忙碌,就把孩子全权托付给老人,只是在经济上、物质上为孩子提供优越的条件。其实,孩子需要的仅仅是每天与父母一起吃顿饭,能得到父母关爱的嘱咐和爱的目光,这是有心的父母都可以做到的。

孩子需要有保证他正常学习、生活的物质条件,但并不需要过度的优越,甚至是奢侈。奢侈的物质条件,只会使孩子觉得一切都得到的太容易,而不懂得珍惜、不懂得爱护。要知道,经济和物质都不能代替情感、心理的关注。

───────※ 智者寄语 ※───────

孩子的成长中,最需要与父母在情感、心理上的沟通,这是其他任何人都无法替代的,也是经济、物质上的优越无法替代的。

及时鼓励孩子的点滴进步

在洗手间里,妈妈发现儿子鹏鹏刷完牙后又把牙膏随便扔在漱口杯外面。

　　妈妈非常生气,把鹏鹏叫到身边,不满地说:"鹏鹏,你应该可以照顾自己的生活了吧!看,又把牙膏放在外面了。我不是对你说过牙膏用后要放到杯子里吗?"

　　鹏鹏根本没有把妈妈的话当一回事儿,只是心不在焉地回答:"知道了。"

　　妈妈见儿子反应平平,知道刚才说的话并未引起他的重视,于是冲他喊道:"听着,鹏鹏,你必须把牙膏放进漱口杯里!"

　　鹏鹏极不情愿地走进了洗手间,放好了牙膏,转身就走。

　　"记好了,以后再也不要忘了。"妈妈再次强调。

　　"知道了。"

　　第二天,鹏鹏在刷完牙后,将牙膏认真地放到杯子里了,但妈妈什么都没有说。到了第三天,牙膏又被扔到杯子外面。

　　"喂,鹏鹏,怎么搞的,你又忘了把牙膏放回去?"妈妈生气地说道。

　　"我以为你忘记了。"鹏鹏说道。

　　"怎么这么说呢?"母亲疑惑地望着儿子。

　　"因为昨天我把牙膏放在杯子里了,而你却什么也没有说!"

　　鹏鹏为什么又犯了老错误呢?因为当他改正后没有得到妈妈的肯定,因此他泄气了。如果第二天,妈妈发现鹏鹏把牙膏放在杯子里后,亲热地对他说:"干得好,鹏鹏!妈妈知道你一定能改正坏习惯的。"那么鹏鹏一定会非常高兴,并愿意把好习惯坚持下去。

　　对于正在成长中的孩子来说,日常生活中的好习惯和坏习惯同时存在,如何鼓励孩子保持好习惯,矫正不良习惯,一直是困扰父母的难题。如果适当运用鼓励来做这项工作,事情就会变得容易得多。

　　12岁的聪聪有个令人讨厌的坏习惯,她每天放学一回到家就把书包、鞋子、衣服乱扔乱放。虽然偶尔她会按照妈妈的要求把东西整理好,但是大多数情况下,还是乱糟糟的。妈妈很是头疼,想了很多方法可是都没有奏效。妈妈决定采用别的教育方法。

　　这天,聪聪的妈妈见到女儿的房间刚刚整理好,便立即走上前拥抱了她一下,并夸奖她能干懂事。很快,孩子的脸上便露出了骄傲的笑容。只是将东西摆放整齐就可以得到妈妈的夸奖,于是她以后每天都收拾得整整齐齐的。而妈妈也记得每次孩子有了进步时都及时地给予表扬,满足孩子小小的"虚荣心"。

　　如果一个孩子有不良的生活习惯或行为,父母不应该对此抓住不放,而应该找到孩子偶尔没有此不良行为的时候对孩子予以鼓励。父母对孩子的每一个微小进步都能加以鼓励,即是对孩子的积极行为进行强化的最好方式。哲学上讲质变是由量变引起的,平时大量的细微进步,积累起来才可能有大的变化。因此,对于父母来说,要想让自己的孩子彻底改正不良习惯,就应该对孩子的点滴进步进行鼓励。

　　可是生活中,大多数父母往往不注意鼓励孩子的微小进步,他们对孩子的期望比较高,总希望孩子能一下子达到他们的要求。因而对孩子一些微小的进步不是很注意,反应比较冷淡。

　　父母必须清楚,孩子的思想逻辑还很简单,他们还认识不到事情的前因和后果是紧密联系在一起的,所以,对于孩子而言,及时的赞美更为必要。否则,父母夸奖孩子,孩子却纳闷,弄不清自己为什么会受到夸奖。这种类型的赞美其实对于促使孩子进步起不到预想的效果。父母要想培养孩子的某种好习惯,就要及时在这件事情刚结束时对其进行表扬,让孩子自己强化夸奖给他带来的心理上的满足感。

只要父母用心去观察，就会发现孩子有很多地方值得夸奖，同时孩子的耐心是有限的，也许他没等到父母的夸奖就没有心思了。因此，父母发现了孩子的进步，就不要吝啬夸奖，也不要拖延时间。

父母不要因为孩子的进步太小，就不愿意给予鼓励，这会使孩子觉得父母对自己的进步漠不关心，认为自己的努力白费了。时间一长，孩子就会失去进步的动力，原来可以改变一生的进步也会因为得不到强化而消失。因此，无论孩子是在学习还是生活方面，只要孩子有进步就应给予建设性的鼓励，每有好的表现就要加强鼓励的感情色彩。

首先，要善于喝彩，喝彩要具体。父母应注意从正面、积极的角度去审视孩子，要善于发现捕捉孩子身上的闪光点，巧妙地在掌声中说服教育，可能效果会更好。这样的掌声既培养了孩子的自信心，又使孩子有目标可寻，孩子自然不会产生满足感。

其次，要及时喝彩，喝彩要得当。发现了孩子的点滴进步，或闪光点，父母要趁热打铁，及时表扬、鼓励。不要等到孩子的进取心冷却了，上进心消失殆尽了，再表扬、鼓励，那就一点儿用处没有了。

最后，要乐于喝彩。对孩子喝彩应是父母发自内心爱护孩子的体现，要注意理解孩子的年龄特点与心理特征，不能以自己的眼光看待孩子的行为，认为孩子一点好的表现是微不足道的，不轻易给孩子以掌声。

智者寄语

父母不要因为孩子的进步太小，就不愿意给予鼓励，这会使孩子觉得父母对自己的进步漠不关心，认为自己的努力白费了。

懂得在别人面前夸奖孩子

李晓晨今年7岁，是一个活泼可爱的小男孩，他的父母都是农民。有一次，妈妈带着他去城里的大姨家做客。大姨家的女儿比李晓晨小两岁，看见李晓晨母子后，就走上前甜甜地叫姨妈和哥哥。李晓晨因为来到陌生的城市环境，一时难以适应，看见姨妈与表妹时也不敢上前打招呼，躲在了妈妈后面不吭声。

李晓晨的妈妈看到这情景，就夸李晓晨的表妹有礼貌，批评李晓晨虽然比表妹大，却没有表妹懂事。妈妈对表妹表扬、对自己的批评刺激了躲在后面的李晓晨，他站出来对着妈妈嚷道："我怎么不懂事了？你就知道夸别人。别人再好也不是你的孩子。"这话使李晓晨的妈妈大吃一惊，她没有想到儿子竟然说出这样的话，让自己下不了台。

她自嘲地对姐姐说："你看这孩子，这么小，不懂事还不准别人说，真是没见过世面的乡下孩子，与城里的孩子没法比。"李晓晨听着妈妈的话，气呼呼地表示不服气。这件事情过去之后，原本活泼可爱的李晓晨变得沉默寡言了。

每个孩子都有自尊心，尤其是在别人面前，自尊心表现得更加敏感。所以，父母要多在别人面前对孩子进行表扬，而不要当着别人的面对孩子进行批评。像上例中李晓晨妈妈的做法，会严重伤害孩子的自尊心，给孩子不良的心理暗示，使孩子以后可能朝着父母批评的方向发展。

有的父母夸赞别人的孩子，贬低自己的孩子，是出于恭维、客套，而不是因为自己的孩子真的比别的孩子差。但孩子却不知情,认为父母喜欢别的孩子而讨厌自己,以为自己真的不如别人,这些都会在孩子幼小的心里留下不可磨灭的创伤,阻碍孩子健康地成长。有些父母夸奖别人的孩子,批评自己的孩子,可能是认为自己的孩子某个方面真的不如别人,有种恨铁不成钢的感觉。但孩子都有自尊心,父母这样做会伤了孩子,对孩子不仅起不到激励的作用,相反还会使孩子越来越叛逆。

因此,父母要在他人面前多赞扬孩子。如果孩子听到父母当着别人的面表扬自己,自尊心不但得到了满足,而且会增加自信,朝着好的方面更加努力。如果父母当着别人的面夸赞孩子好的方面,会使别人对孩子留下好的印象,由此会对孩子投射出赏识的眼光,也间接地鼓励了孩子。父母夸赞孩子还要有一定的技巧,如孩子不在场却能知道父母在别人面前夸赞了自己,这样孩子会更加高兴,知道父母是从内心赏识自己,从而能激励孩子产生无穷的力量,快速地朝着父母所希望的目标前进。

父母当着他人的面夸奖孩子也应有度。不论什么时候,见了任何人都对孩子进行赞扬,这样做反而对孩子的成长不利,也会引起他人的反感。所以,父母当着别人的面赞扬孩子要适度,要恰当,同时要实事求是,不可夸大其词。但更不能像个案中李晓晨的妈妈那样,当着别人的面贬低自己的孩子,这些都不利于孩子的成长。

在别人面前夸奖自己的孩子时,有以下几点需要注意:

1. 夸奖孩子的态度必须是认真和真诚的

不能因为炫耀自己或者敷衍别人而故意吹嘘,夸大孩子的优点。

2. 必须有根有据

要根据孩子的平时表现来夸奖孩子,不能为了夸奖而夸奖,凭空捏造事实,让孩子感觉你在作假。

3. 要适可而止

不要说起来没完,让孩子感觉不自在。要知道,表扬的话并不是越多越好,有时候说得多了反而无益。

孩子比成人更爱面子。他们对于赞扬是极其敏感的,他们在比我们想象的更早的幼年时期就具有这一敏感度。他们觉得,自己能被别人看得起,尤其是被父母看得起并当众夸奖,是一种莫大的快乐。所以,当跟别人说起自己的孩子时,不管孩子是否在场,都要怀着赏识和尊重的心态去谈论他们:"我的孩子很棒,我很喜欢他!"

───────── ❧ 智者寄语 ❧ ─────────

每个孩子都有自尊心,尤其是在别人面前,自尊心表现得更加敏感。

过分"谦虚"会伤害孩子

晓梅是位老师,在一所学校的小学部任教,她的女儿就在中学部里读书。

女儿从小就聪明懂事,学习也很刻苦,在各种比赛中还获过不少奖,一直受到老师的称赞。同在一所学校里,常有同事在晓梅面前夸奖女儿:"这个孩子不仅聪明懂事,还很用功,以后一定有出息。"听到这些,晓梅心里自然是美滋滋的。但一是觉得同事嘛,总会拣好的说,二是怕女儿会因此骄傲,所以,每到这时,尤其是女儿也在身边时,晓梅就会谦虚地说:

"嗨,哪儿有那么好。她还算聪明、用功? 差远了! 能有个高中上就不错。偶尔得了奖也是瞎猫碰上死耗子,凑巧了。"

马上就要参加中考了。报志愿时,女儿的班主任找到晓梅,问她女儿为什么不报重点高中,而一定要上职高。晓梅一听,愣了:"她没跟我们说过呀。当然得上高中了,以她的成绩考个重点应该是没问题的,谁知她怎么想的。"

回到家,晓梅就问起这件事。女儿说:"你们总是说我的成绩差得远,能有个高中上就不错。我觉得,要是上个普通高中,以后也不一定能考上理想的大学。要是这样,还不如上职高呢,先有一技之长,以后能念就连读高职,不行就工作以后再上成人大学。"晓梅听了以后说:"嗨,那不是为了在别人面前谦虚嘛,总不能人家夸你,我也跟着夸吧。再说,老是听夸奖,你还不就骄傲了? 你怎么就当真觉得自己考不上高中了?"

中国人原本就有谦虚的传统。一些父母就像晓梅一样,怕别人说自己因为孩子出色而显摆,或怕孩子因为听到表扬就骄傲,常会不尊重事实地、过分地谦虚。尤其是有孩子在眼前时,更习惯于不仅要自谦,还要指出孩子的种种不足。

但是,孩子的认知水平和分辨能力有限,他们不一定能正确理会父母"自谦"的原因。父母随便"自谦"说出来的话,会对孩子产生很大影响:有些孩子会觉得,连父母都觉得自己不行,不够聪明、不够用功,成绩也不够好,那自己一定是不行,从而变得没有自信,也就不再努力了;而有些孩子会觉得,别人都能肯定自己的成绩和能力,父母却从来都对此不以为然,不认可自己的努力和成绩。看来无论自己怎么努力,也达不到父母的希望和要求,从而对父母产生不满,并失去学习的积极性和上进心。

如果孩子在父母的影响下形成过分谦虚的习惯,常常会不自觉地把自己的成绩和能力往不够、不足的方向说,而不能真实地展示自己、推荐自己,在以后求学、求职的时候会很不利。

当孩子明白了父母的真正意图和真实想法时,会觉得父母虚伪、不诚实,不能正视现实,不能正确看待自己的能力和成绩,并为了在他人面前表现出假谦虚而不惜否定自己。因此,孩子会怀疑父母做人的原则和人格,反感父母的做法,对父母产生不信任。

当遇到别人夸奖自己的孩子时,如果别人的夸奖符合事实,没有夸大其词,也不是虚假的奉承时,父母完全可以以平和的态度接受它,并让孩子一起分享因为他的努力给自己和父母带来的喜悦和骄傲,让孩子知道父母也为他的成绩而自豪。

但在接受夸奖的同时,父母应该要告诫孩子"天外有天,人外有人"。虽然取得了现在的成绩,但万万不可因此而骄傲、沾沾自喜,要继续努力才能不断取得新的成绩。

───────── 智者寄语 ─────────

当孩子明白了父母的真正意图和真实想法时,会觉得父母虚伪、不诚实,不能正视现实,不能正确看待自己的能力和成绩,并为了在他人面前表现出假谦虚而不惜否定自己。因此,孩子会怀疑父母做人的原则和人格,反感父母的做法,对父母产生不信任。

第五章
懂得如何培养孩子，做个完美母亲

网络时代如何做父母

刚上小学二年级的刚刚在玩某电脑游戏，发现主人公总是长时间地在黑暗中"战斗"，搞不明白怎么回事，便问坐在一旁的妈妈。妈妈一看，原来游戏的主人公有许多情人，每当其与某情人做爱时屏幕上便会一片漆黑，闪出"战斗中……"或者"战斗指数增加……"的字样。

这位母亲苦笑着说，当儿子连连追问"怎么看不到在打什么、怎样战斗"时，她感到非常尴尬，因为实在不知道如何向还不满10岁的小男孩解释这种"战斗"的真正含义。

这位妈妈的尴尬涉及这样一个问题：网络时代我们应当怎样做父母？

网络时代已是历史潮流，势不可当。当今社会信息技术一日千里，轰轰烈烈的互联网更是一股不可逆转和抗拒的时代潮流。据统计，网民中青少年占80%以上。网络已成为青少年学习知识、交流思想、休闲娱乐的重要平台。

电脑等现代媒体进入家庭，不只给两代人带来了冲突，也给两代人带来了沟通的机会。信息的流通，使家长不再是家庭中知识或信息的权威，也不再是正确观念的代表和孩子社会化的唯一指导老师，因此，从实质上改变了中国传统的长辈与晚辈的关系，促进了家庭的民主，使两代人变得平等起来，关键是一直接受传统教育观念的家长们，如何理解和适应这种"平等"，如何与孩子们寻求共同语言加强沟通交流的同时，不失时机地以自己丰富的人生经验和社会阅历正确引导他们。

上海社会科学院青少年研究所所长杨雄指出，处在这样一个知识、技术、观念、思想都剧烈变动时期的父母，与其对孩子进行"追堵打压"、"因噎废食"，不如顺应时代潮流，正视现实，鼓起勇气和孩子一起学习电脑、一起更新自己的知识体系，接受适应现代社会新的价值观念。

处在家庭教育与时髦电脑两者中间的问题是，家长要找到一个合适的切入点，让孩子在网络时代中健康成长。

在网络时代，要做称职的父母，应注意以下几点：

1. 玩电脑游戏关键要培养孩子的自制力

面对一些媒体经常报道孩子们的学习受到电脑游戏的影响，继而把电脑游戏乃至电脑当做是学习的"头号敌人"，许多家长不置可否。《CHIP新电脑》对北京、上海、广州的400名读者进行的一项调查报告显示，11.25%的家长认为电脑游戏像毒品一样，千万不能让孩子去碰；可是却有72.5%的家长同意孩子适当玩电脑游戏；更有高达88.75%的家长认为玩电脑游戏与学习成绩下降两者之间没有必然联系！由此可见，有大量的家长认为孩子可以玩电脑游戏，关键问题在于"适当"两字。这个尺度实在不好把握。

在"中国少年世界论坛"上，来自山东的一位 13 岁女孩林灵就是其中的佼佼者。林灵最初接触电脑是从玩游戏开始的，最喜欢玩的是足球、篮球和《大富豪》游戏。用她自己的话来说，就是"我玩电脑有自制、自理能力，如今我正在学基础的电脑编程"。事实上，她已经成了一名小电脑专家。

然而遗憾的是，林灵这样的成功例子只是极少数，主要原因就在于绝大多数孩子都缺乏自制力，容易受游戏中的不良因素影响而走上邪路。作为家长，在这一点上必须把关。

2. 两代人相互沟通，可以打通"数字代沟"

面对网络，也许现在不会有家长再提出"关掉网吧、像戒毒一样戒网"的可笑控诉了。事实上不要说关掉网吧，就是限制孩子上网，家长是否有这样的权力也值得怀疑。

2002 年 6 月 2 日，中国家庭教育协会、《中国妇女报》、《人民政协报》联合举行了一个关于"孩子与网络"的座谈会。家长、教师、教育和科普工作者会聚一堂，热烈探讨"网络时代我们怎样做父母"的议题。

中国科普研究所青少年科普室主任翟立原认为，电脑和网络是造成家长和孩子之间形成代沟的因素之一。因为在这方面，家长和老师不如孩子们懂，这样就必然无法形成有效沟通。这样的代沟，实际上表现为"数字代沟"。两代人要相互理解、相互沟通，就必须打通这个要塞。

比较有效的办法是，家长们主动出击而不是束手无策，拉近与孩子的距离。

例如，北京市第 11 学校的阎存林老师，他曾经就把自己的 QQ 号码向同学公布，结果发现，原来师生之间不易沟通的难题突然迎刃而解了，和学生的关系也变得密切了。后来阎存林老师向家长们推荐这种方法，结果家长们表示，他们已经从中尝到了使用网络的甜头。

3. 家长亟待"再次社会化"

2002 年 6 月的一次调查表明，北京市已有 80% 的家庭拥有电脑，可是其中有 47% 的家长不会使用电脑。这就是问题所在。因为家长不会使用电脑，在这个社会大变迁时代，又怎么不形成文化上的代际冲突呢？

一位家长莫名其妙地说："有一次我批评孩子，孩子说我是 286。到底什么是 286?"这表明，在数字化时代家长及老师面临的是一个再次社会化的问题。如果有谁拒绝参与其中，那么他就没有资格讨论怎样教育孩子、影响孩子的话题。

中央教育科学研究所蒋国华教授认为，数字网络技术和人类社会其他科技发展一样，具有两重性。发达国家 84% 以上的孩子都上网，但是他们并没有成为流氓国家，就是最好的证明。

───────────── 智者寄语 ─────────────

处在家庭教育与时髦电脑两者中间的问题是，家长要找到一个合适的切入点，让孩子在网络时代中健康成长。

帮助孩子从游戏痴迷中自拔

《传奇》是目前最受中国青少年欢迎的网络游戏之一。高二的小丁玩《传奇》已经升到了三十九级。小丁班上大部分男生都玩这个游戏，他说他只玩五个月就达到了这个级别，秘诀就是几乎每天都熬通宵。在三十四级的小陈说他拥有的武器"无极棍"是高价从另一位玩家那里买来的。一名网虫花两个月时间才赚到一百万虚拟金币。一些孩子为求速成，干脆花钱买。例如九十元人民币可以买到三块"金砖"，一个高级游戏账号密码可以卖到四五千元。还有的段数高的孩子干脆以此赚钱，且收入不菲。一位母亲阻止孩子玩游戏，得到的回应是，读书不就是为了将来能挣钱，玩游戏一样能挣大钱。

计算机、互联网这个新生产业正在塑造越来越多的网上游戏痴迷者，传统的简单电子游戏正逐渐被更复杂、好玩的网络游戏取代。"游戏嗜好者不再有正常的人际社会关系"，许多青少年玩家正在逃学、放弃传统的团体活动，变得与外界失去联系并且屡屡出现暴力行为。网络游戏同样在中国风靡，吸引了众多的中学生。

透过网络游戏中的虚拟生活，青少年满足了工作、社会交往、娱乐、战争、冒险甚至赌博等需求。在网络游戏中有很多人陪你玩，可以和人交流，组队"参战"。例如联众游戏的20万人在线同时玩的盛况，这在现实世界很难实现。青少年心理上不成熟，有的学习压力过重、家长期望过高，而玩电子游戏不仅能够宣泄压抑的情绪，还能获得成功的体验，从而对自己产生认同感，找回自信。对那些在学校和家庭中人际关系较为紧张的孩子而言，电子游戏所营造的虚拟世界，可以使他们避免现实中的许多不愉快，在自己能控制的这个世界中得到愉快的体验。许多电子游戏还富有挑战性、刺激性、赌博性、迷惑性，甚至有许多不健康的黄色内容，这种诱惑力对青少年来说非常大。像小丁这种情况是很普遍的。

提起玩电子游戏，几乎所有的家长都害怕自己的孩子沉溺其中，这种担心并非多余。青少年处于长知识、长身体阶段，各方面的知识、能力均不成熟，自制力不强，一旦沉迷进去，难以自拔。许多孩子周末疯狂玩游戏，造成了周一无精打采的综合征。因为沉迷游戏而荒废学业，与父母起冲突，离家出走，甚至犯罪的事件也不少。但家长必须意识到：

1. 让孩子完全"免疫"是不可能的

家长们试想想自己16岁的时候，是否也有背着自己父母做过偶尔放纵的事情？在当前计算机、互联网越来越普及的情况下，青少年有强烈的好奇心、最爱追时髦，让他们完全对电子游戏"免疫"是不可能的。因为游戏影响了正常的生活规律，这是孩子的自制能力不足引起的，而并非因为游戏本身。其实一些赛车、三国演义、战斗等游戏确实有趣，而且能增加孩子的知识，训练他们的组织和反应能力。

可以让孩子在周末或假期适当玩，孩子在游戏中可以学到很多东西，电子游戏也一样。唯一要注意的就是不要过分的问题。与孩子协商玩的时间，如果过量要坚决制止。尽量让孩子在家里玩，而不要去鱼龙混杂的电子游戏厅。

2. 理解是避免孩子越陷越深的关键

让孩子明白虚拟生活不能替代现实，告诉孩子切不可将电子游戏当做精神寄托。尤其是在现实生活中受挫的青少年，不能只依靠网络来缓解压力或焦虑，要勇敢地面对现实生活。告诉他社会对每个人都有要求，人生的每个阶段都有最重要的事情，中学时代显然学习最重要，这才能保证他的将来能自力更生，能被社会接受。电子游戏只是大千世界中娱乐方面的一小块，世界丰富得很，眼光不要只限于一角。

3. 切忌视之如洪水猛兽

有的家长一发现孩子玩电子游戏，就觉得孩子堕落了，眼睛会坏，学习一定也不行了，等等。过于片面的担心和严厉的指责、打骂反而会使孩子走向相反方向。孩子最反感的就是家长一味粗暴反对他们的所有娱乐。谈心、引导是比较好的办法。孩子偶尔喜欢什么游戏,只要没有明显影响什么大事,就没什么大不了。

理智面对网络聊天

孙丽是某中学高二学生,高一上学期,家长为了促进孙丽学习,让其不落伍,给她配了一台不错的电脑。平时也就是打打字,偶尔上网查查学习资料,家长对电脑使用控制很严格。但是高一暑假的时候,因为是假期,家长放松了对孙丽的控制,让孙丽有机会浏览了一些网站,并且开始了网上聊天。暑假过后,家长又开始限制孙丽上网,但是此时的孙丽在聊天上已经一发不可收拾,迷恋上了和网络上的人交朋友。

她将自己的零用钱和课余时间几乎都用在了上网聊天上,周末更是不例外。并和网络上认识的人互相通信、交换照片,平常也是津津乐道地和同学聊今天在网上认识了什么人,说了什么好玩的话,又和哪个网友见面了。上课的时候更是偶尔不断回味网上聊的内容,根本无心听老师在说什么,成绩也下降了许多。

关于上网成瘾的问题几乎成了现在的热点,很多中小学生,还有大学生因为迷恋网络,耽误学习,甚至酿成悲剧的不在少数。网络实际上真的是一把双刃剑,一方面它为人们提供了丰富的资讯,让人们在很短的时间内接受大量丰富的信息,但是另一方面网络也因为其虚拟性使一部分人沉迷其中,难以自拔,比如聊天、玩游戏。

一般学生沉迷于网络很大一部分原因都是因为在现实生活中缺乏交流。这种缺乏交流可能是因为自我保护意识太强,怕在认识的人面前暴露自己的弱点,有的则是因为害怕与人交流,怕得不到别人的认可和欢迎。

但是网络无疑给这种心理提供了一个很好的宣泄机会。网络把交往带入了一个完全虚幻的空间,将性别、职业、年龄等特点完全抹杀,完全可以根据自己想要的情况来与人进行交流,不用计较后果,不用害怕暴露自己的缺点,即使自己在现实生活中平平常常,也能在网络上一呼百应。而孙丽平常都是以学习为主,根本没有多少机会和同学、家长交流,在网上找到寄托后,自然会沉迷于其中不能自拔。虽然孙丽平常只是聊天,但是青少年正处在生长发育的关键期,长时间地坐在电脑前面,会使他们的视力下降,精神疲惫,且将心思都关注在交网友上,对身体、学习都造成不小的危害。

对于孩子沉迷于网络聊天的问题,父母采取措施的一个基本原则就是疏导而不是堵截。

1. 允许聊天,适当控制

父母可以允许孩子在家中上网聊天,只不过时间及其长短要进行控制,可以每天或者每个星期,给出固定的时间让孩子聊天,浏览一些网站。

2. 了解网络常识

父母自己了解一些网络常识,要在家中的机器上装上一些过滤作用的软件,屏蔽黄色、暴力网站,还可以查看一下孩子经常去的聊天室,了解一些情况。这样和孩子增加共同语言,增加自已的发言权,可以有效地控制孩子避开父母上网。

3. 鼓励参加集体活动

父母要多引导孩子参加一些集体活动,多一些人际交往。多鼓励孩子和同龄孩子交往,比如为孩子举办生日宴会,周末带他去上街,到一些他喜欢的地方游览,加强他的真实交往的机会,享受真实交往的乐趣,认识到网络只能提供虚拟的安慰,而真实的快乐则来源于生活。

------------------------------ 智者寄语 ------------------------------

一般学生沉迷于网络很大一部分原因都是因为在现实生活中缺乏交流。这种缺乏交流可能是因为自我保护意识太强,怕在认识的人面前暴露自己的弱点,有的则是因为害怕与人交流,怕得不到别人的认可和欢迎。

预防网络色情

12 岁女孩凉凉(化名)正在自己卧室里上网聊天,突然同学打电话约她,匆忙中忘记关闭 QQ。母亲收拾房间,看到电脑屏幕人头闪动,点击后才发现,原来对方是一个叫做"寻爱的男人"。母亲调出聊天记录查看,才发现,凉凉对外自称"已经 30 岁"了。这一看不要紧,原来凉凉已经与这位 28 岁的小伙子在网上聊了 2 个小时,内容涉及人际关系、法律知识、健身、性等方面,居然毫无破绽。

凉凉的母亲见孩子玩笑开得越来越大,再也坐不住了,只好出面把实情告诉了对方。足足过了 5 分钟,对方沉默了很久后回话说:"那些话题,她怎么知道得这么多? 你们做父母的是怎么教育的?"

听了这话,凉凉的母亲无言以对。

是啊,凉凉的母亲怎么说呢? 她怎么也不可能想到,一个才 12 岁的女孩会"成熟"得那么快!

都说现在已经进入了电脑时代,这就是"电脑时代"的产物——不需论资排辈,不论年龄大小,"电脑面前人人平等"。相反,越是年轻在这方面还越有优势,不要忘了,"电脑盲"可是年纪越大的人越多呀。有时候孩子比家长更见多识广。

可喜的是,这位凉凉的母亲非常开明。她认为,现在的社会环境这么复杂,有时候孩子们接触的信息比家长还要多,除了电脑以外,每天的电视剧、电影里所反映的也都是成年人的事情,他们看多了,慢慢也就无师自通了。试想,如果这位凉凉隐姓埋名去做心理辅导员,是不是也合格呢?

只要做家长的能对孩子正确引导,就算他们已经对大人之间的事情早知道几年又有什么关系呢? 一句话,关键还在于家长怎样对待孩子、怎样引导孩子的问题。不过话又要说回来,像凉凉这样"分寸把握得比较好"的孩子并不多见,更多的是缺乏自我控制能力和鉴别能力又容易接受各种诱惑的中小学生。正确引导理论上容易说,可是做起来非常难。

例如,当一个中学生独自上网时,怎样引导他面对黄色诱惑而毫不心动,就是一个巨大难题。再如,一些十几岁的男女学生就经常在网上聊天室中热烈讨论"你有几个老婆","5 个,你呢","我有 8 个"诸如此类的话题。初听起来还以为是《鹿鼎记》中韦小宝的对话呢,谁知道这些少男少女把虚拟的网恋进行得异常火爆。

一位网名叫"梦中情人"的男孩十分大胆地说,他有 3 个"老婆",和自己一样在读初中。他已经约好要和她们见面了。另一名中学生说:"在网上找女朋友很安全,学校和家里都不会发现。"

家长有理由担心,这些孩子特别是女孩子,她们往往会被网友的甜言蜜语所迷惑,由此受骗而失身,这样的事例不在少数。

家长如何对待青少年网迷呢? 专家指出,对于青少年网迷,家长有以下 10 点需要注意:

(1)在电脑上安装禁止访问色情、暴力、邪教网址的软件。

(2)不要将电脑安装在孩子卧室,最好放在家中的明显位置。

(3)控制孩子使用电脑的时间和方式。

(4)经常了解孩子的网上交友情况。

(5)与孩子共同阅读电子邮件,预先删除包含色情内容的垃圾邮件。

(6)没有经过父母许可,不能让孩子与网上结识的陌生人会面。

(7)安装可以过滤检测并且禁止阅读"性"、"色情"、"黄色"等字词的软件。

(8)让孩子远离网上聊天室。

(9)教育孩子不要轻易在网上发布个人信息。

(10)最好与孩子一起上网。

――――――――――――― 智者寄语 ―――――――――――――

只要做家长的能对孩子正确引导,就算他们已经对大人之间的事情早知道几年又有什么关系呢? 一句话,关键还在于家长怎样对待孩子、怎样引导孩子的问题。

慎重对待孩子与异性交往

上了初中后,王玉莹变得爱漂亮了,也很爱交朋友了。她不只同女同学交朋友,也跟几个男同学玩得特别好。不但上课的时候,经常和他们背着老师偷偷讲话,还经常约男同学到家里学习、上街玩和郊游等。她的父母为此教育了她很多次,但女儿却好像没反应。看着学习成绩渐渐下滑的女儿,父母很担忧,又怕女儿跟男同学交往会闹出什么乱子来。

中学生要广交朋友,因为"喜欢与人相处"、"渴望被人疼爱"是人的本性。进入青春期,人的性意识开始觉醒。青春期性的需求主要表现在与异性交往中满足对异性的好奇心和释放性心理能量。善于与异性交往的青少年往往是开朗、活泼的,心理不受压抑的。正常的男女同学间的交往,有利于男女同学的相互了解,消除男女之间的神秘感,还可以智力上互渗,情感上互慰,个性上互补和活动中互激。王玉莹同学的情况已经影响了她的学习生活,不能算是正常的了。

与异性交往,一定要区分开友情和爱情。友情(也叫友谊)是以友爱为出发点,有共同目标的朋友之间的深切感情;爱情是以性爱为基础,以结婚为目的的活动。爱情是两性之间所存在的一种特殊关系,需要通过理智、道德、意志来实现,需要负社会责任和法律责任。

美国心理学家赫洛克把青年交友,包括交异性朋友的好处总结为八条:

一是带来稳定感;

二是度过快乐的时光;

三是获得与他人友好相处的经验;

四是发展宽容大度和理解力;

五是得到掌握社交技能的机会;

六是得到批评他人和受他人批评的机会;

七是为将来提供求爱的经验;

八是培养诚实的道德观。

青春期青少年的交友往往是凭直觉和纯洁的,对这种友谊父母应当格外尊重和鼓励。要让孩子参与自然的集体的异性之间的交往,告诉他,不要把异性视为特殊对象而感到神秘和敏感,而形成一种人为的紧张和过分激动的心态;也不必因对某个异性有好感,愿意与之交谈、接触,就认为自己爱上了对方,或以为对方对自己有情,错把友谊当爱情来追求。家长也不要把青春期的异性交往看做是"早恋",是一种"错误的要求"或"会闹出乱子的坏事",而想办法去"制止"、"拆散"。

家长要教育处在青春期的孩子用平常心态对待异性朋友,控制性冲动,培养自己的健康人格,端正性观念和批判"性解放"思潮。有人认为只要女孩愿意,男孩不吃亏。实际上,那是人品问题,男孩一旦放纵自己,不仅给女孩带来灾难,同时也使自己产生强烈的罪恶感。

异性之间如何交往呢? 在与异性同学交往中不必过分拘谨,也不应过分随便;不宜过分冷淡,也不该过分亲昵;不可过分卖弄,也不应过分严肃。仪表要端庄,举止要得体,态度要稳重,不在异性同学面前说一些难听的粗话、脏话,以免使对方产生一种轻浮、不严肃、不庄重的感觉。以下四条有助于异性交往:

(1)相互欣赏,相互学习,相互尊重,相互帮助。补充因性别差异带来的体能、性格、性别角色的不足。

(2)胸怀坦荡,平等宽容,以诚相待。

(3)保持广泛接触和群体形式,注意交往的分寸,少与异性单独接触,没有特殊需要,不单独约会。

(4)注意把握和控制自己的性冲动,避免由于朦胧而产生的偏差,珍惜少男少女的纯洁,理智地有分寸地对待出乎意料的感情越轨,尤其对待"性诱惑"要敢于说"不"。

智者寄语

家长要教育处在青春期的孩子用平常心态对待异性朋友,控制性冲动,培养自己的健康人格,端正性观念和批判"性解放"思潮。有人认为只要女孩愿意,男孩不吃亏。实际上,那是人品问题,男孩一旦放纵自己,不仅给女孩带来灾难,同时也使自己产生强烈的罪恶感。

怎样进行性成熟前的道德教育

一个本应该在高中上学的女孩子静静因为对性的轻率,失学在家,对此,她后悔万分。

她悔恨交加地说:"我小时各门功课都优良。后来,我朦胧感到自己长大了,喜欢打扮自己,爱慕男同学……和他在一起很快乐。我们曾经逃课去看电影、逛公园……模仿电影里镜头接吻和拥抱。他曾以血书向我发誓永不分离，我轻率地以身相许……我感到自己变了，听课，逃学，对读书产生了厌倦……各科成绩直线下降……他在各方面压力下与我断绝了关系。我便咒骂'天下的男人都是骗子'，并以各种手段进行报复，几乎走到了犯罪的边缘……"

静静所以陷进早恋的旋涡，亦步亦趋，终于"走到了犯罪的边缘"，原因可能有许许多多，但最为根本的是听凭感情野马般的冲撞。这种活生生的对比启迪着我们，孩子要防备包括"早恋"在内的性早熟，最根本的一条是让孩子的道德成熟在性成熟之前。

第一，青春期萌动出现的心理变化是客观规律，不应看做大逆不道，也是禁止不住的，我们的任务是使它健康成长。

第二，当前的早恋现象存在受某些不健康传媒的影响。

第三，不应该孤立地抓早恋问题，而应放在全面培养人、教育人的工程中去解决。

性生理心理学研究表明，孩子性意识的发展存在着三个层次——性别意识、性欲意识、性观念。性别意识于孩子两岁前后就已形成，"我是男孩"、"我是女孩"，7~8岁发展至顶峰，出现讨厌异性现象；情窦初开后，性意识发生巨大变化，萌生性欲意识，产生越来越强烈的亲近异性的欲望；性观念，乃至性意识纳入社会文化轨道、糅合社会意识形态的产物，形成了青春期。

遵循孩子性意识发展的轨迹，道德教育应从孩子的性别意识萌芽开始。道德，是社会意识形态之一，是抽象的概念，怎样让孩子明白呢？只有将大道理化为他们能理解的小道理，通过他们喜闻乐见的活动，如寓言故事、游戏和幼儿园、小学的学习，进行引导；同时，通过孩子日常生活中的行为，进行指教。

孩子进入青春期，就可以进行系统的青春期教育——理想、人生观与性知识、性道德教育。孩子一旦认识人生的价值和自己奋斗的目标，就会自觉地克制性欲意识的冲动，把精力用于学习文化和科学知识。

智者寄语

孩子要防备包括"早恋"在内的性早熟，最根本的一条是让孩子的道德成熟在性成熟之前。

怎样对待手淫的孩子

齐南最近变得沉默寡言了，一种内疚感、罪恶感时常困扰着他。他知道这是手淫给他带来的心理压力，但日渐强烈的性驱力使他不如此宣泄一下，简直就过不了关。可是快感消失后，伴随的是更加内疚的紧张心理。他害怕这样会影响身体健康，害怕影响今后的前程，更害怕别人知道后把自己当成坏孩子。

手淫带来的恐惧与焦虑，尽管通过再度手淫能得到暂时的缓解，但很快又被更深的紧张所代替。他陷在这个怪圈中无力自拔，以致失眠……

齐南的痛苦在于对手淫的认识有误，并由此产生了心理障碍以致生理机能的紊乱。

手淫多是在偶然摩擦生殖器获得快感后，逐渐形成用手有意刺激外生殖器，以平息性冲动的行为。

"手淫"这个不登大雅之堂的问题在科学知识日益普及的今天也讨出了正确的说法,那就是,适度手淫无害。适度手淫可以释放长期积累的性冲动和性能量,解除由性紧张带来的心理焦虑,有利于建立性心理平衡,进而恢复和维持正常的学习和生活。它是在青春期性功能迅速发展、性欲产生和发动基础上性宣泄的一种方式,是正常的生理和心理需要。

据调查,青春期的男孩子大部分都有过手淫行为,但到了成年期,他们的智力水平、身体素质(包括性功能)、工作成就以及婚姻生活与没有过手淫的人相比,不存在任何差异。因此,为自身出现手淫活动感到羞怯、焦虑和恐惧,以至于自责自罪的心理是不必要的。适当手淫无害,不等于提倡手淫和必须手淫。不要有意追求,也不要压抑。

如果说手淫有害,那常常不是手淫带来的危害,而是对手淫错误认识而造成不健康心理,进而产生不健康生理(如神经衰弱等)的危害。当然,过度手淫对人体生理和心理都是有害的。

何为手淫的适度与过度,性医学中没有明确的规定,这与每个人的身体状况和性意识有关。一般认为手淫后没有明显头昏乏力、神经衰弱等症状则不为过度。

过度手淫使生殖器官经常处于亢奋状态,会扰乱生殖系统的活动规律。另外,性器官的持续兴奋会降低或抑制其他器官的兴奋。比如:影响心智活动效率、注意力不易集中、记忆力减退、思维迟缓等。总之,既影响身体健康,又影响学习。

父母应首先弄清引起孩子过度手淫的原因是什么。如果是生殖器疾病,如:尿道口炎、包皮过长、阴部湿疹、阴道滴虫引起的,应就医治疗。而对阴部不洁、憋尿、裤子过紧、被子过重等对生殖器局部刺激引起的,则应教育孩子养成良好的卫生习惯。手淫多在入睡前和早醒后进行。因此,父母要告诫孩子睡前不要看有关色情方面的书刊画报和影视节目,困倦时再上床以迅速入睡,醒后应及时起床。

手淫可以消耗性能量,但不是唯一方式。所以,父母还应该告诫孩子,如果把你的性能量释放到知识的海洋里,如果把你的冲动转移到文体活动上,如果把你的欲望缓解在积极的群体生活中,那么,过度手淫会从根本上克服。

────── 智者寄语 ──────

把性能量释放到知识的海洋里,把冲动转移到文体活动上,把欲望缓解在积极的群体生活中,那么,孩子的过度手淫会从根本上克服。

女儿初潮怎么办

小梅是个12岁的初一女生,平时挺活泼开朗的,爱说爱笑,爱唱爱跳。但是,这天放学回到家,她却一声不吭地钻进自己的房间,老半天不出来。妈妈叫她吃晚饭,吃完好一起去看电影,她却不搭腔,躺在床上,盖着被子,蜷成一团,愁眉不展的。妈妈感到疑惑不解,一再询问下,女儿才说:"我生病了。"妈妈一听,急忙伸手摸摸她的额头,并不发烧。女儿说:"不,不是……是……我,我流血了,也没磕着碰着,也不知怎么就流血了。妈妈,我是不是得了什么不治之症?"妈妈听完,恍然大悟,释然一笑:"傻丫头,这不是病,你是长大了。"

女性生殖器官卵巢一旦开始发育就表现出了它的生理功能——产生并排出卵细胞。卵巢位于盆腔内子宫两侧,卵巢表面的上皮有卵泡细胞,卵细胞就是由它产生的。排卵后卵泡可分泌激素促使子宫内膜生长变厚,做好迎接受精卵植入子宫内膜的准备。但如果卵子没有遇到精子,卵泡便开始萎缩,产生的激素骤然减少,子宫内膜失去激素控制而脱落,内膜丰富的血管破裂出血,血从阴道排出体外,这就是经血或月经。大约 3～7 天,子宫内膜长好后,经血停止。女子每月周期性地出现子宫内膜生长和脱落出血的过程就是月经周期,约 28～30 天。女性一生要排 300 多枚卵细胞,有 30 多年的排卵生育能力。

月经初潮就意味着卵巢开始发育,并且开始行使排卵功能了。

小梅的情况属于正常发育,只是没有这方面的常识会有些恐惧。

月经是女性正常的生理现象。女孩子到了一定年龄(一般在 12 岁左右)就会来月经,如果一直没有月经那倒是不正常的,因为那样她就没有繁殖能力,就是生理上不健全的女性。当然,大多数女孩子月经初潮时都会感到紧张、恐惧、害羞、不知所措。这时,作为母亲应加倍注意关心女儿的行为,为其讲解女性有关生理知识,帮助女儿处理眼前的让女儿感到难堪和尴尬的事情。生活上体贴、关心、照顾,并告之经期应注意的有关事项。

行经期间给女性带来一些不方便。要保持愉快的心情,不紧张,注意经期卫生,随时更换卫生用品,保证足够的睡眠,不吃辛辣、冰冷的食物,注意保暖是能顺利度过的。反之,容易引起不适感。

经期最好不要剧烈运动,但并不等于不运动。轻微的运动会促进血液循环,有利于经血排出且能缓解痛经。痛经就是行经期间小腹坠痛,腰部酸胀,它多是由冷刺激或过度劳累等引起的。有时表现为经血过少,甚至突然停止,这叫闭经。经血过多现象叫功能性子宫出血。以上情况应避免发生,若出现也不必紧张,应及时就医。

──────────── ∽◦⟡◦∽ 智者寄语 ∽◦⟡◦∽ ────────────

大多数女孩子月经初潮时都会感到紧张、恐惧、害羞、不知所措。这时,作为母亲应加倍注意关心女儿的行为,为其讲解女性有关生理知识,帮助女儿处理眼前的让女儿感到难堪和尴尬的事情。

儿子为什么突然自己洗内裤

李勇是初中二年级学生,以前他的衣服,无论是外衣还是内衣,从来不自己动手洗,都交给妈妈。

可是,忽然有一天,吃过晚饭后,妈妈发现李勇在卫生间洗衣服。咦,太阳打西边出来了? 妈妈正想夸他两句,定睛一看,见李勇洗的只是一条内裤。于是,她明白了,儿子成熟了。

李勇所遇到的情况叫"遗精"。

男孩到了青春期,在睡梦中有时会出现精液从尿道流出的现象,称为遗精。这是正常的生理现象。它说明性器官──睾丸已经开始发育并具有产生精子的能力了。

精液的形成与排出:首先在睾丸内形成精子,然后储存在附睾内。精子被输精管向上绕膀胱输送至精囊腺处,与其分泌的黏液组成精液,精液由射精管汇合到尿道(输尿管),最后经尿道口排出。

在神经和激素的作用下,睾丸不断产生精子,精囊腺、前列腺不断产生黏液,它们组成的精液在体内积存过多,会自然排出体外。

古人所云"精满而自溢",意思就是精液多了,体内装不下,就会流出来。

据调查,男孩子发生首次遗精的年龄一般是 15 岁,最小的年龄是 8 岁,到 17～18 岁时,已有 95% 以上的男孩子发生过遗精。

不仅首次遗精的年龄有差异,遗精间隔的时间也因人而异。多数是每月遗精一两次,也有三四天遗精一次的。只要不是过于频繁,都属正常之列。

既然遗精是正常的生理现象,那么紧张、恐惧的心理就是不必要的了,担心它影响身体健康也是不科学的。父母可以从多方面指导孩子认识。

(1)人为动物界最高级的动物,之所以这样说不仅是因为人有发达的大脑,有思维和语言,也因为他各方面的生理机能都很强,包括生殖能力。睾丸有很强的生精能力,即使精液没能排出,精子在附睾内储存一定时间也会死亡并被吸收,被新生的精子所代替。

(2)人体有着生物共有的基本特征——新陈代谢。人体的细胞都有一定的寿命,比如:血液中的红细胞能活 120 天,每秒钟就有 400 万个红细胞死亡,但不必担心,每秒钟又有 400 万个红细胞新生。精液也同样,不断排出着,不断再生着。再生的原料来自于人食入的营养物质。因此,只要注意摄取充足、均衡的营养物质,就不必担心健康问题。

但如果长时间频繁遗精(一两天遗精一次)就不正常了,可能是某种疾病引起的,如:尿道口感染、包皮过长等。这种情况应就医治疗。如果是有意刺激外生殖器引起频繁射精则说明你意志力较差,应增强意志力,培养广泛的兴趣,经常参加文体活动,增加正常的异性交往,平息性冲动,把充沛的精力转移到学习或其他方面上。

(3)遗精以后会弄湿内裤或床单,显得很不干净,因此,要勤换勤洗,养成爱清洁的好习惯。遗精以后也不要着意地去回忆、品味当时的情况、感觉。

智者寄语

遗精是正常的生理现象,那么紧张、恐惧的心理就是不必要的了,担心它影响身体健康也是不科学的。父母可以从多方面指导孩子认识。

如何看待孩子的"早恋"

这是一位女中学生美美的苦恼:

上中学二年级时,班上来了一个男孩成了我的同桌。不知为什么,我从不敢看他,看他就脸红脖涨;我俩同桌,但很少说话,和他说话我就精神紧张;他家就在我家的前排,我俩回家路上从不相跟,出门见面从不招呼。可是我感觉自己喜欢他,时刻在想他,想知道他干什么,想什么,做什么。就这样每天心神不宁,学习成绩开始滑落。我自己控制不住自己的感情,直到中学毕业。

早恋作为恋情,无可非议,其感情不夹杂任何世俗偏见和凡尘污秽,纯真无邪,有时还相当炽热,这些都必须充分肯定。

社会不赞成孩子的早恋,并非抹杀其恋,而是否定其"早"。"早"的弊端之一,是不自觉。

孩子年轻,知识经验不足,既缺乏适应社会和组织家庭的能力和经验,又没有建立起正确的友谊观和爱情观。因此,早恋的爱情只能说是一种凭着一时的冲动,很少甚至没有考虑与爱情有关的各种社会因素的不自觉行为。

"早"的弊端之二,是不稳定。早恋的"恋",感情成分多,理智成分少,其眷恋和向往朦朦胧胧,还没有自觉地意识到必须专一,还没有确立必须以建立家庭成为眷侣的目标。因此,早恋是不稳定、不成熟、未定型的恋爱,与成年人那种深刻和富于社会内容的恋爱有着实质性的区别。

"早"的弊端之三,是荒废学业。青少年时代是长身体长知识的时代,应集中精力于学习,积累长大自食其力、服务社会的本领。倘若荒废学业谈恋爱,到头来竹篮打水一场空,爱不成,业不就,嗟叹终生。

家长对待孩子早恋,最好的方法就是正确疏导。

(1)掌握疏导的原则。疏导的原则是:尊重、理解、关怀、引导。即尊重孩子的人格,理解孩子的美好而纯真的感情,关心孩子的思想、学习和生活,引导孩子回到班级集体中去,减少异性个别往来。

(2)掌握疏导的内容。疏导的内容,是教育孩子用理智约束自己的感情。如果心中有了爱情的萌芽,要理智地珍藏在心底,待长大条件成熟后再让它萌发。

(3)掌握疏导的方法。疏导的方法,切忌简单粗暴。有些家长把孩子的性爱心理视为洪水猛兽,以为早恋就是思想意识有问题,就是生活作风有问题,就是"变坏"了。于是,动辄打骂,搞逼供信,甚至采取勒令、制裁,如临大敌。有些家长,虽然不打、不骂、不训,但在"洪水猛兽"思想支配下,语气、脸色都足以使孩子感到压力太大,承受不了。

简单粗暴不仅收不到效果,还会激起孩子的逆反心理,横下一条心来,弄成两代人反目,适得其反,把孩子推向其早恋对象的怀里。

对这种疏导,有人形象地概括为"三来":

第一,"跳"出来,即用理智战胜感情,从早恋的烦恼中跳出来。

第二,"冻"起来,即以前途为重,把早恋感情冻结起来。

第三,"隔"开来,即返回集体,杜绝两个人单独在一起。

───────────── 智者寄语 ─────────────

家长对待孩子早恋,最好的方法就是正确疏导。

怎样教孩子防范性诱骗

14岁的少女乐乐在常去的游乐场所认识了17岁的女孩小丽,乐乐觉得小丽非常神气,有手机,花钱大方,身边常跟着几个小跟班。一日,小丽背着个名牌背包来玩,乐乐看了非常美慕。小丽跟她说要想赚钱买这样的背包也很容易。眼看乐乐心有所动,小丽打了个电话,然后说要带乐乐去一家宾馆去和一个人玩玩,说那个人很有钱,之后会给她们许多钱。乐乐糊里糊涂地就跟着去了。

到了宾馆,她们跟一个姓刘的中年男人见了面。刘某开了个房间,带她们上去喝饮料、吃零食,然后小丽叫乐乐躺到床上去,刘某在旁边解裤子。这时乐乐害怕了,吓得哭起来,但已经由不得她了。事后刘某给了小丽800元钱,小丽把其中200元给了乐乐。

后来小丽又带乐乐去了几次,直到事发,刘某被抓。刘某是个生意人,性喜小女孩,先是偶然和小丽发生了关系,后来又通过小丽诱骗了几个更小的女孩子,每次都给她们几百元钱了事。

乐乐是一个天真又有点虚荣的女生,这样的人很容易成为不怀好意的人的目标。

女孩子从初次月经来潮后开始发育,在目前中国发育的普遍年纪是在十二三岁。之后她们的体态等都会发生变化,越来越有女性特征。可是这个年纪的孩子心理上却还十分孩子气,对男女之事不懂,对女性可能遇到的性侵犯没有戒备之心。而一些不怀好意的成年男子往往瞄准了她们,一些男生看了黄色录像带之后,或单独或纠结团伙也常常侵犯女同学或比自己更小的女孩子。分析一些孩子被性诱骗的事件,主要有以下几种情况:

第一,被过量的酒或其他药物,甚至毒品麻醉,神志不清或者昏迷不醒,然后被有意下药的人性侵犯。

第二,女孩子跟一大帮人出去跳舞、玩乐,参加通宵聚会,过分地游戏,一起看黄色录像……在玩得高兴时半推半就,或者迷迷糊糊失身。

第三,被别人提出某种诱惑性的条件,或因对方具有某种身份而产生崇拜或渴望心理,没有意识到后果,自愿上当。实施诱骗的人可能是孩子的老师、远房亲戚、同学的家长。老师可能是孩子喜欢、崇拜的,有些师长正是利用孩子的柔弱心理进行威逼利诱。发生最多的是有的人利用女孩子喜欢的物品或者金钱来诱惑她,孩子如果在家中这些物质要求得不到满足,虚荣心重,也可能被诱骗。

女孩子一旦上了套儿,跟诱惑者去了封闭的场所,或发现了严酷的事实要反悔时,往往已经晚了,常被强迫就范。

值得提醒的是,青春期的男孩子也有被性诱骗的情况。例如利用男孩子的生理发育本能,被年长的妇女诱惑,例如同学的妈妈、邻居阿姨等,还有男同性恋的"鸡奸"等。所以男孩子也要有防范意识。

性诱骗对于孩子的身心都有着十分严重的影响,为了防患于未然,作为家长,应该教导孩子以下几点:

1. 唤醒孩子的女性保护自觉

女孩子初次来潮后进行青春期启蒙教育时,要告诉她现在要准备成为一个大人了,要讲到对性诱骗的防范。女孩子像花朵一样娇嫩,所以更要告诉她这个社会上居心不良的人很多,例如老师、亲戚、同学的爸爸等。如果谁老用奇怪的眼光看她,对她超乎寻常地热情,以及没有理由地给她金钱、物品时一定要警惕,没准儿是黄鼠狼给鸡拜年。要做一个自尊自爱的女孩子,有保护自己的意识。

2. 让孩子了解被诱骗的严重后果

青春期的少女发育还不全,一旦遭受性诱骗,对生理、心理都会造成严重后果。还可能发生殴打、强迫等暴力事件,少女不但会遭受性伤害,身体其他部分也会遭受创伤。有人对少女进行性诱骗后,会长期控制她,甚至出现拐卖、逼迫卖淫等更严重的后果,而且少女如果过早地尝试了性的滋味,对她将来的成长也会有影响。

通过这些教育可以防止孩子因为一个名牌背包或少量金钱而心甘情愿被诱骗,或者因为对方是自己尊敬、喜欢的师长而甘心听话。

3. 给女孩子定几条戒条

尽量不和男子独居一室,更不要随便和人去陌生的地方,不可晚归,不要参加人员复杂的聚会等活动,不要随便喝别人给的饮料,不要喝酒,去同学家发现只有其爸爸在家时要马上退出等。

———— 智者寄语 ————

性诱骗对于孩子的身心都有着十分严重的影响,为了防患于未然,作为家长,应该教导孩子。

理解孩子的"偶像"情结

初二学生李佳最近疯狂迷上了歌星周杰伦,觉得周杰伦有个性、有主见,他的音乐另类。他每个月的零花钱都用在买CD、海报及杂志上,满间房都贴上了明星的照片和海报,连笔记本上都是。走路戴着个"随身听",听周杰伦的歌。父母就是不明白孩子怎么不崇拜什么科学家和杰出人物,歌星有什么好着迷的?他们觉得现在那些明星也不是什么好人,又吸毒又撞车,可是怎么劝说李佳也不听。

有一次李佳的妈妈气极了,觉得这不但浪费金钱而且影响学习,就没收了一批照片和海报,并"毁尸灭迹"。李佳居然因此离家出走了,还好当天就找了回来。爸爸妈妈吓得够呛,从此也不敢再多管她。更听说别的孩子为了去听所喜欢歌星的演唱会,父母不给钱,就跑去卖血买昂贵的门票。有的自己就跑到广州、深圳去,希望看到自己崇拜的明星。李佳的父母怕女儿也做出这样极端的事情来,从此多了块心病。

"追星"只是稚嫩少年的一种心理消费。李佳的行为已属于较为过激的了,处于一种边缘地带。父母的担心是很有必要的,而且对于这种执迷很深的孩子,父母的态度要更为谨慎。

我们应该明白,青少年对偶像的崇拜是成长中的一个正常现象。明星一般很洒脱,很开放,他们代表了一种生存状态,且对于语言节奏的控制力、冲击力很强。再加上传媒的推波助澜,现在的中学生普遍崇拜明星偶像。据我国某大城市统计,近年"追星族"人数一直以每年超过40万的速度增长,其中以中小学生为最,占70%强。以学生为主的"追星"一族队伍日益壮大,一些狂热"追星族"还会出现日思夜想、离家出走去"追星"甚至一些更疯狂的举止。青少年"追星"现象不仅与生活条件改善有关,也是其"成人意识"的一种表现。

心理学家分析少男少女"追星"主要有以下几种心态:

第一,感情需要。这一代中学生多为独生子女,他们缺少父母辈所有的手足情。当今社会变化快,父母在紧张繁忙的现代生活中很少关注他们的内心世界,而且这一代父母与孩子的成长环境差别较大,孩子容易觉得和父母的想法不同。渴望成熟的少男少女需要友情,想获得情感共鸣,以极高频率出现在电视、报纸、网络上的明星们自然填补了这个空缺,成为他们崇拜的偶像。

第二,向往成功。明星们都顶着一个耀眼的光环,年轻俊美,有名有利,而且被传媒捧上了天,容易成为青少年心目中的成功代表。

第三,编织梦幻。青少年爱幻想,中学生们所追的星,男的大多英俊潇洒、风流倜傥,扮演的也多是些义胆冲天、侠骨柔肠的铮铮铁汉;女的则羞花闭月,扮演的也多是些娇媚可人、善良温柔的亭亭玉女;球星也都英姿勃勃、气质逼人。这些难免让正处在青春期的少男少女们羡慕、迷恋、崇拜甚至疯狂。

第四，从众心理。在中学生中，"追星"现象很普遍，一些没有特别喜欢哪个明星的学生也都努力地要找个明星来追，以免被看做"落伍"，或者不合群。

当孩子开始"追星"时，理解并善加引导最为重要，横加阻拦则会适得其反。那么，作为妈妈此时应该怎么做呢？

1. 一句赞同胜过十句指责

当孩子崇拜上哪位明星时，家长不妨带着欣赏的眼光去了解这个明星，和孩子谈论这个明星有什么长处。家长嘴里说出一两句赞扬的话，例如"歌唱得不错"、"舞跳得真好"、"这身打扮很有意思"之类，会让孩子觉得受到了尊重和理解。或者以朋友的口气和孩子讨论，说妈妈觉得有别的什么人哪方面可能比这个明星更好，与孩子辩论一下也无妨。适度"追星"只要没有什么过激行动都可以不干涉，千万不可横加指责，使孩子产生逆反心理，不准的偏偏要做。

2. 引导孩子跳出"追星族"的狭小天地

家长要多关心孩子的思想动态，抽空多带孩子去看高雅艺术表演，欣赏古典音乐、民族音乐，参加爬山、野游、运动等，使孩子从兴趣单一转向兴趣广泛。

3. 把"追星"转化为孩子努力向上的动力

青少年的可塑性很大。可以在孩子生日或节日时，给他买明星的 CD 或画册作为礼物，孩子会非常高兴。

4. 制止"追星梦幻症"

孩子识别能力较差，模仿或迷恋明星带有一定的盲目性，如果出现严重影响生活的状况一定要尽快制止，及时带孩子去心理门诊咨询。

另外，即使经济条件优越，也不能放纵、宠爱孩子，适当限制其花钱，对防止盲目消费和"追星"行为也有帮助。

智者寄语

当孩子开始"追星"时，理解并善加引导最为重要，横加阻拦则会适得其反。

使孩子不受烟酒的侵扰

在南京发生了一起学生长期结伙盗窃案件。6 名团伙成员在案发时平均年龄不到 18 岁，他们在某职业学校同班同宿舍。

17 岁嫌疑人小力供述他们的违法犯罪事实：同宿舍 6 个同龄的同学成为好"哥们儿"，经常一起溜出去"热闹热闹"，喝点酒什么的。日久天长老是喝酒抽烟，大家都有点烦，再说家里给的钱老是这样花也不太够。

一天晚上，几个哥们在外面喝啤酒，也点不起什么菜，都觉得很无聊。当时有人说，老是这样不好玩，咱们不如顺便去"拿"点东西。借着酒劲大家都很赞成。从那以后，他们时常夜里酒足饭饱后，就一块儿到附近一些中小学校行窃。由于学习的是保安专业，他们对刑法、公安业务、保安管理知识等有很多的了解，先后盗窃的财物达到将近 1 万元，学校和家长都没能发现。

最后一次大家商量，快毕业了，对仅仅到中小学"拿"点东西不感兴趣了，今后 6 个人也没机会一起"拿"了,决定干点大的,就去了一家手机店。后来案发了,6名学法不守法的少年,最终得到的不是毕业证书而是法院的判决书。

烟草对于青少年的危害多是个人身心上的,而酒精对于青少年的危害则有可能威胁到社会。就像上述例子中的青少年犯罪团体,在烟草和酒精的麻痹下,也许并不太清楚自己做了什么,会有什么后果。上述例子中的悲剧就是混合了烟酒的恶果。

吸烟、饮酒对于青少年真的危害极大。

1. 吸烟的危害

烟草的烟雾中至少含有三种危险的化学物质:焦油、尼古丁和一氧化碳。焦油是由好几种物质混合而成的,在肺中会浓缩成一种黏性物质。尼古丁是一种会使人成瘾的药物,由肺部吸收,主要是对神经系统发生作用。一氧化碳能减低红细胞将氧输送到全身去的能力。一个每天吸15~20支香烟的人,其易患肺癌、口腔癌或喉癌致死的几率,要比不吸烟的人高出14倍,其易患食道癌致死的几率比不吸烟的人高出41倍,死于膀胱癌的几率要高出两倍,死于心脏病的几率也要高出两倍。吸烟是导致慢性支气管炎和肺气肿的主要原因,而慢性肺部疾病本身,也增加了得肺炎及心脏病的危险,并且吸烟也增加了高血压的危险。

一份最新医学调研报告指出,71%的青少年和中学生尝试过吸烟。这些人中男性是女性的3倍。医生们警告说,青少年吸烟对身体的危害比成年人更大,从15岁或更小的年龄开始吸烟也许会使他们的寿命减损25年,这些人比正常人死得更早。青少年时期吸烟会导致体内器官功能紊乱,甚至在戒烟以后也难以治愈。

2. 饮酒的危害

酒是一种刺激物质、麻醉剂,过量喝酒会使大脑皮层处于过度兴奋或麻醉状态。喝酒过多的人,不是昏昏沉沉,就是胡言乱语,有的甚至大哭大闹。酒精影响中枢神经系统,导致其他疾病的发生。喝酒过量伤害大脑神经,伤害心血管系统和胃肠道。酒对胃黏膜有刺激作用,大量饮酒,胃黏膜受到刺激,影响胃液的分泌和胃的正常功能,使食欲减退,消化不良,就会引起胃肠病。经常过量饮酒,可使肝脏周围大量脂肪积存,易形成脂肪肝。

孩子处于成长发育阶段,身体的各部器官尚不完全成熟,饮酒对身体的损伤更加严重,甚至会影响到身体的正常发育。如果长期寻求酒精刺激,会导致注意力无法集中,记忆力、判断力下降。另外孩子自身没有经济收入,有的学生为了喝酒,采取骗、偷、劫等非法手段获取金钱,从而导致违法犯罪。

许多专家认为,青少年成为瘾君子不是天生的,其主要成因还在于生活环境。青少年产生吸烟饮酒心理的原因一般为:第一,从众模仿。随着身心的逐渐发育成熟,青少年处处要求以成人自居,看到许多长辈饮酒,便认为这是"大人样",于是就模仿起来。或者由于朋友喝酒,也就跟着喝。第二,出于好奇。第三,逆反心理。有些青少年对正面宣传产生逆反心理,你越是劝阻,他越是跃跃欲试。第四,尽管知道酗酒有害健康,但有侥幸心理。第五,寻求解脱。受到挫折,就借饮酒来寻求解脱,以此消愁解忧,逃避现实。

为了使孩子不受烟酒的侵扰,父母应做到以下几点:

1. 帮孩子戒掉烟瘾、酒瘾

如果孩子在不知不觉的情况下已经染上烟瘾,要想办法帮助他戒掉。拿走周围所有的吸烟用具,烟灰缸、打火机和香烟都会对戒烟者产生刺激。放一些无糖口香糖、水果、果汁和矿泉水,使胃里不空着。每天让孩子多做几次短时间的休息,到室外运动运动。做一些技巧游戏,使两只手不闲着,通过刷牙使口腔里产生一种不想吸烟的味道。打赌也是一种办法。让孩子公开戒烟,争取得到朋友和家人的支持和监督。另外告诉孩子戒烟后又吸烟不等于戒烟失败,吸了一口或一支烟后并不是"一切都太晚了",反复的过程是正常的。要仔细分析重新吸烟的原因,避免以后重犯。

帮助孩子戒酒时,可使用戒酒丸、柠檬酸之类药物;也可采用厌恶疗法,让孩子看看醉卧街头或者恶心呕吐等酗酒者的丑态,强化对酒产生条件反射性反感;还有心理辅导,使孩子认识或明白不喝酒的生活比完全沉溺其中的生活更舒适;通过有意义的社会活动来恢复孩子的社会交往,培养有益兴趣,增强自信心。

2. 预防集体饮酒后的放纵和犯罪行为

青少年参加疯狂派对或几个人集体饮酒后情绪高涨,控制力和辨别力降低,容易酒后乱性,甚至做出违法犯罪的行为。不要为孩子的聚会提供酒精饮料,不让孩子参加彻夜狂欢,孩子如果平时在学校寄宿,更要提醒他注意别喝酒误事。

智者寄语

吸烟、饮酒对青少年危害极大,父母要帮孩子避开烟酒的侵扰。

让孩子冷静面对校园暴力

刘涛是某中学初二的学生,身材比较矮小,平时也不怎么说话。可是妈妈发现刘涛最近越发地不对劲儿了。孩子比平时更加少言寡语,老要零用钱,给了早点钱好像孩子又没吃。有时候回家衣服也扯破了,脸上青一块紫一块。妈妈想这孩子肯定是跟同学打架了,可是问他他也不说。早上该去上学了,孩子又磨磨蹭蹭不走,一说还哭。

刘妈妈决心要弄个清楚。这一天跟着儿子去上学,发现刚到校门口就有两个高个子的学生围上刘涛,儿子显得非常害怕的样子。一会儿两人还推起儿子来,妈妈赶紧前去喝止。两个高年级学生看见大人来就溜走了。

后来在父母和老师的追问之下,刘涛才吞吞吐吐地说这两人找他要钱已经有一段时间了,不给或者没有就打他,逼着他回家拿,一次十块八块的。还威胁他说如果他报告学校和家长,就要他好看,把他耳朵割下来。他十分害怕,所以一直不敢说。

据一项调查显示,我国30%左右的中学生存在心理异常表现,15%有各种心理疾患,10.5%的学生面临校园暴力的威胁,94%的孩子认为在社会中自身的安全不能得到保障。北京市有关部门最近对1万余名学生进行的调查显示,有40%的学生在校内外遭遇过同学和社会青年索要钱物。而且目前校园暴力不断升级,还出现打人甚至导致受害者严重伤残的恶性事件。"校园暴力"已经成为本应纯洁的校园里的一股黑色暗流。

校园暴力发生最频繁的当然是中学校园里。分析某些中学生对别的孩子实施暴力的原因,有的是一些孩子在受到大孩子施暴后,变本加厉地在比自己更小的孩子身上"找回来"。有的是因为少年人渴望被关注、被接纳的愿望更加强烈,应试教育却使一部分学生成了被淘汰者,于是他们就用暴力来报复老师和同学,以这种"特殊方式"来获取老师的关注与同学的"承认"。在热门电影电视等影响下,一些少年崇拜"黑道原则",他们开始信奉暴力决定一切,以强凌弱,不知不觉中形成一种价值观,互相拜把子,称"大哥",受欺负了,不再向师长寻找解决办法,找几个"哥们儿"就可以。家庭暴力也是造成校园暴力的根源。家庭暴力有两种方式:一种是显性的,即"棍棒式的强制";另一种是隐性的,即"温柔的强制"。它们都会给孩子带来心理压力。此时如果再遭遇父母离异、家庭"战争"、极度贫困等负面刺激,孩子就很容易心灵扭曲,形成一种"攻击性人格"。为此他们往往通过欺凌弱小来释放压抑,获取一种心理上的平衡。

这些"害群之马"向别的学生勒索财物,向他们收取保护费等,从而出现搜身、抢夺、殴打、报复等现象。

而受害的孩子一旦遭遇校园暴力后,会长时间处于恐惧状态,情绪不稳,心情压抑,学习积极性锐减,刘涛的情况就是这样。有的以暴力对付暴力,使其价值观受到不良的影响。

作为家长,要善于发现孩子可能遭受校园暴力的迹象。如孩子一段时间中比平常沉默、独自哭泣、不愿意上学、放学不按时回家、时常"摔倒"等,都有可能是遭遇到校园暴力。不要粗暴呵斥,耐心询问才能知道真相。要明白孩子害怕被报复的心理,给他安全的感觉,不要粗暴处理,否则过后遇到麻烦的还是孩子。和学校协商,如果觉得不能根治,甚至可以考虑给孩子转校换环境。

教育孩子要聪明自卫,不能软弱好欺,更不能以暴制暴。让孩子首先要学会的是,这种事情一定要跟家长说。要坚强,不要长期忍受。还有一些家长从小教育孩子若被别的孩子打了,就打回去,这种方法不可取。要让孩子学会利用法制和秩序,利用更有权威的力量来解决问题。

家长、学校、公安三方协同根治校园暴力。"校园暴力"虽然主要发生在学校,但却需要学校、家长、公安三方协同努力,才能得到根治。有《未成年人保护法》《预防未成年人犯罪法》可依。

家庭是预防未成年人犯罪的"第一道防线",家长是根治"校园暴力"的重要环节。"校园暴力"的主要实施者是不良学生,或是他们与社会上其他不良少年勾结。家长要管教自己的孩子,使他不要成为暴力实施者。创造一个良好的家庭氛围,言传身教,帮助他们树立起积极、健康、向上的人生志向,远离不良少年,远离校园暴力。与此同时,家长要积极主动地支持、配合正常的学校教育工作。即使与学校出现分歧,也应加强沟通,通过正常的、理性的渠道求得解决,切不可对"校园暴力"推波助澜。家长要学习青少年心理与生理发展的知识、科学教育的技巧等,避免孩子们的心灵从小受到压抑与伤害。

家长们应该与自己的孩子多交流。现在的青少年接受的信息比父辈们来得要多、要复杂,但鉴别能力有限,遇到问题如果缺乏家长的指导,易误入歧途。只有多与孩子沟通,才能建立起与自己孩子之间的相互信任,才能使孩子在需要帮助的时候能想起自己的家人,而不是自己去做一些幼稚的决定。

智者寄语

家庭是预防未成年人犯罪的"第一道防线",家长是根治"校园暴力"的重要环节。

让孩子远离毒品

16岁的少女佩佩家庭条件很好,父亲自己有一家公司,平时给她的零用钱也很多。但是由于父母离婚,父亲又再婚,佩佩的精神比较苦闷。

一个周末佩佩跟几个校外认识的朋友去迪厅玩。一个朋友神神秘秘地说有好东西要跟大家分享,然后拿出几颗形状可爱的药丸来。佩佩也吃了一颗,然后觉得非常激动,不停地想跳、跳、跳。从晚上十点跳到了凌晨两点,后来她觉得有点累了,但还意犹未尽,就又吃了一颗。迪厅关门了,几个人走到路上还在跳。后来佩佩倒在地上猝死了。经法医检查,佩佩吃的是"摇头丸",死时心肌呈规则状断裂。

佩佩的悲剧在于无知和缺乏自我保护意识,当然佩佩的家长也要负很大的责任,对佩佩的关心不够。

1996 年传入我国的新型毒品"摇头丸",其传播速度之快令人始料不及,服用者大多是涉足舞厅的青少年。摇头丸在 20 世纪 90 年代初流行于欧美,是一种致幻性苯丙胺类毒品经人工合成的兴奋剂,对中枢神经系统有很强的兴奋作用,服用后表现为活动过度、情感冲动、性欲亢进、嗜舞、偏执、妄想、自我约束力下降以及有幻觉和暴力倾向,具有很大的社会危害性,被认为是 20 世纪最具危险的毒品。由于各人身体条件的不同,一颗就可能致人死亡。

根据《刑法》第 357 条的规定:毒品是指鸦片、海洛因、甲基苯丙胺(冰毒)、吗啡、大麻、可卡因以及国家规定管制的其他能够使人形成瘾癖的麻醉药品和精神药品。吸毒最可怕的是会上瘾,而且是死路一条。吸毒还容易引发自伤、自残、自杀等行为。扎针吸毒是艾滋病传染的主要途径。吸毒还会诱发犯罪。吸毒一旦上瘾,是很难彻底戒除的。走出禁毒所的吸毒者,有80% ~90% 还会复吸。

目前我国吸毒人数呈上升趋势。更为严重的是,青少年在吸毒者中的比例居高不下。据统计,参加戒毒的80% 以上是青少年,他们已成为最易受到毒品侵害的"高危人群"。青少年吸毒主要是由于心理上的原因:

第一,强烈的好奇心。青少年正处于青春期,精力充沛,各种需要极其强烈,什么事都想去试一试,有时会不顾后果而出现冒险行为。

第二,盲目的趋同心理。青少年学生有集群倾向,同一层次青少年交互感染,尤其在层次较低(如成绩差或行为不良)的青少年群体中,这种趋同心理更带盲目性。

第三,自我炫耀心理。青少年在家受着种种约束,在群体中往往寻求显示自我的机会。

第四,刻意模仿心理。青少年在其成长过程中,为了获取知识和适应环境,都离不开模仿。可以说,模仿是青少年社会化的重要手段,但这种模仿也可以对不良行为模仿。在实际情况中,成人吸毒常常成为青少年有意或无意模仿的对象。

青少年在对待吸毒问题上的这些心理动因,导致其行为的随意性。

面对吸毒这个问题,家长们应该十分谨慎。

1. 给孩子构筑拒毒心理防线

教育孩子"四知道":一要知道什么是毒品;二要知道吸毒极易成瘾,难以戒除;三要知道毒品的危害;四要知道毒品违法犯罪要受到法律制裁。

2. 从吸毒的几大原因上预防

青少年吸毒的最大原因是好奇心。让孩子懂得"吸毒一口,掉入虎口"的道理,正确把握好奇心,抑制不良诱惑。好奇是青少年的共同特点,但面对毒品,千万不要心存侥幸,千万不要吸食第一口。

3. 让孩子正确对待挫折和困难

告诉他在学习、生活中遇到考试成绩不尽如人意、和朋友吵架分手、家庭生活遇到困难等都是正常的,要正确对待。遇到这类情况时,可以试着和父母、老师、同伴沟通,或者听听自己喜欢的音乐,参加自己喜欢的体育活动等,分散自己的注意力,排解烦恼,绝对不要用毒品来麻醉自己,逃避现实,回避困难。当别人用毒品来引诱你、安慰你时,一定要意志坚定,坚决拒绝。

4. 要孩子明白毒品有百害而无一利

对毒品能治病、毒品能解脱烦恼和痛苦、毒品能给人带来快乐等各种花言巧语,让孩子绝对不要相信。如发现亲朋好友中有吸、贩毒行为的人,一定要带着孩子远离,并报告公安机关。

5. 补救措施

告诫孩子,即使自己在不知情的情况下,被引诱、欺骗吸毒一次,也要珍惜自己的生命,不再吸第二次,更不要吸第三次。尽量不去环境复杂的歌舞厅、卡拉 OK,要谨慎,决不吸食摇头丸、K 粉等兴奋剂。

───────── ❧ 智者寄语 ❧ ─────────

孩子一旦染上毒瘾,要强制戒毒,送戒毒所。不能心软,更不能给钱助长他去买毒品。心软对孩子就是死路一条。

怎样对待离家出走的孩子

邻居的孩子小勇是个 11 岁的男孩,上小学五年级。小勇是独生子女,聪明伶俐、活泼好动,学习成绩也不错,父母对他很疼爱,不惜花费金钱和精力让他学画学琴。但他也有一般独生子女常有的缺点——娇气、任性、自尊心太强、受不了半点儿委屈。这些毛病常常使他爸爸生气,爸爸管教小勇,小勇不服气、不听,爸爸发火打他,久而久之,父子俩关系变得很紧张。终于有一天,小勇离家出走了。

小勇的离家出走是父母与孩子之间沟通不当所致,孩子已形成了这些毛病,做家长的更应该耐心地教导,而不是一味地打骂。

家长对孩子过分溺爱,生怕孩子受到一点儿挫折,使其形成不知天高地厚的畸形心理,受不了一点儿委屈。现代家长对孩子大都期望太高,望子成龙,望女成凤,重智力投资而忽视品德教育,而德行的匮乏就是不幸的开端。有的父母教育无方,对孩子不是溺爱就是打骂,造成畸形的两代关系。

造成离家出走的原因有许多,除上述的家庭冲突(占主要因素)外,还有诸如家庭破裂,父母关系不正常,与继父母间的矛盾恶化,躲避危机(如打坏家中贵重的物品等),学业问题,成绩不好,常旷课、迟到,等等。有些不称职或溺爱孩子的家长常常容易被孩子的离家而吓住,从而满足孩子的一切要求。于是,孩子便把离家出走当做一个武器。富于冒险精神的孩子,常想逃离父母为他做的一切安排,去寻找一些新的东西,用以证明自己离开父母也能生存。这也是他们觉得自己需要自由和独立的一种方式。

对待孩子的离家出走,家长要做到:

(1)正确对待自己的孩子,要看到他们的成绩,尊重他们的人格,与他们建立亲密和平等的朋友关系,既不放任娇惯,也不简单粗暴。

(2)关心孩子的思想和生活,随时了解他们的心理变化,以利于有的放矢地进行诱导。发现孩子的缺点、错误后,要用平等的方式与之讨论,启发他们自觉地接受正确的观念,摒弃错误的观念,切忌不分青红皂白,一味训斥。放下架子,父母要有勇气向孩子请教。如果在对待孩子上有不公正的地方,也要有勇气承认自己的过失,从而缩短与孩子的心理距离。对出走后归来的孩子要给予更多的关心和温暖,绝对不能歧视他们,更不能冷嘲热讽。

(3)孩子离家出走后,要沉着冷静,和家里人一起分析孩子离家出走的原因。和学校的老师以及他的同学取得联系,寻求他们的帮助,他们可能了解一些你还不知道的情况。必要时应该报案。

(4)对于离家出走回来以后的孩子,家长要给孩子以温暖,要像往常一样,关心孩子的起居作息和学习生活。孩子平静下来以后,要和孩子做"心对心"的交谈,了解孩子离家出走的各个细节。告诉孩子离家出走的错误的地方,以及他的出走给家庭、学校以及关心他的人带来的负面影响。

智者寄语

针对离家出走的原因对症下药。是心理上的原因就要进行心理咨询,帮助孩子提高自我管理和自我认识的能力。

正确面对孩子的叛逆

亮亮是个15岁的少年,看不惯权威,反对一切正统,喜欢跟人抬杠。一天,家里来了位客人,是爸爸请来帮忙修电脑的朋友。爸爸给亮亮介绍这位叔叔,亮亮却爱答不理的,只是将脑袋歪了歪,眼睛斜着看了看那位叔叔,算是打招呼。他的态度让爸爸很难堪,送走客人之后,爸爸问他为什么这样做。亮亮满不在乎地说:"我看不出来他哪里像电脑高手。这年头很多人都自称是电脑高手,其实就那两下子,我见多了。"说完转身进了自己的房间,爸爸愣在了原地。

有一次,学校请了一位专家来做演讲,其他同学都认真地听着,而亮亮却站起来问:"请问,您的专家称号是谁封的?现在很多人都自称是专家,而实际上根本没有什么学术成果。"他尖锐的设问让校方非常尴尬,幸亏专家见多识广,化解了尴尬。事后,亮亮还振振有词地说:"这年头专家多了去了,谁知道他是不是货真价实。"

许多父母发现,随着孩子年龄的不断增长,孩子不听话的行为越来越严重,而且在父母不断唠叨下,孩子甚至产生了叛逆的心理,不管父母说什么,一律先否定再说。

为什么乖孩子会变成叛逆少年?这是因为处于青春期的孩子,都有一个强烈的愿望——希望父母以及他人不要再将自己当小孩子看待。为了表现自己的非凡,他们就对任何事物都抱着批判的态度。当其他人都对某件事抱着肯定态度的时候,他们会持反对意见,这样才能显示自己的"与众不同"。他们出现叛逆心理,是因为担心外界忽视了自己的存在,从而用各种手段、方法来确立"自我"与外界的平等地位。他们初步觉醒的自我意识支配着强烈的表现欲,处处表现自己,通过展示自己和别人的不一样来体现自己的价值。比如,打扮得与别人不一样,做一些引人注目、与众不同的事,说一些令人吃惊的话,等等。

当孩子出现这些问题时,父母会说:"你这孩子怎么变成这样了?"也就是说,父母习惯于从孩子身上寻找原因。其实,有许多问题的产生根源是父母。孩子的某些叛逆心理和行为,可能恰恰是家庭教育弊端所致。一些原本是典型的乖孩子,学习努力,成绩好,听话,但是父母却只知道要求孩子学习好，没有考虑到孩子除了学习，还有自尊，还有一些小小的虚荣心，还有一些物质欲望。一些孩子到了青春期，如果父母还把他当小孩子一样严加管束，丝毫不考虑到孩子的感受，孩子就会出现抵触情绪和反叛行为。对孩子要求严格并不是坏事，但要看方式。

处于青春期的孩子，不喜欢再遵从父母的命令行事。如果父母还用命令、说教式的口吻告诉他们该干什么，不要做什么，他们会用反叛来表现自己的不满。比如，孩子回到家，正在看电视，妈妈问："作业做完了没有？"孩子说："没，待会儿做，我很累。"妈妈说："写作业你累，看电视就不累？赶紧去做作业，做完了再看。"孩子很可能不会动，还留在原地，或者跟妈妈顶嘴，说出他不马上做作业的"道理"。当孩子不听父母的话时，父母感到自己权威的丧失，从而采取强势手段让孩子服从命令。这时候，孩子会觉得父母违反了自己的意愿，干涉了自己的自由，从而跟父母对抗。

如果父母对孩子要求严格，对自己却放松要求，那么孩子的叛逆现象就会更加严重。

比如，爸爸对儿子说："爸爸我这辈子就这样了，没混出什么名堂，也没什么出息。你不要像我，你一定要努力学习，将来做出一番事业。"儿子可能会想："我为什么一定要做出一番事业，你能混，难道我就不能混？"再比如，妈妈不让儿子玩游戏，怕影响他学习，但自己却经常上网玩游戏、聊天。儿子会觉得不平："为什么你能玩游戏，我不能玩？"妈妈说："我不上学，你要上学啊！你玩游戏会影响学习。"儿子会反驳："你还上班呢！难道玩游戏不会影响你工作吗？"当然，这些少年虽然有叛逆心理，但并不严重。他们只是将自己看做跟父母平等的人，处处跟父母比。而父母却觉得自己是权威，孩子无法跟自己比，于是矛盾就产生了，孩子的叛逆心理产生了，疑问也产生了："为什么我不能跟你们一样？"

处于青春期的孩子有叛逆心理，并不算是不健康心理，但如果叛逆心理的反应非常强烈时，就是一种反常心理，如果不及时加以矫正，发展下去对孩子的成长非常不利。叛逆心理会导致孩子出现对人对事多疑、偏执、冷漠、不合群等病态性格，使他精神委靡、学习被动、意志衰退、信念动摇、理想泯灭等。叛逆心理的进一步发展，还可能向病态心理或犯罪心理转化。

要纠正孩子的叛逆心理，需要注意以下几点：

（1）父母要改变过去那种只从孩子身上找原因的做法，先从自己身上找原因，看看自己对孩子的教育方法是否合适，对孩子的管制是否过于严厉。

（2）父母要放下家长的架子，不要将孩子放在自己的对立面，不要将自己看做家里的权威，认为孩子只有服从，没有提出异议或反对的权利。

（3）不要总用"长不大"的眼光看待孩子，他已经长大了，不仅是身高体重变了，想法也变了，他需要理解和重视，也希望父母能注意到他的变化。

（4）丢弃父母简单粗暴的教育方法，虽然在父母眼里那个已经成为小少年的他仍然是"孩子"，但孩子也有自尊。虽然孩子希望父母不要再将他看做孩子，但其实他的心理承受能力还没有达到成人的高度。如果父母还继续用简单粗暴的方式对待他，只会伤害他的自尊，孩子脆弱的心理也承受不了，结果不但不会变得乖巧顺从，反而会更加叛逆。

（5）该放手时要放手，什么都替孩子包办，他会觉得父母很烦，不相信他们有独立的能力。其实不光是叛逆少年，就是刚学会爬的婴儿，也希望父母能放手让他做自己的事。例如，一位父亲带着几个月大的孩子到广场上晒太阳，孩子不安分地要在地上爬。他艰难地往台阶上爬着，父亲看着着急，就一把将他抱到了台阶上。结果孩子不领情还大哭，父亲只好再次将他放到台阶下。孩子不哭了，继续艰难地往台阶上爬着。所以，父母在该放手时，一定要放手。

除此之外，一些动漫、影视作品里，经常会将一些叛逆者夸大成"英雄"，他们与许多人比起来,更有能力、胆识,并且更能赢得他人的尊敬。这种宣传极易对孩子造成误导——现实大众都是庸俗不堪的,真正的有识之士和英雄是那些"叛逆"的人。为了防止这种误导,家长要尽量避免让孩子看这些极端的作品,或者可以跟孩子一起看,一起讨论,纠正其中偏激的部分,将正确、全面的观点以讨论的形式教给孩子。

还有一点就是孩子的学习。很多孩子是因为学习问题而与家长产生对抗的。孩子的学习固然重要,但如果家长没有制定符合孩子自身实际、切实可行的学习标准,而是按照自己的主观意愿来培养孩子,要求孩子达到一定的目标,一旦孩子对学习产生厌烦心理就施以高压,那么孩子只会越来越厌烦学习,一提到学习就反感。其实,父母应该换一个角度看问题,那就是:孩子不是父母的雕塑,他是一个独立的个体,不要总希望孩子像个玩偶一样按照父母的意愿生活,这个社会每一个人都扮演着不同的角色,只要孩子能够健康快乐地成长,他的想法和行为没有危害社会,父母又何必逼着孩子去做不愿意做的事?

───────── 智者寄语 ─────────

孩子的某些叛逆心理和行为,可能恰恰是家庭教育弊端所致。

第三篇
自我修炼篇

第一章
清楚审美心理，化美貌为战斗力

自信的女人最美丽

如果一个女人可以从骨子里散发出一种自信，那么即使她的面孔并不漂亮，也会让别人刮目相看，人们会从心底里感叹：这个女人多可爱啊！

女人如果知道自己想要什么、能要什么，就等于有了自己的独立思想，而思想独立的前提是自信。这样的女人即使外表并不十分漂亮，她凛然高贵的气质也会由内而外地散发出来，那种气质清新而高雅，自然而华贵，会不知不觉地征服别人。这种女人，无论是男人还是女人，都会喜欢与之交往，因为与这样的女人交往没有任何压力，轻松而愉快。

男人总是喜欢对那些柔弱的女人表现得怜香惜玉，而自信可以让女人在把这种柔弱自然地表现出来的同时，懂得掌握分寸。

一定不要把自己看得一无是处，不要总是认为自己什么都做不好，当你自卑地躲闪别人的目光，当你总觉得别人比自己强的时候，你的美丽形象便开始打折了。喜欢自己是拥有自信的首要条件，如果你连自己都不喜欢，又怎么能让别人喜欢你呢？女人一旦自信起来，就会有一种不一样的吸引力，这会使女人变得更加潇洒妩媚，更加光彩照人，也会更快乐，更坚强，更有勇气。

女人自信的时候是最美的。古往今来，人群中那颗最闪亮的明星永远属于最为自信的女人。自信的女人喜欢符合自我风格的穿戴，喜欢用自己的方式寻找爱情，她们深深懂得幸福婚姻的秘诀。自信的女人拥有内涵，她们是职场上一道亮丽的风景，是交际场上盛开的鲜花。自信的女人心态积极乐观，她们会把这些最阳光的东西随时传递给身边的人，比如爱人，比如孩子，比如朋友。自信的女人即使相貌并不出众，没有国色天姿的容貌，没有闭月羞花的迷人，但是，她们总是拥有一份从容不迫和豁达乐观的自信，可以在使自己幸福的同时也使别人感到温暖。这样的女人懂得满足与珍惜，懂得怎样实现自己的价值并抓住自己想要的幸福。

自信的女人，不会在挫折面前低头，不会在困难面前弯腰，可以坦然地面对生活中所遭遇的一切艰难困苦，并在克服困难中完善自己、提升自己，努力让自己变得更加完美。虽然世界上没有真正的完美，但是自信可以让自己接近完美，这也是一种"最美"的体现。因为自信，女人可以看到自身的价值和迷人的魅力，也可以体会到生活中的美好和温暖。每个人都有一些人生中的重要时刻。之所以说这些时刻重要，是因为一个人的成就往往取决于某些短促的瞬间。在这些时刻，怎样选择将决定自己的未来，而这些，都需要充满自信，敢于面对。

恋爱时的女人如果缺乏自信，总是患得患失，心事重重，就无法感受到因为爱情而带来的甜蜜快乐，应该有的光泽也不会在她的脸上表现出来。一个女人只要拥有自信，即使不漂亮，也会因为爱情的滋润变得灵动美丽起来，因为她会一直坚信自己找到了幸福的另一半。人们都说新娘子是最美的,可是如果新娘子缺乏自信,少了对将来的信心,即使婚礼那天打扮得美若天仙,也会给人一种缺少光彩的感觉,因为只有自信的新娘子才能绽放出那种快乐亮丽的幸福光芒。当一个女人将为人母的时候,如果自信不足,就会顾虑忧心,整天担心自己不能向母亲这个角色完美转变,那她就会失去作为母亲的风采。而一个自信的女人就不一样了,她总是告诉自己,自己是最称职的母亲,而在自信的哺育下,宝宝也会健康快乐地成长,这种心理状态会为宝宝树立良好的榜样。这么自信的母亲,她脸上焕发出的向往是最拨动人心弦的美丽光彩。

有自信的女人不怕困难,不怕吃苦,有勇气去坦然面对一切,即使遇到或失败或残缺的生活也不会因此而失去积极乐观的信心,她们总是努力向好的方向发展。这种女人,她们有可能没有漂亮的外表,却拥有最能感染人、折服人的内涵,因此可以散发出足以倾倒众人的魅力。女人的自信是品性,它可以让女人拥有一种神奇的气质,一种具有震慑力的向心引力。只有拥有自信,才能拥有自己的精彩人生,才能拥有缤纷的大千世界。自信可以让一个女人拥有这个世上最缤纷、最完美的宠爱。女人的一生会因为自信而精彩,也会因为没有自信而黯淡。

马润毕业于河北农业大学,是一个普通的女孩子,她的家庭经济状况一般,没有什么背景。如果只是看她的教育背景,很少有人能把她和外企的高级主管联系在一起。然而,没错,马润做到了。她的成功离不开自信,她相信自己的能力,对于一切可能都不会心存放弃之念。

马润的第一份工作并不理想,因为她没有名牌大学的教育背景。为此,她坚持学外语。只是为了改变自己,她开始了漫长的充电之旅。马润先后上过许多外语培训班,花费了很多时间、精力和钱财。当然,她的付出得到了回报,她的英语水平提高得非常快。马润意识到了自己的变化更加自信了,她对未来充满了信心。之后,马润决定去外企应聘。因为有着出色的外语能力,马润顺利地进入了外企。从此,她有了自己的发展平台。由于工作能力突出,马润很快就被提拔为办公室的主管。

人生可以平平淡淡,也可以轰轰烈烈;生活可以过得粗茶淡饭,也可以过得锦衣玉食。但是自信却是无论如何都不能缺少的,每个人都应该乐观积极地面对生活,学会生活。自信是信任自己的心灵力量,能够调动平时一直潜藏在意识中的精力、智能和勇气,这时别人看到的将会是蓬勃向上、富有朝气的你。自信的女人在处理事情的时候总是会挥洒自如、灵活应变,从来不会出现优柔寡断、畏畏缩缩的情况。人们都乐于接近自信的女人,都喜欢她们带着温暖的微笑和坦然的气息。

任何人都不要太在乎别人对自己的看法和评价,要对自己的人生有一种坚信的态度,要相信:人虽然并不是完全为自己而活,但至少要用自己的想法和态度去活。别人可能会帮你一时,但谁都不会一直帮助你,对任何人都不要处处依赖,哪怕是自己的父母。一切事情最终要靠自己去解决,这才是处事的态度,而独立则是女人自信的第一步。女人可以柔弱,但不能懦弱,不要总是以颓废消沉、痛哭流涕来博得他人的同情,女强人并非人人都可以做,但至少我们要学会迎难而上。那些躲躲藏藏、畏前惧后的胆小鬼会让人们从心里鄙视,只有那些乐观向上的自信者才会获得别人的尊敬,因为那种不服输的力量是每一个人都愿意接受的。

有些人因为身体的缺陷或者不足而不够自信,她们也许身材矮小,也许说话口吃……于是,她们给自己找了无数条不需要自信的理由。只是她们忘了,自信是没有任何借口的!只要努力发现自己的优点并努力培养自信心,那些"缺点"就会自动走开,因为眼睛小或者鼻子不够挺根本不能成为被人厌恶的理由。你可以尝试以下几个增强自信的小技巧:和他人交谈时,总是在心里对自己说:我的优点很多,别人都能感受到,我的不足根本无所谓;虽然我不是位高权重,但是我的讲话是极其重要的；别人不过如此，我的准备已经很充分了；把注意力集中到对方的身上，不要总被自己所谓的"缺点"干扰……

女人一定要多给自己一点信心，不要总是折磨自己，一味地把自己封闭起来。女人应该挺起胸膛，从容地展示自己的气度和自信。无论你身在何处，无论你身份如何，在这个大千世界中只有一个独一无二的你。自己的生命本身就是一首动听的歌，世界上没有绝对的完美。所以，你要做的就是坦然地接受自己，并不断丰富自己，发挥自己的本色，活出一个自信而真实的自己，让生活中的每一天都充满灿烂的阳光。

智者寄语

在任何情况下，女人都应该拥有自信，坚信自己是世间独一无二的，没有任何人可以替代。

内外皆秀是女人受宠到永远的根本

一个美丽自信的女人必然拥有内外皆秀的气韵，而且举止优雅、内涵丰富、风姿绰约，这些都是美好的象征。一个真正的气质美女，一定是同时拥有外在美与内在美的，这样才能让美丽从发梢流动到足尖，全身都表现得姿态万千。内外皆秀让女人从仪表到心态、才情、神韵都美得无可挑剔，美得经久不衰，可以使女人的整个身心得到滋润。这种糅合了外在美和内在美的气韵与漂亮浮华的外表不同：那是一种气质，温婉可人；那是一种朝气，健康蓬勃；那是一种风采，永不褪色。

相对于男人来说，女人应该更关心自己的相貌。古人用闭月羞花、沉鱼落雁来赞扬女性的美貌。女人如果长得漂亮就会更加自信，觉得自己更有资本。然而，容貌并不是美丽的中心。漂亮的脸蛋和曼妙的身姿只是外表，并不是女人真正的美丽。试想，一个没有气质、没有思想的女人，即使她再明眸皓齿、花容月貌，也会使人感到俗不可耐。而且，漂亮的容颜是会随着时间的流逝而褪色甚至消失的，只有内在之美，不用借助任何化妆品，就能如陈酿美酒，随着岁月的流逝愈发醇香，魅力永存。

与外在美不同，内在美掌握在自己的手中，而不是时间老人的手里。一个人的内在美可以在自己后天的努力下被塑造成形，会为那并不理想的外表增添光彩，给女人光彩照人的魅力，这种美吸引力很强，从内而外地折射出迷人的光芒，焕发出美丽的光彩。所以，如果没有沉鱼落雁的容貌，不必沮丧，可以通过培养自己优雅温婉的内在气质让自己的言谈举止都极具吸引力，绽放适度的风情和美丽的风采。

有一些女性就是因为自己的智慧和才情，才弥补了外表上的欠缺而拥有无限风情。她们的美丽源于内在气质的丰盈，而不是容貌上的漂亮。一个女人的内在美并不是单一的，它包括丰富的知识、优雅的谈吐、得体的举止等诸多方面。知识是一种特殊美容品，对于女人来说，它有化腐朽为神奇、化平凡为绚丽的神奇功效，知识能使女性秀外慧中，光彩迷人。女人的内在美还包括自身的特质，比如聪明、智慧、温柔、善良等。温柔让人舒适愉悦，如阳光般和煦，如细雨般绵润，令人心旷神怡；善良可以让他人得到温暖，可以让干涸的心房得到滋润，可以让受伤的心灵得到慰藉，可以让人增强前进的勇气。女人真正的美丽应该是摄人心魄的，是一种从心灵深处源源溢出的美丽。作为女人，不但要了解自己美丽的优势所在，还要知道如何进一步拓展和深化自己的美丽。

如果一个女人具有内外兼修的美,那么一切事情对她们来说都已经运筹帷幄。丈夫会感受到她的温柔贤惠,公婆会感受到她的体贴温和,孩子则能感受到浓浓的母爱……从她身上流露出的魅力,虽然是无形的却能俘虏人心,那种美蕴含着深度风韵,而不仅仅流露于表象和姿态。

这样的女人淡泊宁静却又轻熟娴雅,她们有着令人捉摸不透的丰富内涵及无穷韵味。她们并不只是一幅优雅别致的画,她们更是一本书,百读不厌、耐人寻味。她们有着自己的风采,那是经过爱情的洗礼与家庭的熏陶后形成的。她们在乎的是美丽与神韵在举手投足间的流露,她们把岁月的光彩挽成一朵浓郁绽放的花,用双手静静地别于胸前,于是,随处都可闻到一缕幽香。她们有着坚强的胸怀,可以淡然地承受人生的大起大落,包容人世沧桑。她们有着淡泊的心态,用一双明眸审视万紫千红,用一颗聪慧的心解读风雨雷电。无论是世态炎凉还是人情冷暖,她们都能用自己的理智去面对。她们即使经历不幸也依然会淡然一笑,艰难困苦会在她们的平静镇定面前低下头来。

莎士比亚说过:"如果我们把自己比作泥土,那么就会真的成为别人践踏的东西了。"所以,自己在别人的心里到底是什么样子并不重要,重要的是自己对自己的肯定,自己是否真的了解自己。有一条规则要记住:看自己所有的,不看自己没有的。这是一种自信的情怀,可以让自己神采飞扬。如果一个女人具有这样的内在韵味,她的内心就会饱满丰盈,双眼所流露出的光芒也会安详坚定、平静柔和。在现代社会中,自信是女人很重要的品质,改变可以改变的,接受不能改变的,这是一个女人应有的心态。优雅自信的神韵可以为女人赢得一生的美丽迷人,也能让女人获得疼惜和宠爱。

外表的美丽如昙花一现,稍纵即逝,与其拼命追求外在美,不如马上行动发掘自己内在美的潜质。内在美是内在素养和精神境界的自然流露,综合体现了一个人的知识水平、生活态度、道德情操、审美情趣、生活经历。所以,容貌平平的女人千万不要怨天尤人,要学会用丰富的内在品质让自己光彩照人、风情万种。

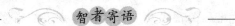

智者寄语

内外皆秀让女人从仪表到心态、才情、神韵都美得无可挑剔,美得经久不衰,可以使女人的整个身心得到滋润。

释放自己的真正风采

女人与男人不同,她们的世界异彩纷呈,美丽妖娆。在如此缤纷的世界里,女人如果一味地掩饰真我,拘束自身,就会给人以不真实甚至做作的感觉。所以,女人一定要学会释放真正的自己,活出真我风采。一个有修养的女人是非常懂得并乐于展示自己的,这样可以活得动人而洒脱,这样的女人也最容易得到别人的宠爱。

大街上有两个年轻的女孩子正在谈笑,可能正在聊之前发生的一件事。其中一个女孩身材较高,她的表情很丰富,配合着自己讲述的内容。女孩时而吐下舌头,很是调皮;时而又扬下胳膊,青春美丽。另外一个女孩被她逗得不行,捂住肚子开心地大笑。

这一切吸引了一旁的导演,他已经观察她们很久了,她们的神情和笑声非常富有感染力!两个女孩都长得很漂亮,高个儿女孩尤其引人注目,她有一双大而明亮的眼睛,脸上散发着迷人的青春光芒！导演带着其他工作人员走了过去,因为这正是他想要找的演员。

当女孩子知道自己正对着镜头的时候,很吃惊,她们显然已经明白了导演的意图。高个儿女孩的笑容没有了,青春活力没有了,她把一双手端放在腹前,竭力想让自己看上去更优雅一些。面对镜头,她压抑着内心的喜悦,一时间竟没有了言语,因为她的确不知道应该说什么,只好僵着脖子,绷紧下巴,之前的活泼神色一扫而光,看上去就像橱窗里摆放的模型。最后,导演选用了那个捂着肚子笑的女孩子,虽然她之前要比高个儿女孩略为逊色。

导演说:"我选用这个小姑娘只有一个原因,就是当她听到有成为演员的机会后就高兴得蹦跳起来,然后情不自禁地摇晃着她那位正在镜头前摆优雅姿态的朋友。要知道,一个好的演员必须能够自然地表现自己!"

人生如戏,每个人在生活中都会扮演着各种各样的角色。要想让自己的人生过得精彩,就要尽力地活出真我的个性。工作中你是员工或管理人员,家庭中你是子女同时也会为人父母;在家里你是娇羞的妻子,而办公室则需要你成熟干练……漂亮的女人们要懂得,自己的角色随时都在发生变化,要想被别人喜欢,就需要做一个角色切换自如的人。

母亲需要慈祥,父亲需要严厉,这并不是严格的规定,也并没有哪个条款规定明星必须高雅。在教育问题上,每个父母都有不同的教育方式,但唯独教育孩子保持自我的真实才是最为成功的;许多成名的女歌星或者女影星,无论她们所依靠的是美丽的容貌还是动人的嗓音,她们都有一个共同点,即保持本色。每个人的本色是真实存在的,因为每个人都有自己的特点和个性,这个真实的自我是你和别人相处时展示出的基本姿态。当你与别人交往的时候,你所需要做的并不是掩饰自我,故作姿态,而是应该坦然地释放出自己真实的性情,秀出自己真实的风采。

有些女孩子性格开朗大方,但却为了让大家喜欢而故作矜持,努力装出文静的淑女模样;有些女性已人到中年,但却偏偏想扮成活泼可爱的青春少女,殊不知虽然自己有点犹存的风韵,却没有了稳重、端庄、成熟、优雅……很多女人为了赢得别人的喜爱和尊敬,总是把最真实的一面隐藏起来,用自以为大家喜欢的姿态对人,或者为了取悦于人而不断地对自己说:"一开始的印象非常重要,一定要表现好!"然而,她们越是这样做越是适得其反,这种心理让她们觉得自己真实的一面根本不能见人,也生怕有一天真实的自己被别人发现,于是她们越发显得矫揉造作、不知所措。掩饰真实的自我是一种做作,是不自信的表现,想用从他人那里模仿来的优点替换自己的本色的念头是错误而愚蠢的,这样做的结果是既辛苦又得不偿失。

智者寄语

保持自己的风采远比掩饰自我要好得多,因为"一家之言"要比"人云亦云"更讨人喜欢,更能给人留下好印象。

智慧使美丽长驻

智慧是美丽的内涵,一个女人可以不漂亮,但不能不智慧,智慧可以重塑美丽,可以使美丽常驻。人的追求主要来自于内在的力量,外貌条件并不是最主要的。漂亮不代表魅力与气质。外貌漂亮只不过是一种优势,但倾国倾城的美貌必定只是少数,大多数的芸芸众生都相貌平平,这些普通女人的美便是其内在的品德修养所散发的气质与智慧。

英国作家毛姆曾经说过："这个世界没有哪个女人是真正丑陋的，只不过有一些女人不懂得如何使自己看起来美丽罢了。"现代女性应该懂得怎么开发自身潜能，怎么学习，怎么让自己在工作的繁忙中积极地生活，从而使自己的女性魅力光芒四射。

女性的智慧之美可以超越年龄，可以经久不衰，这种美远远胜过容颜之美。"石韫玉而山晖，水怀珠而川媚。"西晋人陆机这样评说智慧之美。

有一句谚语这样说："智慧是穿不破的衣裳。"

因此，现代女性非常注重改善自身的智力结构，她们同时也在不断改善自身的意识结构和情感结构；她们会积极地接受艺术熏陶，为的是使自己获取夺目的智慧之光。

拥有独立自主的意识状态和自尊自重的情感状态是"智慧之美"的魅力所在。大多数智慧女性能够从容勇敢地接受来自各方面的挑战，她们善于从大自然与人类社会这两部"书"中采撷智慧。

富于智慧的魅力女人有着自己的思维方式和行为方式。例如，如何运用有效的思维方式待人接物，怎样才能让自己表现出稳重有序、落落大方的风度。

所以，魅力女人聪明智慧、人情练达，不同于女孩子的天真稚嫩，也与女强人的咄咄逼人有着本质的区别。她们总能在不经意间流露出柔美和知性的魅力，并且用自己的冷漠对人群保持着一份若即若离的距离。

很多男人都觉得知性女人人间难求，绝对不是俗物，他们对这种女人心驰神往而又有着可遇不可求的惆怅。但事实是，"知性女人"同样离不了生活中的油盐酱醋，她们并非不食人间烟火，同样需要相夫教子。因为只有大俗方能大雅，只有这样才是完美女人。

知性女人有着令人赏心悦目的优雅举止，可以做到落落大方地待人接物；她们既懂得尊重别人，又懂得爱惜自己。知性女人有着和她们的处事能力一样令人刮目相看的女性魅力。

灵性是一种智慧，是女人特有的光芒，它同时包含着理性与感性。它是一种精神，融合了肉体的精神；它是一种直觉，荡漾在意识与无意识之间。灵性的女人单纯而深刻，使人感受到无穷无尽的韵味与极致魅力。

弹性是性格的张力，如果一个女人拥有弹性，那么她将能够收放自如、性格柔韧。她是聪慧的，既善解人意又善于妥协，同时把自己的坚持融入巧妙的妥协中。她有主见，而且非同一般，但那显然不是固执己见。

女性的特点与男性不同，她美得收放自如，而男性的特点只在于力。其实，知性女人的特点中也有力。只不过，男性的力往往表现为刚强，女性的力往往表现为柔韧。弹性就是一种力，这种力量可以化作温柔。有弹性的女人使人感到轻松和愉悦，既温柔又洒脱。

真正的智慧女性其智慧并不是那种小聪明，而是一种大气的风度，是灵性与弹性的结合。一个纯粹意义上的"知性"女人，既有人格的魅力，又有女性的吸引力，更有感知的影响力。她能同时征服男人和女人。

智慧女性的生活精致而优雅，即使她并不漂亮，也不会影响生活的质量。

智慧女性会极其注重健康，虽然她没有魔鬼般的身材，但却因为爱自己而爱生活。

智慧女性总是表现得美丽而时尚，她们有着广泛的兴趣，有着饱满的情绪，她们更保留着一颗好奇纯真的童心。智慧女性既理性又浪漫，像春天里的一缕清风，如书本上的一句华美之词，世间的每一分钟都会给她们带来满怀的温柔和无限的生命体悟。

智慧女性大都有过丰富的故事，她们经历过人生的风风雨雨，因而更加懂得包容的重要。

灵性与弹性的完美统一是智慧女性的内在气质。

具体来说,智慧女性的美主要体现在以下几个方面:

1. 个性突出

女性的个性比美貌更容易长时间地吸引别人,美丽的容貌仅仅具有直接的吸引力。个性是自己的本色特质,与别人有所区别,每个人都有着自己独特的个性。索菲娅·罗兰曾说过:"对于自己形体的缺陷,我们应该珍爱,改造它们要比消除它们好得多,可以让它们成为惹人怜爱的个性特征。"中国传统美学上有一条原则就是刚柔相济,温柔并非沉默,更不是毫无主见。相反,开朗的性格则容易表现自己的内心世界,让别人更快更准确地了解自己。

2. 内心丰富

提到丰富的内心有两个必不可少的内容:一是有理想,一是有知识,这两方面对现代女性来说是不可或缺的。女性魅力可以靠知识而大放光彩。除此之外,宽广的胸怀也是必需的。大作家雨果有句名言:"比大海宽阔的是天空,比天空宽阔的是人的胸怀。"如果能做到这些,那就是相当完美的女人了。

3. 志趣高雅

女性可以因为有着高雅的志向更富有魅力,从而使爱情和婚后生活充满迷人的色彩。

每个女性的气质都是不一样的,这与人品、性情、学识、智力、身世经历和思想情操等密切相关。要想有优雅的气质和风度,就必须有良好的教育和修养。

4. 言谈优雅

言为心声,人们可以通过言语来观察一个女人的内心世界。一个知性女人在言谈中,一定会有尊敬长者、爱护幼者、平和谦逊的美德。

———◎◎◎◎◎ 智者寄语 ◎◎◎◎◎———

智慧是美丽的内涵,一个女人可以不漂亮,但不能不智慧,智慧可以重塑美丽,可以使美丽常驻。

形象是女人至关重要的资本

日常生活中,每个人都有自己的评判标准,大多数情况下,人们都会认为"贼眉鼠眼"的人非奸即盗,"慈眉善目"的人却是善良慈悲的,无论是小说里的人物,还是荧幕上活灵活现的人物,判断标准也类似。很明显,这便是以貌取人。

体貌效应指的是:认识上的偏见会因人的身材和相貌而产生。通常,你的身材容貌会影响你的生活、工作、交际,许多人容易受到"体貌效应"的影响来判断他人,会有判断上的失误。大多数情况下,人们都会对那些身材匀称、容貌姣好的人表示羡慕,因为大家觉得,这样的人本身就有一种无形的魅力,让人想接近他。可是,身材不好或者容貌丑陋往往被别人忽视。现在不关心自己的形象的人,就是放弃自己。也许,未来对自己的外貌不注重的人,也会被认为是不注重内涵,或者情况更糟。如今的社会竞争是全面的竞争,不只是要比智慧、比能力,气质风度和外貌形象也是要比较的。每个人都想把自身价值提高,而那些处于中间位置的人太多了。这样在机会面前谁的曝光率高,谁就能掌握更多的成功的机会。所以,女人在注重"内涵"的同时也应该注重"外表"。

根据统计,一个人外貌出众,那么他成功的几率会更高。根据某人力公司曾发函给各大公司的人事主管的调查的结果:求职女性有没有注意打扮这一点,有 70% 的主考官会注意;92% 的主管觉得那些完全不化妆或妆化得很糟的求职女性他们一般不会录取;62% 的主管觉得女性的升迁和打扮有很大关系。只要是从事"公关类"、"业务类"、"客服类"、"秘书类"和"营销类"的女职员,打扮是必修课,这点是各大企业的主管都赞同的。

如此,一个女人的职场前途确实与会不会打扮有密切关系。有时候,美女确实有更多的机会。在那些潜在的不平等前强调个性,确实有些无可奈何。可是如果打扮能够让别人知道你重视这个工作,对业务推展也有帮助,为什么不注意呢?

充满活力与青春的女人更是一道美丽的风景线。青春应该包含激情和活力,有着无可厚非的魅力。而你的脸是不是美女不重要,但是你一定要注重装扮,那样别人自然会觉得你就是美女。这是因为大多数情况下,美女与丑女之分,"形象美"比美丽的容貌更加重要。只要突出自己的优点就能达到效果。

如果进行了精心的装扮,自然会增加女人魅力的分数,因为女人还能从装扮中获得自信。每天打扮自己,从来就认为自己是美女,那么你的美女形象便能树立。女人一定会尝试很多发型,找到适合自己的,让化妆来打造更加精致的五官,穿高跟鞋将个子矮的缺陷弥补。只要你精心打扮,成为美女不是难事。

你不光是为了别人而打扮自己的,这样你会更了解自己,对自己的长处有所了解,充满自信。而整天无精打采,生活节奏不合理的女人不会得到别人喜欢,憔悴的外表便会暴露很多。只要付出更多的诚心和努力,一定会学会打扮的。哪怕再疲倦,第二天出门要穿的衣服也要搭配好,为了一个漂亮的妆容花费点时间不算什么;想要健康和身体,就一定要有节制、有规律地生活。别把打造形象当做一种压力,而是觉得这就是一种特权,那么生活还会乏味吗?

───────────── ❧ 智者寄语 ❧ ─────────────

你不光是为了别人而打扮自己的,这样你会更了解自己,对自己的长处有所了解,充满自信。

人最难忘的是第一印象

很多人都有这样的经历,对于一个陌生人,第一眼便会判断他的性格和品位,而且在接下去的交往中,至少在一段时间内,你会认定心里的想法。心理学上的首因效应说的便是这个。它指的是,与他人交往时,起重要作用的就是最初的印象。尽管不能保证它的正确性,却很鲜明、牢固,而且还决定接下来的进程。

有专家做过统计,最初的 0.254 秒在人际交往中能给对方留下深刻的良好的刺激,印象形成的关键期是在接下来的 4 分钟里。这稍纵即逝的 4 分钟里,难忘的第一印象就形成了,而且常常起着 75% 的判断作用,并且很难改变第一印象。如今,许多商家对互联网搜索引擎上靠前的位置百般争夺,也是因为这个道理。

在 1957 年,洛钦斯——美国心理学家通过一个实验,证明了首因效应的存在。他用不同的方式描述一个叫杰姆的人,设计了四篇不同的短文。在第一篇文章里,杰姆开朗而友好;在第二篇文章里,前半段杰姆依然开朗友好,后面则相反变得不友好还孤僻;第三篇与第二篇正好背道而驰,前半段说杰姆孤僻不友好,后半段却描述他开朗友好;在第四篇文章里,杰姆孤僻而不友好。洛钦斯将被试者分为四个组分别读这四篇文章,然后综合一下杰姆的为人到底友好不友好。

根据实验的结果,表明至关重要的就是文章内容的前后安排。最先描述开朗友好的,觉得杰姆为友好者的评估为78%;最先描述孤僻不友好的,觉得杰姆为友好者的只有18%。实验结果表明,首因效应十分明显。

生活中也如此,第一印象往往很重要。我们的交往中,人们做出的判断往往是根据初次见面时对方的仪表、风度、性格、态度做出来的,并且作为接下来交往的参考。当你与一个陌生人交往,今后的关系是受能否产生认同感影响的。倘若交往的前期就能收到好的印象,一定会有益于以后的交往。

根据调查显示,职业形象好、注重仪表的职业人士,通常能得到比其他人要高出8% ~20%的起始薪金。而华盛顿美国心理协会有这样一个消息:形成良好的第一印象可以通过有力的握手,良好的第一印象与握手的一些特点(例如有力、强健、持久、有眼神接触、完全握住)有着紧密的联系。

女人的外表很重要,但也不是不美丽就没有好印象。姿态优雅、谈吐风趣、气质不凡等,都能让大家对她有良好的印象。

> 丛蓉相貌平平,主动去报社找工作。她直接找到报社的总编辑:"请问,你们要招编辑吗?""不好意思,我们不需要。""那么记者呢?""不好意思也不需要!""或者排字、校对的人员呢?""不,我们没有空缺的职位。""那么,这个东西你们就会需要了。"于是一个小牌子从她包里被拿出来,上面印着"额满,暂不雇用"。总编辑看着牌子,又再次观察这个女孩,自信满满当当,虽然没有穿着名牌服饰却很干净得体,便笑着说:"如果你有意愿就去广告部工作怎么样?"

凭借着自己的机智以及乐观的态度,丛蓉让面试他的人有了很好的印象,进而让对方对自己产生兴趣,完成她找工作的意愿。"首因效应"便能产生这样微妙的作用。

也有人持不同意见,如果是珍珠的话,即便是深陷在淤泥里,那么它也是珍珠,第一眼没有留下好的印象也不要紧,日久见人心,自然会发现她的优点。虽然这句话也有一定的道理,但是,认为你是千里马的伯乐不多,用珍珠那样的面目去对待他人,那么人们也会拿珍珠的标准看你,用淤泥那样的面目去对待他人,人们是不会把你当珍珠看的。抛开第一印象的真实性,也很难改变你带来的第一印象,况且人们还会百般找依据来支持自己的观点,从而把这种印象加深,因为第一印象是唯一的。这还不算最坏的情况,情况最糟糕的是,大多数情况下,很多人因为第一印象不好而断送你进步的机会,这一次的否决很有可能会让你失去转折性的机会。所以,女人不要吝啬自己最好的一面,哪怕没有名牌,也要保持衣着的整洁得体;哪怕不是很会说话,真心实意也是很有魅力的……

智者寄语

女人的外表很重要,但也不是不美丽就没有好印象。姿态优雅、谈吐风趣、气质不凡等,都能让大家对她有良好的印象。

散发你的强力磁场

　　著名心理学家桑代克在20世纪20年代提出了一个概念叫"晕轮效应"。他觉得人在开始认识一个人的时候，会因为一个喜欢的点，就如日晕一般，以点为中心逐渐扩散，直至全部是好的或者是坏的印象，就像暴风雨来临之前，月光的扩大化或泛化才形成了晚间月亮周围的大圆环一般。

　　换句话说，一旦你的某种特征给人留下了或好或坏的印象，他们也会把这种印象深入其他方面。受其影响，这个人其他的品质或者物品的其他特性对于这个人来说，也会收获相对应的评价。晕轮效应又名光环效应，它能够使人际知觉发生变化，从而影响人的心理和感情。

　　根据晕轮效应产生的影响，我们也可以获得一些结论，比如，如果你已经知道某一个人某一方面十分优秀时，你会很自然地认为他的其他方面也很优秀，这样的话，那他就笼罩着积极肯定的光环，并且锦上添花；与之不同的是，如果他有很明显的劣势，也许，你也会认为他其他的方面也存在劣势，那么，否定的光环就会笼罩着这个人。晕轮效应也就是我们说的"一俊遮百丑"。

　　在生活中，每个人都会受到晕轮效应的影响，只是或多或少的问题。章子怡在人们心中是美丽动人的，那么章子怡代言的产品也会受到人们的好评；人们认为范冰冰长得天生丽质，便觉得她也拥有"魔鬼"般的身材；人们觉得漂亮的人大半是善良的，而当年的"莫斯科第一美人"娜坦丽也是多亏了晕轮效应的成全。

　　娜坦丽美貌惊人，普希金刚刚见到她的时候就被她迷住了。在普希金的眼里，有着惊人美貌的娜坦丽，也一定有着崇高的品德，将来一定会是个理想的妻子。他于是不听旁人的劝告坚持和她结了婚。但是，结局却不像他期望的那样，她的兴趣爱好与普希金相差太多，她对普希金笔下的华美诗篇毫无兴趣。但是她喜爱钱财，花钱如流水，经常要求普希金和她参加各类豪奢的晚宴。但是沉溺于娜坦丽美貌的普希金并不觉得这样做有什么不对，他把文学创作弃之不顾专心陪她，为了她欠了很多债。尽管这样，在普希金看来，娜坦丽仍然是世间最漂亮的女人，他愿意为她做任何事情。最终，普希金为她丢掉了性命。

　　拥有无与伦比的美貌的她让他对她的种种恶行做出了一而再再而三的忍让。当然，我们不提倡一味追求外在美，更不提倡看人只看他的外在，所以，对于娜坦丽的迷人和对于普希金的执迷，我们都不推荐，但从他们身上，我们可以获得一些道理，晕轮效应或许会成就一个人，但同时也会让一个人迷惑。身为一个女人，也许你并不拥有出众的外貌，这也不要紧，让自己的性格变得迷人，拥有得体的行为，拥有与众不同的谈吐……任何一个方面都可以进行强化，只要能够将它变成一个属于自己的优点，那么在这光华之下的其他方面也会是美好的、吸引人的，从而形成一个强有力的磁场，让你成为一个很有魅力的人。

　　此外，受到晕轮效应的影响，人们不仅容易因为人的一个优点而觉得对方处处都是优点，也容易因为认为一个人是不可超越的优秀，从而觉得他周围的朋友也优秀。生活中，很多人认为美女一定会找帅哥当男朋友，即便这个人长得很难看，但只要不是丑陋也会被认为是才貌出众的，只因为他是漂亮女孩的男朋友。

　　所以，如果想要利用晕轮效应打造出强有力的个人磁场，形成一个人的独特魅力，除了要懂得突出自己的特色之外，还要善于借那些魅力非凡的人的人气，和这些人相处久了，慢慢地，你的魅力指数也会有很大上升。

智者寄语

如果想要利用晕轮效应打造出强有力的个人磁场,形成一个人的独特魅力,除了要懂得突出自己的特色之外,还要善于借那些魅力非凡的人的人气,和这些人相处久了,慢慢地,你的魅力指数也会有很大上升。

腹有诗书气自华

女人身上的知性,给她们带来一种非常恬静的美丽。和知性的女人在一起,你可以享受到人生中最本质的那种如冬日阳光一样的温暖,获得一种透着灵动的平静的希望感觉。有人说:"世界有十分美丽,但如果这个世界上没有女人,将失去其七分色彩,如果没有读书的女人,色彩将失掉七分内蕴。"的确,书是人类从无知到智慧的捷径。读书是女人气质的来源,是永葆青春的源泉,可以让女人变得智慧和成熟。书能够影响人的心灵,喜欢读书的女人,学历也许不会很高,但是非常有修养。

女人爱逛街,喜欢时装,喜欢美容,这都无可厚非,这就是女人的天性。但是,漂亮的时装、昂贵的化妆品并不能挽回她们的青春容颜。作为女人,只有拥有了知识塑造的气质和修养,才能让自己更加有魅力。

有人说:女人有三种美,一种是天生丽质的美丽,清新脱俗;一种是后天形成的美丽,娇媚惊艳;但最美的是读书的女人,优雅中透出一股书香,这是从内心发出的迷人魅力,最让人心仪神往。所以,做一个喜欢读书的女人,让你的言谈中透着文化的底蕴,举止中流露出很美好的气质。

对于女人来说,书中的养分胜过各种种类繁多的化妆品。女人在咀嚼文字的过程中,不经意中增加的是一份由内而外的美丽。容颜虽然已经逝去,但读书女人的美丽却因年岁而变得非常厚重,举手投足间展现的优雅气质让女人如同脱俗的玉兰,永远散发着非常美好的气质。知识是女人最好的气质良药,读书的女人能够保持永恒的美丽。

对于爱美的女性来说,读书还有一个非常让人惊喜的好处,因为读书可以使美丽的人更美丽,不美丽的人也会变得美丽。医学研究表明,读书是能让精神变得很好的方法,也是一种长寿的良药。读书,能使浮躁的心情变得宁静,狭小的视野变得非常宽广,大大有益于性情的修养和充实内心世界。

爱读书的女人,不管走到哪里都会变得非常的光彩夺目,就像一杯淡淡的清茶。

爱读书的女人,本身就是一本很值得去细细品读的书,是很多男人心目中理想的伴侣。青春易逝,容貌的美丽和一生的时间相比一点也不长,而读书的女人,即使脸上爬满了皱纹,也一样可以非常动人美丽。

最后,需要指出的是,并非有知识就是至情至性的女人,知识只是知性的一个基础,也有很多的女人,她们也受过高等教育,但却并不能被称为知性。女人就像是一本书一样,有的有着深刻的内涵,有的却只是儿童读物。是否是知性女人,还要从综合素质方面来考量。

书对女人的作用,不像睡眠,立竿见影,睡眠好的女人,容光焕发;睡眠不好的女人,有黑眼圈。读书和不读书的女人是无法在一天内看出来的。书对于女人的功效,不是美容滋补品。读书和不读书的女人同样地在几个月内也是无法区别出来的。

读书对于女人的效果,不像美容与食品那样迅速见效。依靠美容与食品的滋补,即使你今天还憔悴不堪,明天就可能会变得非常美丽动人。但一旦不用,女人可能又会变成和以前一样普通。虽然用书滋润女人的效果不是立竿见影的,却可以保持持续不变。

日子要一天一天地过,书要一页页地读下去,一年、十年、一辈子地一直读。书就像微波炉,从内到外徐徐地加热,让我们的心灵升华就可以提升我们的气质。

读书的女人会以智慧的心、宽广质朴的爱、包容豁达的胸怀,把自身的美丽融入到内心当中。读书,让她们更潇洒;读书,让她们成为一道男人喜爱的风景;读书,让她们平添几分风韵;读书,让她们青春永不老,而且思想紧跟时代。

读书的女人是体贴的,她们有比别人更加善于倾听的耳朵,是书教会了她们谦逊;书塑造了爱读书的女人身上温柔的气质,提高了她们的魅力;读书的女人是智慧的,是书给了她们灵感和智慧;习惯读书的女人,会拥有更多的自信,因为书让她们明辨自己的长短,既不自大,也不自卑。既然伟人们也曾失意彷徨,我们一定可以跌倒了再重新爬起来,抖落尘埃继续前进。

智者寄语

读书的女人会以智慧的心、宽广质朴的爱、包容豁达的胸怀,把自身的美丽融入到内心当中。

微笑的女人最美丽

微笑是一种拥有非常多含义的肢体语言,是人最美丽的、最具感染力的表情。从心理学的角度来说,微笑是一个人自信和友好的表现,能够消除人与人之间的隔阂。常常微笑的人,通常是快乐的且不缺乏安全感,他们的性格成熟,总是能给自己,也给别人带来快乐。

微笑和女人的幸福也有很大的关系。它是高级营养霜,涂抹在脸上,女人们便会青春永驻,愈加美丽动人;它是清凉的山泉水,既平息了别人的怒气,也让自己的心灵得到安慰。微笑于亲人,是贴心的关爱;微笑于朋友,是心与心的沟通;对陌生人微笑,让人和人之间的距离变小;微笑于敌人,是最好的回击方式。

微笑,一个简单得不能再简单的动作,一种非常普通的表情,却是女人的一种很自信的语言,它是友善,是关爱,是温情,更是理解和信任,也是女人脸上所绽放的光芒。微笑传递的信任,可以让人感受到你的真心;微笑传递的温情,可以消化人内心的冰石;微笑传递的友善,可以让心与心零距离;微笑传递的宽容,能看到更美丽的世界。对别人微笑,你将会体验到一种真正的愉悦。学会对每个人都用微笑相待,因为"世界就像一面镜子,当你向它微笑之时,它必要用笑脸来回报"。

一家名声很棒的店,因为店面的扩张,要高薪聘请一位卖花小姐,老板从上百个应聘者当中留下了三个清纯如花的女孩:一个是花艺学校的毕业生,一个是非常有售花经验的姑娘,最后一位是一个既没有文凭也没有经验的普通女孩。老板让她们每人用一周的试用期来花店干活,然后根据她们的表现来进行选择。

经营花店时,花艺学校毕业的女孩充分发挥自己所知道的一切专业知识,非常努力地琢磨着。专业的知识和过人的智慧为她一周的鲜花经营带来了非常棒的业绩。

第二周经营花店的是那位售花经验丰富的女孩，她用自己非常丰富的售花经验，让她对顾客心理捉摸得一清二楚，几乎每一位顾客进入花店，她都能够说服他们买一束鲜花，一周下来，业绩自然是非常的好。

第三周是那位女孩来经营花店了，由于售花对她来说是一门非常陌生的工作，她一开始就不知道怎么做。尽管女孩很努力，销售始终不好。然而，置身于花丛中，她的笑脸就像花一样美丽，从外表到内心她都流露出了一种热爱生活的情怀、对工作的热忱。对每一朵花，她都呵护有加，每一朵残花她都不舍得扔掉，修剪一下，免费送给来往的客人们。最为可贵的是，来店里的每一位客人，不管买花与否，临走时她都会真诚地祝福他们——"送人玫瑰，手有余香"。而每一个顾客听了她的祝福，都会变得非常的开心和满意，带着愉悦的心情离开了。

最后，得到老板赏识的是第三个女孩。

录取的结果着实让人有点意外，老板最后选中的女孩是第三个，这是谁也没有想到的，而且这让前两人颇为不服。对此，老板有他的道理：花艺可以慢慢学，经验可以积累，但是却学不来热情，一个人的内在气质、品德都包含其中……

微笑是一种内在的气质，气质是每个人的品德和修养的体现。喧嚣的尘世，繁忙的工作，疲惫的生活，受影响的是身体，不受约束的是心灵，只要你的心情是非常晴朗的，你的人生就没有寒冷。

女人的微笑是最美好的表情，微笑对于女人有着非常大的魅力和力量，它创造着人际关系的奇迹，同时也在改变着女人的修养。

吴小莉是香港凤凰卫视的著名主持人，看上去就有种非常亲切很好相处的感觉，原因是她有一张会笑的嘴——嘴角略微上翘，这让她与众不同，而这种不同，源于她时时刻刻都在嘴角上挂着笑容。

微笑是一个人最美好的表情，任何人，只要一露出很真诚的笑容，就会一下子变得美丽起来。杨贵妃"回眸一笑百媚生，六宫粉黛无颜色"，也正因为这"回眸一笑"才赢得了唐明皇的爱。蒙娜丽莎，正是因为她那千古迷人的微笑，几个世纪的人们都沉醉于她的笑容。

所以，时刻记得要给自己和别人一个真诚的微笑，无论你是在成功的巅峰还是在失意的低谷，无论你是为爱而欣喜还是为恨而感伤。学会了微笑，你就成功地为自己的心灵找到了生命的最原始的状态，一切欢笑和泪水都变得坦荡、洒脱，你的面前就会是很大的一片世外桃源。

―――――――――― ◦◦◦ 智者寄语 ◦◦◦ ――――――――――

能时时刻刻微笑的女人，就学会了热爱生活；学会了对别人微笑，更加学会了珍惜美好的生活；学会了用微笑面对生活中的各种坎坷，你的人生就会永远充满阳光！

细节彰显女人"魅"的灵魂

1979 年 12 月，气象学家洛伦兹在华盛顿的美国科学促进会的演讲会中说他发现过一种现象，美国得克萨斯州的一场龙卷风有可能是一只蝴蝶在巴西丛林中扇了几下翅膀。这是因为：

蝴蝶翅膀的震动,会引起周围的空气进行流动,并发生一定的气流变化,虽然相当微弱,但却会引起一大串的连锁反应,最终导致其他事物的大变化,被称为"蝴蝶效应"。以后,人们便用蝴蝶效应来描述微小因素和巨大变化间存在着千丝万缕的联系:一个小小的有害的因素,如果不进行引导和调节,就会给整体带来很大程度上的危害;一个微小的正面元素,只要正确指引,经过一段时间的积累,也可以产生比较大的效应,使大局或整体发生很大的改变。

生活中,细节对一个人的形象有着非常大的影响。一个眼神、一个笑容可以有很大的魅力;同样,一个小小的不适合的因素也会让一个名人变得一文不值。

在平时的生活当中,因为忽视了一些自身细节的处理女人的魅力减掉很多,试问,你会被一个打扮、妆容精致,但是却迈着八字步的女人所吸引吗?想要变成一位有魅力的女人,注重细节才是最关键的,细节处先动人。"十分魅力"意味着十分精细。女人们可以从以下几个具体的方面来努力:

(1)健康不在,美丽也就不再了。没有男人希望自己的女人是一个病秧子。在不同的人眼中,美丽的标准也是不同的,但是,健康是根本,失去健康,要美丽又有何用?

我们所指的健康,不光指的是身体上的,心理上也一样。健康的女人像春风、像暖阳,给人的感觉总是这么舒适,是快乐的天使,走到哪里,哪里就有欢乐。

(2)善良的女人才美丽。"面如芙蓉,心如毒蝎"的女人不会让人觉得有魅力;相反,一个善良的女人即使她不是很美丽,人们也会喜欢她,进而觉得她是非常有魅力的人,这就是人的偏见心理。善良的女人不仅能把自己照亮,也能照亮别人。

(3)慵懒得恰到好处的女人总能给人很多醉意、几分宁静。太过勤劳,做得太成功招别人嫉妒不说,也让爱情望而生畏;做得不成功,把青春熬干了,只剩下抱怨、委屈,太不值。做完了自己分内的事情,能多一段时间是一段,听听音乐、看看小说、喝喝茶……享受生活的美好,并让生活把自己滋养得更加美丽,这才是"懒福气"。

(4)像男人有自己的朋友一样,去交一些自己真正的朋友。一个人逛街、吃饭、高兴、伤心……是非常无聊的,要和别人分享一下。有的人说"有了爱情,没有朋友也是无所谓的"。其实,这是完全错误的,没有友情,生活就会变得平淡无趣,让爱人来填补这种空虚吗?你就不怕去侵犯对方的自由空间,而让感情失色吗?朋友是朋友,恋人是恋人,少了什么都不行。

(5)工作是女人能否独立的标志。一个经济和人格都独立的女人才是最吸引人的。那种依靠别人的生活,短时间或许可行,而一辈子,还是自己可靠。靠人,总会让自己比人低一等,不自觉中就会使自己在对方面前显得很卑微。

独立的女人才可以没有顾忌地爱一个人,美得肆无忌惮!

(6)浪漫是恋人心中最美好的东西。有的女人渴望浪漫,却只是等男人来奉上而自己不会主动去营造浪漫的气氛;有的女人一生都不曾拥有过片刻的浪漫;有的女人浪漫得有一些过头,自己累、身边的人也跟着累,最后只好带着非常困倦的心灵"相忘于江湖";还有的女人错把孩子气的任性和女孩所具备的无理取闹当作浪漫。

真正的浪漫属于聪明的女孩,浪漫不仅仅是风花雪月,柴米油盐也是可以很浪漫的,她们知道世间的一切事物,只要和爱情沾了边儿的,就都变成了浪漫的事物。

(7)女人总还是需要有几分灵性才能算得上是真正的美丽。一个有灵性的女人,是心中蓄有一汪清泉的女人,必定能令人产生一种非常温柔非常柔和的感觉;她的赞美非常到位,批评也温婉平和,让人感到非常舒服。

所谓胸有清泉,就是各种情绪都能在心里净化一遍,既能自净,又能把别人给感化了;既能去污,又能去火。从其形象、语言中,流露出来的就一定是清爽的、体贴的感觉。

(8)要聪明但不能过分,不要"十分聪明"。女孩要聪明,但绝对不能"太聪明","太聪明"的女孩会让人害怕,让男人感到没有安全感,进而吓跑爱情。因此,做女人要做到"大智若愚"。

(9)自己把握自己的命运,感情不意味着一切。幸福永远都是掌握在自己手上的,不是别人给的,所以,千万不要非常傻地为了爱情放弃了自己的一切前途,希望能够从别人那里换一个幸福的未来。连自我都失去了,又怎么谈拥有幸福? 我们要对自己的未来有一个长远的全面的规划,包括事业、父母、友人、自我,感情只是很小的一部分。

(10)用饱满的热情爱生活。要好好地去爱一个人,去学会生活。生命只有一次,非常有热情地把自己全身心地投入进去,不要颓废、空虚、迷茫地糟践自己也伤害别人,热爱生活,就会感到自己的存在感越加强烈。

智者寄语

想要变成一位有魅力的女人,注重细节才是最关键的,细节处先动人。"十分魅力"意味着十分精细。

第二章
知晓情绪心理学,准备心灵急救箱

健康情绪可以培养

女性心理活动的核心是情绪,对她的身心健康都有很大的影响。因此,学会自觉地调节和控制情绪,是女性心理保健的重要内容。我们平常的生活和学习当中,无论做什么事都带有情感色彩:当考试考得很不错的时候,会感到喜悦;失去珍贵的东西时,会感到惋惜;如果愿望一再受妨碍而达不到,则会失望甚至愤怒;进入一个比较陌生的环境的时候,会感到局促不安甚或产生恐惧等。这些喜悦、悲哀、愤怒、害怕等情绪都迎面袭来,会引起身体一系列的生理上的变化。

经科学研究表明,积极的情绪,如适度的紧张或者愉悦欢快,可以引起心脏输出量增加,有益于身体健康,促进血液循环,让女人精神变得非常好,大脑工作能力增强。而伤心、悲痛、愤怒、焦虑等消极情绪引起的生理变化,对女人身体是非常不好的。如机体长期处于不良情绪的影响下,往往会发生很多疾病,如高血压、胃溃疡,以及心理障碍等。对此,女性更加应该注重自己的情绪对自己的身心健康起的作用,并学会自我调节和控制情绪。

那么应该怎么做呢?

1. 养成良好的幽默感

幽默感常常可以使原本紧张的气氛变得放松起来。研究发现,在问题面前,那些经常运用幽默作为应对机制的女性,健康问题较少;而那些经常运用哭来表达自己情绪的女人,一般身体都不怎么好。

2. 让生活更加愉快

女性要设法增加生活的情趣,添加快乐的生活体验感。即使偶尔遇到不开心的事情,也不要有很强烈的感情。研究表明,增加生活情趣可以让人有很开心的感觉,可以减弱消极情绪状态而提高 A 型免疫球蛋白,提高自身的免疫力。

3. 适当的发泄情绪

人都有"七情六欲",情绪是生活中的必要部分。对起伏的情绪不必也不能给予反对和抑制的措施,而应选择适当的方式,如运动、旅游、倾诉等,使情绪一个适当的发泄。调查显示,有机会倾吐自己的痛苦并得到他人劝慰的女性能很好地改善自身的健康。

4. 从积极的角度观察事物

很多表面上看来非常让人难过的事件,如果变化一个角度,以另外一种眼光去看,常可发现一些具有积极意义的东西。

5. 追求自己的事业与理想

没有人生追求的女人就会使自己的人生没有方向感,在学习和工作中无所适从,情绪也会很消极。有自己的事业和追求,并努力为梦想奋斗的女性则会体验到一种内心的满足,进一步生产生好的情绪。

6. 社会活动频繁

女性保持身体和心理健康状态的最佳途径,就是多参与社交活动,多多与人互动和交流,通过服务社会体现自我价值。研究证明,社会交往能使女性产生一些比较积极的情绪,积极的情绪体验又会使之更积极地与人交往,更好地和环境相融合,很好地应对事件,从而变成一个良性循环。

7. 快速解决问题

犹豫不决会产生不好的情绪,危害女人的身心健康。所以,很多时候女性不要太追求完美,宁可偶尔出些小错,也不要为一些不值得想的小问题思前想后。

8. 珍惜时间

大部分女性在生活中的期望方面,总是着眼于未来,而忽视了自己眼前的大好时光。只有善于利用眼前宝贵时光的女性,才可能一直保持着非常完美的情绪。

培养良好的健康情绪,对女性的心理、生理、精神等都会有很好的影响,健康情绪可以使人心情舒畅、积极向上,可使人工作精力充沛、朝气蓬勃,可让人用乐观的心态面对所遇到的困难和挫折,有益于身体健康。据有关专家调查,长寿老人中有96%都是情绪很健康的人。总之,健康情绪可以使女性有生活的幸福感,从而更加热爱自己的生活和人生。

———————————— 智者寄语 ————————————

女性更加应该注重自己的情绪对自己的身心健康起的作用,并学会自我调节和控制情绪。

快乐心境需要自己去创造

自己快乐,别人才会快乐,要把快乐带到别人的生活中,首先自己要阳光。

快乐心情是一列奔驰的火车,令人神往。女人在充满各种矛盾和纠结的生活中,要做"快乐的主人"——尽管这种想法是很浪漫的,但浪漫的感觉也是非常好的。在"快乐心情"中品味人生创意的美好,是比品尝咖啡更加让人享受的事情。那么,如何在那些充满各种眼光、各种动作、各种语言、各种吵闹中创造出属于自己的"快乐心情"呢?

1. 笑颜常在

研究表明,女人的行为能决定她的情绪,整天不苟言笑,情绪也一定受到影响,保持消极的状态。所以走路不要拖拉着足底,应步伐轻快;要昂首挺胸;要笑口常开——甚至先假笑一下也能促进真笑的发生!

2. 精神胜利法

这是一种对身心健康有益的活动。在你的事业、爱情、婚姻不尽如人意时,在你因经济上的问题而闷闷不乐时,在你无端遭到人身攻击或不公正的评价而气恼时,在你因自己的身体上的残缺而遭到别人的鄙视和嘲笑而伤感时,你不妨用阿Q的精神调适一下你失衡的心理,营造一个祥和、豁达、坦然的心理情境。

3. 难得糊涂

这是女性心理环境遭到不好对待时的保护伞。在一些非原则性的问题上"糊涂"一下,无疑能提高女性的心理承受力,避免不必要的精神和心理问题。有这个保护伞,会使你处惊不乱,遇烦恼不忧,以恬淡平和的心境来对待生活中的各种紧张。

4. 随遇而安

这是女性心理防卫机制中一种合理的心理反应,遇事总能满足,烦恼就少,心理压力就变小了。生老病死,天灾人祸都会不期而至,能随遇而安的女人,将有一片清新的情境。

5. 幽默诙谐

当你受到困难挫折和心理紧张的时候,可用幽默化解困境,维持心态平衡。幽默可以很好地改善人际关系,它能使沉重的心境变得豁达、开朗。

6. 宣泄积郁

从心理学的角度看,宣泄是女人在正常生活中的正常需要。如果有抑郁的情绪产生,可以找个朋友谈谈心;也可以去户外进行一种非常喜欢的运动;或者在旷野上大声喊叫,不仅可以呼吸新鲜空气,还能促进心理的正常情绪宣泄。

7. 坚持运动

女性没有必要进行剧烈的运动,只需要将速度保持在比行走稍微快一点就可以了,这样也能产生很好的心理安慰功效。另外,慢跑步、骑自行车、游泳也都能增强自信,让情绪变得舒畅,而且还能提高活力。每次坚持 20 分钟左右,每个星期 3~4 次,就能得到很好的效果。

───────────── 智者寄语 ─────────────

自己快乐,别人才会快乐,要把快乐带到别人的生活中,首先自己要阳光。

世上没有后悔药

已经发生了的事情是无法改变的,若是一直后悔,也不过是折磨自己罢了。"后悔"是女人经常有的情绪。有的人会为了抛出增值股而后悔;有的人会因为错过了男人而后悔;还有的人竟然连没吃到一份免费的午餐都会后悔。后悔的事情时时刻刻都在发生,那它的幕后究竟是什么?

导致女性后悔的因素大概有两种:一种是在做决定的时候意识到了一些可能的消极后果,但是却因为某些因素而不能及时采取防御措施。这样的话,女性往往会非常悔恨,因为她们只差一点就能够成功了。另一种是因为盲目乐观所造成的。这类的女性在做方案的时候往往会对一些不利的因素加以忽视,并没有做出最坏的打算。因此,一旦坏事情发生,就会非常惊恐。

还有一些女性常常会后悔,且每次后悔的原因都差不多,像这一类人,她们的失误并不是新的,而是在重复犯旧的错误。她们的后悔只是表面的,而她们内心并没有真正意义上的后悔,因为她们并没有认真分析错误然后加以自省。如果后悔无法改变我们的现实生活,那么,从现在做起,把它们完全地从你心里扫除吧。

1. 认识到过去等于历史

过去的终究都过去了,无论你如何后悔都没法改变现状。你所应该记住的话是:"后悔没有改变事实的力量,也没办法让我有什么长进。"既然如此,你就能够把自己心中的抱怨和教训辨别开来。

2. 从后悔中吸取教训

如果你能处理好你要避免的事情,那么,你心中的后悔也会消除。

世界上是没有后悔药的,无论是谁做的,就算现在看来是一件非常不正确的事情,但在当时的情况下,这样的选择有可能是最合适的。因此,做错了事情后不要后悔,更加不要对别人产生抱怨。大部分时候,事情的存在总会有存在的理由。

智者寄语

做错了事情后不要后悔,更加不要对别人产生抱怨。

冲动是魔鬼,使人"刹不了车"

有句话说得好,冲动是魔鬼,能够让女人失去理性思考。

早高峰的时候,堵车非常厉害,因而让人烦心。有的时候最前面的车子向前有了移动,而自己前面的司机却一点动静也没有。在这样的情况下,很多女性的心里就开始不停地窜火,因而会不停地猛按喇叭。如果前面的人还是没有动静,这种冲动就会升级为骂人,不过还好,他们没有正面对架就算是万幸了,最可怕的是冲动在此升级,这时候,女性很可能会一脚油门踩下去,猛地撞一下前面的车……

原本是和两个孩子的小打小闹,却会引发两个女人的对骂。当男人到场的时候就是矛盾到白热化的时候了,女人们会说出自己的委屈,撺掇各自的男人和对方打架。女人仅仅是动动嘴,而男人的冲动可就不是那么简单了。他们冲动起来就会大干一场……

要是像这样的话,由冲动所带来的后果是不堪设想的。男人和女人本来就不一样,由于女性比较感性,因而更加容易冲动。

宋小姐若是心情不好,总喜欢自己跑到百货大楼,然后将卡里的钱换成一袋袋衣服、包包,而且还很有成就感。可是,宋小姐最后还是会后悔:"这么贵的鞋子和香水,其实也没有什么特别的,当时要是不这么冲动就好了!"生活中因一时冲动所造成的悲剧很多,你在冲动的时候,一定要先想想你是否能够经受得起后果。打个比方,你平时只会花500元来买衣服,如果你一时冲动买了1000元的,那你可能还能够承受,但若是10000元,那你的生活就可能会因此而乱套。

近日的记者报道,经过一项调查研究发现,和体重较轻的女性相比,体重重的女性往往是那些容易冲动的女性。调查者分析:"这和智商没有什么联系,可能是体内激素比正常体重的女性多的缘故。这也能够合理地解释为什么有的人会发胖,因而他们在冲动的时候往往会吃很多。"同时,还有人发现,在月经周期10天的时候冲动的可能性最大,这和自身体内的激素有着直接的联系。

冲动情绪往往代表着对某事的无力,这样的情绪往往有很强的破坏作用。很多女性往往会在冲动的时候做出不理智的事情来,到最后却后悔,因而,我们应该要有有效的措施来应对。女性朋友们怎么才能控制住冲动情绪呢?

第一,要用理智帮助自己将情绪加以梳理,使自己淡定一点。在受到强烈的刺激而必须让自己冷静下来的时候,一定要把事情的前后做一下简要的分析,然后通过别的方法来缓解自己的情绪,最好不要让自己变得浮躁、冲动。例如,当你被他人嘲笑的时候,若很快地还嘴,就很可能和对方发生口角,而事情却依旧不会得到解决。但如果在这个时候你如果尽可能地冷静,或者以沉默相抗衡,或者用犀利的语言陈述自己受到的伤害,这样一来对方就会陷入很尴尬的境地。

第二，你可以使用暗示、转移注意力的方法来缓解冲动。若是某件事情使你非常生气，那这件事必然是侵犯了你的尊严或者是利益。若是你觉得自己的情绪非常激动，可以通过暗示和转移注意力来缓解一下冲动，鼓励自己把冲动给克制住。比如，你可以对自己说"冲动是魔鬼，不要上当""没事儿，一会儿就好"，或者找一件别的事情做，或者换一个好一点的环境。情绪平复的过程需要好几分钟，但是若不及时转移，就会更糟糕，如忧虑的人总是会往坏的方面去想，就越觉得情况很糟糕。如果能够平复下来，一定要思考更好的解决方法是什么。在遇到挫折、冲突的时候一定不能逃避，而要想好如何处理矛盾。

第三，平时可以进行一些这方面的训练，多锻炼一下自己。在这个阶段，你可以根据自己的喜好做一些喜欢的事情，如书法、做手工等等，这些不仅能让心情变得愉快，而且还能学会一技之长。

在冲动的情况下冲动，在心理学上叫做"未加思索的情绪反应"。心理专家觉得，当人的利益或者是尊严受到侵犯的时候，必然会产生愤怒，而当时的想法就是给那些侵犯你的人当头一棒，但是一定要冷静地想清楚，这样做能不能对事情的解决产生好的影响？以免即使当时出了气，但最后自己还是受害者。

试着熄灭心头的火

不管你是不是想发火，在发火的时候一定不要失去理智。心理学将人类发火的现象称作怒。怒，按程度来划分，主要有愠怒、愤怒、大怒和暴怒等几个主要的类型。怒的程度越大，对人体的危害也会越大。发火是人们对事物产生不满情绪的外在表现，这种情绪对人有害。若一个人总是发火，就会影响与周围人的交往，有时还会丧失理智，做出后悔终生的事。

引起发怒的因素很多，比如很多处于更年期、经期的女性，因为体内会分泌激素，因而会出现急躁、焦虑、不安等情绪；甲状腺功能亢进、神经衰弱、躁狂状态以及一些身体和心理的疾病等都容易引起发怒的情况；内心的因素或者是心理上的冲突往往也容易使人发火，事业、感情、人际交往中的不顺都会让人有烦躁的情绪。有的时候，心中的怒气甚至会迁怒到一些不相关的人身上。事实上，这样的行为属于心理学上"替代或替换"的心理防御机制，人们往往会通过将自己的不满发泄到别人身上来缓解，以此保护自己。

同时，女性可以记录一下自己发怒是否有什么规律性，是不是与生理周期有关系。若是身体有问题，就要及时去医院治疗一下。可是，如何才能不发火或者是少发火呢？心理学家有以下建议：

1. 容忍克制法

老人都说："如果壶太小，水就容易飞腾；如果气量小，人就容易愤怒。"若是稍微遇到一点小事情就大动肝火，就会显得这人没有气量。有人曾经忠告那些气量小的人："放宽心吧，若是我们对世界上的一切事物都很计较，我们就很难快乐地生活了。"一定要克制住自己的情绪，提高自己的修养。如果你胸襟宽广，绝对不会因为一些小事情而发火。且就算是遇到了很难的事情,也会平静地想办法将问题解决好。

2. 保持沉默法

朱自清说过:"当你冲动的时候,沉默是最好的选择。"当觉得自己要发怒的时候,就一定要管好自己的舌头,强迫自己少说话,多多克制自己,如此一来,你的冲动会被逐渐减少,沉默会成为平衡身心的神药,不会花费多少心思就能够将怒气化解掉。

3. 及时回避法

如果生活中确实有让你很愤怒的事情发生了,"三十六计,走为上策"。离开事发地,这样你就能够更加容易地将这件事情淡忘。

4. 自我提醒法

如果你想发火,只要还可以克制,就一定要将自己的情感驾驭起来,对自己说:"不行,我不能这样做,不然,事情会更加糟糕",也可以在心中念道:"冷静,冷静息怒、息怒。"一直把它坚持下去,那么便会得到效果。

5. 注意转移法

在心理学家看来,在受到让人不断发火的刺激的时候,大脑里会产生强烈的兴奋灶,这个时候倘若你有意识地在大脑皮质里重新建立一个兴奋点,使引起发火的兴奋灶被取代、抵消或削弱,便会逐渐缓和、平息火气。比如,将话题转移、找点开心的话题来做,听些音乐或者戏曲来使自己心情愉悦,阅读喜爱的小说、诗歌,或者哪怕是出去散散心。

即使你再怎么生气,都不要说你根本做不到的刺激别人的话,比如"从今往后我再也不会……了!""今年我都不会……",不然只能伤害自己,把自己的威信降低。

────── 智者寄语 ──────

一定要克制住自己的情绪,提高自己的修养。如果你胸襟宽广,绝对不会因为一些小事情而发火。且就算是遇到了很难的事情,也会平静地想办法将问题解决好。

让情绪为你服务

倘若可以彻底改变对一件事情的看法,情绪便能得到大的改善。人都是充满情绪化的。即使再理性的人,在他思考问题时,也会受当时的情绪和状态的影响。"理性思考"就是情绪状态的一种。因此说人是感情的动物,无论什么时候做出来的决定都有感情因素掺杂在其中。

情绪有积极与消极的区别,可是我们必须知道,无论是消极还是积极的情绪都是对人有帮助的,因此不要设法把消极情绪都排除。就算情绪本身让人很不愉快,每一种情绪对自己都是有用的这一点我们必须知道。例如,痛苦能让我们回到现实生活当中来;内疚能让我们重新审视自己的做法;悲哀会让我们发现并重新思考遇到的问题;焦虑能让我们多做些准备;恐惧能牵动全身,对付不好的情况。但是,被消极的情绪弄得不知所措也是有可能的;况且,这样的情绪可能也不会发生什么大的改变。可是,即使是在最不好的情绪中,也会潜藏着变好的可能,而我们要加以利用这种可能。

人人都偏爱从积极的情绪中学习一些东西,却不愿从消极的情绪中学习。可是我们可以使情绪发生影响。往往同一情境或者现实,换一个角度来看,可能会体验消极情绪,遭遇到心理困境;从另外一个角度来看,很容易发现有积极的意义存在,转化为积极情绪。下面举个例子。

一位老太太有两个儿子,大儿子做的是草鞋的生意,小儿子做的是雨伞的生意。晴天她担心大儿子卖不出去雨伞,遇到雨天她又害怕小儿子卖不出去草鞋,因此老太太每天都生活在苦闷之中。一天,有人教她,如果你换一种思考方式来想,晴天就想大儿子能够卖出去草鞋;雨天便想小儿子的雨伞能卖得很好,听了他的话之后,老太太照做,后来的每一天都变得很开心。

我们往往也和老太太一样,倘若总想着发生不好的事情,那么就算是好事也会逐渐变成坏事,你也会不高兴;但是倘若我们想象着发生好的事情,那么就算坏事也会逐渐变成好事,这样你的心情也会变好。面对事情,只不过看我们以什么样的方式去面对。学会把自己的情绪调整好,那么快乐就会多一些。

保持积极的情绪状态也有很多方法,例如,对他人宽容,让开心乐观的心态得以保持,接受自己的情绪变化,将自己不好的状态及时地调整好,掌握好属于自己的一套调节方法。这些方法都是非常实用的。假如你掉入了河中,便可以想也许你的口袋里游进一只鱼;如果你不再一味想着自己能不能幸福,你便幸福了;失败并不等于你在将自己的时间和生命浪费,只能说明你有机会重新拥有新的时间和生命。

快乐的钥匙是掌握在自己手中的,和其他人无关。我们不能被情绪左右而要做情绪的主人。在心理学家看来:人能放大一些消极的情绪,也可以制造积极的情绪。因此我们应学会对自己的情绪做出一些调整,这样时刻都能有非常好的情绪。

───────────── 智者寄语 ─────────────

快乐的钥匙是掌握在自己手中的,和其他人无关。

舒缓亚健康状态

许多职业女性总有"整个白天都很困倦,想睡觉,上了床又睡不着""浑身无力、思想涣散、头痛、眼睛疲劳""很累,不想工作,看到办公桌和电脑就觉得很烦很累"等感觉。还有的人一年里都觉得自己身体不舒服。甚至有的人在站起来的时候会感觉胸闷不适、心悸气短、眼前发黑、耳鸣,咽喉有异物感、颈肩僵硬、便秘还会非常容易晕车。可去医院检查没有任何指标是非正常的,保健品也吃了不少,但是身体还是一直反反复复。她们会经常这样问自己:"我真的得病了吗?"

事实上她们并不是真的有病,而是很多因素让他们的身体总处于亚健康状态。大部分亚健康群便是"白领族"。身体介于健康和疾病中间的一种中立状态便是心理亚健康。例如人们在承受的刺激或压力过大时,人的心理和行为便会与正常的轨道发生偏离,可是也没达到心理问题疾病的程度。因为有着不同的压力强弱或刺激大小以及每个人的心理素质和个人评价的差异,心理亚健康也表现得轻重各异。它的形成有很多原因,例如遗传、生活压力过大、不良的生活习惯、生活节奏紧张、工作疲劳、环境的污染等。

亚健康状态越来越成为大众的焦点,催生了各种营养品和药品,其实主要问题不是缺乏营养,盲目地服用可能会导致营养过剩和多种疾病的产生。药物虽有治疗作用,但它也可能有毒副作用,如果一直服用便可能引起某些器官损坏。因此,要靠自己去积极采取措施以摆脱亚健

康状态,使它能得到阻断或延缓。舒缓亚健康状态主要有这几点措施:

1. 均衡营养

应广泛摄入维生素。当人在亚健康状态的时候,体内自由基会使衰老的进程加速,糖蛋白的合成有赖于维生素 A。但因为细胞膜表面的蛋白的主要成分是糖蛋白,而免疫球蛋白也是糖蛋白,因此如果摄入维生素 A 的量很少,会出现呼吸道上皮细胞缺乏抵抗力的现象,很容易得病。维生素 C 则可以起到不错的抗氧化作用,抗击自由基。另外,人体非特异性免疫功能也会因为摄入微量元素锌、硒以及 B 族维生素等多种元素而得到促进。生活中还应该补充一些钙质,它能安神,还能使人内心稳定。

2. 增加运动

增强运动,可以使人体的抵抗力得到提高,使心情得到放松。坚持每天都锻炼,通过慢跑、骑车、打球等运动使情绪得到控制,从而使身体受到的损害减少。

3. 保证睡眠

人类生命的三分之一都应该是睡眠,它是帮助你脱离亚健康的重要方法。睡眠充足才能有健康的身体、充沛的精力、愉悦的心情,这样你的工作才能更好更完美。

4. 把心放宽

生活当中,烦心事是避免不了的,要应付各种挑战,调节自己的心理使其到最健康的状态是很重要的。

5. 劳逸结合,张弛有度

身心不能一直处于高强度、快节奏的状态。每隔一段时间出去游玩一次,远离城市,放松心情。郊外的空气更加新鲜,对呼吸系统更有帮助。人体生物钟运转得正常是健康的最好保证。痢糠 P]

──────── ❧ 智者寄语 ❧ ────────

心理亚健康在人群中显然已经不是什么新鲜事,可是不能放任它不管,应该采取措施来调节自己处于亚健康状态的身体,别使你的生活和健康受到影响,更不要使正常的生活受到阻碍。

平衡心灵的天平

女人追求幸福遇到的最大的障碍便是让生活中的压力和困难给蒙蔽了,因此女人更加要自己学会解决自身的心理问题。在竞争日益激烈的生活中,心理失衡的现象时有发生。当遇到家人争吵、被人误解讥讽、竞聘落选等情况,内心便会积累各种消极情绪,这样心理便会失衡。这时人容易出现偏颇、轻率、愚蠢、暴躁等自己难以控制的行为,虽然宣泄了心里积累的能量,可是这些行为是非常有破坏性的。此时"心理补偿"便是我们所需要的。我们研究从古至今的强者,可以发现成功的一个因素就是非常善于调节自己的心理状态,逐渐恢复平衡自己的心理补偿,直至在心里增加建设性的能量。

如果将人比作天平,天平左边是消极情绪和心理压力,右边是心理补偿功能。你达到心理平衡需要加重多少补偿功能的砝码,你便能多大程度上有时间和精力去抵抗消极情绪,从而充满自信地使你有待完成的任务完成,并有很强烈的热情去享受人生。那么,怎样加重心理补偿的砝码呢?

首先,对自己的评价要正确。随着人的自我评价和需求的变化,情绪也是变化的。因此,人要对自己进行正确的评价。有些年轻人因为自我得不到什么肯定,又不能满足某些需求,不能及时地进行自我反思,自我与客观间的距离也不能及时调整,因此常常处于一种消极的状态,甚至产生悲观厌世的态度,最后踏上绝路。因此,人应该对自己有正确的估量,事情的期望值不应该比实际情况还要高。当不能满足某些期望时,要善于对自己进行劝慰和说服。千万别遗憾于自己的生活太过平淡或者缺少活力。生活中到处都是遗憾,但反过来看也到处都是希望。遗憾能得到希望的安慰,希望也能得到遗憾的充实。就像大仲马所说的:"无数小烦恼组成的念珠便串联成为了人生,乐观的人是笑着数完这串念珠的。"生活中没有一丝遗憾才是最大的遗憾。

其次,你必须知道你遇到的所有烦恼都是生活中难免的。心理补偿是受理智影响的。每个人都有情感,烦恼和焦虑自然会在遇到不痛快的事的时候产生。经常抱怨、发脾气、喜欢到处狡辩、哭诉的人是缺少理智的,这样做了之后好像就能摆脱痛苦。但是这样是没有用的。真正聪明的人敢于面对现实,既不害怕挫折与苦难,也不悔恨当时应该怎样怎样,他们会去想"人人都会遇到不如意的事情,并不是老天特意针对你"。抛开心理负担,让自己慢慢的理性,之后对事情做个客观的分析,吸取经验教训,积极寻找应对接下来的事情的方法。

再次,在挫折面前可以采用"阿Q精神",即精神胜利法。这对我们进行逆境中的心理补偿有很大帮助。比如,在比赛中失败,可以想想失败是成功的契机;如果受到了别人的误解和诽谤,"在骂声中成长"的道理会使自己避开负面情绪。

最后,值得注意的是,在心理补偿时,放任自流和为错误辩解并不是真正的自我宽慰。对自己的错误与缺点敢于承认,又能严格要求自己的进取者才是一个真正的达观者,是积极进行自我挑战的人。

———————————— ❧ 智者寄语 ❧ ————————————

你达到心理平衡需要加重多少补偿功能的砝码,你便能多大程度上有时间和精力去抵抗消极情绪,从而充满自信地使你有待完成的任务完成,并有很强烈的热情去享受人生。

音乐赶走精神疲劳

辛苦了一整天,到晚上回到家里,不妨挑几段你喜爱的音乐。让自己处于一个舒适的姿势,躺在睡椅上,或者躺在沙发上,或者放纵自己随意倒在床上,总之,哪样舒服就哪样做……之后把眼睛微微闭上。不需要刻意去感受音乐表达的是怎样的情感,随意、随心地、听音乐传到你的耳朵,你的心里。你的思绪可以随着音乐随意飘飞,不用刻意,跟着自己的心,一切都给人一种自然随性的感觉。

或许最开始你无法使自己沉浸在音乐中,但是没有关系。慢慢放松自己所有的神经,不要把自己的注意力停留在让你烦心的事情上,把外界的一切都抛开,静心地聆听音乐,想想音乐把你带到了什么样的世界,它可能叙述了一段浪漫的爱情,也可能在诉说对恋人的思念,也可能表明对未来的憧憬、也有可能让以前的某些人和事又回到你的脑海……也许有往事重回你的内心,也许你会有一些新的感悟?

这样淋漓尽致的享受,我们不必花费大量的精神和财力就可以得到,听着轻柔的音乐是很普遍也是很有效的一种心理治疗方法。心理学认为,音乐能够抒发人体的情感。听者的大脑在接收到音乐的旋律、节奏和音色的感应后可以被唤起相应的情绪体验,可以敲开封闭的心灵,舒缓忧郁苦闷的心情,激发内心积极的情感。当然,音乐也具有吸引和转移注意力的效果,让苦闷的心情得到缓解,让心灵恢复平静。在轻柔的音乐的调节下,人们的不安情绪得以安抚;在动听、悦耳的旋律下,人们体会音乐带来的宁静;在轻快的曲调下,人们的心也随着音乐而愉悦。音乐可以改善大脑和整个神经系统,使人消除精神的疲劳。

通常所说的听音乐、欣赏音乐与心理音乐的减压还是有很大的区别。音乐不再像往常那样只是作为我们活动的背景,当我们一边看书读报,一边听音乐时,这时的音乐作为活动背景是不占注意力的。但音乐减压必须将内心的感受体验和音乐融合起来,然后对人的心理或生理产生很大的影响。音乐减压是一种让人处于边缘状态(潜意识和意识间的一种状态)下深度放松身心的心理减压方法。通过对音乐的想象,体会人生的美好是减压的目的,使内心的想象力和创造力变得丰富。让人在一种放松的情况下,沉醉在思想的世界里去体验人生的美好和心灵的美感,从而使焦躁的心理状态得到改变。

同时,心理音乐减压的操作也是很容易进行的,而且不需要任何专业技巧,在一个安静的空间,让身体处于一个舒适的姿势,接着放下包袱,跟随着音乐的旋律进行想象。当音乐快要结束时,眼睛不要急于睁开,首先想象一下自己所处的环境、所处的地方,从思绪中慢慢返回现实,接着,慢慢地张开眼睛,让身体稍稍活动一下,最后结束心理音乐减压活动。

或许,在音乐的世界里,你会发现自己的意识会慢慢地放松然后模糊,没有关系,慢慢让自己放松,即便是睡着了也不要紧,因为音乐本来就带给你一个放松的世界,使身心可以完全地休息。在音乐的世界里睡着不要感觉到愧疚,而是应该感觉到高兴与幸福,在音乐中进入梦乡,那该是多么美妙的一件事情。

智者寄语

在音乐的世界里,你会发现自己的意识会慢慢地放松然后模糊,没有关系,慢慢让自己放松,即便是睡着了也不要紧,因为音乐本来就带给你一个放松的世界,使身心可以完全地休息。

倾诉你的烦恼

想获得幸福,就是要学会把磨难带给自己的烦闷忘记,就是要给自己无穷的心理空间去收集积极乐观的态度与情绪,就是要发泄出所有的抑郁。

女人们都知道,好朋友之间能够分享快乐很重要,但是更难得的是,还要能把忧愁和烦恼一起分担,这就是友谊的真谛。那么多心事不能只憋在心里,也不要让自己默默承受,这样会让人感到十分苦闷。困扰可以向好朋友倾诉,很多事情说出来就会觉得轻松。很多时候心情只是需要一个出口———一个可以让人完全放松的情境。

当你感觉自己正在承受压力时,那就应该找一信任的朋友,可以给他(她)打个电话或者他(她)约出来,告诉他(她)想聊聊天。倾诉烦恼不一定是让自己很悲伤,刹那之间决堤而出,如同山洪暴发,然后无法收拾。这样不仅仅让你自己无法平静,而且会让你身边的朋友被吓到。与朋友诉说烦恼事,不要压抑自己,如果你不想或者害怕把自己的缺点告诉你的朋友,那么烦恼将永远在你内心深处埋葬,没有办法摆脱。

你需要用心地聆听来自朋友的安慰和鼓励,并以诚恳的态度接受,不要固执,也不要执拗地坚守心中的苦恼,否则也就失去了倾诉的意义。诉说苦恼时两个人把苦恼一起分担,而不是把所有的烦恼都扔给你的朋友,从而使烦恼化为一缕青烟,让它消失得无影无踪,这就是倾诉的本质与目的。

站在心理学的角度,缓解压抑情绪的重要手段之一就是倾诉。当一个人受到沉重的心理压力的时候,如果他的倾诉能有人真诚耐心地去倾听,那么他会感觉到特别轻松。"一吐为快"就是这个道理。现代心理学"心理呕吐"的说法也由此产生。美国的心理学家罗杰斯认为,从倾诉者的角度来说,通过倾诉,一系列的变化会在他的心理上出现。这时他会从内心深处感觉自己终于被别人理解了,而心理压力就会得到舒解,内心会感觉得到了一种解脱。甚至某种感激之情也会由此产生,他肯倾诉更多的心里话,这时转变就开始了。一个人若能成功地走出混乱的思绪,换另一种思考方式,重新正视自己的内心,那些纠缠着他让他曾以为无法解决的问题,就会很容易解决。

智者寄语

困扰可以向好朋友倾诉,很多事情说出来就会觉得轻松。很多时候心情只是需要一个出口——一个可以让人完全放松的情境。

"沙漏哲学"释放都市压力

在大都市中生活的女人,有太多的压力要去面对,这些来自各方面的不同的压力——工作中的压力、生活中的琐碎事、人际交往和情感纠纷,让女人经常处于一种"备战状态",似乎随时都可能发生不好的事情。很多女人都经历着类似的境况,比如当金融危机来临之时,她们开始担心饭碗如何保住、父母如何赡养,子女如何供养、房贷如何偿还……"高压状态"是现代女人的一个常态。

当然不存在完全没有心理压力。如果压力在你的生活中不存在,则空虚寂寞就会向你扑来。游手好闲,相对于高压状态、失去兴趣的状态对你的心理和生理健康更加不利。事实上有很多人即使处于高压状态也能笑对压力。

著名心理咨询专家曾奇峰曾说过:魔鬼与天使的混合体是心理压力。它之所以是魔,是因为人的精神和肉体都会被它所伤害。它之所以是天使,是因为它也能带来许多益处。

第一,我们能够在心理压力下保持良好的觉醒状态,保持较高的智力活动水平,从而更好地处理生活中的突发事件,而且,在没有超过我们所能承受的心理压力的最大限度时,它可能是最好的精神享受。例如,我们所有的竞技活动就是一种自产自销的心理压力,丰富我们的精神生活是它的目的。许多人以为我们的承受压力之和就是各方面所承受的压力,其实并不是这样的,在各种心理压力之间,存在一种相互抵消的有趣现象。比如,你的工作压力大,这个时候你可以去看一场篮球比赛或者刺激的电影,就可能暂时抵消了工作压力。

因此,压力是一种常态,但是不会处理压力的人就会使这种状态被打破,使自己的精神状态和身体状态陷入崩溃的地步。怎样处理所承受的压力,主要看承受者的心理状态和耐力。因此,与其抱怨压力,还不如放弃抱怨,从自身开始,改变心态,承受压力,更要学习沙漏那样一点一滴地释放压力。

在第二次世界大战时,米诺每天在收发室里整理战争中的死伤者和失踪者数据。传来的情报源源不断,而在收发室中的工作人员需要抓紧时间处理,任何微小的错误都可能引发难以弥补的后果。米诺十分小心地处理,尽最大努力避免产生任何差错。

在心理压力和身体疲劳的双重作用下,米诺患上了结肠痉挛症。他对身体忧心忡忡,害怕自己会好不起来,更担心自己无法撑到战争结束,不能活着回家见亲人。在身体和心理的负担折磨下,米诺瘦了34磅。他以为自己就要被疾病击垮了,更不会奢望能有一天痊愈。身心煎熬下,米诺倒下了,躺在了医院。

军医了解了他的情况之后,语重心长地说:"米诺,你身体的疾病并不算什么,你真正的疾病在你的心里。我建议你把生命当成一个沙漏,在沙漏的上半部分有许许多多的细沙。它们都是慢慢地、均匀地流向与底部相连的细缝。除非它坏了,否则,谁都无法让大量沙粒在同一时间通过那条细缝。其实人也如同这沙漏,每天都要做一大堆工作,但是我们应该慢慢地一件件地来进行。"

医生的"沙漏哲学"给了米诺很大的感触,从那以后,这种"沙漏哲学"一直被他所奉行,以后不管他有多大或者有多少问题,米诺都沉着地面对。他不停告诉自己:"一次只进行一件工作如同沙漏里只流过一粒沙子。"一段时间后,米诺的身体恢复了健康,他也学会了如何从容面对自己的工作。

人只有一双手,所有事情不能同时被解决,既然这样又为什么一定要被那么多的杂事困扰呢?不能马上改变的事情,无论你如何担忧,它都不能马上消失。这时,你可以试着慢慢地一件一件地来,先把当下的事情认真做好。

人活在这个世界上,肯定有各种各样的压力要去面对,你应该调整自己,让压力慢慢地、一点一滴地涌向你,你就会不断被它推着前进。

你也可以尝试一下用以下的办法来化解压力:

1. 分析出具体的压力

你先仔细分析一下自己都有哪些压力,看看它是来自哪些方面,比如工作、生活、情感、交际等,写出那些困难的事情。当你把它们写出来以后,可以为自己的压力排序一下,决定哪个是需要自己马上解决的,哪些可以被推后一点,之后从重点开始逐个解决。

2. 积极向上的心理暗示

通过给自己积极的心理暗示,比如,在处理事情时暗示自己"这都是小问题,我可以轻松解决它",或者试着让思维"游逛",又比如想象"蓝天白云下,我在广袤的草地上坐着""我舒服地躺在床上,听着轻柔的音乐"这种积极的暗示可以使你迅速平复心情,感觉更加轻松。

3. 可以用大哭来舒缓压力

有心理学家认为,可以用哭泣来舒缓压力。这个结论可由一个对比试验获得:心理学家给一些正常的成年人测量血压,然后按照高血压和正常血压分为两组,并且询问他们有没有偶尔哭泣。结果正常血压的人有87%都偶尔哭泣,但是有高血压的人是很少甚至从来没有过哭泣的。可见,比起把感情深埋心底抒发感情要对人有益得多。

4. 为你的压力找寻适当的理由

当你明确了压力是来自哪个方面你就可以采用这个方法,目的在于使心理承受能力变得更强。例如,在繁忙的工作中,你与你的同事发生了争执,感到自己的工作压力因为对方而增加了。为了减少自己的压力,你可以试试想一下对方所面临的处境,他最近遇到了什么困难,所以心情不好,情绪受到影响,而在工作中与你产生了纠纷。如此想想,你的心情就会变得平和多了。

5. 寻找外界的帮助

当你承受的心理压力过大,已经要超出你的承受极限的时候。你可以去向外界,比如家人、朋友、同事、心理医生寻求帮助。倾诉对缓解你的精神紧张十分有效,你一定不要一个人默默地承受。有时候需要适当的软弱,然后用外部的有益支持来缓解紧张从而减少不良的情绪反应。

总之,压力不是主观存在的,所有压力不可能都被消除。把你的压力放在沙漏里,让它慢慢地积累,又慢慢地漏下。这样就能使你的生活变得平衡,心情变得宁静。带着一颗宁静的心,生命中的幸福才更容易被发现,幸福才会围绕在你的身边。

——————————— 智者寄语 ———————————

人活在这个世界上,肯定有各种各样的压力要去面对,你应该调整自己,让压力慢慢地、一点一滴地涌向你,你就会不断被它推着前进。

写日记降焦虑

坚持写日记的有多少人呢? 答案可想而知,一定很少。可是,人们逐渐丢弃的这一习惯却对我们意义重大。曾有一位研究者通过调查发现:每天坚持记日记可以让我们受益良多。

心理学家本尼做过这样一项实验,在限期四天的时间里,他要求实验者,以不记名的方式,每天坚持15分钟,写下自己经历的苦痛。"将一生中最痛苦的经历连续记下来,语法和句型都用不着考虑,他们所写的只要是自己的真实想法便可。无论你写了什么,只要这件事对你来说意义深刻,而且是他人都没有提及的。将发生的经历记下来,把你的感受和想法全都详细地记录下来。在这四天将相同或不同的经历写下来,这完全看你个人的想法。"这是他对参加实验的人员的要求。

"对痛苦经历的感受"等于是自己讲述自己的情感经历;"将那段痛苦的经历写下来"等于是把自己当时的行为复述出来;"分析事后的情况"相当于描述自己对事物的感触和认识——这是要求中很直接的提示。

依据本尼的要求,参加试验的人员坚持记日记。本尼发现,在他们把4天的痛苦经历持续写下来之后,他们的焦虑状况明显得到了减轻,甚至比原始的焦虑度还要低,在此后的一段时间里都没有明显的变化。4个15分钟加起来才一个小时,可其影响却是受用终身的。这个实验明确地证明出写日记对我们很有帮助。在以后的时间里实验者的焦虑度慢慢降低了,在心理和生理的免疫能力上也有所提高,情绪也变得积极乐观起来。为什么结果会变成这样呢? 一位学者解释道:你的情绪是包含有痛苦和快乐的,倘若想要抛弃痛苦的不良情绪,那么快乐的情绪也会被堵住。因此,只有将痛苦的情绪疏导了,快乐情绪才会可能增加。

研究者劳拉也曾做过一些类似的实验:他让实验者连续3天每天用15分钟将自己人生中最高兴的经历记录下来。他要求每个参加试验的人员:"请你们将生命中最难忘最高兴的经历记录下来,可以是读到一本好书,可以是恋爱经历,可能是收听到了你认为很悦耳的音乐。将一段美好的经历记录下来,使自己尽情地在美好的记忆里游荡,对当时的感受进行详细的记录。"这个实验的内容与本尼的截然不同,可结果是十分雷同的:实验者的心理和生理的免疫能力都得到了提高,情绪也变得更好了。

当一个人细细品味曾经的快乐时,便会将快乐强化。他越加深回忆,快乐再次发生也会变得越有可能。拿河流打比方:如果加大河水的流量,那么河流会变宽,流经的河水也会更多。本质发生改变,才能让自己变得越来越强大。痛苦的经历为什么也会帮助人们呢?原因在于一个人受到的压抑越大,自己的各种情绪便更不容易被释放出来;反之,如果经常将自己的倾诉发泄出来,就可以慢慢地爬出痛苦的阴影,这就是为什么写日记能起作用了。

不论是谁,一下子看到 100 个没有任何关联的句子,也会觉得记忆起来很难;可是倘若是个长篇的故事,我们记忆起来就会很简单,原因在于故事通常具有连贯性。倘若想要将生活串成一个连贯起来的故事,那人们对他的理解和感知会更加的深刻。本尼说过:"未知和模糊充斥了世界,人们自身时常感觉到焦虑的原因是事物的完整性和创伤性障碍的因果关系难以理解。当我们寻找事件的完整性和意义之后,就能够很好地把控住自己的生活。"这也是精神疗法很有效果的原因。

安诺列夫作为一名心理学家,曾经提出过"解决生成"的概念。他说:"在艰难的生活当中,人们难免会经历一些困苦、艰难,他们的幸福感一直有起伏,可是整体水平仍然偏高,焦虑感的平均值低。"可为什么纵然身处逆境还是有人会取得成功呢?他们与普通大众的主要区别在哪里呢?安诺列夫斯基将"连贯感"的概念提了出来,它主要包含三个部分:

第一,理解力。对这个世界有很充分的了解,知道世界存在的意义。无论世界发生了什么对我来说都很重要。

第二,应对力。对于所面临的变化我有能力应对,并且有能力应对好。

第三,反思力。困难有时候也能带来积极的影响,这能够帮助我吸取教训,使自己不断成长起来。

可能发生的事情并没有达到满意度,可从发生的事情中获取宝贵的经验很有必要,这三个部分可以让人的心理更加健康。安诺列夫斯基说:"内部和外部环境的刺激会产生连贯性,它是可解释、可预测的结构化产物,这种能力便是理解的能力。"

一个人写日记,尤其是在把自己所经历的痛苦记录下来时,就会显露连贯性的三个特点。因此,心情差的时候,不如用这种方法来减轻你的负面情绪,你将发现在你记日记的同时,坏心情也在慢慢减少,但是一定要注意日记的保密工作。

智者寄语

每天坚持记日记可以让我们受益良多。

好心态的女人才好命

一般来说,情绪指的是感觉及其特有的思想、心理和生理状态以及行动的倾向性。它具有的主要特征包括:具有短暂性;无对错之分;容易被夸大;可以累积;对行为有一定的影响能力;经过疏导以后也会加速消散。

在心理学家看来,在自然界中,人的感情最丰富,情绪会或多或少地影响人们的每一个决定和行为。当一个人"理性"地对问题进行思考时,也是受他当时情绪影响的,因为理性本身也是一种情绪状态。在心理学的范畴内这被认定为情绪定律。

根据情绪定律,心情开朗的人遇事总是热情洋溢,认为生活满是希望,积极向上,他们办起事来也会觉得很顺利,心情也会变得越来越开心;如果整天愁眉苦脸,心情郁闷,做事情的时候没有足够的积极性,就会经常犯错误,别人自然会怀疑你的价值,得到的肯定也就越来越少,长此以往心情会越来越糟糕,这就导致了恶性循环。

女人很容易受情绪的影响,要想让生活中充满幸福和快乐,就要有乐观的心态。可是,在这个世界上不知有多少女人生活得不幸福:工作上可能会遭到性别歧视,爱情得不到好结果,婚姻也是一团糟……这些都让女人心情低落消极。可是,生活中也有很多幸福的女人。心理学家认为,一个女人生活得幸福与否,关键是她们是否有一颗积极向上的心。

对于女人而言,你可以在他人面前表现得很柔弱,这也代表着一种风姿;你可以拥有忧郁的眼神,因为这也是美丽的一种体现。但是不论怎么样,你的心不能脆弱、忧郁。无论你身处怎样的困境之中,女人都应该保持坚强的意志和乐观的心态,别让消极的心态捆绑住你。兼具美貌和才学的林黛玉,因为喜欢猜疑,多愁善感,最后积郁成疾,呕血身亡。

心理学这么说道:"有一种倾向始终存在在人的本性中:我们把自己的样子做怎样的想象,那么那个样子就有可能真的会形成。"确实,如果你总是在说你是一个不幸的人,时间流逝,你就觉得自己不幸,相反你若认为你很幸福,那么你会觉得一切都那么美好,最后你也会感到十分幸福。因此,要想成为一个幸福的人,那你首先要做的就是摆正自己的心态。

智者寄语

要想成为一个幸福的人,那你首先要做的就是摆正自己的心态。

不要试图尽善尽美

在房前的空地上,有一个叫玛利亚的女生在练习唱歌。他的邻居听完后总会冷笑道:"哪怕你把嗓子练破了,就凭你那难听的声音,也不会有人愿意为你送上掌声的。"玛丽亚回答道:"这一点我也清楚,很多人曾说过和你一样的话,可是这些都不是我在意的,我不需要太看重别人的认可。在唱歌的时候我自己很开心,哪怕你们再怎么指责,我都会坚持唱下去。"

不要太过在意他人的意见,自己开心就好,应该快快乐乐地做一名"美人症患者"。如果你的快乐总是以他人为标准,那么你只会在他人的阴影里悲哀地生活下去。实际上,人在世上并不是为了赢过别人或者因为他人而生存,而是实现自我价值。你比别人优秀多少并不是实现自我的一种标准,而在于精神上能不能使自己满足。

可是,生活当中,大部分女孩子会因为同学间无意的玩笑般的嘲笑,或者因为同事一句抱怨而很不开心,有的时候还会对自己产生怀疑、否定。事实上,这是一种错误的心态。虽然听取别人对我们的评价很重要,但不能太在意,不然,痛苦的一定会是你自己。

一样的世界,每个人的眼光却是不一样的,所以,能够做到使每个人都满意的人几乎是不存在的,事实上,这也是一个不合情理的要求。这一点聪明的女人都要有意识,让自己挣脱出别人设置的牢笼。一个人要是一生中都在意别人的评论是很累的。艾莉诺·罗斯福说:"没有经过你的同意,使你卑微的人是不存在的。"古希腊也有这样的谚语:"没有人拥有资格侮辱,除了你自己。"

我们需要与别人打交道,别人的教育和环境也会影响我们的知识和信息,可是如何接受、理解和加工、组合,这是我们自己应该做的事情,看待和选择的权利在自己手里。最高仲裁者是谁? 这无人可以代替,就是自己! 歌德说:"每个人都应该将自己开辟的道路一直坚持走下去,不能受到流言的影响,不要让别人的观点左右你的想法。"让每个人都满意自己的表现,这是不可能的,这样的期望应该尽早放弃。

世界是一个复杂的大集体,我们需要面对多方面、多角度、多层次的人和事。对你的态度,别人可能是多棱镜,也有可能是哈哈镜,会让你扭曲变形,那又怎么能够让所有人都认可你呢?

生活中总有这样的女人喜欢迎合所有人的口味,做事情的时候全都要求做到完美。别人对自己的不满意也会让她们烦恼不已,费尽心机地只为让他人认可自己。她们生活得很小心,就怕别人对自己不满意,纵使如此她们还是会感到不满足。大多数时候,在工作和生活上她们不会花费太多时间,反而在处理如何达到别人满意的这些事情上花费了大量的时间,所以使自己身心疲惫。原因在于她们没有放开自己。

有这样一个女孩,从小她就想成为一名歌唱家,但是她并没有出色的外表。她有着大大的嘴巴,而且长了龅牙,在新泽西州的一家夜总会里——她的每一次公开演唱会上——她都想拉下来自己的上嘴唇使自己的牙齿能够盖住。她想让自己表演的时候很美,却总是出洋相,失败的结局好像一直伴着她。但是,很多人很喜欢在夜总会里听这个孩子唱歌,认为她有唱歌的天赋。一个男孩直接跟她说:"我一直都很关注你的演出,我也知道你遮掩的目的,因为你认为自己长了很难看的牙齿。"此时这个女孩子很是尴尬,可是他并没有停下来:"为什么会这样呢? 难道说长了龅牙就犯罪了吗? 张开你的嘴,不要去遮掩,观众在意的是你那优美的歌声。而且那些你遮起来的牙齿,不一定是坏事。"对于男孩的忠告,她最终接受了,在表演时不再去注意她的牙齿。自那时开始,观众便成了她最在意的,她再也没有闭着嘴巴,而是张大嘴巴热情、欢乐地唱着,后来,在电影节和广播界她都很有名气。她便是凯丝·达莉。

如果你期望自己的表现人人都满意的话,那你对自己的要求就一定要很高。不管你怎么努力,你都不可能做到没有一丝一毫的缺点。这种期望是不切合实际的,这只会让你生活得很疲惫、很拘束,你也会活得特别累。你应该懂得享受生活,不让别人的消极情绪影响到你自己;不管别人评论你怎样,你自己高兴就好,你才能够更快乐地生活下去。

智者寄语

你应该懂得享受生活,不让别人的消极情绪影响到你自己;不管别人评论你怎样,你自己高兴就好,你才能够更快乐地生活下去。

自我审视"不设限"

生物学家曾经把跳蚤随意抛向地面,它可以在离地面一米多高的空中飞舞。研究者在一米高的地方放置了一个盖子,跳蚤跳起来时就会撞到盖子。假如多次让跳蚤撞到盖子上去,一段时间后拿掉盖子会发现,跳蚤仍然在跳,但是却不能跳到一米多高。

心理学家把这种现象称作"跳蚤效应",即你为自己设定的心理高度。倘若一个人在不够积极的环境中生活了较长的一段时间后,那么前进的本能和原有的发展能力就会失去。倘若一个人一直压抑自己,他的人生目标也就会随之下降,开始惧怕未来。

1952 年 7 月 1 日清晨,加利福尼亚的海岸被浓雾笼罩。在海岸以西 21 英里的卡塔林纳岛处,34 岁的费罗伦丝·柯德威克女士进入太平洋内,向着目标加州海岸游去。在这以前,她是第一个游过英吉利海峡的女性。如果这次成功了,她也将会是第一个游过加利福尼亚海峡的女性。

当天早上,冰冷的海水让她的身体阵阵发麻,而且当时是大雾,她甚至看不清护送她的船。几个钟头过去了,成千上万的人在电视机前紧紧注视着她。在以往这样的渡海游泳中,她面临的最大困难不是劳累而是冰冷的海水。过了 15 个钟头,她觉得自己不能游下去了,就马上示意船上的人把她拉上船。这时候,她的母亲和教练在另一条船上,告诉她已经快接近海岸了,让她不要在这个时候轻言放弃。可惜除了浓雾,在朝着加州海岸看的时候,她什么都看不到。又过了几十分钟,人们拉她上了船,就在离加州海岸半海里的地方!

当她得知了事实之后,觉得十分沮丧。她对记者说,并不是因为疲劳寒冷让她半途而废,只是因为浓雾遮挡了她前进的目标。在她的一生就只有这一次她选择了放弃。过了两个月,她再一次穿越海峡并取得了成功,她成为了第一个游过加利福尼亚海峡的女性,且比男子所创造的纪录快了近两个小时。

实际上,柯德威克是位游泳的好手,成功地游过那个海峡并非很困难的事情,只是因为前进的目标不明确,便觉得不知“路”在何方。第二次,目标明确以后,她便能够沿着自己的路线坚定地游向了最后的终点。

这便是“跳蚤效应”的形象反应,不要让自己限制住自己的前进,要勇于面对自己的人生目标,时时刻刻都应该记着鼓励自己:目标明确坚定才会有成功的希望;人生舞台的大小是由目标的大小决定的。当我们奋斗在人生的大舞台中时,为了使自己幸福,要不断地开发自己无限的潜力。人生的道路漫长而悠远,女人们要注意内在的学习,例如,更多地学习一些有助心理成长的知识。这样,不仅能够加深认识自我的能力,还能够使认知他人的能力得到加强。

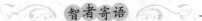

智者寄语

通过审视自己来发掘本质,寻求自身内在的幸福快乐;另外,女性也需要从社会和群体寻求更大的幸福,这样才能为自己赢得更加广阔的人生!

拥抱热情才能拥有快乐

心理学家认为:如果自认为自己的状态是怎样的并且按照这样的状态做事,就会让这种状态越来越明显。就好像是一些本来不怎么难过的小孩子,一旦哭起来,越哭就会觉得越来越伤心。如果你觉得自己很可怜,痛苦不堪,那你就会真的面临痛苦的生活;如果你觉得自己很快乐,那么你也会拥有快乐的生活。快乐是发自我们内心的,它取之不尽用之不竭。健康的心态就是要充满热情,这样积极的正面情绪才会更加容易培养。人们自信、充满朝气,做起事来也就会干劲十足。著名的“杜利奥定律”如是说:“失去热情比失去任何东西更会让人觉得垂老。倘若用不佳的精神状态做事,那做任何事情都会感到不佳。”

罗曼·罗兰说:"不能依据得到或者丧失了什么来判断一个人快乐或者不快乐,要根据自身的感觉。"是的,我们无法改变所处的环境,但是可以使自己的内心发生改变。每个人都存在着对生活的热忱,但是那些快乐的人心中的热忱就像熊熊燃烧的火焰。热情的人比冷漠的人更注重对人生的投入,而想要享受人生就需要先投入人生。冷漠的人对所有的事情都很不关心,认为事不关己。事实上,冷漠并不是人天生就有的个性,大多数冷漠的人只是在后天环境中慢慢地将热忱消耗尽了,最终只剩下冷漠。

塞尔玛陪同丈夫到沙漠里参加军事演习,白天每当丈夫去参加演习时,她一个人在营地的小铁皮房里待着。白天沙漠里很炎热,温度极高。可是没有人聊天才是最让塞尔玛忍受不了的,身边也都是一些不懂英语的墨西哥和印第安人,而她却不懂得这些语言,所以,她每天唯一可做的事情就是等着丈夫回来。她感到十分难过,便给父母写了封信,想要马上回到家里去。不久,她便接到了父亲的回信,在信中父亲只说了一句话:"两个人透过牢笼中的铁窗望向外面,一个人只看到了泥土,另一个却看到了满天的繁星。"这句短小却有力的话,深深震撼了塞尔玛,她决定在陌生的沙漠里寻找自己的星空。

塞尔玛开始试着和当地人主动做朋友,当地的人们也很乐意和她进行沟通,他们的反应常常让她惊奇且兴奋。慢慢地,她对当地人的生活习惯产生了极大的兴趣,当地人也把许多喜欢可是又不舍得卖给观光客的东西都转送给她。她的生活慢慢地出现变化,沙漠不再让人难以忍受,反而变成让她流连忘返、让她兴奋的美妙景观。她对那些令人着迷的仙人掌和各种沙漠植物进行研究,又研究了关于沙漠动物的相关知识,有时间还会和当地人一起看沙漠当中的日落,慢慢地她发觉自己喜欢上了这里。

沙漠以及土著人的生活都没有发生丝毫的变化,可是塞尔玛的生活却发生了逆转,她开始积极地面对生活。在这之前,她十分悲观,她看到的只是沙漠的黄沙满天,可在父亲的一番提示后,她的态度便变得积极了,也找回了久违的热情和属于自己的"星星"。从那以后,她将恶劣的环境转变成为了自己经历过的最有意义的冒险活动。她甚至也开始自己记录下这些事情,出版了《快乐的城堡》一书。

有时候,很多事情都是这样,生活本身所发生的变化是很小的,可如果你觉得它们都有变化,只是因为你转变了心态。如果你有积极性,就算是你正处于一望无际的沙漠,你也会把漫天的黄沙当作自己的朋友;倘若你没有热情,就算是沙漠中的绿洲也不会让你高兴。在人生中选择幸福还是困厄,无关事物本身的苦乐,主要要看你自己的态度。

所以,让自己多多地热爱生活吧!只有热爱生活,那么你才会更加自信,能吸引更多的人。热情的女人拥有着无穷的魅力,还能对周围的人产生影响。热忱的人是每个人都愿意接近的,他们往往会充满被朋友包围的幸福。

智者寄语

生活好比一面平面镜,你看它时的表情如何,那么它便会以同样的表情回你。如果热情洋溢,你将收到礼遇,如果态度冷漠,它也不会对你热情。

女人要摆脱情绪化

现实生活中,人们随时会受到别人的影响。你可能会发现:在公交车上,如果一个人打哈欠,他身边的人也会打哈欠。这是因为自我认知的偏差会受外界信息的暗示。这种偏差很有可能会影响正确的认知。心理学家进行了明尼苏达多相人格测验,测试结束以后,拿出两份结果。其中有一份是参与者自己的结果,而另外一份则是总体回答的平均值。参与者都把后者当做表达了自己的个性特点的结果。

一位名叫肖曼·巴纳姆的著名杂技师曾自评自己的演出,他说他的表演能够得到大家的欢迎,原因在于所有他表演的节目都契合了所有人的口味,那么“每一分钟都有人上当受骗”。于是,心理学专家把这称为“巴纳姆效应”。

人的情绪大体上可以分成感情用事型和理智型两个部分。前者是情商较低的人,他们做事往往是自然而然的,不会对后果进行估计。这样,他们便会深陷巴纳姆效应的泥淖。可所有情商很高的人,无论遇到什么事情,都能够冷静下来,思虑再三再采取行动,也就是他们能把握自己的情绪。

一般来说,女人往往更容易感情用事,遇到事情的时候情绪很容易失控,也就是说,女人很容易受到巴纳姆效应的影响。如果你也会因为外界的影响便情绪失控,下面的故事对你也许会有帮助。

每天放学后,有一对小姐妹都要到附近的便利店里去购物。姐姐外表很文静,可脾气却很是不好。每次来都会听到她严厉地教育自己的妹妹:“你是笨蛋吗?这个的保质期都快要到了!”或者:“你是白痴呀!上面写着买一送一,你却只拿了一个!”或者:“你怎么那么笨,都超过金额了,你加减法都不会吗?”妹妹总是在挨骂却一直不说话,似乎姐姐的话对她自己没有多少影响,仍然淡定地选择自己心仪的物品。这天只有妹妹一个人来了,售货员就和她聊了起来。“怎么今天你一个人来了?”“姐姐得了感冒,因此请假待在家里了。”妹妹笑着说道。“我觉得你姐姐脾气很大啊!”售货员试探地问道。“不理她就好了!”妹妹看上去很是开心。“可是她天天都要骂你,你不生气?”售货员十分好奇。“生气的人是她,我只是被骂又没有什么,我才不要生气呢!”妹妹嘟着嘴说道。

生活中,女人会跟各种性格的人沟通交流,遇到看不惯的事情是常有的,可是,不论你经历了怎样的事情,你都应该知道:生气与否,自己才是最主要的决定因素。所以,别让自己的情绪受到外界的影响。就像故事中的妹妹所说的一样,生气的是对方,为什么自己要生气呢?

每一个女人都要学会掌控自己的情绪,在紧要关头一定要理智对待。就算控制不住情绪,也要让自己的理智在较短的时间内得到修复,使损失尽量降低。

情绪化的女人随处都是,很容易受到外界因素的牵制,无法将自己的情绪把控起来。我们都应该使自己的心态得到调整,以一颗平淡之心对待身边的事物,给自己传递这样的信息:人生之中有很多不如意的事情,一直计较的话,永远也得不到平和。还不如多些豁达、宽容、理性,让愤怒、忧郁难以生存。

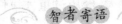

智者寄语

多些豁达、宽容、理性,让愤怒、忧郁难以生存。

第三章
破解性格密码，遇见心想事成的自己

了解性格的真正含义

"那个女人有很好的性格。""那真是个很让人讨厌的女人！""那个女人有着阳光可爱的性格。"……人们常常会说起这些对性格评价的话语。那什么是性格呢？

性格是包含在个性里面的。对一个人精神面貌的描述，也就是具有一定倾向性的心理特征的综合便是个性。个性分能力、气质、性格、动力四个层面，分别指完成某种活动的潜在可能；心理活动的动力特征；完成活动的态度和行为方式；活动的倾向。

性格是人对真实生活的态度和行为方式中的比较稳定的独有的心理特征的综合，集中体现了人的主要个性特点，也可以说是心理风格。在心理学界对于人的性格早已有了大体一致的结论，以遗传为基础，在童年期以生存的人际关系塑造出来，这整个过程的开始就是出生，基本完成是在 5 岁左右。那时候，80％的性格已经塑造完成，基本定型，有的部分在成长的过程中还会慢慢地补充塑造。

每个人的性格是不同的，大致分为内向型和外向型。在心理学家看来，性格有不同的科学的分区。克雷奇默——德国的精神病学家，把性格的研究和体型结合起来，提出了著名的体型性格理论。人的体型被他分为三种，而不同体型的人具有不同的性格：

瘦弱型：性格上很谨慎保守。这样的人既敏感又有他人无法理解的一面。

肥胖型：这样的人善于社交，可是有时候心情会极度郁闷躁动，而且性情变化很大。

斗士型（坚实）：十分规矩也很安静，但有时候也会失常。

人的性格形成后很难有所改变，我们会不由自主地保护并肯定它。哪怕在别人眼中你性格有缺陷，你也会认为这是你的组成部分。因此，我们会无意中把保护性格当作是保护生命一样重要，我们会围绕着从小形成的性格，建立与自己的性格相符合的行为方式和世界观。"江山易改，本性难移"说的也正是这个意思。

可是，人的性格并非总是不变的。可能有的人会持怀疑态度，可是周围环境的变迁确实能使性格发生微妙的变化，甚至有的变化很大，经历过重大事件的人，大多会有性格的转变，需要接受心理干预。

走进社会的内向人士，经常会因为自己的性格为工作和人际带来不少障碍而苦恼，想着"我要使自己的性格发生改变"。事实上，性格没有好与坏的分别，每一种人格都是具有独特的适应性的。没有哪个人的性格是需要大大地改变的。为了更好地生活，我们要做的只是将不适应、矛盾、没有丝毫益处的那些性格特征改变就好。不管喜不喜欢，每个人性格各有特点，而且都具有合理性和适应性。如果只是自己盲目改变，只会得不偿失。

我们不需要过度关注"性格决定命运"这样的论断，因为"完美性格"连科学界都没有过定义。人不是神,因此,当认识了自己性格中的正面、健康或者是需要改进的方面,便多利用自己的性格。扬长避短,去创造美好的人生。

━━━━━━━━━━━━━━ 智者寄语 ━━━━━━━━━━━━━━

人不是神,因此,当认识了自己性格中的正面、健康或者是需要改进的方面,便多利用自己的性格。扬长避短,去创造美好的人生。

有独立的性格,才能活出精彩的自我

女人想要让自己的人生精彩缤纷,就要及早地独立。独立既包括物质上的独立,也包含着精神方面的独立。这种独立不是女强人的不可一世的特立独行,而是拥有自己的生活空间、内心感受和表达自己的方式。

一个有魅力的女人要学会独立,人格独立才算得上魅力女人。在事业上有主见,就不会受他人摆布;有属于自己的生活圈子,就不会因脱离男人而孤独。独立是一种很高的境界,它需要高素质的心态和不一样的价值观。

有自己工作的女人在物质方面很有独立感,这种感觉能使她们的独立精神有相对坚实的地基。有些女人自己没有工作,经济来源都是男人,不少男人也以此自傲,把女人视为自己的私有财产,甚至对女人不屑一顾。其实,持家也是一个工作岗位,如果男人在外面打拼有工资,那女人持家也应有相应的经济补偿。

以往男人总把自己提供的家庭生活费视为对女人的经济补偿,这是绝对错误的想法。生活费只是一种家庭必需的成本,它在经济上无法体现女人的价值。关心和尊重女人不是一句空话,男人应该清楚认识到女人持家的真实价值,并愉快地付给这笔象征着对女人价值尊重的工资。千万不要小看这个程序,这对女人走向物质独立来说很重要。女人有独立感才会有尊严,才会被重视。如果一个女人独立感很差,那么男人对这种女人也不会多么喜欢,甚至会背叛她。所以,女人在经济上、物质上独立很重要,这样才会有持久的魅力。

相对于物质独立来说,女人的精神独立更为重要,因为男人是物质性动物,女人却活在精神世界里。当一个女人的精神世界完全被别人主宰的时候,那这个女人就会很可怜。女人可以在自己的精神世界里建立起一个美好的王国,当她自己意识到自己是支配王国的人,自信自然而然也就回来了。女人的精神独立还体现在她的思想是受自己支配的,不会因为别人而盲目改变自己的行为。太在乎别人对自己的看法是不成熟女人的想法。女人一定要学会在精神上独立,只有这样,才能让自己更加强大起来,即使面对变幻无常的社会,自己也会很快乐。

香奈儿是一个崇尚经济独立、积极进取的时尚女人,她也是一个崇尚浪漫的女人,她的名字后来竟然变成了女性解放与自然魅力的代名词。

她年轻时是巴黎一家咖啡厅的卖唱女,18岁时成为了花花公子博伊的情妇。可她没有因此彻底地放纵自己,而是借助博伊的帮助开了3家时装店,使她的服装被众人争抢。

从1930年一直到去世,香奈儿都是一个人住在巴黎利兹饭店的顶楼上,她在世界设计师排名中名列前茅,但她不是妻子,不是情妇,不是母亲。

每天晚上睡觉的时候,她唯一需要确定的是,是否要将自己心爱的剪刀放在床头柜上。

她说："上帝很清楚我很需要爱情,但如果非要我选择,我选择时装。"

对自己的人生进行回忆后,香奈儿给女人们的忠告是："也许我会令你感到惊讶,但归根结底,我觉得一个真正快乐的女人,最好不要遵从陈腐的道德。作出这种选择的女人具有英雄的勇气,虽然最后很可能付上孤独的代价。可孤独对女人找到自我来说很有帮助。我爱过的两个男人从来不了解我。他们很有钱,可他们不知道女人也很有事业心。忙碌起来能使你的分量得到提升。我很快乐,但却基本上没有人意识到这一点。"

其实,最终决定女人独立的是独立自主的意识。这样的女人不一定有惹人怜爱、楚楚动人的神态,但她们独特的雷厉风行的行事风格,却也是别人眼中一抹靓丽的风景。

————————— 智者寄语 —————————

想要让自己的人生精彩缤纷的女人,就要及早地让自己独立。独立既包括物质上的独立,也包含着精神方面的独立。

保持自己的本色个性

所有珍贵的东西都是绝无仅有、不能仿制的。你身为女性大家族里的一员,你的存在对于这个世界来说也是特别的。女性一般情况下都具有她独特的个性,无论思维方式、处世风格还是着装打扮、言谈举止,都有自己的独一无二的特色。正是因为这些各种各样的个性,才让她们变得成功。所以,女性要想取得成功,坚持守住自己的个性,将本色保持下去,是她们的必修课。

"关于坚守本色的问题,古老得如同历史一样,"詹姆斯·高登·季尔基博士说,"普遍得就如人生一般。"很多精神和心理问题的潜在原因之一就是不愿保持自己本色。个人在取得成功的过程中,最有意义的是将自己的本色和自身的创造性保持下去,使自己赢得一个新天地。这样的能力是我们共同具有的,因此我们无需去忧虑我们不是其他人。

你是绝无仅有的,反这一点就足可以让你庆幸,大自然所赋予你的一切你都应该合理地利用好。你唱的歌只能是自己的、画的画也只能是自己的,所有的艺术都带着一些自传色彩,你是由自己的经验、环境和家庭造就的。不管怎样,你创造的只是一个只有你的个人小花园;无论如何,你在生命这场交响乐中,要将自己的乐器演奏好;无论如何,你在生命沙漠上的脚印,你要自己数清。

刚刚进入广播界的玛丽·玛格丽特·麦克布蕾,梦想着成为爱尔兰喜剧演员,却没有成功。后来她从自己身上找到了属于自己的特质,这个从密苏里州来的、很平凡的乡下女孩子,遵从着自己的特质,成为了纽约最受欢迎的广播明星。第一次踏入电影圈试镜头的索菲亚·罗兰,摄影师认为她颧骨、鼻子太突出,嘴也太大,对于她那异乎寻常的容貌满是抱怨,认为她试镜之前就应该先去整容。她却说："尽管你们摄影师不喜欢灯光照在我脸上的样子,我也没有削平颧骨、换个鼻子和嘴巴的打算。想要把这个问题解决好,办法不是我去整容,而是你们自己得研究我的脸怎么拍比较好。在我看来,我独一无二这是一件好事。我的脸长得虽不漂亮,却十分的有特色。"这就是自信自爱、特立独行。

女人成长到某个时候,她一定会发现,羡慕和模仿都是无用的功夫。不管好坏,你也应该将自己的本色保持好。个性是一笔让你一辈子受益无穷的财富。你可以崇拜巩俐、张惠妹,也可以因杨澜、张璨创造的惊人财富而惊叹,但是你一定不能自卑,尽管自己存在着这样那样的缺陷也不能从心中小视了自己。在外形上,或许你无法与巩俐的娇美相提并论,也许你没有杨澜那么多的财富,可是你也不需要感到自卑或者去模仿,你认真刻苦、自强不息,这就是你人生最大的亮点。

"尺有所短,寸有所长",这句话虽老,却说得非常有道理。每个人都有自己的优势和长处,总拿自己的短处和别人的长处比较是没有必要的,也没有必要给自己施加压力。"天生我材必有用",你不是块金子,不能闪闪发光、灿烂夺目,但你是块煤炭,能熊熊燃烧、温暖世界。个性便是你的特点,特点便是你的优势,优势便是你的力量,力量便能造就你的美。你的个性需要你自己的尊重,你只要坚守并充分发挥它,那么也会是令人瞩目的!

智者寄语

成功女性一般情况下都具有她独特的个性,无论思维方式、处世风格还是着装打扮、言谈举止,都有自己的独一无二的特色。

女人的性格密码

简要地统计一下女人的性格,有 10 种类型。它们各有优点也有需要完善的地方。你的性格也许恰好是这 10 种中的一个,或许与其中一个接近。那么,下文中提到的方法,你不妨试试,试着用它使自己的性格得到完善,让自己的性格更具魅力。

1. 多金潇洒型女性

该类型女性在高级饭店、宾馆、高级购物商场等场所出入,财富颇多,无拘无束的生活是她们最喜欢的;她们往往不在意明天,只追求现在;经常穿着档次、格调、价格高的奇装异服;对于恋爱,她们的交往对象往往是与其有共同嗜好或有强大经济实力的男性。

忠告:这种类型的女性,要尽量避免自以为是、不倾听友人劝告的行为,因为青春是不能肆意挥霍的。

2. 小鸟依人型女性

快节奏的生活让这一类型的女性越来越缺乏自信,她们办事通常思前顾后、没有创意。穿着上,洁净高雅的服装是她们中意的,不追求奢侈的生活,对做家务和做手工十分喜欢;恋爱对象一般是知识层次较高的男士,对金钱没有要求,对人品、家境更为看重。

忠告:这种类型的女性,要尽量避免养成依赖他人的意识,使自己的自信心得到加强,培养适应外界环境的能力。

3. 特立独行型女性

这种类型的女性,自我意识很强,她们常常瞧不起他人,靠金钱和时间使自我充实。她们喜欢高贵、脱俗的着装;恋爱对象是极富天才的男孩,喜欢充满了浪漫的恋爱。

忠告:这种类型的女性,要尽量避免狭隘的人际关系。

4. 气质淑女型女性

这种类型的女性,天生就有一种优雅的贵族气质。她们对待朋友十分高傲,显得居高临下,淡看世间万事;十分讲究的衣服是她们的穿着偏好;对传统绘画作品和传统室内装饰很是喜爱;和自己性格相差较大的男性是她们会选择的对象。

忠告:这种类型的女性,要尽量避免家世地位所带来的优越感,对他人的所作所为不要轻易怀疑。

5. 热情奔放型女性

这种类型的女性十分健谈。色彩跳跃的和别具特色的款式是她们会选择的服装类型，对服饰和首饰不会太讲究。她们的计划常常会因没有付诸实施而宣告灭亡。稳重坚强的男性是这种女性的最爱，她们对异性也有很强的吸引力。

忠告：这种类型的女性，兴趣过于宽泛，广而不精是要尽量避免的，不要业荒于嬉。

6. 工作狂人型女性

这种类型的女性，为了工作可以牺牲休息时间，却依然乐在其中。在性格上，为了自我形象的塑造而以工作忙碌作为借口拒绝一切娱乐活动。这样的女性常穿着制服，完美的男性是他们会喜欢的对象，特别是有魅力者而不惧危险的。

忠告：这种类型的女性，要避免固定于单层面领域，她们缺乏多彩、变幻的生活。不要因为太过疲惫而让工作的情趣消磨。

7. 时尚虚荣型女性

光彩、华丽的服饰通常被这样的女性当作外壳。她们常常把时尚挂在嘴边，用这个来打造魅力。她们崇尚物质享受、爱慕虚荣；她们常用势利的态度对待朋友。她们交往的对象一般是可以满足其虚荣心的男人，第一条件便是可以享用随时赠送的礼物和物质需求。

忠告：这种类型的女性，尽量避免一时冲动和为物质利益而做出遗憾终身的决定，切勿把自我价值抛之脑后。

8. 物质拜金型女性

她们人生最大乐趣就是保值。她们有着高傲的性格，喜欢坚持己见，她们的心理特征外人难以揣测。她们通常有丰富的感情经历，穿着显眼。穿着潇洒、风度翩翩的男性通常是她们喜欢的交往对象。

忠告：这种类型的女性，尽量保持充实的内心寄托，多与他人进行情感的交流。

9. 表现欲强烈型女性

这种类型女性擅长于在任何场合、地点将自己的才能展现出来。为了能有更多出风头的机会，喜欢不断地丰富头脑。有着非常强烈的学习新事物的意愿，可是往往没有毅力。她们对色彩鲜艳、款式奇异的服装十分喜爱。正直、老实而有鉴赏力的男子是她们理想的恋爱对象。

忠告：这种类型的女性，要避免毛手毛脚，坐立不稳，不踏实的习惯；不要脱离群众，人际交流不和谐。

10. 满足现状型女性

这种类型的女性满足于对周围朋友的事和自己工作、生活中的事。性格随和，有精明的一面，可是不会付诸实践。正统的直发，朴素的着装是她们喜欢的装扮风格；比自己大的、各方面成熟有依靠的男性是她们喜欢的类型。

忠告：这种类型的女性，要避免思想为他人左右；不要轻信他人，当心上当受骗。

世上的每一个女性都是独一无二的个体，要打造最好的自己，使自己的性格魅力得到最完美的彰显，对自己的性格缺陷加以修整，那么你会备受瞩目。

智者寄语

世上的每一个女性都是独一无二的个体，要打造最好的自己，使自己的性格魅力得到最完美的彰显，对自己的性格缺陷加以修整，那么你会备受瞩目。

把稳重作为性格目标

女人喜欢用长不大的孩子来形容自己,若是想在社会站稳脚跟,那么就应该跟稚嫩的叛逆说拜拜,让自己变得稳重起来。褪去稚气后的成熟便是稳重,能在工作和生活中得到重用的人恰恰是成熟、做事稳重的人,这样才会有施展自己才华的机会。

负得起别人嘱托的往往也是性格稳重的人,别人也会信任这样的人。所以,我们要隐藏自己的逆反个性,将自己沉淀下来,把事情稳妥地办好,不但让人放心更替他人省心。经过理性的沉淀才能真正变得稳重,稳重对生活来说是必不可少的,它能够让我们逃离厄运,避开诱惑,我们的生活因稳重而更具智慧。在人生中,稳重是一种生存智慧,拥有这种智慧,便能减少人生中的挫折,离成功也会越来越近。

可是,稳重往往让很多女人觉得很难把握,也许掌握不当就会让你变得默默无闻。那么,稳重的性格是怎样培养出来的呢?可以从以下几点注意:

(1)"宁静以致远,淡泊以明志。"替稳重的幸福画像,让它的状态被自己掌握。

(2)沉淀自己的心灵。让生活中的烦心琐事如水中微尘一般慢慢地、静静地沉淀下来。

(3)别冲动,保持从容和镇定。生活中,让人手忙脚乱的事情总会有许多,我们需要冷静下来,别做冲动的事。无论在什么时候,保持冷静的头脑、拥有从容镇定的态度能使我们对局面有清晰的了解,以便能做出更加恰当的选择。

(4)养成宠辱不惊的从容好心态。洪自诚著的《菜根谭》中有这样一句名言:"宠辱不惊,闲看庭前花开花落,去留无意,漫观天外云卷云舒。"这句名言也曾被著名人口学家马寅初书于自己的书房,使自己的心胸更加开阔,宠辱不惊的心态是我们都应保持的。

(5)用俯视的态度对待人生。俯视,让人们把生活的琐碎、人生的匆忙、世事的变化看透。我们的性情可以因俯视而变得更加稳重。

(6)留些时间让烦躁的心情转变。一旦遇到烦恼的事,别着急,让心灵有时间来转变,才能让自己从困惑中渐渐摆脱出来,使心逐渐平静下来。

(7)适应独处。疲惫的身心可以用独处来得到休息;独处可以让自己得到解脱,同时,对于我们稳重性格的培养是很有利的。

当一个稳重的女人是你成长的目标,并且你在行动上积极往"稳重"靠拢,变得更成熟、更理性也是自然的事。

------ 智者寄语 ------

女人喜欢用长不大的孩子来形容自己,若是想在社会站稳脚跟,那么就应该跟稚嫩的叛逆说拜拜,让自己变得稳重起来。

消灭性格中的懒惰

女人虚度时光、碌碌无为大多都是惰性使然,这会让她们陷入困境。试图逃避困难是产生惰性的原因,于是懒惰成性,便会成为习惯,当习惯养成便意味着有可能发展成不良性格倾向。

有一个湖在城市附近,几只天鹅总游在湖面上,许多人专程开车过去,就是为了欣赏翩翩起舞的天鹅。"天鹅是候鸟,冬天的时候应该向温暖的南方迁徙,这几只天鹅为什么终年定居在此,没有见过它们飞呢?"时间久了,有人向湖边垂钓的老人提出自己的疑问。"这很简单啊,人们只要不断用好吃的东西喂它们,它们肥得飞不动了,也就不得不定居下来。"

在圣若望大学门口的停车场,成群的灰鸟每日总在场上翱翔,一旦发现人们丢弃的食物,便立即飞下来。它们的翅膀窄窄的、嘴长长的、脚带蹼。它们原本是海鸥,因为在城市更容易得到食物,把属于自己的海洋甘心放弃。

鸟的命运因惰性而生死殊途,人同样也会因为懒惰而腐败。勤奋是战胜慵懒的唯一办法,创造财富的根本手段就是勤劳,况且勤劳也一度是防止被舒适软化而涣散精神活力的"防护堤"。

有位名叫雅克妮的妇人,现在拥有着美国好几家公司,在美国27个州有分公司,雇用8万多数量的工人。她原十分懒惰,丈夫意外去世后,她的肩上担负起家庭的全部负担,还有两个子女需要抚养。生活十分贫困,迫于无奈,她只得外出工作赚钱。在送完上学的子女后,她便将余下的时间利用起来料理主雇家的家务。晚上,她还要在孩子们做功课时,做一些杂务。慢慢地,她克服了懒惰的习性。她发现,很多现代妇女都外出工作,没有时间顾及家务。于是她有了一个想法,为需要整理琐碎家务的家庭服务。只有付出辛勤的劳动才会完成工作。后来,料理家务的工作成为了她的一种技能,以至于麦当劳快餐店也找她代劳。这样夜以继日工作的雅克妮,得到了许多订单。

有的女人每天游手好闲,舍不得花力气、下工夫干任何事情,可她们的脑子却"灵活"得很,总想不劳而获,只是想着怎么将别人的劳动成果占有,怎么掠夺他人的东西是她们一天到晚都在盘算的事。如果肥沃的稻田不生长稻子,那么杂草便会恣意横行,各种各样的"思想杂草"会在那些好逸恶劳者的脑子中长满。很多女人不愿从事艰苦的劳动,一心只想享受劳动成果。时间久了,她们真正的本性自然会暴露,对于这样的人,人们会觉得厌恶从而远离。懒惰的女人不可能成为社会生活中的成功者,永远都只是担当失败者的角色。

懒惰这个恶劣的精神包袱,女人一旦背上了,便会精神沮丧、无所事事、怨天尤人,社会永远不可能欢迎这种人。

智者寄语

勤奋是战胜慵懒的唯一办法,创造财富的根本手段就是勤劳,况且勤劳也一度是防止被舒适软化而涣散精神活力的"防护堤"。

平和豁达的女人最幸福

根据诸多事实,有一个特征是许多成功人士共同具有的——冷静沉着,无论什么时候心态都要能保持平和。心理学家称:成功人士能够把握自己的情绪,这也是他们能获得成功的原因。人的行为很大程度上受情绪影响,能将自己情绪控制好的人,可以很容易地感觉幸福。如果一个人的心态平和,他便能表现出自己最愉悦的一面;如果一个女人能将心态保持豁达,那么她就是最幸福、最美丽的女人。

　　现代女性不仅要照顾一家老小，还要在经济上争取独立、事业上争得辉煌，竞争日益激烈也增加了女人的压力，女人情绪也会因突发的疾病和灾难而起伏不定。长期的忧郁会对女人自身身体健康产生影响，容颜也会因此更加衰老。显然这是得不偿失的一种做法。那么，为了保持青春容颜、身体健康、维护幸福感、获得成功，请做一个胸襟豁达的女人的吧！

　　拥有一颗平和的心才是豁达的女人，她们沉着冷静、不骄不躁，用平常心来待人处事，似乎从世俗纷争中超脱，不轻易与人发生争斗。她们有着积极的生活态度，富有幽默感。她们赢得幸福的制胜法宝仅仅是一颗平常心。

　　无论有多么成功，豁达的女人始终都懂得"布衣暖，菜根香"的道理，即使取得了辉煌，也能保留质朴、谨慎和求实的精神。用积极的思想来提升心灵的境界，将世俗的纷扰超越。心境越高，那么外界的一切就越不容易影响你，和别人相处也能更加融洽。因此，随时保持超凡脱俗的心境是应该让自己做到的。

　　心态平和，能受得住顺境与逆境的考验，成功了，叮咛自己山外有山，楼外有楼；失败了，告诫自己没有失败哪来的成功，在哪里跌倒，就从跌倒的地方爬起来。得意时不忘形，失意时不在意；内心既无大喜，也无大悲；心无大起，亦无大落。平常心的保持，让我们在面对批评的时候依然能有积极的心态。泰然处之。

　　自寻烦恼是很多女人天生最爱，男友是否另结新欢，丈夫是否红杏出墙，父母身体是否染恙，子女学业是否有成都是她们所担心的。当她们看到老公孩子把家里弄得一团糟时，便会一直念个不停；如果父母长辈的生活习惯与自己不同，那么就会发生争吵；把别人如日中天的事业、其乐融融的家庭看在眼里，然后感叹自己的命运不好；别人对自己的诋毁传到她们耳朵时便怒不可遏，遇到拒绝就会失去勇气……这种类型的女性，苦闷不堪必定是她们的常态。为什么不豁达一些呢？将那些琐碎的事放下，生命中一切荣辱得失以平和的心态去看待，不去计较过失，这样的女人谁还能说她不会拥有幸福呢？

智者寄语

　　拥有一颗平和的心才是豁达的女人，她们沉着冷静、不骄不躁，用平常心来待人处事，似乎从世俗纷争中超脱，不轻易与人发生争斗。

女人不可过于苛责自己

　　人应该要做到严于律己，可是一味要求自己而不顾客观情况，必然会对日常生活甚至整个人生造成影响。宽容是每个人应该对待自己的方式，女人不能过度地苛责自己，对自己应该宽容一些。

　　除了强迫自己以外，女人还喜欢强迫他人。对男人的小毛病、小缺点她总会没完没了地抱怨；如果孩子犯了错或者成绩不理想也会一直唠叨；毫不留情地进行批评、指责朋友的某些与自己不同的观点……家庭不得安宁，朋友不欢而散往往是最终的结果。因此，女人应该对自己宽容一些，让自己变得轻松；不强迫别人，也是把一个空间给了别人。

　　随遇而安不代表着消极，它反而是种理智。得过且过不是它所提倡的，而是尽量去完成。随遇而安也并不只是代表止步不前、拒绝接受挑战，而是有所选择地把那些异想天开和不切实际抛弃掉，对自己的能力进行客观准确的衡量，尽力完成能做到的事，认真接受那些自己认为正确的意见。智慧的生活态度就表现为随遇而安。它能够使人变得平静,时刻面带冷静的笑容。他们不会委屈自己去迎合别人,他们不急于功利;他们既不把别人置于死地,也不过分苛求自己,思维不偏激,行事也不过头;对待生活,他们拼尽全力,却不奢求取得多大的回报。

根据调查,中国最有幸福感的一类人是月收入 1000～2000 元的女人。她们过着人情味很浓、身体健康、衣食无忧、同事融洽、家庭和睦的生活,这样的生活能让她们感到幸福。郁闷情绪她们偶尔也会有,能像别人一样拿高工资也是她们所憧憬的,可是害怕没有那么高的能力,于是不敢奢望,平淡而较为满足的生活状态是她们所拥有的。

高中毕业后在一家超市做营业员的王萍,没有很高的收入,可是她却过着有滋有味的生活。她月工资是 1000 元,没有很多,可是洗衣粉、牙膏之类的小福利,公司经常会有,因此,她便不需要烦恼生活用品的事。从单位也可以以批发价买其他的副食品。基于上班必须穿工作服的原因,她自己买的衣服并不多。同所有的女人一样,她也喜欢逛商场,到处逛逛……每件衣服都只有几十块钱,可在她的精心搭配之下别有一番味道。王萍每两周可以和同事换班,然后用一天的时间来休息。休息的那天一家三口总要准备点小节目,儿子对肯德基很是喜欢,因此出去的时候都会选择有肯德基的地方,要个儿童套餐给儿子之后,看着儿子奔跑在乐园里,一句颇有诗意的话还会从王萍嘴里蹦出:"幸福是可以看得到的。"

并不是说每个女人都过同王萍一样的生活,也不是说 1000 元的工资就应该满足,而生活是一种态度。基本的生活需要解决之后,便得靠你来发现感觉了。不同的女人有着不同的生活方式,选择并享受自己喜欢的生活方式,那何尝不是最幸福的呢?

有很多东西,比如容貌,比如机遇,比如感情,不是单单以人力就可以得到、改变的。那些自己不能把握的东西是不会让聪明的女人执著的,尽善尽美地做好自己能够做到的事,胜利就已经在手了。

━━━━━━━━ ∞ 智者寄语 ∞ ━━━━━━━━

不同的女人有着不同的生活方式,选择并享受自己喜欢的生活方式,那何尝不是最幸福的呢?

别让优柔寡断找上你

布利丹,十四世纪法国经院哲学家,在一次关于自由问题的议论时,讲了这样一个寓言故事:有一头非常饥饿的毛驴,有两捆完全相同的草料,它始终拿不定应该吃哪一捆,最后反而被饿死了。这种因为害怕承担选择的后果而犹豫不定、优柔寡断的心理现象被称为"布利丹效应"。在心理学家看来,人迈向成功的最大障碍就是犹豫心理。特别是那些做事十分谨慎,想要追求完美的人,他们最大的敌人就是犹豫心理。当一件事情需要抉择的时候,他们总是担惊受怕,就表现出了心理意志的薄弱。

生活中存在太多犹豫的人,优柔寡断的女人尤其多。我们需要用勇气和决心来争取很多事情,别让机会在我们的犹豫不决中逝去了!对事情本身我们不理解并不是理由,而是我们对它周围的一些细枝末节太过于在意,别人的闲言碎语也容易动摇自己的决定,犹犹豫豫,不敢做出决定,最后一定逃不过追悔莫及的结果。

有一位母亲想要把在战争中被敌军俘虏的两个儿子用金钱赎回来,可是这位慈爱而饱受折磨的母亲,被告知只能救回其中一个,她不知道该如何是好,她希望能够把自己的孩子救出来,但救出哪一个却成了她无法抉择的问题。这样,一直处于两难选择的巨大痛苦中的她无法做出决定,最后她的两个儿子都回不来了。

一位母亲曾被媒体报道过,在一场洪水中,她的两个孩子都要被洪水吞噬了,母亲先将大儿子救了起来。有人便问:落水的那一瞬间,两个孩子即将被眼前的洪水卷走时你有什么想法?这位母亲说:"我想也没有用,我能做的唯有抓住离我最近的,在这个孩子的安全得到保证后,再想对另一个抢救的时候,我已经看不见他了……"

作为母亲,孩子都是最可宝贵的,哪有割舍孩子不心疼的母亲?歌德曾经说过:"最好的答案对于犹豫不决的人而言,永远不可能找到,因为在你犹豫的片刻机会就已经失去了。"当面对选择的时候,不要对这种结果做出简单的对错、好坏的判断,甚至不该有更好或更坏的看法,把它们当作出路之一,自己只要能勇敢地往下走,其实无所谓正确或者错误,只是每条路上有着不同的风景罢了。

有些人出类拔萃,因错失良机而沦为平庸之辈,这和他们犹豫不决的行动习惯是很有关系的。所以,不论追求什么,果断作出抉择的能力是女人该具备的。心理学家提出的几点建议,希望遇事犹豫不决的人具备果断的性格,并且能得到些帮助。

(1)树立自信、自主、自强、自立的观念,将自己性格中果断独立的良好品质培养起来。

(2)不要刻意去追求完美。"金无足赤,人无完人",在不违背大原则的情况下,就可以适当地进行取舍的决定。

(3)破釜沉舟的勇气和冒险精神是无论做什么事情都要有的,不要姑息软弱自己。

(4)"凡事预则立,不预则废。"在平时就得多开动思维,多思考,多学习,这是关键的时候能拿得出主见的前提。

(5)保持情绪的稳定,排除外界的干扰和暗示,举一反三,独立分析,对于培养果断的意志是很有帮助的。

(6)充满自信的人是不会唯唯诺诺、犹豫不决的。肯定自己的能力是克服犹豫不决的最好办法。

幸福对于女人而言是不变的追求,可是有人能够充满幸福感有些人却连幸福的尾巴也抓不到,前者能够果断而后者总是举棋不定是很大一部分原因。因此,女人,不要再优柔寡断了,尝试着成为一个果断干练、雷厉风行的女人,那么,在幸福到来时才能及时抓住它。

———— 智者寄语 ————

女人,不要再优柔寡断了,尝试着成为一个果断干练、雷厉风行的女人,那么,在幸福到来时才能及时抓住它。

女人更要有定力

"三人成虎"的故事是中国传统文化中流传的:

即将一起作为人质被送往赵国的魏国大夫庞恭和魏国太子快要出发的时候,庞恭对魏王说:"倘若一直有这么个人对您说,他看见有一只老虎闹市熙熙攘攘的人群中,您相信这种说法吗?"魏王说:"不相信。"庞恭又说:"如果对您说这样的话的是两个人呢?"魏王说:"那我也不相信。"庞恭又说:"倘若说他们亲眼看见了闹市中的老虎的先后有三个人,您会相信吗?"魏王大笑起来,说:"既然说看见了老虎的有这么多人,那便是确有其事了,我会相信的。"

心理上的重复定律也正是这个意思。重复定律另外一个名字也叫做实践定律,指的是只需要得到不断的重复,任何思维和行为就会不断被加强。那些原本不存在的人、事、物,如果一遍遍在你潜意识里不断重复,在潜意识里它们就会变成事实。关注那些新鲜的、刺激的事物是人的心理倾向,对于重复单调的事情人们并不喜欢。可是实事求是地说,重复操作是每一件事情的成功都需要依靠的,即那些能够在一次次重复操作中认真积累,有很强的心理忍耐力的人,其人生更容易获得高于他人的成就。

奥本·海默——原子弹之父作演说于一座大型体育馆里。当天,体育馆里坐满了人,人们十分热情又焦急地等待着奥本·海默。等了很久,大幕终于拉开了,舞台正中央一个吊着大铁球的铁架出现在了人们眼前。奥本·海默走上舞台后就铁架的旁边站着,两位工作人员抬起大铁锤放在他的面前。奥本·海默先从观众中找了两个身体很强壮的人,让他们拿着大铁锤向那个吊着的铁球猛敲,直到球震荡起来。其中一个迫不及待的年轻人拿起铁锤,用尽了全力,除了听到震耳的响声后,球却一点儿也没有动。他于是又拿着铁锤一下接着一下地敲,最后因为体力不支而放弃了。另外一个人接过大铁锤以后也敲得很响,结果还是一样,最终也因费劲全力而放弃了。

就在人们一直认为敲打无法把铁球震荡起来的时候,奥本·海默在他的上衣的口袋里拿出来了一个小锤子,来到铁球的前面,不停地、有节奏地对着大铁球敲击。很快过去了10分钟、20分钟……早已开始骚动的会场现场,出现各种不满的声音和动作。可是奥本·海默却依然在台上一锤接着一锤不停地敲着。台下不耐烦的观众有的已经生气地离场了。

过了40分钟左右,大家突然听到前面的人大喊:"球动了!"会场一下子安静下来,那个铁球被人们聚精会神地看着。铁球开始摆动起来,摆动的幅度十分小,如果不仔细看几乎都察觉不出来。奥本·海默并没有放弃。终于,球摆动的幅度越来越大,铁架子被他拉动着咣咣作响,每个人都被小铁锤的巨大威力深深地震撼了。最后,体育馆内爆发了响彻云霄的掌声,奥本·海默把那把小锤慢慢地揣进兜里,精彩的演说也由此开始了:"在追求成功的时候,假如简单的动作你都不能耐心地做到不断重复,你的一生都将只会面对失败。"

对于女人而言,在众多的竞争者中只有少数能够脱颖而出,可是,这并不代表女人很难获得成功。事实上,我们在各个领域都能看到女人们做出不逊于男人的成绩。凭借永不言弃的蜗牛精神,她们坚持着朝事业的巅峰走去。实际上,成败之间的差距是很小的,大多数时候,决定了不同的结果的往往只是一小步。有时候不是因为没有实力或者没有机遇,才不能成功,只是缺少了在重复中积累的步骤,突破还没有到来,便选择了放弃,在人生道路上草草画上了句号。

───────── ❀❀ 智者寄语 ❀❀ ─────────

成败之间的差距是很小的,大多数时候,决定了不同的结果的往往只是一小步。

野心心理,做不一样的自己

迪安·斯曼特是美国加利福尼亚大学的心理学家,日前他将自己一项最新的研究成果发表在了美国《时代》杂志上。通过研究他发现,"人类行为的推动力其实就是野心,人们能够有攫取更多资源的力量就是靠'野心'的支配,然后人们才能在各个方面取得成功。"

在心理学家看来,一个人心中希望占有多种资源便是野心。资源不可能是无限的,一个人如果占有的过多,那么留给他人的就少了,如果希望成功就要占有更多资源,大家往往是以批判的态度对待野心的,但是成功的确需要野心。

一个人想要获得成功,首先要有大胆的想法,否则就无法付诸实际。

> 法国有一个靠推销装饰肖像起家的商人叫巴拉昂,他做生意的时间不超过十年,但是已经是亿万富翁,名列法国富豪榜的前50位。可是,这个亿万富翁虽然十分年轻,却患上了前列腺癌,于1998年去世。他在遗嘱中是这样安排自己的财产的:捐给自己住的博比尼医院价值4.6亿的股份,以帮助他们研究前列腺癌的攻克工作;100万法郎给能参透他成功奥秘的人。巴拉昂去世之后,《科西嘉人报》把他的遗嘱在报纸上刊登出来。报社收到了很多回答,那个时候人们之间流传着各种说法。一共有48561个答案,当"野心"这个谜底被揭开的时候,所有人都在为这个答案沸腾。很多富人们也大胆地承认:想要成功必须要有野心,野心能够萌发奇迹。

这样看来,野心是成功的一种强大动力。爱情和家庭是女人很重视的东西,女人对其他东西基本都持无所谓的态度。更有甚者,觉得自己即便事业成功,倘若不能拥有爱情和婚姻那么也毫无意义可言。女性身上受到太多野心的限制,它限制了女性的生活空间,所以女性因此缺失了很多有趣的东西。所以,如果女人希望自己的人生幸福、美好、多姿多彩,便一定要有野心,要让自己变得不一样。

> 美国前总统比尔·克林顿的妻子是希拉里·黛安·罗德姆·克林顿,她的婚姻美满而幸福;并且现在担任美国国务卿的职位,作为奥巴马强有力的竞争对手,在2008年美国总统大选期间她也曾一度领先,世界政治舞台上一直有她的身影,她拥有着明媚、精彩的笑容。希拉里的野心是关键作用。
>
> 当然这个野心不是少年时候就有的,在大学的选择上,为了取得独立的地位,她把自己的大学填到了很远的地方。在大学期间,她开始明白人生之中资源十分重要。从那时起,她开始寻找合适的资源,如优秀的朋友、出类拔萃的男朋友、好的导师……她希望这一切资源能够为自己以后提供帮助。
>
> 希拉里今天的头衔诸多,有着"第一夫人"、"美国国务卿"各种称呼,但是希拉里的野心并没有停止,她说"我要将全世界摆平",这种野心更加能够成就希拉里。

我们都是平凡的人,我们的要求或许没有希拉里那么高,可是我们也希望自己的人生变得精彩。或许你现在的职位还只是小职员,但是你成为公司老板的可能性还是有的。或许你还在为几百块钱而心情起起落落,但是没有能够阻止你成为富翁……挖掘更多更好的资源并逐渐占有它们,那么想要人生变得精彩才会有可能,所以,现在就让野心支持你去不断奋斗吧,努力去让人生变得精彩。

智者寄语

无论是一个人急切盼望能够获得成功的感觉,还有他极度渴望成就梦想,或者费尽心思想要成功,这些其实都是野心。让野心支持你去不断奋斗吧,努力去让人生变得精彩。

第四章
树立良好的心态，让幸福舞起来

掌握积极的心理暗示

暗示是一种通过各种方式向个体发出信息，个体在无意识当中接受这种消息，然后产生相应反应的心理现象。巴甫洛夫认为：人类最简化、最典型的条件反射就是暗示。我们先来看两则关于心理暗示的故事：

这是中世纪的一个监狱，一个犯人被蒙上眼睛等待处决，突然听到医生说，我们会割开你的动脉，你会因为身体里的所有血都流尽而死。说完，医生用一个钝器在犯人手腕处刺了一下，紧接着把身旁的水龙头给打开了，让水慢慢流下来。犯人不久就昏死过去了。

美国某大学心理系的一位教授介绍一位来宾给同学们认识——世界闻名的化学家——"比尔博士"。比尔博士把一个装着液体的玻璃瓶从包里拿出来，说："我正在研究一种挥发性特别强的物质，在拔出瓶盖的一瞬间就会挥发出来，它气味很小，可是没有任何有害性。举手示意如果你们闻到了气味。"说完话，博士在拿出秒表的同时打开瓶盖。不久，第一排到最后一排的同学依次举了手。结果心理学教授说：其实是本校的一位老师化装成的比尔博士，瓶子里有的只是蒸馏水。

犯人被吓昏是因为受到了"消极暗示"，心理系的学生说与事实不符的话，同样是由博士的暗示造成的。心理暗示在日常生活中普遍存在，它无时无刻不影响着人们的生活。例如，你有时候会有这样的感觉：新菜上桌可能并没有新奇的味道，可是在主人介绍之后，你才觉得菜十分新奇。再者，突然有一天同事说："你是不是生病了，脸色这么不好？"你可能起初不太在意这句话，可是慢慢地你会觉得你身体会疼，就像自己真的病了似的。结果，出于担心，你还去医院进行了检查。经检查发现自己"没病"后，你便觉得自己没有一丝痛的地方了。这都是心理暗示起的作用。

自暗示和他暗示是暗示的两种形态。因受某种因素影响自己是自暗示，在自己的心理上施加某种影响，从而发生情绪和意志的变化。比如，有人早起后发现自己脸色不好，眼睛水肿，于是怀疑自己有肾病，接着就觉得自己身体没有一丝力气，需要就医不能上班。这是自暗示的一种消极作用。而有人若是发现自己脸色不好，他会把自己的紧张情绪用理智克制下来，并给自己积极的暗示如活动活动、呼吸新鲜的空气。这种暗示，使人振作，继而能高兴地去工作。积极的自暗示对人的身体健康有利。

在与他人的交往中，自己的情绪受别人影响而发生改变的一种心理现象就是他暗示。三国时期，曹操率领着部队行军，士兵因天气炎热而口干舌燥，突然曹操说："前面有梅林。"听完后，士兵立即口生津液，士气大振。曹操以"望梅止渴"的妙计，提高了士气。

可是，人们不自觉地接受各种暗示的原因是什么呢？想知道答案，我们就要了解一个人警醒决断和判断的心路历程。人格中的"自我"部分在综合了个人需要和环境限制之后，便会做出相应的判断和决策。我们把这种决定与判断称之为"主见"。有健康"自我"的人，就是我们通常说的"有主见"的人。可是人不是万能的，也不会完美，所以"自我"有时候也会发生错误，"主见"也不是随时都有。而不完美和存在缺陷的"自我"，就易受到外来影响，也就是受到别人的暗示。

我们发现，人们极易受自己喜欢或崇拜的人的影响。这种主动判断的放弃，是具有积极作用的，它能够让人们受良好的指引，补充不完善的"自我"。这是积极的暗示，它的前提就是人要有"自我"，补充和辅助"自我"和"主见"应该是暗示产生的作用。积极暗示能有效帮助被暗示者。例如，运动员的成绩离世界纪录相差不远，如果他的恩师此时提示他："你能行，第一是你的！"这个积极的暗示让他把所有的潜能都激发出来，第一名的桂冠真的让他收入囊中。

心理暗示有两面性，聪明的女人要接受暗示的积极影响，使自己富有生机，如此，积极的心理暗示就会激发出她的潜能。

智者寄语

心理暗示有两面性，聪明的女人要接受暗示的积极影响，使自己富有生机，如此，积极的心理暗示就会激发出她的潜能。

用心感悟，幸福就能舞起来

什么才是幸福呢？有的女人觉得有钱就是幸福，有的女人觉得幸福是爱情很完美，还有的认为居高位就是幸福。事实上，幸福并不是指这些，换个说法，幸福和这些都无关。金钱太多烦恼便会随着而来，甚至灾祸也会袭来；爱情是很美，但是痛苦也很多，有人甚至由情而身败名裂；位高在获得荣耀的同时，也会带来祸害。究竟幸福是什么呢？这里有个定义是："人们希望幸福的境界可以亘古不变。"如果自身能感到这样的心境，让你产生"我希望一切永远都这样"的想法，亦如浮士德对"瞬间"的独白，"哟！留着吧，你，你是如此美妙"，那么你自然是幸福的。

幸福像时时刻刻围绕在你身边的空气，当你握住它，真心拥抱它，你就会感到无比幸福。幸福的体验不需要有大笔金钱，不一定是位高权重，叱咤风云，如果你能用心体验生活，即使平凡，也会得到幸福。

有个平平常常的女孩，在郊区的平房里生活，生活没有太大的起伏。女孩的口头禅是："假如我成了富翁……"朋友暗想她一定会说买豪车洋房，或者体验体验五星级酒店，用所有奢侈品包装自己。可女孩的回答让大家惊诧："回家时能够每天买一束鲜花，我便知足了，每天买不同的花……""难道你买不起花吗？"朋友们打趣道。"当然不是，但是现在对我来说太奢侈了。"女孩笑着说，眼中的幸福与快乐溢于言表。一天，女孩在车站看见一位卖花的阿姨，有几束康乃馨放在她身边的塑料桶里。女孩走上前端详起来。价格低廉，五块钱一大束，正常摆在花店卖需要30元以上。于是，女孩爽快地买了一束。康乃馨就被女孩捧回了家。隔几天，女孩就给它换水，给它放一片维生素C，这样会让花期更长。安静下来的时候，女孩就觉得很开心。

　　还有一个任职某外企的高级主管的女孩,是凤毛麟角的人才,她的一个月薪水比前面那位女孩半年的收入还高。工作之余不留恋高档消费场所,也不常买奢侈的服装。有一次,在对旧衣物进行清理的时候,她被母亲留给她的一床缎子被面吸引了。女孩心想:"要是扔了它的话多可惜,还是做一件中式时装……"结果,女孩穿上衣服后,让同事们赞赏不已。从那以后,废物利用就成了女孩的第二职业。

　　不同女孩有着不同的环境,可是无论她们年纪大小,她们是贫穷还是富有,她们都有一个共同点,便是追求精致生活,坚持幸福的追求。

　　金钱真的等于幸福吗?根据一项调查结果,能感到幸福的人的年薪在100万以内,而越是有钱的人,愈发难以感到幸福。《南方周末》调查了人均财富22.02亿元人民币的富豪的精神世界,其中70%的富豪觉得财富不会给自己带来欢乐,而是整日的殚精竭虑。

　　事实上,幸福是一种身体和心理的感受,是感到自由和舒适,是"采菊东篱下,悠然见南山"的悠然自得。幸福是从人的心底发出来的。自由自己、自由他人就是幸福。幸福没有性别的差别,无关年龄与财富。幸福不是静态的,时而顺利,时而倍感压迫。每个女人对事物的感受都会不同,能满足与愉悦于这种独特感觉的女人,那么她便能领悟幸福的真谛。

――――――――――― 智者寄语 ―――――――――――

　　幸福不是静态的,时而顺利,时而倍感压迫。每个女人对事物的感受都会不同,能满足与愉悦于这种独特感觉的女人,那么她便能领悟幸福的真谛。

假装快乐,你就真的会快乐

　　有些女孩天生忧郁,即使富有才气,却伤感于无畏的琐事。倘若你也如此,那么让卡耐基来帮助你:"快乐可以假戏真做。"当心情憋闷的时候,想方设法让自己对他人微笑,同时无数的微笑也对我们绽放。如果全世界都在对着你微笑,哪还有不快乐的理由?

　　心理学研究发现,人类的身体和心理是一个整体,它们相互影响、相互作用。肢体语言会受情绪的引导,就像怒发冲冠。情绪的改变也会受肢体语言的影响,比如有时候强迫自己微笑时,会发现自己的内心也开始觉得欢喜。所以快乐真的会假戏真做。

　　暖今天生忧郁,她浑身充满了忧郁的宋词气质,她的脸上都是充满了美丽的哀愁。她常为男友的一句话忧郁很久,也能迅速捕捉到领导脸上的变化,几乎每件事都会影响到她很久。她经常被长期的抑郁压得透不过气来,就连人也越来越无精打采。一次,她需要出席一个谈判,谈判十分重要,可看到自己萎靡的表情出现在镜中,她认为自己无论怎么样也不适合去参加那场谈判。她询问朋友可以容光焕发的方法,朋友将假装快乐的方法告诉了她。她也照着这个方法做了。于是她在整个会议中谈笑风生,顺利地把合同拿到了手。

　　在心理学家看来,一个人的情绪现状可以用行为来改变。比如,对着泪汪汪的孩子说:"笑一笑呀。"勉强笑笑之后,孩子可能真的会高兴起来。根据最新的实验,心理学家艾克曼得出了这样一个结论,一个人总幻想身临一种情景,营造情绪,也许这样的情绪真的会产生。受角色影响的一个愤怒实验者,他的体温和心搏率都会有上升的趋势。我们的坏心情可以由这个新发现摆脱,在行为上先让自己快乐起来就是解决的办法之一。

假装久了,就变成了真的。聪明的女人,不妨试一试在不快乐时假装快乐吧。多让自己假装快乐,生活也会好过一点。

───────── 智者寄语 ─────────

聪明的女人,不妨试一试在不快乐时假装快乐吧。多让自己假装快乐,生活也会好过一点。

境由心生,发挥心灵的感召力

泡一杯醇香的咖啡让自己喝,咖啡的容器会是什么形状的? 圆形的还是方形的? 对于女人来说生活就像一杯醇香的咖啡,那么盛放它的杯子是什么样的呢? 积极地让幸福充盈在每一个角落,或者是消极地把幸福丢弃在阴暗的角落里? 杯子决定咖啡的形状,你需要用心灵感召你的幸福。

世界上有两种女人,一种会时刻采用积极的思想使自己的生活充满欢乐,让生活绚烂多姿;另一种则让自己的生活愈加苦涩。有了积极的思想,女人的内心会充满快乐,那么便没有机会来体验"愁"。她们朝气蓬勃,勤俭持家,相夫教子,每天都过得很开心。你跟她们打电话的时候,总能传来活力无穷的声音。其实,她们遇到的麻烦不少于其他人,但是她们对待问题的态度和方法不同决定了她们快乐与否。

对于工作,"我要尽力做到最好"是积极女人的想法;"工作总是循规蹈矩,差不多就行"便是消极女人的想法。对于打扫卫生,"我要把家里整理得窗明几净,使家人都能快乐"是积极女人的想法;"家务繁琐,累死了"则是消极女人的想法。对于做饭,"我做的饭能让家人品尝,心里挺美"是积极女人的想法;"人要是能省下三餐会不会很轻松"则是消极女人的想法。对于失意,"阳光总在风雨后,彩虹总会出来"是积极女人的想法;"点背,命苦"是消极女人的想法。积极的女人面对别人的成就会想:"我也可以成功。"消极女人却心生嫉妒:"这有什么好的,累死了。"积极对待问题的女人,自信优雅,懂得欣赏;消极面对事情的女人总是自怨自艾,把世界也错判成是灰色的。

女人如果想要自己的人生幸福美满,就要积极探寻身边的美好,给自己积极的暗示:我会过着幸福的生活,我的生活一定会步步高升。做自己想做的,若觉得自己处在水深火热之中,你可以搭建自己心中的人间天堂,并且提醒自己离天堂很近,那么你可能也会获得这样真实的感觉。

弥尔顿说过一句话:"你活动的天地便是自己的内心,境由心生。"每个人的心中若是有一座天堂,我们就在天堂里生活;若是有一座地狱,我们就挣扎在地狱中。内心的变换会使女人的生活发生改变,我们能做心中所想。如此,女人就要往好方面想,远离那些让自己不开心的事情,让生活纯净而快乐!

───────── 智者寄语 ─────────

女人就要往好方面想,远离那些让自己不开心的事情,让生活纯净而快乐!

激活自己的更大潜能

人的进步是因为有了动力,受到激励往往能够激发更大的动力。激励的意思就是激发鼓励。在心理学家看来,激励主要就是把人的动机激发出来,使人具有动力,坚定不移地走向目标的心理过程。威廉·詹姆士——美国哈佛大学的心理学家通过研究发现,没受过激励的人的能力只能发挥到20%～30%,受过激励的人就能发挥到80%～90%。也就是说,经过充分激励后,同一个人,会发挥出相当于激励前的3～4倍的能力。这个自我激励的过程也可用在人生中,就算你的人格完善,在没有动力的条件下,也难以达到目标,那么成功也就变得不可能。成功离不开自我激励,以下是两种被学术界肯定了的激励理论。

著名的黑人人权运动领袖——马丁·路德金曾说过:"世上所成的每一件事都是因为有希望。"人们认识环境,从而有了价值感和目标感,也就有了需求,继而有了动机。目标实现的可能性有多大,那么动机才会产生相应的行为。于是,就有了著名公式:$M = V \times E$。它指明了努力与最终奖酬的因果关系,把激励过程是以选择合适行为达到最终的奖酬目标作了说明。这种理论认为,当人的需求与目标一致,那么才会产生很高的积极性。M——即激励水平,指人们进行某项活动具有多大的积极性。E——即期望值,一般来说是指某一行为会有多大的概率导致一个预期的结果,也就是说人们对自己的行为能否达到目标的可能性的大小进行主观的估计。个性、情感、动机都会影响人的发挥,人们对可能性的估算也不一样,有保守的也有冒险的。激励自己的成功是对自我价值体系等能力的一个综合体现。V——人们对目标价值的关注与判定,也就是人们对奖酬的定价,即效价。

期望值与效价的成绩是激励水平的决定性因素。所以,当你在奋斗的时候,要不时激励自己,并想象成功的喜悦。倘若你具有了必胜的信念,前进的动力才能更强大。因此,生活中,女性朋友要多激励自己,给自己打气,那么成功就会在不远处。

智者寄语

当你在奋斗的时候,要不时激励自己,并想象成功的喜悦。倘若你具有了必胜的信念,前进的动力才能更强大。

要成功,先要"想"成功

不如咱们首先来进行两个小实验吧:最开始,用你认为最舒适的坐姿坐下,然后闭上你的眼睛,提醒自己不准去思考任何别的事情,进行一个持续3分钟的保持不动的静坐。接着将眼睛睁开,回想一下刚刚那会儿的确是做到了像自己期望的那样什么都没有去想吗?虽然在闭上眼睛的时候我们选择了自己觉得非常舒适的坐姿,但是却会觉得有点不舒服,是不是腿没有放好?还是后背有点痒?或者是有点想咳嗽?而且脑海中还会出现许多在睁开眼之后捕捉不住的画面?这其中必须是有几个是被我说中了的。

好,现在让我们重复来做第二遍吧,在闭上眼睛的时候思考一下自己想要实现的事情,也许只是个很小的愿望,没关系。3分钟过去后,回忆你对第一个小实验里由身体本身引起的那些不舒服的感觉还存在吗?你的全部思维是不是都随着那个小愿望开启了呢?同样是静静地坐着,为什么我们的感觉却完全不一样呢?是我们的思维掌管了身体的感觉。

也许下面这则小故事可以更形象生动地阐释意念的主导性作用:

从前,有一群小蚂蚁计划开展一场搬运比赛。在比赛的过程中,蚂蚁们要求背着非常重的小石子从马路的这头走到对面。这段小小的距离对蚂蚁来说却是一个很远很远的跑道,而且还要一直背负着重物。比赛还没有开始,大家就纷纷感叹着:"这难度太大了吧!它们必定不可能背动这么重的石子。""它们绝对没有可能背过去的,路程那么远!"参赛的蚂蚁选手们一边走着一边听着大家议论的内容,缓慢地背着背着,一只紧跟一只。一会儿,蚂蚁开始有心无力了,只有身强力壮的一些选手们还在匍匐前进。比赛进行得越来越火热,讨论的声音也愈发增多,越来越多的蚂蚁坚持不住就自动弃权。然而那只最瘦弱最渺小的蚂蚁仍然背负着石子一点点地走着,似乎一点也没有想要停下的趋势。到最后,别的所有的选手都退出了比赛,唯独那只最弱小的蚂蚁还在跑道上,它费了最大的劲,终究成为了唯一一只完成比赛的蚂蚁,它是名副其实的胜利者!

比赛结束之后,所有的蚂蚁们都很想了解它成功的秘诀。有一只年纪大的蚂蚁跑上前去采访那只冠军小蚂蚁,问它怎么会有那么大的力气完成全程?却发现了真相——它竟然是聋子。在整场比赛当中,它根本没有听到任何其他蚂蚁的议论,也就意味着它没有被任何消极的声音所影响,只有一个清晰的念头在它的心里,就是要一点一点地背着石子走向终点。它不停地提醒自己终点就在那里,结果它真的做到了!唯有它能够成功赢得比赛。

每一个女人都憧憬着美满的生活,向往成功的事业,然而却不知道应该从何做起。我们不妨问问自己的内心,是不是也要跟这只小蚂蚁一样,不停地提醒自己的目标。

当你跟自己说"我多么想下个月的业绩能够提高20%"、"我想要一个月就能减掉10斤"、"我希望自己以后能提早半小时起床"……当你在说这些的时候,实际上你的心里却不一定有很大的决心,因为你已经无数次有这样的想法了,但是没有一次能够使之成为现实。因为你一次又一次地放弃了,你越来越不相信这些事情自己能够做到。

如果你换种方式去思考,再来看同样的愿望,要想提高成绩、减轻体重或者提早起床等等,这些你都已经清楚地知道了,你知道自己的目标,这是好事!但是你之所以没有实现,是因为这样的想法只是偶尔地进入了你的脑袋,你的失败经验告诉你这次可能依然是不成功。如何才能实现自己的期待呢?接着你需要做的就是,不能让这种"想要"的状态间歇性地出现,要持续不断地告诉自己目标,把所有阻挠它实现的原因都一一抛开,始终如一地连接着你的目标。最终你就会发现,以前的"我想",都变成了今天的"我一定要"、"我必须要",接着,你的愿望会一点点地成真。

你可以把这个过程比喻成放风筝。风筝可以飞多远,关键是你手中的线,要是你的线断了,再好的风筝也不在你的手里了。女人的目标就是你手中的线,不要让这根线在风筝刚刚放飞的时候就断掉,不断地去看到你的目标,你就能够成为一个见证自己成功的女人了!

智者寄语

女人的目标就是你手中的线,不要让这根线在风筝刚刚放飞的时候就断掉,不断地去看到你的目标,你就能够成为一个见证自己成功的女人了!

用一颗平常心发现生活中的幸福

平常心这三个字说起来容易,在现实生活中却已经很少人能够去保持。大多数女人不能以平常心去面对生活,她们的内心老是充满着无休止的欲望,不能完全以一颗知足常乐的心来面对生活,而那些可以保持平常心的女人,恰恰是那种在生活中能发现点滴幸福的人。

有一对老夫妇,他们的初恋发生在1967年元月。那个时候,所有的生活物资都要凭票供应,比如说粮店里的米,百货店里的肥皂、布匹,副食店里的肉、豆腐还有煤铺里的煤等,普通人家的生活清苦至极。男方家在城郊有一小菜园,相当于现在我们说的蔬菜基地。女孩第一次去男方家见家长的时候,男人把她和媒婆留了下来一起吃饭。只有两道很简单的菜:几个荷包蛋加上一碗萝卜丝。还是向邻居借来的几个鸡蛋,自己种的萝卜。在回家的路上,媒婆劝女孩不要嫁过来,因为男方家徒四壁,穷得很寒酸。女孩却说我觉得男方能煮出那么好吃的萝卜丝,说明他还挺能干的。一段时间之后,当女孩再来找男孩的时候,男孩刚好捕了一些鲫鱼。招待女孩的菜却依然只有两道简单的油煎鲫鱼和一碗红烧萝卜。吃饭时,女孩夸奖男孩做的萝卜很有特色,还说自己很爱吃萝卜。男孩说:"真的吗?你下次来我家我给你煮另一种口味的萝卜吧。"在他们的交往过程中,女孩吃过了男孩所烹饪的所有口味的萝卜:清炖萝卜、麻辣萝卜、清炒萝卜、白焖萝卜、糖醋萝卜、萝卜干和酸萝卜等。最后,这些萝卜似乎俘虏了这个女孩,她嫁给了这个男孩。

有人问这个老太太当时为什么不嫁给那些有条件给她煮肉的男人,最后却嫁给只会做萝卜的人时,老太太说:"当时我觉得,一个男人竟然能够在那种贫困的日子里把那么普通的萝卜烹饪出甜酸苦辣咸等那么多不一样的口味,实在令我非常难忘和感动,我想他一样可以把日子也过得有声有色。婚姻这种事情,既要看中眼前的东西,更加要想想将来。现在我和他结婚已经30多年了,我们根本没有吵过几次架,更加不像某些人那样有事没事就闹离婚。日子虽然是平平淡淡,但是平平淡淡才是真呀!"

老太太说得很有道理,在我们的周围也能看到,愈是知足常乐的女人,愈能够体验幸福;反倒那些整天斤斤计较、患得患失的女人,害得自己烦恼不堪。有时候,一句简单的问候,一顿简单的早餐,一张小小的卡片,抑或是一首甜美的小诗歌,就可以满足我们的内心,让我们感觉到幸福的点点滴滴。

生活其实不需要非常奢华,只要拥有一颗平常心就能够完美地诠释"幸福"这个词。平常心贵在平淡,无畏生死,宠辱不惊。平常心又是一种不计较得失的清净。无论处于怎样的环境下都能怀着平常心的人,必定是个了不起的人。要想跨越人生的障碍,面对纷杂的世界和漫长的人生,我们必须拥有一颗平常心。平常心,看起来好像平常,实际上却并非如此。当你怀着一颗平常心去面对生活时,你会发现周围都是真性情,因为平常心就是理解、宽容、忍让的心。

智者寄语

平常心贵在平淡,无畏生死,宠辱不惊。平常心又是一种不计较得失的清净。无论处于怎样的环境下都能怀着平常心的人,必定是个了不起的人。

内心的平衡就是幸福的能量源

世界上有那么多的人,有人把他们分为幸福的人和不幸的人。这两种人实际上没什么差别,只是他们对待生活的心情不同,换句话说,是不同的控制内心的能力所致。并不是说有的人在人生道路上一帆风顺,他就是一个幸福的人,也不是他们的能力有多么卓越,而是由于这种人善于控制自己的情绪,因此他们可以在狂风暴雨中坚持下来,过后看到了美丽的彩虹,有的还能在一败涂地中看到充满希望的前程,并时时刻刻保持一种积极的情绪,绝不因为一点小挫折就灰心丧气。

幸和不幸就在于两个字——内心。如果能够使自己的内心达到平衡的状态,就会产生幸福感;否则,就永远感觉不到幸福。平衡的内心意味着一个人可以控制自己的思维和情绪,让自己常常处于一种良好的积极向上的心理状态。生活中有太多的非理性因素,以至于我们老是会因为这些因素控制不住自己的情绪,导致做出一些不该做的事情。经过分析,这些困扰人类多年的非理性因素大概能分成这么几种:抑郁、恼怒、恐惧、嫉妒、紧张,还有狂躁和怀疑。这些看似很平常的心理因素,往往是一个人成功与否的关键。

一位哲人这样说过:你的内心就是你的主人,要么你去驾驭它,要么它就会驾驭你,也就是说你的内心将决定谁是坐骑,谁是骑师。只有维持一种平衡的心态,我们才可以实现自我价值,否则,失衡的心理状态将会严重妨碍实现自我的价值。

一个乐观向上的人,他做事一定是有条理有计划的,无论是工作还是生活中的事,他都能很好地完成任务,所以这类人往往实现自我价值的几率很高,自我肯定的成就感也就会增多,更加能拥有一个良好健康的心态,以此形成了一个良性循环。

反过来看,一个消极压抑的人,整天怨天尤人地生活着,不管做什么事情都没劲,甚至经常犯错,那么实现自我价值就变得越来越不可能,只会在一次又一次的失败当中自我否定,这样他就更悲观,如此便成了恶性循环。所以有人说,消极的心态让人生充满阴霾,只有积极的心态才能创造幸福的人生。

有两个人在黑夜的沙漠中行走,他们早就喝完了水壶中的水,两人又累又饿,渐渐体力不支了,在休息时,一个人问另一个人:"现在你还能看见什么?"被问的那个人说:"我现在好像看到了死亡在一步一步地向我靠近,快支撑不下去了。"发问的这个人微笑说:"我现在看到的是满天的星宿和我的家人们等着我回去的脸孔。"最终说看到死亡逼近的人支持不住了,在临近走出沙漠时,他用刀子自己结束了自己的生命,然而另一个人依靠着星星的引导慢慢地走出了黑暗的沙漠,并因此成了实至名归的英雄。

实际上这两个人没有什么本质上的区别,唯独是当时的心态不一样罢了,但在最后却演绎了天差地别的两种结局。所以你的内心的确会关系到你的命运,想要每时每刻都过得愉快,那就得把你的内心掌握在你的手里。你拥有什么样的内心决定着你会拥有什么样的生活能量,而这种能量又会决定你的人生是否幸福。

───── 智者寄语 ─────

幸和不幸就在于两个字——内心。

第五章
拥有财商理念，让生活富起来

女人打造自己的"黄金存折"
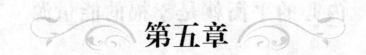

女人倘若想在人生的舞台上活得精彩，就应该树立良好的理财理念，在"幸福银行"中打造属于自己的"黄金存折"。这本"黄金存折"的所有人应该是你自己，所以要跟家庭理财分开来。

"黄金存折"的内容可能是现金、保单存款、房地产，或者是共同基金账户。有朝一日，当我们需要动用这笔钱时，"黄金存折"内的资产随时都可以派上用场。

1. 有计划，才能赶得上生活的变化

根据银行的调查，女性的收入在大部分家庭中所占的比重不大，但报税、家庭收支管理的工作多由女性担当，这说明女性擅长掌握家庭财务大权。无论你是已婚女士还是单身贵族，都该好好管理自己的财富，制订长远的财务计划。要想打造美丽的人生，使自己的财富得以合理的使用，就要检视自己的收支状况！

（1）注重个人的理财

生活中很多人都抱着"今朝有酒今朝醉，今天的钱今天享受"的心态，尤其是结婚以后的女人，往往以为自己的将来有了靠山，因而疏忽了理财规划在一个家庭中的重要性。要想当一位货真价实、令人羡慕的美丽佳人，你必须聪明地存到足够的"本钱"，并且不能迷失在金钱游戏中。只有通过专业知识明智地管理财富，达到经济上的稳固，你才有实力追求真正属于自己的幸福人生。

要想拥有自在的心情，使生活变得惬意，使身体处于一个良好的状态，你需要建立稳健的经济基础，掌握理财的方法。只有这样，才能实现幸福人生。只有注重个人的理财，才能具备在暴风雨来临前临危不惧的态势而不至于被击溃，这是"未雨绸缪"的最好方法。

（2）为你自己订下严格的储蓄计划

其实，"零存整取"、"定期定额"都是好点子，可以进行储备投资资本和强迫储蓄。每月将部分薪资自动转存到固定的投资账户，多年后我们将会惊诧于不经意间积累的财富！每个女人的消费方式不一样，有些女人一遇到自己喜欢的东西就大手一挥，丝毫不担心钱的问题；还有的女人想节约一些钱作为自己的存款。少吃几顿没有必要的应酬饭、少看几场电影、少买几件衣服，每个月一定能够节约下来不菲的开支。

有人说："比赚钱更难的是学会花钱。"如果你是一位对存钱理财毫无计划的女性，到最后，你必定囊中羞涩，举步维艰！

（3）运用存折做好个人的收支管理

现在，每个人的钱包里夹着不同银行的存折已经不是稀奇事了，一位具有"理财管理能力"的女性，不会放任自己辛苦赚来的钱四处"流浪"，或者坐等钱财贬值购买力急剧下降。只有整合你的账户,做好个人的收支管理,存折的资金流动记录才能转变为账务管理及理财分析的信息。

现在的银行都有电子账单可以帮助客户管理自己的收支情况,要养成每个月都进行查询的好习惯,这样才不至于对金钱的动向毫不清楚。了解自己在投资、储蓄与消费上的比例,绝对有助于精彩"黄金存折"的打造与持续。

尽早进行投资储蓄是女性的一个好习惯,起步越早,成功的机会就越大,越早开始充实财经方面的常识越有利。女人懂得理财,人生由自己掌控,学会理财的女人才有能力追求自主独立的生活。女人有钱,不光是为了追求享乐,为了全身着装闪耀,更是为了找回自己。懂得理财,就可以不必当钱的奴隶,就可以决定自己的生活质量,但是,谋取不义之利是万万不能的。只有这样,人生才是你的!

2. 有财力,才能活出美丽

一位财务独立的女人,在丈夫、孩子以及其他亲朋面前能够保持足够的尊严。因为有了足够的经济能力,生命才有活力,才能实现自己的梦想。女性争取财务独立的最终目标,是不成为他人的负担与拖累,而不是争取主动权。别将一生的经济需求都依赖在一个人身上。有很多女性一生只会运用一种理财方式,即寻找一张"长期饭票"。在她们的概念里,丈夫就是可以一辈子依附的"长期饭票"。但是寻找"长期饭票"也有财务风险,除了要考虑饭票的"有效期限"之外,还要承受靠外表吸引异性的"折旧"风险,以婚姻作为幸福的唯一筹码,肯定不是一件保险的事情。

理财的路是一步一步地给自己设定好目标,然后以稳健的步伐向前迈进,每当达到某一个成功的阶段,就好好犒劳一下自己与家人。理财其实就是做人,发现最优秀的自己,拥有最真心的朋友,背靠着最和谐的家庭,这样一来,你不幸福都是不可能的。

(1)现在就开始投资

不要把"没钱投资"和"没有时间投资"作为不理财的理由,一个女人要想活得美丽,就要懂得理财,进而拥有自己的财力。每个月在领到工资的时候,直接拿出其中的10%作为投资所用,拿着钱就直奔消费场所是很不好的行为。把精力花在学习投资理财知识上,不要总是担心股价太高,因为股价的新高终究会出现的。

(2)制定目标

不论是准备好小孩子的学费、买新房子的款项,抑或是在想休息的时刻(比如50岁前)了无烦忧地享受,任何目标都可以,但必须要定个目标,全心去达到。只有目标明确,理财的想法才能进入我们的脑中,才能按时地将得到的钱分配到各种理财方式上,包括原始积累、金钱储备等。

(3)每月固定投资

投资必须成为习惯,成为每个月的功课,不论投资金额大小。每个人存下一部分钱,一点一滴积累,那么最后你手头的钱肯定比那些不思储蓄的人多得多。只有投入,才能有产出,只有学习投入、按时投入,才能使自己在年终的时候手头宽绰、钱囊鼓鼓。

────────── 智者寄语 ──────────

拥有高财商的女人不是依赖男人而过上幸福生活的,在她们的概念里,自身拥有的稳定收入才是可靠而长久的,而这正是靠自己周密的头脑得来的。

高财商女人要理智消费

休闲时光,女人往往酷爱逛街,不仅能够放松疲惫的身心,还能够购买到称心如意的衣物。因此,女人永远都对逛街乐此不疲,消费对女人而言是个永恒的话题。

如果你能够理智消费,做好财务管理,就肯定不会在消费方面栽跟头,小钱也会随之积累。只有精打细算,才能将钱积少成多!

1. 理性消费,精打细算

很多白领女性、成熟的单身女性,甚至年轻的妈妈,正是由于不节制的消费,最后变成"月光族"、"透支族",甚至是债台高筑的"负债族",然后跻身"跳楼一族"。看来,女性朋友一项非常重要的理财课题就是合理睿智地进行消费并且搞好财务管理。因为,花钱消费的目的是为了让自己的生活过得更好,而不是让自己背负债务,或者在年老之时丧失养老的应有储备,那真是得不偿失!

青子的月薪虽然逾万,但是 3 年下来,其信用卡上却有着将近 5 万元的赤字。因为做出口工作,有时接到一张大订单,奖金马上就有几万块,所以她觉得赚钱很容易。然而,由于工作的压力,她会冲动地购买名包、服饰、首饰等奢侈品犒劳自己,信用卡一刷就是成千上万,但又没有记账,结果每个月虽赚 1 万多,有时却还要预支下个月的工资。年逾三十,随便换工作对她而言有难度;男友也受不了她的消费方式,感觉未来的前景渺茫。为此,她开始陷入财务和爱情不顺的痛苦深渊中。

那么理性消费是如何做到的呢?

(1)要有预算的观念

其实,购物是一件让人心旷神怡的事情,聪慧的女性在这一方面往往算计到位,省钱购物,让自己在买东西时省下"小钱",然后让"小钱"滚"大钱",这样才不至于看着刷爆的信用卡和每个角落里堆着的东西而慌神,摇头感叹自己是个"败家女"!

(2)追查你每一分钱的来龙去脉

要想追查每一分钱的来龙去脉,做好存折管理是极好的方法。现在大部分人都把钱存在银行,存折会记载你在银行所有资金进出的记录。经常在网上银行查看金钱进出的往来状况,只要 5 分钟的时间,每一分钱的去向就能了如指掌,进而提醒自己要开源节流。

(3)养成记账的习惯

聪明的女性对自己的收支情况比较敏感,身边总是有一个小账本,把每天的消费支出都记下来,然后每个月进行比较总结,了解一下花在哪些地方的钱比较值,反之则不必。然后在下个月消费时加以注意,从而节省开支。收集发票也是一种简单的记账方法,因为支出复杂的情况往往发生。将发票按日期收纳好,不但可以兑奖,还可以从中分析自己在衣食住行上的花费,成为小富婆也就指日可待了!

有人说,美丽的女人懂得投资外在,而投资内在则是高财商女人的举措!做个内外兼顾的美丽女子,做好预算,把钱花在刀刃上,是最基本的理财功课。要想使每一分钱都在人生中起到恰到好处的作用,就要优化自己的理财观念。

2. 拒做"Buy"金女

倩倩在上学期间是个典型的"Buy"金女,每次一闪过购物的念头,便会兴高采烈,走过的服饰店,她每家都要进去看看,还要试穿好多衣服。看到试衣镜里的美装,她二话不说,非得买下来。

　　每次逛街,她总是满载而归,大包小包挂遍全身。次次的高消费让她苦不堪言,却又没有办法控制,每当花完钱之后,抑郁的心情也随之蔓延。可是,她买的很多衣服连一次都没有穿过,买的那些首饰基本上也从来都没有碰过。

　　工作之后,父母断绝了金钱供给,她也知道了钱的来之不易,慢慢地,她拒做"Buy"金女。因为她深刻地知道了做"Buy"金女的辛酸:付出了不必要的感情和时间不说,金钱也打了水漂。

　　多年形成的习惯并不是那么容易改变的,每当她抑制不住消费念头之际,就把朋友约到家中,或者和朋友出去爬山,花费大大减少。偶尔出去逛街的时候,也绝不大扫荡般地往家扛东西了,而是斟酌一番再做决定,看看买的东西是否会"长年不动"。

　　渐渐地,在买东西上,她不再是"Buy"金女,并且,随着良好习惯的养成,合理消费在她的整个行为习惯中凸显出来了。

　　有一次,她接到银行发给她的一份信用卡开支年度分析表,从这张表中,她发现通讯费用是自身最大的花费,仅次于房贷支出。除了经常打国际长途电话之外,有时在固定电话旁她也用手机拨号,这样一来通讯费就很多了。

　　在看了这张分析表之后,她立即购买了一张PHS手机卡拨打电话,原来的电话只用来接听,以此节省通话费。同时,还用Skype和国外通电话。这样一来,每个月的几千元钱就轻易省下了。

聪明消费,拒做"Buy"金女,哪里该用,哪里不该用,应有严格的界限。理智一点,聪明一点,克制一点,这样金钱就会慢慢积累起来了,宽裕的生活也就指日可待了。

创造财务自由

　　一些女性以"没有数字观念"为由回避理财的误区,这是对自己不负责任的态度。一旦被迫面对重大的财务问题时,她们只能听之任之,完全没有主动权。理财的最高成就是"财务自由",为了将来源源不断的持续性收入,现在投入时间和精力很值得。

1. 追求财务自由而非职业保障

过去,可能一个家庭的经济来源就是单一性的工资。现在,很多家庭都有两个或两个以上收入来源,如兼职收入、资产收益等。如果没有两个以上的收入来源,很少有家庭能生活得非常安逸。而对于未来,即使家庭能够得到两份收入,也很难过一个体面的生活。所以,让自己拥有多种收入来源是很有必要的。如果其中一种出了问题,就会有其他收入来源支撑着。

假如你想多拥有一种收入来源,做一份兼职是你的首选。但这并不是真正意义上的多种收入来源,因为这是支付自己的精力为别人打工。你应该有属于自己的收入来源。

这个收入来源就是"多次持续性收入"。这是一种循环性的收入,不管是否开展具体工作,也不论你人在不在现场,这份收入都不会中断。"你每个小时的工作能得到几次金钱给付?"如果你的答案是"只有一次",那么这种收入方式就只能归类为单次收入。

最典型的就是工薪族,工作一天得一天的钱,一旦失业就没钱了。自由职业者也一样,例如出租车公司的职员,只要不出车就没有收入;演员演出才有收入,不演出也没有收入;很多企业的老板,他们必须亲自工作,否则就无法使企业正常地运转。这些都叫单次收入。多次持续性收入则不然,它是在你经过努力创业,并且这一创业得到很好发展的情况下,即使有一天你什么也不做,仍然可以凭借以前的付出继续获得稳定的经济回报,比如特许经营、作家的版税以及存款利息及其投资收益。

其实,有钱人真正的财富,并不在于金钱的多寡,而是他们拥有时间和自由。因为他们的收入都属于持续性收入的范畴,所以他们有时间潇洒地花钱。

因此,财务自由并不是指你有多少物质财富,而是拥有花不完的钱,至少拥有比自己的生活所需要的更多的钱。自由是人们最渴望的东西,"不自由,毋宁死"。但自由要有金钱作为保障,有钱就有更多的自由和保障。如果你兜里钱囊鼓鼓,那么你就可以随时休息,不必为生计奔波;反之,如果你没有钱,不去工作的想法就会显得太奢侈。所以,女人追寻的应该不是职业保障,而是实现财务自由。

2. 投资方式要选对,拥有多次持续性收入

财务自由是如何实现的呢? 对于大多数在这条道路上刚刚起步的女人来说,从投资理财中寻找突破,是最普遍也最现实的门径。找到一种适合自己的投资方式是你现在唯一要做的事情。一些大企业家和富翁以男性居多,这可能跟男性比女性敢闯、敢冒险的特性有关。但是,女性从理财和消费习惯上来说,要胜于男性。专家们指出,耐心、谨慎、谦虚、多识是善于理财的人们的特点。

以上前三个特点女性优于男性,不过知识方面男性占据优势,但毫无疑问,在理财素质上,更符合优秀投资者条件的是女性。男性习惯于选择高风险的证券投资,投机心理强于女性,而稳定的投资项目则是女性的专长。这种项目倾向于多元化分散投资,投资方式更谨慎,所以就投资成绩而言,女性强于男性。

专家管理的集合投资方式当属基金,这与女性的投资需求相适应。根据中国证券投资基金法的规定,基金的特征就是管家管理、利益共享、风险共担。与股票和债券相比,基金价格较低、波动较小、投资风险也相对较低。通常,基金的交易是由经验丰富的专家进行的,所以不要求较高的投资专业性。同时,由于不同基金的投资目标、投资品种不同,因而不同投资人的投资偏好都能够得到满足。因此,对于专业性不高、投资量不大的女性而言,基金是比股票、债券更好的选择。

如果你的风险承受度足够高,并且进行了充分的研究,那么新兴市场的股票型基金值得你考虑,这样一来,投资组合的成长潜力就能得以增加。如果你认为条件已经成熟,或者遇到了合适的时机,也可以考虑向能为你赚钱的地方直接投入资金。

> 李晓晓就职于事业单位,工作挺清闲的,平时在单位不显山不露水,但在业余时间里,她经营着一个庞大的小人书流通网络,而且获利颇丰。江小芬,一个在北京工作的温州女子,在工作之外,与朋友在北京、天津等地投资了三个加油站,每个加油站年收入至少可以达到 10 万元。

这些收入就可以归类于多次持续性收入。这是一种循环性的收入,不管你在不在场,有没有进行工作,这些收入都会稳稳地落入你的囊中。

有的女性生活方式放任不羁，她们相信"船到桥头自然直"，理财的事儿可以往后放一放，或者干脆认为自己没有数字观念，天生不是这块料，这些都是对自己不负责任的态度。一旦发生重大的财务问题，她们只有任命运宰割的份儿。事实上，任何一种能力都非天生就有，关键在于耐心学习、积累经验。对于财富，先经营后享受，这样才有可能获得真正的财务自由。

—————————— 智者寄语 ——————————

任何一种能力都非天生就有，关键在于耐心学习、积累经验。对于财富，先经营后享受，这样才有可能获得真正的财务自由。

理财要坚持到底

如果姐妹们已经把理财当成了自己下一步的目标，而且抱着积累财富的巨大决心，那么就不要三心二意，也不要好高骛远地梦想一夜暴富，这只会让你对当下的财富积累速度异常失望，你理财的积极性也可能会因此打消，毁了你的财富未来。

李嘉诚曾说，必须在理财上花费较长的时间，短时间是看不出效果的。"股神"巴菲特也曾说："我不懂怎样才能尽快赚钱，但随着时日增长，肯定赚得到钱。"

任何一种理财方式，都必须经过时间的沉淀才能见分晓。就以基金为例，在众多的理财方法里，基金定投最能考核人的毅力。这种方式能自动做到涨时少买，跌时多买，不仅投资风险能够得以分散，而且单位平均成本也低于平均市场价格，最主要的一点就是要长期不懈地坚守。

有的人，能够坚持十年，尽管这些年可能遭遇不少惨境，也经历过小涨小跌的平缓期，但都没有半途而废，而是用十年的时间，最终让自己达到同期基金中最高水平的收益。

1998年3月，当我国第一只封闭式基金得以发行时，王女士参加了申购，从此开始了与基金长达十余年的不了情。最初，一千份金泰基金被她以两万元申购到了，上市后价格持续上升，身边炒股的朋友劝她卖出，但她坚持等到涨了两倍时才卖出，用两万元本金居然轻松挣到了四万元！这是王女士在基金上挖到的第一桶金，她士气大振，心里别提有多高兴了。之后，这一市场连续几年走势良好。

但天有不测风云，没过几年，中国股市的熊市就悄然降临了。漫长的熊市让大家感到痛苦和无奈，经济学家的预测不灵了。终于，在2005年，黎明前的黑暗中，王女士将封闭式基金卖掉了，仅留下一千份兴华基金。

时间到了2006年9月，她偶尔听到了一场基金讲座，让她忽然发现中国的证券市场已冬去春来了！于是，40岁那天她做了一个大胆的决策，她果断地将10万元投资到华夏红利基金中，"周围的人都认为我疯了，但是我清楚这钱不会白白投出去，等了这么多年，该是收益的时候了！"

果然，只用了八个月，翻倍有余的收益就降到了她的头上。她庆幸自己在最惨淡的时候没有半路放弃，而是咬牙坚持了下来，最终的收获给这十年画上了圆满的句号。

试问一下，谁能像王女士一样十年如一日地坚持？尤其是对于那些患得患失的女性朋友来说，涨动时就沾沾自喜、津津乐道，一旦稍微下跌，就动摇甚至放弃，如此反复，良好的收益怎么会光临你呢？

　　坚持是理财最重要的原则，尤其是在最糟糕的情况下坚持，坚信时间会改变局势。对于那些半途而废的理财人士，当他们看到因为自己的放弃，本来可以到手的利益白白流失时，相信他们一定会懊悔自己当初信念不够坚定。风险性本来就伴随在投资左右，相信很多理财人士在投资之前都有遭遇风险的心理准备，按理说，时间的考验应该不是太大的问题。可事实并不是这样，当风险来临时，大多数人忘却了当初的豪言壮语。有坚持的想法，却没有坚持的决心；理由充分，但缺乏行动力，最终只能是小打小闹。

　　因此，那些富豪们不该成为我们羡慕的对象。因为他们当中的大部分人其实和你一样，他们的成功源于初始的积累。不同的是，他们成功了，而他们成功的原因并不在于他们有多么高的智商，而是因为他们把坚持精神发挥到了极致，并且一以贯之。

──────── ❧ 智者寄语 ❧ ────────

　　如果我们能够做到和他们一样的坚持，就算成不了"大富豪"，也可以当当"小财女"。

制定理财目标

　　人的一生如果没有目标，就好比一只在大海中迷失了方向的船只。理财也同样如此。有一个重要的经济学原理这样阐释：欲望无穷，但是资源有限。的确，我们手头上可以运用的资源总是无法满足人性的贪婪。所以，必须明确财富目标，你才能有积累财富的动力，才能使自己手上的财富稳步增长，惊喜连连。

　　生活中，每个人在心底里都藏着一个属于自己的梦，尤其是二十多岁的女孩子，梦想肯定会更多。如，去欧洲度过一个浪漫的假期、在国外获取文凭、一场浪漫唯美的婚礼、一个温馨舒适的小窝、一辆豪华的跑车……当然，如果你没有一定的经济基础，这样的美梦就只能束之高阁。

　　女士们若想梦想成真，首先一定要制定明确的理财计划。很少有人能够精确地告诉我，她到底想用多少钱去完成生命阶段的某目标。如果没有明确的目标，缺乏详尽的行动准则，梦想就很难实现。因此，只有早一步制定理财目标，梦想才能早早地变成现实。制订财富目标是实施个人理财计划的第一步，只要这一步执行到位，那么接下来的事情就顺其自然了。

　　至于具体的操作程序，就是要确立有效的财富目标，现在我们仔细看一下最有效的财富目标是如何制定的：

　　第一，列出你的财富梦想。写下你想通过财富来实现的梦想，然后进行具体分析，筛选出那些切实可行、操作性强的计划，同时剔除异想天开、不切实际的愿望。只有找出自己的梦想并且将其具体化才有实施的可能，比如你想使每年一次的境外游成为可能，想使在北京购置两居室成为可能等。有了这样的目标，才能激发你从现在起，开始制订并实施适合自己的理财计划。不要在想象中琢磨自己的美好愿望，只有清清楚楚地写在纸上，你才知道哪一个可以实现。这样一来，实现的可能性就比较大。

　　第二，目标要有可度量性。可实施性是量得出来的，你的目标一定不能含糊不清，这就是你在筛选自己的梦想时需要精心考虑的事项。如果你将自己的目标设定成"我要买车"，那么你就不大可能实现这个目标。因为车子的价钱从数万元到上百万都有，只要存钱一年你就可以买到便宜的车子，而购买高贵的进口车则要省吃俭用好几年。所以，你必须明确范围、价差，让自己知道若想完成愿望，高价车与低价车分别要花掉你多少钱。如果说"我要在两年之内买一辆十万元左右的轿车",这样就比较清楚了。

第三,为目标制订合理的时间表。设立时间表是完成理财目标的必要一步,清晰地列出在规定的时间内可以实现和达到的财富计划才是理智和科学的。当然,期限的设定是必要的,今天的财富指标一定不要拖到明天去完成,因为明天还有明天的安排,况且谁也不清楚明天会发生什么事情。女士们想要有效实现自己的财富目标,就要学会"按部就班",理财的大忌是激动和拖延,只有在截止日期内完成你的理财任务,才能保证财富得以持续平稳的增长。

第四,理财目标要有顺序和层次。不同的人生阶段,人们对物质精神财富的要求不同,而且理财的目标也可大可小。理财和做事一样,要分轻重缓急。人的一生就像是一个空瓶子,需要用诸如石块、石子、沙粒之类的东西填充,而摆置这些东西必须讲次序,它应该是:石块——石子——沙粒,即最大最重要的东西一定要先放进去。如果先放了沙粒或石子,就不可能再放进去石块。

理财也是如此,你必须先选定你的长期目标,即"石块",它一般包括买房、购车、子女教育、自身养老等。这些是你的基本目标,围绕着这些基本目标,筛选出来的可行性目标才能实现。可行性目标可以在相对较短的时间内完成,是实现基本目标的前提和保证。按时间长短、具体数量、优先级别来排序这种具体目标,才能更快更好地朝着最终目标迈进。

第五,制定要具体的理财行动计划。分解和细化你的财富目标,将其变成可以具体操作和掌握的东西,每个月的具体存款数额要确定好,另外还要考虑日常的消费支出、每年的投资收益、银行的借贷和还款额度等。将那些不能一次实现的目标分解成若干个具体的小目标,这样一来,积累财富就变得容易了,可以逐个击破。将一年、十年、一辈子的理财目标细化到每一天,你就能知道今天的努力方向是什么,这样就杜绝了做一只漫无目的的无头苍蝇。

第六,适当调整你的目标。正所谓"计划赶不上变化",在实施的过程中,任何一项计划都有可能遇到未知的障碍和变数,此刻,我们作出及时的变通就变得尤为重要。在保证大方向不变的情况下调整、改良具体的实施步骤,才不至于让自己的财富之路因为陷入泥潭而搁浅。

───────── 智者寄语 ─────────

只有尽快地制定理财目标,才能让自己赶紧行动起来。只有付诸行动,梦想才不会仅仅停留在空中楼阁的状态。

女人可以消费,但不要浪费

如果你仔细关注身边朋友的财务状况,就会惊讶地发现月光族,甚至每个月入不敷出的人接近半数,刷信用卡预支以及借外债的大有人在。花的钱永远比挣的多,成为今天多数年轻人的生活现状。高财商的女人绝对不能出现这样的财务状况。这里,我们要强调一种健康的消费观,那就是,我们可以消费,但是不要浪费。要想做到不浪费,节制购物是第一要旨。

很多女性朋友可能都曾经遇到过这样的问题,因为自己一时的冲动而买了很多根本用不上的东西,结果心情郁郁不欢,对这种浪费的行为负疚不已。事实就是如此,如果你花费很多钱买了无用的东西,那你每次见到它会不会感到后悔?

很多人都有这样一种观念,即穷人才需要节俭,我们挣钱不少,何必抠门。其实,节俭与否跟拥有金钱的多少没有关系。节俭,本是一种品德,是一个人的生活态度,并不是经济拮据的人才需要有节俭的观念,这种意识应该被灌入每个人的脑中,尤其是女人。因为女人通常是家庭里的最大管家,家庭购物一般都由女人说了算。在这种情况下,女人必须掌握一系列的省钱方式,比如关注超市或商店的打折信息,在打折时,购回家里必需的日常用品。

当然,抢购也需要注意以下几点问题:

(1)在抢购之前,要先明白抢购的目标,许多冤枉钱是花在盲目的抢购中的。所以,在去超市之前先花时间仔细确认自己到底要买什么,并且列出一个详细的购物清单。对照清单,根据超市打折商品选择需要的,不要让自己看着什么便宜就买什么。否则,虽然便宜的东西全买回家了,但是不需要用的东西却会浪费。

(2)绝不要让自己带着郁闷的情绪进入超市或者商店。心情郁闷的女人总是通过疯狂购物来发泄,这很危险。工薪阶层尤其需要注意,打折时去抢购是为了省钱,千万不能因为发泄而让自己得不偿失,当时大手大脚感觉很痛快,但回过头来却会因为浪费心情更差。发泄有很多种方法,用刷爆信用卡的疯狂消费行为来发泄,除了增加物质负担,只会让人觉得你是个不成熟的女人。

(3)对于同一类商品要多计算单价与划算度。为了弄清自己到底要买什么,我们必须列购物单,但是具体买哪一种则需要在超市购物时进行比较了。同类商品的价格肯定会有差距,除了原价高低外,还有折扣高低,综合考虑之后选择最划算的才好。要知道,最低折扣的,并不一定是最划算的,所以,一定要精打细算。在货架前对比物价不是什么丢脸的事,家庭主妇都会这样做,没人会笑话你。

(4)对一些家庭公用的日常用品尽量买大包装的。因为这类商品消耗快,所以多买多实惠。

(5)趁折扣抢购是省钱的最佳方式,为此,很多人都充满了兴奋。但是,不要兴奋过了头。去超市的时候不妨带上一个计算器,现在还有很多打折卡、优惠券,这些能利用上的资源全部利用上,久而久之,你会省下不少钱。

(6)购物的时候总会看到有眼缘的东西,如果恰巧正处于打折状态下,免不了买了下来。这时,要仔细衡量一下买回去之后到底你能用上几回。比如,一双原价1800元的长筒靴现在只卖500元,这无疑是个巨大的诱惑?可是,在买下之前,你一定得想想你的身材适合穿这鞋子吗?你有搭配这鞋子的服装吗?如果为了一双打折的鞋子还要买其他东西来搭配,那就连试都别试。别因为一时的贪便宜,或一时的冲动,让钱包无端地烧掉一堆钞票,那不值得。

(7)很多女人觉得网购方便、便宜,结果在这种心理暗示下反而买了许多不必要的东西。所以,也别忘了在网购前列一个清单。如果不列清单就在网上到处乱逛,看见便宜的东西就点击拍下,最后一结账,绝对又会超出预算。而且,在网络上购物,尤其需要注意货比三家,否则,你注定后悔。

(8)超市、商场等地方常有会员卡,如果是免费办理就一定要办一张,而且随身携带。因为会员卡虽然不会大笔省钱,但积少成多,几年下来,节省的数额绝对惊人!

省钱的方法还有很多很多,只要你在生活中做个有心人,不但能买到优质商品,更重要的是,你还花了比别人少的钱。在这种情况下,生活质量就可以进一步提高。聪明的女人,一定要懂得省钱之道。

节俭向来是中华民族的传统美德,哪怕你现在不缺吃穿、不缺钱花,也不能将节俭抛之脑后。节俭并不是一件丢人的事,浪费才是可耻的。那些花钱大手大脚的女人绝不会给人留下好印象,尤其是在谈及婚嫁的时候,男人通常都认为:这些把浪费当习惯的女性不适合居家过日子,不管男人挣多少钱,都会被她们消耗光。这种挥霍无度的女人,往往属于拜金一族,在感情上自然就不会那么真诚。

—————————— 智者寄语 ——————————

节俭,本是一种品德,是一个人的生活态度,并不是经济拮据的人才需要有节俭的观念。

花小钱过优质生活

物价在不知不觉中越涨越高,而工资还是那么有限,我们这才发现节衣缩食还是可能坐吃山空。其实,对于会理财的女人来说,要过得像贵妇那样优雅不一定非要挣大把大把的钱。接下来,我们看看怎样花小钱过优质的生活。

1. 晚上 9 点以后去超市

超市的果盘、沙拉、糕点、熟食等为了保质,都会在晚上 9 点开始打折,价格可能是标签上的一半不到,而我们可以借此储备第二天的食物,让生活更划算一些。

2. 买机票在上午去买

机票的折扣通常隔夜后会进行调整,因此上午买机票是最划算的。另外,周一上午和周四晚上坐飞机的人特别多,如果不是时间紧迫,尽量避免这两个时间坐飞机出行。

3. 举办婚礼选择淡季

凡事不要赶在旺季,结婚也是如此。旺季结婚,酒店、婚庆公司因为生意好,所以会趁机加价。如果安排在淡季,花费可不是省一点点那么简单。

4. 选购超市自有品牌

很多超市会推出日常生活用品的自有品牌,不仅物美价廉,而且质量与品牌商品相差无几。

5. 电影看打折的

去电影院看电影是一种享受,但票价却越来越贵。除了众人皆知的星期二全天电影半价外,有的电影院特地推出了"女士之夜",或者是情侣第二张半价的优惠。有些信用卡也有打折的功效,或者是特别便宜的早场,都是省钱娱乐的最佳方式。

6. 换掉大衣橱

女人喜欢囤积衣服,而衣橱太小自然不行。但是,千万别换大衣橱。实际上,大衣橱里塞得满满的衣服,究竟有哪几件常穿,又有哪几件穿过一次就压箱底了?衣橱越大就会刺激购买欲,结果盲目开支、买后后悔、浪费了大笔的钱。

7. 把不喜欢的礼物转送给别人

逢年过节送收礼品很正常,但这些礼品很少有特殊的意义。把那些不对自己口味的、没有意义的礼品送给别人,是不错的选择。可以换一个包装纸,把你不需要的东西送给需要的人,大家都受益。

8. 选择容易打理的发型

爱美是人的天性,不管男女,都在乎自己的发型。但是打理头发并不是每个人的特长,尤其是为了头发总去理发店,会无形中增加开支。所以,选择一种比较好打理的发型,不仅可以节省你的时间,也可以节省你的金钱。

9. 选择网购美容品

美容品不一定要去大型商场购买,价格太高,通过网络购买美容品是个省钱的好方法。

10. 购买电器时认准节能标志

节能电器的购买价格比一般的电器要高,但别忘了它更节能。这意味着电器运转成本更低,也更环保,使用数年后你会发现,真正节省下来的电费绝对高于当初的购买价格。

11. 上班自带午饭

很多人为了省事,每天午饭都叫外卖,甚至连早餐也要下馆子。一个月下来,不但人没有吃到好东西,而且花了不少钱。还不如自己做午饭带到公司里,想吃什么就带什么,花费绝对比叫外卖便宜得多。

12. 找到比购物更持久的快乐

终于完成了一个大项目,想到有奖金可拿,便开始自我奖励,买了平时根本难得穿的昂贵鞋子。久而久之,会发现自己的钱包仍然没有鼓起来,奖金也早就消耗殆尽了。购物快感来得快去得也快,研究显示,运动和阅读才是能创造更持久的快乐的源泉。

───────────── ❦ 智者寄语 ❦ ─────────────

对于会理财的女人来说,要过得像贵妇那样优雅不一定非要挣大把大把的钱,而要学会花小钱过优质的生活。

讨价还价的心理较量

讨价还价是一门很高的思辨艺术,不要小瞧对方。退可守,如果陷入被动还要及时调整心态,随机应变,必要时能面不改色心不跳地转变立场。

讨价还价这件看起来简单的事情,学问却很深,否则,人人都成为大商人了。下面就教大家讨价还价的几个技巧:

1. 杀价一定要狠

集贸市场的价格特点就是漫天开价,如果遇上了好欺负的顾客,摊主能大赚一笔。通常而言,他们的开价比底价高几倍,甚至高二三十倍。因此,在集贸市场上一定要狠狠杀价。比如,一件连衣裙,卖主要价898元,一个懂得狠杀价的消费者给价228元,结果成交了。如果您心肠过软,就算打了八折,也会上当受骗。

2. 别对商品表露太多热情

如果你对某一商品表现出热情,那么就处于被动位置了。善于察言观色的店主会为此漫天要价,因为他料定你会购买。所以永远不要暴露你的真实需要,就算是买必需之物,也要表现出漫不经心的样子,如果你可买可不买,那么卖主就会顺着你的意思降价,把物品推销出去。反之,如果你对某种商品赞不绝口,这时卖主就会"乘虚而入"提高价格,等你买了之后才发现根本不划算。只有漫不经心地逛街,货比三家,讨价还价,才能买到价廉且称心如意的商品。

3. 漫不经心

当店主报价后,要扮出漫不经心的样子说:"这么贵?"之后转身出门,这一招屡试不爽。当你表现出要走的样子,店主自然不会放过快到口的肥肉,立刻会减价。如果是高手,此时不要回头就买,依然要四处转一圈,然后,再回到店中拿起货品,装傻地问:"刚才你说多少钱?"你说的这个价要比刚才店主挽留你的价格更少一些,只要对方还可接受,一定会说"是"。

4.对商品评头品足

这非常考验一个人的购物功力。你必须在很快的时间里找出该货品的各种缺点,这样就占据了主动。任何商品都不可能十全十美,卖主向你推销时,总是尽挑好听的说,而你应该针锋相对地指出商品的不足之处,这样才能挡住他的高价,最后一点一点地把价格压下去,以一个双方都满意的价格成交。一般而言,商品的式样、颜色、质地、手工都可以计较一番,总之要让人觉得货品一无是处,从而达到减价的目的。

5.疲劳战术和最后通牒

在挑选商品时,可以反复地让卖主为你挑选、比试,最后再提出你能接受的价格。尽管此时,你的出价与卖主的开价差距很大,但是他已经为你忙了半天,如果不卖给你,自己又赔上了辛苦,不如向你妥协。有些卖家可能会不依不饶,希望涨一点,你可以发出最后通牒:"我已问过前面几个卖家,都是这个价,看你帮我挑了半天,才决定在你这儿买的。"这种讨价还价的方法非常有效,卖主几乎没有不投降的。这样,你运用你的智慧和应变能力就购到了如意的商品。

───── *智者寄语* ─────

讨价还价中,你的心理素质要绝对稳定,要有在瞬间里掌握对手心态的观察力,然后迅速组织好自己的语言,并在拉锯战中做到进可攻。

外出旅行,少花钱也能尽兴

旅行是最惬意的事情了,抛开让人发疯的工作,走出憋闷的格子间,让心灵好好地晒晒太阳,享受旅途中的蓝天、绿草、飞鸟、香花,心情绝对舒畅。有时候,旅行并不需要在乎目的地在哪儿,尤其是对女人们来说,只要能随意、随心、随性地走走,放松身心,碰上了好风景就停下来欣赏,然后重新上路,这将是一种享受。

旅行要求人们放下生活的常态,也是一种对自我心灵的放逐。旅行中的你会发现:世界是如此广袤无垠,天宽地阔。

但是,旅行还是有负担的,那就是钱包里的钞票不一定能担负得起如此惬意的行程。如果你是个精细的女人,就会找到非常划算的旅行方式,并不一定非要荷包大出血才能玩得尽兴。不妨来看看下面的省钱攻略,相信会对你的快乐出行有所帮助:

1.多参考旅行攻略

平时多上网查找一下旅行攻略,很多有心的驴友都会把自己的旅行经历写成帖子发到网上。在多方对比中,你可以根据他们提供的旅行路线和个人经验制定自己的旅行计划,少走冤枉路,少花冤枉钱。

2.正确选择交通工具

乘火车是性价比很高的出行方式,只要能在规定的时间内完成你的旅行,就避免乘坐飞机,因为乘一趟飞机的价格够你坐两趟火车。如果是出国旅行,只能选择坐飞机,那就多查询一下机票的价格,挑选在折扣最低的时候订票,有时价格甚至会比火车票更加划算。

3.计算好时间差

不要小看行程时间,这关系到旅行的质量。计算好行程的时间能够在很大程度上节省你的住宿费用,比如选择晚上乘车白天到达的旅行方式,一晚的住宿费就省下来了,而这也是许多人倾向的旅行方式。

4.选择淡季出行

淡季出行绝对省钱又舒心,不仅各种票价相对便宜,而且旅游景点绝对没人和你挤在一起,以避免产生看不到"风景",只能看到"看风景的人"的沮丧效果。现在很多单位都有年假,所以不必挤在公休假出行,不妨挑个旅游淡季,请上年假,然后快快乐乐地出行。这样不但节省了大量开支,还可以使心情彻底放松下来,真是一举两得。

5.争取住宿的价格空间

旅行中的高额消费恐怕就是住宿了,不管你的旅行目的地是景区还是城市,一定要用心挑选住宿的旅馆。旅行住宿其实没必要住最好的,只要达到你的需求,货比三家,选择环境不错、价位较低的旅馆能为你省去不少住宿的费用。如果你在早上到达,不要马上去旅馆投宿,这时大部分旅馆还没到退房时间,你背着旅行包更不容易讨价还价。可以先把行李寄存在火车站,然后一边玩一边寻找合适的旅馆,这样能够更从容一些。住宿时间清楚是否包括电话费,如果包括你就不必自己掏钱打电话了。

6.学会蹭听

去景点总希望得到相关导游的介绍,可报团出行不自由而且花钱相对较多。如果学会蹭听,那就不一样了。很多地方的建筑或者风俗单凭自己看是看不出什么门道的,你可以跟在一些旅行团的后面,听听人家导游的讲解,既省钱又享受,两全其美。

7.多种交通工具结合使用

在旅行地的出行比较麻烦,因为道路不熟,往往选择打车。其实,带上一张地图,能坐公交车就坐公交车。即使打车也要先打听好价格,看看有没有压价的空间,很多长途汽车中途上车是可以还价的。

8.购物也有讲究

购物讲价这谁都知道,而旅行购物就更要有技巧了。不要在有旅行团在场的情况下购物,导游通常收有回扣,在旅行团购物的价格通常要比一般散客高,还是单独出行购买较好。不管你买的东西多么便宜,都不要把大实话挂在嘴边,因为听到的卖家会在你下一次购物时调高价格。

不管你资产多少,都需要出门旅游,只要做好预算,精打细算,总能玩得省心又省钱,还高兴。

———— ❧ 智者寄语 ❧ ————

如果你是个精细的女人,就会找到非常划算的旅行方式,并不一定非要荷包大出血才能玩得尽兴。

穿衣搭配可以"省"出不同的风格

爱美之心人皆有之,女孩子想保持一个完美的形象,服饰搭配是最重要的。可是,许多人即使有满满一柜子的衣服,也还是发愁"为什么没有衣服穿呢"?于是,看见好衣服就买,看见喜欢的就买,每个月的工资刚发下来钱包就瘪了。其实,并不是你没有衣服穿,只是你不懂得搭配而已。漂亮的女人一定要善于搭配服饰,不同风格的衣服可以穿出不同的美感,而搭配则可以造就更多的不同风格。这就要求大家在选购服装的时候要多考虑,坚持以下原则,你的银子才不会白花:

1. 找到自己的穿衣风格

我们要的是"人穿衣",而非"衣穿人"。衣服或许是昂贵华丽的,如果不适合自己的风格,那就是白费。能够给我们留下深刻印象的穿衣高手,不论是设计师还是名人,哪怕是普通人,都有自己的穿衣风格。一个人穿衣风格的确立,不能被千变万化的潮流所左右,其基础应该以自己所欣赏的审美为基调,适当加入时尚元素,使之符合自己的气质涵养,融合成个人品位。只有这样,才能穿出自己的风格。

2. 经典款式不能少

服饰的流行是没有尽头的,但是无论潮流怎么变化,最基本的服饰永远立于不败之地。而所谓的基本服饰就是能经受得住潮流考验的经典款式。具备这种特质的服饰通常都设计简单、剪裁大方、做工精良,比如白衬衣、及膝裙,一年四季,岁岁年年地穿,都不会过时,更没有人因此说你老土。准备一下这些基本款式,搭配上流行的配饰,没准就能让你成为既正点又时尚的女人,让人耳目一新。

3. 身材、脸型、肤色、气质,这些才是搭配的要点

衣服的大小样式比较固定,因此很挑人,所以买衣服不能被衣服捆住了。挑那些跟你相配的衣服,而不是看模特穿着好看就随意买下。若不希望被购物气氛所迷惑,就需要彻底了解自己的穿衣需求,读懂自己的身材、气质、肤色,了解自己适合的色彩和款式,有区别地买衣服,才能让搭配出来的效果更完美。

还有,买衣服前最好先整理自己的衣柜,知道自己到底有哪些衣服。有些衣服如果你的衣橱里已经有了,不管再经典、再漂亮,都不要再去买了,否则便是浪费。搭配衣服不是要买新衣服,而是利用旧衣服重新包装自己,如果你已经掌握了搭配的要领,那么你就会发现自己那些要淘汰的旧衣服突然之间都派上用场了,而你的钱包又一次避免了被"洗劫"的命运。

穿得漂亮并不一定要花大价钱,只要你学会了聪明的搭配方法,哪怕穿的都是旧衣服,也能天天穿出不同的风格。

智者寄语

漂亮的女人一定要善于搭配服饰,不同风格的衣服可以穿出不同的美感,而搭配则可以造就更多的不同风格。

商品打折,美丽不打折

每个女人都想让自己青春常驻、光彩照人,为此,花钱买化妆品,不停地往脸上投资,费尽心思。即使平时不爱化妆、不爱打扮的你,恐怕化妆桌上也堆满了瓶瓶罐罐。

不过你会发现,你常用的也就那么一两个,其他的往往都是摆设,甚至买来了就是等着被扔。与其花那么多钱买回一堆不用的东西,不如省下钱用在最值得买的护肤化妆品上。遵循以下原则,你一样可以找到省钱又有效的护肤品:

1. 大牌未必真好，小牌未必不好

对待脸的问题，女人们更容易迷信大牌，单是精良的广告制作，就让那些大牌化妆品的附加值翻了几番。但化妆品好不好用，还得另说，没准就是你的心理作用。同理，小牌的化妆品未必不好用，尤其是那些刚刚创牌的，为了树立口碑，除了保证质量，还要最大限度地压缩利润，其价格可能只有大牌商品的几十分之一。与其把钱都砸在大牌商品上，还不如多试试新产品呢。

2. 关于化妆品换季的问题

首先，从购买的角度而言，季节性的化妆品一旦过季就会降价，这是省钱买好货的时候。当然，产品的保质期要看好，通常化妆品的保质期有三两年，所以只要购买合适，下一年你就能用上便宜的好化妆品了。

其次，你自己的化妆品要及时更换，做好保鲜工作，保证在下一次使用时不会变质。避光、通风、冷藏，这是基础常识，如果已经过了保质期，可以考虑别的用途，比如擦脸的用来擦身，或者拿来擦皮鞋、皮包也不错，总比白白丢掉的好。

3. 购买数量要注意

买东西数量越多，平均下来价格就越便宜，这个道理大家都清楚，而且很多人也会这样做，但是并不是所有的化妆品都可以遵循这个原则。对于用量较大的爽肤水、润肤霜、面膜、洗发水、沐浴露等产品，可以一次性购买很多。但是，彩妆用品还是选择小包装的比较好，因为它们的使用量比较小，而且一旦开始使用，保质期就会缩短，像睫毛膏的使用保质期通常只有 6 个月，买多了只能是白白浪费了。

4. 做女人要"专一"

使用化妆品要专一，这对皮肤有好处，不过，也有前提。专一不是让你必须坚持使用那款不适合自己的化妆品，而是让你尽量做到在一定的长期范围内使用同一种护肤品或者在同一家商场、专柜购买产品，这样皮肤才能得到长期有效的保养，才能看得见效果。另外，一次性购买可以省去你再次购买的麻烦，也能因此享受到更多优惠；在同一家商场或专柜购买，还会获得相应的累积积分，这无形中又是一笔财产，而且商家对于老顾客也总是很给面子地多送一些小样作为回馈。

5. 学会索要小样

化妆品常有各种小样，为的是让顾客试用。不要小看这些小样，积少成多也可以省不少钱。不要不好意思开口要，多跟销售员说好话，在买商品时让她多送你两瓶小样，便于你随身携带。

同时，一些大型网站在女性美容频道往往设有网友试用的专栏，你需要时时关注，如果有新品发布，你就有机会申请到免费又好用的正品小样。

至于淘宝等购物网站的小店里，只要购买产品，就会有小样赠送。这些小样通常是进货时厂家赠送的，而店主们都拿来卖，所以无论卖多少都是只赚不赔，大胆地索要小样，你可以用到非常便宜的大牌化妆品。

6. 学会一物多用

眉笔除了画眉毛，也可以当眼线笔；同色的粉刷既可以抹腮红又可以打眼影；中档的保湿精华素可以代替高档的眼霜；婴儿油用作全身滋养霜，效果出奇的好，既便宜又不刺激皮肤；睫毛扫可以用来理顺杂乱的眉毛；各色唇彩、眼影无需齐备，学会调色就好；暖色眼影可以拿来当腮红用……这些都是化妆高手们总结的经验，只要你想得到，就可以延伸出无限的创意，只要对皮肤无碍就行。

7. 最彻底的用法你学会了吗

不管什么化妆品，快要用完的时候总有一些挤不出来，这时候没必要浪费。准备好棉签、剪刀、空瓶子吧。可以把原来的瓶子倒立过来,现在很多化妆品的包装都很人性化地做成头朝下的倒立状了,这样可以使留在尾部的化妆品慢慢流到瓶口处;对于比较黏稠的化妆品,倒立的效果不好,这时,不妨用细小的棉签搞定那些死角;对于又高又长的软包装产品,最彻底的对策就是动用剪刀,从中间剪开,把残留的用光。有时候,用心搜罗出来的剩余产品会出乎意料地多,空瓶子就派上用场了,把它们装进干净的面霜瓶子里,又能用一段日子。

8. 良好的卫生习惯

养成良好的卫生习惯可以延长化妆品的保质期。比如用前洗手、用后密封,尽量少和别人共用化妆品,即使是母女、姐妹,唇彩、眼影之类的产品也要分开用,这是为了保证大家的健康。好的卫生习惯可以延长你的化妆品使用的时间,从而减少购买次数,达到省钱的效果。而且,不共用化妆品还减少了交叉感染的概率,减少了患病花钱的隐患。

既想美丽又想省钱,其实这个目标并不难达到,你可以利用各种方式让自己的化妆品发挥最大的效用。有许多方法可以让你获得更多的折扣,就算没钱也可以做到"商品可以打折,美丽不打折"。

智者寄语

与其花那么多钱买回一堆不用的东西,不如省下钱用在最值得买的护肤化妆品上。

存下人生的第一桶金

巴菲特曾经在他的书中写道,他的储蓄习惯始于6岁,每个月存30美元,存到13岁时,他已经拥有了3000美元。他的第一只股票就是这时购买的,从此他开始了自己的投资之路。在以后的日子里,将近80年来,他持之以恒地储蓄、投资,成为世界闻名的"股神"。因此,说巴菲特的基金积累源于储蓄丝毫不言过其实。

日本麦当劳的开创者藤田田的第一桶金也是存出来的。他的目标是大学毕业后十年内存够10万美元,他想把这笔钱当做自己的创业基金,于是他去了一家电器公司上班。为了存出这第一桶金,他坚持每月存款,而且雷打不动。在困难面前,他一向坚持自己的初衷,即使遇到突发状况或者额外用钱也照存不误,甚至不惜厚着脸皮四处借贷渡过难关,也不希望自己的存款计划被搁浅。他每月去银行报到,其坚持不懈的毅力感动了银行的职员,大家都觉得他相当有毅力。在近6年的时间里,他存了5万美元。当时日本的快餐连锁开始兴起,藤田田对麦当劳的发展态势很看好,他终于下决心在日本开创此行业。但是当时申办麦当劳连锁店需要75万美元和一家中等规模以上银行的信用作为支持,只有5万美元的藤田田不愿意让自己的梦想流产,通过多方举债,他终于借来了4万美元,离所需的资金尚有缺口。剩下的部分,他用自己5万美元的储蓄故事打动了当时一家大银行的总裁,总裁答应为他剩余的资金提供贷款,信用担保方面也得到了总裁的大力支持。就这样,藤田田用存出来的第一桶金开创了自己的事业,并且发展为现在的快餐大王,年营业额高达40亿美元,辖1000多家连锁店。

可见,坚持不懈的目标能造就日后的成功,即使拥有绝佳机会的超级富豪,如果没有创业的资本,也不可能有日后辉煌的成就。对于大多数成功人士来说,既没有雄厚的资金后盾也没有显赫的背景,只有依赖自己的努力才能取得成功。不管是巴菲特,还是藤田田,或者其他白手起家的成功人士,最初的储蓄成为了他们人生的第一桶金。

对于时下年轻的女孩来说,积累人生第一桶金,通常需要下很大的决心,有时即使已经下定了决心,很多时候也会因为忙碌、遗忘、额外支出等原因让强制储蓄的愿望泡了汤。很多时候我们也明白,其实每个月的收入中抛开必要的开支,多一些开销和少一些开销不会从根本上影响到我们的生活。关键就是,如何在我们还没有随意消费之前,及时地将这些可以省下来的钱积累起来。

你一定要记得不要期望存钱致富,但要为致富存钱。消费前先让自己静下心来思考一下,这些花费真的是必要的吗? 要学会递延消费,把奢侈品或非必要性的消费延后。

理财计划的重要环节就是储蓄,使储蓄成为一种习惯,将余钱用于投资与消费,不要随便地冒风险乱投资,积累第一桶金所需遵循的原则就是如此。

女士们理财未必是为了以后多么成功,但从根本上来说是为了让一个家体面地运转:房子、车子或者家业、事业。只要对财富动了念头,就应该明白天上没有白白砸下来的馅饼。你可以不投资,但不能不储蓄。想要完成"资本的最原始积累",就要先学会储蓄,因为积累财富的不二法门仍然是坚持做长期的储蓄。对于我们而言,得到"第一桶金"最靠谱的方式还得是"存"!

———— 智者寄语 ————

投资理财的最重要的目的无非是追求财物的自由,拥有丰厚的经济基础,在需要用度的时候能支配,使自己的生活无虞,而这一切都始于累积第一桶金。

坚持储蓄是最好的理财方式

最基本的理财方式就是把钱储蓄于银行,让它生小钱。管理财富的第一步就是检视自己的收支情况,用你的存折或网络银行的电子账簿让自己的收支状况一目了然。

其实,储蓄说起来好听,每一笔钱存起来,内心总是荡漾着满足感,好像多了几分安全感,但是月底一到,泡沫经济也就随之呈现:存进去的大部分又取出来了,而且不动声色,悄无声息地就不见了,买几件得体的衣服、买几本书抑或是大伙儿聚在一起撮一顿,钱就这样飞跑了。

但是,女士们一定要知道,一定数量的存款起码可以确保接下来的几个月基本生活无忧。目前经济形势走势不佳,没准什么时候你所在的公司就开始裁人了,如果你一点储蓄都没有,一旦工作发生变动,你就将非常被动。而一旦有储蓄作保障,你在经济上以及精神上就不会受困于意外事件。另外,如果工作实在干得不开心了,你可以收拾东西走人,懒得理睬老板的嘴脸。所以,储蓄是必要的。无论如何,为自己留一条退路是十分有必要的。

对于还没有养成理财习惯或者不善于自我操持财产的年轻人来说,每个月养成一个习惯,从收入中合理地抽取一部分,让这些钱躺到安全的银行里,这是你"聚沙成塔,集腋成裘"的第一步。一般建议提取 10% ~20% 的收入作为每个月的存款。当然,我们也要考虑到当前的实际情况与收支的浮动,并且根据这个浮动确定该存的钱数,一般是在 10% ~30% 之间浮动。而且一定要养成先存款、后消费的习惯。等到月末消费完毕再把余钱存起来是相当错误的行为,这样很容易让你的储蓄大计泡汤。

　　小晶刚工作不久,对于理财,她有着自己的一套。虽然月薪只有2500元左右,但小晶每个月都会细细考虑一下,然后大体按照三部分处理:1000元存入银行,500~1000元投资股票和基金,剩下的用于消费。目前,住在父母家的她不用担心吃和穿,她认为这个阶段是存钱的好时机。

　　专家分析,小晶的理财观念具有80后女性典型的特征:她们是家里唯一的孩子,一定程度上还是依靠父母的,尽管她们在经济上独立的愿望比较强烈。在理财上,她们虽然也开始涉及一些项目的投资,但因资金较少,所以储蓄依然是她们理财时的首选。

　　近年来,很多人钟情并践行于"理财投资",很多人认为只要投资得当,储蓄不储蓄无所谓,这正是忽视了储蓄在理财中的重要性。但是,个人理财的基点应该是合理储蓄,因为每月储蓄才是财富积累的基础,才能给投资提供源源不断的资金。所以,个人理财的基础就是合理地进行储蓄,并且要点点滴滴、持之以恒地贯彻。

　　一天张兰和同事们聊天,大伙儿都嚷着钱不够花,同事小李也让张兰谈谈她现在的财务状况。张兰有点不好意思,说:"我现在存下来的钱,再添一点儿可能也够对付首付房款了。"听完这句话,大家顿时目瞪口呆。

　　张兰家境不算特别好,找了个男友也不算有钱,并且是两年前才入职的,她怎么就能赚下首付的钱呢?张兰的"赚钱秘诀"其实不是什么秘密,就是存钱、存钱、再存钱。每个月发薪之后,张兰都会将其中的2000元存入银行,她想周全了,整存整取收益颇丰一些,所以她摒弃了活期存款,这样利息较高。但存期不长,以一年为限,这样一年下来就有12张存单,她每个月都能取到一笔钱,同时又享受到了比活期高的利息。张兰的计划就是在工作5年之内,让自己首付一套小户型成为可能,这对于工薪阶层来说,并不是个简单的目标,可现在她已经快要完成一半啦!

　　每个人都有过储蓄的经历,但很多人的储蓄方法并不科学。很多女性并无固定储蓄的概念,更别提长期的资金计划了,大多数时候的储蓄办法就是把每月的结余变成储蓄或投资,剩得多就多存,剩得少就少存。这种方式可以说是没有目的的瞎理财,因为该方式缺少了具体的数目与目标。即使是有一定储蓄规律的女性,每个月都存入固定的金额,也仅仅是强制储蓄,目的就是遏止一下自己瞎浪费,缺少了周密的计划和强有力的执行方案。

　　从专业的角度来说,要想进行科学的储蓄,首先应该制订理财目标,通过对目前收支的准确盘算,知道每个月存下多少钱才能使自己的目标不至于落空;然后是量入为出,在明确的理财目标的指引下,每月都按此金额进行储蓄。至于每月的支出,那就是除掉储蓄,我们每月收入的剩余部分。要按照精心计算出来的金额不折不扣地完成,这样我们的财务目标才能在可操作的时间范围内得以实现。

智者寄语

个人理财的基础就是合理地进行储蓄,并且要点点滴滴、持之以恒地贯彻。

一些不可不知的存储知识

　　尽管你已经有了很多年的存取款的经历,但那并不代表你已经完全掌握了银行的储蓄知识。既然已经决定存钱了,了解一些存储知识也许将会使你更加理智,钱包更加丰盈。

1. 最普遍的"活期存款"

生活中最常使用的便是活期存款。随便从银行开个户、办张储蓄卡,你的银行户头就会被自动设定为活期存款。这种存款方式不限制期限,可以随时存取现金,它以一元为起存点,多存不限,凭借储蓄卡或存折存取现金,通常不指望有多少利息,一年当中分季度结算。由于存取都比较方便和自由,所以大多数人很青睐这种便捷的储备方式。

2. 比较常用的"定期存款"

定期存款是约定好存款期限,到期后一次性获得本金以及利息的个人存款方式。人民币存储期限一般分为三个月、半年、一年、二年、三年和五年六个档次,一个月、三个月、六个月、一年、两年是外币的存期。其特点为:可提支、可挂失、档次多、利率高。由于利率较高,大额的短期用不着的资金比较适合这种储蓄方式。

3. 白领常用的"零存整取"

零存整取是指每月固定存款金额,同时约定存期,到期后一次性支取本息的一种个人存款方式。存期分为一年、三年、五年,每月存一回,五元就可以起存,中途如有漏存,应在次月补齐。利息按存款开户日挂牌零存整取利率计算,按实存金额和实际存期计算利息,到期未支取的部分或提前支取按支取日挂牌的活期利率计算利息。这种方式可以敦促自己存钱,很多拿固定工资的工薪白领都比较热衷这个方式,以保证每月按时存款。

4. 较少用到的"存本取息"

存本取息是指在存款开户时约定存期、整笔一次存入,到期一次性支取本金,固定期限分次支取利息的一种储蓄方式。它一般以 5000 元起存,存期分为一年、三年、五年。可以在开户时约定的支取限额内多次支取任意金额,利息支取灵活,几月或一月都可以,利息按存款开户日挂牌存本取息利率计算,提前支取计算利息时依据的是实际存期和活期储蓄的利率,并将已分期支付给客户的利息收回。

5. 关于"定活两便"

定期和活期的结合就是定活两便的存款方式,它不必与银行预定存款期限,银行根据客户存款的实际存期按规定计息,可随时支取。存期不足三个月的,按支取日挂牌活期利率来计算利息;存期为三至六个月的,按支取日挂牌定期整存整取的利率的六折计算;存期为六至十二个月的,整个存期按支取日定期整存整取半年期存款利率的六折计算;倘若整个存期超过一年,那么就按支取日定期整存整取一年期存款利率的六折计算。

6. 不太常用的"通知存款"

在存入款项时不约定存期就是通知存款,支取时事先通知银行,约定支取存款日期和金额。这种存款的起存金额很高,50000 元人民币为下限,外币最低起存金额为 1000 美元等值外币。个人通知存款分为一天通知存款和七天通知存款两个品种,其根据是存款人选择的提前通知的期限。就是说,客户需要提前一天或者七天向银行发出支取通知,其中一天通知存款的存期最少为两天,七天通知存款的存期最少为七天。这种存款方式使得一次或分次支取成为可能,但必须一次性存入,且分次支取后账户余额不能低于最低起存金额,当低于最低起存金额时,银行默认为转入活期,原有通知存款同时清户。

7. 关于"外币储蓄"

根据货币种类,外币储蓄存款的货币有美元、英镑、欧元、瑞士法郎、新加坡元、加拿大元、澳大利亚元、日元和港币 9 种。定期存款的存期分五档:一个月、三个月、六个月、一年和两年,按照存款账户的性质又可分为外汇户和外钞户。凡从境外汇入、携入和境内居民手头掌握的外币都可以顺利入存这一类账户,从境外携入或个人持有的可自由兑换的外币现钞均可存入外币现钞账户。

8. 用于非义务教育的"教育储蓄"

教育储蓄是家长为子女未来的教育量身定做的一种储蓄方式。目的是让子女顺利完成学业,这种储蓄的意旨就是促进教育的蓬勃发展。储蓄对象设定为在校小学四年级及以上的学生。存期分为一年、三年和六年三种。50 元起存,20000 元是本金合计的最高限额。存款人凭借学校提供的正在接受非义务教育的学生身份证明一次性支取本金和利息时,在免征利息税的同时享受整存整取的利率。

以上几种存储方式,有的适合长期储蓄,有的适合短期计划。因人群的不同情况,每个人都有合适自己的存储方式。如果你想通过储蓄积累财富,那么在此之前,你就要选择适合自己的存储方式。

——— 智者寄语 ———

因人群的不同情况,每个人都有合适自己的存储方式。如果你想通过储蓄积累财富,那么在此之前,你就要选择适合自己的存储方式。

别把信用卡当作储蓄卡

女人要想构筑幸福的生活,在学会赚钱之余,学会如何消费也是很重要的。"双刃剑"可以用来形容手头的信用卡,使用不当,会使你愁眉苦脸;使用得当,却能助你渡过各种财经大关。只要学会巧妙地把信用卡用活,一生就能够幸福安康地度过。

1. 信用卡是不能存钱的

当然,信用卡和储蓄卡之间存在一些区别,除了信用卡可以透支以外,还在于信用卡的功能是进行消费结算,而不是储蓄功能。因此对客户而言,他们在及时还款的前提下可持卡消费,银行的收益只是从商户处收取 1% ~ 2% 的结算手续费。每家银行对本行发行的信用卡都有特别的管理标准,即使是存钱进去然后取出,手续费也在所难免。

即使是急需钱,考虑成本也是从信用卡取现时需注意到的。为避免忘记还款而带来的负担,最好与发卡行的借记卡挂钩,可以使用信用卡自动还款功能。

2. 信用卡不是越多越划算

一般来说,两张信用卡就足以使我们生活便捷了。你可以根据自己的实际情况对银行卡进行筛选,即使附加在卡上的功能很诱人,假如我们用不到它,那么我们也没有必要开通。留下两张结账日不同的信用卡,透支额度不必太高,一张日常使用,一张备用,不仅能够使我们的消费欲望得以抑制,还可以拉长还款日期。

没有超强的计算能力的一般女性,平时又不能控制自己的消费欲望,那么还是不办信用卡为好,或者只用老公的附属卡,一则这些麻烦都没有了,更重要的是这些钱总归老公会去还上的。

3. "超长免息期"有陷阱

在正常免息期不收利息是国内银行的规定,但如果超期透支了,即偿还的金额等于或高于当期账单的最低还款额,但仍然低于本期应还金额,那么循环信用余额就是剩余的延后还款金额。而超期的每一笔消费都要按照日息万分之五计算,年息是相当惊人的,高达18%。

4. 信用卡闲置就是丢钱

信用卡激活是一种安全措施,为了防止邮寄卡片过程中被盗用。发卡行在核准发卡后,信用卡所涉及的一系列后台运作随即产生,各家银行针对未激活的信用卡是否会收取年费这一问题的规定有异,一般分为三类:

第一类是信用卡只要不激活,就不会产生年费。目前许多银行不会收取年费,条件就是信用卡在有效期内不能被激活。而且,有些银行的信用卡用户如果首年不激活,一年之后,这张信用卡就会被自动注销。

第二类是在第一年免年费。目前许多银行都在采用免首年年费的做法,即在第一年免除年费,如果第一年消费了若干笔,那么自动免除第二年的年费。

第三类是即使不激活信用卡,第一年也会收取年费。只有少数银行采取这种收费政策,目前只有中信银行规定要在发卡后30天内激活而且必须刷卡消费(或取现),否则,就将收取首年年费。

所以,在办理信用卡之前,对银行信用卡规定进行详细了解是必要的。因为每个银行的政策都不同,对于信用卡的办理规则也不一样;不同种类的信用卡即使可能出现在同一家银行,具体的使用条例也有差异;对于同一种信用卡的政策,也有可能会进行调整和改变。所以面对繁多的信用卡,一定要详细了解之后再开通:

第一,仔细阅读合约。

信用卡领用合约不仅记载着用户和银行之间的权利义务关系,并且因为是正式法律文书,所以,也会详细告知信用卡的年费政策。因此,在申请信用卡之前,一定要仔细阅读领用合约。如果对合约有疑惑,向银行工作人员或者拨打客服电话了解是非常必要的,对于年费的减免年限、年费减免是否与刷卡次数挂钩、激活开卡与年费到底如何规定、除年费之外是否还有其他收费等等,都要做到心中有数。

第二,理性至上,不要盲目办理。

女性朋友容易凭感觉收纳很多类似的卡,有些一直闲置不用,时间一长,慢慢淡忘了信用卡的年费规定,甚至因为长期弃之不用而不慎遗失,很可能诸多不必要的麻烦就接踵而来了。所以对于信用卡的办理一定要理性,办信用卡不要贪多,长时间不用的卡,办理停用手续是很有必要的。

智者寄语

幸福的可持续发展,需要合理使用信用卡。

每月需要留足"储备金"

在西方消费观念不断侵袭的背景下,过度消费成为了一部分年轻人的生活方式,很多人都当上了"月光族"。尤其是爱美女性,更是站在了时尚的前沿,如新款服装、新款美食、新款化妆品。每月挣多少花多少,成了当下许多女性真实的生活写照。乍一看,这种生活风光潇洒,但是对今后的生活却缺乏长远的打算。所谓"天有不测风云,人有旦夕祸福",一旦出现意外情况,手头毫无资金储备的你该怎么办呢？所以，每个月你都必须尽可能地存一些钱以备所需。

丁太太今年30岁，辞掉工作之后便在家安心全职，即一直在家照顾孩子。先生今年32岁，多年打拼于上海一家中型外企，成了公司的中高层，年收入25万元。他们家一次性全款购买了一套房子，因此无负债，房子目前市值为100万元。丁太太之前的理财较为保守，定期存折上有50万元的资产，在股票市场投资10万元，有一定幅度的亏损。

丁太太夫妻俩都有社会保险、大病及医疗商业保险，7000元是每年的保费；1000元预留给孩子做医疗和意外商业保险；每月家庭平均支出约为6000元。丁太太思考着，家里之前没有定期预留储备金的计划，也没有针对银行的那50万元做其他打算，她突然觉得自己好像一方面浪费了赚钱的机会，另一方面没有做到位的还有家庭的保障工作。其实，丁太太家由于目前生活比较稳定，并已经有10万元做了有风险的股票投资，这50万元完全可以拿出来购买基金，因为这种方式投资风险比较小。接下来，就迫切地需要考虑储备金的问题了。

那么，丁太太如何考虑他们家的储备金计划才是合理的呢？

首先，人身保险方面的储备金是让丁太太安心的基本储备金。根据年收入的十分之一购买收入10倍的保额的原则，也就是基本的"双十原则"，丁先生一家的保费控制在一年缴纳2.5万比较合适。

第二，孩子的教育储备金应该以每年固定存储的方式做储蓄。可以按照小学每年2万，初中每年2.5万，高中每年3万作出合理的安排，当然还可以考虑到大学的费用。

最后，退休后的医疗储备金也值得考虑。丁太太自己需要额外筹措养老期间投资波动性极小的医疗储备金，建议以债券型的基金储备为主。以年收益5%计算，如果60岁时想筹集50万作为家庭医疗专项储备金，从现在开始，每月定投6205元是比较适宜的。

当然，每个人、每个家庭的情况都不一样，不能完全照搬。透过丁太太这面镜子，我们可以反观我们自身的情况，提醒自己应该好好分析一下目前的储备金情况，做进一步合理的规划。这里，不妨告诉各位女性朋友们，计划储备金也是有规则可遵循的：月三（30%）、年三（30%）、三年翻番，即每月坚持把收入的30%储蓄起来，投资理财的最初原始积累就没问题了；每年实现30%的投资收益率；每三年使自己的金融资产实现倍增。这样，过不了几个三年，你的资产就会初具规模了，这些是你自己从来没想到的。

要想让日后的生活衣食无忧，就要按照上述准则进行储备规划，或许开始的时候我们觉得日子紧巴巴的，似乎过得不是那么滋润，但是，你要明白，现在的节俭是为了日后的享受。只要你能坚持下去，以后的生活就会越来越衣食无忧。

───────── 智者寄语 ─────────

要想让日后的生活衣食无忧，就要进行储备规划，或许开始的时候我们觉得日子紧巴巴的，似乎过得不是那么滋润，但是，你要明白，现在的节俭是为了日后的享受。

一些必须遵守的投资法则

所有的高深学问中肯定涵括投资理财，不同的投资工具操作起来有不同的逻辑，例如投资股票需要关心的事情绝对与投资黄金不同，不同的方法适应不同的投资目标。如果你是个用功的投资女性，就一定会接触到许多投资大师的"独家看法"，那么，你需要遵守和铭记其中的一些基本规则。

1. 认清现实，投资不盲目

假设你目前经济上较为窘迫，就更需要做好个人与家庭财务的应变计划，提高家庭的资产净值，也就是资产减负债的数目应该是正的。基本上，个人或家庭可承担的负债水平，应该是先扣除每月固定支出及储蓄所需后剩下的那部分。至于偿债的原则，则应优先偿还利息较高的贷款，接下来就会大大削减一大笔支出。对上班族来说，增加财源比较困难，因此，采用适当的节流计划与偿债计划，就等于你多赚了一些"外水"。

收入增加，手边有闲钱进行投资，更得谨慎小心，因为获利太多的报酬率几乎不光顾盲目投资，若有一点点收获，只能感谢老天眷顾，而要想达到理想效果，规划资产的条理程度很重要。但怎样才不是盲目的投资呢？首先还是那句话，"不要把所有鸡蛋放在同一个篮子里"，这是长久不变的真理。但是从另一个角度看，如果分散投资的开展是在不了解情况的前提下，那么这样的理财同样是盲目的。因此，首先要全面研究资产负债情况，然后再以保守或稳健的投资组合逐步增加自己的资产。

2. 最有效地利用有限的资本

投资的奥妙之处就在于如何最有效地利用有限的资本。我们很难做出精准的抉择，尤其面对一大堆的投资商品时，类似"到底投资 A 还是投资 B 比较赚钱"之类的问题，总是让我们寝食难安，不知该留该弃。

投资工具并无好坏的分别，只有适不适合自己的问题。比方说，高风险高回报的投资工具当属股票与房地产，如果你问投资房地产到底好不好，首先要问你自己的资产有多少？在房地产上你能注入多少资金？你投资房地产的金额占你投资总额的比例是多少？需不需要借款融资？多少足以进行融资贷款？融资利率又是多少？接下来的问题就是哪一个城市的房地产让你中意？买哪一个区段的房地产？买交通繁忙的市中心还是政府机关与学校集中的地段？买大厦、公寓，还是店铺？房地产目前的涨势对你而言明晰吗？是已经处在景气最热的阶段，还是处于景气的谷底？在投资之前，只有仔细搞清楚这些问题，你才能比较容易获利。

3. 购买理财产品前的三件事

购进理财产品，你依据的信息是什么？是广告宣传、媒体报道、亲友推荐，还是理财经理主动推销？

如果你是一个冲动型的购买者，甚至在涉及重要理财产品时也是如此，那么经过一段时间之后，肯定会因为收益不理想而大呼受骗。然而，如果你培养了自己的辨别能力和识别风险的能力，那么你就不会时刻为这一类事情捶胸顿足了。

根据本息相互依存的关系，下列三种可以囊括大部分理财商品：保本保息、保本不保息、不保本不保息。有三件事情投资者在购买前务必搞清：一是这种产品能否确保最低本金不至于丧失；二是收益是否在可接受的波动范围内；三是是否与其他金融标的连动。上述提到的几个方面如果你都能够承受，并且愿意接受可能产生的最大损失的结果，那就可以考虑投资这一类金融产品了。

4. 投资理财要有规划

股票、基金被套牢了怎么办？"当作长期投资"成了很多人的安慰借口。这样的想法反映出他们理财没有统一的目标和理念。投资的前提就是要获利，如果投资发生不久便发生了套牢、赔钱一类的事，有两个问题要仔细想一想：第一个是投资标的有没有选错；第二个问题则是进场时机可能错了。进一步思考如下两个问题是解答的要点：一个是你是依据什么条件选择投资标的与投资时机的;二是媒介是什么成了影响抉择的重要因素。

如果我们根据这个金融商品(譬如股票或基金)过去的报酬率高,投资时机甚至媒体都乐观观望,自己实在是因为众口铄金而乐观地进场投资,那么,当再一次投资冲动时,我们就应该铭记:同一类错误再犯就是愚蠢的。其次,万一投资收益暂时不理想,你要客观地分析错误是源自于接收信息错误,还是市场的波动变化。假定我们的目的是长期投资,那么,中间的暂时涨跌影响不到操作,要避免见风使舵、慌忙卖出。

5. 不可因投资牺牲正常的生活开销

吸引我们的往往是高额报酬的投资,但是不要因为追逐获利而超额借贷,甚至融资。由于我们不可能掌控市场的涨跌,因此总有不测风云存在。所以,不要将生活开销所需的资金放在高风险的投资上,万一事与愿违陷入困顿,周转不灵就变成了现实,连基本生活都会出现问题。

就理财规划来说,最好把相当于一个月生活所需费用的 3 至 6 倍的金额,拿出来做应急之用,以防范譬如失业、事故这些突发事件;或者遵循"4321 法则",收入的 40% 用于各类投资,30% 用于家庭生活开支,20% 用于银行存款以备应急之用,购买保险则占到 10%。只有这样,无忧的生活才能得以实现。

智者寄语

所有的高深学问中肯定涵括投资理财,不同的投资工具操作起来有不同的逻辑。

改变以往的投资心态

一直以来,女性在理财上给人的印象要么是斤斤计较地攒小钱,要么是大肆消费,不思后果。根据调查,相较男性来讲,女性在投资方面比较保守。多家银行及投资顾问公司的调查也普遍发现,可能是因为女人们事业家庭要两手抓,使用的投资工具多以定期存款、购买保险等为主,而这些投资理财均属较为消极的理财方式。

现代社会的投资方式日趋多样,许多女性认为困难的事情莫过于投资理财,懒得投入心思,但需要提醒你的是:你未来也许不能完全仅凭你那点工作技能,家庭状况可能会面临改变;伴侣可能无法依靠;子女也可能远离你;对你的父母等长辈还得尽到孝道……你的一生都离不开钱,唯有你自己才能真正保障自己的财务安全。而面对自己的钱,如何管理投资较为合理呢? 相信很多女性朋友对这个问题都非常感兴趣。

在理财方面,女性容易步入误区,从而阻碍了女性的发财致富之道,值得思考。以下就是一些常见的女性理财误区:

1. 干得好不如嫁得好

许多女性往往觉得找个有经济实力的老公就万事大吉了,平时把所有精力都用在了穿衣打扮和美容上,却忽视了提高个人创造和积累财富的能力。有些女人时时事事离不开老公的支撑,认为养家糊口是男人天经地义的事情,但日复一日,受制于人的情况总会出现,女性在家里的"半边天"地位也就发生动摇了。所以,一名优秀的女子应该做的是努力上进,掌握理财和生存技能等方式,自尊自强,在立业持家上体现现代女性的风范,让丈夫刮目相看。

2. 理财求稳不看收益

不喜欢冒险是传统女性的一大特点,她们的理财渠道多以银行储蓄为主。这种理财方式虽然相对稳妥,但是现在物价上涨的压力较大,通货膨胀的影响使得银行里的钱贬值了。所以,在新形势下,女性理财应更新观念,只求稳、不看收益的保守观念应该打破了,积极寻求既相对稳妥又多花样、高收益的投资渠道,比如开放式基金、炒汇、各种债券、集合理财等,都能使家庭存折上的数字节节飙升。

3. 随大流避免理财损失

许多女性在理财和消费上喜欢随大流,常常爱跟风,亲朋如何投资,她们立马步人后尘。比如,听别人说参加某某集资收益高,便弃自己的情况而不顾,赶紧跟风购买,结果造成了家庭资产流失,夫妻感情及生活质量也受到了影响;有的女性见别人都给孩子买钢琴或让孩子参加某某高价培训班,于是不看孩子是否具备潜质和兴趣,硬逼着孩子去学习,结果不但收益甚微,而且孩子也很逆反。

针对以上女性在理财方面容易出现的阻碍,下面特提出相关的策略,女性朋友们可以从中学到一些知识:

1. 相信自己能做得到

许多女性在自己的领域可谓得心应手,在理财上可能因为不是自己的专业,所以有些不够自信。但是由于关系到自己未来的生活能否过得更惬意,因此女性对理财方面还是需要多一些敏感。不妨考虑交一个会理财的好朋友,也可以通过理财专家得到一些资讯,或者多阅读一些理财方面的报刊、书籍。其实,以女性的敏锐思考能力,假以时日,变成理财高手的目标一定能够得到实现。

2. 广泛涉猎相关知识

有时候,女人比男人更喜欢钱,与其让自己的钱一元、两元地往上累加,何不努力多搜集相关信息,找到一套适合自身的方案让投资代替存钱?

3. 多种投资

女性对于需要冒险精神、判断力和财经知识的理财方向有点望而生畏,认为它太过麻烦。但是当女性简单地将钱存入银行以后,再也不把通货膨胀或回报的问题挂在心头,或太过投机而使自己的财产处于极大的失败危险之中时,她们忽略了更严重的麻烦即将到来。

4. 新女性不握现金新主张

身怀巨款去消费不是现在流行的主潮,用信用卡、电子钱包就可以搞定一切。只需在银行账户里存够半年用的生活费,而把剩下的钱放在获利高的投资工具里会显得比较有眼光。只要对理财有正确地认识,把钱放银行里生小利就是不明智的。

以上提出的几点意见对女性朋友理财是很有帮助的。只要能走出理财误区,并且优化相应的理财策略,那么,可以相信,不久之后你就是理财高手了。

―――――― 智者寄语 ――――――

如果投资环境不好或者处于经济下滑之时,女性保守心态下的投资绩效可能相对较优,但面对瞬息万变的新经济环境,女性假如不优化自己的投资方式与行为,在理财上终将成为弱者。

聪明女人不要闯入投资误区

作为一项长期复杂的工程,投资有风险,女性朋友在投资之前应先根据自己的资产现状和家庭情况进行合理的规划,收益与安全都是关注的要点。既有流动性资产,又有保障性资产和安全性资产,无疑是最科学的选择。然而,很多女性朋友理财过程中经常表现得比较盲目,这样,不必要的损失也就产生了。

1. 投资态度过于保守

一直在市场上经营小本买卖的王女士这几年比较走运,钱大把大把地纳入囊中。王女士对赚到的这笔钱深感欣慰,希望放在保险的银行里,作为 15 岁的儿子以后上学的专用资金。王女士认为自己没啥机会挣大钱、发大财,因此孩子以后上大学的钱绝对是大头。正因为她怕损失,所以她决定把钱放在银行。

在诸多投资理财方式中,风险最小、收益最稳定的就是储蓄。但是,银行的利率调整已经赶不上 CPI 的增长速度了。在这种情况下,依靠存款几乎不可能实现个人资产增值。考虑到通货膨胀的因素,也许这笔钱还会于无形之中贬值。

实际上,女性朋友应该转变这一观念,不要只求稳妥不问收益,而要寻找那种既稳妥又有较好收益的投资渠道,让自己的财富在最大限度内增长。所以,要了解一些基本的投资工具,然后根据自身的收入择优选用几种投资方式,进行组合投资,这样一来,增值和保值就变成了可能。

2. 投资超过自己的能力范围

刘小姐收入不菲,就职于一家合资企业。去年,刘小姐看到房地产市场十分火爆,在北京四环边上看中了一套比较有升值潜力的房子,通过向亲戚朋友借钱付了两成的首付,并从银行按揭贷款购买了这套房子。之后的 20 年内,她将把每月薪水的一半用于还贷,再加上她现有的车贷,她每月 80% 的收入就都用来还贷了。尽管自己省吃俭用,但还是难以维持正常的生活开支。

像刘小姐这样,没把自己的收入与能力考虑到位,超负荷地进行投资,这种投资方式是很不可取的。女性朋友在投资时,要正确分析自己的财力状况与风险承受能力,然后在能力范围内选择稳妥的投资产品。

3. 投资组合不合理

李小姐上班 7 年,手里小有积蓄。她想让手中的钱升值,于是选择了股票,但苦于没有时间炒股,所以,在理财专家的建议下,基金成了她最终选择的理财途径。她一口气购买了 10 只基金,希望可以分散风险。一年后,李小姐的平均收益为 10%,而对比当年基金市场 15% 的整体成绩,李小姐的投资显然不算成功。基金买得又多又杂导致了她的失误,虽然在她的投资组合中不乏取得良好收益的基金,但其他基金拖了最终收益的后腿。

实际上,投资可选择的范围包括大多数的基金品种,像李小姐这样不愿承担较高风险的,应以平衡型基金为主,适当匹配偏股型基金,而涉及的品种超过 4 个就是不适宜的。此外,为规避单一投资带来的风险,投资开放式基金建议采用定期定额购买的投资方式,即购买基金时每个月投入固定的金额,这样不论基金净值如何波动,你都处于购入状态。如此一来,风险就得以分摊了。

4. 财力集中,孤注一掷

目前,我们可以选择多样化的投资渠道,但诸多投资渠道却都遵循着一个道理,即风险越大,收益越大,反之亦然。根据这一特点,把资金进行分散投资是女性投资的首选:一部分投资于风险小、收益稳定的项目,存银行或买国债,以备不时之需;一部分用于买股票等风险性投资,以追求高收益。但是,赌博的心态使得少数人孤注一掷地在某一项投资上押宝,以期一夜暴富。

一夜暴富的人毕竟是少数,女性投资者抱着这种心态投资是不明智的。

5. 过于轻信某些金融机构

一些理财产品,尤其是信托产品,大张旗鼓地在产品说明书上打广告,比如"我们的关联公司实力非常大,即使无法实现当前的承诺,关联公司也会代之兑付"。对此,女性朋友必须清楚地认识到这些问题的存在,我们购买的是发行机构的产品,而非其关联公司的产品,同时关联公司也存在着经营风险,所以承担责任绝对不属于关联公司的责任范畴。而且,产品发行书称关联公司会承担关联责任的事实,投资者根本无法从法律角度取得支持。

有些女性朋友认为,商业银行的个人理财产品肯定不存在风险,其实,这是一种错误的认识。经营风险在所有的机构均有体现,商业银行也存在风险,这种风险既包括自身的经营风险,也包括系统性风险。

6. 畏惧投资风险

要知道,风险伴随着任何一种投资。它要求投资者具备一定的魄力和胆略,在经过认真分析,选定了投资项目和投资时机后,就要当机立断。否则,好机会稍纵即逝,一去不返。

投资前,女性朋友对金融投资方面的法律法规要有一些了解,选择合法的渠道进行投资。然而,有些女性在投资时不遵循金融法规,随意轻信不法分子的高利息承诺,结果投资无法收回,被不法分子携款外逃;还有一些投资者参与非法集资;更有甚者参与走私、倒卖文物等非法活动。投资上的违法是无法得到投资保障的,而且还可能会触犯法律。

智者寄语

作为一项长期复杂的工程,投资有风险,女性朋友在投资之前应先根据自己的资产现状和家庭情况进行合理的规划,收益与安全都是关注的要点。

用保险减少风险

大多数人认为,通过各种投资工具让手头的财富翻番就是理财。事实上,要构建一个基础稳固的理财金字塔,必须包含三个层次:最底层是保本结构;中间一层是增长结构;最上一层是节税结构。底层的保本结构决定了理财金字塔的高和大,主要由两个部分组成:一个是包含定期、活存、保本基金在内的无风险投资组合;另一个就是保险。

每个人赚钱的渠道都不外乎三种,即时间、工作能力和理财能力,理财可以自己来做,也可以借由理财经理的帮忙来实现理财目标。但是,无法掌控的是一个人的整个人生,如长的工作时间与能力,还有病、死、残、医的侵袭。每天只要翻开报纸,就有很多意外呈现在我们眼前,有的是轻伤有的是死亡,受伤不能工作与死亡对一个家庭造成的经济与财务冲击非常大。没有保险理赔金的家庭,可能因为缴不出房屋贷款,房屋随之被银行收回,家都没有了;因为少了最重要的家庭收入,孩子接受更好的教育就无从说起,甚至必须提早进入社会工作;你的另一半由于家里沉重的经济负担,必须兼职多赚一份收入,对孩子的关照减半……

你也许会问:"我没有钱买保险,基本的生活费用还有问题,怎么办?"

事实上,保险是以明确的小投资来弥补不明确的大损失。发生了重大变故,比如医、死、病、残等的时候,保险金可以立即发挥周转金、急难救助金等活钱的功能。少了这笔理赔收入(很多案例曾经报道过),你可能就要靠社会救济或公益捐助才能挺过难关。因此,保险支出应该列为每个家庭必不可少的一项投资,不能掉以轻心。

只要每年缴纳的保费在合理的收入比例范围内,保险支出就不会影响你整体的投资计划,还能为个人风险筑起一道最坚固的防护网。

智者寄语

在从事投资理财失利的时候,我们有能力跌倒了再爬起;正因为我们购买了保险,即使当意外与疾病等风险不幸降临时,我们的家庭总收入也不会受到影响,各种投资理财计划才能持续下去。

几种常见的保险种类

"天有不测风云,人有旦夕祸福。"生老病死是我们每个人都必须面对的,如果你能够在事前做好保险规划,这些事件给个人和家庭带来的财务危机就可以得到避免。所以,在买保险前,了解保险种类很有必要。

1. 人寿保险

人身保险的主要类别是人寿保险,是一般家庭重点考虑的险种。投保人寿保险,即可获得对未知风险的保障,使投保人在受到意想不到的伤害时,经济上的补偿能够惠及家庭或本人,从而确保家庭经济的稳定。人寿保险也可以作为一种储蓄和投资工具,在得到保险金额之外,还有望获得其他报酬,前提是必须在保险有效期内。

人寿保险名目众多,普通人寿保险与特种人寿保险是目前市场上最流行的。普通人寿保险包括死亡保险、生存保险、两全保险和年金保险;简易人寿保险和团体人寿保险归属于特种人寿保险。

2. 意外伤害保险

遭受外来突发性疾病而使身体受创伤的客观事件就是意外伤害。意外伤害保险是指在参保期内如果发生了致死的意外、永久性伤残,支出医疗费用或暂时丧失劳动能力所获得的保障。

与人寿保险搭配投标是参保意外伤害保险的一种最好的方式。保费低廉的意外伤害保险只是针对短期性质的安全风险提供了保障,自然失效期则是保险过期了而事故并没有发生。在经济条件许可的情况下,最好把意外险附加在一个适当的寿险里。一个完整的保险计划很有必要,除了保障生命安全外,还能兼顾疾病、年金、养老、医疗等问题,这样一来,一个全面而长久的保障就在每个家庭中形成了。

3. 医疗保险

医疗费用保险指的就是医疗保险,主要包含门诊费用、药费、住院费用、护理费用、医院杂费、手术费用以及各种检查费用等。在保险公司提供的范围内,医疗保险覆盖了普通医疗保险、住院保险、手术保险、特种疾病保险,当然,综合医疗保险与住院津贴保险也涵括在内。

4. 家庭财产保险

家庭财产保险针对的是家庭或个人所有财产的损害,这些损害由自然灾害和意外事故引起。主要包括普通家庭财产保险(包括艺术品、古玩、家具以及家电等)、房屋保险(包括房屋本身及内部附属设备,如暖气、供电设备、厨房所有配套设备等)以及机动车辆保险(包括特种车辆、各种专用机械车、拖拉机、摩托车、电屏车以及电车和汽车等)。

保险责任在家庭范畴内涵括:火灾、爆炸、雷电、冰雹、洪水、海啸、地震、地陷、崖崩、龙卷风、泥石流等自然灾害;空中运行物体的坠落及其他固定物体和外来建筑物的受损;上述灾难事故一旦发生,为防止灾害蔓延或施救所采取的必要措施,造成保险财产的损失和所支付的合理费用;投保家庭财产保险时,盗窃险与家庭财产两全保险都具备,凡存放于保险地址室内的保险财产,因遭受外界的、有可视的痕迹的偷盗损失,保险公司负责赔偿(有些保险公司对盗窃险做出了另外的决定,譬如可以单独承包)。

5. 社会养老保险

三个层次正好涵括了我国的养老保险体系。

(1)基本养老保险:是按国家统一政策规定强制实施的,其目的是保障广大离退休人员的基本生活需要,使老有所养。

(2)企业年金:即企业补充养老保险,凭借的是企业经济发展的良好态势,在国家规定的实施政策和事实条件下为本企业职工建立的一种辅助性养老保险,由企业遵照国家宏观指导执行的内部决策执行。

(3)个人储蓄性养老保险:企业职工可以自己参与、自愿选择经办机构的补充保险形式。

6. 旅游保险

放松心情的一个好办法是休假旅游,为了不影响这难得的好心情,最好购买一份旅游保险。若遇上盗窃或意外,需在事发当地取得证据,这样,申请赔款才有可能成功。

——— 智者寄语 ———

生老病死是我们每个人都必须面对的,如果你能够在事前做好保险规划,那么,就可以避免这些事件给个人和家庭带来的财务危机。

办保险时需要注意的几个问题

办理保险时女性应慎重考虑,如下几个问题值得引起注意:

1. 如实告知

如果有既往病史或者现在身体状况有异常,投保单上一定要如实告知自己的身体状况。只有这样,保险合同的保险保障的作用才能真正得以实现。

2. 指定受益人

如果主观上受益对象明确,那么一定要在保单上指定受益人。如果受益人暂时不好界定,也可以不指定,保单会默认为是法定继承人。

3. 本人亲笔签名

应该本人签名的地方必须由本人签名,代签无效。当然,如果被保险人是未成年人(未满18周岁),法定监护人的签名就是必要的。如果被保险人未满18周岁但已满16周岁且能证明是完全凭借自己的能力独立生存的,就可以视作成年人自己签名。

4. 关注保单的保险责任以及除外责任

保险合同下来后,了解保单的保险责任和除外责任显得尤为必要。保险责任是自己真正能享受到的具体利益;除外责任则自身不能够享受到。

5. 犹豫期

当我们拿到合同时,即合同由业务员送到我们手上时,有 10 天的犹豫期,犹豫期内我们可以选择退保。此时退保,首年保费由保险公司全额退还。不过,有些公司会收取 10 元的工本费。

由于退保将直接导致保险公司客户的流失和市场占有率的下降,所以保险公司会采取一定的措施,用以减少退保的发生。例如,从保单闲置中扣除一定的退保费用,规定在保单持有人中途退保收回保单现金价值时扣除所缴保费后的部分必须缴纳所得税等。在开始投保时,为了避免产生不必要的损失,我们要根据自己的职业、年龄、家庭情况等选取购买适合的险种,最好不要中途退保。

6. 自身的保障需求

当我们想通过买保险来规避家庭风险的时候,应结合家庭的实际情况来实际考虑保险金的整体筹备,跟风行为是不对的。我们需要考虑的重点是:供房、供车、男女主人的年净收入和职业环境、是否需要赡养父母、孩子的教育婚嫁如何安排、日常的开销、目前的资金分配比例等。

7. 保险营销员或代理人的职业道德素质和专业化水平

所谓"小富靠智,大成靠德",意思就是创造一时的利益可以凭借聪明的脑子,良好的道德情操才是成就事业至关重要的因素。我们应同样按照这一规则选择保险服务人员。

比较专业的业务员是我们所青睐的,因为没有最好的保险,只有最适合您的保险。专业的业务员能够给您推荐更适合您的保险组合,频繁换工作一般不会发生在专业业务员身上,这样才能给客户提供一个比较长期而有序的服务,从而不会使客户在有问题要了解时却找不到当初的业务员。总之,只有德才兼备的保险服务人员,才能使我们对托付给他们大事比较安心。

8. 保险公司的资金实力和投资渠道

保险对于我们而言是理财方式的一种,是区别于银行存款和基金股票的理财方式。只有拥有良好的投资渠道以及优秀的投资团队,高效、稳健、长久的投资回报才能得以实现。同时,我们的利益自然也会水涨船高,真正意义上的保险就产生了。

9. 保险公司的品牌价值和偿付能力

诚信服务的最好诠释就是品牌价值;偿付能力是提供理赔服务的最坚实的后盾。汶川地震,中国人寿赔付额预估 2.19 亿元,在我国,2 亿元人民币就能注册一家保险公司。一旦发生这种情况,那么对小保险公司而言将是致命性的,其后果可想而知。

总之,我们买保险时,既要综合考虑多方面的因素,也要注意合同的一些细节。毕竟,买保险对每个人或者每个家庭来说都是一件大事。只有这样,才能真正规避我们的风险状况。

智者寄语

我们买保险时,既要综合考虑多方面的因素,也要注意合同的一些细节。

购买保险时要做足准备工作

在各家保险公司推荐的五花八门的产品中,你是否觉得无所适从? 当业务员的如簧巧舌极力鼓动你买了保险之后,你是否发现该产品并不像当初想象的有那么大的作用? 在众多的保险产品中,你是否能够设计出最优的保险方案? 因此,建议女性朋友如果希望购买一款保险,就要做好三大准备工作:

1. 明确需求

购买保险时切忌面面俱到。在购买保险以前,确定自己的保险需求是很有必要的。根据自己的需求大小做一个排列,最需要的险种要优先考虑。一般情况下,保险公司会根据人们日常生活中的几大方面的需求设置保险产品,分别是投资、子女、养老、健康、保障、意外。对处于理财初级阶段的女性朋友,这个序列应该如下排列:意外 > 健康 > 保障 > 养老 > 子女 > 投资(这个排序的前提是按照年龄的特点来做一个对应排序)。以健康需求为最而购买保险以前,一定要首先确定自己或家人将来面临的医疗费用风险。面临的医疗风险因人而异,不同的保障范围适应不同的人群。影响风险的因素有职业、收入、地域、年龄和家庭等。例如,有的人享有社会医疗保险,在医疗费用支出较大的时候,需要商业保险的保障;而不享受社会医疗保险的人,则需要全面的商业医疗保险;有的家庭经济宽裕,有能力承受生病带来的经济压力;而经济条件一般的人,则可能因一场大病陷入贫困;肩负家庭重担的人,在疾病期间可能需要额外的津贴;而作为单身贵族,这个问题的存在则无足轻重。因此,你应该视自己的相关需求购买必要的保险种类,而不需要面面俱到。另外,除了确定自己的保险赔付需求以外,各保险公司的产品在投保条件、保险期间、缴费方式、除外责任等方面有自己的特色,包括理赔方式。消费者可选择与自己的收入特点、支付习惯及品牌偏好相适应的保险。没有稳定工作、对未来茫然的人,可选择短期内缴清或有保单贷款功能的保险,而有的人则希望保险产品能够升级,购买具有可转换功能的产品。

2. 确定方案,注重长远保障

在了解和确定了自己的需求以后,就要比较保险公司和保险产品,以便确定一个方案。对此,业内专家认为,在保险产品的挑选上,重要的位置留给了保险公司。我们平时买东西时,从一开始就会感觉到能从购买的产品上得到什么样的回报,他的厂家服务如何。但与购买商品不同,大家只有等到需要保险的时候才需要进一步接触保险公司。而在购买它的时候以及今后的一段时间内并不能体会到它的好坏,因此最重要的一件事情就是购买前确定保险公司。真正维护你利益的时候,很大程度上取决于该公司提供的服务。我们在选择保险产品的时候,并不是"保险保障范围越大越好,功能越多越好"。保险价格与保障范围成正比是专家的观点,如果保险保障范围超出需要,则意味着支付了额外的价格。例如,很少出现教师发生工伤的事件,如果其购买的保单范围包括工伤医疗费用,则白花了工伤保险的钱。请记住,自己需要的保险产品才是我们真正需要的对象。此外,与其他商品不同,保险商品的价格即保险费率,是精算人员根据保险责任范围科学制定的。较便宜的保险产品意味着其保险责任范围和给付保险金的条件必然受限制。这样一来,我们在作出决策时一定要设计一个能保障长远利益的保险方案,只有物有所值的保险产品才真正能够为生活保驾护航。

3.学会签单,保你不受骗的五步骤

当我们真正开始选择一份保单时,你还需要做的一份作业就是了解我们填写保单的时候应该注意哪些问题,切忌不要由于自己的粗心,最后影响了保险产品发挥其本身的作用。业内人士称,只要把握好五个关键步骤,就能够顺利签下保险合同。首先,当业务员拜访你时,你有权要求业务员提供能证明其身份的相关证件。其次,你应该要求业务员依据保险条款如实讲解险种的有关内容。当你决定投保时,为确保自身权益,仔细阅读条款尤为重要。再次,在填写保单时,除了如实填写除外,还要亲自签名,被保险人签名一栏应由被保险人亲笔签署(少儿险除外)。第四,当你付款时,很有必要让业务员开具暂时收据,并在此收据上签署姓名和业务员代码,另外,直接由业务员带你去保险公司付款也是一个好主意。最后,倘若投保一个月后正式保单还未到你手上,应当向保险公司查询。

———————————— ～智者寄语～ ————————————

女性朋友如果希望购买一款保险,就要做好准备工作。

买保险要根据年龄和职业

越来越多的女性朋友开始关注保险,尤其是很多女性参加工作后,会有意识地在家人或朋友的建议下购买一定的保险,这样一来,自己今后的生活就多了一些保障。

相对于男性的理性,女性在买保险时往往容易感性冲动,外界的影响打下的烙印较为明显。比如,去医院看望病人,看到人生无常的局面或者下班时看见的一场车祸都容易让女性想到保险。正因为女性的感性、心软、柔弱,使得她们在购买保险时变得盲目,错误也随之出现。

其次,很多女性朋友都有一种盲从的心理。女性买保险时要冷静,要充分听取保险代理人的详细说明,因为只有最适合的保单才是最佳的选择。

还有,很多女性都比较有牺牲精神,自己的需求总是无关紧要,已婚的女性尤其如此。一提到保险,很多年轻女士觉得自己身强体健吃得香,不太愿意为保险买单;随着年龄增大,逐步认识到保险的重要性后,女性投保时又往往会首先考虑到孩子、丈夫和父母。女人总是把他人的事情挂在心上,唯独把自己的安危置之度外。要知道,女人也是家庭中无法缺少的一分子。

所以,为了家人,为了自身的幸福,负责任的女人也应该根据自己的具体情况购买适合自己的保险,不但可以让自己放心,也可以让家人真正放心。

女性朋友们在购买保险时,由于不同的年龄以及不同的职业和收入,因此导致投保的种类有所区别,而不能一刀切。下面,就分别根据年龄和职业收入两个方面为女性们量体裁衣,看一看到底她们适合哪些产品:

1.30 岁之前的女性朋友

事业与生育是女性面临的两大压力,还有常见、高发的女性疾病发病年龄提前、妊娠并发症、新生儿先天疾病等风险的困扰。在这种情况下,可酌情配置意外及医疗保障,比如女性疾病险、妇婴险等,都是这段时间的女性朋友们应该考虑的险种。这一年龄段的女性还可以考虑购买保障型的寿险,因为她也是家庭主要的收入来源。

2.30~35岁的年轻妈妈

这个年龄段的女性朋友大多是初为人母,非常需要保障,由于处在上有老、下有小的阶段,事业家庭都得兼顾,很有必要投保一份寿险,其保额应该为年收入的5~10倍。这样,万一将来出了意外,5~10年不变的家庭生活就得到了保障。同时,意外、医疗险也要考虑。

3.35~50岁的能干妈妈

这个时期的女人,事业成熟,家庭稳定,一切安稳,并且孩子处于慢慢长大的过程中。如果说之前妈妈们有结婚生子、买房买车的压力,还没来得及进行养老规划,那么现在可以考虑了。此外,重大疾病险也要购买。疾病高发正是出现在40~50岁,如果条件允许,可以考虑具有理财性质的保险。所以,这个阶段的女性完全可以进行养老金的筹划工作了。

4.50岁之后的退休妈妈

50岁之后,进入退休期的女性居多,这个时候,需要女人们操心的事情慢慢减少,因为子女大多已经成家立业了。所以,使晚年生活无后顾之忧是此时的重点,应考虑购买年金保险、养老险。当然,随着年事渐高,重大疾病、医疗金的保额应该得以提高。

说完各个年龄阶段的女人适合的主要险种之后,接下来,不同职业收入的女性们如何投资理财也是非常重要的。

固定的工作收入使得白领女性对于生活有了更长远的规划和期待,因此在购买保险时有较大的自由度,保险销售人员的主攻对象也正是她们。比较适合她们的是将收益性的险种和保障型的险种相结合来投保。

对于收入一般的已婚女性,因为已经有了医疗保险,购买消费性意外险做补充就可以了。或投保价格较低的女性健康保险,并在此基础上选择获利之类的产品,这些险种拥有理财和疾病、意外、养老等综合预防的功能。

收入较高的已婚女性,由于拥有较多的个人理财支配来源,因此能够承受保险公司推出的价格较高的女性健康保险。另外,也可以考虑适当地购买投连险或万能险,这样回报会更高一些。

至于全职太太,由于其经济来源全部依赖于另一半,因此给先生投保很有必要,自己则需要投保一些重疾险和养老险。在此基础上,一些理财型保险可以配备一些诸如投连险、万能险和分红险之类的保险。

所以,通过纵向的年龄层的划分和横向的职业收入的区别,相信广大女性朋友们已经初步明晰自己目前最适合何种产品了。在投保之前,最好自己先了解清楚,否则,万一碰上不负责的经纪人,被他们所蛊惑,我们的钱就用不到刀刃上了。

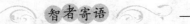

智者寄语

女性买保险时要冷静,要充分听取保险代理人的详细说明,只有最适合的保单才是最佳的选择。

认真甄别保险经纪的真伪

保险行业在市场上越来越走俏,很多保险骗子也开始出现在人们的生活中。这些保险骗子大都通过上门宣传和推销险种的方式,冒充保险公司的经纪人骗取大众钱财。因为女性朋友大多凭冲动办事,欠缺十足的能力辨别真伪,因而女性投保人往往成为被骗的大多数。其实,辨别保险经纪的真伪并没有那么困难,与他们交锋时,只要我们考虑问题更加周全,就很容易拆穿他们的真面目。

　　杨女士在去年底就因为被骗而有了一段十分不好的回忆,让她本来欢欢喜喜过大年的愿望泡了汤。年底的时候,一名自称是保险业务员的男性跟她相识了,两人聊得比较投机,分手时双方互相留了电话号码。过了几天,他带着保险业务的资料找上门来了。她看到对方携带了许多宣传资料,说得头头是道,而且她家也早有计划参保,因此就选择了一个险种,交了几千元的保险费。对方给她写了张收据,告知回公司办理了正式单据就送上门来,对保险业务所知甚少的杨女士信以为真。可是,一晃过去了大半个月,对方却一直没有再露面。就在这一刻,杨女士意识到自己可能受骗了,于是,她便慌忙打电话联系那个所谓的"聊得来"的朋友,电话无人接通,被告知是空号。杨女士不甘心,再打电话向那个人所说的保险公司咨询,才知道自己彻彻底底地被骗了,这个人根本就没有在保险公司就职。

　　不熟悉的人把杨女士给骗了,但是,石女士却被熟悉的人骗了。一名和她平常有少量交往的保险员在最后一次收取保险费后不见了踪影,后来她才获知这人也是公司的追缉对象,之前他还挪用了其他客户的保险费。更让石女士后悔的是,由于她轻信了那个骗子,对方当时给她打的是张白条,以致她缺少与保险公司交涉的凭证,拿不回自己的保费。在维权过程中,所花的车费、时间、精力,让石女士觉得特别懊恼,身心受损……

　　很多女性在购买保险时,缺经验、爱冲动,往往容易被人忽悠而上当受骗。这里给大家提供一些保险骗子常用的伎俩,这样,日常生活中的我们对这种情况就有了基本的防范,让大家在需要投保时,能够更加清晰地分清真伪保险经纪人。

　　冒充保险公司的客服打电话是他们的一种伎俩。保险代理人并非保险公司的内部工作人员,只是以个人名义代理某公司的保险产品的代理商而已。所以,以售后服务的名义打电话、忽悠顾客属于违法行为,除非经过保险公司的授权。因此,当你意外地接到所谓的保险公司的客服电话时,不要盲目相信,而应该及时拨通保险公司的客服电话,查证一下是不是真的是由保险公司打出来的。

　　有的骗子利用消费者的贪财心理,误导顾客的行为,蓄意扩大保险利益。此种行为多数出现在销售分红险、万能寿险和投资联结类产品上。这些问题并不是存在于3种产品本身,而是一些不法的代理人夸大了该产品的分红功能和灵活保障功能或者对投资的风险进行隐瞒从而造成欺骗。分红型的产品加入的分红功能是开展在传统险的基础上的分红的作用,非投资功能,带有利差返还、死差返还和费差返还的作用。从预定利率来看,万能寿险的产品和传统寿险是一样的,在保障的灵活性和保险成本的透明性上有着区别,并且具有利率随市场利率浮动等优点,投资功能在这两款产品上得不到体现。投资联结类的保险是保险中唯一具有投资功能的保险产品,但是,投资具有风险是个不争的事实,在投保投资联结产品时,要充分认识到投资的风险性。所以,当有保险推销员上门服务,并且信誓旦旦地告知必有高额回报率等待着你时,这个人就值得你警觉了:这么好的赚钱机会,他留给你干吗?肯定有不良企图!

　　有的骗子会利用客户爱占便宜的侥幸心理行骗。有句话说得好,天下没有免费的午餐,你占多少便宜,就得偿还多少,甚至必须变本加厉地偿还回去。

　　此外,从形式、特征上来讲,有几句话对识别骗子很有用,大家可以参考一下:要看他的证件,还要打电话并且要查发票,保证骗子无处可藏!看证件,一定要仔细地查看保险推销人员的工作证件、身份证、代理证等,将他的身份证复印一份是个好办法;打电话是指在查看了保险推销员的身份之后,向保险公司打电话查询,证明看是否有这个人,他是否真的有资格代理保险业务,同时,记住打社会公开的保险公司的电话,而不要拨打推销员主动提供给你的号码,以防骗子有同伙的情况;缴费之后要记得查发票,一定要确保自己能够拿到正规的发票,而不是简简单单的收据。

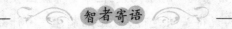

智者寄语

　　面对保险公司业务员夸夸其谈时要牢记这句话:只要保持冷静,就可以让自己远离受骗的危险。

第四篇
职场社交篇

第一章
拥有事业,拥有更充实的心理

工作是女人生命最华丽的篇章

女人经常想依靠男人,其实男人并不好靠,女人必须靠自己。女人一生幸福的保障就是拥有一份属于自己的职业。事业让女人获得经济收入,事业又赋予了女人独立自主的魅力。一个女人要是自尊自爱、自立自强,所有人都会由衷地欣赏她的内在美和外在美。事业既是男人最好的装饰品,同样也是女人最实在的护身符。

一个女性含羞带怯、温柔可人的形象,我们会用"小鸟依人"来描摹,这样的女人依附在男人旁边,把男人当成自己最大的靠山。但女性的深层魅力并没有以这样缺乏独立性的姿态体现出来,况且这种过度依赖别人的态度也会让女性缺乏安全感,从而一生痛苦。

《被嫌弃的松子的一生》是一部日本的著名电影。女主角松子就是这样一个把自己所有的希望托付在别人身上的人。作为一名教师的她天性善良,因为帮自己的学生顶替偷窃罪名而被学校开除。因为她老是觉得父亲偏爱妹妹,就离家出走了。之后松子爱上一个有暴力倾向的作家并与他同居,受尽痛苦的她却仍然不愿意离开。作家不久就自杀了,之后松子又与一个有妇之夫发生不伦之恋,并再一次把自己的一切投入在他身上,结果对方妻子发现后,情人再也没有跟她在一起。在这之后松子又经历好几次恋爱,每一次她都把自己的所有放在对方身上,希望和对方白头偕老,却屡次受挫,甚至还把她送去了监狱。到了50岁,松子还处在单身的阶段,过着封闭的单身隐居生活。她在牢中认识的朋友想要给她介绍工作,但她慌张地拒绝了,因为她一点自信都没有。而当她意识到自己以为忘却的理发才艺还在的时候,她的人生好像出现了转机。但是命运的不幸再一次临到她头上,她在寻找朋友的路上遭到一群地痞的殴打,在枯竭的河川旁死了。

松子是一个极度缺乏安全感又渴求爱的人,她不断地追寻着自己的幸福,但是她把自己的人生完全寄托在一个自己认为值得依靠的男人上。她完全可以当一个理发师,凭借此拥有独立幸福的生活,但是还是为了男人放弃了。松子的一生让人痛惜,因此我们希望其他的女子能阻止这样的悲剧在自己人生上重演。

新世纪的女性就意味着要独立。无论是精神上还是经济上的独立,都是不容忽视的。不要把男人当做经济支柱,要自己当一个职业女性,把事业作为自己一段华丽的人生篇章,这是展现自己美好风华的好机会。

海伦·凯普兰是一个美丽独立的职业女性。她利落明快,好像可以应付所有的事情似的——事实也的确如此。她在维也纳出生,在塞拉库斯大学读艺术专业。和别的女孩一样,她接受了妈妈的传统观念:"女人干得好不如嫁得好。"她21岁结婚,后来离婚。她说:"我妈妈代表着有同样想法的无数家长,觉得一旦我嫁给一位优秀的男人,情况就会好转,我自己没有事业都没有关系。在母亲看来,只有当我钓着个金龟婿,我才能幸福。我是位分析家,然而直到最近我才发现自己已经过于轻率地接受了妈妈一些错误的观点。"

她开始希望拥有自己的事业并成为了一名心理学家。她说:"年轻的时候,我想做一位心理医生,可是我没有自信,认为自己没资格进医学院。大学的时候我跟心理学家约会,还嫁给其中的一位。之后我才发现自己真的很想做一位心理医生,而不是去嫁给一个心理学家。"她的工作关系到很多人不敢提及的"性",她甚至成为了一名治疗性爱疾病的先驱者,著作《新的性爱疗法》让大家重新了解"性",她也受到很多专家的夸奖。她说:"我在喜欢的职业里取得了很大的成就,工作让我很愉快,我追求做一名演说家,有好朋友、乖孩子和一幢舒服的公寓,感到生活的每一天都充实快乐。"

大多数成功的女性能够兼顾家庭和工作。她们觉得工作开拓了她们的视野和技能,给予了她们自信和成功,挖掘了自己的潜能,赋予了她们社会地位,让她们能够实现自我价值。"要是她们不再工作,她们知道也许自己就什么也不是了,空洞地像空气一样,仅此而已。"一位作家用略带夸张的语调说道。这些充满信念的女人有的还把自己的工作看成是自己的救星。工作不仅让女人取得了经济独立,还从本质上远离了男人的控制,而且还能赋予她们非一般的魅力。工作让女人迈出有限的家庭生活空间,让她们的视野扩充出社会,让心也随之提升起来;工作让女人凸显出自己的价值和魅力;工作也最能让女人感到自身的尊严。我们都会由衷地去赞美一个自尊、自重、自强的女人。

聪明的女人,如果你现在还闲着,如果你有时间有能力去改变自己的生活,不妨去成就自己的事业,让它成为你生命中最华丽的片段。

智者寄语

事业让女人获得经济收入,事业又赋予了女人独立自主的魅力。

不要为了家庭舍弃自己的事业

对大多女性而言,家庭都是最重要的。要是把事业和家庭摆在女性前面,很多女性都会不假思索地选择家庭。女性的美德便是爱家,然而很多事情都是过犹不及。家庭的确非常重要,但是要是太过重视的话就会失衡,温馨的家庭也会变成最大的障碍。

仔细想想,为什么现在很多女性朋友结婚不久就会变成"黄脸婆"?还不是因为她们把生活的重心放到了家庭上,整天算计着茶米油盐,围绕老公孩子团团转,有人用"三围女人"来形容这样的女人:围着锅台转,围着老公转,围着孩子转。这种周而复始、日复一日的生活,就算是多么魅力优秀的女人都会被抹掉魅力。

实际上,如果一个女人自愿放弃对理想和事业的追求而满足于家庭这个狭小有限的空间,那么岁月将很快磨平她的锐气,她的所有魅力甚至是灵魂都会因为缺乏理想和才情的滋润而变得枯竭。在庸碌而平凡的生活中,她们逐渐就会失去青春可爱的女孩子的形象,变成一个肤浅的只会关注米价菜价的家庭主妇,这样的女人我们可以在大街上随处看见。

女人一定不能忽视这些问题,别让家庭束缚着你的才能,不要让家庭囚禁你的青春,使你容颜衰老。经济富足的现代女性也许并不缺少生活的空间,她们缺少的是心灵的小房子,是一种属灵的独立自由的、属于自己的空间。拥有"一间完全属于自己的房子",对任何珍爱生命的女性来说都是一种梦想！它不单单是生活的空间,尤其是女性发展自己个人价值的空间。而事业刚好可以给女人的生活增添几分独立的色彩！女性的天职并非终日做家务事相夫教子,她们也可以像男人一样有自己的事业,也应该拥有自己的事业。

智者寄语

家庭的确非常重要,但是要是太过重视的话就会失衡,温馨的家庭也会变成最大的障碍。

工作是幸福之源

很多女人都憧憬着一种什么事都不用做的悠闲生活,不用因为工作烦恼。可是实际上,工作一直都是人类生命意义的重要组成部分,就像威廉·赖克——奥地利著名心理分析专家说的:"我们的幸福来自于工作和知识,这也是支配我们生活的力量所在。"无所事事,不仅不能带给任何人快乐,反倒会带你走向人生的坟墓。

有个小和尚抱怨生活太辛苦,每天都要烧水、做饭、打禅,太多琐碎的事情了,无德禅师说,我给你们讲个故事吧:有个人死了之后下了地狱。到了那里,他看到那里的人们生活得非常悠闲,这个人心想:"我活着的时候生活太累人了,现在死了终于可以好好享受一下了。每天除了吃和睡,好像就没有别的事情可做了,也不用工作,这样的日子太幸福了！这里就是天堂吧!"接着,他问负责人:"这里当真是地狱？我实在难以想象地狱竟然这样美好!"负责人说:"这里正是地狱!你可以好好享受什么都不用做的日子了!"这个人想:"啊？怎么回事呢？这里天天什么都有,每顿都是山珍海味;还有舒适的床,想睡多久都没有人管。要风得风要雨得雨,早知道我就不活了,死了更幸福呢!"于是他就终日吃了睡,睡了吃,开心得像个神仙似的。但是日子久了,他就开始觉得很空虚,所以他就去找负责人,说:"我这样吃完睡睡完吃,我跟猪有什么区别？我实在不想过这样的生活了,你还是让我做点什么吧！辛苦点我也没关系。"负责人回答道:"这里本来就没有工作,你可以得到所有你想要的!"那个人没有办法,只有继续这样生活下去,又过了一段日子,他又受不了了,又去找那个负责人,说:"我受不了这里的生活了,实在是太难受了,你还不如让我下地狱!"负责人说:"我早就告诉过你了,地狱就是这里!"

要是你用一颗厌烦的心看待自己的工作,8个小时是多么的难熬,是可想而知的。然而,倘若你不把工作当做苦役,而以满足快乐的积极心态去工作,我们每一天的日子就是另一番幸福的样子了。

有一个美国记者去墨西哥的一个部落进行采访。这是个赶集的日子,各自拿着自己的物品的土著人纷纷到集市上交易。

这个美国记者发现一个老太婆在卖5美分一个的柠檬。老太太的买卖似乎不是很好,一上午也没卖出去几个。这位记者觉得老太太十分可怜,准备把柠檬买下来,希望她轻松一点。老太太知道他的想法后说了一句话,让记者都大吃一惊:"如果我都卖给了你,那我下午不就没得卖了吗？"

很显然,老太太把自己的工作当成了一种享受。她觉得自己的工作独立充实,当这位记者自以为是地想要全部买下老太太的东西时,老太太不乐意了,因为这样,她就不能享受下午的工作了。

认真享受自己工作时的状态,虽然这其中不是很容易,但是我们可以自己去寻找人生的乐趣。我们每天的工作其实也是不一样的,每天起床给自己一个微笑,开开心心地去面对工作中的挑战。一个聪明的女人她会明白,生活的过程在于享受,丰富充实的工作也有幸福的。

———— 智者寄语 ————

无所事事,不仅不能带给任何人快乐,反倒会带你走向人生的坟墓。

事业是女人恒久的魅力

懂心理的女人都知道,女人的魅力不是涂脂抹粉装出来的。女人的魅力是内在的气质,是人格的魅力造就,是对事业有所追求。因此,女人自己应该学会独立,独立于男人之外,走出一条与众不同的路,这样的人生才是幸福的。很多女人希望男人宠着她们,然后无忧无虑地生活。其实这是一种错误的想法,是目光短浅的行为。真正有生命追求,懂得生活真谛的女人都会明白,如果要获得幸福自己必须要拥有事业。

让丈夫迷恋自己是每个已婚女人的追求,但是却很难做到。结婚以后,就会有一种依赖的相属感慢慢地产生在婚姻当中。有心理专家认为,这种相属感,是婚姻中的最大危机,因为夫妻之间太过稳定,甚至麻木。这时候丈夫会觉得妻子没有魅力。幸福的聪明女人她们都明白婚姻也是需要经营的,最好的方法就是女人的独立,让丈夫看到妻子独特的人格魅力。

谈到魅力,女人觉得外表是最重要的因素,因为认为自己相貌一般,所以开始唉声叹气,她们心中总觉得自己比不上别人。接着结婚,怀孕,生孩子,青春貌美不在,心里就更加的难受。但是因为外表而否定自己的想法,那就大错特错了。

小王和玲兮两人是大学的同学,这是两个各方面十分优秀的孩子,所以他们发生了恋情。在毕业之后,两人结婚成了家。婚后,小王继续读研究生,而玲兮一边工作,一边忙着做家务照顾自己的孩子。每一次小王有了新的发现,看着妻子满意的微笑,他的心里便会涌起爱意和感激,忍不住地说:"辛苦你了。"

随着时间的推移,慢慢地,小王在学术界取得了一定的成就。他每天忙忙碌碌地准备论文和论文的答辩。妻子辛勤的照顾他也越来越坦然地接受。甚至,对于妻子在家中的辛苦视而不见。

有些时候,妻子关心地询问他为了什么问题而愁眉不展时,小王也希望妻子能提供意见,但是他发现他无法跟妻子解释过于高深的问题,只好摆出一副无奈的表情来:"没事,我自己想想。"妻子只能走到一边,这种距离感显得十分清晰。

有天,妻子忽然告诉小王一个消息:"我也报名了研究生的考试。""怎么忽然想起重新考试?""想充实自己。"

我们可以在鲁迅的小说《伤逝》中看到:"爱情是不断更新、发展、创造!"这是子君和涓生在感情破裂的时候说过的。永远不停向前进,让爱情保持新鲜活力的模样,才能获得美满的生活。有一个故事一定能给女人带来不一定的启发:

一位回老家探亲的作家,遇见了表妹,他差点就哭了出来。她本来是个皮肤水嫩嫩的天真可爱浪漫的少女。谁曾想,结婚之后的样子变得让人认不出来。不仅额头上长满了皱纹,连腰都弯了。她每天都是很早起很晚睡,除了要侍候公婆,照顾丈夫与子女,还要下地干农活。她整天被教导着要不停劳动,没有休息的时间。住了几天后,表妹说过一句话,切菜时,她叹息说:"我命不好,才当了个女人家。"又过了一段时间,这位作家又遇见了他的表妹。但是这时候的表妹又不一样了,表妹那老态龙钟的样子消失了。她的身体中注入了活力,以及快乐。这是因为她成为了一家刺绣厂的副厂长。每天忙着到处联系业务。一下子她成为了家庭的经济的顶梁柱。丈夫的工资远远没有她的多,公婆都会抢着做家务,家里人对她十分尊敬。

当然,并不是要赚钱才能实现目的。还有很多道路女性可以选择,充实自己的心灵,不要白白浪费了人生。聪明的女人应该多去发展不同的兴趣爱好,并且应该尽量拥有自己的事业。虽然每个在生活中奋斗的人不一定会成为赢家,但是可以享受过程中的美,让你的人生快乐并且充实。

智者寄语

真正有生命追求,懂得生活真谛的女人都会明白,如果要获得幸福自己必须要拥有事业。

从兴趣开始,将事业由小做大

做人一定要脚踏实地,不可以贪得无厌。看得起小钱的人才能挣来大钱。

王太太是一个喜欢存钱的人,因此她的存款每天都在增加。她认为:"没有储蓄,生活就失去了保障。"不过最近,她也开始思考好友小李的一句话:当存款不断增加时,人们会逐渐产生依赖的心理,会用利息来维持生活,最终失去冒险精神。

确实,人在什么时候都不能停止奋斗。当女人有了存款,可以进行小投资,当上小老板,女人一样可以精彩无限。

1. 将兴趣爱好转化为店铺经营

孜孜——曾经在一家外企任高位,说道:"我一直对艺术品小店情有独钟,哪怕我钱挣得多多,有多高的职位,但是我的兴趣和我的梦想都在这里。"3年前,她和朋友合伙开了一家销售世界各地布艺品的店,结果做得十分不错。

很多人就像孜孜一样,她们也许并不喜欢目前的工作,她们的精神需求不能得到满足。如果能有宽裕些的物质条件,会努力去实现当初的梦想,发现自己的"人生价值"。也许有人也会将兴趣转变为实际的行动。如果经营方法得当,就可以实现梦想,甚至赚到很多的钱。

2. 做小生意心态要端正

王虹最开始是从办公室的工作做起的。有一天,她觉得自己的工作枯燥繁琐,丝毫没有趣味,于是便主动辞职,开始投入资金摆起自己的小摊。刚准备的时候,王虹遭到了家人朋友的反对:"为什么不好好地上班,摆小摊有什么体面的!"但是,她坐在体面的办公室工作,并没有多高的薪水,日子过得很艰苦。自己自由自在摆摊之后,收入增多。有了富足的生活,又何必在意他人的看法呢?

"富贵"这一个词里面其实蕴含了很多人生道理——人首先得富足,然后一般人才会尊重他。但是,如果只在乎体面,却不想做那些赚钱的小生意,经济拮据,体面的事又算得了什么呢?一个人的体面其实是虚荣心,做做赚钱的小生意,生活富足了,那么自然也会得到他人的尊重了。人不能够憧憬所有的东西都完美,一定要踏踏实实的。只有自己在前进的路上不断积累,脚踏实地,才能够获得巨大的财富。想当小业主的女人,更应该把心态放平,把那些体面之类的虚荣都丢弃。

3."下海"前的预备工作

是不是应该活跃于商业领域,这是由女性的兴趣、能力和文化程度决定的。事实上,经商的机会对于每个女人都是存在的。如果希望把握这种经商机会,你必须先对市场需求有个大致的了解,然后选取适当的时机开始行动。你必须先研究清楚自己的目的,在钱财、精力投入之前,这个领域的市场和信誉必须了解清楚。你应该想清楚,对你有利的是哪些,你会干重活吗,能干没干过的活吗,要学会自己做出重大的决定。你必须制定自己的商务计划,也可以聘请专业人士做合作伙伴,但是尽量不要牵扯人。倘若遭到竞争,你要对竞争者的情况作大致了解,以获得竞争的胜利。你对自己的商品要进行宣传,学会钱财的管理,学会银行账目的分析,知道贷款有什么作用。

做小生意当然是一个很好的目标,但要注意选择好项目。你应该注意:要有特色,不可以投入过高的投资成本,市场的发展前景要好。例如,当城市内都是女性美容店的时候,你就可以换个思路,满足男性的需求,开家男性美容店。但是,为了客源的增长,也需要考虑一下其他的销售手段,比如为情人节办理的优惠卡活动。另外,在做生意的时候,不要投放太多的资金,最多5万元就行了,规模根据情况可以发生调整。

智者寄语

人在什么时候都不能停止奋斗。当女人有了存款,可以进行小投资,当上小老板,女人一样可以精彩无限。

职场 PK,女人如何胜出

能在商场如鱼得水的不止是男人,女人也可以如此。现在的世纪是"她世纪",这时候的女性完全是一支新生力量,完全可以撑起半边天。她们将女性的风采和气质展示出来,既果敢又具有亲和力。无论是激情的创业人还是职业的经理人,她们都为女性的崛起补充了血液。

职场竞争已经越来越突破性别,那么女性该如何打造自己的个人品牌呢?在职场之中,她们是怎样笑到最后的?

1. 克服女人的敏感

其实在职场上,女人自己才是最大的敌人,原因在于女人十分敏感。哪怕别人不经意的语言、动作都会使女性的心理发生变化;女人禁不住别人的一点冒犯,害怕失败;如果有些小事威胁到了自己,便会早早地预料到……但是有时候这样的敏感也给女人带来了诸多的烦恼:很容易情绪化;因为怕被拒绝不敢说出自己的想法等。所以,女人必须首先战胜自己,塑造良好的性格。

2. 制定明确的目标

你不能茫然地去一个地方行走,你必须认识到构筑成功的砖石才是你的目标。制定明确的目标有两个作用:一是明白你努力的方向,二是能够激励你。目标对于人来说就是一个射击靶,当你努力将这些目标完成的时候自然会充满成就感。但是如果计划粗糙,不能具体,那么只会使你的积极性降低。

3. 主动出击,赢得注意力

男人往往主导着职场的环境,而女人则会埋下头努力工作,以为老板会看在眼里。实际上,老板对于员工动向并不熟悉,除非你主动或者刻意让他知道。你可以将最新工作绩效主动地报告给老板,把自己优秀的领导能力展现出来。另外,建立好与其他部门的良好关系,让别人充分了解你的能力和特色,分享你的资源。如此,老板才能够青睐你。

4. 创造良好的人际关系

工作中的女人应该主动关心别人。女人是温柔、体贴的代名词。想要获得更高的职位,你就必须具有关怀别人的品格。可是这一点是相当不易的,可是,良好的人际关系正是由此而来,而获得他人的好感,并且具有领导团队的能力。

5. 不要私下抱怨

当工作上遇到问题的时候,女人最喜欢做的就是不断抱怨。最后,可能这件事全公司的人都会知晓。问题谁都会遇到,但是你的烦恼尽量放在心里,不要将焦虑的情绪表现出来,这非但对困难的解决没有任何的帮助,最后只能让所有人不再信任你。

6. 从工作中找乐趣

一个女人投入工作,心态要稳,享受应该是你的主要目的。你应该努力让工作的快乐感把你包围住;你不需要在职场中耍心思,你的工作会因为心情愉快效率倍增。在他人看来你付出了很多的努力,于你却是在收获快乐。这样一个职业女性,已经是很多人费尽心机也赶不上的高度能干的人了。就算最终没有能够成功,那么也会精明不少。

智者寄语

"4P"理念是女人在工作中需要遵循的:Passion 你应该充满热情地对待家庭、事业甚至你的人生,把自己活力的一面展现出来。Proactive 要及时对自己进行提醒,对自己的能力不断进行挑战。Persistence 不管任何事,效果不是在短期能看得出来的,应该坚持不懈,相信未来。Patience 成功并不是一下子就可以达到的,要学会耐心等待。

女人也怕入错行

精力、金钱我们都可以输得起,唯一输不起的便是时间,因此,我们应该十分谨慎地选择事业。有这么一句俗语:"男怕入错行,女怕嫁错郎。"事实上,女人不但应该害怕嫁人错误,更应该怕入错了行。女人除了生子、哺乳,没有男人那么长的职业时间。有的女人在成家后便会全心全意投入到家庭中去,所以女人能够利用的时间不多。因此,倘若年轻的时候把行给入错了,成功的几率就小了很多。

拼命努力不一定能够获得成功。每个人的性格都是不同的,你先得清楚自己的优点,否则,很多时间就会被浪费掉。

　　乔安娜是美国广告界巨擘的女儿,她对文学十分喜爱,并且对文学著作十分精通,她的理想是一定要成为一名出色的作家。考完高中,她便选择了文学系。大学毕业后,其他同学寻找工作但她没有,她开始进行文学的创作,用"头悬梁、锥刺股"来形容她的努力也不足为过。她的两篇小说在一年之内写成,但都石沉大海。可是她并没有放弃,她觉得原因是自己视野太狭窄,在借了足够的钱之后,她便通过旅游来使自己的见闻增加。每到一个地方,她都会写下自己的感受,即便如此她的作品还是不受青睐。由于没有足够的生活经济来源,亲朋好友们希望她放弃现在的事业,不要把创作当做唯一的工作,这时她也明白生活才是艺术的源泉,因此接受了建议。她有很强的表达能力,所以开始在一家报社做记者,可她依然喜欢文学创作,不能全心全意投入记者的工作,不久之后,就被辞掉了。因为失业,她十分伤心,也写不出质量好的作品。

　　这时,她开始对作家的因素进行分解分析,除了努力,她认识到机会、阅历、思想这些都是成为作家的必备条件,但是天赋才是最重要的。于是她放弃自己的梦想,选择了广告文案创作。因为她具有很强的文学功底,所以在广告业的工作如鱼得水,因此成为了著名的广告策划人。她曾对记者说:"每个人擅长不擅长的东西是不一样的,你的才能是由你自己去发挥的;人应该自觉培养发现自己的特长的能力,并去加以发展它,如此,你才能走上成功之路。"

　　事实上,如果一个职业女性一心希望成功,开始进行了错误的选择,虽然经过了努力,并且有时候会取得小的成功,但最后也不会有很大的成就。女人要精选自己的事业,毕竟一个人不可能擅长多个专业,就算有,她们也需要划分出不同阶段去学习。我们之中有人取得多项成就,可这样的人少之又少。

　　生活在这个社会上人人希望成功,但每个专业领域却是不同的,因此在你还没有确定之前,把自己宝贵的青春与精力用在专精的地方,先去发挥你自己专精的,如果有精力再发展到别的领域前沿,倘若自己的专业能够成功,再走其他的路就觉得比较容易了。所以,一定要有一番选择职业前的冷静思考。

　　首先你要了解将来发展前景比较大的是哪些行业,看看该行业是不是自己适合的。倘若你的专业基础不坚实,那么做事就缺乏信心,也会增加出错率,因此选择符合自己专业和个性的事业显得尤为重要。我们不难预见未来的热门行业,以后炙手可热的将是咨询和服务行业。如果你十分感兴趣于旅游业,你就得深入旅游业内部去把情况弄清楚,如果连旅游公司都没有去工作过,怎么能对这个行业有真正的了解呢? 因此,如果你以此为理想,并决定这份是终身事业后,就应该全身心地投入,不要轻易地放弃。每一次有利自身的实践机会都不要错过,哪怕多么苦多么累也一定要坚持。

　　除了在服务业、商业领域,女性有很大的发展空间外,还有一片适合女性自由翱翔的天空就是文化事业,这个领域适合女人的职位非常多,如自由撰稿人、美术设计和经纪人、制片人、造型师、节目主持人等,它们有很强的共通性,如果你不想做编辑了,便可以尝试自由撰稿人;做自由撰稿人不愿意了还可以涉足播音行业⋯⋯总而言之,不论是工作、地位还是收入,这一领域对女性都很适合。

　　这就说明,女性有广阔的职业空间,只要你找到了喜欢并且在能力之内的,那么就勇敢地去展现自己吧,你存在的天空一定会因你而不同! 刚步入职场的单身年轻女性,对未来肯定充满了希望,她肯学习,也会取得很大的进步。一旦到了冲劲、精力、接受力都不如从前的年长时候,又有家庭的负担后,便会显得力不从心,所以更艰难的是半路转行。有少数咬牙坚持最终修成正果的强者,但需要付出很大的代价,还可能会牺牲幸福。

━━━━━━━━━━━ 智者寄语 ━━━━━━━━━━━

女性有广阔的职业空间,只要你找到了喜欢并且在能力之内的,那么就勇敢地去展现自己吧,你存在的天空一定会因你而不同!

对待工作要有十足的热情

如果女人真正把职业当做事业,你工作中的不如意会因为荣誉感和使命感而消失。谁都希望自己的事业有一番成就,女人自然也如此,可是真正做到事业有成的女人却只是少部分。其中很重要的一点原因就是,她们不能始终坚持自己的热忱。热忱是成功的奠基石,它可以浸透职业生涯的方方面面。职场不分性别,女人也可以效仿男人,像经营事业一样来热忱地经营工作。

可是,纵观当今职场,很少有员工有这种观念了,工作对于大多数女性而言都只是一件不得不去做的苦差事,荣誉感和使命感就更是天方夜谭。很多女性甚至有这样的心理,我干的是等价工作,老板出钱,我出力,双方平等的,过分认真就输了。这种女性不会有一点儿热忱在创新上,而是懒散地、不出错误地完成工作就行了。把时间熬过去了,就是她们所想的,这就是她们认为的功德圆满了。有些女性心态被动消极,一味地指责、抱怨、逃避。工作是干什么?为了什么而工作?工作怎样能做到最好?这样的问题她们从来不会去思考。她们的热忱和智慧难以全部投入在工作中,只是被动地将任务完成便可。抱有这种想法的职员,想要有好的工作成绩,创造属于自己的事业几乎是不可能的。

一些女性在刚刚参加工作的时候,由于没有多少经验,寄希望于勤能补拙。起早贪黑,就算连吃中饭的时候都没有,却仍充满了干劲,因为她们挑战自我,全新的感觉让她们激情四射,这是每个人刚入职场的经历。但是如果工作的新鲜感以及征服工作中不可见问题的欲望是促使激情的主要原因,那倘若没有了新鲜感,熟悉了工作之后,就再不会有激情可言。因此,保证激情四射投入工作的关键就是让工作的新鲜感不消失。但是,这并不容易做到,每种工作的过程都是从全面接触到熟悉。

虽然说不容易保持工作的激情,可是你也可以遵循一定的方法和技巧:

1. 改变对工作的看法

不要认为工作仅仅是为了谋生,把事业和成功与现阶段的工作紧密联系起来。

2. 不断树立新目标

不断把新的目标交给自己,把新鲜感挖掘出来;捡起曾经的梦想,努力把它实现;认真对自己的工作进行审视,看看搁置了哪些事情一直没有处理,做完剩下的。

3. 每天提前 15 分钟上班给领导留下积极而有热忱的印象

工作时,如果你能做到每天坚持提前 15 分钟上班,那么领导肯定会觉得你积极热忱。你可以擦擦领导和同事的桌子,擦擦地板,给花浇水,倒掉烟灰。坚持如此的话,上司对你的评价就会极好,那么你积极工作的形象便会在领导心中树立了。

4. 事事比别人快一步

由于现代社会有着超强的节奏感、激烈的竞争,上司和同事永远不会注意那些办事永远比别人慢半步的人。为了让别人了解你工作的积极性,最有效的方法之一便是事事比别人快一步。这样的话,你热忱而积极性高的形象便会深入人心。

5. 打招呼时稍微高声一点

用过小的声音跟别人打招呼,给人的印象是冷漠的。声音如果稍大一些的话,别人会觉得你热忱而开朗,给别人留下的印象就很好了。

6. 主动热忱地和别人打招呼

主动地与偶遇的熟人打招呼,不仅是尊重对方的表现,也代表了你能够真正接受对方,而人人都会开心你这种表现,给人留下开朗大方的好形象。但是,如果不喜欢打招呼,或者在别人主动之后才还礼的人,给人的感觉是冷漠、傲慢,别人不会喜欢搭理这样的人。所以,你的开朗大方要被人感觉到,试试微笑着主动打招呼吧。

对待工作满怀激情,不要认为仅仅是为了谋生而工作,爱默生——美国著名文学家曾这么写过:"干成了大事的人都拥有热情。"对待你的工作、你的公司时采取积极主动的态度,你完成工作时就会尽职尽责,而且富有创造力,你这个人就是可以信赖的、老板乐意任用的人,而且,最终你获得的是自己的事业。

～～～～～～　智者寄语　～～～～～～

对待你的工作、你的公司时采取积极主动的态度,你完成工作时就会尽职尽责,而且富有创造力,你这个人就是可以信赖的、老板乐意任用的人,而且,最终你获得的是自己的事业。

敬业的最终受益者是自己

敬业的最终受益者是自己,它决定了你是在职场的边缘游荡,还是在工作当中。敬业是尊重良知,体现了工作的神圣,是一种自觉与自重的优秀品德和人格。因此,我们也可以这么说,一个人成功的基础就是敬业。

有的女性有这样的认知,敬业对公司有益,但事实上自己才是最终受益的。如果尽心极力地对待工作,坚持不懈,工作态度始终尽善尽美,也会离自己的目标越来越近,经验也会逐渐丰富起来,个人能力也提高了。

应该把敬业当做一种使命,这是我们都应该具备的职业道德。两个原因促使敬业的人获得成功:第一,敬业可以使自己的能力和素质得到提高;第二,敬业能取得更好的工作成绩,这也是对公司和上司负责任的一种态度。之后,上司才会青睐你,你才有机会升职。

一些女性,空有才华,却没有足够的热情和敬业精神来面对工作,怀才不遇是她们经常抱怨的,因此在应付本职工作的时候更加消极、散漫。结果只能是同事被提拔,她们眼睁睁地看着。

另外,敬业还有如下的好处:第一,敬业的人能够得到他人的尊重。即使成绩平平,别人也不会太过在意,别人已经感动于你的精神。我们常说:"一个没有一流能力的人,但是如果他敬业的话,那么别人也会尊重他;就算没有过人的能力,基本的职业道德都没有,社会一定会遗弃你。"第二,提拔变得会更容易。敬业的下属每个上司都喜欢,这可以使上司的工作压力得到降低,就得到上司也会更加欣赏你。

许多女性不满意自己的工作,无论是上司、工资、工作时间、环境都是她们抱怨的话题,甚至她们总是羡慕别人美好的生活。她们抱怨好机会没有被自己碰到,没有碰到好上司、好公司。

我们应该知道,这个世界不会给抱怨的人立足之地。你可以这么想,如果你身边有个爱抱怨的人,倒霉事今天又碰上了,抑或某人今天升职了,自己还保持着旧样子,每天如此你会受得了么?恐怕这也会污染了你的情绪。

假如你时时刻刻都充满了烦恼,只顾着关心他人的问题,你还有时间发展你自己吗?找到的机会会好吗?光是抱怨就已经花光了你所有的时间。何况这是种不明智的抱怨,上级的奖励和提拔不会因为你的坏脾气和消极心态而得来。而且,如果上司听到了你的抱怨,你在他心中的形象肯定会大打折扣,可能最后什么都失去了。所以,只有工作时尽心尽力的敬业之人,才有可能取得更多的东西。

命运由性格影响,态度会决定着你的一切!要竭尽全力、态度端正地做每一件事情,它可能会影响你事业的成功与否。女性若渴望成功,一旦明白了全力以赴工作可以把工作的疲劳消除这一秘诀后,成功之门的钥匙她就掌握了。

───────── 智者寄语 ─────────

敬业的最终受益者是自己,它决定了你是在职场的边缘游荡,还是在工作当中。

把工作当成事业,而不是谋生手段

如果女人的奋斗目标是薪水,那么平庸的生活模式她是无论如何也不能突破的,成就感不会随之而来。这种心态在女人中很普遍:打工者才是自己的身份,那么就该做与自己职责和薪水相关的工作。结果自己没有获得任何薪水以外的工作,没有采取积极的态度,有可能也难以稳定自己的那份工作和薪水。

有两个女人,都是程序员,任职于同一家公司,第一个女人对自己十分满意,招聘新动向是她每天都必须要关注的,一旦发现有薪金更高的公司立刻动心。她偷偷地面试了几家这样的公司,成功后就随便找个理由辞职。第二个女人并没有跳槽到更高薪金的地方,留在了原来的公司。两人在三年后再次见面了,第一个女人说通过三次跳槽她的工资猛涨,现在她的月工资是一万元。但是她不知道的是:当她离开公司以后,公司便有了一个可以外派的机会,第二个女子在美国培训了大半年,回国后已经掌握了先进的技术和超前的思想,成为了该公司的项目经理,有了几十万的年薪。

如果眼界仅限于自己的工资,却不对自己的未来做一番规划,这样的女人注定取得不了大的成功。赚钱是工作的目的,这种说法大家都肯定。然而,工作的唯一目的不能只是赚钱,钱只是一种报偿,虽然最为直接,但却是最不长远的。如果女人工作只是为了薪水,没有什么目标,这种人生选择并不是最好的,最终受伤害的只能是自己。因为你的眼光只局限在目前,前方更远的路就不在你眼中。即使工作的目的之一是薪水,可是让你获得更大的成就的一定不是薪水。

心理学家经过研究,发现金钱只有在一定程度之下才能诱人。可是如果你对自我忠实,就会发现薪水并不是最诱人的东西。你可以向事业成功的人士请教,他们在金钱回报并不丰厚的情况下,会不会仍然在自己的工作上出力?绝大多数人的回答肯定是:"绝对是!我不会因为金钱而发生改变,因为对我自己的工作我是热爱。"

女人要成功,便要努力坚持自己的工作,不去过多地计较酬劳。当你对所从事的工作产生热爱的时候,金钱也会随之而来。人们也将竞相聘请你,酬劳也会越来越丰厚。

很多人是为了生计才工作,但是在生计之上,要把自己的潜能充分挖掘出来,使自己的才干得到充分的发挥,做的事情让你能有所成就。生活的质量取决于工作的质量。工作时,一定要积极进取,不要太在意薪水的多少,这样内心才能平静下来。把工作只当做谋生的手段,本来就是种失败的想法。

只有穷人才会认为工作的唯一目的是薪水。一个拥有这样打工心态的女人,就永远只能是打工者,可能连打工的机会都没有,只好挨饿受冻,一边抱怨一边继续过穷困的日子。

如果一个女人能把工作当做自己全部的事业来经营,她在考虑这份工作的时候便会运用全局的眼光,她就会从中找到完成工作的最佳办法,更圆满出色地完成工作。在这种心态的指引下,她得到的薪水也会因为工作出色而提高,这样就有条件来开展自己的事业。

─────── ◇ 智者寄语 ◇ ───────

如果一个女人能把工作当做自己全部的事业来经营,她在考虑这份工作的时候便会运用全局的眼光,她就会从中找到完成工作的最佳办法,更圆满出色地完成工作。

身在职场,就要像男人一样思考

事业上取得的成就,女人往往无法与男性比肩,并非是专业级别的高低之分,而是思维方式存在着不同。职场环境长期是由男人主导的,职场的游戏规则也由男性主导。女人要想创造自己的事业,不妨一开始就以男人的视角了解职场规则,以男性的思维思考问题。

1. 挫折的另一个名字就是机会

遭到拒绝通常会让女人接受不了,所以很难开口说出自己心中真正的想法。如果在工作中,自己的提案多次被退回,大多数女性的反应是绝对否定,不再寻找机会;可是男人就不同了,他们认为即使被拒绝依然还有很多机会,被拒绝并不代表之后的提议也会被拒绝,总会有被接受的时候。所以,女性在职场中要将敏感脆弱的性格特点弱化,生活的目标也需要重新规划,不断告诉自己目标是必须要达到的,自己有取得成功的能力,把失败和挫折看成是下一次成功的开始。

2. 敢于表达

男性在成长中经常被要求要勇敢,自己的看法要勇敢地表达出来。他们早已习惯了各种比赛,很多人都坚信不会有永远的赢家。细心准备好所有的功课是女人的习惯,却不擅长行动,往往尽了 100 分的努力,但最后的效果却不尽如人意;男人可能只要 60 分的准备,却常常做出满分的效果。你也许会有这样的感受:一般在会议中踊跃发表意见的大部分是男性,他们似乎做好了充足的准备。但是你会发现他的提案说不上很完备,而你拥有着更周全的资料。可是你并没有勇敢地将你的意见表达出来,高层不知道有你这位员工,你的专业程度更是无人知晓。最后往往是男同事的提案被采用。因此,掌握表达的机会是女性成功的关键,让自己拥有展示自己实力的舞台。天上不会掉馅饼,成功的机会是留给勇于表达的人的。

3. 主动推销自己

一位才华横溢的女性能否得到重用,是受她能否在适当场合展示自己的本领,让他人认识的影响的。倘若你有很高的本领，但是太过于掩藏，周围的人都无法了解，最后的结果也是无人问津。懂得推销自己的女性都很不甘寂寞，她们喜欢创造舞台来使自己得到充分的表现，让更多优秀的人认识、选择自己，让自己的才干得到充分的发挥。从一定程度上而言，推销自己的前提是积极表现自己。

4. 分清同事与朋友的界限

如果有同事这样对你说：除了公事外，不想和你成为朋友的关系，这时女人便会觉得很受伤，接下来工作上的合作与支援也会受到一定的影响。可是遇上这样的事，男人却会觉得没有什么大不了的，今天在会议上还处于对立面的两个人，第二天却可以结伴而行，工作和生活区分得很明显。但女人常常觉得同事也应该是朋友，战友也就是朋友。她们习惯性地认为并肩作战的便是朋友。建议女性在职场中以工作要求为标准，对公事该有的专业判断不要因为朋友的关系就发生变化。即使双方做不了朋友，只要工作上合作愉快，可以一起将任务圆满地完成，便值得合作。在工作中夹杂太多的个人感情，反而会影响工作效率。

5. 冒险求生存

风险是伴随着决策而存在的，但是风险是可以通过方法规避的，甚至有些风险可以不值一提。如果不踏出新的路，就没有办法接近成功。你可能会犹豫不决：如果新的方式仍然失败该如何是好？如果我接受新的业务后，成绩不理想，是不是很丢脸？反复思考，最后觉得安全的方式还是不冒险。但是你的决定会让你离成功越来越远。女人常待在原地仅仅是为了满足自己的安全感，总有一天你的位置会被别人替代。女人可以加强风险能力的训练，让自己的生存能力得到增强，即使遇上改变也不害怕。成长的过程中的失败与挫折，都会让你扛住更大的风险。

6. 增强信心接受新挑战

如果你获得了新的职业，有了更多的挑战与责任，你的第一反应会是什么呢？大多数女性会开始担心自己是否能够胜任，紧接着便觉得有压力，怕自己没有经验，怕成绩不够优秀。这件事若发生在男人身上，他们都会很乐意接受新的挑战，可能一开始他们也无从下手，但他们不会表现出来。因为他对自己的能力非常有信心！表现机会也会随着挑战而来，就算未来充满了不确定，也一定要努力去尝试。女性应该对自己的能力更有信心，勇于去面对新的挑战。

在心理学家看来，女性事业失败大多数都是因为心理因素造成的。女人内心或多或少都会有心理障碍，以下五种是最常见的：

（1）由于太过漂亮而具有优越感。很多外表美丽的女性往往会不思进取，认为自己已经具有了资本来让社会接纳认可自己，无需再去工作竞争了。

（2）学历越高的女人越难找对象。许多男性择偶时非常排斥女强人，所以，女人也会有这样的看法，事业成就太大的女性不仅要承受来自社会的非议，而且不能拥有男女间的爱。

（3）不想参与竞争。竞争意识是很多女性都缺乏的，女性也不乐意用竞争的方式来满足自己的愿望，而是喜欢以"我要是能那样该多好啊"来自我安慰。

（4）嫉妒同性。女性本来的竞争心理不是很强，可是也喜欢用竞争的心理来面对爱情上的同性。很多女性对自身的有利因素不会善加利用，而盲目地参与竞争，最后全局失控。

（5）强大的延续性心理。很多女性的思维重点都在对原有结构的理解和模仿上，创造新事物并不是她们的目的，这是女性在从事创造性工作时最大的障碍。

智者寄语

女人要想创造自己的事业，不妨一开始就以男人的视角了解职场规则，以男性的思维思考问题。

工作中要超越上司的期望值

如果你能将上司的期望和该创造的回报都超越,自然而然公司对你的回报也会加倍。"她时代"女人以前所未有的强势姿态站到了男性身边。因此,女强人整个人的气质和工作作风也会偏男性化。职业女性应该怎么做呢。怎样才能让事业快速发展呢？让自己完成比老板预期更高的期望。但是要做到这些并非易事。职场中,女人应该积极主动地去做事情。你是为了你自己,而不是为了老板而工作的。聪明的女人深知,当老板在的时候积极工作是为了表现自己,老板不在依然能积极工作则是为了完成自己的目标。

高琳和王文是同一家外贸公司的职员。他们俩一起参与了一次国际商务洽谈会议,老板把演讲稿的草拟交给高琳负责,王文负责拟定谈判方案。迫于时间紧,大家都忙得晕头转向。一天早上,老板正准备出行,问高琳:"你准备的演讲稿打印好了吗？"高琳说:"我怕您对这份英文的文件不了解,因此,我准备在您下飞机的时候给您传真过去。""什么？我本来是准备在飞机上和外籍顾问一起研究一下呢！你在干什么！"高琳哑口无言。到达目的地之后,老板很仔细地研究了王文准备的方案,诧异不已！因为她的方案不仅全面而且具有针对性,并且将谈判中有可能出现的问题和对策都一一说明清楚了。整个谈判因为完美的方案而精彩,老板觉得自己胜券在握,最后大获全胜。回公司后,老板很快提升和重用了王文。而高琳却被冷藏了。

不管是做事的效率还是质量,如果比上司的期望值还高,上司才会肯定你的工作,这一点是每一个成功的职业女性都必须要知道的。这样才不会让自己的公司有不必要的麻烦和损失。如果只比常人多做一点点,刚好只能让你保住工作,但是这对于想要有所提升的人来说,是有相当大的差距的。往往那些站得高看得远的同事,才会得到老板的重视,才会让老板觉得能担大任。

智者寄语

职场中,女人应该积极主动地去做事情。你是为了你自己,而不是为了老板而工作的。聪明的女人深知,当老板在的时候积极工作是为了表现自己,老板不在依然能积极工作则是为了完成自己的目标。

事业独立,女人才能神采飞扬

事业不仅能使女人生存的需要得到满足,同时也能实现一位女性的人生价值。女性自古以来都非常重视感情生活,她们往往认为一段美满的婚姻比好的职业与名誉地位都重要得多,她们具有很强的依赖性,觉得挣钱养家是男人的事,这其实是女人致命的地方。能够拥有自己独立的事业是现代女性最为珍贵之处,它不仅能给予我们精神寄托,同时也帮助我们实现了人格和经济的独立。

某著名高校中文系的女硕士生,快要毕业的时候,她接受男朋友的求婚,结束了长达五年的爱情马拉松。到了快要应聘的时候,她也开始准备简历、参加招聘会。她以为自己工作经历丰富,文化水平高,料想一定可以找到一份称心如意的工作。但是却不知道真正接触,才发现理想和现实之间的差别。周围的朋友都劝她不必如此:"你老公海外学成归国,又是工科博士,都是单位高薪抢着要的。你干脆当全职太太,偶尔写写文章,随便赚赚钱,悠悠闲闲过日子就够了。"就这样她便放弃了找工作。可慢慢地,她才发现这样的生活并不能让她觉得幸福。先生早上上班,此时自己还在睡觉,中午自己随便吃点东西糊弄过去,便开始在家里打发时间。她越来越觉得不快乐,她的脾气越来越坏,很容易就发火。她常常在心里一遍又一遍地问自己:这是我真正想要的生活吗?得到的答案是否定的。我应该去工作的,这样才会实现我的人生价值。于是,等到先生去北京工作,家务不多的时候,她便也去找工作。最后,一家报社的编辑职位录取了她,虽然没有很高的工资,却能带给她踏实的感觉。她说:"在这个大城市里,我看过太多的优秀的女人在为自己的事业打拼。假如你问我现在的状态,我会告诉你我很累,但我却很满足。现在,我的朋友见到我都说我比以前更精神了。"

女性一般有比较强的依赖感,但这也不能助长你逃避独立的心理。幸福的女人通常是会驾驭自己命运的女人。我们必须自己来决定自己的人生之路,别让别人的看法成为你行动的指南,自己的命运要掌握在自己的手中,将自己的情感调控好,做主宰自己的主人,做生命的掌舵人。用辛勤的工作来换取事业的成功的人都是值得尊敬的人。事业上的成功与成就才是女人生命价值的根本。

职场中的女人不论年龄的高低都是一道亮丽的风景线,事业会让女人觉得更充实、满足和快乐。女人的尊严,责任感和安全感都是建立在事业上的!那种在人群中穿梭,那种每天步履坚定地走在上班的路上的样子,那种在职场中睥睨天下的魄力,难道不是一个女人一生中最美的时刻吗?

职业女性敢于挑战传统、挑战命运,她们用智慧与勇气撑起属于自己的半边天。她们善于发挥自己的特长,主导自己的工作和生活,取得事业的成功,完成美丽的梦想。现代女性的生活品味和文化底蕴在她们的身上得到彰显,她们美丽地生活在城市里。现在更多的女性选择工作的原因是为了实现自我价值,逐渐肯定、完善自我。与只为了家庭而存在、放弃了工作的全职太太相比,她们更加独立,创造着自己的价值,虽然行色匆匆,但依旧是都市中亮丽的风景线。

────────── 智者寄语 ──────────

幸福的女人通常是会驾驭自己命运的女人。

工作是生存的需要

心理学家马斯洛依据人类的动机是一个有机的系统这一原理,提出了"需要层次理论"。人类的发展和需要的满足有密切关联,需要也有层次之分是这一理论的核心论点,生理需要、安全需要、社会需要、爱与归属的需要和自我实现的需要等五种不同层次像金字塔一般由低到高依次排列,每个时期都有不同的需求层次。在他看来,对人影响大的追求都是基础需求,只有"生理需求"这种基本动机得到满足后,才会考虑更高层次的需求。我们都知道女人既喜欢追求幸福,也爱追求浪漫。可是,人的思想的自由是建立在物质需求得到满足的基础上的。面包得不到满足,就算玫瑰再美丽,一个快要饿死的人只能是对它熟视无睹。

肖芳在饭店当一名服务员,高考成绩不理想,就来到了这个陌生的城市打工。老乡介绍了这份服务员的工作给她。许多人觉得她有高中的学历,都认为她可以追求更好的工作,可是肖芳却不认为如此,她觉得自己没有资格来挑三拣四。她每天都是工作最认真的那个。肖芳很少说话,整天都在埋头苦干地工作,也不搭理别人的说笑。有人认为她太愚笨了,"老板又看不见,你何必这么辛苦!"肖芳总是用笑容来回答他们,不再说别的。时间久了,大家都把最苦最累最脏的活给她一个人,可是她却从来没有给上级说过这个情况。半年过去了,最早的一批服务员已经被换了,但是肖芳依旧在坚持。有一次,老板的朋友来吃饭,他问老板:"肖芳干得真久。"老板看着肖芳点了点头,十分满意:"这是个实在的孩子,你别看她话少,但是心里明白。只要是她干的活,我就能放下心来。"肖芳却仿佛没有听见一般,依旧专注在自己手中的活儿上。几个月过后,老板的朋友又来了,但是已经没有了肖芳的身影,以为是她辞职了。他从其他服务员的口中才得知,肖芳已经升做分店的经理了。其他的服务员都不服气,认为肖芳不能胜任经理一职。这位朋友感到十分奇怪,想知道她现在的工作怎么样,便跟老板一起去了分店,恰好肖芳在上菜,她还是像以前一样精心为客人服务。后来,老板对这位朋友说,自己在这之前和肖芳谈过话。肖芳说,她觉得找工作是很不容易的,即使这份工作工资仅能供弟妹去上学。可是倘若自己不专心的话,可能这份工作也会没有了,也没有办法赚到钱,自己的生活费和弟弟妹妹的学费就都没有着落了。因此为了自己的生活费和弟妹的学费得到保障,她宁愿干得比所有人都多,也不愿失去这份工作。出于对家人的责任感,肖芳得到了老板的赏识,并且获得了一家分店的经营权。

女人要自己去争取自己的幸福,对待工作也该如此。自己有一份值得信赖的经济来源是获得幸福的前提条件。女人的理想、浪漫和幸福,都是建立在相对稳定的物质基础上的。牛奶和面包都是工作能够带来的,它还会为我们的生活带来很多乐趣,使我们的生活得到丰富,使我们每天都过得十分充实。

不分高低贵贱,每一种职业都对社会起到了非常重要的作用,不论从事什么工作,女人一定要明白,幸福一直在自己的手中。

事业的成与败就像一张成人社会通行证。现在社会是提倡男女平等的社会,事业也是女人的通行证。真正的成功的幸福的女人,她们的心中都有一柄权杖。

───────── 智者寄语 ─────────

人的思想的自由是建立在物质需求得到满足的基础上的。面包得不到满足,就算玫瑰再美丽,一个快要饿死的人只能是对它熟视无睹。

事业是"自我实现"的途径

自我实现的需求是最高层次的需求,这是马斯洛的观点。它指自己的抱负、理想和个人能力达到最大值时,完成一件与自己的能力相匹配的事情的需要。他认为,每个人都有一种自我倾向去努力使需要的层次上升。温饱和小康并不是人类最高的满足,让自身感到充足和满意的生活是每个人都追求的,人类向前的脚步正是受到了那些更高层次的需求的吸引。创造潜能的充分发挥才能实现自己的价值,人类动机的最高层次是追求自我实现。这也是为什么大部分人在物质得到满足后依然不放弃工作的原因。当他们的物质和精神需求都被工作所满足后,仍然不放弃工作，或许是因为工作有兴趣，或者是实现自己更高的价值，逐渐满足自我。每个人都渴望自我挑战、自我超越，都希望自身的最大价值能通过挑战实现。

20 世纪 30 年代，有一个小姑娘叫做玛格丽特，她从小就受到了非常严格的家庭教育。在英格兰肯特郡的小镇格兰瑟姆，她一直被他的父亲灌输着这样的观点：做每件事情都要争做上流，永远都要处于领先的低位，不能落后。"哪怕坐公交车，也要坐前排。"像"我不能"或者"太难了"之类的话，他的父亲从来都不准她说。

在学校，玛格丽特一直是最勤奋的，因为她的努力刻苦和天赋异禀，她表现得相当优异。她最后以优异的成绩考入了当地的文法中学。在当时很少有像她那般出身的学生能考入那所中学。

玛格丽特快要 17 岁时，她就确定了她要从政的理想。可是当时，只有具有一定党派背景的人才可以进入英国政坛。玛格丽特的家庭是传统的保守党氛围，倘若要从政，那么正式的保守党关系是一定少不了的。牛津大学在当时拥有最大的保守党俱乐部。于是，玛格丽特将竞争不太激烈的牛津大学化学专业作为自己努力的目标。因此，有一天，她走进校长吉利斯小姐的办公室，勇敢地说："吉利斯小姐，我确定我的目标就是牛津大学的萨默维尔学院。"女校长诧异不已："什么？你有没有仔细考虑清楚？你一节拉丁语课都没有上过，如何考牛津？""我可以自学拉丁语！""可是你才 17，还有一年的高中学业，这件事要等你毕业才需要考虑。""我可以去跳级！""没有这个可能，我是不会同意这个决定的。""你让我的理想受到了阻挠！"玛格丽特说完就冲出了校长办公室。

父亲十分支持她的想法，于是她一心复习，开始了艰苦的学习备考工作。她提前几个月把高年级学校的合格证书拿到了手，接着就参加了大学入学考试，并且最终如愿以偿地被牛津大学录取。

大学时的玛格丽特靠着她惊人的意志力，仅仅用了一年就学完了 5 年的拉丁语课，并且以出色的成绩通过了拉丁语课的结业考试。事实上，玛格丽特不仅具有优异的学业，她也善于参加体育、音乐、演讲等学校活动。她所在的学院的院长最后是这样评价她的："毫无疑问她是建校以来最优秀的学生之一，她总是充满了生机和野心，能够出色地完成每一件事。"

经过了 40 多年，这个小女孩终于实现了她最初的梦想，她便是玛格丽特·撒切尔夫人——连续 4 年当选保守党党魁，她在 1979 年成为英国历史上第一位女首相，11 年雄踞在政坛，是英国乃至整个欧洲政坛上一颗耀眼的明星，人们用"铁娘子"的称号来赞誉她。

"铁娘子"撒切尔夫人通过不懈的努力完成了自己的初衷，这需要持之以恒的追求和坚持，更是一个实现自我、挑战自我的过程。她的理想是"从政"，是她实现自我的必由之路。

每个人活在世上，总要让自我的价值得到实现，不管你定下的目标是大还是小，都应努力地使它变为现实。那么你的职业生涯才会变得多姿多彩，你的人生才会圆满。女人所追求的幸福既是有限的，同时也是无限的，只有在漫长过程中的坚持和忘我才能决定女人的幸福。将自己最大的能量释放出来，工作的时候使自己获得全新的形象，一步步拓展自己的事业，一点点实现自己的梦想，为职业生涯画上漂亮的风景吧！

智者寄语

将自己最大的能量释放出来，工作的时候使自己获得全新的形象，一步步拓展自己的事业，一点点实现自己的梦想，为职业生涯画上漂亮的风景吧！

第二章
摸清上司心理，职场游刃有余

慎重地对上司提建议

很多时候，上司也可能会做出有偏差的决定。因此，真正为公司利益考虑的员工应恰当地给上司提供一些建议。要让上司接纳你的观点和方案，应相互尊重，有礼有节、有分寸地磨合。不过，在提出质疑和建议前，一定要做好充分的准备。

高姚是一家知名企业的总经理助理，她的上司精于学术、技术。由于工作重点长期落在研究开发领域，因此，上司对企业管理一窍不通。出于对技术的热爱，上司直接插手技术部门的事，管理有诸多不足，很多部门对此敢怒不敢言。这使得高姚与其他部门沟通存在严重的障碍。

经过思考，高姚便向上司建议说："真正意义上的领导权威包含技术权威和管理权威两个层面，您的技术权威牢固树立，而管理权威则有些薄弱，亟待加强。"总经理听后便开始思索。

后来，上司就将精力用在人事、营销、财务的管理上。企业的不稳定因素得到控制，公司运营进入了高速发展状态。高姚的工作也越来越顺。

高姚给上司提意见时，先肯定上司的优点，站在上司的立场上，充分照顾上司的自尊，维护了上司的权威，因而上司易于接受。从她提建议的技巧可以看出：高姚的综合能力和社会修养较高。在职场上，如何给上司提意见又不得罪上司呢？注意下面几点，它们会直接影响你建议的效果：

1. 选择适当的时机

在适当的时候给你的上司提几点"建议"，既要有意见也要有解决方案。在给上司提意见时，要注意其情绪。不要在他公务缠身、诸事繁杂或者心情不好的时候提意见，否则他会对你产生反感。应该选择上司心情好、闲暇并对此方案充满激情的时候提出意见，这时他才会乐于接受。

2. 选择合适的场合

对上司提意见，不应该在公共场合。这样对人对己均不利，应该选择在上司的办公室等私人场合。

3. 不要全盘否定

上司对自己制订出的方案肯定比较满意。因此，在给上司提意见时，要先在肯定的前提下，对某些局部问题提出商讨。应先赞同后否定，让上司觉得你们是沿着共同的目标前进，都是想要尽善尽美。这种方式不仅容易被接受，上司也会对你刮目相看。

4. 简明扼要,切中要害

当你给上司提意见,上司也想听时,你就必须尽可能简明扼要地阐述你的观点,采用通俗易懂的言谈方式,切忌啰唆或者使用模棱两可的语句。

5. 要有说服力

给上司提意见,一定要有说服力,不宜采用口头表达。口头表达难免会不充分,而且不能保证上司当时在专心听。一定要用书面形式,在建议里面要充分表达自己的思想,而且又要简明扼要,经得起推敲。选择恰当的时候当面汇报,甚至用幻灯片的形式。多一份踏实,多一份调查,慎重而行,保证你的建议有较高的"成功率"。

6. 关注对方,态度诚恳

注意说话的态度和敬语的运用,充分表达自己。由于你的坦率和诚意,即使对方不完全赞同你的观点,他也不会对你产生偏见。

熊红是一名公司职员。近日,公司在搞一个重大项目,可是经理对项目做了一个错误的决定。熊红经过仔细思考后,决定向经理提出建议。为了使自己的观点更有说服力,她还特意拟了一套方案,采用口头和书面相结合的方式。可是让她意想不到的是,经理对她的建议不予理睬,供她备选的方案亦置之不理。此项目关系重大,如果按经理的方案,后果不堪设想。在部门会议上,熊红再也无法忽视经理的错误方案,对方案给予了全盘否定。这激发了经理和她的矛盾,使得两人关系紧张起来。

其实熊红应该采取先赞扬后否定的措施。上司的方案中一定有可取之处,值得他人学习。下属应先表明支持态度,表示如进一步完善更无懈可击,然后说出自己的想法,使经理觉得你是为了使他的方案更加完美,而不是彻底抛弃他的方案。这种方式更容易让人接受,有益于两人之间的关系。

在职场上,对上司提意见一定要注意分寸和技巧。这是一门很深的艺术,学好这门艺术,才能和上司融洽相处。掌握良好的提意见方式,上司不仅不会反感你,反而会认为你很有思想、很有才华,有利于你的晋升。

───── ❖❖❖ 智者寄语 ❖❖❖ ─────

在职场上,对上司提意见一定要注意分寸和技巧。这是一门很深的艺术,学好这门艺术,才能和上司融洽相处。掌握良好的提意见方式,上司不仅不会反感你,反而会认为你很有思想、很有才华,有利于你的晋升。

领会上司的意图

小杨是某公司新招进来的人力总监。该公司此方面比较薄弱,公司聘用了小杨,就是想让她来整改公司员工的整体素质。小杨先对管理层进行调查,发现问题很明显:公司明确要求中层以上领导必须为本科以上学历,可是还有部门经理是大专文凭。她又对基层员工进行调查,发现很多在专业岗位的员工,学的并非相关专业。在新的招聘中,小杨特意注明学历要求和专业对口问题;也写了一套完整的整改方案,建议执行公司规定。此时,恰好赶上公司工资普调。小杨想借机推动她的整改方案。小杨认为不满足公司学历要求的工资不得调增,专业不对口的不得调增……

然而,领导没有做出任何回应。小杨觉得领导很傻,明知道公司存在问题,却不做出反应。有一天下午,总经理助理请小杨吃饭。助理解释说:"那些中层领导之所以拿那么高的工资,因为他们每人都负责一个项目,同时公司不能接受因任何个人离开而给公司带来损失。关于你的那份报告,相当于提醒相关的人要做好工作……"最后,助理特别说了句:"不要把老板当傻子,老板是聪明的,是对公司最负责的!"

作为公司的一名员工,应接受上司指挥。上司委派工作时,员工应立即停下自己手中的工作,准备记录。在上司布置任务时,应该边听边总结要点,理解内容,明确完成工作的期限和主次顺序。切忌心不在焉,否则会给上司留下不好的印象。另外,对上司做出的正确决策、委派的任务,应及时、切实地执行,切勿拖拖拉拉。如果上司做出的决策确实与你的思路差别较大,那也不妨首先执行这个决策,然后私下里找上司交流一下,提出你的看法,明确上司的意图。这样,你才能知道在实际工作中,如何更好地完成任务。不过,无条件执行并不表示不能有个人看法,但是,上司出于对全局的考虑所做出的决策一定有他的道理,不应彻底否决。对上司的决策应在执行的过程中思考其目的,把握好分寸,进而达到预期的工作效果。

～～～ 智者寄语 ～～～

对上司的决策应在执行的过程中思考其目的,把握好分寸,进而达到预期的工作效果。

如何对上司说"不"

在工作中要敢于对上司说"不"。正确地说"不",不仅有益于公司,而且有助于自身价值的提升,巩固并增强自己在上司和员工心目中的地位,最终促进自己职业生涯的发展。若处处随声附和,容易使其认为你能力平庸,不可重用;而如果能巧妙地反对上司一些不合理的观点,则有助于才干的显示。

1. 设问法

弘丽是一家广告公司的文案策划人员。最近公司要做一个新产品的广告,弘丽把自己已经做好的方案提交给经理。经理大致看过后说:"做广告讲究的是创意,你的广告文案太直接、太平淡了,要把它做得艺术一点、有内涵一点。你按我的意思重做一个吧。"弘丽觉得自己的文案写得很好,但是没有直接反驳经理而是诚恳地说:"经理,可以请教您一下,一个新产品刚刚上市时发布广告的目的是什么吗?"经理回答说:"让消费者尽快了解新产品。""那么,请问怎样才能让消费者通过广告迅速地了解新产品呢?"经理顿时无语。弘丽便接着说道:"我认为广告的灵魂在于创新,可我们也要根据实际的情况加以变通。对于一个新产品,现在我们做广告的目的是要让消费者迅速地了解新产品的特性。我认为直接表现更好,更容易让消费者明白。如果采取含蓄的说法,消费者难以了解,从而对产品产生疑惑,使广告陷入中看不中用的境地。当然这些只是我个人不成熟的观点,还请经理指正。"经理听后非常高兴,十分欣赏她。后来弘丽还被经理一手提拔为副经理。

弘丽采取设问的方式,用问话一步一步地引导经理认同她的观点。此法较为巧妙,很容易被上司接受。

2. "三明治"法

对上司说"不"可以使用先肯定、再否定、后安抚的"三明治"模式。即回答时都以积极肯定为起始点："是的,可以,行,我们能做……";再引出否定："但,或许,可能需要一些时间,恐怕需要其他部门的配合,调配一下人手……";最后再次强调积极的一面："不过,我们会进一步想办法解决,请放心……",或者明确请求上司在哪方面予以支持或协助。这样也易于让上司接受。

3. 暗示法

当上司的决策不正确,你觉得不能执行或无法执行,又不好意思对上司说"不"时,可先用暗示的方法,让其领悟到自己的决策不甚恰当,主动更改。

4. 提醒法

上司一般都公务缠身,若决策不恰当,可能是因为上司不熟悉、不了解某一方面的情况,或是遗忘了某些内容。你明白地提醒他,上司认识到了一般都会收回或修正指令。

5. 推辞法

若上司指令不恰当,有时还可以考虑推辞,但推辞要有理由。有的可从职责范围提出,有的可从个人的特殊情况提出,但理由一定要真实和充分。推辞不是耍滑头,而是委婉地拒绝。

6. 拖延法

对于上司的错误决定,倘若你立即执行,可能会造成不良后果。面对这种情况,可以先默认或口头上答应,以缓解当时的氛围,事后借故拖延。等过一段时间后,上司认识到自己的错误,有了新的决定,就会收回自己的成命。

智者寄语

在工作中要敢于对上司说"不"。正确地说"不",不仅有益于公司,而且有助于自身价值的提升,巩固并增强自己在上司和员工心目中的地位,最终促进自己职业生涯的发展。

得体地与上级进行语言交流

很多人对上级都是很尊重的,因此,在与上级说话时,文明礼貌的功夫都做得很足,可以这样说,做到这一点不论对哪一个人来说都不是很困难。但在上级面前说话得体,掌握好分寸,恰到好处,就不是所有人都能轻松做到了。

那么怎样和上级进行语言交流才算得体呢?

1. 不卑不亢,不媚不俗

在和上级打交道的时候,首先,要做到谦逊、礼貌,但是,绝对不应该采取"低三下四"的态度。很多有见识的上级,对那种爱拍马屁、随声附和的人,是不会重视的。在保持自尊的前提下,你应采取不卑不亢的态度。在必要的时候,你也不必对自己不同的观点表示担心,只要你是从工作出发,摆事实、讲道理,上级一般是会予以重视的。

2. 主动和上级打招呼、交谈

作为下属,如果主动积极地与上级交谈,能够渐渐地消除彼此间可能存在的隔阂,更能使自己正常、融洽地和上级相处。当然,这与"奉承"上级不能同等而语,因为工作上的讨论及打招呼是很正常的,这不但能消除对上级的恐惧感,而且也能使自己的人际关系圆满,使自己的工作更顺利。

3. 尽量适应上级的语言习惯

应该了解上级的性格、爱好、语言习惯,如,有的人性格豪爽、干脆,有的人沉默寡言;有的人控制欲和统治欲强烈,他会报复任何敢于侵犯其权威地位的行为;还有的上级是有奇怪毛病和变态心理的人,你必须适应这一点。

4. 选择适当的时机与上级交谈

上级一天到晚要考虑很多问题,你要根据自己的问题是否重要,选择适当时机与上级对话。假如,你是为个人私事,就不要在他处理事务时去打扰他。如果你不知上级什么时间方便,不妨先给他留张纸条,写上什么事情,然后,请求与他交谈,或写上你要求面谈的时间、地点,请他先约定,这样,上级便可以安排。

5. 对交谈内容事先做好充分准备

在谈话的时候,要尽量将自己所要说的话简明、扼要地向上级汇报。如果需要请示某些问题,自己应该准备两个以上的方案,而且能向上级指出各方案的利弊,这样有利于上级做决断。为此,事前要做充分的准备,每个细节问题都要弄清楚,随时可以回答。如果上级同意某一方案,你应尽快将其整理成文字再给上级看,以免日后上级又改了主意,给自己造成不必要的麻烦。

要先替上级考虑提出的问题是否可行。有些人明知解决问题的客观条件不存在,却一定要去找上级,结果造成了令双方都不快的结局。这种做法是非常不明智的。

智者寄语

和上级交流,困难的不是如何有礼貌,而是如何更得体。

怎样接受指示

和上级之间关系的好坏,取决于自己的工作表现与沟通。工作表现不突出而又不善于沟通,想和上级建立起良好的关系是非常困难的。所以,正确地接受上级的指示、命令是和上级建立起良好的人际关系、获得上级信任的基本条件。

1. 精神饱满,爽快干脆

当上司叫我们来接受指令时,我们爽快而精神饱满地回答"是"是很重要的。这一点说起来不难,但做起来难,很少有人能真正地把这一点做好。

即使你自己正忙着工作,在上级叫你时,你也要马上站起来回答:"是!"这样一来,会让上司觉得你工作很积极,非常爽快利落,从而会对你产生放心感和信任感。

如果上级对你产生不放心感和不信任感,觉得把工作给你他很担心,那你的前途就危险了。因为对你没有信任感也就不会把重要的工作交给你办,从而提拔无望。

2. 听完指示和命令,不要轻易打断上司的话

上级在交代工作时已经有了明确的顺序,因此,如果你在上级说话过程中突然打断上级,提出自己的看法或问题,就很容易使上级忘记自己说到哪儿了。这时,上级不仅会感到尴尬,甚至还会愤怒。所以,在接受指示或命令时要先听完上司的话,然后,再提出疑问或提出自己的看

法。这样做是非常重要的。

3. 清楚明白地表示自己已经知道指令内容

上级会从你的表情、动作来判断你是否清楚、明白了他的意图。所以,在他布置任务时,你要用点头的动作来表示你已经清楚要干什么、怎样干。而当你不点头时,上级也就会明白你这个地方不太明白,需要他重新说明一下。

4. 如果无法接受,要恰当地说明原因

也许你经常会遇到这样一种情况:自己正忙着一份工作,而上级又吩咐其他工作。这时你就不一定能接受上司的指示或命令了。因为你正在忙着的工作有时间限制,所以,如果你接了其他工作,原来的工作就无法按时完成了,这样会为自己和公司带来很大的麻烦。

当这种情况发生时,一定要明确地说出你的拒绝。不能只是说:"不行啊!"而应该先很礼貌地说声:"实在抱歉……"然后再仔细说明不能接受这个指示或命令的原因。

因为上级可能认为你能把这份工作做好,所以才让你做这份工作。你如果只是说"不行"的话,上级会很生气的。你要说:"我正在做这项工作……"或"这项工作也很着急,要在规定时间内完成……"你把自己正在忙的工作的内容给上司讲明白,然后,等候上级的指示,因为你自己没有权力决定到底哪件工作更重要,自己究竟要做哪一件工作。

听完你的话之后上级会做出指示说:"可以以后再做你现在的工作,先把这份文件处理一下。"或"你现在做的工作更要紧,先把你手上的工作做完再做这个也行。"这时候你要按照上级的要求做。

5. 别忘了委婉地表达自己的意见

如果你对上级的指示或命令有自己的意见或有更好的解决方案,向上司坦率地表达自己的意见很重要。但你也应该记住,一定要把握说话的方式方法。要委婉地提出自己的看法,如:"董事长,我能理解您的想法,但我认为这样做效果会更好。"

如果能说出自己具体的建议和根据是再好不过的。对上级的指示能够说出自己独到的看法和见解,这在一定程度上是工作能力的证明。如果是很有见地的意见,上级应该会很高兴,也能够欣然接受你的建议。

-------- 智者寄语 --------

和上级之间关系的好坏,取决于自己的工作表现与沟通。工作表现不突出而又不善于沟通,想和上级建立起良好的关系是非常困难的。所以,正确地接受上级的指示、命令是和上级建立起良好的人际关系、获得上级信任的基本条件。

汇报工作应把握要点

1. 突出中心问题

毫无头绪、杂乱无章的汇报显得肤浅。通常,汇报者可把自己稍微熟悉的中心工作情况作为汇报重点,抓住工作过程和典型事例加以分析、总结。这样汇报才能充分反映你工作质量的高低。

钢铁公司的李君从一个用户那里考察回来后,去找经理汇报情况。

"情况怎样?"经理劈头就朝李君问道。

李君坐下后,并不急于回答经理的问话,而是显得很有心事的样子。因为他十分清楚经理的脾气,如果直接将不好的情况汇报给他,经理肯定会生气,弄不好还会认为自己没能力。

经理见李君的样子,已经猜出了肯定是对公司不利的情况,于是改用了另一种方式问道:"情况坏到什么程度,挽救的可能性有多大?"

"可以挽救!"这回李君回答得倒是十分爽快。

"那说说你的看法吧!"

李君这才把她考察到的情况汇报给经理:"我这次下去,了解到这个客户之所以不用我们厂生产的钢铁,主要是因为他们已经答应从另一个钢铁厂进货。"

"怎么会这样!那你怎么看呢?"

"我觉得我们公司的产品应该比乡镇企业的产品有优势,我们的产品不但质量好,而且价格还很低廉,在该省的知名度还不错。"

"说的是,一个小小的乡镇企业怎么能和我们相比呢?"经理打断了李君的汇报。

"因此,我们肯定能变不利为有利。最重要的一点是,当地的建筑公司多年来使用我们公司的钢材,与我们有很好的合作基础,这是我们的优势所在。客户答应从那个乡镇企业订货,主要是由于那个乡镇企业离他们较近,而且可以送货上门。这一点,我们不如那家乡镇企业,我们可以派公司的人到每个乡镇去走访,在每个乡镇找一个代理商,这样就解决问题了。"

"小李,你想得真周到,不但找到了问题症结所在,还想出了解决的方案,要是公司里的员工都像你这样负责任就好了。"

"经理过奖了,为公司分忧是我的责任。经理您先忙,我先出去了。"

这件事过了不久,李君被调到了销售科专门从事产品营销,公司的钢材销售量节节上升,李君也越来越受到重视,很快成了公司的业务骨干。

2. 不要遗漏重点

向上司汇报工作的时候,要讲究逻辑层次,不能"眉毛胡子一把抓",说到哪儿算哪儿。一般来说,汇报要抓住一条主线,即围绕工作的整体思路和重点工作展开,分头叙述相关工作的措施、关键环节、遇到的困难、如何处理、处置结果、收到的成效等内容。

向上级汇报的根本原则是提纲挈领,简明扼要。英国作家卡普林提出了"5W + H"的汇报准则。所谓"5W + H"是指:

Who……何人(人)

When……何时(时间、时期)

Where……何地(场所、位置)

What……何事(对象、理由)

Why……何因(目的、理由)

How……怎样发生的(方法、顺序)

除此以外,向上司报告时一定要注意区别客观事实与自己的主观感觉。你在工作的时候,上级并没有亲临其境,他也无法判断你描述的是客观事实,还是你自己的主观感受。因此,事实和主观感受是有差别的,如果给上级错误的诱导,让他下达了不正确的指示,这个责任应该是由报告者承担。

当你向上级汇报工作的时候,决不能像平时谈话那样,没有中心也没有条理,而应根据所要汇报的内容和领导上司的时间安排,既简明扼要,又中心突出地把要汇报的内容说出来,这样才便于上级明白、领会你的意图,并给予你明确的答复。

细心体会上级的话中之话

现在有许多上级都喜欢讲些让下属不完全明白的话语。这类上级是话中有话,做下属的如果不仔细分析,就很难理解上级的真实意图,这就会阻碍上下级之间的沟通和交流。

这样的上级对下属的行为有时点头认可,但不见得是真正的认可,有时上级说"不",也可能含有好几种意思。

所以,如果仅仅按照表面的意思去理解这种上级所讲的话,就可能会误解其真意。通常来说,人的言外之意都有暗示。因而随时间、地点和说话者身份的不同,同样的话就显出了不同的意思。

比如,话中有话的上级说:"今天真冷啊!"

这句话恐怕不只是为了告诉你天气的情况,也许还有"一起去喝一杯热茶怎样"的意思或是请你"打开空调"的意思。

如果此时下属说"天气预报说,明天天气晴朗,气温还会升高"就没有什么意思了,上级会感到很扫兴,想去喝一杯的兴致也消失了。这样一来做下属的就失去了一次与上级交流的机会,更糟的是,还会给上级留下"不解人情世故"的印象。

因此,与这种上级相处时,下属一定要明了上级话中的含义,如果下属有某件事需要上级出面,上级听你说完后,说:"我不必去了吧。"

此时,你是说一句"哦,我知道了"而退下去呢,还是再做一下劝说工作,要他答应呢?这就要看你对上级这句"我不必去了吧"是如何理解的了。

其实如果他真的不想去,他一般会断然地说"我不去"。可他却在这句话中用了"不必"和语气词"吧",明显态度不坚决,这就要你再劝说一下,以显出他身份的尊贵:因为他本来并不想去,而是下属非要他去不可。

除了听上级说话的语气之外,还可看他说话时的表情。如果上级在说这句话时表现出一种很不耐烦的神情或心不在焉的样子,一般就表明他确实不想去。如果上级在说这句话时面带笑容或意味深长地看着你,说明"不去"并不是他这句话的真正含义。

话中有话的上级常常说些似是而非的话,这些话会令下属很伤脑筋。要想了解这种上级每句话的确切含义确实很令下属为难,但如果要想与他们更好地相处,就必须认真体会其话中的含义。

你的上级可能经常说,"我没有听说过"这句话,对于这样的话语,你必须要了解其中的真实含义。一般情况下,上级说这种话时,可能是不想承担某些责任。他常常使用这句话假装不知道。如果你了解到他爱用这句话逃避责任的话,你下次找他汇报工作时,就换种方式,拿出记录本对他说:"最近,我记性不大好,能让我把您的指示记下来吗?"

　　你应该把他的指示记下来,因为这种类型的上级很敏感,他一看就会马上明白,至少,他以后就不会在你的面前用这句话敷衍你了。

　　有时,这类上级说这句话并非是为了逃避责任,而是另有他意。下属应该注意到上级说话时的表情,做下属的在听到这样的话的时候,尤其要注意的是,上级说"我没有听说过呀"的话里,是否含有不满的情绪。

　　有时,或许你已经把某件事情给上级说过,然而你并没有说清楚,过了几天,上级就这件事情问你,你回答说:"那天,我给你说过。"

　　上级因为当时并没有听清楚你说的事情的经过,因此,他只能回答说:"我记得是说过,但已记不太清楚。"

　　如果出现这种情况,就不能认为是上级"狡猾"、"在逃避"。如果我们只认为自己讲的话对方就一定会听明白,这种想法未免有主观臆断之嫌。

　　许多情况下,上级可能是真的忘记了你的话,而不是在有意逃避。你如果不明了这一点,而一味坚持"我说过的",急性子的上级便会大声吼叫:"我确实没有听过。"

　　而老成一点的上级则会说:"你说过吗?"同时脸上露出不高兴的神情。

　　如果出现这种情况,你若马上转变态度,坦率地道歉说:"对不起,是我当时没有说清楚。"你就依然可以在上级心里留下一个好印象。

────────────── ❧ 智者寄语 ❧ ──────────────

　　话中有话的上级,的确常常会令下属摸不着头脑,但如果掌握了沟通交流的技巧,就能与之保持良好的关系,进而得到上司的欣赏与认可。

如何面对不公正的指责

历史上有这样一个故事:

　　晋文公一次用餐时,厨官让人献上烤肉,肉上却缠着一根头发。文公叫来厨官,大声训斥他说:"为什么用头发缠着烤肉? 你存心想让我噎死吗?"

　　厨官叩头,拜了两拜,装着认罪,说:"小臣有死罪三条:我用细磨刀石磨刀,刀磨得像宝刀一样锋利,切的肉都断了,可是肉上的头发却没切断,这是小臣的第一条罪状;拿木棍穿上肉块却没有发现头发,这是小臣的第二条罪状;炉里炭火都烧得通红,烤肉烘熟了,可是头发竟没烧焦,这是小臣的第三条罪状。君王的厅堂里不会有怀恨小臣的侍臣吧?"

　　文公说:"你说得有道理。"马上叫来厅堂外的侍臣询问,果然,有人想诬陷厨官,文公就将此人杀了。

　　如果厨官正面为自己辩解脱罪,有可能使晋文公更加生气而遭死罪。因此,厨官采取正意反说的方式为自己脱罪。他表面上装着认罪的态度供认了三条罪状,其实是为了澄清事实:切肉的刀锋利无比,肉切碎了而头发居然还绕在上面;肉放在火上烤,肉烤焦了而毛发丝毫无损。这明显有悖常理。至此,厨官已为自己脱了罪,同时进一步提醒晋文公,是不是有人陷害自己? 厨官的辩解,可谓灵活机巧。这种做法也是非常值得我们借鉴和学习的。

　　因此,工作中,虽然上下级地位不同,但双方要是发生意见相左的情况时,下级不要害怕会被认为是顶撞,应积极地说明原因,因为沉默只能使问题更加复杂。

辩解之所以困难,在于双方都意气用事,头脑失去了冷静。因此,过于紧张和自责,反而会使场面不好把握。所以,遇到棘手的对立状态时,更应该积极辩明。其方法有以下几条:

1. 不要畏惧

对于那些脾气糟糕的上级,你不必心存畏惧。许多人都很害怕这种上级,看到上司火冒三丈的样子心里就打战。其实,这根本没有必要。大家都是同样的人,他脾气再大也不会生吞了你。

作为一个下属,你完全没有必要害怕声色俱厉的上级,往往嚷得越凶的上级心越软。况且他只是脾气上来时才那样,等到发完脾气之后就好了。

2. 把握时机

对于一个下属来说,与脾气糟糕的上级相处的时候,一定要学会灵活变通的原则。如果上级错批了你,那么你应当找一个最恰当的时机进行积极的辩解,对一个下属来说这十分必要。

那么怎样才算是恰当的时机呢? 这要根据实际情况来看。不过,研究表明,向脾气太大的上级辩解越早越好。辩解得越早,就越容易找到补救措施。否则,如果因为害怕上级的责骂而迟迟不说明,会越拖越难以补救,上级会更生气。另外,你不要在上级火气正旺时着急为自己辩解,否则只能是火上浇油,不但说不清楚事情,还会把事情弄得更加糟糕,以至于达到无法补救的程度。

如果你的上级火气很大,他不分青红皂白地当众斥责你,你就应当及时约他私下谈谈。你可以对上级这样说:"昨天,你因为我的工作出现了失误而当众斥责了我,这有点过火,弄得我很狼狈,连我的下属也很没面子。对我而言,尊重很重要,就像我应该尊重你一样。你当众批评我,不仅会降低我的威信,也影响了我以后更好地发挥能力。这对你、对我、对咱们以后的工作都不利。我希望,以后这一类的事可以到你的办公室去,或在咱们俩单独在一起时。那样做效果会更好,因为我会平心静气听着你的话。"通常来说,这样的话上级是会考虑接受的。

如果他并没有听取你的意见,以后仍当着你的下属斥责你,你就可以打断他的话,然后说:"我们能不能去你办公室谈一谈?"这样,他就会想起你以前同他讲的话。

如果你的上级经常小题大做,令你难以下台,而对别的下属不会这样,你就要考虑在他面前重新树立你的形象。

与脾气太大的上级相处时,要是遇到上级的责难或误解,你当然应该为自己积极辩解,因为这事关乎自己的清白。不过,与平时讲话一样,应该讲究技巧和时机。只有选择恰当的技巧,把握合适的时机,你才能做到既不触犯上级,又达到为自己辩解的目的。

3. 简洁适当地道歉

脾气太大的上级发怒的时候往往希望下属能向自己认错,能够进行深刻的反省。许多下属都深知这一规律,故而当上级训斥完自己的时候就马上向上级道歉,以求获得上级的谅解。

跟上级道歉确实是一个消除上级怒火的好方法,但是道歉也有一定的技巧可言。向上级道歉时,一定要简洁明了,把握好"度"。千万不要悔恨不已,痛哭流涕,把自己说得越无能,越会增加上级对你的不满。还是适当一点为好,但一定要说明自己对错误已经有了充分的认识,并进行了深刻的反省。

此外,当你向上级道歉时千万不要说:"虽然那样……但是……"因为这种形式的话,让人听起来觉得你好像在为自己辩解。道歉的时候,只要说"对不起!"就可以了,若面对的是性格坦率的上级,他也许会原谅你。当然,该说明的时候仍要据理力争,好让上级更清楚地了解自己的立场。

4. 站在对方立场讲话

当你向脾气太大的上级辩解时别忘了考虑对方的立场。

上级训斥下级,当然是从自己的立场出发。要是下级不了解这一点,只是认为自己受了委屈,站在自己的立场上拼命替自己辩解,只能是越辩越使上级生气,使情况更糟糕。下级应该把眼光放高一点,站在上级的立场上来解释这件事,则会使上级接受起来比较容易。

要知道脾气大的上级在气头上时是很难听进别人的解释的。所以,你如果想让上级接受你的辩白,就要站在他的立场上讲话,不要只注重自己的感受。同时,千万不要忘记,当你向上级辩解时,一定不要说"你竟然这么说……"或"你从来没有考虑过我的难处"等话语。

每个人都有保护自己的本能,做错事或和旁人意见不同的时候,都会积极地说明事情的经过、原因等。但在上级看来,这种人只是找理由为自己辩护罢了。你只有站在上级的立场上才有可能说清楚事实,被上级理解和认可。

───────── 智者寄语 ─────────

被上级批评或指责,虽然应该态度诚恳,虚心听取,但并不是说你任何事情都要忍气吞声。必要时应该勇于为自己辩护。

与老板说话要有度

1. 不要自作主张,自以为是,让老板自己做决定

小雪年轻干练、活泼开朗,工作还没几年,职位像坐了火箭一样"嗖嗖"地往上升,很快成为单位里的骨干成员。几天前,新老板走马上任,就把小雪叫了过去:"小雪,你能力强,经验又丰富,这里有个新项目,你就多费费心吧!"

受到新老板的重用,小雪欢欣鼓舞,更是全心投入这个项目的策划之中。恰好这天要去北京某周边城市谈判,小雪一合计,一行好几个人,坐公交车不方便,不但人受累,还会影响谈判效果;打车吧,一辆坐不下,两辆费用又太高;还是包一辆车好,既经济又实惠。

主意定了,小雪却没有直接去办理。几年的职场生涯让她懂得,遇事向老板汇报一声是绝对必要的。于是,小雪来到老板跟前。

"老板,我们今天要出去……"小雪把几种方案的利弊分析了一番,接着说,"所以呢,我决定包一辆车去!"汇报完毕,小雪却发现老板的脸黑了下来。他生硬地说:"是吗?可是我认为这个方案不太好,你们还是买票坐长途车去吧!"小雪愣住了,她万万没想到,一个如此合情合理的建议竟然被拒绝了。

"没道理呀,这明明是最佳方案呀!"小雪怎么也想不明白老板为什么会拒绝这个方案。

凡事多向老板汇报的意识是很可贵的,错就错在用词不当。注意,小雪说的是:"我决定包一辆车!"在老板面前,最忌讳说"我决定如何如何"。如果小雪能这样说:"老板,现在我们有三个选择,各有利弊。我个人认为包车比较可行,您经验丰富,帮我做个决定行吗?"老板听到这样的话,绝对会做个顺水人情,答应小雪的请求,这样既让老板高兴,又达到了自己的目的。

2. 不要轻易与老板开玩笑

王岚是个聪明的女孩。她脑子快、能力强,还有丰富的幽默细胞,是公司公认的一颗"开心果",同事们都很喜欢她。但如此可爱的王岚,却得不到老板的重视。

王岚觉得自己工作非常认真,事情又做得很漂亮,为何总得不到老板的肯定呢?细细想起来,她察觉到自己的不当之处了。

因为自己平时就爱与同事开玩笑,后来看老板斯斯文文,对下属也总是乐呵呵的,于是,自己胆子一大,就开起了老板的玩笑。一天,老板穿戴一新来上班了,灰西装、灰衬衫、灰裤子、灰领带。小杨夸张地大叫一声:"老板,今天穿新衣服了!"老板一听,呵呵也笑了,还没来得及品味喜悦的感觉呢,王岚接着来了句:"像只灰耗子!"

又是一天。客户来找老板签字,看到老板的签名连连夸奖老板:"您的签名可真气派!"王岚恰好走进办公室,听了又是一阵坏笑:"能不气派吗?我们老板私底下可是下了大工夫的!"此言一出,老板和客户同时陷入尴尬,刚才的高兴气氛顿时烟消云散。

开玩笑有时确实能拉近同事间的距离,缓和人际关系,但像王岚这样的玩笑,听过之后却常常让人感到尴尬和难堪,而她自己对此却没有意识,这就是即使她聪明能干,也得不到上司青睐的原因。

多数黑色玩笑带有人身攻击性质,它体现的不是一个人的优点。你会无意识地对一个人或一件事挑刺,这是一种思维习惯。在生活中,爱开黑色玩笑的人也多是那种挑刺的人,这类人往往被视为"刻薄"。同事可能笑过就算了,但冒犯老板尊严,后果就得自己承担。如果想给老板留下好印象,就要努力克服自己这个缺点,学会宽容,学会发掘别人的优点,慢慢改变"刻薄"的形象。

3. 在无话可说的时候,不妨谈谈对方衣着的变化

如果你是个木讷、老实的人,很少出声,那么你将很难引起大家的注意,小杜就是这样的人。所以,尽管她工作勤勤恳恳、认认真真,可在公司里总是原地不动。

老板最近出差,恰好要带几个员工一道去。在火车上,小杜的铺位刚好在老板的旁边,两人打完招呼后,就陷入了沉默。小杜感到,这种有些尴尬的气氛简直让人窒息,一定得说点什么打破僵局。可是她从来不和领导打交道,实在不知道从何谈起。

突然,小杜瞥见老板脚上穿着一双锃亮的皮鞋,灵机一动,于是就说:"老板,你这双鞋子很有品位,在哪里买的?"

原本只是想找个话题随便聊聊,但老板一听,顿时眼睛放光。"这双鞋啊,是我太太去美国旅游时,在纽约给我买的。世界名牌呢!"老板的话匣子一下子就打开了,他开始滔滔不绝地讲述自己在服装搭配上的心得,还善意地指出小杜平时在工作中着装的不足,两人谈了很久,双方都很愉快。

下车的时候,老板意味深长地说:"小杜啊,看来以前对你的了解真是太少了,今后你好好干,公司不会亏待你的。"

无意中一个"皮鞋"的话题,却打开了小杜与老板之间良好的沟通与了解之门,这里其实是用到了人际关系中的一个重要法则:赞美对方服饰细节的变化,能迅速拉近双方的距离。小杜歪打正着,看出老板穿了双新鞋,通过赞美老板的新鞋,双方的僵局因此马上被打破。通过双方交流,小杜顺便还了解到不少老板的个人喜好。从老板最后的态度来看,小杜也通过这次交流展示了自己,给老板留下了好的印象。我们在工作中,也不妨多用用这个方法,观察对方的服饰变化,并进行适度赞美,你可能就会有意想不到的收获。

────────── 智者寄语 ──────────

　　虽然有一些老板可能非常平易近人,但绝大多数的老板即便表面与员工打成一片,内心深处仍很在意身份的不同。作为下属,要注意体现这种身份的差异,就要在说话上下工夫。

怎样向上级请功

　　职场通常也会有这样一群人:他们专业技术强,工作效率高,每每看到他们,都是在勤勤恳恳、认认真真的工作之中。但是,这群为企业默默做出贡献的人,却往往得不到应有的奖励。原因也不难理解,他们都是老实人,不懂得怎样将自己的努力和成绩汇报给领导。这样,他们的付出与收获之间不成正比。这可是老实人的一大损失。如果你也是这群人中的一员,面对这种状况该如何改变呢? 下面提出几点建议,帮助你为自己的付出"邀功"。

　　第一,开门见山,先说结论。公司上上下下、里里外外,有很多事、很多人要令你的老板操心,光做不说,不向老板推销自己当然对个人发展不利,但如果你把做的事都从头说起,因为过程太复杂,往往会令他感到厌烦。他没耐心听下去,你依然达不到自己的目的。

　　第二,如果老板时间允许,再详细说明过程。报告最好简明扼要,并且要先感谢别人,再提自己的功劳。

　　第三,如果是书面报告,一定不要忘了写上自己的名字。这样,别人就无法否认你的功劳。不要洋洋洒洒写了几大页,上面却唯独没有自己的名字,即使老板看了,也不知道是谁写的。

　　第四,报告只要给老板留下好印象即可,不要立刻就要求回报。否则,老板可能会觉得你这个人功利心太强。只要你给老板留下一次又一次的印象,你将来自然能得到应有的评价。以后有什么升迁的机会,他可能第一个想到的人就是你。

　　第五,最后要谨记,除了报告你的老板,最好也同时把好消息和同事一起分享。一件事的成功,往往必须靠大家一起共同参与。

────────── 智者寄语 ──────────

　　要懂得将自己的努力和成绩汇报给领导,这样,自己的付出和收获才成正比。

做上级的贴心参谋

　　作为下属,向上级、决策者提供好的建议与计划,本是分内之事。如果计策献得好,引起了领导的重视,不但会使他对你刮目相看,还会把你当做自己的贴心参谋。但很多人由于说话不得体,所以,在献计献策的时候,往往不仅不受重视、不被采纳,甚至还会引来领导的反感。

　　把自己好的建议贡献给上级,出发点本是好的,如果最后还招致领导反感,那就太不划算了。有的人会因此而抱怨上级不是一个喜欢纳谏的好上级。殊不知,若换一种思维模式则会给我们带来新的出路。只要我们注意献计献策的方法,势必会取得良好的效果。

美国第28任总统伍德罗·威尔逊为人古板,在他手下工作的许多人,都觉得他是"一扇老橡木做的门",任何新鲜的意见都被他拒之门外。因为威尔逊本身很有才能,所以很自负,对别人的意见,要么不采纳,要么根本不予理睬。但是,这一切却对他的助理豪斯例外。

豪斯是怎么做到这一点的呢?

豪斯回忆,有一次,他被单独召见。他虽然知道总统不轻易采纳别人的建议,但还是尽自己所能,向总统陈述了一种政治方案。因为他仔细研究过,而且自认为相当切实可行,所以,说得理直气壮。威尔逊当即表示:"在我愿意听废话的时候,我会再次请你光临。"但在数天之后的一次宴会上,豪斯听到总统公开发表的政治见解后很吃惊,因为那正是他给总统的建议!这件事使豪斯懂得了向总统贡献意见的最好方法:避免他人在场,悄悄把意见"移植"到总统的心中。开始使总统只是感兴趣,然后,该计划就可以作为总统自己的"天才构思"而公之于众。最后,总统就会坚定不移地相信这个好主意是他本人想出。换而言之,不用强调某某计划是自己的,为了使一个好的计划被总统采纳,他得自愿把"版权"让给总统,并且是悄悄地、神不知鬼不觉地转让。

1914年春季,豪斯奉命赴法国做一项外交谈判。出发前,威尔逊虽然原则上同意了豪斯的计划,但态度相当谨慎。豪斯到巴黎后不久,寄回了他同法国外长的谈话记录。在那份文件中,豪斯把自己想出的、经总统谨慎同意的计划,说成是"总统的创见",并热烈赞扬说,这是"天才、勇气、先见之明"的表现。看了记录,威尔逊总统毫不犹豫地在这个计划批准书上签上了自己的大名。计划的实施,给两国带来了巨大的利益。此后,威尔逊总统也更加喜欢豪斯,对他更加倚重。但有一件事是永远心照不宣的:豪斯从来不说某项计划是他想出来的。多年以后,豪斯说道:"我不愿意称那些计划是我的,并不仅仅出于讨总统喜欢。我的计划只是一棵树种,树种要长成参天大树必须有土壤、水分、空气和阳光,只有总统才能提供这些条件,让树种长成大树。公平地说,我只不过把种子放到了总统心中。"

在威尔逊任职总统期间,豪斯都采用这种"种子移植"的策略。然而他对威尔逊的影响,比当时成群的政治领袖加在一起的影响都大得多。事后,人们得知豪斯的秘诀,笑称豪斯第一个发明了"思想试管婴儿",威尔逊则是这次伟大试验的母体。

《左传》里有这么一句话:"献其可,替其否。"意思是说,用可行的去代替不该做的。同样,在下属向上级"提建议"时,不要直接去否定上级,而应多从正面去阐发自己的观点,使上级自己意识到错误,尽量不要和上司的意见产生正面冲突。千万不要直接去点破上级的错误所在,或干脆直接替上级作出你所谓的正确决策,而是要用引导、试探、征询意见的方式,让上级明白自己的决策、意见本身与实际情况不相符合的地方,使上级在参考你所提出的建议资料信息后,水到渠成地作出你想要说的正确决策。

―――――――――― 智者寄语 ――――――――――

作为下属,向上级、决策者提供好的建议与计划,本是分内之事。如果计策献得好,引起了领导的重视,不但会使他对你刮目相看,还会把你当做自己的贴心参谋。

纠正错误策略要得当

世上没有万能的人,上司也不例外,在工作中也会出现一些不恰当的行为和决定,不严重的问题可以忽视,而一些可能导致恶劣后果的错误就必须纠正了。但作为上级,早已习惯来自于下属的奉承,又如何能接受下属对他的指正呢?这就要看你怎么说了。

1. 选择好的指正策略

如果老板做错事,实在让你看不下去或睡不着觉,那么,我建议你一个"说老板不是"的策略,以免出现闪失,影响自己的工作或未来的发展。

第一步,必须确定这是老板犯的错。但在告知老板错误时还带着证据,会让老板以为你要摊牌。此外,如果是整个团队都认为是老板的错,千万不要以"团体沟通"的方式,因为这更容易让老板产生一种"你们一起来摊牌"的感觉。

百分之百确定是老板的错以后,就开始观察老板的脸色,找个适当的场合,再设计好的开头,告诉老板他的错误。

另外,不要在公开场合直接指出老板的错误,因为上级一般都很爱面子,古今中外皆然。因此,你可以在人群散去后,再私下找老板聊。

2. 当众赞扬私下批评

这看起来有点两面三刀之嫌,但这和那种表面一套、背地一套,有本质上的区别。

人都喜欢听赞美的话,而且在公众场合听到,就会更加觉得有面子。反之,有关批评的话要私下里说,这样既能照顾到对方的面子,又不会对自身的形象产生坏影响。另外,在批评别人之前,可以换位思考一下,为什么他要那样做?有时候,对方可能是有难言之隐,不方便向别人透露隐情。此外,还要注意批评的语调,人们常说"一样话,两样说",即便是相同的一句话,但是用不同的语调说出来,给人的感觉也会大不一样。

3. "指正"变成提醒

本来是老板自己把文件撂在一边,既不翻阅,又不签字,当上面追究时,他反而质问下属为什么不提醒他或早点给他。这是非常令人气愤的,他这是在推卸责任。如果这位老板接二连三犯同样错误的话,那你也不要反唇相讥。因为,他实际上早已知道是自己的不对,只是碍于面子,不愿意承认错误罢了。如果下属不了解这一点,而直接说出来,无疑是自毁前途。

聪明的下属会把抱怨变成日常多提醒。像每天很关心老板似的提醒他有份报告还没签,如此一来,老板为了免得提醒,就会主动把文件弄好。这样,不仅可以保证工作如期完成,保全上级的自尊,而且还增加了你对他的重要性。一举三得,不是吗?

4. "以退为进"的沟通

找到适当的时机后,开头的话对你沟通能否成功也有重要影响。首先,要让老板知道你的出发点是好的,例如,以"我是为了公司利益着想"或"我非常尊敬你"之类的话开头,接着再以轻描淡写的语气委婉暗示他的错误。

此外,"以退为进"也是个好方法。例如,很多下属最讨厌那种说一套、做一套的老板。如果你想要让老板知道他"说一套、做一套"的错误,你可以以隐喻的方式,例如"我的朋友总是抱怨他的老板说一套、做一套……",暗示老板自己也有这样的毛病,提醒他注意一下。

一般聪明的老板听得懂暗示,对你的诚恳与体谅会表示感谢。至于有错却打死不承认,或是笨到听不懂你的暗示的老板,建议你试着保持"视而不见"的心态,以免太失望而伤了自己。

最后,要提醒大家的是,一定要尽量避免直接批评老板和上司。这是因为,假如你曾经批评他,那么当他不愉快的时候,就会想起你,从而更加憎恶你;在加薪的时候,由于你曾批评过他,让他有了不好的印象,所以,你很可能会被排除在加薪者的行列之外,即使迫不得已给你加了薪,幅度也不会高到哪里去,至于升迁,机会就更小了。

世上没有万能的人,上司也不例外,在工作中也会出现一些不恰当的行为和决定,不严重的问题可以忽视,而一些可能导致恶劣后果的错误就必须纠正,给领导纠错要采取恰当的策略。

对不同类型上级的应对技巧

即使是同一个人,也会有情绪不同的时候,因此,需要你见机行事,把握住关键,找好应对的方法。那么,面对不同的上级,我们应当怎么做呢? 下面的几个职场故事,或许会对你有所启迪和帮助。

1. 严谨型上级——大会小会总是批评我

技术局的小王上个月因为粗心而输入用户信息时出错,差点被人家投诉。幸亏局长及时发现,才没有造成重大失误。小王其实心里很感激局长,但不明白局长为什么动不动就提到这件事。有时候开大会也丝毫不给她留面子。小王心里有点委屈:我不就是犯了一个小错误吗? 至于这样吗?

应对技巧:洗耳恭听。

要点一:听得进——人总会有失误,身为普通职员,最忌讳的就是听不进上级的批评。在人才众多的大单位,能被上级留意不容易,如果你不能用突出的能力吸引上级,那就应尽量减少失误。

要点二:忍得住——上级总是批评你,拿你的过失说事,其实也是对你的留意和关心。要维护自己的自尊一定先要培养自己的耐心。面对上级的批评,你应该有强大的忍耐力。

要点三:改得快——防止伤害的最好办法是积极改正,争取好印象。当你再见到局长时,你可以主动对局长说:"我现在做事已经用心多了,不会再出那样的问题了。不信您看我现在做的几件事。"

2. 情境型上级——新官上任老要我泡茶

在书局工作的小文近来一直很烦,她的前任主编在上个月退休,现在来了一位新主编。小文的工作本来是做编辑,但新主编却一天要与她谈五六次,有时候竟会对她说:"泡两杯茶,我们谈谈。"小文觉得这样的事情令人尴尬,可又不能直接拒绝,否则会得罪领导。

应对技巧:洒脱不羁。

要点一:谨慎点——上司和同事一般都喜欢年轻漂亮的女职员,但是并不是每一位上级都这样,有时候他们也许只是想找人聊聊。如果你一味地用有色眼镜看人,说不定你先入为主的偏见令他也很尴尬,处理不好,或许会因此被调离或解职。所以,新主编刚刚上任,对书局现状不太了解,找一位熟悉这里的员工谈谈也是正常的。

要点二:洒脱点——女孩子也要像男子汉那样洒脱一点,用平常心对待上级的亲近,即使是一位有所图的上级,也会对一位大大方方只谈公事的女职员敬畏三分。

要点三:正派点——对异性上级的亲近,千万别往歪处想! 你若要除去自己心里的疑虑,借喝茶的机会,可以与新主编谈谈报社的历史沿革以及现在的发展情况,甚至可以谈谈书局最近即将出的新书的情况。

3. 稳重型上级——大功告成竟然不理我

上个星期,李梅终于将公司那笔50万元的欠款收回了,这使她最近几天一直很得意。她想,经理一定会表扬我,甚至还会给我升职、加薪。可是,让她奇怪的是这个星期,经理非但没有夸奖她,甚至连例会也没叫她去。她终于忍不住了,借着送材料的机会,想打探一下虚实。可是经理只是低头看文件,淡淡说了一声:"放下吧。"她知趣地出门了,可心里却是气得不得了。

应对技巧:沉着冷静。

要点一:别急躁——先做一下换位思考,面对工作出色的下属,你会喜形于色吗? 一个人的升迁就意味着其他的人失去机会,经理需要时间仔细考虑这件事情。再说,你的出色表现已经够让同事们注意了,如果他也明显地表现出对你的喜爱,那只会使你招惹更多的注目礼。因此,换个角度看,经理的冷遇也可以算作保护你。

要点二:要冷静——如果不能冷静,你也必须保持沉默,你应该与经理保持一点距离,这距离可以在一定程度上体现你成熟的心理素质。

要点三:多努力——如果超过三个月你仍未见提升,或是经理把职位给了别人,那只能说明你还不够资格得到那个位置,你还得继续努力!

4. 权威型上级——出国商谈突然看重我

李梦辰做梦也没想到,她竟然被董事长"钦点"要她陪同前往日本进行商务谈判。因为平时她都是默默无闻的,虽然那是人人都渴望的机会,既可以展示才能,又可以接近老总,还可以顺便旅游看风景,但李梦辰还是觉得不大可能,她心里在想,董事长是不是在开玩笑? 这么好的事怎么会发生到我身上? 会不会临走前又变卦?

应对技巧:缜密仔细。

要点一:千万别自卑——金子总会发光的,或许的确是你某方面的潜质吸引了他,比如,你外语能力非常好。首先,这是一件好事,你得给予相应的重视。而且经验和智慧都比你强得多的上级,不会无缘无故决定某个人的工作,他一定有他自己的判断和选择标准。

要点二:做事认真——在这个时候,你要用一丝不苟的态度,在短时间内精心做好准备。如果出错,丢丑的是你;如果成功,则人人有份。在整个谈判的过程中,你要尽可能充分展示你的才华和智慧,为老总赢得主动、赢得利益、赢得所有人的称赞。这样,既不辜负老板的希望,又为下一次"可能的重任"打下良好的基础。

要点三:会暗示——结束工作后,如果上级问你:"你在工作上还有什么要求?"你千万别直接说:"我想升职。"但可以给上级一个暗示:"如果有更多的挑战,我会有更多的创造。我喜欢挑战。"等待你的将会是另有重用。

———— 智者寄语 ————

面对不同的上级,我们要采取不同的方法。

预防与上司产生矛盾

职业女性作为下属难免会和上司发生矛盾。遇到这种情况,上司要解决好和下属的关系,这是问题的一个方面,或者说是主要的方面。问题的另一方面,女性下属对于与上司的矛盾又该如何处理呢?

有些女下属和上司发生矛盾时,有意无意地指责上司的多,反省自己的少,而且对环境的考察和分析也不足。

一般来说,女性处世的态度是比较温和的,她比男性更喜欢人际关系的和谐。但是如果你和上司发生矛盾,作为女性你首先应当冷静地对自己、上司和工作环境三个因素进行分析,特别应当先考虑一下自身的因素:喜欢自己的本职工作吗? 个人意向是否融合在集体目标里? 是应付差事呢,还是干活时自己积极主动呢? 是否自恃文化高或者有什么专长而目中无人? 自己的知识、才能、技术贡献有多少? 清楚自己的工作效率和效果吗?

如果上述那些常见的毛病存在,就应该在自己身上找原因,单纯责怪"领导差劲"是片面的。

每个女下属都希望自己和上司的关系融洽和谐,尽量没有矛盾。这一点要如何做到呢? 这个问题涉及的方面很多,最重要的就是尊敬、谅解和帮助。这一原则既是朋友、同事之间相处时应当注意的,也是协调领导和被领导关系时应该注意的重要问题。

1. 尊敬

这不是教你溜须拍马、阿谀奉承,也不是提倡盲从,而是鼓励职业女性们正确认识自己,对待上司要正确客观。初到一个地方,作为女性应知道他人对某个上司的介绍和评价,往往带有不少主观的色彩,这就容易给你造成一种"先入为主"的观念,导致你很难辨别真假,"人云亦云";而是否满足了自己的欲望又常导致我们对某个上司的喜爱或者厌恶;另外一些女性自我评价高,这也常会产生错误的态度,如轻蔑、怠慢、目中无人。因此,"抛弃偏见,尊重上司"是非常重要的。

2. 谅解

作为职业女性,如果你能够把立场放在"以工作为重"上,设身处地地替上司分忧、为上司着想,不必要的误会和不愉快的冲突就会减少很多。

3. 帮助

下级帮助上级,女性做这种事的难度要比男性大,但是如果你充分运用女性的智慧和才能也能为领导独当一面。在上司遇到困难的时候,女下属应具有高度责任感,而不能袖手旁观。

应该说,作为职业女性若能采取"敬""谅""帮"的态度对待上司,大部分矛盾的解决都会很顺利。不能靠冲动来获得个人情感的满足,而是要靠理智。为此,应该学会在矛盾激化时缓和矛盾的艺术:在愤怒时,对你个人最重要的你认为是什么? 是自己的人生大目标,还是几百元奖金、一间住房、一级工资? 是你的理想、事业,还是先"出出气再说"? 女性们千万不要因为斤斤计较蝇头小利而把自己的追求和远大理想忘记。

即使对待上司的态度正确,彼此间仍难免会产生一些矛盾。当你和上司产生矛盾,并且造成矛盾的主要责任在上司方面的时候,应当采用什么方式解决呢?

1. 要直言相陈

职业女性们要清楚,有时一味忍耐并不是好的办法,不如把自己的观点和态度明确地向上司讲出。

2. 要"以德报怨"

职业女性不妨抱着暂时受点委屈的态度,用自己的宽宏大度逐渐缓和矛盾,然后再逐步解决。

3. 可以吐诉衷肠

有什么烦恼,有什么委屈,不要憋在肚子里,可以向丈夫或亲友、师长讲明情况,求得帮助。

4. 要好自为之

不能坚持自己是很多女性的弱点,这是缺乏自信的表现。记住,只要自己做得正确,就要坚持下去,不为声色所左右。如果问题特别严重的话,还可以越级申诉,请求领导的上级帮助解决。

────────── 智者寄语 ──────────

每个女下属都希望自己和上司的关系融洽和谐,尽量没有矛盾。这一点要如何做到呢? 这个问题涉及的方面很多,最重要的就是尊敬、谅解和帮助。

巧妙应对异性上司的追求

当你被上司频频邀请一同外出时,即使他真的没有非分之想,你也要小心注意了,因为这说明他很快就要在以后的日子里对你有所追求了。

叶小姐在一家规模很大的医药公司做销售。这份工作挑战性极大,无论在与人的沟通、对专业知识的掌握、对市场的把握,还是在体力的支配上,要承受的考验都非比寻常。叶小姐常常是几个小时前还在约见客户,几个小时后就飞到别的城市了。公司会公开每个人的销售业绩,当你总是完不成公司定额的时候,会有一种无形的压力在你头上。当你承受住了这种压力,一直在提高自己的业绩时,就会因此受到顶头上司、销售部经理或老板的青睐。

叶小姐刚进公司时,就碰上了一个对公司十分重要的国外大客户。谈判一开始,对方就拿来一些国际惯例跟她谈。由于双方文化背景、运作方法、思维方式的不同,谈判很快陷入了僵局。但是叶小姐绝不轻言放弃,她一遍又一遍地研究对方,一星期下来,终于成功完成了谈判。叶小姐对老板吃饭的邀请欣然接受了,她说:"我当时的高兴劲儿真可以用眉飞色舞来形容。在上司面前也顾不上矜持,吃过饭,他邀我去跳舞,我答应的时候没有丝毫的犹豫。"以后老板便经常请叶小姐吃饭,打保龄球、桌球、壁球,多半是以庆祝叶小姐的业绩和出色表现为借口。有时叶小姐并不想去,但是看到他的眼神那么诚恳,又想想他是自己的上司,不好意思拒绝。而老板每次出差都会带些别致的小礼物给她,这当然逃不过外人的眼睛。

一来二去,难免有人在背后议论叶小姐和她的上司,这其中也有妒忌叶小姐的出色表现的人。相恋两年的男友听到传闻后深信不疑(因那段时间叶小姐时常晚归和失约),他揣测好强的叶小姐做出的成绩一定是利用了上司。叶小姐怎么解释他也听不进去,而叶小姐一想起来老板的眼神就很烦恼。

其实,叶小姐这种情况很多白领女性经常会遇到,那么怎么办呢? 这就要学会拒绝,掌握说"不"的艺术。

1. 最好的回答就是微笑

当你遇到一个需要立即表示否定的问题时,微笑是说"不"的最好方式。上司约林小姐一起去吃晚餐,林小姐没有直接回答,只是微笑着做欲言又止状。"你有约会啦?"上司悄悄地问。林小姐微笑着点点头。"哦,真对不起!"在微笑中双方形成了默契,并没有留下任何尴尬。

2. 幽默,是说"不"的绝妙方式

活泼可爱的女孩小宁,很受大家的喜爱,她同大家都保持着一份纯真的友情,而其上司却对小宁别有用心。有一天晚上,月色迷人,两人坐在露天咖啡馆的圆桌旁,品着浓香沁人的咖啡,上司突然握住小宁的手,激动地说:"你愿意做我的女朋友吗?"小宁反应十分迅速,浅浅地一笑说:"我难道不是你的'女朋友'吗?"上司惊讶地望着她。小宁说:"我们是朋友,而我又是女孩子,我当然是你的'女朋友'啦。"小宁话里的意思上司立刻就明白了,放开她的手说:"是哦,你就是我的'女朋友'。"

总之,作为职场女性,不管在任何时候都要坚持自己的原则,这样能让上司的邪念变成敬重。

───────── 智者寄语 ─────────

职场女性要坚持自己的原则,这样可以将上司的邪念变成敬重。

如何与女上司打交道

许多女人都不喜欢有一个女上司,因为女人敏感、多疑的性格特征使她们和平相处起来很难。如果你是女下属,千万不要让自己的光芒盖过女上司,做好你的本职工作。

带着惊奇、梦想,还有一点忐忑不安,玫玫跳槽到了一个国家机关做外事工作。在面试时,主考官问她希望有一个男上司还是女上司,她不假思索地回答:"男上司。"

潜意识里,大多女上司在她心里都是有些口是心非、充满太多的控制欲的人,而且在她们面前,做个玲珑、优雅、能干的下属,特别是优秀的女下属,是不容易的。尽管不愿意,但仍是一个女上司在等着她。她已五十开外,照理说,她和玫玫的层次完全不同,根本就没有可比性,可玫玫依然能强烈地感到她在同自己较量着。比如上班第一天,玫玫尚未在她面前站稳,这位女上司就来了一句:"穿超短裙在我们办公室是不允许的!"

这么冷冷的一句话,把玫玫的心都浇凉了半截。

不可否认,尽管现在随着女性越来越多地跻身职场中,出现了越来越多的女性高层管理人员。身为女下属,你就要对自己格外多加几个小"提醒"。

1. 风头不可太过

女人常犯的毛病就是喜欢出风头,虽无大碍,但最好不要盖过女上司。

丽华的主任是位颇有风姿、年近40的女性,在丽华刚来到公司的时候,主任对她也很亲切,现在却越来越冷淡了,对此丽华一直不明白是什么原因。直到有一次部门全体出动举行年终庆贺,酒桌上丽华出尽风头。去唱歌时,她当然也不会错过这个好机会一展歌喉。然而,就在兴冲冲地要唱第三首歌时,在众人的掌声里,丽华无意中看到了女主任受了冷落。

在那一刻,丽华一切都明白了。

2. 把握交谈的深度

在不了解具体情况之前,别冒冒失失问候她的丈夫和孩子,许多女上司的生活比我们想象的要独特得多;柴米油盐及打毛衣的心得也不能同女上司交流,要知道人的精力有限,跟她谈持家心得,会引起她的警觉——"她是不是上班时一颗心仍在家里?"

此外,交换美容心得是女性之间增进亲密感的秘诀之一,不过,女上司和女下属之间不适用这一手法。因此除非她咨询你,否则切勿向女上司陈述养颜的秘方。

3. 结交良师益友

单位中常有一些人被称作"大姐",不仅因为年长,还因她人缘好、威信高。她们行事公正,以身作则,堪为年轻人的榜样。不仅如此,仔细了解还会发现,在为人处世和持家方面她们很有经验,都值得年轻人学习。这样的女上司被你有幸遇上,如果可以赢得其信任成为朋友,对你的事业和生活都会有很大帮助。

—————————— 智者寄语 ——————————

千万不要让自己的光芒盖过女上司。

巧妙应对上司的黑色情绪

许多女性都会碰到自己上司压力大、情绪不好的时候,这时他就会对员工发泄自己的不满和焦虑。如果你能及时读懂上司的意图并进行自我调节,你就能与上司建立融洽的关系,也会有益于你未来的事业。

1. 黑色情绪之一:愤怒

在心理学上,愤怒常常是内心力量的体现。一般来说上司都是属于力量型的,这样才能独当一面,所以他们一般都比较强势,比较坚强。当他们遭遇挫折时,就会表现得比较极端,譬如愤怒。

如果上司对你发怒,千万不要将自己个人看成是他愤怒所指向的目标。其实,你只是他发泄愤怒的一个对象而已。上司有可能是在外面遇到了一些压力,也可能是有一些问题出现在他处理家庭关系的过程中。总之,不要以为是自己引发了上司的情绪,因为你对于上司来说,可能还没有那么重要。上司不能对着客户发火,也不能到大街上去发火,在他掌控之下的安全地带就是公司,所以他发泄情绪最有可能选择这个安全地带。

学会察言观色很重要,当你已发现有迹象表明上司要发火,只要不是必须找他,不如避开风头,也许明天他就恢复如常了。如果不巧上司对着你发泄怒气,在他发火时千万不要顶撞和争辩,他的怒火会因你的解释而更大,也千万不要认为上司发火了就会炒你鱿鱼。如果人人都在被上司骂了之后就辞职,可能早就没几个人在公司了。

2. 黑色情绪之二:焦虑

焦虑其实往往是自信心不足的表现。因为自信心不足,所以会担心有的局面自己控制不了。其实很多时候人们焦虑的东西永远都不会来,焦虑并不意味着一定会发生什么坏事。上司在陷入焦虑的时候常常比较软弱,自信心不足,焦虑是他在面对巨大压力时的一种应激反应。

当上司焦虑的时候,意味着他正面对的压力很大,这个时候,作为下属的你要支持他,而不要受到他的影响也陷入焦虑之中。不到最后,决不可以轻率地说放弃!

3. 黑色情绪之三:沮丧

沮丧是人在面临压力时的一种消极情绪,往往产生于生活面临不愉快的变故时,其表现是消极悲观。沮丧跟焦虑不同,它不是一个人性格的一种长期或是稳定的反应,它产生于人在面临一些特殊压力的情况下。

人的沮丧通常会自我平复,不要去打扰处于沮丧初期的上司。当他在这种情绪中沉湎太久并且已经影响到公司的士气时,对于其中的原因你不妨了解一下,帮助他走出这种不良情绪。

智者寄语

上司也会有脆弱的时候,当他面对一些不好的事情的时候,也会产生沮丧的情绪。

与男性上司保持最佳距离

与男性上司之间的距离是很多职场女性容易忽略的细节问题。女性与男性上司在办公室中相处时,彼此间要保持适当的距离,使其不超越正常的工作关系,以避免一些闲言碎语和不必要的麻烦。以下几种场合下的言谈举止要特别注意:

1. 与男性上司保持正常的空间距离

心理学研究表明,在人际交往中,空间距离不同,产生的心理效应也会不同。正常的人际交往中,空间距离要保持适当。

美国人类学家爱德华·霍尔划分出四类彼此间在交流中的生理距离:距离在0~46厘米之间为亲密型,距离在46厘米~1.2米之间属正常型,社会空间型的距离在1.2~3米之间,普通型的距离在3米以上。

空间距离的大小,会引起不同的细微变化。职业女性在与男性上司或男性同事的交往过程中,如果正常的交往距离被破坏了,就会引起不当的心理刺激,心理不健康的人就容易产生非分之想,甚至做出越轨的行为。因此,作为职业女性,与男上司和男同事要时刻注意保持一定的距离,避免桃色事件的发生。

2. 最好不要单独与男上司在办公室谈工作

许多企业和公司的董事长或总经理的办公室都是独立的,给外人的印象是具有私人空间的地方。如果上司有工作上的事情要和你谈,在进上司办公室之前,最好与同事打声招呼。这样可以避免同事的猜疑,也不留同上司独处的机会。

3. 不要轻易到男上司家里去

家是一个私人的生活空间,而不是工作场合或公共场所。只有与上司的关系达到一定的程度,到对方家里做客才会有可能。如果女性职员到男性上司的家中,往往就意味着彼此之间私人关系已经不同一般。不然的话,男上司家里不要轻易去,以免引起不必要的麻烦。

4. 不要单独与男上司去娱乐场所

由于娱乐场所的气氛活跃,再加之浪漫的音乐、闪烁的霓虹灯,人会很容易出现错觉,做出意外的举动。年轻的女士不适宜与男上司光顾这种场合,尤其是男上司已有了家庭,因为这种交往是在彼此的工作范围之外。

5. 应对男上司做媒

上司十分赏识工作卖力、业绩突出的你,他一心一意要对你的终身大事负责任。一天,他热情洋溢地与你谈论,有一门亲事他已替你看好了,只等你去相亲。面对这突如其来的事件,你无所适从,不知怎样处理。如果一口拒绝,你和上司之间的亲密关系就会受到影响,应约前往又与自己的初衷相背离。要想处理好这种事,需要一些技巧。首先,要表示感谢上司的关心。然后,把自己的心思巧妙地说出来,不使公事与私事相搅和。如果上司坚持己见,你也不能怪上司多管闲事。

女性要注意与男性上司的交往,因为这个话题十分敏感。要小心谨慎,私下里尽量避免与男性上司单独接触,注意保持正常的交往距离才是一个合格职业女性应采取的做法。

───── 智者寄语 ─────

与男性上司之间的距离是很多职场女性容易忽略的细节问题。女性与男性上司在办公室中相处时,彼此间要保持适当的距离,使其不超越正常的工作关系,以避免一些闲言碎语和不必要的麻烦。

第三章
了解同事心理，营造良好氛围

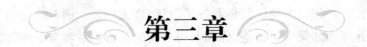

学会与不同类型的同事相处

每个人的生活方式与性格均不同。在公司，总会碰到不同类型的同事，在与他们的相处过程中，要因人而异，不能千篇一律；对待不同性格的同事要采用不同的交往方式。

1. 对待过于傲慢的同事

与骄傲自大、目中无人、举止无礼、出言不逊的同事打交道，会让人不舒服。对待这种人，说话应尽量言简意赅、条理清晰，给对方一个干脆利落的印象，也使他难以施展傲气。减少与他相处的时间，免得让他在你面前"尽显神威"。

2. 对待尖酸刻薄的同事

尖酸刻薄的人在职场中常显得无礼。他们的话语多半没有素养，在与人发生争执时，会不留情面地挖人隐私，冷嘲热讽，无所不用其极，以取笑别人为乐，让对方的自尊心受损、颜面尽失。要尽量与其保持距离，不要招惹他，同时要有宽容心，切忌轻易动怒，否则你是自讨没趣。

3. 对待深藏不露的同事

这种人对事物亦有其见解，只是不会轻易地表达自己的想法，非要等到万不得已，或者水到渠成的时候，才会说出来。他们都有心计，喜欢观察别人、了解别人，从别人身上得到更多的信息。这种人很精明，也很会周旋。和这类人交往，要心存防范，不要轻易地把自己的想法或秘密告诉他。否则他会掌握你的底细和秘密，使你陷入圈套之中。

4. 对待过于敏感的同事

这种人会对别人的行为和话语很敏感，致使误会产生。对待这种人，说话要特别委婉，如果要向他提意见，首先要给他肯定的评价，增强他的自信心，然后客观公正地指出不足，并且强调是针对事物本身，而不是针对个人，以免让他对你的话语产生曲解。

5. 对待冷漠死板的同事

和这样的人相处，你不必在意他的冷面孔，相反，你应该热情洋溢，以你的热情化解他的冷漠。但也不能急于求成，通过细心观察，从他的言行中寻找出他真正关心的事来。每个人都会有自己感兴趣的事，你可以随便和他闲聊，若他感兴趣，他就会滔滔不绝地说出来，你也可以表达自己的观点。经过一段时间，他就一定不会对你冷漠了。因此，对待这类人应该好好掌握并利用其性格和心理。

6. 对待口蜜腹剑的同事

口蜜腹剑的人，"明是一盆火，暗是一把刀"。最好的应对方式是敬而远之，不要给他接近的机会。尽量不要与他合作，若不可避免，一定要小心谨慎，言谈只能围绕工作展开，多说无益。你也不妨每天记下工作日记，为日后应对做好准备。

7. 对待多嘴多舌的同事

这类同事爱管闲事,整天谈个不停,把传小道消息当做自己的本行,对别人的事情过于关心。他们会对你说:"有什么心里话请对我讲吧,我会为你保守秘密。"事实并非如此。他们无非是想从你那里获取点谈资用于卖弄。这种人唯一的好处是每当他们从你这里得到一点消息后,他们认为应该告诉你一点有关别人的秘密,这样也有助于你对其他同事的性格等方面有所了解。但危险在于,他们既然会对你公开别人的秘密,同样也会对别人公开你的秘密。明白了这一点,那就千万不能把真心话告诉他们。

8. 对待雄才大略的同事

这类同事胸怀大志,眼界开阔,喜欢充实自己、结交朋友。雄才大略的人,见识往往异于常人,思维逻辑方式亦是如此,做人处世自有风格,不卑不亢、不急不躁是他们的本色。但是,不是每一个雄才大略的人,都能够建功立业。有雄才大略的同事,要虚心向他学习,如果大家利害一致,亦可共同发展。如一山不能容二虎的话,就各取所需,各享盛名,各得其利。

9. 对待敬业乐群的同事

这种类型的同事由于工作态度和处事方法非常好,较受大家欢迎。这种敬业乐群的心态会感染到身边的同事,凡是他在的单位及群体,业绩都很不错,周边的工作环境非常和谐。与这类同事相处,要学着和他一起敬业,工作要更卖力,这样对自身发展有很大益处。

智者寄语

每个人的生活方式与性格均不同。在公司,总会碰到不同类型的同事,在与他们的相处过程中,要因人而异,不能千篇一律;对待不同性格的同事要采用不同的交往方式。

应对同事之间的竞争

人为谋生而参加工作,每天面临着各种各样的机会,譬如晋升、加薪或者分房,等等。在这些名利诱惑下,竞争应运而生。如何正确认识竞争、对待竞争,是处理好同事关系的关键。竞争无处不在,与其花时间打击、贬低对手,急于表现自己,还不如用宽容建立和谐的人际关系,获得他人的支持和帮助,共同进步。

王海和李磊是同一家公司的两位员工。最近,公司有一个部门经理的空缺,很多人都在竞争这个职位,其中王海和李磊的实力最强。虽然王海更有能力,但是,最终李磊升任了部门经理。同事们都为王海打抱不平,但是,王海却说李磊有很多优点,能力也很强,也主动向李磊道贺。王海的这种态度让李磊很感动,在一年的考核中,王海是部门中成绩最高的,因而有机会出国培训。

争强好胜之心,人皆有之,要摆正心态。胜者固然可喜,败者也无须垂头丧气,要从竞争中找出差距与不足,争取下次取得胜利。俗话说得好:"退就是进,让即是得。"只有时刻保持一份宽容谦和之心的人,才会建立起良好的同事关系。王海以宽容之心对待同事李磊的升职,这是聪明员工的做法。如果他在得知李磊当上了部门经理后,就到处抱怨,甚至是找上司讨说法,只会显得自己小家子气。相反,王海主动向李磊表示祝贺,是其大度的表现。

职场上,能力并不是决定前程的唯一标准,一个人的为人处世方式、对待事情的心态同样重要。

———————— 智者寄语 ————————

竞争无处不在,与其花时间打击、贬低对手,急于表现自己,还不如用宽容建立和谐的人际关系,获得他人的支持和帮助,共同进步。

不可侵犯原则性问题

与同事交往过程中应注意一些不可侵犯的原则性问题,具体从以下几个方面入手:

1. 尊重同事的成果

成果是一个人辛勤劳动所得,每个人的成果都是用智慧、劳动、心血创造出来的。因此,当别人展现自己的成果时,马上否定会刺伤对方的自尊心。即使你觉得不好,也不应直接表达,因为你的一句否定很有可能影响了你们的关系,应保持沉默或者非常委婉地表达。

2. 尊重他人人格

同事之间应该学会相互尊重,只有尊重他人的人格,方能严守做人的准则。每个人都具有独立的人格,且在人格上大家都是平等的。因此,要想赢得他人的尊重,必须先学会尊重他人。同事之间乱起绰号,拿别人的事情当笑料取笑别人,这些都是没有素质的表现,也是不尊重他人的表现。因此,在与他人相处中,必须尊重他人的人格,从自己的一言一行做起,逐步树立起为人谦逊、待人诚实、对人尊重的做人准则。

3. 保守同事的秘密

保守同事的秘密也是对其尊重的表现。同事的个人秘密,当然都是带着些不可告人或者不愿让其他人知道的隐情。要是同事能将自己的隐私信息告诉你,说明他对你信任,你们之间的友谊肯定要超出别人一截。要是同事在别人嘴中听到了自己的秘密,他肯定认为是你出卖了他。被出卖的同事肯定会在心里骂你,同时对以前的交往感到后悔。因此,不随意泄露个人隐私是巩固职业友情的基本要求。

———————— 智者寄语 ————————

与同事交往的过程中应注意不可侵犯的原则性问题。

工作中的言语禁忌

同事间应避免这些言语禁忌,关系才能更加融洽。

1. 不要逢人诉苦

在工作中、生活上不顺心时,总喜欢找人倾诉,总希望得到别人的安慰,得到别人的指点。虽然这样的交谈富有人情味,会增进友谊,但是研究调查表明,只有不到1%的人能够严守秘密。所以,当个人情感发生问题时,最好不要到处诉苦。当你的工作中出现了危机,做事不顺心,对上司、对同事有意见、有看法,也不可逢人诉苦。不要把同事的"友善"和"友谊"混为一谈,以免成为办公室注目的焦点,也容易给老板造成"问题员工"的印象。忘记过去的伤心事,把注意力放到充满希望的未来,做一个生活的强者。这时,敬佩的目光将会向你投来。

2. 不要把谈话当辩论

"人上一百,形形色色。"每个人都有自己的性格和兴趣爱好,对同一事情的看法也会是"仁者见仁,智者见智"。当然,我们每个人都希望大家认同自己的观点,也竭力想说服异己赞同自己的看法。但应注意以下几点:与人相处要友善,说话态度要谦和;对于那些不是原则性的问题没有必要争个是非非;即使是原则性的问题,也应允许别人与自己意见不同,千万不要为了让别人顺服就不停地劝说,注意"己所不欲,勿施于人"。要知道,一味地好辩逞强,只会让同事对你"敬"而远之。

3. 不要成为"耳语"的散播者

耳语,就是在别人背后说的话。只要人多的地方,就会出现。有时,你可能不小心成为"放话"的人;有时,你也可能是别人"攻击"的对象。这些耳语,比如谁最吃得开、谁又有绯闻,等等,会影响人的工作情绪。聪明的你要懂得该说的就勇敢地说,不该说的绝对不要乱说。

智者寄语

同事间应避免这些言语禁忌,关系才能更加融洽。

工作中的行为禁忌

1. 不要拉帮结派

同事间由于性格、爱好、年龄等因素的差别,交往方面就会出现差别,但绝不能以个人的好恶划界限。在公司里面拉帮结派,排斥异己,会破坏同事间的团结,导致同事间相处紧张;也不要因为趣味相投而结成一派,这样容易引发圈外人的不满。一位正直无私的人,应一视同仁,不要将自己置于无谓的人际纠葛纷争之中。

2. 不要满腹牢骚

发牢骚,是人们发泄不满的一种手段,有四种类型:

(1)直露攻击式:指名道姓地攻击、埋怨某人某事,言辞激烈。

(2)指桑骂槐式:对某人某事不满,但并不直接进行攻击,而是采用迂回的方式表露自己的怨气。

(3)自我发泄式:遇到看不惯的事,关起门来自我发泄一顿,情绪较为激烈,但很快就可恢复平静。

(4)暴躁狂怒式:在他人面前尽情地发泄不满和怨恨情绪,言语粗暴、情绪激动,可能还会不可收拾。

在工作中,特别是在同事面前不要乱发牢骚,应以积极的态度面对。即使遇到挫折、饱受委屈、得不到领导的信任,也不要牢骚满腹、怨气冲天。发牢骚也不会得到好的结果,要么招同事嫌,要么被他们瞧不起。

3. 不要过分表现

当今社会,充分发挥自己、充分表现出自己的才能和优势是没错的。但是,要注意场合与形式,如果过于表现,就有矫揉造作之嫌,会引起旁观人的反感。

李娜是一家大公司的高级职员,平时工作积极主动,表现很好,为人热情,跟同事关系也不错。可是,一个小小的动作却将她的良好形象毁于一旦。

有一天,公司召开一场员工大会。等待总经理的过程中,有一位同事觉得地板有些脏,便主动拖起地来。而李娜就一直站在阳台旁边。突然,李娜走过来,坚持拿过同事的拖把替他拖地。其实此时根本不需要她帮忙,可李娜却执意要求,那位同事只好把拖把给了她。不一会儿,总经理推门而入。总经理见李娜在勤勤恳恳地拖地,微笑地表示赞扬。

李娜这种虚假的面孔被同事知道了,同事与她的接触越来越少。

在办公室里,本来同事之间就存在着竞争,如果一味刻意表现,不仅得不到同事的好感,反而会引起大家的排斥和敌意。真正善于表现的人在表现自己的同时也不张扬。展示真正的教养与才华的自我表现是可取的,刻意表现则是最愚蠢的,小心得不偿失。

4. 不要故作姿态

办公室内不要给人新新人类的感觉,毕竟这是正式场合。穿衣与言行,切忌太过前卫,给人风骚或怪异的印象。否则会被同事耻笑,同时还会认定你没有实际工作能力,是个吊儿郎当、行为怪异的人。

5. 不要择人而待

在工作岗位对待同事要一视同仁,不可区别对待,给人一种"势利小人"的印象。要知道,在一个单位,人们瞧不起也不欢迎势利小人,即便你的工作是优秀、成功的。

智者寄语

工作中避免这些行为禁忌,可以让你成为更受欢迎的人。

同事间聊天注意事项

工作之余,聊天就成为在职场打发时间的主要形式。聊天的内容虽然不受限制,但要注意品位问题,也就是指不讲低级庸俗、格调低下的话题,比如,搬弄是非、贬低他人、涉及个人隐私的话题。

在办公室里聊天,还要注意不要妨碍他人,在公众场所大声聊天是不受欢迎的。善于聊天的人,也不会自以为是,用教训人的口气说话,因为这种口气代表对对方不尊重,相信没有人喜欢和老爱教训人的人聊天。

虽然闲谈看起来是一件小事,但有时却显得非常关键。谈得太多会被人看成是神经质,不理会别人则会被人误以为过于孤僻。仅仅谈论工作的人则显得有些狭隘。因此,你应把每次与其他同事的相遇,都看成是一次可以用自己的言谈打动别人的机会,也因这是个机会,你就应当好好把握。

聊天的能力在工作中必不可少,它有助于跟同事协调情感、增加信任。如果你在公司多年打拼,即使工作勤奋但仍然不能取得进展,那你就要反省自己是不是因人际关系而阻碍了成功的机会。要知道,闲谈的窍门也是职场人际关系中一项极为重要的内容。

一个有心的聊天者,如果好几个人在一起聊天,你要让大家都有说话的机会。有时不要故意提出一些挑战性的问题,引起激烈争论,最后大家不欢而散;如果有前辈在,你更要虚心有礼了,不要随意打断前辈的话,也不要抢在前辈之前发言。

聊天是一种交流思想和交融情感的交谈活动。职场人际关系中,它有时是润滑剂,使人们消除摩擦,化解矛盾;有时又是黏合剂,使人们更加贴近,了解彼此。正因为如此,你要懂得掌握利用谈心的方式和同事沟通,以此来推动工作更好发展。

聊天时,大家都希望尽量避免冷场。为了避免出现冷场,你还是要有所准备。作为聊天的一方,你可以通过转换话题的方式打破冷场。转换话题时,要提出一个大多数人都感兴趣并有可能参与的问题,或是开个玩笑,活跃一下气氛,再转入你要说的正题,这样更自然些。

通常而言,同事间聊天的话题有对方的个人爱好、对方的健康、新闻趣事、公司所取得的成就等。把握好这些话题可与同事保持良好的交流。

但是,我们也应该心里有数,即便同事间是轻松聊天,不谈正经事,也不能不分时间和地点信口开河、乱说一气。

因为一旦口无遮拦,说错了话,说漏了嘴,就相当难补救。若因言行不慎而让同事丢了面子,或把事情搞糟,既不礼貌,也不明智。因此,在与同事聊天时须注意以下事项:

1. 不要探问同事的个人隐私

喜欢打听别人隐私的人是令人厌恶的。在西方人的礼节中,"探问女士的年龄"被看成是最不礼貌的习惯之一,所以,西方人在日常应酬中可以对女士大加赞赏,却不去过问对方的年龄。

当你打算向同事提出某个问题时,最好是先考虑一下,看这个问题是否会涉及对方的个人隐私。如果涉及了,要尽可能地避免,这样对方不仅会乐于和你交谈,还会为你得体的问话而对你留下好印象,为同事间的良好交往打下坚实的基础。

具体地说,容易涉及同事隐私的主要有以下几个方面:女士的年龄;工作情况及经济收入;家庭内务及存款;夫妻感情;身体(疾病)情况;私生活;不愿公开的工作计划;其他不愿意为人所知的隐秘。

2. 不能当众揭同事的隐私和错处

生活中,总是有人喜欢当众谈及对方的隐私、错处。心理学研究表明,几乎没有人愿意把自己的错处或隐私在公众面前"曝光",一旦被人曝光,就会感到丢了面子而生气。因此,在职场中,除非因为某种特殊需要,一般应尽量避免接触这些敏感区,以免同事当众出丑。如果确实必要可采用委婉的话暗示你已知道他的错处或隐私,让同事感到有压力而注意其行为。知趣的、会权衡的人,一般是会顾全自己的脸面而悄悄收场的。当面揭同事短处,让对方出丑,对方说不定会恼羞成怒,或者干脆耍赖,局面很可能难以收拾。至于一些纯属隐私、非原则性的错误,最好的办法是装聋作哑,千万别去追究。

3. 不能故意渲染和张扬同事的失误

职场上,同事之间说话,常会碰到这类情况:念错了一个字,搞错了一个人的名字等。这种情况,对方本来就十分尴尬,生怕更多的人知道。你如果听到了,只要这种失误无关大局,没必要大加张扬,故意搞得人人皆知,更不要抱着幸灾乐祸的态度,拿人家的失误来做笑料。因为这样做不仅对事情进展无益,而且由于伤害了对方的自尊心而结下怨敌。同时,这样对你自己的社交形象也不利,人们会认为你是个刻薄的人,会对你反感、有戒心,因而和你疏远。所以,拿他人的失误做文章,实在是一件损人而又不利己的事,而且并不道德。

4. 不宜过早说深交话

初次与人见面,即使你对他(她)有一定好感,但你对对方还不完全了解,不宜过早与对方讲深交、讨好的话,尤其不要自以为是地轻易为对方拿主意。因为这很可能会导致"出力不讨好"。若对方按你的意见做,却没有达到理想的效果,则可能以为你在捉弄他;即使行之有效,他也不一定为那几句话而感激你。所以,除非是好友,否则不宜过早说深交的话。

5. 说话不能不看时机

与同事沟通,有的人说话时旁若无人、滔滔不绝,不看对方脸色,也不看时机场合,只管满足自己的表现欲,这是修养不高的表现。有修养的职场人士,说话会时时注意对方的反应,不断调整自己的情绪和讲话内容,使双方交流更轻松、更和谐。

智者寄语

一旦口无遮拦,说错了话,说漏了嘴,就相当难补救。若因言行不慎而让同事丢了面子,或把事情搞糟,既不礼貌,也不明智。

如何消解同事的误会

无论你如何谨慎小心,也无论你在公司中工作了多少年,与同事发生误会都是无法避免的。因为误会常常是无意之中产生的。

形成误会主要有两个原因:一是自身的言行不够谨慎,言谈行事过于随便,使他人不能准确明白你的意思;二是对方主观臆测。由于受到不同的经历、知识面、价值观、心境等因素的影响,对同一件事、同一句话,不同的人难免会有不同的理解。

但是误会会给同事之间带来很大的麻烦。所以,你一旦发现自己陷入误会的圈子后,必须调整自己,及时采取有效的方式解除它,尽快使自己与同事的关系变得轻松、自然、和谐起来。

1. 消除委屈情绪

发生误会后,你首先要做的,就是不要总是为自己辩解。那种总认为自己正确、心中怀有委屈情绪的人,大多很少开口向对方做解释,这种心理障碍阻碍了彼此间的交流。

此时,你应多替对方着想,也许他只是不了解真相,不了解你的一番苦心,但只要你真诚地向他表明心迹,相信误会会很快消除的。

2. 查清原因

产生误会后,通常是一方怒气冲冲,充满怨恨;一方满腹狐疑,委屈压抑。这样导致双方的隔阂越陷越深。

所以,这时候你一定要冷静,你必须下一番工夫搞清楚对方的误解源于何处。否则,无论你花费多少口舌,也不会解释清楚的,搞不好还会越描越黑,弄巧成拙,弄出新的误会。

3. 当面说清楚

虽然消除误会的方法多种多样,但最简捷、最方便的方法还是当面说清楚。因为大多数的人都喜欢这种方法。

因此,如果有误会,需要亲自向对方做出说明而不是找各种借口为自己辩白。你一定要克服自己的懦弱,想方设法地当面表明心迹。

4. 不要放过好时机

解释缘由是消除误会的好方法,但也必须选择好时机,一定要考虑对方的感受、情绪等因素。你最好选择喜庆日子,因为这时对方心情愉快,胸怀也就较为宽广,不会太计较。你如果能抓住这些时机进行表白,往往能得到对方的谅解,使双方重归于好。

5. 请其他同事帮忙

因为同事之间的误会常常是在工作中产生的,双方的误解牵涉到许多因素。个人解决可能会受到限制,这时候,你可以请其他同事帮忙,这样有助于把事情彻底地弄清楚。

当然,你也不必叫上一帮同事大费口舌。当误会不便于直说,你们双方又都觉得心里不愉快时,你只需要让同事帮忙为你们提供一个畅谈的机会即可。双方通过平心静气的交流,彼此间心理上的距离便会缩短,许多小误会和不快也就会不见踪影了。

6. 用行动加以证明

有的误会用语言可能解释得不太清楚,那么,你就用行动去证明误会的不实之处。

比如,你工作取得很大成绩,但有同事误解你是靠别人帮忙得来的,这种事你用嘴是说不清楚的,而且会越说越让人怀疑。这时只有靠自己的努力,拿出更好的成绩来证实你的能力。这样,他人就无话可说了,误解自然也就消除了。

7. 恰当地进行自我辩解

自我辩解是维护自我权利的最有效手段。因此,我们需要掌握一定的自我辩解的技能。

生活中,受委屈是不可避免的,受了委屈要替自己申辩,以消除他人对自己的误解。自我辩解,叙述语言要饱含感情,通过陈述,让他人了解自己的满腔热情和热切愿望。同时,态度要坦诚,语言要得体,才能得到对方真诚的谅解。多用"我们"怎么怎么样,会使对方有被同化的感觉,仿佛双方就是同一派的,不应发生冲突,从而消除了敌意。

需要注意的是,如果自己的确有错误,就应更坦率地承认错误,接受批评,使对方看到你的真诚,这样才能从根本上消除误会,对方才能真正与你和解。

总之,辩解过程中,既要坦诚,又要有原则、有分寸,既要争回自己的尊严,又不过分贬低对方,化解矛盾为辩解的宗旨。

━━━━━━━━━━━　智者寄语　━━━━━━━━━━━

误会会给同事之间带来很大的麻烦。所以,你一旦发现自己陷入误会的圈子后,必须调整自己,及时采取有效的方式解除它,尽快使自己与同事的关系变得轻松、自然、和谐起来。

理智对待冷言冷语

在职场上,总会听到各种各样伤人的冷言冷语。这种尖酸刻薄的话,常常使人感到难堪和不快。说这类话的同事的心态,或嫉妒,或蔑视,他们的目的都是要你难以忍受,贬低你的自尊,打击你。比如:

"这个工作是你一个人完成的? 不会吧,真没想到你居然可以独立完成这个工作。我对你可真得刮目相看了。"

"你真是朽木不可雕,告诉你这份文件要那样做的,你偏要这么做,你脑子里装的是什么?"

如果你听到这样的讽刺就气上心头,并且激烈地反唇相讥,就正中了对方的下怀,他正好对你更加中伤诽谤,双方免不了一番争吵,结果弄得两败俱伤。争吵从来都没有赢家。

其实有很多很好的方法,可以化解冷言冷语带来的伤害,大可不必唇枪舌剑。因为对你冷言冷语的人通常有某种目的。你可以先分析他话中的用意,找出言外之意,再针锋相对做出反击,这样更能切中要害。

你可以装糊涂问对方:"你这样说是什么意思,我不太明白。"或装傻说:"你这个玩笑真有意思。"总之,你要忍耐,不要当面翻脸。

智者寄语

其实有很多很好的方法,可以化解冷言冷语带来的伤害,大可不必唇枪舌剑。因为对你冷言冷语的人通常有某种目的。你可以先分析他话中的用意,找出言外之意,再针锋相对做出反击,这样更能切中要害。

委婉提醒同事缺点

王辉已工作多年,也遇到各种各样的人和事,本来应该也算是经验丰富了,但不知为什么,她总是很容易得罪人。她性格直爽,有什么就说什么,从来不会隐瞒自己的观点。

例如,有的同事把茶水倒在纸篓里,弄得满地是水,她会叫人家不要这样做;有的人在办公室里抽烟,她会请人家在外面抽;有的人爱用公司的电话,她就告诉人家不要随便浪费公司的资源……她这样做其实也是好心,因为如果让经理看见了,不是一顿责骂,就是被扣奖金。

可是,好心总被当成驴肝肺,她这样做的后果是把同事们都给得罪了。同事们不喜欢她,每个人都对她有一大堆的意见,甚至大伙一起去郊游也故意不叫上她。有一次,她实在忍不住,就向经理反映,没想到经理并没有批评有错误的同事,结果弄得她在公司里更加被动。她实在不明白,明明自己是实话实说,为什么会这样呢?

王辉的这种遭遇其实是很普遍、也很容易理解的。人们日常生活中总要与人打交道,如果与自己的同事关系处不好,抬头不见低头见,的确叫人很不好受。

其实对于同事的一些毛病,实话实说本身并没有错,而且心胸坦荡、为人正直是许多人都赞赏的美德。但问题在于,实话实说也要考虑时间、地点、对象以及对象的接受能力。

说话过于直率、言辞过于生硬就会适得其反,不但达不到善意的初衷,而且有时会产生不良效果,给自己带来不必要的麻烦。

因此,在指出同事毛病的同时,也应反省自己是否说话得体,方式是否合适。如果是因为没有讲究方法而造成同事关系的紧张,就要考虑自我调整。

有话当面说,这无疑是没错的,但也不能因此而忽视了人与人之间的复杂性:不讲效果,对问题的解决并没有太大帮助。

人们一般都爱面子,爱听好听的话,因此,不妨站在对方的角度考虑一下,不要只管自己说得痛快,即使你是善意的,也会伤害对方,有时甚至造成对方的误解和怨恨。如果找一个恰当的机会,比如大家一起吃饭或聊天的时候,委婉地说出自己的想法,与当事人单独交流一下,也许更会得到对方的理解;或者用一个幽默来表达自己的看法,对问题的解决可能更有帮助。

智者寄语

同事之间,难免有矛盾。尤其是对某些同事差劲的表现不吐不快时,尤其需要注意沟通的方式和技巧。

如何与男下属处好关系

在职场的人际交往中,我们都期望得到别人的赞赏与认可。作为上司,也想要得到员工的喜欢和爱戴。尤其是女上司在面对男性下属时,要想处理好两者之间的关系,一定要注意以下几个问题:

1. 被误为情侣时马上澄清

职业女性尤其是女主管,应酬的时候会接触到男士,如与一名男士单独吃饭、跳舞之类的。不幸的是,在工作之外的地方,尤其是共同进餐时,常会被人误为夫妻或情人。当侍者走过来,自作聪明地唤你一声"太太"时,你会感到很尴尬。礼貌上,应由男士做解释,但男人通常不会即时做出反应,而是不做解释,好像默认一样,一是懒得解释,二是有意戏弄。遇到这种情况便要自己解释好。

2. 对男性下属也要有上司的严厉

对于年轻、漂亮的女上司,一些男下属经常故意与她作对。作为女主管,你要对他用软攻,苦口婆心,他会变本加厉,更加为所欲为,因此,对待这类男性下属,没有必要处处谦让,而应拿出上级的权威。当然,奖惩分明、有恩有罚,这种是最有效的方法,只不过这种"恩"要建立在"威"的基础上,对女性来说更应如此。

3. 不要伤害男人的自尊心

一般来说,男人是最要面子的。男人总是自信天下第一,无所不知、无所不能。这种自尊心实际非常脆弱,一旦他感到存在威胁,便会产生抗拒心理。所以你若想在一个现代的世界里站稳脚跟,就必须懂得在适当的时候维护一下他们的自尊,而且不要吝啬你的称赞。但要记住,这种夸奖要有分寸,不然或许会引出新的问题,而令你尴尬。

4. 在相处中寻求共同点

男人面对职业女性时,常常手足无措,因为他所面对的不仅是女性,还是工作搭档。在这种情况下,你要设法消除他们这种心理,最好找到两人之间的共同利益,产生共鸣,使相处变得容易。

要想达到这个目的,最好的切入点是聊他的爱好。谈起对方的喜好,你们便有了一个共同话题,大家也可以成为很好的朋友。

5. 征求男性下属的意见

征求男人的意见也是一种赞赏,因为这样是对他的尊重和信任,令他感觉到他存在的重要性。但你在征求意见时,不要让他感到你事无巨细什么都问,这样会令他觉得你根本没有判断力,不懂得抉择。

6. 妥善地向下属布置工作

女性一旦得到提升,便觉得自己更应努力,很容易身体力行而变得心力交瘁、精神不振。同时,如果事无巨细统统包办代替,下属也会因此而事事依赖你,难以发挥整体的才智。要改变这种被动状况,你必须学会妥善地向下属布置工作——自己与下属的工作内容。要相信下属并给其以锻炼的机会,不要身为主管仍做下属所该做的工作,而应学习做领导,指导别人从一个新的角度去展开工作。

7. 恰到好处地运用批评警告

作为一个女主管,当面临男性下属没做好工作而需要批评时,往往会顾虑很多,担心伤害男人的自尊心。但为了大局,你还是应该公事公办。在批评之前,最好先赞扬几句,然后再具体地提出建设性的批评意见,并提供改进的方法。

智者寄语

女性上司要处理好与男性下属的关系。

不要卷入同事间的是非

职场就如战场,一个人要想顺顺利利地工作,就要懂方圆之术,既不能得罪上司,也不能伤了与同事之间的和气,最好的方法就是不掺和其间的是非,否则就会产生无尽的烦恼。

在职场中,同事之间的首要关系是竞争。追求工作成绩和报酬,希望赢得上司的好感而获得升迁,还有其他各方面的好处,使得同事之间不可避免地存在着一种竞争关系,而这种竞争往往又不是一种单纯的、真刀实枪的实力的较量,而是掺杂了许许多多不可人为控制的复杂因素。表面上大家客客气气、关系融洽,内心里却可能在各打各的算盘。

同事之间传播流言飞语,是带有很大危害性的,这会误导一些人,导致人们做出错误的判断和决定。

有位女孩叫洁,有一天,她的上司王经理邀请她,一同前往公司附近的咖啡厅里喝咖啡。

他们坐在咖啡厅里,一边喝咖啡,一边你一句我一句地闲扯起来,不知不觉,话题开始扯到了洁的同事李小姐。

"啊,李小姐吗?她好漂亮啊!她的衣服都是名牌,真叫人羡慕!"

"那是当然啰,因为李小姐领的是高薪!"王经理说出了原因。

原来,这家公司采取的是年薪制,每个人的薪水都不同,这是根据每个人的工作表现、与公司签订的合同而有所区别的。这点洁自然也清楚,但她一直不知道同事间会有很大差别,现在突然从王经理口里听说李小姐的工资很高,心里自然觉得不高兴。她问道:"会差那么多吗?"

"是呀,比你的年薪多上两万元呢!"王经理说得更具体了。

第二天,洁便把这件事告诉了她的同事们,大家知道了心里都不舒服,于是就开始嘲笑"高工资"的李小姐,甚至不同她来往,将她孤立起来。这样,李小姐万般无奈,只有辞职。

事实上,李小姐的工资和大家差不多,只是因为李小姐曾经向王经理提过意见,以致王经理怀恨在心,所以就想出了这么一个诡计,借洁的嘴孤立李小姐,最后将她逼走。

等到洁知道事情的真相后,后悔莫及,自己已被人家利用,当枪使了。不仅如此,洁还得了一个"爱嚼舌根的女人"的恶名。

在职场中,像上文中的洁那样被人当枪使的事情很多,在职场中的几十年,免不了会遇到出卖、敌意、中伤等意想不到的事情,犹如一个个圈套在你面前。如果事先预料这些事的发生,并一一克服,便能顺利躲过。

总之,遇上人事问题,你最好事不关己、高高挂起,态度应该保持中立。

例如有别的主管犯了大错,公司的老板很生气,又开会又讨论的,而且老板还可能私下召见你,询问你对这件事的看法,就是其他部门主管(受牵连的与不受牵连的),也有可能找你交谈。这种情况,你不能借口躲避,而应该好好地面对。

老板可能牢骚甚多,指责某人做事不力,某人又能力欠佳,只想达到一个目的,就是要看你和哪方面关系良好。你最好不轻易表态,这样,既保护了自己,也不会中伤别人。

至于其他同事,找你无非是探口风或想见风使舵,这类人也不能随便敷衍,尽可能模棱两可,以防被出卖。

要想不掉进陷阱,不被他人当枪使,保持中立态度是最好的方法。

若你与同事一起出差办事,对方突然问你:"你跟拍档间似乎有很大的问题存在,你如何面对呢?"而你一直觉得与拍档相处融洽,公事上大家都很合作,私下里关系也很好,何来问题呢?

这时,要冷静一点。世事难料,这当中或许出了什么问题,有直接的,有间接的,总之不简单。就算你和拍档之间真有什么问题存在,你也必须表现得大度一些,微笑一下,反问对方"你看到了什么"或者"你听到了什么"。对方肯定是不好开口的,你可以继续说下去:"我们一直相处得好好的,我不觉得我们之间有什么不愉快,也没因公事发生过不愉快!"这个说法,可收到很好的效果。

若对方是存心挑拨,或是想得到什么消息,你的一番话就没有半点线索可让他得到,间接地还拆穿了他。对方要是真的想通过某些蛛丝马迹或小道消息而得知你的处境,你的表现也就等于责怪他太过敏感了。

智者寄语

职场就如战场,一个人要想顺顺利利地工作,就要懂方圆之术,既不能得罪上司,也不能伤了与同事之间的和气,最好的方法就是不掺和其间的是非,否则就会产生无尽的烦恼。

含蓄解决争执

每天同在一个屋檐下共事,总会出现一些问题,要想和同事之间永远相安无事,是不可能的。但发生争执后不能从此形同陌路,抬头不见低头见,怎样一如既往地工作下去才是最重要的。

同事间发生争执,有人吼叫一两声就没事了,有人会记在心里一辈子,有人明知是阴险布局却没胆量承认,有人却因此而丢了工作。其实,即便是与自己有过激烈争吵的人,只要你能巧手化解,不仅能挽救你们的同事之谊,还很可能获得一个真心相交的朋友。

1. 知道为什么吵架

假如你们的争辩是十分滑稽可笑的事情,那么时间久了便淡忘了。例如你同事的牙齿咯咯声使你浑身不舒服,或是你们俩在看待同一个问题上意见有分歧。其实,这些问题都没什么大不了的,最严重的争吵是在某个人对同事的所作所为感到伤心失望、受到伤害时发生的,比如当你讲同事的坏话或你宣传同事隐私的时候。

2. 争吵中率先让步

当然,这并不意味着你受到争强好胜的同事的攻击时,都要举手投降。但是,你首先应该考虑的是对方所说的话中包含的信息,不要针对说话的这个人。

所以,即使你的同事言辞不太妥当,但或许他的见解是正确的,那你也应该勇于承认错误。而且,如果你能率先承认自己的错误,常常可以使双方停止战争。

3. 淡化威胁性问题

有时,你会听到同事威胁性的问题:"你算老几?""你在学校时老师难道没教你点什么东西吗?""你从来就没听过什么叫应急计划吗?"这些问题不是在询问问题,而只是为了激怒你。

你不要带着感情色彩去回答,而应该假装自己没有听见,假装它们压根儿就没从你同事的嘴里说出来。这样,你不给你的同事向你破口大骂的机会,就可以使事态向好的一面发展。

4. 迈出第一步

假如你想言归于好,不能等着同事来认错,而要主动负起责任,尽快迈出第一步,用积极的态度唤起彼此言归于好的信心——"嗨,还生气呢?""喂,有时间一起出去吃饭?"假如你面对面地向他提问,要带着真心的微笑。

如果你只是消极地等待对方来解决问题,可能这段友谊会就此失去。

5. 倾听对方的心声

假如你们双方都坚信自己是正确的,就不会接受对方的意见。你不如开诚布公地说:"我想听听你的意见,你的想法是什么?说出来听听,好吗?"

而且当对方讲话时,不要打断他或是与其争辩,那样有可能伤了他的自尊心,矛盾就更不好解决。

6. 让对方知道你非常需要他

这一点是很重要的,它能在很大程度上抬高对方的自尊,使对方积极起来。对方一高兴,事情便不会往坏的方向发展,也能在最大程度上减少或消除将来的敌对怨恨。

───────── ❧ 智者寄语 ❧ ─────────

主动化解与同事的矛盾,是职场人士必需的策略。

酒斟七分满

中国有句俗语:"有理也要让三分,得饶人处且饶人。"这句俗语的意思是,凡事都应该适可而止,给别人留有余地,也是为自己留下退路,这种智慧同样适用于同事之间的关系。

张玲是一位本科应届毕业生,在公司里,她不但学历高,且擅长演讲,工作能力强,很受领导赏识。每次开会,她都会抓住机会滔滔不绝。每当听到其他同事提出一些不够合适的想法时,或在某些事情上得罪了她,她都会毫不客气地严词相向,根本没有考虑到同事的感觉。在她的观念里,这样没有什么不对的地方,她认为,如果不是别人有误在先,也轮不到她攻击。

然而,她的态度却使她在同事中成了只孤单的凤凰,除了老板,大家都不想搭理她。所以她最后只好选择离开公司,并不是由于工作能力不够,而是因为人际压力。而直到她离职前,仍不断地问自己:"难道我的观点错了吗?难道我说的都没有道理吗?"其实这不是什么错误,只是忘了给人留点余地,忘了给人台阶……

大部分人一旦被牵扯到争斗中，便不由自主地焦躁起来，一方面为了面子，一方面为了利益，因此得了"理"便不饶人，非逼得对方低头认错、不再言语不可。虽然有时他们会吹着胜利的号角，但却为双方以后的相处种下了隐患。"战败"的一方也是面子和利益的结合体，人家当然要"讨"回来，因此倒不如得饶人处且饶人，不要把对方逼得太紧，让他有个台阶下，为他留点面子和立足之地，也让自己多条路。即使自己一方有理，也要容忍三分，用宽容的态度去感化对方，而不是得理不饶人，死盯住对方不放。

有这样一句名言：人不讲理，是一个缺点；人硬讲理，是一个盲点。很多情况下，理直气"和"远比理直气"壮"更能说服、改变他人。《圣经》上说："有聪明才智的人都是温柔贤良的。"如果你不留一点余地给得罪你的人，不但消灭不了眼前的这个"敌人"，还会与身边的人越来越疏远。

试想，如果你得理不饶人，那么对方的"求生"欲望有可能被激发出来，而既然是"求生"，就有可能不择手段、不顾后果，这很可能对你造成伤害。假如在别人理亏时，你不咄咄逼人，他也会心存感激，就算不如此，也不太可能与你为敌，这是人的本性。况且，世界很小，人们低头不见抬头见，若哪一天两人再度狭路相逢，那时他比你有势力，你想他会怎么对待你呢？因此，得理饶人，也是为自己留条后路。

有一家杂志访问了25位优秀的财经大亨，请他们说出影响他们一生的一句话。这些身经百战的大总裁讲出来的话当然字字珠玑，最有吸引力的当属时代华纳公司的董事长柏森斯所说的"不要赶尽杀绝，要留一点退路给别人"。

酒斟七分满，说起来容易，做起来难，因为任何忍让和宽容都是要付出代价的。身在职场，谁都会碰到个人的利益被其他人侵害的时候，为了培养和锻炼良好的心理素质，就要勇于接受忍让和宽容的考验，在情感激动无法自制时，也要紧闭自己的嘴巴。忍一忍，就能抵御急躁和鲁莽；说服自己，便不再认为忍让是一种痛苦，从而产生出宽容和大度来。

人的脚所需要的空间不过几寸而已，可是在咫尺宽的山路上行走时，很容易跌落于山崖之下；从碗口粗细的独木桥上过河时，常常会坠入河中。这是什么原因呢？是因为脚的旁边已经没有余地。同理，在职场中奋斗的职业女性，也要给身边的同事留一些余地。记住，给别人留余地，就是给自己留了条退路。

—— 智者寄语 ——

给别人留余地其实是给自己留后路。

警惕职场小人

职场中时常听到有人说，办公室里有妖魔鬼怪，乍一听有些莫名其妙，其实这是真的。所谓的妖魔鬼怪是办公室小人的代名词，他们虽然表面都是衣冠楚楚、风度翩翩的俊男靓女，但是却永远藏着一颗算计之心，只要你稍不留神，就有可能被他们伤害。

听听刘梅的"降妖伏魔术"吧，从中能学到保护自己的办法。

刚毕业时，刘梅渴望变成职场强人，所以干起活来格外卖力。顺利通过试用期后，刘梅与姚娟一起在一个大型国企的人事部任职，因为她们年龄相仿，所以很快成了好朋友，在工作上她们也是无话不说。

令人意外的是,后来刘梅竟成为姚娟升职的垫脚石。

在一年多的"友好"相处中,姚娟时时刻刻地留意刘梅的言行,比如刘梅某月某日说经理的新衣服不好看,姚娟都会在"适当"的时刻故意说给经理听。

后来,当刘梅感觉到经理对自己的态度很不好时,她发现自己被出卖了。当时她很愤怒,经过一番思考与思想斗争后,她坚决地辞职了。

经过这一次,刘梅对"防人之心不可无"的说法有了深刻的认识,她想以后再碰到这种人她都会敬而远之,而且她也不再轻易在办公室里谈论自己或他人的闲事。

经过三个月里一次又一次的笔试、面试,刘梅考入了一家向往已久的外企公司。在她的想象中,外企应该是人人平等、公平竞争的地方。

刚加入新的公司时,由于优越的工作条件、上司的公正以及同事间的和睦相处,她工作得很开心也很用心。由于工作中表现很好,她很快就得到了赏识,从部门秘书晋升到执行秘书。而原来的执行秘书张小姐由于工作不够卖力,被调到行政部门做文员。可是,张小姐仍然想做原先的职位,并且认为刘梅是新来的,不应该接替她的工作。她故意找借口,不与刘梅办交接手续。在没有办法的情况下,刘梅将这个情况向上级报告,上司为她们的交接工作重新做了硬性安排。这样,张小姐不得不放弃原来的想法,勉强做了交接工作。

像张小姐这样的人一般都欺软怕硬,如果他们不是很过分,没有涉及原则问题,你大可不必去理会他们,但是适当的时候,你也应该反击一下。

刘梅的职业生涯已经有7年了,企业、事业单位都做过,一共换了4个单位,随着"降妖伏魔"经历的不断增长,她有很多经验与大家分享:

首先,小人算计我们主要是因为他们意识到自身实力的薄弱,我们是威胁他的原因,因而从嫉妒发展到做一些有悖常理的事情。所以,我们要相信自己做的事是正确的——不是我做错了,而是"红颜遭嫉"罢了。

其次,对待的人不同,使用的方法也不同。

对待阴险型的小人,要以防范为主,小心谨慎,别让他钻了空子。这部分人有点像披着羊皮的狼,他们在使用"糖衣炮弹"的同时,来谋划如何利用你。如果对方势力强大又小人得志,最好敬而远之。

对待欺生型的小人,可以一边回避,一边找机会先发制人。欺生的人往往虚张声势,其实并没有多大的能耐,只要不招惹他,他也不会对你不利。实在迫不得已也可以先发制人地教训他一下,以后他就不敢再欺负人了。

对待搬弄是非的小人,不用理会。不用计较他们所说的话,如果是十分恶劣的诋毁,并且影响到了你的声誉,你便要与他讲清楚,必要时还可以在上司面前对质。

其实,小人随处都有,聪明的女人只要抱着一种积极的态度,时刻注意自我保护,应对有方,就不会被小人的谗言所影响。

───── 智者寄语 ─────

作为一名职场女性,你要用心观察、事事小心,以防备自己的幸福被那些办公室小人破坏。

不要刻意迎合别人

小丽有一位能说会道的同事,她总是将自己的工作分给小丽做。开始时小丽觉得,一个善良的人应该助人为乐,然而,她却逐步意识到,别人正是利用了她的善良。因为小丽发现那位同事让她分担工作,不但不会感到愧疚和感谢,反而成了一种理所当然的习惯,如果她偶尔一次不答应,那位同事还要怪罪她。

像小丽这样比较软弱的职场女性,往往她们的共同特点是——迎合别人而失去尊严。她们由于不善于说"不"而总是做着她们自己不愿意做的事情。因此你必须学会用恰当的方式表达你的情感和愿望,同时又保持你的诚实并赢得别人的尊重。

1. 不要为别人的错误找理由

女性温柔善良,容易原谅别人,但是在职场,你可千万不要为别人的错误找理由。例如:"你迟到了,我知道你不习惯早起,实在不好意思让你这么早上班。"你为别人找托词,意味着他的行为得到允许,这样他会认为他的错误是理所当然的、可以原谅的。将来,当你的指令软弱无力的时候,你就会领悟到这样做的弊端了。

2. 有些时候没必要道歉

女性大多刀子嘴豆腐心,常常会先说出严厉的话,过后才后悔。例如一位母亲命令他的儿子:"三个小时以后,我要看到整齐的房间!"事过之后,她对儿子说:"对不起,我不该那样严厉地对你讲话,我知道你会把自己的房间整理好的。"事后用这样的方式为你自己的命令道歉,会失去你的尊严,职场中也是一样的道理。

3. 要敢于直言

女性脸皮薄,总是不敢用自己的名义给别人分配任务,例如:"老板说你应该……"或者"小张认为你……"不敢直言的人,只能把自己置身于传信的角色,这样得不到威信。如果你发表声明,开始的时候这样讲:"我希望你……"那么,你就会成为一个很有领导才能的人。

作为女性,你也可以采取下面几个有效正确的方法:

(1)你的想法要清晰明白地表达。做事被动的女性常常以为不用说明,别人就会知道她的意图,其实不然,这样往往会引起不必要的麻烦。

(2)深思熟虑。在发表意见之前,不要用情感做判断,应全面、理智地思考问题。作为女性,经过深思熟虑,你才能处理好出现的问题。

(3)正视问题。女性脆弱的心理会导致她常常回避问题。回避问题的坏处是会使问题变得更难以对付,因此,从事情最初开始的时候就要正视它,表明你的期望,而且要让别人准确地知道你坚持的是什么。

(4)谦虚。谦虚会让女性变得有涵养。自负的女性常常做出过分的事情,使别人难以应付,她们往往在过激的事态发展中惨重地失败。谦虚是一种美德,是需要时时刻刻保持的美德,没有人会愿意同骄傲自负的女性打交道。

(5)保持良好的心态。作为女性,如果你不能保持心平气和,你的反应就可能带有进攻性。在你生气的时候,别人采取的往往是防御的态度,真正的问题通常得不到解决。因此,即使在别人过激情绪的挑衅下,也不能说什么过火的话,要使自己平静下来。当别人持不成熟的态度时,你显露出平静,你的平静会对其他人产生影响,最终使问题得到理智的解决。这是一个职业女性难得的素质。

（6）利用自己的环境。为什么在主场踢球容易获胜,因为这样的地点往往使队员自信。而女性较之男性更易缺乏自信,所以不论什么时候,处理问题应尽可能在你熟悉的特定场所,这会使你心里踏实,获得有利的条件。

（7）运用肢体语言。众所周知,女性的肢体语言是丰富的。用语言说出你见解的时候,还可运用无声的语言——用眼神同时和对方交流,并运用恰如其分的手势,强调你谈话的内容。

（8）从实际出发。与人交流时不要尽说空话、套话,而要从实际出发,做客观分析。无论什么时候都不要夸大其词、空泛谈论,那样会使你失去同事的信任。千万记住,赢得对方信任和尊重的前提是使对方确信你所说的是真实的。

当然,人际关系从消极被动到积极主动的改变并不是件容易的事情。有些关系失去了,但是新的、积极的、健康的关系将会在你与人们的交往中发展起来。对你来说,必须要从质量上提高人际交往的能力。

━━━━━━━━━━ ◆◇◆◇◆ 智者寄语 ◇◆◇◆◇ ━━━━━━━━━━

不要为了迎合别人而失去自己的尊严。

将同事隐私当成过眼的风景

好奇心是女人的天性,有很多女人总是对别人的隐私抱有极大的兴趣,所以她们也容易被卷入烦恼的旋涡。获得幸福的聪明女人都有共同的特点:她们面对别人的隐私可以做到守口如瓶。

在办公室这样一个表面平静实际波涛汹涌的小世界里,你无意间知道的隐私也许是别人对你痛下杀手的原因;或者你想建立良好的人际关系以求成为内部小圈子中强势一方的一员,这时你是不是自以为"聪明"地利用了其他人的隐私? 事实上,真正聪明且有心计的女人是绝对不会在散播别人隐私中享受乐趣的,对她们来说,别人的私事不过是过眼的风景。

入职仅仅3天的Cathy没有想到那个刚刚休假回来、与自己相对而坐的Monica竟然是与自己住在同一小区的吴小莎。她清楚地记得半个月前吴小莎在小区里遭到别人的殴打,从一个气势汹汹的女人接连不断的叫骂声中,她知道吴小莎是第三者。

Monica也认出了虽然面熟但彼此没有说过话的Cathy,她脸上一闪而过的吃惊与不快使Cathy心里略感不妙。果然,这位女同事不但没有给她任何帮助,而且同她的合作很不愉快,比如经常是在准备下班的时候,让Cathy整理出她所需要的文件;在周末做报表时故意拖到很晚才把有关数据告诉Cathy,从而使Cathy每次做报表的时间都很紧张;她在工作中会故意弄出一些失误,然后向经理解释说是Cathy没有配合她;她更是每天观察和Cathy说过话的人,然后转弯抹角地套出她们的谈话内容。因为Cathy工作上很多事情需要其他人配合,她便话里话外地警告她少管别人的闲事。

Cathy看出了Monica想在试工期的时候挤走她,她在这个公司多待一天,Monica的秘密就有被泄露的危险,Monica就一天不能安宁下来。

Cathy是聪明人,她知道不能和Monica发生正面争吵。然而当Monica又一次故伎重施地把她的错误推到自己头上时，一忍再忍的 Cathy 拦住下班的她说要谈谈。

办公室里静悄悄地只剩下她们两个人，心怀鬼胎的 Monica 几乎不敢正视 Cathy 的眼睛，而 Cathy 则平静地对她说："我感到你似乎对我总有一些敌意，不知道是不是我感觉错了，如果咱们的家不是住得很近，那么我们之间应该可以很愉快地相处。"Monica 的脸上露出一丝尴尬的神色，Cathy 相信这些话已向她点明了自己知道为什么她总是针对自己。Cathy 接着说："我今天只想对你说明一件事，我是来这里工作的，其他的事情都与工作无关，包括他人的隐私、爱好和家庭，即便我无意中知道了他人的一些私事，我也只不过左耳朵进右耳朵出。"看到 Monica 松了一口气的样子，Cathy 换了开玩笑的口气说："就像路边的野花，我虽然看见了，但却绝不会去采。"

Monica 没有说一句话，但最后她轻轻地对 Cathy 说："我邀请你共进晚餐。"

后来她们成了一对很好的搭档。一年后，那个男人与老婆离婚了，与 Monica 喜结连理，Cathy 送他们的礼物是一床绣着鸳鸯戏水图案的被罩。

一次开诚布公而又极有目的性的对话，化解了 Cathy 的危机，而另一个因处理隐私不当而深受其害的例子则告诉了我们职场生存的准则是什么。

公司的行政助理李佳无意中发现业务员 Judy 偷偷从电脑中调出别人的客户信息据为己有。李佳便把这件事告诉了老板的红人张丽，想借这个机会讨好张丽。当张丽在与 Judy 的一次争执中讥讽她窃取别人的客户时，恼羞成怒的 Judy 立刻想到这是李佳说的，因为那次李佳是唯一在场的人。

于是在以后的工作中，Judy 便经常向经理打李佳的小报告，比如打错了价单、传真没有及时发出、忘了把客户的留言转告她……后来等到涨薪水时，李佳没有赶上那次涨幅高达30%的薪水调整，而张丽也没有与李佳更亲近，反而与李佳更加疏远起来。

Cathy 回避隐私而获得成功在于她知道在办公室这种强调个人、排他利己、复杂敏感的小世界里，明确地了解工作和生活的界限是立足职场的必修课，而尊重别人的隐私则是保护自己的最好方法。而自以为是的李佳没有达到预期目的，是因为她把同事的秘密当成了取悦别人的手段，须知排挤别人、拉帮结派、打击一方来取悦另一方是不光彩、不高明的手段，张丽最终没能与李佳拉近关系便是最好的证明。

把握好同事间和平、互助、有距关系的尺度，尊重别人的隐私、保护别人的隐私，实际上是在为自己减少不必要的麻烦和烦恼。真正聪明的女人，是不会对别人的隐私抱有好奇心的，一些事情你我心知肚明就好，只有善于给自己和他人留有自由呼吸空间的女人才会幸福。

───── 智者寄语 ─────

尊重同事的隐私。

切莫吃独食

俗话说："有福同享，有难同当。"当你在工作和事业上取得些成绩，有了自己的工作成就的时候，当然是值得庆贺的。但是有一点，工作上取得的成绩是大家共同努力的结果，你千万别把功劳据为己有，否则别人会觉得你好大喜功，没有谦虚的品格。如果某项成绩的取得确实是你个人的努力,当然应该值得高兴,而且也会得到别人的祝贺,但你心里要清楚,千万别高兴得过了头。因为一旦高兴过头,会不小心伤了别人的自尊,另一方面,现实社会中害"红眼病"的人不少,如果你过分狂喜,难免会引来其他人的嫉妒。

当你在工作上有特别表现而受到别人肯定时,千万要记住一点:不可以把功劳完全归结于自己,否则这份荣耀会给你的人际关系造成负面影响。

当你获得荣耀时,应该做到以下几点:

(1)与人分享。哪怕只是嘴上的感谢也是很好的分享方式,你也可以让更多的人和你一起分享,当然别人并不是非得要分你一杯羹,当你主动与别人分享时,这会让旁人觉得自己受到了尊重。如果你的荣耀事实上是众人协力完成的,更要与大家同享劳动果实。

(2)感谢他人。要感谢他人的协助,工作上的成功不是你一个人努力的结果。现代社会要求团队精神,合作共赢才是王道。

(3)为人谦卑。有些女人往往一旦获得荣耀,马上得意忘形,并从此自我膨胀。这种心情是可以理解的,但是别人就不好受了,他们要忍受你的嚣张,却又不敢出声,因为此时你春风得意。可是慢慢地,他们会在工作上不留痕迹地为难你,让你碰钉子。因此,有了荣耀时,要更加谦卑。不卑不亢不容易,"卑"的作用比"亢"大,就算"卑"得过分也没关系,别人看到你如此谦卑,当然不会找你麻烦、和你作对了。

因此,当你取得成绩时,一定要记住以上几点。如果你习惯了独享荣耀,那么总有一天你会独吞苦果!

> 林帆被老板叫到办公室去了,她领导的团队在公司项目开发中表现出色。送茶进去的秘书出来后告诉大家,老板前所未有地夸奖林帆,她从来没见过老板那样夸一个人,研发小组的几个人顿时沉了脸:"凭什么呀!我们都努力为项目付出了!""对呀!为了这个项目,我们连续加了17天的班!"正在这时,老板和林帆来到了大厅。"伙计们,你们太棒了!"老板把赞赏的目光投向几个组员,说:"林部长告诉我大家辛苦努力地工作!听说有两个还带病加班,是吗?真诚地谢谢你们!这个月你们可以拿到3倍的奖金!"老板话音刚落,几名同事兴高采烈地跑过去拥住林帆一起欢呼起来,并表示以后会跟着林部长,一直为公司努力贡献!

懂得分享的女人,才能拥有一切;目光短浅的女人,终将被人抛弃。无论是工作中还是生活中,我们都要摒弃自私狭隘的习惯,不然受伤的是我们自己。

智者寄语

职场中要学会与人分享。

学会保护自己

在办公室里,同事之间应和睦相处,对待小事可以宽容、忍让,但并不是说你对其他人的伤害不加反抗。

生活中会有一些嗓门大、爱憎分明、说话咄咄逼人的女孩子,姑且不论她们的文化素质如何,至少她们能将自己保护得很好,不会很容易受到伤害。她们就像一只刺猬,不会主动伤人,可是一旦遇到危险,就会毫不客气地露出自己的刺,将自己柔弱的身体团团包住。

先说一个故事。

有一家单位,因为薪水高,工作又很轻松,很多人都渴望获得那份工作,所以炒掉那些没有背景的职员,为有背景有能力的职员让路的事时有发生。

有段时间,风传又要开始"炒鱿鱼"了,那段时间人人但求自保。一天,文员可欣去机房上网,发现不知道是谁开了个黄色网页在那里,偏又忘掉关闭了,可欣并没有在意,随手便把网页关上。可是,令她意想不到的是,第二天,整个公司竟然谣传她看黄色网页。谣言之下,懦弱的可欣不得不主动辞职,可是即使在她离开的时候,仍然感到很屈辱、很委屈。

相比之下,同为文员的武薇却要勇敢得多。一天早上,主任将武薇叫到办公室,口气严厉地说,她的一份重要文件不见了。最后这份文件,一半在垃圾桶里一半在武薇的抽屉里找到了。性格一贯温顺的武薇拍案而起,说:"第一,我没有时间也没有必要这么做,这明明是一种陷害;第二,你没有资格检查我的抽屉!"主任顿时面红耳赤。最后,武薇不仅没有被炒掉,反而从此没有人敢再陷害她了。

是的,在女性的工作和生活中,也许常常会遇到难缠的小人给你小鞋穿,他或许要靠踩着你的肩膀往上爬,或许是为了他自己的目的去欺骗你,或许仅仅是因为嫉妒所以排挤你。面对他们,如果你表现得像软弱的烂柿子,他们就越会毫不留情地将你玩弄于股掌之间。只有像一个刺猬,毫不畏惧地对着那只向你伸出来的"黑手"狠狠刺一下,表现出你的无畏和勇敢,这样在他们下次出手之前,绝对会回想起这次疼痛的感觉而不敢轻易下手!玫瑰因其有刺而更显魅力,刺猬满身的刺是为了给自己提供最有力的保护。

────────── ❧ 智者寄语 ❧ ──────────

女人要懂得保护自己,不能一味忍让,必要时要奋起反击。

办公室中的公关心理学

在办公室里,女性和男同事并肩共事,那么,怎样与男人相处才能帮助自己成就大事呢?这其间有许多细节问题需要注意:

1. 不迁怒于人

人的情绪是有周期性波动的,尤其是女性。因此,必须注意,在处于情绪低潮期或工作繁忙时,即使再不耐烦,也一定要注意自己的说话态度,不要把心中的不快发泄到同事身上。

2. 降低说笑的声调

办公室里,一般情况下,男同事都不喜欢女性的尖嗓音和发嗲的口气,因此,职场女性应时常注意自己的言行。

3. 注意感情沟通

女性除了在工作中积极与同事配合,与同事保持良好的人际关系,也可以主动约请男同事们或主管出外游玩或吃饭喝茶,在这样的过程中相互交流。但要切记言之有物,不可胡乱闲聊,要达到相互沟通感情的目的。

4. 收集工作信息

和男同事共事时，要真正用心聆听他们的谈话，以便从中获得、收集有价值的信息，为今后更好地工作打下良好的基础。

5. 勤于助人为乐

在完成本职工作的前提下，可以帮助其他同事。下班时间到了之后，不要急于回家，要想方设法帮助还正在忙于工作的同事。这样，可以在工作中建立情谊，形成良好的人际关系。以后当你遇到困难时，同事们也都会主动热情地帮助你。

6. 展现女性的魅力

职业女性除了具备理性、工作能力、坚韧的性格等因素外，还可以适时地展现出你的魅力，如得体的穿着、清淡漂亮的化妆、端庄的气质、高雅的谈吐间显示出的温柔等，都可以成为办公室里一道亮丽的风景。

───────── 智者寄语 ─────────

女性只要具有温柔贤惠、努力工作、真诚开朗的优点，就一定能在办公室中营造良好的人际关系，从而为自己的成功铺垫好道路。

正确对待潜规则

一入职场，便入江湖。要想成为成功女性，就必须严加修炼江湖技能。

首先，还是让我们来看一看所谓的江湖"潜规则"是什么。

当代著名作家、历史学者吴思先生的《潜规则：中国历史中的真实游戏》的第二本《血酬定律》一书中明确提出了潜规则一词。在这本书中，吴先生给潜规则下了个定义：隐藏在正式规则之下，却在实际上支配着中国社会运行的规矩。也就是说，潜规则是看不见的、没有明文规定的规则。

潜规则有如下特点：

潜规则是一种行为约束，不过是人们私下认可的；这种行为约束，依据当事人双方及各方给对方带来的利益或者给对方带来的伤害能力，在社会行为主体的互动中自发形成，由此减少互动各方的冲突，降低交易成本。

所谓约束，就是对越界行为的惩罚，越界者将得到报复，由于对这种厉害后果的共识，强化了互动双方的行为稳定性。

这种在实际上得到遵从的规矩，很可能背离了正义观念或正式制度规定，侵犯了主流意识形态或正式制度所维护的利益，因此只能潜伏起来，尽管当事人对此规则心知肚明，但就是不能说。

通过这种隐蔽行为，当事人将正式规则屏蔽于局部互动之外，或者将代表拉入私下交易之中，然后再用潜规则替换，从而获取正式规则所不能提供的利益。

当事人双方利用潜规则进行私下交易的过程，就是潜规则形成的过程，他们实际上联合形成了一个对抗第三方的联盟。正是众多强大联盟的形成，潜规则才有了长久的、强大的甚至稳定的对抗能力。

潜规则的生存策略就是"潜"，同时它也表明了更高层次的正式制度和规则的存在。这些不成文的、见不得光的规定和原则之所以能不断地发展壮大,是因为人们无休止的贪婪和私欲,欲望和"潜规则"相互促进滋生繁衍,逐渐无孔不入地渗透到社会上的各行各业中。有些人正义凛然,愤然咒骂丑恶的"潜规则";有些人则对错不究,随遇而安;也有些人坚决拥护"潜规则",甚至孜孜不倦,乐此不疲。

潜规则既然存在,就证明了某些不可抗拒的事实,为了自身发展,更为了更好地保护自己,聪明的女人一定要注重自身的智慧修炼。

1. 确立修炼原则

一方面,对"潜规则"本身而言,不排除其有合理的地方,那么,就要承认它的合理,并且遵守规则所定,渐渐使之变成正式的规则。事实上,对潜规则的一概否定是不合时宜且不明智的。另一方面,女人自身要做到凡事有度,独善其身,这样才能不被不合理的潜规则拖下水,减少伤害,多一些快乐和完美!

人在有限的生命时日里,别辜负了生活给予的馈赠。许多弥足珍贵的友情是人际关系中不可多得的,一定要小心翼翼地保护好。

2. 切勿轻信他人

在职场中,信任必须有尺度。聪明的女人至少要有保护自己的能力。你单纯的善良极有可能会被别人利用。而轻信于人,则更容易丢失立场。所以,要站在自己的立场上,守住应该有的利益。

3. 别把伪善的人当成异类

职场里戴面具的人太多,伪善的人在职场中很常见,所以真正的异类是那些老实人。别把职场中伪善的人当成怪胎,说谎话对他们是有好处的,如果你做不到他们那么虚伪,也别太实在,只要不揭穿别人,学会沉默,就能保护自己。

4. 不为小事生气

女性很容易为小事情生气,这种毛病不能带进职场。小事情往往是最难分出对错的,如果将精力花费到这些事情上面,只会把所有人都弄烦。就算你争到了好处,也不会改变你的职场命运。相反,过于纠缠细节,会令你得罪许多人,无形中给自己制造许多困难。

在职场里,最困扰女性的往往是感情被控制。见对方很可怜无助,就放弃了乘胜追击的机会,最后反而让人逆转了局面。真正的胜利者需要坚持到底的决心,其他的技巧都是辅助项目而已。

5. 抵御诱惑

女性在职场里最大的问题是如何抵制诱惑,其次才是如何升职。许多人不是没有机会,而是机会太多,不懂得选择的技巧。职场里很多所谓的机会都是陷阱,它们不但不能帮你,反而会拖住你前进的步伐。所以,当机会来临的时候,一定要睁大眼睛看清楚。

─────────❀ 智者寄语 ❀─────────

要想成为成功女性,就必须严加修炼江湖技能。

不要和同事有金钱往来

在企业中,金钱是一个很微妙的东西。从古至今,为了金钱争得你死我活的人太多,夸张一点说,什么发展啊,前途啊,说到底就是能挣多少钱养活自己。在金钱问题上,显规则告诉我们同事间要互相帮助团结友爱,潜规则却教会我们不可不争的残酷。如果太在乎所谓的正当的人际关系,不计较金钱,反而会阻碍职场里的资金往来。

对此,聪明的女人应该认识到,在竞争激烈的办公室里,必须暗中关注金钱竞争,这样才能免于吃大亏。

客户主任孙妮就曾有一件很尴尬的糗事。月底时,她再得成为"月光女神",日子过得极为痛苦,偏偏又赶上交房租,孙妮实在没办法了,只好向同事侯艳求助。主任第一次开口借钱,侯艳怎好拒绝,于是很痛快地帮孙妮解了燃眉之急。

3000块钱,不大也不小,但孙妮没法一次还清,只好一次次厚着脸皮请人家宽限几天。最后一次,侯艳一面笑嘻嘻地说不着急,一面说前几天给女儿交学琴费虽然要用钱,不过她已经想办法解决了。孙妮听了竟然信以为真,没心没肺地连声道谢。旁边的人听见了,悄悄告诉她,人家侯艳就是暗示你赶紧还钱呢!再说了,你满身名牌居然拖着3000块钱不还,谁信呢?

孙妮这才意识到自己的荒唐行为,第二天马上找到同学拆墙补洞,才算把这一层羞给遮住。至于这赖账不还的坏口碑,也花了很长时间才修补回来。

"同事"的本质是以挣钱和事业为目的走到一起的,虽然平时关系不错,甚至感情浓厚,但涉及钱的问题还是要拎拎清。离开了办公室这一亩三分地,还不是各自散去奔东西。

有些时候看似一块两块钱的小事,但人家心里可能一直惦记着,所以才有"亲兄弟,明算账"的说法。只要金钱理清楚了,什么同事朋友都没有问题,但若是搞不清楚,亲兄弟也会慢慢疏远你,甚至还会把你的事情告诉别人,以后就没人敢和你来往了。

金钱不是万能的,但没有金钱是万万不能的,赚钱养家是我们工作的目的。所以,由金钱产生的矛盾太普遍了,我们要格外慎重。面对金钱方面的纠纷不能大意,不能因小失大,把小事变成大问题。同事之间最好不要有债务关系,能避免的尽量避免,懂得委婉回绝。

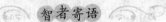

智者寄语

在竞争激烈的办公室里,必须暗中关注金钱竞争,这样才能免于吃大亏。

第四章
职场女性可以不漂亮，但不能没有魅力

女性有独特的优势

女性在职场中有着独特的优势，如善于引导、耐力持久、富有灵感、敢于创新、开放纳新、长于合作、决策清晰、脚踏实地等特点。

无论在家庭还是社会上，女性面临的压力比男性要大。在这样的条件下，如何斩断一路荆棘，成为成功女性中的一员？你是否具有潜在能力？是否能够成就一番事业？

1. 抗压能力

女性首先要克服"弱者"心态，由于社会长期的偏见，"弱者"心态是许多女性具有的。调查显示，存在人们潜意识中的性别歧视是女性事业发展受阻的主要影响因素之一。从心理上对自己的角色、力量和作用有所认识。不要局限于"依赖男人"的传统观念，充分相信女人的实力，抛弃狭隘、脆弱、怯懦和随从心理。女人不是弱者，不是花瓶，同样可以成就一番事业。

2. 扬长避短

女人往往比男人更为仔细、耐心，但一不留神就会被拖入纷乱之中，更大的机会因有限的精力疲于应付杂事而损失。充分利用女性独有的细腻、周到、细致、耐心、坚韧、善解人意等优秀品质，在经营企业的实践中充分利用自己敏锐的洞察力和献身精神。

3. 善于学习

通过不断学习管理知识、专业知识、公关社交知识、政策法规等来提高自己的开拓创新能力、经营管理能力、社会活动能力、预测决策能力。

4. 展示自身魅力

从目前的状况来看，女性比男性利用了更少的社会资本，然而女性在利用社会资本方面的潜力远大于男性。要运用女性独特的、富有吸引力的魅力对社会资本进行开发和利用。

———— 智者寄语 ————

职场女性具有独特优势，只是需慢慢发掘。

女性也要有责任感

具有责任感的人，对压力和风险也勇于承担，在承担压力和风险中积累经验，进而具有承担更大责任的机会。如果工作中躲开自己不愿干的事情，甚至推给别人，怕自己承担风险，这就等于把机会主动地让给了他人。

人生在世，我们每个人都有一些责任是不可推卸的。有些责任是与生俱来的——对父母的、对配偶的、对子女的；有些是因为工作、朋友而产生的——对社会、对朋友、对领导的。责任是生活的一部分，我们要生活，就必须把我们应当承担的责任承担起来，这不仅是我们做好工作的前提，也是我们美好生活的前提。一个懂得生活的人，就必须把他应当承担的责任承担起来，女性也不例外。

在履行工作的过程中体现出的责任感，是由许多"小事"构成的。如果大家都有高度的责任感，都能够一丝不苟地按照程序严格地做事，就能够避免出现差错，就会带来工作的顺心愉快，就会有成就感。个人的心情愉快就会使家庭和睦，提高生活质量，所以对工作负责就是对自己负责。

责任是一种坚定的信念，任何人都希望自己的人生价值能够实现，要把这种意愿变成现实，就要尽职尽责地对待工作和生活中的每一件事。履行职责的过程中责任心是否强烈，会产生截然不同的主观感受或对待工作的态度。有责任感的人，就会自然而然地去遵守规章制度，自觉地努力做好本职工作，在工作的过程中不仅不会有任何怨言，而且还充满着自豪和荣耀。

具有责任感的人，不仅应该对自己要求严格，更应尽自己的能力去帮助别人。不是"自扫门前雪"，更要替别人着想。工作中少一些抱怨，多一分理解，做好自己工作的同时，对别人的事情主动去帮忙，做大家可以信赖的人。

具有责任感的人，还应坚持原则，平等待人。在日常工作中，所有人都想拥有良好的人际关系，受到别人的尊重和爱戴，如果利用自己职位的便利，为自己所谓的"朋友""熟人"毫无底线、毫无原则地谋一时之利，损害大多数人的利益，事情最终会被搞坏，害人害己。

对于职场中的人来说，"责任"并不只是一个道德概念，还是一种必须强制性承担和完成的任务。责任的实现最终是要通过正确和正当的行为。因此，我们能否胜任自己的岗位，不是自己说的，而是要看行动和结果。让我们从现在做起、从我做起，对日常工作中的责任勇于承担，让责任成为一种习惯，共同为社会的发展前进奉献自己的力量，与此同时自己的人生价值也能够得以实现。

智者寄语

身在职场，对工作负责其实是对自己负责。

职场女性要树立正面信念

成功的人都是积极思考，凡事都抱着正面想法的人。面对每一件事情都保持乐观心态，是成功者的特质。

很多人想要人际关系更好、收入更高，或者更健康、更成功。但是，无论希望得到什么样的结果，要实现这些结果就必须采取行动。要有更好的行动，就必须做更好的决定，然而更好的思想是做出更好决定的前提。

认为自己一定会成功的人会十分积极与乐观地对待所有事，一旦他掌握住机会就会毫不犹豫地立刻行动，即使行动遇到挫折，他依然抱着积极乐观的想法，认为失败就不存在于这个世界上，只有成功的暂停。于是这种人经常再试一次，坚持到底，最后成功。成功之后，他那"我一定会成功"的信念就更加深了。一个"我一定会成功"的思想导致自己成功。成功后,对自己一定成功会更加坚信,进入了生命中的成功循环线,所以成功会导致成功。

相反,一个总觉得"我做什么都不会成功"的人,做事消极被动,又悲观,经常犹豫不决,不敢行动,就算行动,也会面对挫折马上投降,导致他总是失败,失败后他对"做什么都不会成功"的信念更加坚信。一个人"会失败"的信念导致自己失败,然后对自己会失败更加确信,成为他生命中的失败循环线。

成功的想法铸就成功,失败的想法导致失败,这一定律是千古不变的。一台电脑没有软件就是废铁,一个人没有思想就是白痴。一个人的头脑中没有成功的思想,成功又怎么会实现呢?

所以我们看到很多人省吃俭用、吃苦耐劳、认真负责,到了五六十岁仍然一事无成,是因为他们缺乏积极的思考、正面的信念。大多数人的负面思想都太多,凡事都喜欢往坏处想,也都有太多的负面言谈,每天不是批评这个,就是抱怨那个,不是觉得这事自己做不了,就是那个办不到。这也难怪,大多数人过的生活都不理想,这就是原因所在。你必须每天问自己:我今天有哪些思想?我现在有哪些思想?这些思想会造成哪些结果?我是不是希望得到这种结果?假如不是,那什么样的结果才是我想要的?我必须怎样想,才能得到我想要的结果?假如你能经常这样,养成自我分析的习惯,一定会大大地改变你的人生。

―――――――――――――― 智者寄语 ――――――――――――――

成功的人都是积极思考,凡事都抱着正面想法的人。面对每一件事情都保持乐观心态,是成功者的特质。

心思缜密做准备

谨慎的人会对大目标进行认真严谨的分析,进而得出许多较小且较容易达成的单元目标,然后,再累积小成就可以取得大成功。

做事之前做好充分的准备,做事时就不会慌张,就会水到渠成。其实仔细想一想,做任何事情都是这样,都有一个做准备的过程。例如,你的每次演讲比赛都会给自己带来很大的启发,正所谓台上一分钟,台下十年功,演讲比赛那短短的几分钟,要想取得令人惊喜的成绩,就只有依靠平时语言能力的不断积累和台下刻苦的锻炼。只有在准备工作做充分之后,才可能表现出胸有成竹的自信和自然流畅的表达能力。所以说,那些有准备的人才会有机遇、才能成功。

某位禅师曾说:"要走远路,先察近处;要成大业,先慎小事。"另一位禅师说:"研磨宝石,历多时才见其减损;栽植树木,积日久始见其茁壮。"这两句话正说明:在小的地方开始入手,为成功做准备,一定会收到丰硕的成果。

准备非常重要。无论如何,第一步一定要做好准备工作,之后,采取行动就是更重要的!千万不要患上只准备不行动的"分析瘫痪症",我们可能对旅行花了大量的准备时间,结果却根本没上路。应该对达成愿望的最好方法仔细地研究,并分析自身处境、长处,个人所必须面对的挑战,实现梦想所需要的全部条件以及所可能遭遇的障碍。

分析和准备本身都不是目的,只是达成目的的手段——它们是我们完成人生目标的工具,千万不可本末倒置,一味地准备,却迟迟不采取实际行动追求目标。

假如我们对某项工作已经有所准备，就该去做。也许做得比较好的本来还有其他人，但在我们率先行动之前，他们或许都不曾有过尝试的念头。

由于要付诸行动，我们会更加周全地做准备，能力也会获得增强，最后我们会变成最称职的人。一旦工作计划制订好了，就要展开行动，落实计划。

――――――――――――❦ 智者寄语 ❦――――――――――――

做事之前做好充分的准备，做事时就不会慌张，就会水到渠成。

挫折面前不要低头

对待挫折，现代白领们已经总结出了一条新的思路：愚公实在是太笨，为何非得费那么大劲移走那座大山呢？搬到山那边去住不是更容易、更省事吗？现代版"愚公移山"故事形象地告诉了我们，若遇上眼下实在克服不了的困难或者挫折，就把努力的方向稍微转换一下，说不定，正是由于今天你所面对的困难挫折，才把你带往人生中一个更好的地方去。

女人在工作和事业上比男人遭遇挫折的概率要大很多。所以，女人要成功，就需要比男人更加懂得处理和应对挫折。实际上，不少成功女性的事迹说明，在这方面女人同样可以做到。

女人在遭遇挫折时，常常会感到缺少安全感，使自己难以安下心来，会严重影响工作和生活。那么，遭受挫折时的女人，又应怎样进行自我调适呢？下面几种方法，值得一试：

（1）不发怒，沉着冷静不慌张。

（2）提高行动的勇气，增强自信。

（3）审时度势，迂回取胜。所谓迂回取胜，即改变方法去实现不变的目标。

（4）再接再厉，锲而不舍。当你遇到挫折时，要大胆勇往直前。在不改变你的既定目标的前提下，努力的程度要加倍。

（5）移花接木，灵活机动。如果一时难以实现原来太高的目标，可用更为容易达到的目标来替代，这也是一种适应的方式。

（6）查找原因，理清思路。当你受挫时，先让自己静下心来，尽力查出受挫的原因，再找办法解决问题。

（7）情绪转移，寻求升华。不妨通过自己喜爱的写作、集邮、美术、书法、舞蹈、音乐、体育锻炼等方式，调适自己的情绪，使情感得到升华。

（8）懂得宣泄，摆脱压力。面对挫折，不同的人态度也会有所不同。有些人惆怅，有些人犹豫，这时可以找一两个亲近的、理解你的人，向他们倾诉你的心里话。从心理健康角度来说，宣泄能够消除因挫折而产生的精神压力，能够减轻精神疲劳；而且，宣泄也是自我心理救护的一种措施，它能够淡化和缓解不良情绪。

（9）懂得幽默，自我解嘲。"幽默"和"自嘲"是宣泄忧郁、制造快乐、平衡心态的好方法。当你遭受挫折时，不妨试一下阿Q的精神胜利法，比如"吃亏是福""破财免灾""有失有得"等，对你的失衡状态进行调节。或者"难得糊涂"，冷静看待挫折，用幽默的方法调整心态。

人生在世，谁都不会永远事事顺心，春风得意。面对挫折要虚怀若谷、大智若愚，保持一种恬淡平和的心境，是彻悟人生的大度。想要心境保持健康的女人，就需要注意升华精神，修炼道德，风趣乐观，积蓄能量。就像马克思所说："一种美好的心情，比十服良药更能消除生理上的疲惫和痛楚。"

智者寄语

　　面对挫折要虚怀若谷、大智若愚，保持一种恬淡平和的心境，是彻悟人生的大度。想要心境保持健康的女人，就需要注意升华精神，修炼道德，风趣乐观，积蓄能量。

尽显职场女人味

　　女人娇媚和温柔的特质，在面对冲突时是最好的润滑剂。当办公室的男士和你有不同意见时，先别急得脸红脖子粗，而应该保持风度，维持笑容，气定神闲，甚至以一副低姿态来有效化解僵局。魅力是一种优雅的风格，使追求事业的女人获益良多。

　　(1)恰当的装扮。工作中除了具备出色的工作能力和扎实的专业知识之外，合适的穿着，绝对是引人注目的法宝。线条美被一条裙子充分体现，或是略显性感的短裙套装，加上摇曳身姿的高跟鞋、浓淡相宜的妆容，既有女人味，又不失端庄。不过，切记：你的目的是使你的穿着品位得到你的同事、上司、客户的欣赏，并认真看待你的工作能力，而不是要他们把你当做性感尤物，或是产生性幻想。一旦你的外表、你的穿着打扮给人的印象既深刻又良好，你身边就会悄悄降临许多契机。

　　(2)温柔幽默的话语。女人应当注意培养自己的幽默感，因为适当的幽默放在适当的时机，不但可以化解僵局，双方的紧张和压力也可以消退。

　　(3)适时赞美鼓励，突破对方心理防线。被人赞美和崇拜是很多人都喜欢的，你也别辜负女人善于甜言蜜语的才能。当你觉得某位同事表现突出时，把你对他的肯定大方地说出来，"你真行""令人难以置信"之类的赞美语句能给对方极大的激励和勇气，对方的防线也会容易被突破，从而使你赢得对方的友谊。

　　(4)左顾右盼，扩大交际圈和自己的工作舞台。有空的时候，不妨去看看那些自己不熟悉的部门，了解其他部门的工作性质。多与其他部门的同事接触，扩大自己的人际交往范围，不但有利于结识朋友、开阔视野，也有利于不断根据自身特点和岗位需要调整自己的奋斗目标。

　　(5)凭工作业绩说话，赢得同事钦佩。一个人素质高低的衡量砝码就是工作业绩。突出的工作成绩最有说服力，最能得到他人的敬佩和信赖。要想做出一番令人羡慕的业绩，就要善于决断，勇于负责；善于创新，勇于开拓；善于研究市场，勇于把握市场。唯有如此，在市场经济的大潮中，企业的航船才能顶住风浪并乘风破浪，躲开商战的"旋涡"和"险滩"，中流击水，立于不败之地。当你力挽狂澜以优异的业绩重振企业时，你的影响力自然而然也就到了"振臂一呼，应者云集"的地步。

智者寄语

　　只要有魅力，即使不是美女，也依然有着动人的"女色"。你的"女色"魅力也会展现在办公室里。

抓住机会不要放过

　　有人常抱怨，自己之所以失败是没有遇到好机遇，可是，机遇岂能轻易到来？只有我们坚持不懈地努力，才会遇到机遇；只有用智慧的双眼寻找机遇，才能造就成功。

抓住机遇，那是我们胜利的法宝——机遇是一颗流星，错过它就像是一次赏景的最美佳期被错过了；机遇是一壶美酒，丢弃它如同浪费了一份难得的佳肴；机遇是一堆黄金，丧失它就如同永远失去或遗失一次机会。正是因为有了机遇的存在，才有了成功的辉煌。

机遇对每个人来说也都是公平的，只是有些人抓住了，有些人抓不住；有些人在不断创造机会，而有些人则在苦等机会；有些人发现了，有些人却茫然不知。人常说，机遇是留给有准备的人的，而抓住机遇的人，可谓乘了一匹快马。也就是说，如果把机遇看做一匹马疾驰而来，谁跨上了这匹"机遇之马"，谁就能跑得更快，从而取得成功。

自古到今，很多伟人的成功都是因为抓住了转瞬即逝的机遇。伟大的政治家、改革家王安石，就是抓住了当时政局变迁形成的机遇，进行了变法，才被誉为"中国 11 世纪最伟大的政治家、改革家"。

机遇，在智者面前，是无尽的财富，而在愚者的眼前，却如一文不值的废铜烂铁。没有抓住机遇的人，就是一个愚者。

大家不会忘记，曾经两次获得诺贝尔奖的伟大女性——居里夫人，她正是因为抓住了机遇，才成功地发现了镭，为人类的放射性元素事业做出了巨大的贡献。与此相反，她的女儿和女婿——约里奥·居里夫妇，因为一个疏忽，竟失去了一次发现中子的机遇，导致与诺贝尔奖失之交臂。

当然机遇的到来，并非意味着成功，它只是成功的有利条件，以后也许会有更困难、更遥远、更崎岖的路。但是就要看你是否有坚持不懈的精神和你智慧的双眼能否用得上，这样才能创造出巨大的成功。

很多女性总是喜欢将注意力放在对原有的思维结果的理解和模仿上，女性容易在那些模仿和继承性强的领域做出成绩的主要原因就在于此。但这也成为一些女性从事创造性工作的最大障碍。

不要为了所谓的安全感，保守地待在原地，总有一天你的领地会被别人轻而易举地夺去。女性可训练自己逐步接受风险，让自己不再害怕改变。不要马上放弃自认为某种违背常规的选择。对那些决定和改变人生方向的抉择，做决定之前要认真地考虑，千万不能草率。你最初看不上眼的，或许是和你最适合的。对那种大家都非常关注的、有相当难度的任务，要积极争取。没有勇气，就没有胜利。如果有一件你未做过的事别人安排你来做，不要怕，接受它。如果上司对你有信心，你就一定有能力完成任务。我们不要畏惧困难，要抓住机会展现自己。

智者寄语

机会稍纵即逝，所以机会到来时，抓住就不可放过。

不要随声附和他人

老板总是赏识那些有自己头脑和主见的职员，如果你常常只是和别人说同样的话，那你在办公室里就很容易被忽视，自然也不会有很高的办公室地位。职场女性要有自己的头脑，不管你在公司的职位如何，你都应该发出自己的声音，勇敢地把自己的想法说出来。从某种意义上说，大凡有才能的人，遇事时的见解、主张都很独特，不时表现出其特有的"个性"。

在表达自己的想法时，有的女性总是说些无意义的话。所谓无意义的话，就是用来填补讲话中间空白时所说的话，可能是"嗯""哦"等语气词，有时候也会是一些真正的词汇，像"明白我的意思吧""你看"等，然而这些却没有一点实际含义。

当我们的讲话中夹带着这些无意义的话时，我们的讲话就会显得不甚连贯，听上去自己也显得犹豫不决，在短暂的停顿期间，用于填补空白的所有的絮叨话，都算是无意义的话，白白使听众分散注意力。在职场中，女性应该勇于在公开场合表达自己的想法，要克服掉退缩心理。

"哦，天哪，对女性来讲，这可是一个大问题。"一个工作了20多年的咨询领域的人说。20多年来他们举办过无数次团队训练课程。有很多问题设计在课程当中，让学员们去面对，给他们一些必要的提示，让他们自己去解决问题，然后对学员们的反应进行观察。他说共有几万人参加过这个训练课程，但第一个站出来发言的女性却非常少。

当有男性在场时，女性会退缩，变得十分被动，这是一种非常有害的习惯。不管在小的团组会议上，还是在全体大会上，那些抢先发言、敢于冒险的成员，更值得大家信任，他们比那些躲在后面的人拥有更大的领导潜力。在会议上抢先发言，并不意味着冒进或是控制欲太强。你若抢先发言，就不必担心别人道出你的心声，若你等待的时间越长，别人就会有更大的机会说出你想说的话。

如果第一个发言你做不到，也不要拖延到最后才出声。

在会议中，你要学会训练自己在第二或第三位来发表自己的意见。

当你起身发言的时候，不一定总是要提出自己的观点。对他人的观点表示赞同，或是问一个问题，对大家的话做一评论，也可以是自己起身讲话的理由。这样，既让大家看见了你，也不会让他们认为你的声音控制了会场。

───────── 智者寄语 ─────────

人才的本质在于创造，敢于创新，敢于突破，敢为人先。不要随声附和人，更不要被别人掩盖。

职场女性要学会自控

常言道："女人是水做的。"女人的天性就是爱哭。哭其实没有什么不妥，在生活中借助哭来发泄情绪也是无可厚非的。但在工作中，却不能容忍这种女性化的情绪表现。虽然这一哭，可能会立刻得到同情，但这只是一刹那的事。从长远的眼光来看，不但损害了你的威严，也会损害你的职业形象。有些男人，会对动不动便哭的女人表示鄙视，从而断定该女人是不能做大事的。

当上司不满意你的工作时，很多女人便觉得这是人身攻击，受到了侮辱，因而想哭；有时工作繁重，压力太大，上司又驳回了自己精心设计的计划，便觉得气馁，也会想哭；有时同事对属下职员挑剔，你认为有义务去保护自己的后辈，便立刻反击，但由于词不达意，变成了理亏，事后也会想到哭；有时开会，对你的提议别人鸡蛋里挑骨头，你越是争论，怒气越盛，自然泪盈于睫。

如果你是易哭的一类，就要学习自我控制。在这种情形之下，咬紧牙关，千万不要哭，否则会给人软弱、情绪化的印象。

女人都有情绪低落的时候，而且每个月有几天，你觉得身体不舒服，所以如果你对自己的情绪敏感,就应该尽量避免在那几天中安排特别重要的会议,如果有些重要事务没办法回避,就要对自己的情绪更加小心控制。

女性做事很容易主观化,别人一批评,容易不经考虑,就立刻辩护自己所做的事情,找借口说明自己是对的,有时还会丧失客观的判断力,令人觉得你对别人善意或有建设性的批评根本无法接受。

工作时,办公室里的电话可能会响个不停,每天也会有很多信函需要处理,同时还要联系客户,构思工作计划,准备开会文件;说话时,要认真考虑要说的每一句话,不能给人一个"未经大脑"的印象;赶工作时,饭也吃不下,秘书办事效果不理想或出错,则更加令人心情紧张;腿抽筋、头痛、心跳、高血压、胃溃疡、神经衰弱等病也会乘机发作。面对生活中层出不穷的麻烦事,女人最容易发怒,所以对于怒气要学会控制,这对女人来说特别重要。动不动就怒发冲冠、大发雷霆、横眉立目的女人,只能算是个泼妇。

有很多种方法可以让女性松弛神经,如学做瑜伽或进行各种运动,另外跳舞、看书、听音乐,甚至看电视都可以达到稳定自己情绪的效果。别人衡量你能否成功,是看你面对工作上的压力挫折能否应付。如果你太感情用事,上司是不可能提拔你的,更不会叫你去管理人多的部门。所以,你若想成功,一定要牺牲一点私人的情感,控制住自己的眼泪和愤怒,因为做一个敬业乐业的职业女性才是你的最终目的。如果你连自己的感情都无法控制,又怎么去管理别人?

我们希望职场是有人性化、情感化的空间,但事实上没有。人们把一些非常负面的东西同发生在工作场合的哭泣相联系,这种联系跨越了性别,与男女无关。在这方面,女性博得的同情并不比男性多。

愤怒不能用眼泪来代替。女性掉眼泪,是因为她们无法发火,不能暴跳如雷,有教养的女性不能那么做。当你感觉眼泪涌上眼眶的时候,要在心里反复问自己:"为什么我会如此生气? 我这么生气又有什么意义?"

大家都熟知的一句话叫"小不忍则乱大谋",其意思就是说,如果忍耐不了小事,就很可能会坏了大事。人的精力会被消极的情绪消耗掉,使人陷入泥潭、裹足不前。所以,女性善于自我控制,调节自己的情绪,对于自己的事业和身心,都是不无裨益的。

───────── 智者寄语 ─────────

职场女性最好还是学会自我控制,对眼前的工作集中精力。

打造充电计划

用一个小时来静心,消除疲劳,即使看来没有做什么具体的事,但大多数人还是会觉得有收益的。起码你能够利用这段时间仔细考虑,为自己定出一个明确的目标。

女人应该不断地充实自己,女人如果不愿意做花瓶、不愿意做黄脸婆,那么就要不断地充实自己,给自己充电。只有给自己充电才能获得巨大的能量! 任何人都有靠不住的时候,没有永远晴朗的天空。职场女性要不断地充实自己,不断地给自己补充营养、补充水分,才会拥有自己的无限蓝天。只有自己才可以决定自己天空的颜色。

"永远学习"这句话对于现在的年轻女性来说,有着更深一层的意味。特别是作为白领丽人,如果在职场上没有真才实学,在人们眼里就难免留下靠脸蛋混饭吃的印象。如果脸蛋再靠不住,在职场上就自身难保了。无论是拿出业余时间去深造,还是在工作中不断学习,作为职场女性,都应该积极行动起来,为自己量身打造一个充电计划,并最终拥有纵横职场的能力。但需注意的是,要做好职业定位再去充电。

找好充电的切入点,一是与职业密切相关的技能,二是本职工作能力的培养。

充电是为了更好地敬业。找工作难,能"站住脚"更难,如果因为继续深造耽误了目前的工作,那么就没有了敬业精神,就不会有相应的业绩;没有业绩,怎么保证以后能找到更好的工作呢?所以说,充电与敬业是相辅相成的,充电是为了更好地敬业。

在工作中需要学习的东西是你最好的充电内容。深造不一定要脱离现在的工作,更没必要脱产走回学校。随用随学,做有心人,留心身边的人和事,学会随时感受生活中值得注意的东西,并注意总结别人的成功经验,拿来为自己所用,这可能是生活和工作中能让自己有所收获的最好方式。

一个想要愈变愈好的女人,无不希望能够获得更多的知识,并从中获得启示。知识不仅是力量,而且像一面镜子一样可以反映自身条件,让我们不仅拥有自知之明,还能具有先见之明。终身学习,是每一个女人应当给予自身的功课,这样才有助于塑造一个博学多才、见解独到的聪明女人。

在当今这个忙忙碌碌的社会,人们似乎每天都没有充裕的时间去做想做的事情,所以许多念头就此打消了。但世界上仍有许多人用坚定的意志,可以做到挤出一个小时的时间来发展自己的个人爱好。值得注意的是,越是忙碌的人,他越能挤出这一个小时来。

一天少看一小时电视,每年你就会省下 365 小时,大约 45 天。所以,如果你现在每天看 5 个小时电视,那从明天开始只看 4 个小时吧。用这些时间你可以做想到的事,比如读书、娱乐、沉思、做做操或者写写日记,一定会使你的生活有所改观。

每天花一小时来干我们想干的任何事情,还有助于自身潜能的激发,这种能力若不去挖掘,它会很容易消失。珍惜时间,就能使我们的心灵变得更美,生活更有情趣,生命更有意义。

如果你想使自己在众多女性中脱颖而出,除了让自己拥有美好的容貌和气质,还要积极、努力地学习掌握各行各业的知识,提高自身知识素养。

———————————— ∽ 智者寄语 ∾ ————————————

职场女性需要不断充电,轻松拥有自己的艳阳天。

倾听是温柔的表达

倾听,是理解他人、尊重他人的表现,是对别人最宝贵的馈赠。

我们总是认为说起话来滔滔不绝的人是职场中善交际的人,其实,善于倾听的人才是真正会交际的人。会说,有锋芒毕露的时候,也常有夸大其词的时候,话说多了,显得夸夸其谈、油嘴滑舌,说过分了还导致言多必失、祸从口出。

静心倾听就远没有这些弊病,倒有兼听则明的好处。注意听,表现出的是严谨认真、好学上进,是专心稳重、诚实可靠。认真听,不做浅薄的评论,避免不必要的误解。善于倾听的人常常会有意想不到的收获:蒲松龄因为虚心听取路人的述说,写出了《聊斋志异》;唐太宗因为兼听而成明主;齐桓公因为细听而善任管仲;刘玄德因为恭听而鼎足天下。

不少研究表明，也有大量事实证明，导致人际交往失败的，很多时候不在于你说错了什么，或是应该说什么，而是在于你听得太少，或者没有认真听。

比如，别人的话还没有说完，你就抢口强说，讲出些驴唇不对马嘴的观点；别人的话还没有听清，你就迫不及待地开始说自己想说的话；对方兴致勃勃地与你说话，你却心荡魂游目光斜视，手上还在不停地摆弄东西……有谁愿意与这样的人在一起交谈？一位心理学家曾说："怀着理解的心情、设身处地倾听别人的谈话，我认为这是维系人际关系的最有效的方法。"

倾听，是心的接受，是热情的传递，表现自己由内而发的真情实感。

倾听，是智者的宁静，犹如秋日葱茏，在安静中收获无尽的思想。

交流的关键不是善于言谈，只要我们认真倾听，我们就会赢得同事的尊重。生活中，这样的例子很多。

一位同学去找班主任汇报自己的"工作计划"，本应健谈的老师默默不语，一直没说什么，这位同学的感受是：老师一直是在用"听"同他"交谈"。老师微笑着，不时轻轻点头，"嗯，讲下去"，鼓励同学就这样说下去。在整个交谈中，老师的目光时时与学生接触，那视线的短暂交织似乎在说：你想得很好，继续说下去。在老师无言的尊重、肯定和赞赏的鼓励下，这位同学流畅完整地讲出了他的方案，而且临时又提出了许多新的、有创意的构想。

如果把交谈当做音乐，这位善听的老师就是用"心音"在为这位同学伴奏。他没说什么话，但他"听"表达的含义比"说"更加丰富多彩、富有深意！那么，怎样"听"才是"会听""善听"呢？

成功的倾听必须做到以下几条：

（1）要有正确的"听"的态度。专心地听对方谈话，态度谦虚，目光要集中在谈话者身上。不要做无关动作：看表、修指甲、打哈欠……每个人都渴望吸引别人的注意力，否则，他讲话还有什么兴趣，还有什么用呢？

（2）要善于通过眼神或肢体语言等方式给予必要的反馈，做一个积极的"听话者"。例如：赞成对方说的话时，可以轻轻地点一下头；对他所说的话感兴趣时，你可以给他一个微笑；用"嗯""噢"等表示自己确实在听并鼓励对方说下去，等等。

你可以根据对方的谈话提出你的问题，让对方知道，你是在仔细地听他说话。而且通过提问，可使谈话更深入地进行下去。如"为什么会出现这种情况呢？""他为什么要这样做？"

（3）不要中途打断对方，让他把话说完。讲话者最讨厌的就是他的讲话被其他人打断。因为这样，在打断他的思路的同时，他也会感觉到你不尊重他。事实上，我们常常听到讲话者这样的不平："你让我把话说完，好不好？"

（4）适时引入新话题。人们喜欢别人始终安静地听他讲话，而且更喜欢被引出新的话题，不断表现自己、展示自己。你可以试着在别人说话时，适时地加一句："你能不能再谈谈对某个问题的意见呢？"

（5）忠于对方所讲的话。无论你多么想把话题转到你想说的事情上去，达到你和他对话的预期目的，但你还是要等待对方讲完以后，再引出你的话题。

（6）要掌握表达意见的技巧。不要表示出或坚持明显与对方不合的意见，因为对方希望的是听的人"听"他说话，或希望听的人能设身处地地为他着想，从他的角度提出问题。你可以配合对方的证据，提出你自己的意见，比如对方说完话时，你可以用自己的话表述他说话的某部分，或某个观点，这不仅证明你在注意听他所讲的话，而且可以巧妙地将你的意见表达出来。如："正如你指出的意见一样，我认为……""我完全赞成你的看法。"

（7）要听出言外之意。一个聪明的倾听者，只理解谈话者的表层意思是不够的，而要从说话者的言语中听出话中之话,从其细微的肢体语言中演绎出隐含的信息,把握说话者的真实意图。只有这样,才能做到真正的交流、沟通。

职场女性认真按照这些要求去做,将会成为一个优秀的倾听者,进而成为一个受周围同事欢迎的人。

——————————————　智者寄语　——————————————

说是一门艺术,而听则是更高一级的艺术。

打造迷人个性

所谓迷人的个性,就是有吸引力的人格魅力。

俗话说:"人如其面,各有不同。"生活中,每一位女性都有着自己鲜明的特点,比如有的人性情温柔,有的人脾气火爆,有的人开朗健谈,有的人沉默寡言。这些特征在一个人身上的表现是比较稳定或经常出现的,这样我们才能分清各个人的不同。

那么,什么样的个性令人着迷呢?

(1)对其他人的生活、工作表达关心和兴趣。每个人都认为自己是个特别的个体,每个人都希望受人重视,因此我们要看到每个人独有的价值。如果你对他人表示了足够的关心,那么你自己也是会有收获的,他们会说你"这个人真好,特热情,特能关心体贴人",并到处向人夸奖你的好处。这么一来,你就成为一个人见人爱的人了。

(2)健康、充满活力和具有丰富的想象力是迷人个性的体现。大家都喜欢富有朝气、活力四射的女性,而没有人会喜欢闷不作声、毫无生机的女性。轻松活泼的你可以给周围的人带来一股清新之气,带动周围欢快的气氛,这样的你,大家怎么会不喜欢呢?

(3)表现出宽容的气度。这是塑造自己迷人个性的重要一条。每个人都希望自己能被人接纳,希望能够轻轻松松地与人相处,希望和与自己性情相投的人在一起。那些专门吹毛求疵、挑人家毛病的女性,在职场一定不会受人欢迎的。所以,千万不要试图让别人都服从自己的标准,而要给对方充分的自由,要让你身旁的人感到轻松自在。

(4)要经常看到同事的优点。夸奖甚至连他们自己都没有感觉到的优点,这样可以使被夸奖的人感到非常高兴,他自然就会认为你是一个善解人意和富有吸引力的人。也就是说,我们不能只停留在接受、忍耐他人的缺点上,重要的是要找出他人的优点。每个人都一定拥有别人所不了解的优点,只要你有心,这么做并不难。

——————————————　智者寄语　——————————————

职场中,女性要打造有吸引力的人格魅力。

打扮为自己增彩

职业女性的衣着打扮必须符合本人的个性、体态特征、职位、企业文化、办公环境、志趣等。

不能模仿办公室里男士的服饰打扮，而要散发出女人味道，充分展现女性温柔的特点。

女性的打扮艺术，不是简单的涂脂抹粉，而是根据自己气质做出的整体规划，是一种自信和雅致，是一种个性的外在表现。

学会打扮自然要求女性衣着讲究，而所谓的讲究并不是指一味穿戴名牌、追求高消费，而是要根据自身的特点，穿出自己的风格，展示自己的个性。

每个人的个性都是由外在形象表现出来的，如果你穿着保守，服饰古板传统，没有一点新意，别人怎么可能很快知道你是一个有创造力的人呢？如果你说话吞吞吐吐、不敢正视他人的眼睛，别人就会更多地把你当做一个缺乏自信的人。你的穿着打扮可以使别人更好地了解你，也会令你在任何场合都更加神采奕奕、信心非凡。

女性的穿着打扮应该灵活有弹性，要学会怎样将服装、发饰、发型、鞋子等搭配起来，使之完美和谐。下面提供几条穿衣原则：

(1)职业套装凸显端庄，要选择一些质地好的套装，要以套装为底色来选择衬衣、毛线衣、鞋子、袜子、围巾、腰带和首饰。

(2)每个人的肤色、发色、格调不同，所以要搭配的颜色也不同，要选择一些适合自己的套装，再根据套装色为底色配选其他小装饰品。

(3)鞋子。在办公室穿运动鞋不妥当，中跟或低跟皮鞋为佳。鞋子的颜色要比衣服的颜色深。如果比服装颜色浅，那么必须和其他装饰品的颜色相配。

(4)适当化妆。妆容宜浅淡自然，不可以化艳妆，特别是口红不要太红。女性适当化妆是对自己的尊重，同时也是对他人的尊重。总之有一个原则：每天的打扮必须要与当天做的事情相符合，符合自己的身份和专业度，尽量做到高雅大方，不让自己给别人留下不好的印象。

(5)发型简洁明快。在办公室不要梳过于流行的发式，发型要符合自己的工作环境。无论头发长或短、曲或直，一定要梳理整齐。

(6)指甲修剪整齐，最好是短或中长，指甲油应为淡颜色。另外，在公共场合修剪指甲是不礼貌的。

(7)首饰佩戴不宜多。耳朵宜戴耳钉，不要戴太多戒指，项链不要太粗、太长，要展现一种典雅的形象。

(8)注意裙子与鞋子、袜子相配。要穿与裙子相配的鞋子，与鞋子相配的袜子，全身整体颜色不宜超过三种。鞋子要干净，袜子不要有破洞，包中要随时携带丝袜。

智者寄语

职业女性的衣着打扮必须符合自身的个性、体态特征、职位、企业文化、办公室环境等。

让声音更有魅力

如果我们能够在说话的时候保持身体挺直，并用双脚平均支撑身体的重心，别人对我们言谈的印象就会更加深刻。

古书上常有"声色照人""声色夺人"的说法，但在梳妆台前流连的很多女孩，对自己的外貌、服饰都很感兴趣，也很有信心，却对自己的"声音"魅力很少留意。于是常会看到一些容貌姣好、衣着入时、引人注目的女孩，但她们说起话来，要么是如机关枪一样快，要么就慢得使人着急,也有故意讲得嗲声嗲气的,令人不舒服、不自然,倒是那些容貌普通、语速适当不快不慢的女孩,较能给人好印象。所以,你若想使自己更有吸引力,除了外在条件,你的声音也应注意到。这不仅关系到对异性的吸引,对你个人工作的顺逆成败也有很大关系。

慌慌张张而又刺耳的声音常常给别人神经紧张的感觉。如果能将声音放得稍微低沉一些,速度控制得快慢适中,并且通过一些短小的停顿来引导听你说话的人,这样就很容易使对方产生好印象。在国外,有专门的职场声音教练,他们有一条最基本的建议:"在谈话的时候,将身体放松,并且要控制好自己双脚的位置。"

下面这些方法对于声音及语速的练习会有帮助:

(1)找个没有人的房间(家里或办公室都可以),把你平时跟家人、同事、朋友说话的声音录下来,然后将它播放出来,仔细听你说话时的速度、音量、音调变化、清晰程度和你使用的词汇。如果听到的声音令你不快,就要逐一改进录音中不足的地方。

(2)把你最喜爱的诗找出一首,以各种戏剧化的腔调把它念出来,例如激动的、滑稽的和悲痛的,这样你就能对你声音的魅力进行更有效的掌握和发挥。

(3)你若想使自己过于娇柔的声音变得浑厚有力,可以把身子坐直(或站直),抬高头,面向室内最远处高声说话,同时注意镜子里自己的体态语言,如对自己过于高昂的声音要加以控制,在练习时应尽量放松,想一些熟悉的轻音乐旋律。而且要使用轻声细语练习——即在说话中,故意将某些话说得很轻,以引起听者的注意。

(4)如果你说话太慢,或总是有气无力的,你可以制造一些心理上的兴奋情绪。比如想想明天你办事细心得到上司的夸奖,或想想昨天晚上的约会。相反的,你如果说话太快了,就要先了解原因:是因为你很匆忙,还是担心对你的话题别人没有兴趣?然后有意识地改进。

(5)在这方面几乎所有人都需要练习,要吟诵清楚每个字的尾音,很多人说话时开头音量很大,最后几个字却含糊不清。这个习惯要尽量改正。

(6)写一个完整的句子,重复念出来,每一次强调一个字的读音,看看会有多少不同的含义在这句话中。

(7)如果你发现自己有个习惯用语,例如说,一句话后面加上个"你知道吧",或其他口头禅,只要是让人听了难过的口头禅,就要设法改正过来。现在年轻人中流行的一些语言如"别傻了"等,平时交谈虽可大量使用,但要看对象为何人,应避免在正式谈话或演说时使用。

(8)人最深邃的情感会透过声音表露出来,所以必须尽量让自己在心灵最安适的情况下说话,用腹部深呼吸,将背部紧靠椅背,收紧腹部,再放松,重复做。

智者寄语

若想使自己更富魅力,更吸引人,使自己的形象更加完美,那就要对你的声音魅力加以注意。

用目光吸引他人

人们常说,心灵的窗户是眼睛,眼睛能够传神、传情、传递各种心灵的信息,目光的接触是一种信息、一个前奏、一种对进一步交往的邀请。许多用语言难以表达的奥妙都可以经目光传达。

心理学研究显示,目光能反映出一个人的心理和精神状态。一般情况下,人们通过眨眼的频率、瞳孔放大的程度、目光聚集的宽度、注视时间的长短,不自觉地表现自己的心理状态、态度、内涵。目光接触是人与人之间建立思想交流的最基本方式,在交谈中非常重要,专注地望着别人是最明显的"倾听"信号,也是对讲话者的一种肯定。目光在不能使用语言的交流场合中起着重大的作用,这种情况下,运用目光能将人与人之间的距离缩短。全神贯注的目光让我们感到支持和力量,使这个人给我们留下好印象。

一个严厉而又充满自信的眼神,会制止一场即将激化的矛盾;一个关爱的眼神,会使一颗伤感的心得以慰藉;一个鼓励的眼神,会使一个受到挫折的人从中领悟到期待和力量;一个喜悦的眼神,会使取得进步的人感受到表扬和鼓励。

年轻女子在交际中,很难把握注视对方的方式。大胆注视对方时,显得太野性;郑重注视对方时,显得太轻率;用眼睛瞟对方时,则显得太轻浮;用闪烁的目光注视对方时,别人又感觉没得到尊重……那么如何在交际中正确运用目光呢?

1. 要聚精会神地注视讲话者

2. 在电梯、地铁等近距场所,避免与人目光对视

3. 目光接触的时间要把握好,不要死盯不放,也不要左顾右盼

4. 每天对镜审视自己的眼睛,寻找不同心态的目光

当别人在交际场合说错了话或做了不自然的动作时,他(或她)一定会感到尴尬,生怕人们嘲笑、蔑视他。这时你千万别盯着他的脸看,或看了一眼以后马上转移你的视线。否则,他会认为你在用目光讥笑他。

一般来说,在双方交谈过程中,应注视对方的眼睛或脸部,以示尊重别人。但是,当双方缄默无语时,就不要老是去看对方的脸。因为双方无话题时,本来就会感觉到踌躇不安。如果在此时,你注视对方,肯定会加重对方的尴尬。

送客人时,要等客人转过身并走出一段路,不再回头时,你才能转移目光。

如果你在人多的场合看到某个陌生人风度翩翩、服饰新颖,你想欣赏他(她)时,请你从侧面或后面欣赏,不要站在正对面来看他(她),因为这样做是不礼貌的。当你发觉对方的目光将要与你的目光相遇时,你应主动转移目光。

───────── ❧ 智者寄语 ❧ ─────────

让你的目光也充满魅力。

微笑是魅力的法宝

笑是一种最为常见的心情表达方式,同样是笑,笑法不同,含义也就不同。微笑是人生最好的名片,每个人都喜欢跟乐观向上的人交朋友。微笑能给自己一种信心,同时也让别人增加信心,从而更好地激发潜能。

微笑会使任何一个女人显得更加生动、温暖。微笑是最经济实惠的化妆品。懂得对自己微笑的人,她的心灵天空将随之晴朗;懂得对生活微笑的人,她的人生必将美丽。

每天张开一张明媚的笑脸绝对是一个明智之举。微笑能拉近双方的距离,给对方留下美好的心理感受,从而使氛围更加融洽。它能产生一种魅力,使强硬者变得温柔,使困难变得容易。所以微笑是人际交往中的润滑剂,是有效的结交朋友、化解矛盾的方法,而朋友就是宝贵的财

富,他们会为我们带来许多意想不到的机会。

我们都有过这样的经验,如果一位陌生人对你面带微笑,你是不是感觉到有一种无形的力量拉近了你和他的距离;我们在问路的时候,也绝对不会选择一个一脸严肃的人。

一个脸上常挂着笑容的女人,会显得很美丽。这个社会本来就是需要人与人之间经常联系和沟通的,向别人发出的最好名片就是微笑。

时常微笑的女人总是会给别人留下好印象,只有会微笑的人,才能在人际交往中更受欢迎。很多时候,一个微笑就可以打破僵局,一个微笑就可以让人倍感温暖;而有时候,机会也是由笑容带来的。著名的钢铁大王卡耐基就说过:"微笑是一种神奇的电波,它能让人在不知不觉中同意你。"

经常微笑的女人,不管她是不是正遭遇挫折,她总是拥有希望。没有人喜欢帮助那些整天郁郁寡欢、愁眉不展的人,更不会信任她们、给她们机会。与其满世界地寻找机会,不如从现在做起,让甜美的笑容常挂在脸上,那么,相信你很快就会成为一个运气不错、机会多多的女人了。

当你向别人微笑时,实际上就是间接委婉地告诉他,你喜欢他、尊重他。这样,在你帮助、鼓励别人的同时,你也赢得了别人的信任、尊重和喜爱。姿色平常又有什么关系,没有人会拒绝一个笑意盈盈的女人,面带笑容的女人是很美的。人们可能讨厌一个美貌的女人,却永远不可能讨厌一个笑容甜美的女人。女人最好的化妆品就是微笑,提升亲和力和魅力的法宝是保持迷人的微笑,它比任何昂贵的名牌化妆品都更有效,它会使你变得更美丽、更让人亲近。

无论是否拥有漂亮的外表,只要拥有一颗真诚的心,向大家敞开心扉,不吝啬自己的笑容,你总是会变得更美丽、更受人欢迎,也会拥有更多的朋友和更多的运气。你的人生必将美丽。

一旦你学会了微笑并形成习惯,那么在任何时候你都能取得好的效果。当你心情好的时候,可以大方自然地微笑;当你心情抑郁的时候,更应该保持微笑,一方面是因为微笑可以为自己赢得更多的关注与掌声,你才能尽早恢复心情,另一方面也是希望自己不会因此成为污染别人情绪的凶手。

智者寄语

无论心情好与坏,你都应该学会微笑。

说话风度要培养

一个女人是否具有吸引力,取决于她说话是否有魅力,也关系到她是否具有良好的人缘。会说话的女人能够自如地与别人聊天,并表现出足够的自信。与人谈话时,她内在的涵养、气质能够传达给对方,从而使人乐于与她交谈。

要想成为一个有魅力的女性,培养自己良好的说话风度是首要因素。所谓说话风度,是一个女人的内在气质在言语上的表现,说话即能体现涵养。在谈话过程中,优雅的谈吐是很重要的,就好像一个人整洁干净的仪表,能使对方感到舒适愉快。如果你能熟练而自然地运用文雅的辞令,即使偶尔开个玩笑,说些俏皮话,也充满文化底蕴,无处不渗透着你的涵养、气质,那么与你交谈的人就会很快乐,而且敬重你。注意交谈的距离,是与人交谈时需要注意的。距离过近或过远都有失礼貌:距离过远,会使对方产生你不愿意与之接近的感觉,以为你嫌恶他;距离过近,稍有不慎就会把口水溅到别人的脸上,而且会给人以压抑感,令人生厌。如果对方是异性,还会戒备你,甚至发生误会。

与别人讲话时,你的一举一动都能显示出你的教养。抖动腿是常人通用的缓解紧张情绪的动作,但却是一种很不礼貌的举止。谈话中,缺乏自信的人会抖动腿脚。由于会带动坐椅一起抖动,从而影响他人。

在交谈中不自觉地挠头摸脑说明你过于拘束或怯场;也是一种不雅的行为,而且还不卫生。他人会为此轻视你,认为你缺乏社交经验,不懂礼貌或不善言谈。

在社交场合谈话不能选择冷僻的话题,而应选择大家都可介入、方便发表意见的话题,例如天气、当天新闻、家常琐事、环境布置等被局制不要只和个别人聊天,这样会使他人倍感冷落。要想成为一个愉快、受欢迎的谈话对象,就要确保言谈准确、清晰、有礼貌、风趣。

此外,不要谈论疾病、死亡等不愉快的事情,而且,荒诞离奇、骇人听闻的事也要尽量避免谈及,至于黄色淫秽的事则绝对是禁忌。有文化的人会谈一些健康的、有益于活跃气氛、相互沟通的事情。如果谈话中发现对方表现出反感,一定要及时表示歉意,并更换新的话题。对于对方不便回答的话题,不要打破沙锅问到底。

对方说话时,要尽量倾听,让对方把话说完,不要轻易打断或插话,以示尊重。万一需要插话或打断对方,应用商量、请求的口气先征得对方的同意,问一声:"请允许我打断一下好吗?""我提一个问题好吗?"否则对方会认为你轻视他,或者对他的话题不感兴趣。

与别人交谈时,态度要诚恳,最好不要装腔作势、言不由衷;如果别人说错了话,有失误之处,不能嘲笑、讽刺,以免伤了他的自尊心。

交谈虽然要真诚,但又不能什么都照直了说。对别人不愿谈及的事应当尽量避开,如果对方有生理上的缺陷、残疾,用语必须谨慎。

交谈中对某个问题发生争论时,少用"肯定"、"绝对"、"保证"之词,武断只会带来更多的争执。

讲话要注意分寸,不能感情用事,动不动就情绪激动。

交谈时如果对方所谈的内容你不感兴趣,表现出不耐烦或直接冷场时,不要索然无味地离开,这样双方都很难堪,而应该换个双方都感兴趣的话题继续谈谈。

与别人交谈时应该注意时间,不要滔滔不绝,耽误了别人的事情。如果在夜晚交谈,更应考虑对方的休息和明天是否要早起等情况,不能长谈到深夜。

不要喋喋不休,长舌妇没人喜欢。有些女人为了表示自己的热情,总是喜欢拽住人家唠叨家长里短,其实都是废话。如果别人对你的话题不感兴趣,或者还有其他事情需要做,那一定会在心里对你很反感。

不要太清高、太矜持。有些女人总是爱摆出一副高高在上的架势,以显示自己的与众不同,其实这很容易招人讨厌。因为清高孤傲的人不容易接触,所以大家都不会理你,渐渐地,你就会变成孤家寡人了。

不要太沉默。有些女性比较文静内向,人越多的地方越不爱说话,显得比较沉默。这个习惯会妨碍你与别人的交往,还可能会引起别人的误会,以为你瞧不起人。这样一来,你的形象分就会大打折扣,人缘事业也会跟着下滑。

良好的说话风度,往往具有很大的吸引力。但这是自然流露的,而非为了风度而风度。故意装出来的风度反而显得矫揉造作,甚至是搔首弄姿,惹人厌烦。你应该按照自己的个性、身份以及说话的对象和说话的场合,调整说话的方式,真实地表达自己的风格。

─────────────── 智者寄语 ───────────────

良好的说话风度和魅力会让女人成为一个语言上的贵族。

沟通中的手势技巧

人在紧张、兴奋、焦急时,都会有意无意地表现在手上。手势作为仪态的重要组成部分,必须学会正确地将其使用。同时,手势也是人们交往时不可缺少的动作,在体态语言中最有表现力,俗话说:"心有所思,手有所指。"

说话的时候,合适的手势往往能够带来很好的效果。

1. 指示手势

你可能想为对方指出一些人、物或者方向,这个时候,手势是不可或缺的。借着手势说"你"、"我"、"这边走",很容易使对方理解,而且不需要任何过多的情感表达。

2. 模拟手势

如果你想告诉听众自己所描述的东西是什么样子的,你就需要用手势比划,把它的大致形状描绘出来。例如,一个人讲述自己在身患重病的时候得到了许多人的关心,人们送来各种礼物。其中有一个只有四五岁的小女孩,送给他一个很大的苹果,使他十分感动。在叙述中,此人用手势比划出那个苹果的形状和大小,这种手势语的运用能起到很好的作用。

3. 抒情手势

这是一种抽象感很强的手势,我们常常使用,如兴奋时拍手、恼怒时挥舞拳头等。

4. 习惯手势

任何人都有自己特有的手势,在说话时常常会不自觉地表现出来。这种手势的含义一般不会确定,只是强调说话内容,随着说话内容的变化而改变。

需要强调的是,为了增强谈话效果,谈话中人们往往会做出各种相应的手势,手势的正确与否将会直接影响谈话的效果。

5. 手势的使用要适度

手势虽然是加强说话感染力的一种辅助动作,但不能喧宾夺主。说话时,应使身体自然地坐着或站着,手放好,说话的主要工具依然是声音。在必要的时候,用面部表情配合声音,传达各种要强调的、有趣的部分。当声音和表情都不足以表达感情的时候,才能让手帮你的忙。不要以为手静静地放着不动是笨拙的事情,相反,说话时毫无节制地挥手才蠢笨可笑。有人统计过,说话时70%是无须"动手动脚"的。

乱动手有两种情况:一种情况是纯粹下意识的举动,如拉耳掰手,转动铅笔,玩手指之类,主要是为了掩饰内心的不安,或者打发无聊,有人称这是一种"视觉障碍物";另一种情况是有些人主观上为加强语气而特意采取的手势动作,但由于无法掌握好分寸,致使双手无规律地乱摆,常常出现过度表现的动作,如,用刀劈似的以表示刚强,用像原始人向苍天祈雨时的手势表示盼望……由于手势使用太频、太多,所以有许多都是无意义的。在社交活动中,这种手势往往反映出一个人的根底浅、轻浮或狂妄,是很不得体的。反之,不随意乱动,稳重、诚实和温雅的充分显示,才会令人敬慕。

6. 发挥手势的基本原则

当感情强烈时,语速会不由自主地加快,动作也会为了节奏协调而变快;音调提高时,手势不但要强有力,幅度也要相对加大。做任何手势时,都不要结束得太快,保持一定的时间,让信息传达出去。例如,当你说话时伸直食指,帮助你表示某种意思时,在说完这句话之前最好保持此手势。

还要提及一点，一些不礼貌的动作手势切忌在说话中使用。比如，用手指着别人的鼻子尖，用脚不耐烦地敲地，以及一些侮辱性的动作，都会把友好的交谈演化成争论甚至打架。在公共汽车上买票时，如果售票员用不礼貌的手势把车票递给你，你一定会心生不快，因此想方设法地找茬指责她一顿。

智者寄语

手的魅力并不亚于眼睛，完全可以充当人的第二双眼睛。

优雅这种语言最美丽

一个人的举止和姿态往往是他的个人宣言，即使不说话，也能让他人感受到与众不同。

有一次，航班因为雷雨天气延误了。一位旅客指着一位年轻的空姐大声斥责道："因为飞机延误，我的事都办不成了，这可是很急的事情。这个损失谁来负责？我要索赔！我要告你们！你们说不飞就不飞，把我们顾客当什么了？如果没有急事谁会坐飞机？不就是图快嘛！连这个都做不到，你们还能干什么？"

那位年轻的空姐被骂得满脸通红，支支吾吾地解释说："先生……您误会了，不是我们……不想飞，是忽然有雷雨天气……"这个旅客根本不听她解释，挥手示意她走开，那动作就像驱赶一只苍蝇。

那个旅客还在发着牢骚，一位年长一些的乘务员走了过来。她微微倾身，保持45°角的交流角度，耐心地倾听着顾客的责骂，一句话也不多说。果然，她的姿态使得旅客渐渐平静了下来，这时，她才诚恳地表示道歉："先生，对此我表示十分真诚的歉意。我知道，飞机不能按时起飞给你造成了很多不便，但我们是为了保证您的安全。现在航路上有雷雨，暂时不能起飞，一旦天气有所好转，我们会立刻起飞的，请您耐心等待。"

这位旅客的脸色不再难看了，情绪也不再那么激动，他有点无奈地说："我只希望能够早些起飞。"然后就闭上了眼睛，默默地坐在那里。

这位空姐是个交流的高手，因为她知道，旅客心中有愤怒，不让他发泄完心中就会不舒服。所以，她采取了一个同盟者的姿态，耐心地听他发牢骚，尽量使他感觉舒服，这样乘客就不会再激动，而且会觉得自己挺没意思的。

大概半个小时后，飞机还是无法正常起飞，那位旅客又不耐烦了。这时，乘务长亲自出动了。她是中国最早的乘务员之一，是航空公司返聘回来辅导新一代年轻乘务员的。

乘务长端来一个小托盘，里面有一杯水，一个用热的湿毛巾折成的毛巾花。来到那位旅客面前，乘务长温和地说道："先生，打扰您了，天气比较热，请喝杯水吧。这是毛巾，您擦擦手。"她亲切的言语不卑不亢，让旅客不好发作，他把毛巾拿在手里，热乎乎的毛巾让他感觉很舒服。

"先生，飞机暂时还不能起飞，很抱歉。机长正在联络塔台，也许很快就会有消息了。今天很多航班都延误了，包括您一会儿将要转乘的飞机。所以，仍然不会耽误您转机。等飞机落地后，我会来接您，陪您一起去办手续，好吗？"

这番话让旅客无可挑剔,他再也无法抱怨了,因为乘务长已经替他把所有的事情都考虑到了。况且他也明白,乘务员是决定不了飞机起飞的。于是,他礼貌地答谢了乘务长,安静地等待着。

其实,乘务长能做到和承诺的东西十分有限,而这个旅客最后可能也不会让乘务长陪着自己办手续,但是这样一番体贴的行动,却迅速抹去了旅客的不快。

可见,得体的姿态也是我们的语言。举止优雅的人,如同初春绵绵的细雨,使干燥的人际关系变得润泽。因此,请你牢记:喋喋不休的语言永远无法达到预期效果,不如用诚恳优雅的姿态辅助语言,帮助你实现自己的目的。

—————— 智者寄语 ——————

举止优雅的人,如同初春绵绵的细雨,使干燥的人际关系变得润泽。

体态可以使女人的优雅气质得以展现

体态对女性整体形象的塑造有着不可估量的作用,与相貌有着同等的重要性,二者共同显示出女人的气质和风度。外表相貌是天生的,而体态则完全是后天塑造的,可以通过训练达成理想状态。

体态语言由两部分组成:一是指说话双方的空间距离;二是指说话时所表现出的各种不同的身体姿势。

体态语言运用时讲究准确适度、自然得体、和谐统一。

根据说话内容、说话环境、说话对象、说话目的的需要,准确恰当地运用体态语言,是为准确适度。

自然得体,就是要求体态语言的运用不故作姿态,而要综合考虑自己的身份和交际场合。无论是从审美的角度,还是从表达功能的角度,自然、得体的体态可以带来美感,且符合特定的环境情况。

和谐统一包括两个方面:一是体态语言和有声语言的统一配合;二是各种体态语言要求一致而协调。只有做到体态语言和有声语言的统一配合才能准确地表达自己的思想感情和愿望;而体态语言的协调一致,则可以让谈话更有可信度。

古人强调"坐如钟,站如松,行如风",就是一种体态要求。在社会交际中,对姿势的基本要求有:秀雅合适,端庄稳重,自然得体,优美大方。我们可以做具体地分析:

1. 稳重的坐姿

在各种场合,都要力求做到"坐如钟"。坐得端正、稳重、温文尔雅能赢得他人好感,也是坐姿的最基本要求。

入座时应轻、缓、稳,保持动作的协调柔和,神态从容自若。若离椅子较远,则可以走到椅子前再平稳坐下;若穿裙子则应注意提裙,不要踩了裙角。一般应从椅子左边入座,起身时也一样,这是不可更改的规则。如果要挪动椅子的位置,应当轻拿轻放,把椅子移到欲就座处,然后坐下去。直接坐在椅子上移动位置,是有违社交礼仪的。

落座后,面带微笑,双目平视,嘴唇微闭,挺胸收腹,腰部挺起,上身微向前倾,重心垂直向下，双肩平正放松，双膝并拢，手自然地放在双膝上；也可以一脚稍前，一脚稍后，两臂曲放在沙发的扶手上，掌心向下。坐椅子时，一定不能坐满，只坐 2/3，脊背刚刚可以靠在椅背上就行。端坐时间过长，可以将身体略微倾斜以保证松弛的状态，头面向主人，双腿交叉，足部重叠，切记脚尖朝下，斜放一侧，双手互叠或互握，放在膝上。但是，穿着西装裙的女士不要交叉两脚，否则容易走光，可以将两脚并靠，向左或向右一方稍倾斜放置。起立时，右脚先向后收半步，然后再站起来。

2. 端正的立姿

在各种场合，都要保持"站如松"的姿态，站得端正、挺拔、优美、典雅。

站立时，应挺胸直腰，上体自然挺拔，双肩保持水平。注意头部要头正颈直，双眼平视，嘴唇微闭，下颌微收。两臂自然下垂，手指并拢自然微屈，腿膝伸直，脚跟并拢，身体重心在两足中间脚弓前端位置。

站立的姿态要有直立感，即以鼻子为中线的人体应大体成直线；横看要有开阔感，肢体及身段不能缩在一起，要有舒展的感觉；侧看要有垂直感，从耳与颈相接处至脚的踝骨前侧应该大体成直线，这样才会有庄重大方、秀雅优美、亭亭玉立的美感。

3. 优雅的走姿

在各种场合，都要做到"行如风"。优雅、轻盈，有节奏感的走姿让人精神奕奕，旁人看了也很舒服。

行走时，应昂首挺胸，两眼平视，收腹直腰，肩平不摇，双臂自然前后摆动，脚尖微向外或向正前方伸出，脚跟尽量形成一条直线。起步时身体微向前倾，让前脚掌承载身体的重量，行走中身体的重心要随着移动的脚步不断向前过渡，不能将重心后移，否则会显得笨拙。注意在前脚着地和后脚离地时伸直膝部，胸膛向前移动应该是迈每一步的前提，而不是腿独自向前伸。女士的步履应轻捷、娴雅、飘逸，步子尽量小，显得温柔、娇巧。现代女性多穿高跟鞋，不仅能增加身高，还能辅助肢体收腹挺胸，显示自身走路的动人的身姿和曲线美。时装模特儿的猫步向来被人们称赞，这恰是她们用走姿来展现服饰、展现个人魅力的方式之一。

英国哲学家培根认为：相貌的美高于色泽的美，而秀雅的动作美，又高于相貌的美，这是美的精华。女性的形体在运动中会形成各种姿势，有必要使这些姿态变得优雅端庄，唯有如此，才能在社交中保持良好的形象。

───── 智者寄语 ─────

一个女人即使再漂亮，如果"站无站相"、"坐无坐相"，也不会引起他人的好感。

第五章
注意日常细节，一眼看透同事心理

举手投足显个性

在人际交往中，人们经常会看到他人言行中的小动作。其实，这种小动作与个人性格是有密切联系的。著名的心理学家莱恩德曾说过："人们日常做出的各种习惯行为实际反映了客观情况与他们的性格间的一种特殊的对应变化关系。"可见这种自然而然地形成的小动作也是具有某种特定的意义。正是因为这种随意性也带有很强的稳定性，所以人们一时之间也难以轻易地改正过来。既然改正不过来，那就随身携带，这也间接地为我们观察、了解和认识一个人提供了一些方便。

当你面对言行不一的人时，比如当你给某人递烟或其他食物时，他嘴里说"不用"、"不要"，假装与你客气，但手却伸过来接了，并且一副很勉为其难的表情。通常来说这类人比较聪明，爱好广泛，处事圆滑、老练，不轻易得罪别人。

喜欢解开外纽扣的内心一般都比较真诚友善，这类人在陌生人面前表达和善观念时，最直接的动作便是解开外衣的纽扣，甚至脱掉外衣。或者是在一个商业谈判会议上，当谈判对手开始脱掉自己的外套时，领导便可以知道双方正在谈论的某种协定有达成的可能；如果情况相反，那么不管气温多么高，只要是问题尚未解决，或尚未达成协议时，这类人是不会脱掉外套的。如果是一会儿解开纽扣，一会儿又系上纽扣这样反反复复的人，做事通常都比较优柔寡断，意志不坚定，犹豫不决。

而双脚自然站立，双手喜欢插在裤兜里，但是时不时取出来又插进去，这类型的人性格是属于那种比较谨小慎微型的，凡事喜欢三思而后行。在工作中他们最缺乏灵活性，做事也不够果断，往往会失去一些很好的机会。这类人面对突如其来的失败或心理打击的承受能力相对较差，在逆境中更多的是垂头丧气，怨天尤人。

喜欢吐烟圈的人突出的特点是与别人谈话时，总是目不转睛地看着对方，这类人的支配欲望较强，不喜欢受约束，为人比较慷慨，哥儿们义气重，因此他们周围总是包围着很多朋友。吐烟圈还能看出此人的心理状况，看出他对某个状况是积极的还是消极的态度，其中的玄机就是看他把烟圈是朝上吐还是朝下吐。如果是一个积极、自信的人大多数情况下会把烟向上吐。相反，一个消极、多疑的人则多半会朝下吐烟。朝下吐还有一种情况就是用嘴角吐烟，这类人通常给人的感觉是非常消极或诡秘的态度。

还有一种两脚并拢或自然站立，双手喜欢背在背后的人，这类人一般比较自信，但是对于感情会比较急躁。与他们交往时，关系会处得非常融洽，其中很大一部分的原因是他们很少对别人说"不"。

总是喜欢触摸头发的人个性突出，性格鲜明，疾恶如仇。这类型的人通常胆大心细，喜欢挤眉弄眼,也喜爱拿人当调侃对象。有时做事会略显冲动,但他特别会处理人际关系,在奋斗中也善于捕捉机会。

而经常"摇头"或"点头"以示自己对某件事情看法的肯定或否定的一类人,喜欢在社交场合表现自己,但是却时常遭到别人的厌恶,引起周围人的不愉快。不过值得肯定的是,这类人的自我意识非常强烈,工作也很积极,看准了一件事情就会努力去做,不达目的誓不罢休。

还有一种人在与人谈话时,经常会带有一些手部的动作,比如相互拍打掌心、摊开双手、摆动手指等等,用来强调说话的内容。这类型的人性格大都属于外向型,他们做事果断、雷厉风行,而且自信心强,习惯于把自己在任何场合都塑造成"领袖"人物。

拍打头部的动作大多数情况下是表示对整件事情突然有了新的认识,有种豁然开朗的感觉。如果说拍打的部位是后脑勺的话,表明这类型的人非常敬业,拍打一下脑部只是为了放松自己。而时常拍打前额的人则是性格豪爽,有什么说什么,不怕得罪人。

当一个人习惯用手摸颈后时,通常都会出现恼恨或懊悔等负面情绪。这个姿势称为"防卫式的攻击姿态",在人们遇到危险时,常常都会不由自主地用手护住脑后。这个防卫的姿势有时候是一种伪装,当一个女人伸手向后,撩起头发时,则是用来掩饰自己恼恨的情绪,同时她们还会装作一副毫不在意的样子。

而喜欢用腿或脚尖使整个腿部颤动,有时候还用脚尖磕打脚尖或者以脚掌拍打地面的这一类人,性格一般比较保守,喜欢自我欣赏,却很少考虑别人。然而当朋友有困难时,他也会经常给朋友提出一些意想不到的好建议。

智者寄语

在人际交往中,人们经常会看到他人言行中的小动作。其实,这种小动作与个人性格是有密切联系的。

通过面部动作识人心

嘴巴和面部表情是感情的两大表达途径。嘴巴最显著的动作是笑,笑是最容易露出牙齿的动作,动物露出牙齿可以解释为威吓对手,而猴子露出牙齿时,大多却表示出服从的心理。

人的笑所表达的内容则较为丰富,人的笑容可以分为许多种,有微笑、大笑、傻笑、狂笑、苦笑、嘲笑、含蓄的笑、忍不住窃笑、皮笑肉不笑等。能表达"笑"的语言很多,笑的面部表情的变化也不少。一般而言,有"笑"的场合,气氛都较为轻松。而当场面尴尬或空气紧张时,突然有一个人讲个笑话引起大家发笑,紧张的局面马上就可以得到缓解,由此可见笑的魔力之大。此外,总是面带笑容的人较容易使人接近,会增加双方的亲密度,迅速增进友谊。若是在较正式的谈话场合,如商业谈判及讨论会议中能够始终露出笑脸,更有助于谈判的顺利进行和问题的解决。

笑是嘴的一种很开放性的表达感情的方式,那么从嘴部的其他动作中,又能传达出什么意思呢?

经常舔嘴唇的人,大多属于思维活跃、头脑灵活型。他们判断事物准确,从不主观臆断其好坏,说话总是有理有据,而且无论观点遭到多少人的反驳,大多能自圆其说,令对方不得不点头称是。不过,这种人也有心术不正的一面,当其欲为个人谋利,或个人利益受到侵犯时,一般会采取打击报复,信奉"人不为己,天诛地灭"的人生哲学,如果你的身边有这种人,最好敬而远之,惹不起,还是躲得起的。

有的人喜欢将自己的舌头在口腔内打转。有这种习惯动作的人,通常对对方缺少尊重,抑或是对你的看法与观点表示不满和不同意。这种人的生活态度并不是很严谨,以一种顺其自然的方式处理生活中的人际关系和事情,由于个性较孤傲,所以很难令人接近。但是这种人绝不是人性险恶的小人,他们大多喜欢随遇而安,今朝有酒今朝醉,明朝事天自安排是他们性格的集中体现。如果你是一个自尊心不是很强,而又时时需要轻松快乐一下的人,这样的朋友无疑是一个不错的选择。

嘴唇紧闭,下唇干燥。这种人从气质类型上来讲,属于抑郁质的人。他们多怀有一种杞人忧天的心理,是一个不折不扣的悲观主义者,就算偶尔地开怀一次,也会马上想到坏的方面,从而更加痛苦。

压紧下唇。如果女性有这种习惯性动作,则说明这个人内心脆弱,总是有一种不安全感,这不仅表现在压紧下唇上,其他如双腿并紧、双手环抱于胸前等动作,都反映出这一心理状态。如果是男性有这一习惯,则大多是故作紧张,可能是想掩饰什么,或有别的目的。否则,他很可能为一个习性女性化的人。

用力上下咬牙,使两颊肌肉颤动,面颊抽筋。这种人性格外向,属于易暴易怒,缺乏冷静的一类。只要是他看不过去的事就要管,听不顺耳的话就要说,甚至有时会因此与人拳脚相加。与这类人交往应摸透其脾气秉性,不然就适得其反,交友不成反结仇了。

除了嘴部的动作,我们也可以从口头禅来了解一个人。通过口头禅可以清楚地看出一个人的个性,但是有些人通常对于自己的口头禅,反而不怎么留意。

就拿口头禅为"但是、可是"的人为例。当对方说的话我们不表认同,或者抱持否定的态度时,便会使用"但是"这个转折语;当我们认为对方所说的是错误的,想要反驳或推翻他们的言论时,也经常使用"但是"这个词语。

然而有一种人,不论什么时候,都喜欢使用"但是"这个连接词。他们如果想要打断别人的话题时,就会以"但是……"来作为开场白。一般在"但是……"后面所接的句子应该是否定的,但仔细听他们接下来所发表的意见,其叙述的内容,根本是与刚才所述大同小异。这种时候似乎没有使用"但是"的必要,他们之所以如此,其用意只是为了不想一直扮演"听者"的角色,而希望他人的焦点都转移到自己身上。

想要提高自己价值的方法有很多种,根本没有必要选择否定对方的这种方式。他人的观点是正确的,自己的看法也没有错,"你是你,我是我",每个人都有自己的生存方式以及思想,但是,偏偏就有人是属于那种不否定别人就无法肯定自己的类型。这种老爱说"但是"的人,心中就常存有否定对方的攻击性心理。只要能将对方贬低,就觉得自己变得很伟大。

因为如此,这类型的人便常常喜欢滥用"但是"这个词,为反对而反对,为否定而否定。如此一来,原本愉快的谈话也会变得索然无味,即使如此,这类型的人还是对于他人的感觉无动于衷。

他们喜欢接近可以让他们自己充分感受到优越感的人。例如:遭到主管斥责以致情绪低落的同事、刚失恋的友人等,因为这些人心情郁闷,自信心尽失,所以和他们相处,自然会感觉到相当的优越感。而他们对这类不具威胁性的人,反而会静静地聆听其心声,并频频认同地点头,表现异常地亲切。但是,要注意这并不是他们发自内心的真正亲切,切莫误认为他们是"和蔼可亲"的人，否则吃亏上当时就后悔莫及了。

智者寄语

嘴巴和面部表情是感情的两大表达途径。可以通过嘴和面部表情识别人心。

通过视觉所获得的信息

所谓此时无声胜有声，其实在很多时候，神情、肢体动作比直接说话蕴含了更多的信息。生物学家很早就提出，人和猴子同属于视觉动物，所以通过视觉所获得的信息，通常都能够在心中留下深刻的印象。这也就是为什么人的第一印象较为重要的缘故。

一些能力高超的推销员通常都具有敏锐的视觉观察力，能在很短的时间内从客户的表情中了解其需要。曾有人调查过，一位销售率高的推销员可以在两个小时内访问一百个客户。平均来说，在每位客户身上仅能花费一分钟的时间来宣传他的产品，也可以说，这名推销员必须在一瞬间发掘客户的潜在需要，再以适当的技巧说服客户购买他所推销的产品。而往往这名推销员就在客户的住宅里说服对方，使客户毫无考虑的余地。这样强的推销能力，颇令人感到惊讶。

这样的情形也并不是绝对的。由他人表情看出其内在心理，按成功率而言，如果对方是很容易亲近的人，胜算约占70%；若是不怎么容易亲近的人，则占到60%。这时候，对方大多有孤傲、冷淡和不近人情的一面，让他人不易了解。如想了解这部分人的真正心理，必须下一番苦工夫才行。

当我们无法从对方的表情准确地了解这个人时，不妨从他的左侧面入手试试。

我们常常可以在一些电影宣传画、户外广告牌中看见电影明星或模特儿的侧面，当时可能并不会给我们留下什么特殊的印象，可是如果你仔细回想一下，大多数海报似乎都是左侧面！

怎么说呢？平常我们所谓的偶像，多半以左边一半为重点。例如有人拿张无意义的相片给你看时，原本左右十分对称的图片，你却容易被左方所吸引。又有一张脸谱图片，左方为生气的表情，右方为微笑的表情，你看过后，却还是会被左方生气的表情所吸引，且造成一种不易抹灭的印象。

据研究发现，产生这种心理的原因是眼球本身的右侧（对方眼球的左侧），容易造成移动，故视线比较容易集中在对方脸部的左侧。

配合眼球的活动，感情在脸部的左方也较容易显现出来。如果用脸的同一边所合成的照片来看，左比右感情的流露较为明显，若你无法抓住对方心理时，有意识地看看他脸部的左侧，大致就可对其心理窥知一二了。

首先，走路姿态是性格的表象。

走路是牙牙学语的孩童都会的事，虽是与生俱有的天赋，但是这种看似不经意的动作，有时反而最能反映一个人的特性。譬如因循守旧之人，与明快果断之人，其走路姿态绝对是迥然不同。如果这样的分析是正确的，那么随着每个人走路姿态的不同，可以从中找出姿势与个性的联结。

1. 步履平稳型

这种人注重现实，精明而稳健，凡事三思而后行，不好高骛远。重信义守承诺，不轻信人言，是值得信赖的人。

2. 步履急促型

不论有无急事,任何时候都显得步履匆匆。这类人明快有效率,遇事不推诿卸责,精力充沛,喜爱面对各种挑战。

3. 上身微倾型

走路时上身向前微倾的人,个性平和内向,谦虚而含蓄,不善言辞;与人相处,外冷内热,表面上沉默冷淡,实际上极重情义,一旦成为知交,誓死不渝。

4. 昂首阔步型

这类人以自我为中心,凡事只相信自己,对于人际关系较淡漠,但思维敏捷,做事有条不紊,富有组织能力。自始至终都能保持自己的完美形象。

5. 款款摇曳型

这种走路姿态多半是女性,她们腰肢款摆,摇曳生姿,为人坦诚热情,心地善良,容易相处,在社交场合中永远是受人欢迎的对象。古代相书将这种走路姿态的女人视为放荡成性,但随着时代不同,新时代会有新见解。

6. 步履整齐双手规则摆动型

这类人对待自己如军人般,意志力相当坚强,具有高度组织能力,但容易偏向武断独裁。对生命及信念固执专注,不易为人所动,不惜牺牲性命去达成自己的目标与理想。

7. 八字型

双足向内或向外,形成八字状,走起路来用力且急躁,但是上半身却维持不动。这种人不喜欢交际,但头脑聪明,做起事来总是不动声色,偶尔有守旧和虚伪的倾向。

8. 漫不经心型

步伐散漫,毫无固定规律可循,有时双手插进裤袋里,双肩紧缩,有时双手伸开,挺胸阔步。这种人达观、大方、不拘小节,慷慨有义气,有创业的雄心,但有时容易变得浮夸,遇到争执绝不肯让人。

9. 脚踏实地型

双足落地时铿锵有力,抬头挺胸,行动快捷。这种人胸怀大志,富有进取心,理智与感情并重。

10. 斯文型

双足平放,双手自然摆动,走起路来异常斯文,毫不扭捏。这种人胆小、保守,缺乏远大理想,但遇事冷静沉着,不易发怒。

11. 冲锋陷阵型

行动快速迅捷,从不瞻前顾后,不管人群拥挤或人烟罕至之地,一律横冲直撞。这种人性格急躁、坦白、喜交谈,不会做出对不起朋友的事来。

12. 踌躇不决型

举步维艰,踌躇不前,仿佛前端布满陷阱似的。这种人个性软弱,逢事思考再三,瞻前顾后,但憨直无欺,重感情,交友谨慎。

13. 混乱不堪型

双足与双手挥动不平均,步伐长短不齐,频率复杂。这种人善忘、多疑,做事往往不负责任。

14. 观望不前型

行走迟缓,犹犹豫豫,闪闪躲躲,仿佛做了亏心事。这种人胸无大志,好贪小便宜,不善与朋友交往,喜欢独处,工作效率低。

15. 扭捏作态型

走路如迎风杨柳,左右摇摆。这种人好装腔作势,做事不肯负责,气量狭小,个性奸诈,善于谄媚。

16. 吊脚型

步履轻佻,身躯飘浮。这种人生性狡猾,有小聪明但不能用在正处。性情阴沉,愤怒不会显露于脸上,当他肯帮助别人时,通常都要索取高昂的代价。

17. 踉跄型

举步蹒跚,忽前忽后,喜欢在人群中东奔西窜。这种人做事粗心大意,但慷慨好施,不求名利,安分守己。爱热闹,健谈,思想单纯,喜欢做户外活动。

18. 携物型

走路总爱携带物品,如书籍、腰包等,否则就觉得空荡荡无所依恃。这种人心情忧郁、性格内向,又或者是悲观主义者,或有严重的自卑感。

通过走路的姿态能让你更进一步地去了解一个人的个性,也是识人的技巧之一。另外,也许有人会留意到这样一个现象,有的人喜欢不自觉地抖脚,其实这是内心紧张和不满的表现。当脚部微微地颤抖时,会将微弱的刺激传达至脑部,对于精神上的紧张具有缓和的作用。因此有些人便借助抖脚,设法消除紧张感。若说是为了要将刺激传达至脑部,其实晃动手也有同样效果,何以大多数人都喜欢抖脚呢? 主要是因为脚的部位没有手来得明显。为了不想让他人察觉自己的紧张,尽量隐藏这种情绪,使得两脚不由自主地抖起来。

加州大学罗勃特·索曼博士所做的研究中,有这样一个例子。在某些情况下,若有人过于靠近自己,或感觉到自己的势力空间被他人侵犯时,脚尖便会开始敲打地面。这是人体在面临威胁而感到焦虑不安时,所作出的一种抗拒对方的信号。

倘若与你说话的对象不停抖脚,即代表他的内心正处于紧张不安之中。很有可能是你不小心碰触到他的禁忌所致,应设法改变话题使对方松懈下来。

有不停抖脚习惯的人,不仅容易紧张,而且也对日常生活感到不满,是无法克服焦躁的人。正因为凡事要求过高,在无法如愿地达到自己要求的程度时,便产生了不满的情绪,这类人是属于以自我为中心的人。

这一类型的人孩子气也较重,似乎脱离不了母亲的羽翼,经常需要呵护才能稳定下来。孩子气个性使然,他们外表看起来没耐性、容易厌烦,很难定下心来好好将一件事情做完,每当脑中涌出新的想法时,兴趣很快就会转移到别处去。

身为老板的你,若想重用这类型的人,绝不要用不需创意的日常性工作拴住他,如此才能将他的才华源源不绝地激发出来,许多精彩的企划将因此不断涌出。可惜的是这种人通常只拥有企划的头脑,欠缺执行的毅力。

其实一个健康的人不会控制不了自己的动作,我们每一个人的动作都是受大脑的控制的,我们的生理结构就决定了我们是这样的,所以,我们大脑中所想到的事一般都会表现在我们的动作上,因此只要你能细心观察,运用科学方法去揣摩,就不难看出别人的心理活动。有一些看起来不经意的小动作,其实都可以充分显示出一个人内在的秘密与心思。所以,只要了解到了这些身体语言的秘密,那将会使你拥有一双鹰一样敏锐的目光,使你瞬间看透别人的谎言与他的真实意图，像是一个读心术的专家一样，你可以更准确、更迅速地识别他人，这样你就会赢得交往中的主动权，从而在任何工作中都会比别人更加出色。

────────── 智者寄语 ──────────

所谓此时无声胜有声，其实在很多时候，神情、肢体动作比直接说话蕴含了更多的信息。

通过字了解人心

"字如其人"，意谓人与字，如鱼水相融，见字如见人。字迹能从侧面反映出一个人的特点，自古以来就是人们传达思想感情、进行思维沟通的一种手段，字迹同时也是人体信息的一种载体，是大脑中潜意识的自然流露。

如今，在一个电脑横行的时代，不知还有多少人是在用笔写字？除去了学生时代以外，当人们进入社会，开始参加工作后，会发现自己的生活已经被电脑逐渐替代了。现在要起草一份文件，写一篇书稿，你还会用笔来完成吗？相信很多人都会摇头。但是在没有共通的语言的地方，要判断一个人的品性，唯有分析笔迹。正如掌纹可以反映出人体生命的信息一样，笔迹可以帮助人们更好地传达思想感情。随着各种科学技术手段的不断发展和完善，笔迹分析技术在人才招聘中也崭露头角。现在有越来越多的企业开始重视笔试这一关，在一些大的企业里，无论是行政管理人员还是普通工人，应聘时都需要经过笔迹分析这一关。在日本，一些公司在进行人才招聘的时候，都会将候选人亲手所写的笔迹送到字相公司，然后经字相公司写出鉴定意见后，以此为据，决定是否录用。在法国，60%以上的择业者在应聘时也都要进行笔迹分析，才能正式入职。在我国写字是人生的第一门功课。古代乡试殿试，如果字写得差，考官有权将试卷作废。

漂亮的手写字不但自己瞧着顺眼，别人看了也赏心悦目。美国有个女士违反了交通规则，收到一张罚款通知。该女士寄了一封手写的信，向当地交通警察的负责人说明缘由。那位警官一见如此漂亮的书写体，当即决定免去她的罚款。这就是字如其人的道理。在微软应聘时，也需要抄写一份十万字的产品质量推介手册，在这个规定下败下阵来的优秀人才不计其数，殊不知，通过字迹他的性格已被微软公司的心理学家参透了大半。

文字，是一种直接的表现形式。通过文字可以看出人的生活经历、生活背景、所受教育的程度、与人交往的密切程度、所从事的社会活动等。有人把写字当做技能，会写即可；有人视写字为艺术，力求完美，写字如同造房子，要讲究布局、搭配。具体地说，从字里行间人们可以看出书写人的性格和品行。尽管字体的大小、力度、肥瘦等特征可能会有雷同的地方，但是笔迹的神韵、构架、运势等方面却难以模仿，通过笔迹能够看出人的禀性、健康等一些因素。

例如一个从小就拥有优裕生活条件的人的字，与从小在艰苦环境下长大的人的字，其字体在字态、字势、风格等很多方面存在着差异。人的字同时也是经常变化的，不同时期的字，其特征也会不同。一般来讲，学生时代的字体，由于没有彻底定型，字里行间会略显稚嫩、拘谨；而中年时期的字，笔画会非常熟练、流畅、个性突出；到了老年时候的字，笔画特重、笔锋老辣，不过会有僵硬之感。

当然，除了年龄以外，不同心境的字也不一致。不过在很长的一段时期内，字体的主要特征，如运笔方式、习惯动作、字体结构是不变的。有的时候近期的字更能反映出最近的思想、感情、情绪变化等。

根据笔迹来分析人物性格的方法很多,具体而言,可以从三个方面来观察,即字体大小、字形、笔压。这三个要点通常也是招聘中最常见的研究分析方法。

一般喜欢写小字的人,注意力比较集中,做事强调细节,双手也非常地灵巧。但有时会略显神经质,敏感多疑,不太容易去相信别人。而写字大的人直爽、开朗,充满自信,性格外向,待人热情,兴趣也比较广泛,会毫不犹豫地坚持自我。做事大刀阔斧,会抓主干,但缺乏基本的耐心。字体较大,但笔压无力,字形弯曲,不受格线限制的人,一般都比较有个性,这类字体稍显潦草。不过这类人一般都比较好相处,善于社交活动,体贴、亲切,只是在气质方面具有强烈的躁郁质倾向。而喜欢写狂草的字体的人,性格大多趋于外向,待人热情,兴趣广泛,思维开阔,做事有大刀阔斧之风,不过由于不拘小节,缺乏耐心,所以会有不够精益求精等不足。

而字迹字形方正,笔压有力,笔画分明,字字独立,字的大小与间隔不整齐的人,通常都具有自己的风格,这类人的性格是属于不善交际的理智型。虽然他们处事认真,但稍欠热情。对于有关自己的事很敏感、害羞,对他人却不甚关心,有的时候给人的感觉较迟钝。

写字有棱有角的人,善于逻辑思考。头脑灵活,做事不拘小节,行为举止粗放,不过他们会对金钱比较敏感,有的时候会显得小气。这类人做事多凭直觉,判断力很强。

而字体圆滑的人个性比较温和、亲切,多艺术细胞。这类人的人际关系很好,处事分寸也拿捏得很好,属于能屈能伸的类型。同时也具有很强的适应性,不易树敌。

喜欢写简化字的人,做事一般都比较马虎、草率,但善于出谋划策,不愿为规则所束缚。为人比较有亲和力,并敢于冒险和做新的尝试。

字迹工整有规则的人,一般有较强的逻辑思维能力,性格笃实,思虑周全,办事认真谨慎,责任心强,做事有板有眼,中规中矩但稍嫌缓慢。而字体结构松散的人,精力比较充沛,为人有主见,个性刚强,做事果断,有毅力,有开拓能力,但主观性强,有时候固执。为人热情大方,心直口快,心胸宽阔,不斤斤计较,并能宽容他人的过失,往往不拘小节。

一般喜欢写瘦长字的人属于典型的浪漫主义者,这类人具有丰富的创造力及想象力。他们同时具有冷静的头脑与眼光,观察力超群。如果字体是向右倾斜,反映书写者性情豪爽、心胸宽广,乐观向上,喜欢竞争。性格张扬外露,容易得罪人。如果字体是向左倾斜,反映书写者好内省,情绪比较压抑,关注自己,自我比较封闭,对周围环境反应冷漠。

写横宽的字的人多为现实主义者。这类人具有顽强的毅力,一旦认准的事就一定会坚持到底。有时候会有些固执己见,容易走极端。他们大多精于数理,属于逻辑性思考的类型,但办事会刻板僵化,缺乏变通。

右边喜欢空白大的书写者一般都是凭直觉办事,不喜欢推理,这类人气量较小,对事务缺乏自信,不果断,极度介意别人的言语与态度。但是有把握事务全局的能力,能统筹安排,并为人和善、谦虚,能注意倾听他人意见,体察他人长处。

字行忽高忽低,情绪不稳定,常随着生活中的高兴事或烦恼事而兴奋或悲伤,心理调节能力较弱性格的人,通常虚荣心都比较强,重视外表,经常希望以自己话题为中心,受到众人关注。不能谅解对方立场,缺乏同情心与合作精神。这类人看问题非常固执,有消极心理,遇到问题看阴暗面、消极面太多,容易悲观失望。

另外,从写字速度上也能看出人物性格,如果整篇字迹多为连笔,间距随意、跳跃,说明书写者写得很快,属于思维敏捷、动作迅速、效率较高的人,但缺点是过于主观,经常会忽略一些重要的问题。如果笔速较慢,字行平直,一笔一画,说明书写者耐心细致,虽然行动较慢,但性情和蔼,做事稳重,讲究准确性与实效性,不是那种华而不实的人。

最后,从用笔轻重上也反映了某些个性特点:笔压较轻的书写者往往是缺乏自信,意志薄弱,有依赖性,遇到困难先想的是找人帮忙,容易退缩。笔压重的书写者想象思维能力较强,但情绪不稳定,做事犹豫不决。不过个性独立,有主见,思维活跃,有开拓能力,但缺点是任性、固执。用笔轻重不一的书写者抽象思维能力较强,但情绪多变、散漫叛逆。

──────── 智者寄语 ────────

　　字迹能从侧面反映出一个人的特点,自古以来就是人们传达思想感情,进行思维沟通的一种手段,字迹同时也是人体信息的一种载体,是大脑中潜意识的自然流露。

通过接电话的方式来观察

　　随着时代的发展,通讯事业的进步,人与人之间的交往不再局限于面对面的交往,电话、网络等媒体的产生更拉近了人与人之间的距离。美国的心理学家阿尼斯特·狄查认为,可根据打电话者的动作了解他与人相处的态度。

　　生活中,有很多人打电话时喜欢不停地玩弄电话线。这种电话线绕指型的人生性豁达,玩世不恭,也非常乐天知命。不过这类动作多见于女性,她们比较喜欢空想,也多愁善感,感情方面十分细腻,她们懂得关心别人,体贴入微。但是有时脾性又十分倔强,她们在电话中一说起来常常会没完没了。

　　而喜欢双手握话筒的人,对暗示比较敏感,很容易受外界的影响。这样握听筒的女性,在谈恋爱的时候,容易脸红,非常害羞,有时候性格也会随之起变化。如果是这样握听筒的男性,大多会有一些女性气质,性格温和,但做事优柔寡断,喜欢左思右想,常常不知如何是好。

　　把听筒夹在头和肩之间的人,一般在接电话的时候都是正在做事,他们腾不出手来,又想要和对方多聊一会儿,所以他们选择用肩膀和脸颊夹住电话,边打电话边做事。这类人一般比较会安排时间,他们做事小心谨慎,而且能处理得很周全。还有一种是出于习惯的原因。他们或许空着双手什么也没干,只把手交叉着放到自己的肚子上。这种态度给人一种自负的感觉,但这其实是在捋顺思维。这类人对任何事情必先考虑周详,之后才作出决定,犯错误的几率十分小。

　　在电话响起时随意握电话的人,往往有着极强的自信心和较强的实践能力,虽然看起来一切动作均出于自然,想怎么握就怎么握,怎么方便怎么来。但是这类人能够对自己的生活控制自如,而且能屈能伸,有实现伟大梦想的可能,并且有良好的人际关系。这类人生性友善,能够体谅他人,适合深交。

　　喜欢紧抓话筒下端的人一般都属于外圆内方型,这类人表面看似怯懦温驯,其实个性坚毅,有一股不达目的不罢休的气势。这种抓话筒的方式在男性中较多,他们大都性格干脆,做事爽快,而且效率比较高;如果是女性的话,往往是属于性格直率,对事物的好恶十分明显的人,这类人一般原则性较强,不会变通,因而不大讨男性的喜欢。

　　通常一般人都会选择握住话筒的中间部分,让话筒与口、耳保持适当距离而交谈。不论男女,采用这种握法通常是处于较安定的心理状态。这类人性格较温顺,容易理解他人,不会无理强求和过于任性。他们在电话中谈吐沉静,做事也很有条理性。

　　而喜欢紧抓话筒上端的人则刚好与之相反,这类动作女性较多,通常情况下情绪都不是很稳定,总是喜欢大发脾气,所以与周围人的关系常常很紧张。这种女性与异性相处时,过于自我和随意,往往使对方束手无策,陷入困难的处境;而这样握听筒的男性,头脑比较灵活,善于应变,所以有着良好的人际关系。

有些人握话筒时会伸直食指。这种握法通常表明此人自尊心强、自我意识强、好恶明显。他们说话时都是带着感情的,会无意识地做出动作来。这类人一般不会说谎,个性积极又正直,并且具有强烈的支配欲,讨厌受人命令,随时渴望向崭新的事物挑战。

而轻握话筒显得有气无力的多半是具有独创性及唯美派的人,但是做事无法持久,是忽冷忽热的类型。这类人的情绪转变很快,会有点轻率,给人不够沉稳的感觉。他们在打电话时不会东聊西扯浪费时间。不过,他们打电话常常只是为了宣泄而很少倾听对方的谈话。

还有一种人习惯于用铅笔或圆珠笔去拨号码,这类型的人既不是故作姿态以显示与众不同,也不是有什么忌讳而远离号码键,而是他们经常处于紧张的生活状态,通过这种方式来调节自己。这类人往往做事比较认真,但是性情通常比较急躁,总是风风火火。

接电话听筒离开耳朵的女人,其社交活动能力往往是相当强的,这类人有很强的自信心,也十分好胜,也很希望得到别人的关注。但是,这样的女性一旦遇到她所倾心的男性时,则会一改以往任性的性格。这样握听筒的男性比较少见。

还有一种人在通电话时从不坐立在同一地方,喜欢绕室缓行,或是绕着电话来回踱步。这类型的人好奇心比较强,他们喜欢新鲜事物,讨厌任何刻板的工作,甚至在熊掌和鱼肉不可兼得之时,宁愿放弃高薪工作,只为了寻求身心的自由和洒脱。也只有这样,他们才能干好工作,将自身的潜力发挥到最大限度。他们有很好的决断性,对他们想好的事情,会以坚定的口吻告诉在电话另一端的人。

因为打电话只需要一只手、一张嘴和一只耳朵,其他的都属于自己支配。所以有一些人在用电话时喜欢舒舒服服地坐着或躺着,一副悠闲自得、沉稳镇定的样子,有的时候甚至袒胸露背,反正对方看不到。愉悦的心情和舒服的感觉有助于更好地进行交流,圆满地完成通话内容。这类型的人一般做事积极进取,他们会为了家庭而努力工作。他们生性沉稳镇定,泰山压顶面不改色。

还有一种一边通话,一边在纸上信笔乱画的人。这类人大多具有艺术才能和气质,富有幻想而不切实际。而且他们逻辑思维也很强,遇事多爱琢磨,善于思考。这类人的人际关系一般也都很好。

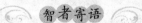

智者寄语

可根据打电话者的动作了解他与人相处的态度。

从细微的动作看透人心

每个人都或多或少地有些习惯性的动作,随着年龄的不断增长,这些动作也许会被自己刻意地改掉。但留下来的习惯,还会在不经意间流露出来,这就真的是你独特的内心反映了。习惯反映性格,个性又影响着习惯,这已经是老生常谈的道理了。所以说,一个人平常无意流露出的动作,反映的就是他的真实内心。

一个人可能本身素质不高,但是只要不说话,可能就不会被发现,说话是最能体现一个人整体素质的。不良的谈吐习惯是与人交谈时最为忌讳的。如果你是一位先生,谈吐障碍将会让你的能力、权威及说服力大大受损,甚至让人低估你;如果你是一个女士,它会使你失去自己应有的魅力和吸引力,使他人在初次听到你的声音时退避三舍,使你的美丽锐减三分。以下列举几个容易让人忽视的关于说话的坏习惯。

使用鼻音说话其实是一种很不礼貌的事,也会让你看起来不那么文明,这是一种常见且影响极坏的缺点。当你使用鼻腔说话时,你就会发出鼻音,这其实容易让对方误以为你是在轻蔑,如果你使用大拇指和食指捏住鼻子,你所发出的声音就是一种鼻音。如果你坚持使用鼻音说话,当你第一次与人见面的时候,就不可能吸引他人的注意,或者留下不良的印象。你让人听起来像在抱怨、毫无生气、十分消极。不过,如果你说话时嘴巴张得不够,声音也会不小心从鼻腔而出。所以当你说话时,上下齿之间最好能保持大约半寸的距离。鼻音这个坏习惯,对于女人的伤害往往要比对男人的伤害更大,你不可能见到一位不断发出鼻音,却显得迷人的女子。如果你希望自己在他人面前具有极大的说服力,或者令人心旷神怡,那么你最好不要使用鼻音,而应该使用胸腔来进行发音。

另外,有口头禅虽然无伤大雅,但却不是一个很好的习惯。在我们平常与人讲话或听人讲话之时,经常可以听到"那个、你知道、他说、我说"之类词语,这样的词语其实毫无意义,但是却重复地出现。如果你在说话中反复地使用这些词语,那就是口头禅。口头禅的种类很多,即使是一些伟大的政治家也常常会出现这种毛病。这实际上并不是一个好习惯。甚至有的时候,我们在谈话中还经常听到"啊""呃"等声音,这些简单的无意义词语也会演变成一种口头禅。请记住奥利弗·霍姆斯的忠告:千万不要在谈话中散布那些可怕的"呃"音。如果你有录音机,不妨将自己打电话时的声音录下来,听听自己是否有这一毛病。一旦弄清自己的毛病,那么你必须在以后与人讲话的过程中时时提醒自己,不要发出这种无理的声音,因为这是缺乏教养的体现。谈话中,当你发现他人使用口头禅时,你会感到这些词语是那么令人烦躁,那么单调乏味。

还有就是在说话的时候小动作过多。检查一下自己,你是否在说话时不停地出现以下动作:坐立不安、蹙眉、扬眉、扭腰、歪嘴、拉耳朵、扯下巴、搔头发、转动铅笔、拉领带、弄指头、摇腿等。这些动作毫无意义,对你的表达只有障碍而没有帮助。这些都是影响你说话效果的不良因素。每当你当众说话时,听众就会被你的这些动作所吸引,他们会看着你做出的这些可笑的动作。这个时候,你很可能就像众目睽睽之下的小丑,没人会认真听你讲话。

有一位公司老板,当他在公共场合讲话时,总是让秘书与观众站在一起,如果他的手势太多,秘书就会将一支铅笔夹在耳朵之上以示提醒。当然我们不可能人人做到如此细致,但在讲话时,你完全可以自我提示,一旦意识到自己出现这些多余的动作,立即改正。

另外,最后一个值得注意的细节就是眼神。要知道,在你讲话时,心不在焉的眼神将会给你带来很大的困扰。当你与别人握手致意时,你们便彼此建立了一种身体的接触。但是,眼神的交汇作用也同样不可忽视,那是精神上的纽带。通过相互传递一种眼神,你们便可以建立一种人际关系。

当你在说话的时候,你的眼睛是不是也在说话?或者你为了故意回避他人的视线而不敢与人相对而视?你是否曾经边说话边将眼睛盯在天花板上?你是否低头看着自己的双脚?你讲话的时候,看到的是一簇簇的人群,还是一个个的人?总之,再没有比避开他人视线更易失去听众了。因为眼神往往内涵丰富,正确的眼神都容易误读,何况是错误的?

个性可以看做是"性格",但实际意义又比"性格"要广泛。一个人表面上的个性与他内心深处的性格是相互关联的。只要不是双重人格,根据他的个性,我们就可以分析、判断这个人。

如果我们非常仔细地观察这个人对于一件微不足道的小事的态度时,我们就可以从极其细微的部分看到他的全部,可以分析他内心深处的本性。所谓"管中窥豹"就是这个道理。

有一种称之为投影测验的心理检查。这种投影测验是拿意义不明的画面,或者不规则的图形,让接受测验的人看,根据他看后所做的反应,或者对该图的理解,分析被调查者的性格倾向。

比如,让被调查者看一幅有两个男人站立着的图画。把这幅画的内容理解成这两个男人似乎要打架的人,他是具有攻击性格的人;把它理解成两个朋友站在一起亲密交谈的,则是渴求友谊或爱情的表现;从这幅画而能想象出一个故事的人,他的性格中肯定有逃避性的倾向。像这样利用图画测试被试者反应的方法,就能分析他的心理状态。

对于初次见面或不太熟悉的人,你一定会把他不经意的一句话,或者稍纵即逝的一个表情,或者一个细微的小动作,当做材料,反复捉摸,进行分析。这是人类的一种本能。

比如,你因为工作的需要,与某个人初次见面,互相交谈,因为彼此互不了解,所以彼此之间都戴着社交礼仪的面纱,不能轻易地表现出自己的本性。如果对方衣冠楚楚,你心里没准会想:"这真是个爱摆派头的人。"要是对方目光闪闪眨个不停,你可能又会认为:"这是一个不太稳定的人。"随着谈话的继续,你对于对方做心理测验的材料也随之增加,这些材料总结归纳之后,你就把对方勾画出一个大概的形象,对于对方的一切也在无形之中有了一个全盘了解。

换句话说,人类对于服装的好恶、动作的习惯、谈吐的习惯、识人技巧等各种各样的特征,是根据各种场合的不同而表现出来的。如果将所有的这些特征当做是特定的个人所具有的习性时,就可以把它看作那个人的"个性"。

智者寄语

一个人平常无意流露出的动作,反映的就是他的真实内心。

行事风格分辨人物性情

每个人的行事风格都是不一样的,根据这些风格不难判断出人物的性格特征以及优势劣势所在。

如果以动物来比喻的话,那么"大象"的风格的人是传统而保守的,这类型的人分析力强,精确度高,他们也是最佳品质的保证者。这类人喜欢把细节条例化,个性拘谨含蓄,谨守分寸,忠于职责,但会让人觉得"吹毛求疵"。"大象"在分析道理、说服别人方面很有一套,处事客观合理,只是有时会钻在牛角尖里拔不出来。

这类人的特点:很传统,注重细节,条理分明,责任感强,重视纪律。保守,分析力强,精准度高,喜欢把细节条例化,个性拘谨含蓄。天生就有爱找出事情真相的习性,他们有耐心去仔细考察所有的细节并想出合乎逻辑的解决办法。但缺点是把事实和精确度置于感情之前,这会被认为是感情冷漠。在压力下,有时为了避免做出错误结论,他们会分析过度。

这类人具有高度精确的能力,重规则轻情感,事事以规则为准绳,并以之为主导思想。他们性格内敛,善于以数字或规条为表达工具,不大擅长以语言来沟通情感,或向同事和部属等作指示。他行事讲究条理分明、守纪律、重承诺,是个完美主义者。

他们尊重传统、重视架构、事事求据、喜爱工作安定的性格,是企业安定力量的来源。然而,由于他们行事讲究制度化,事事求依据和规律,故会将细节条例化,事事检查以求正确无误。甚至为了办事精确,不惜鸡蛋挑骨头,以显现自己一切照章办事的态度和求取完美的精神,不易维持团队内的团结精神和凝聚力。

而"狮子"般风格的人,属于企图心比较强烈,喜欢冒险,个性积极,竞争力强的那一类人。这类人凡事喜欢掌控全局发号施令,不喜欢维持现状,行动力强,目标一经确立便会全力以赴。他们的缺点是在决策上较易流于专断,不易妥协,故较容易与人发生争执摩擦。如果下属中有"狮子",要给予他更多的责任,让他觉得自己有价值,布置工作时注意结果导向。如果上司是"狮子",则要在他面前展示自信果断的一面,同时避免在公众场合与他唱反调。

这类人的个性特点:具有很强的自信心,够权威,决断力高,竞争性强,胸怀大志,喜欢评估。企图心强烈,喜欢冒险,个性积极,竞争力强,有对抗性,同时善于控制局面并能果断地作出决定,这一类型的人多成就非凡。但缺点是当感到压力时,这类人就会太重视迅速地完成工作,以致容易忽视细节,他们可能不顾自己和别人的情感。由于他们要求过高,加之好胜的天性,有时会成为工作狂。

还有一类人属于"羚羊"的范畴,这类人往往具有高度的耐心。他们敦厚随和,行事冷静自持;生活讲求规律但也随缘从容,面对困境,都能泰然自若。

"羚羊"型领导人,很适合做安定内部的管理工作,在需要专业精密技巧的领域,或在气氛和谐且不具紧迫时间表等的职场环境中,他们最能发挥所长。当企业的产品稳居市场时,"羚羊"型的企业领导人是很好的指挥者。但当企业还在开拓市场的时候,他们似乎占不了多少优势。

而"猴子"型风格的人热情洋溢,好交朋友,口才了得,重视形象,善于人际关系的建立,同时也富同情心,最适合人际导向的工作。但是他们的缺点是容易过于乐观,往往无法估计细节,在执行力度上需要高专业的技术精英来配合。对"猴子"要以鼓励为主,给他表现机会,保持他的工作激情,但也要注意他的情绪化和防止细节失误。

此类型的人生性活泼,能够使人兴奋,他们能高效地工作,善于建立同盟或搞好关系,以实现目标。他们很适合需要当众表现、引人注目、态度公开的工作。但因其跳跃性的思考模式,常无法顾及细节。

"猴子"具有高度的表达能力,他的社交能力极强,有流畅无碍的口才和热情幽默的风度,在团体或社群中容易广结善缘、建立知名度。"猴子"型领导人天生具备乐观与和善的性格,有真诚的同情心和感染他人的能力,在以团队合作为主的工作环境中,会有最好的表现。"猴子"型领导人在任何团体内,都是人际关系最好的人,是最能吹起领导号角的人物。当"猴子"型领导人的部属者,除要能乐于在团队中工作外,还要对其领导谦逊得体,不露锋,不出头,把一切成功都让给领导。

"狐狸"的行事风格一般都比较中庸,从来不走极端,凡事不执著,韧性极强,善于沟通,是天生的谈判家。他们能充分融入各种新环境、新文化,且适应性良好。在他人眼中,他们会显得"没有个性",其实"没有原则就是最高原则",他们懂得凡事看情况看场合。这类人善于在工作中调整自己的角色去适应环境,具有很好的沟通能力。但从别人眼中看"狐狸"族群,会觉得他们较无个性及原则。

这类人具有高度的应变能力。他性格善变,处事极具弹性,能为了适应环境的要求而调整其决定甚至信念。如果他们当领导,是支配型、表达型、耐心型、精确型四种特质的综合体,没有突出的个性,擅长整合内外信息,兼容并蓄,不会与人为敌,以中庸之道处世。他们处事圆融,弹性极强,处事处处留有余地,行事绝对不会走偏锋极端,是一个办事让你放心的人物。

这类型的领导人既没有突出的个性,对事也没有什么强烈的个人意识,事事求中立并倾向站在没有立场的位置,故在冲突的环境中,是个能游走折中的高手。由于他们能密切地融于各种环境中,他们可以为企业进行对内对外的各种交涉,只要任务确实和目标清楚,他们都能很好地达到目标。

"斑马"是属于行事稳健、不会夸张、强调平实的人,性情平和,对人不喜欢制造麻烦,不兴风作浪,温和善良,常让人误以为是懒散不积极,但只要决心投入,绝对是"路遥知马力"的最佳典型。对斑马要多给予关注,想方设法挖掘他们内在的潜力。这类人很稳定,敦厚,温和规律,不好冲突。他们对其他人的感情很敏感,这使他们在集体环境中左右逢源。但是往往很难坚持自己的观点和迅速做出决定。一般说来,他们不喜欢面对与同事意见不合的局面,他们不愿处理争执。

───────── ❦ 智者寄语 ❦ ─────────

每个人的行事风格都是不一样的,根据这些风格不难判断出人物的性格特征以及优势劣势所在。

待人接物可辨人

内向性格和外向性格的人待人接物的风格是不一样的。每一个人都有着自己为人处世的方法,通过这些信号,人们可以观察到不同的性格特征与心理状况。

内向者把他们的注意力和能量集中于内部的世界。他们喜欢独自一人,并需要以此来"充电"。内向者喜欢在感受世界之前去了解它,这就意味着他们的大部分活动都是精神上的。他们偏好小范围的社会活动——是一对一的,或是在一个小群体内。内向者总是避免成为注意的中心,而且他们一般要比外向者沉默一些。他们喜欢慢慢地认识陌生人。内向者在面对情况时通常会问自己:"它会怎么影响我?"

内向型的人适合以物(书类、机器类、动植物、自然等)为对象,扎扎实实干工作的职业。一个人从事的职业是最适合他们的;如果有好几个人合作,但相互间没有交叉关系,而是平行作业的职业,也相当适合内向型的人。

特别是需要耐心的工作,内向型的人更能发挥特长,外向型的人很快就厌烦、放弃的工作,他们却能做得很好。要求周密、细致、规则、单纯反复的工作,都适合内向型的人。具体来说,适合内向型人的工作,有学者、研究者、技师、书记、会计、电脑操作者、文书等等。

以复杂的人际关系为主的职业,不适合内向型的人。譬如说他们可能适合做个优秀的经济学者,但不适合担任公司的经营者。另外,他们也不适合从事服务业。

但是,内向型的人由于具备了诚实、严谨、忠厚、有耐心等等的优点,有时在处理人际关系的工作上也能出奇制胜。

性格内向的人在找工作中,尤其是面试的时候,应该注意什么呢?任何工作都免不了与人沟通,内向型性格的人同样不可避免。关键是要选择一份适合自己的工作,而且在面试时要表现出能够做好这份工作的信心和实力。需要注意的是,一定要提前了解一下所应聘公司的企业文化,以便让自己在言谈举止各个方面更好地接近这种文化。作为内向型的职业人,有必要刻意锻炼一下自己的交际能力。首先从职业发展的角度看,性格与职业"匹配"是最佳选择。但目前,社会开放度的日益加大,需要完全闷头干活的岗位已越来越少,适当分析一下自己的性格会对自己未来的职业发展有很大帮助。无论什么工作,有更好的沟通技巧,工作起来就会更容易。

自然,内向的人如要坚持锻炼自己的待人接物能力,还需付出比一般人更大的努力。外向性格的人选择求职时,是不是比内向性格的人略胜一筹? 这要按自己的求职目标而定,如果那个职位需要的求职者是安静、谨慎、细致的,那性格内向的人胜算就更大一点。而如果职位要求外向、善于与人打交道、领导能力等,那外向型人的胜算自然要大一些。性格本身并无好坏,而要看性格与职位的契合度究竟怎样。

外向者把注意力和能量都汇聚于外部的世界。他们通过寻找别人以感受人与人之间的相互作用,无论是一对一,还是在一个群体中,他们经常(而且是自然地)被外部的人和物所吸引。因为外向者需要通过感受来了解世界,所以他们会更趋于参加许多活动。外向者以与他人在一起和经常认识许多人的方式给自己"充电"。因为他们喜欢成为活动的焦点,而且又容易接近,因此他们经常更容易结识陌生人。外向者在面对一个情况时会问自己:"我怎么能影响它?"

一般而言,外向型的人适合从事集体工作,例如公务员、公司职员大都适合外向型的人。外向型的人比较适合和周围的人齐心协力的工作,他们最适合与人接触频繁的工作,与交涉、谈判有关的工作,如服务工作、销售工作。杰出的公关人员,大多都是这种类型的人。外向型的人也适合做宣传人员和教育者。如果有卓越的领导能力,则适合成为指挥、监督、领导别人的上司。此外,外向型的人中也不乏成功的实业家及政治家。

一般来说,开朗的人适合的工作很多,他们在什么地方都能找到乐趣。基本从销售、市场策划到管理,都需要由开朗的人来主持。开朗作为一种处世心态,对职业发展有很大帮助。而且开朗不代表没心机,一个人完全可以生性开朗,同时又有很高的洞察力和高明的谋略。

实际工作中,很多性格开朗的人不一定喜欢自己所从事的工作。从宏观角度讲,性格与行业的联系并不密切,而性格与职业却有着根本性的联系。但人在性格基础上接受的教育不同,人生观亦不同,所以基于性格的兴趣、爱好也就不同,或多或少会受环境的影响。

——————— 智者寄语 ———————

内向性格和外向性格的人待人接物的风格是不一样的。每一个人都有着自己为人处世的方法,通过这些信号,人们可以观察到不同的性格特征与心理状况。

从无意识的行为看透人心

从心理学的角度来说,一个人无意识的行为,可以表明那人的本性以及心理状态。虽然并不是那么绝对,但是想了解一个人,这种细微的观察法更简单有效。

如果你发现对方喜欢经常摸弄头发,则表示这是一个情绪化的,经常感到郁闷焦躁的人物。不过这类人对流行很敏感,眼光也很独到,但是对人喜欢忽冷忽热,让人琢磨不透。

而经常低头的人,一般都是属于慎重派。这类型的人讨厌过分激烈、轻浮的事,为人比较踏实勤劳,交朋友也是非常慎重。

喜欢摇头晃脑的人是十分自信的,这类人给人一种唯我独尊的感觉。他们在社交场合很会表现自己,对事业一往无前的精神常受人赞叹。

还有一种习惯拍打头部的人，这类人一般心直口快，为人真诚，富有同情心，愿意帮助他人。拍打头部的动作是表示懊悔和自我谴责。这种人对人虽然苛刻，但对事业有一种开拓进取的精神，不过通常都守不住秘密。

喜欢托腮的人一般都精神旺盛，这类型的人做事也比较认真，讨厌错误的事情，工作时对松懈型的合作对象会很反感。

如果是经常把手放在嘴上的人，那么就是敏感型的，这类人往往是秘密主义者，经常嘴上逞强，但内心却很温柔，也就是人们常说的"刀子嘴豆腐心"。

而习惯于抹嘴捏鼻的人，大都喜欢捉弄别人，不能做到敢做敢当，这类人喜欢哗众取宠，经常绞尽脑汁去博众人一笑。做事也十分优柔寡断，甚至购物也时常拿不定主意

喜欢两手腕交叉的人对事情有着独特的看法，常给人冷漠的感觉，属于易吃亏型的人，这类人稍微有些自我主义。

耸肩摊手这种动作是表示自己无所谓。这类人大都是真诚、热情的，对人诚恳，富有想象力，会创造生活，也会享受生活，他们追求的最大幸福是生活在和睦、愉快的环境中，所以人际关系也很令人羡慕。

还有一种喜欢手握着手臂的人，他们大多是保守派，因为不太拒绝别人的要求，所以时常有吃亏的可能。

将双臂交叉抱于胸前，是一种防御性的姿势，防御来自眼前人的威胁感，保护自己不产生恐惧，这是一种心理上的防卫，也代表对眼前人的排斥感。

这个动作似乎在传达着"我不赞成你的意见"、"嗯……你所说的我完全不明白"、"我就是不欣赏你这个人"。当对方将双臂交叉抱于胸前与你谈话时，即使不断点头，其内心其实对你的意见并不表示赞同。

也有一些人在思考事情时，习惯将双臂交叉抱于胸前。但是一般来说，有这种习惯的人，基本上是属于警戒心强的类型。在自己与他人之间画下一道防线，不习惯对别人敞开心胸，永远和对方保持适当的距离，冷漠地观察对方。

防卫心强的人，大多数在幼儿时期没有得到父母亲充分的爱，例如：母亲没有亲自喂母乳、总是被寄放在托儿所、缺乏一些温暖的身体接触。在这种环境之下长大的人，特别容易表现出此种习性。

著名的日本演员田村正和，在电视剧中常摆出双臂交叉抱于胸前的姿势，因此他给观众的感觉，绝不是亲切坦率的邻家大哥，而是高不可攀的绅士。他不是那种会把感情投入对方所说的话题中，陪着流泪或开怀大笑的类型。他心中似乎永远藏有心事，在自己与他人之间筑起一道看不见的墙。这种形象和他习惯将双臂交叉抱于胸前的姿势，似乎非常符合。

个性直率的人通常肢体语言也较为自然。当父母对孩子说"到这儿来"，想给孩子一个拥抱时，一定会张开双臂，拥他入怀。试试看，将双臂交叉抱于胸前对孩子说"到这儿来"，孩子们绝不会认为你要拥抱他，而是担心自己是否惹你生气，准备挨骂了。

观察一下对方，是习惯将双臂交叉抱于胸前、还是自然地放于两旁呢？自然放于两旁的人，较为友善易于亲近，并且可以很快地和你成为好朋友。不过，若你有不想告诉他人的秘密，又想找人商量时，请选择习惯将双臂抱于胸前的人，因为太过直率的人守不住秘密，而习惯于双臂抱胸的人会将你的秘密守口如瓶。但是，要和这种人成为亲密的朋友，可能要花上一段很长的时间。

而喜欢掰手指节的人，通常都是精力旺盛，非常健谈，也十分喜欢钻"牛角尖"。这类人对事业、工作环境比较挑剔，不过他们确实有这方面的实力，假如是他喜欢干的事，他会不计任何代价而踏实努力地去干。

如果是习惯倚靠着某样物体说话办事的人，大多是属于拥有冷酷性格的类型，这类人也比较有责任感和韧性，比较喜欢独自奋斗。

而经常腿脚抖动的一类人最明显的表现是自私，凡事从利己出发，很少考虑别人，这类人对别人很吝啬，对自己却很知足。不过他们很善于思考，能经常提出一些意想不到的问题。

和喜欢边说边笑的人相处你会觉得非常轻松愉快。因为他们大都性格开朗，对生活要求从不苛刻，很注重"知足常乐"，这样的人很富有人情味。他们对感情也十分专一，对友情、亲情非常珍惜。所以这类人人缘较好。

喜欢到处张望的人是天生的乐天派，有顺应性，对什么事都有兴趣，对人有明显的好恶感。

一般摆弄饰物的大多是女性，这类型的人性格比较内向，平时不轻易外露自己的感情。不过她们做事非常认真踏实，但凡有座谈会、晚会或舞会，最后收拾打扫会场的总是她们。

<hr>

智者寄语

在人们工作的时候，如果对同事和客户的性格能够有较多的了解，那么合作起来会更加得心应手。从心理学的角度来说，一个人无意识的行为，可以表明那人的本性以及心理状态。虽然并不是那么绝对，但是想了解一个人，这种细微的观察法更简单有效。

<hr>

崇拜偶像是个人心理的真实反映

不同的偶像，代表着不同精神与特质。一个人所崇拜的偶像，也就是他内心最强烈的诉求，能够由此反映他最鲜明的心理特征。

偶像的类别一般有文人墨客型、财富派明星型、竞技明星型、民族英雄型、实力派明星型、青春偶像派明星型等。通过以下对偶像的分析，你也可以看清一个人内心真正的需求与渴望。

文人墨客通常指的是从文学大家巴金、老舍，到当代新生代作家安意如、当年明月等。喜欢把作家当做偶像的人往往是最注重内心世界的，这类人不管是为人还是做事，都比较感性。他们会格外强调自我感受，而不会主动去迎合别人，这类人做事通常很踏实，但是不善言谈的个性，会给人留下高傲、难接近的印象。如果他们能够再实际客观一些，多与他人沟通，增强其表达力，相信人缘会更好。

财富派明星所拥有的不单单是耀眼的企业或资产，这类人同样拥有独特又高调的个性，他们会经常出现在镁光灯下，如前万科董事长王石、阿里巴巴创始人马云等。喜欢以他们为偶像的人其性格如石头般坚硬，做事有始有终，善于坚持。他们性格也大多比较坚韧、执著，有时候也比较固执。他们对成功或是出人头地的渴望最为强烈，善于竞争。生活在他们眼里，就是一场博弈。

竞技明星主要说的是赛场上的运动明星，尤其在奥运会后格外盛行，如泳坛天才菲尔普斯、小巨人姚明以及飞人刘翔等。通常喜欢这类明星的人，性格是比较富有激情的，这类人精力旺盛、好动，不喜欢忍受平静不变的生活，新鲜感对他们来说格外重要。

民族英雄，顾名思义是指书写国家历史的伟大人物，如航天英雄杨利伟等。一般崇拜民族英雄的人,其内心也有着某种炽热的情感,这类人爱憎分明,他们在生活中有火一样的热情,但如果有人伤害他,他也绝不手下留情。他们的世界黑白分明,与他们交往,你要对其尊重和理解才会博得好的印象。

实力派明星一般都会有深厚的唱功或是演技,如歌手席琳·迪翁、大陆演员斯琴高娃、小品艺术家赵本山等。视此类人为偶像的人心思成熟,这类人在生活中比较注重内涵,不喜欢做表面功夫、走形式化道路,他们判断人也会从此出发,强调个人的才智学识。但这类人往往对自己和周围的人比较苛刻,与之相处不会那么轻松。

青春偶像派的人多为演艺界明星,这类人外形靓丽,深得年轻人的喜爱,如偶像组合 F4、歌手蔡依林、演员范冰冰等。以这类明星为偶像的人,不管年龄大小,多是心态简单年轻的人,这类人对生活抱有乐观的心态,他们不会有过多的烦恼,就算有也会将其大而化之。同时,他们也必然是注重外表、讲究物质、重视品味的人。但他们往往对自我认识不深刻,缺少合理的规划。

偶像在生活中给人们带来的影响是不可估量的。因为人们在对偶像的关注与崇拜中,其自身的性格心理都会潜移默化地受到影响。如果喜欢一个优秀的偶像,学习他的个性与为人上的长处,会对自己人格的完善起到十分积极的作用;如果喜欢一个人品较差的偶像,那么情况就刚好相反。

───── 智者寄语 ─────

每个时期的人都会有属于自己和有着年代记号的偶像,偶像的言行举止会影响一代人或一个时期,偶像能起到榜样的作用。在不同时代里,偶像的含义也是各不相同的。偶像是人们精神的一种寄托,而崇拜偶像则会折射出一些心理的烙印。与六七十年代相比,八十年代后的"偶像"概念更加宽泛,更加多元化。不同的偶像,代表着不同精神与特质。一个人所崇拜的偶像,也就是他内心最强烈的诉求,能够由此反映他最鲜明的心理特征。

从对奢侈品的偏爱分析人的心理

如今,虽然从首饰、宝石到汽车、洋房都已经不是什么高不可攀的奢侈品,但是能够全部拥有它们的人还是不多。不过,即使不能拥有,也不妨碍人们对这些奢侈品的喜好之情。

首饰对于女人,就如房间里放入一盆美艳绽放的鲜花一般,可以立刻增加房间的典雅气息,使居室充满活力。女人对首饰的选择是极为挑剔的,从中也可以部分地窥见其心理。

1. 选择新颖别致、独具一格的设计风格的首饰

这种人属于理想主义者,富有同情心,注重友情,而且非常慷慨。她们的兴趣十分高尚,可是脾气有点反复无常,再加上自由奔放的性格,常会令他人感到难以捉摸。

2. 注重首饰的简单、古典

这类人感情丰富,追求梦想与罗曼蒂克的爱情,愿意为爱情牺牲。她们大都性格温驯甜美,对人十分信任,且包容力强。

3. 对圆形首饰情有独钟

这一类人处事态度积极,意志十分坚定,不容易受人左右,而且处事大胆,勇于追求时尚,眼神中充满自信,不论遭遇任何困难,都能冷静应付。

4. 喜爱自然、高雅的几何形状的首饰

这一类型的人性格温柔、乐观和节俭，尤其是她们具有的优雅细腻的神情及亲切的笑容最能吸引异性。在男人眼中，她们更显雍容华贵、仪态万千。处事方面，这种人最大的缺点是过于保守，且性格固执，不容易妥协。

5. 选择风格简单的首饰

这一类型的人具有双重性格。头脑灵活，多才多艺，活泼开朗，擅长交际是她们的优点。尽管外表保守但实际上想象力丰富，往往会做出令人意想不到的事情。

6. 倾心于品味耐久的首饰

这种人外表强硬冷漠，但实际上内心却非常柔弱，待人友善、热情及富有幽默感。这类人的性格有点双重，有时候对你体贴周到，偶尔却急躁不耐烦。

7. 追求大胆、创新的设计

这种人宽大为怀、精力充沛，是天生的领导者。但强烈的虚荣心及逞强好胜的性格，令人有恃势凌人的感觉。她们属于自我中心型，绝对不钟情于传统观念。

8. 对首饰讲究，钟情于古典美与旧风情

这种人头脑理智，具有判断力，凡事追求尽善尽美，是一个理想主义者。然而，过分崇尚完美的性格常令其不安于现状和不满现实，但卓越的智慧每每成为致富成功的先决条件。

9. 选择首饰不苛求，设计大方即可

这一类型的人追求中庸之道，心境平和、外表冷静、稳重，颇得人缘。

10. 喜欢新颖排斥庸俗，敢于尝试大胆的款式

这种人富有正义感，爱恨分明，沉默寡言，冷漠的外表给人一种神秘色彩，在众多女性中最具魅力，浑身洋溢着一股性感的魅力。健康迷人、新潮及充满时代感是她们最吸引人的地方。她们最大的缺点是自负及喜欢批评别人。

11. 挑选简单的、可以散发个性的首饰

这类人乐观、友善、开放，性情率直，不拘小节，待人热诚，思想新潮，喜欢表现自我。他们能把欢笑带给身边的人，但偶尔会给人轻浮不专的感觉。

12. 喜爱佩戴高雅大方而又不失华丽的首饰

这类人不畏艰辛，有坚强的忍耐力，绝不半途而废或见异思迁。性情沉默寡言，外表严肃，给人一种深藏不露的感觉。

智者寄语

首饰对于女人，就如房间里放入一盆美艳绽放的鲜花一般，可以立刻增加房间的典雅气息，使居室充满活力。女人对首饰的选择是极为挑剔的，从中也可以部分地窥见其心理。

从吃饭看人心

我们从一个人喜欢吃什么东西可以观察出他的性格特征。同样，从一个人以什么样的方式来吃东西，也可以观察出他的性格特征。

1. 喜欢在家里吃的人

这类型的人一般只愿意对自己负责，如果有人去侍候他们或刻意迎合他们，他们会觉得很不习惯,并且浑身不自在。总而言之,适应新环境对于他们来说是种沉重的负担,因此,他们会选择在熟悉的环境中放松自己。

2. 准时就餐的人

首先要肯定的是每天有规律性地准时就餐比无规律地就餐更有利于身体保健。通常这一类型的人会合理地安排自己的时间,做事情也会有条不紊。这类人在就餐的时候是非常愉快的,因为良好的生理习惯可以给他们带来好的心情,而且他们一般都有很出色的自我调控能力。

3. 饭量很小的人

饭量很小,吃一点就放下碗筷不吃了的人,多是比较传统和保守的(除了减肥以外)。这类人的性格比较温和,一举一动都非常小心和谨慎,他们总是不断地努力处好与他人之间的关系。有的时候为避免风险,他们会选择墨守成规的方式去完成。这一类型的人做事稳妥有余,但冲劲不足,难于创新,所以大多不适合创业,只适合守业。

4. 细嚼慢咽的人

吃东西的速度极慢,总是慢慢品味的人,是属于做事周密严谨的类型,这类人一般时候不会打无把握之仗。他们在为人处世方面非常注重自我的感觉,在过程和结果这两者之间,常常是过程会给他们带来更大的快乐和满足。生活中这类人也比较挑剔,他们对人对己要求都十分严格,有时甚至达到苛刻、残酷的程度。

5. 狼吞虎咽的人

吃饭速度很快,风卷残雪,三下五除二,扒拉两下子,一顿饭就吃完的人大多有较旺盛的精力,这类人的性情很豪爽,对人非常真诚、坦率,他们做事也比较干脆、果断,但是有些时候自我意识比较强,常常给人一种自以为是的感觉,并且听不进他人的规劝。他们还有着很强的竞争心理和进取精神,遇到困难绝不会轻而易举地就向谁妥协和认输,而总是要与对方斗争到底,为自己拼上一拼,搏上一搏。

6. 对喜欢的食物总吃不够的人

有的人吃东西不知道加以节制,看到喜欢的就一定要吃到撑为止,这一类型的人,性格大多比较豪爽和耿直,他们对人热情,有很好的人际关系,并且具有一定的组织能力,是值得信赖的朋友。但是他们有时候比较单纯,不懂得也不会掩饰自己的情绪,喜怒哀乐往往全部写在脸上,让人一目了然。

7. 喜欢将食物切成若干小块慢慢吃的人

有的人喜欢将食物分割成若干小块,然后一点一点慢慢地吃,这类人多是比较讲究形象与品位的,他们为人处世都比较小心和谨慎,不会轻易地得罪人,在很多时候都保持一种中立的态度。这一类型的人由于缺少冒险精神,所以在事业上很难有所突破。不过他们在生活中比较机智和圆滑,有自己的主张与想法,不会轻易地接受他人的建议,但又不会表现得过于明显。

8. 乱加调味品的人

有的人在面对别人奉献的佳肴时,第一反应是按照经验乱加调味品,而不是先品尝一口。这类人不懂得珍惜他人的劳动成果,而且喜欢草率行事,对事情缺乏全面的考虑。他们不喜欢单调死板的生活,但往往由于没有把握住火候而给自己和别人带来很多的麻烦。

9. 边吃饭边唠叨的人

边吃饭边唠叨的人常常因为和别人交谈来不及将食物吞下,而将口中的食物喷到对方身上。这类人的个性比较急躁，欠缺细节问题的考虑，但是在处理事情的时候会毫无畏惧、勇往直前。

10. 声音不断的人

吃饭的时候声音不断的人是不招人喜欢的，这类人性格比较孤僻。他们不善于与人为伴，喜欢独来独往，独自享受快乐和承受痛苦。他们做事时注意力集中，有时候还会比较敏感，他们不在乎结果是喜是忧，只关注自身感受，所以在别人困难的时候也总是袖手旁观。

11. 喜欢独自进餐的人

从来不喜欢和他人一起进餐，而热衷于自己单独一个人静静地吃，这类型的人大多性格比较内向，有些自命清高和孤芳自赏。但是他们内心比较坚强，做事也很稳重，而且具有一定的责任心，能够保持言行的相对一致，值得信赖。一般来说，他们在很多时候都能让自己的上司和亲人、朋友感到满意。

12. 喜欢边煮边吃的人

有的人喜欢在烹调的同时就照顾好自己的胃，他们喜欢边做边吃，等到饭做好的时候，自己也就吃饱了。这类型的人在日常生活中，富有牺牲精神，为人讲义气。他们有一副热心肠，常常会为了别人的利益放弃自己的利益，因而他们的口碑一向不错。

13. 喜欢站着吃的人

喜欢穿着衣服，站在开着门的冰箱前面吃东西的人，性格一般比较急躁。他们经常吃没煮过的食物，咖啡还没冲泡好就喝了。不过，这类人的胃口比较好，喜欢狼吞虎咽。有这种饮食习惯的人可能是个温柔、体贴甚至慷慨的人。

14. 喜欢边走边吃的人

有的人喜欢在走路的途中抓着一个热狗和一杯汽水，最后再吃一根巧克力棒当做甜点。虽然他们让旁人觉得很忙碌，来去匆匆，而事实上，他们毫无规律，做事比较冲动，结果经常和自己的兴趣相悖。由于他们不善于分配自己的时间，因而替自己找了许多不必要的工作和许多消化不良的机会。

15. 喜欢边吃边看书的人

有的人喜欢边看书边吃饭，这种人的时间观念非常强，他们的心里也有许多梦想和计划，他们会利用每一个空余的时间去思考这些问题。这类人做事符合经济效益，经常高效率完成任务。

16. 喜欢在餐厅吃的人

对这一类型的人而言，服务态度比食物味道更重要，因为他们喜欢被人服务的感觉。如果别人提出疑问，他们会很乐意地告诉别人自己心中真正的欲望。一旦说出了心中的需求，他们便希望别人能够依照他们所说的去实现。这类人经常在外吃饭，生活不规律，他们不善于照顾自己，而且他们可能是确定有所收获才愿意付出的人。

17. 喜欢带剩菜回家的人

这类型的人比较精于计算，他们知道如何善用每一块钱，如何把资源最大化利用。从心理学角度来说，他们比较缺乏安全感，觉得自己不断受剥削，即使事实上没有这类事情发生，他们还是会习惯地遵从"不浪费，不匮乏"的信条，做到将剩饭菜带回家。

18. 吃完就走的人

这一类型的人往往比较自私，他们只顾自己的感受和想法，而不考虑事情发展的结果如何。这类型的人做事不知回报，只讲索取，带给别人的通常是失望，结果在关键的时候往往是孤军奋战,胜利也和他们离得很远。

智者寄语

为了维持生命,人必须要进行新陈代谢,吃喝拉撒,其中吃饭更是为人体补充能量的有效手段。我们从一个人喜欢吃什么东西可以观察出他的性格特征。同样,从一个人以什么样的方式来吃东西,也可以观察出他的性格特征。

购物反映性格

购物英文 Shopping,台湾人取其近音俗称"血拼",指在零售商处挑选或购买货品及服务的行为,可视为一种经济和休闲活动。对一个细心的人来说,购物除了以上功能以外,还有着看透人性的作用。

如果购物是先看产品目录或促销广告,说明这类人是个实际派,不管是买东西还是做事,多重量不重质。他们喜欢逛商店,似乎对所有新产品都感兴趣,但究竟买什么却始终拿不定主意。这种人的优点是待人热情,工作积极肯干,对新鲜事物津津乐道。但狭窄的心胸和斤斤计较的性格却阻碍了他的发展。

买东西总是精打细算,朋友们若要淘便宜货时,常会找他当顾问。这类人多聪慧,热爱工作,事业心很重,但他们脾气不太好,常常会突然间发脾气,让身边的人感到无可奈何。这种人也很会持家,但对品位却不够重视,因此,他们需要提高一下自己的审美眼光。

看一眼就直接购买的人,是属于开门见山的直率型,这类人喜欢凭直觉,看到喜欢的东西就会毫不考虑地买回家,而且只要有机会,都不会放弃买东西。他们对人热情,性格随意,不细化复杂、琐碎的事情,特别爱凑热闹,但并不擅长去组织活动。虽然说挥金如土固然很是惬意,但最后却可能和不节制的大胖子一样,变得痴肥却营养不良。为了要应付日常生活所需,这种人必须让理智来克服情绪上的冲动。

喜欢以款式为先的人,一般都是十足的外表主义者。这类人的自我控制能力比较差,对待生活非常感性,但眼光敏锐,颇具识透人心的本事。

还有一种看也不看就拿货的人,这种人总是有备而来,先订好目标,才上街购买。这种人很会过日子,会合理安排时间,他们的衣服总可以穿很久,但却缺乏变化。如果这种人能让自己的选择再多样化些,生活将会变得更加丰富多彩。当然,这类人的性格比较直爽,所以人际关系也比较好。

根据以上购物特质,观察他人购物的特点,你就可以看出其不同之处,从而将此人的个性做简单的了解,这也是智者乐此不疲的事情。

智者寄语

对一个细心的人来说,购物除了以上功能以外,还有着看透人性的作用。

艺术品位看个性，生活选择透性格

　　艺术的品位到底是什么？它就如同一切的存在给人的感染一样，当我们触及到它的时候，就会产生一种灵魂的震撼。这种震撼的强度，人们就称为品位。当然它是因人而异的，生活中每个人的艺术品位都不尽相同，但是我们可以通过这些不同来寻求一些心理分析的共识。

　　一般现实型品位的人大多会喜欢传统艺术，这类人比较注重艺术家的技巧和作品的市场价值，他们多喜欢收藏价值大或能充分表现生活的艺术品，而不屑于外界流行的东西。这类型的人通常做事非常认真，喜欢独立，善于规划，能够做到一切以工作为中心。

　　安慰型品位的人则比较喜欢充满浪漫色彩的电影、抒情的歌曲和言情小说、寓意深远的画。这类型的人往往给人一种琢磨不透的感觉，有时候他们略显得有些神经质。这类人多愁善感，情绪不稳定，经常会感到压抑和沮丧。所以有的时候，他们会用艺术来舒缓情绪，安慰自我。

　　比较喜欢刺激型品位的人，通常走在时代的前沿，他们喜欢以麦当娜为偶像，喜欢看恐怖片、冒险片或欣赏毕加索的狂野色彩，喜欢听电子音乐。他们也具有较高的警觉性和思维能力，对事情也比较敏感，洞察力强，他们是天生的社交家。

　　猎奇型品位的人会不断地尝试新音乐，看新电影，去展览会寻找新奇事物。这类人一般感官敏感且想象力丰富，他们更容易成为艺术家。但是，随着时间的推移，他们可能会在无实际意义的事情上花费过多的精力和财力，容易变成败家子或不务正业。

───────────── ❧ 智者寄语 ❧ ─────────────

　　品位是因人而异的，生活中每个人的艺术品位都不尽相同，但是我们可以通过这些不同来寻求一些心理分析的共识。

从喜欢的水果窥探人心

　　一般而言，喜欢水果的人多是比较会养生的人，当然，从"选择最喜欢的水果"这一点，你依然可以判定该人的个性或性格。

　　喜欢吃苹果的人是属于那种将事物处理得有条不紊的认真型。这类人对人也是谦恭有礼、不恢不求的"恰到好处"的类型。

　　喜欢香蕉的人有时会有任性的举动而令旁人伤透脑筋，不过这类人也比较富有灵活简捷的行动力，他们具备和任何人都能成为好友的社交性、开放性。若为女性则属于稍带阳刚气的类型。

　　通常喜欢吃葡萄的人都是属于郁郁寡欢，容易躲在自己象牙塔内的类型。这类人具有美的意识或强烈的诗情幻想力，生活中极富个性。虽然第一印象给人冷淡的感觉，但是在交往之后会渐渐地发现其内心善良的一面。

　　喜欢吃梨子的人也是能控制自我欲求的认真型。这类人处事比较慎重，喜欢以诚信坚定为生活目标，这类人善于控制自己的情绪，所以人际关系还不错。

一般喜欢菠萝的多是热情家，这类人专注执著，而且具有远大梦想。他们喜好刺激或变化，凡事一头栽入其中埋头苦干，最讨厌固定不变模式的生活。

喜欢吃橘子的人个性一般都比较温和，这类人与任何人都能保持步调一致，是非常令人安心的人。他们也非常重视家庭生活，喜欢与众人谈话，与志趣相同的人共餐。

比较喜欢吃葡萄柚的人，大多对健康或美貌的关心极强，这类人是理想高的浪漫主义者。他们讨厌"平凡"，是对任何事都极其关心的求知欲强烈的人。

喜欢吃柿子是属于略带保守、生活朴素的类型。这类人在金钱方面比较节省，因此也具有成为巨富的潜质。

喜欢吃哈密瓜的人外表都比较典雅与内敛，这类人胸怀大志或理想，并努力为之奋斗。他们讨厌对他人言听计从，会明显地表现贯彻自我理想、信念的态度。

还有非常喜欢吃木瓜的人，这类人是属于极为个性的类型。他们充满着对某种新鲜的刺激或奇特行为的期待感，讨厌受束缚。生活中他们也具幽默感，擅长与人相处，不过，冷热变化极快，有时候稍欠执著。

很喜欢吃樱桃的人多半是属于优雅、审美眼光敏锐，对于流行时尚有个人见解的类型。不过，这类人理想虽高却内向而缺乏行动力，有的时候他们并不擅长在众人前提升自己的印象。

智者寄语

一般而言，喜欢水果的人多是比较会养生的人，当然，从"选择最喜欢的水果"这一点，你依然可以判定该人的个性或性格。

花语是人心理活动的外露

世间的一切都是相互联系的，花与人之间便存在着这种微妙的关系。花语是指人们用花来表达人的语言，表达人的某种感情与愿望，在一定的历史条件下逐渐约定俗成的，为一定范围人群所公认的信息交流形式。花语虽无声，但此时无声胜有声，因为它们传达的是人们的内心情感。每个人喜欢的花都不同，我们可以通过这种偏好，借着对花语的解读，了解人们的情感，更好地与他人沟通。

向日葵的花语是沉默的爱、永不放弃。比较喜欢向日葵的人内心有着异常坚定的信念，这类人不管境遇怎样，都能坚韧乐观地生活，有着让人佩服的旺盛精力。但有时候信念过于坚定，往往会听不进去别人的言语，所以导致人缘较差。

菊花的花语是清净、高洁。喜欢此花的人心地比较纯洁，大方质朴，做人也非常诚恳，有激进的浪漫主义思想，不过性格比较孤僻。这类人不愿与庸俗的人长时间接触，他们向往自由自在的生活，所以有时显得沉默寡言。

樱花的花语是微笑、纯洁、高尚。这类人比较善于团队合作，对人比较谦恭，作为个体内敛，作为团体张扬。樱花比较有名的地方在日本，而喜欢樱花的人性格也比较接近于日本人性格。这类人最大的特点就是卑微谦恭，崇尚协作，不愿意给人添麻烦。但有时也会显得过于谦逊，不够有活力。

梅花的花语是坚强和高雅。梅花为"十大名花"之首，号称"花中君子"，人们总是用梅来赞扬人的坚强无畏的精神。喜欢梅花的人同样视高洁与坚韧为最珍贵的品质，这类人在生活中有些清高,甚至与周围人格格不入。虽然他们在积极努力寻求改变,但有时性格略显急躁,所以容易冲动。

玫瑰的花语是爱情、浪漫、珍贵。喜欢玫瑰的人也大多是比较热情、感性的,这类人善于思考,全身充满了激情与魅力。他们是对待感情比较疯狂的人,因为他们注定要经历难忘的爱情,不过他们有时易于情绪化,遇到问题时会不太理智。

百合的花语是纯洁的心、一切顺利。《圣经》上,百合花是被逐出伊甸园的夏娃在苦苦寻觅伊甸园踪影时,流下的悲伤泪水演变而成的,因此是纯洁的象征。而喜欢百合的人也都是会享受生活的人,这类人在心底还保持着一份纯真与素雅,他们喜爱幻想,也会为了爱或理想勇敢地变革。

蔷薇的花语是美好、誓言、爱的思念。喜欢蔷薇的人多半是个性独立的人,这类人遇事有主见,性格直爽,而且心思细腻,待人真诚,也比较容易多愁善感。他们有迎难而上的决心和勇气。

郁金香的花语是喜悦、幸福、胜利。喜欢郁金香的人乐观、自信、极富创造力,在工作中比较喜欢发号施令、领导别人。这类人很善于交际,总是能够轻易成为人群中的焦点,然而,这类人做事难以持之以恒,容易给人虎头蛇尾的印象。

智者寄语

每个人喜欢的花都不同,我们可以通过这种偏好,借着对花语的解读,了解人们的情感,更好地与他人沟通。

座位也能反映个性

其实,小小的座位,其中含义颇深。就像会议时的座位,有时固定,有时不固定,在没有特意安排的情况下,一般人往往会习惯性地选择某些位置。借助每个人所选择座位的不同,我们可以判断对方是敌是友。

比如说,坐在你邻座的人,和你的关系应该较为亲密,会议中大部分的时间,都和你持相同的意见! 有些人平常和你虽然不是那么亲密,但关系也还不坏,借助偶尔坐在邻座的机会,彼此更容易发展出同仇敌忾的情谊,若彼此能够相互合作,可以使工作达到事半功倍的效果。

隔着桌角,和你成90°直角而坐的,是属于八面玲珑型的人,他们总是拉长耳朵注意倾听别人说话。这种人绝不会和你处于敌对的位置。个性圆滑的他们,和任何人皆能愉快地交谈。

另外,对于选择坐在你正前方位置的人,则要特别注意,这些人和你存有敌对的关系。坐在这个位置的人,随时会提出和你相左的意见,是相当容易和你产生争论与摩擦的对象。或许你们之间的关系原本就不好;也可能是因为偶尔坐在你的正前方,导致你们之间出现意见不合的情况;又或许是对方心中原本就想对你开诚布公地说清楚,而故意选择坐在你敌对的正前方吧!

坐在斜前方的人,似乎自始至终都没有想和你说话的意愿。他们并不想和你亲近,也没有意图要和你争辩。总而言之,就是不想和你有任何瓜葛的人。

以上所述种种,并不仅限于在多数人的情况下,当你在桌前选好位置坐下后,随后而来陆续选择不同位置坐下的人,这时,他们选择的座位便代表了他们心中对你的看法及态度。

若对方选择了你斜前方的座位时,则表示他并不想和你交谈,既然如此,你也无须自讨没趣,以免碰一鼻子的灰。

若坐在你正前方的人,正企图找你麻烦,你不妨若无其事地将身体转开,和他成90°直角,来避开他的挑衅。

开会时,主持会议的人,也就是你的主管,或者是这个小组的领导者,是坐在哪个位置呢?由他们所坐的位置,我们可以看出这位主管是属于哪种类型的人。

首先,让我们看看长形会议桌的情况。若你的主管选择坐在较短一边正中央的座位,表示他是相当重视解决问题的类型。在讨论一个议题时,他的心中已有既定的想法,听取众人意见的同时,他不断地将自己的想法半强迫性地推销给大家,逐渐地整合出结论。在他们主持下的会议,很少会有冗长的情况发生,他们能够很有魄力地将问题导入结论,不会拖泥带水,有着非常强势的领导作风,可称得上是不折不扣的独裁者。

若选择坐在较长一边的中央座位,这类型的主管,与解决问题相比,更重视的是人际关系的调和。他们召开会议的主要目的,与其说是要讨论方案,不如说是想借此得知每一个人的想法,倾听众人的心声。对他们来说,会议是个交换意见、交流心得的场所。大伙齐聚一堂,互听心声,激发大家对团体的归属感、向心力,调和彼此的关系。借助会议中大家发言的情况,判断谁和谁感情深厚,谁和谁意见不合等等。

另一种状况,如果会议上没有明确的领导者,而是一个大家地位均等的讨论会,这时,选择坐在正中央位置的人,通常是个性积极、具有大将之风的人,自然而然他会整合众人的意见,担负起统筹的工作。如果你拥有支配众人的能力,不妨试试看坐在正中央吧!

至于圆形桌和长形桌,又有很大的不同。在会议室或办公室中,我们很少会看到圆形的桌子。围坐在圆形桌旁,我们很难看出谁才是当中的领导者,不似长形桌的针锋相对,圆形桌营造出一种和睦的气氛,少了上下尊卑的关系。虽然圆形桌看不出领导者与部属间的区隔,但一般而言,坐得距离较为疏松的那一方,大多为主管或是领导阶层。

─────────── 智者寄语 ───────────

其实,小小的座位,其中含义颇深。就像会议时的座位,有时固定,有时不固定,在没有特意安排的情况下,一般人往往会习惯性地选择某些位置。借助每个人所选择座位的不同,我们可以判断对方性格。

办公室环境表露人心

在办公室里,每一个人的抽屉都可以暴露出他的性格。美国一所大学的心理学教授凯奈医生经过长期实验,已证明可以从抽屉分析一个人的性格:

1. 异常整齐的抽屉

通常是办事极有效率的人。他们的目标极高,不喜欢浪费时间,什么事都要有个预算和计划,但相对的,这种人不太接受一些计划以外的变量,应变能力显得不足。

2. 抽屉里习惯放置纪念品

有些人喜欢把旧信件、学生舞会的节目表也放在抽屉里。这些人性格较内向,喜欢保留美好的回忆,情感较脆弱且容易受伤害。

3. 乱七八糟的抽屉

有些人喜欢把所有东西都塞进抽屉里去,而且不会叠放整齐。这类人性格随和,对小事不会介意,平时做事缺少计划,也不喜欢把事情规划得太详细、想得太远,但却比一般人有较强的应变能力。

另外,美国一位效率研究专家经过调查发现,从一个人在工作时的办公桌上的情形,可以看出其主人的某些性格和心理特点。

1. 叠式性格

平时总能把桌面上、抽屉里的所有文件材料都叠得整整齐齐、干干净净。这类人工作有条理,组织能力较强,办事效率高,有较强的工作责任心,他们凡事小心谨慎,一丝不苟;但往往缺乏开拓与创新的精神。

2. 塞式性格

桌面上可能很干净,一尘不染,但抽屉里却很乱,不管什么东西都一股脑地统统塞进抽屉里。这种人多半聪明、机灵,喜欢做表面文章,只注重外观,投机取巧,文过饰非。此外,这类人大都作风涣散、懒惰,为人不太可靠。

3. 散式性格

桌上的文件东放一堆,西放一堆,既没有归类,也区别不出轻重缓急。这类人工作没有头绪,干起活来有头无尾,很难集中精力,缺乏自我管理能力。

4. 堆式性格

桌上如同垃圾堆,文件资料乱堆乱放。这种人工作能力差,缺乏条理性,也缺乏责任心,应该从头接受训练,或改做其他职位较低的工作。

———— 智者寄语 ————

在办公室里,每一个人的抽屉都可以暴露出他的性格。

选择饮料是心理的流露

与同事难免聊天聚会,最好的聚会地点便是茶馆、酒馆、咖啡厅等,主要是因为这些地方环境优雅,利于情感的交流。在这里点上一杯茶,一杯酒,或者是一杯咖啡等,都可以由此窥见对方性格中的某些特征,只要你细心去观察即可。

如果是主动选择果汁饮料,则说明此人心地比较善良,属于比较柔弱的类型。这类人注重外表而且忠守于习惯,就像他们不轻易改变生活一样,他们可以非常忠贞地守护自己的爱情。这类型的人也总是喜欢做一些有趣的事或说一些甜言蜜语,哄周围人开心。

可乐饮料,给人的印象就是大T恤、牛仔裤、棒球帽。比较喜欢可乐饮料的人个性一般比较张扬,这类人属于时尚一族,无论多大年龄,他们都会保持比较年轻的心态。不管是工作还是生活,他们都向往自由,不喜欢朝九晚五一成不变的节奏。跟他们在一起你会很开心,因为他们很会享受生活。

选择茶饮料的人通常都比较注重内在修养,这类人喜欢沉思,总会随着四溢的茶香沉浸于无限的想象之中。跟品茶一样,他们很喜欢慢节奏的、悠闲的工作和生活方式。他们的性格清静而沉稳,做事非常有条理性,给人一种很有内涵的感觉。

爱喝咖啡的人往往比较有情调,这类人是很会享受生活的人。他们在工作中也非常努力,也会在闲暇时光尽情地享受生活。他们有自己独特的风格,时尚却不跟风,穿着不一定是名牌也不一定很贵,但绝对得体、有品位。这类人不善表达,喜欢将感觉埋藏在心里,或者总是默默地付出。这样的人无论是在朋友圈内还是在家里,总是以核心者的身份出现,大家都非常尊重和喜欢他,只要有他在就能感觉到一股温馨的气息。

酒分很多种,一般来说喜欢选择啤酒的人,性格比较随和,他与任何人都谈得来,具有服务精神,爱取悦他人,极其容易获得他人的好感。

选择香槟酒的人在性格上比较挑剔,是属于不满足于平凡的类型,这类人喜欢追求华丽、高贵,对异性的要求也很高,即便是作为普通的朋友,他们也会有很多要求。

比较喜欢粉红葡萄酒的人,如果是男士,那他一定是个情场高手,这类人非常懂得如何运用鲜花、甜言蜜语和礼物去讨好女性,所以人际关系非常好。

选择白葡萄酒的人往往是一个拼命追求梦想和理想的人,这类人比较容易忽略细节,因此有时候会丧失一些机会,但对于女性而言会是个好伴侣。

选择红葡萄酒的人大多是属于干劲十足的人,这类人比较务实,想做就做,凡事都会着眼于现在,对金钱和权力非常执著。相对而言,虽然不浪漫,但是他们很稳健、很实际。

选择威士忌加冰的人是个真正喜欢喝酒的类型,这类人性格开朗,是个实用主义者,工作中不会装腔作势,与人交往时好恶分明,即使对方是女性也不会因此而有所收敛。

选择鸡尾酒的人也大多是属于善于玩乐的新新人类,这类人很重视气氛和个人感受。但如果对于鸡尾酒不太重视口味而看重名字的男人,说明他们是属于比较怀旧、易伤感、性格比较脆弱的人。

经过以上分析,你就可以实际运用一番,在对方点饮品的时候你就应该在自己脑海中将与之相对应的性格类型回忆一遍。这样一来,在接下来的谈话中,你就不用再为自己的唐突或者莽撞而担心了,因为你了解对方个性,你所说的就是他喜欢听的,任何人都不会拒绝一次志趣相投的谈话的。

───── 智者寄语 ─────

一杯茶,一杯酒,或者是一杯咖啡等,都可以由此窥见对方性格中的某些特征,只要你细心去观察即可。

电脑壁纸反映人性

如今,电脑已经逐渐普及化,成为人们工作和生活中必不可少的工具,如果你仔细观察一下办公室里各式各样的电脑壁纸就会发现,每个人都有其钟爱的风格,其实这就在不经意间透露出了主人的性格。

通常喜欢用卡通画做壁纸的人性格比较乖张,也比较怀旧,这类人拒绝成长,容易被别人的评价所左右,但如果从事创意性的工作容易爆发超越常规的创新想法。

喜欢用幽默、搞笑类图片做壁纸的人为人处世一般都比较圆滑,这类人的人缘一般。在工作中,他们不按规则办事,常常挑起事端,缺乏敬业精神。

比较喜欢用风景图片做壁纸的人,性格比较温和,这类人在工作中能够保持较好的节奏,拥有较好的人脉资源,并且能够很好地处理家庭与工作之间的冲突。

如果是比较喜欢用俊男靓女照片做壁纸,往往性格外向,但有的时候情绪会表现得不稳定,时常会大起大落,这是心理年龄较小的典型表现。不过,这类人在工作方面会很有热情,做事认真、负责。

还有一种喜欢用动物图片做壁纸的人,这类人也属于"以自我为中心"的人,他们自我意识浓厚。虽然在工作和生活中跟人冲突的机会较多,但是他们有压抑自己的倾向,所以不会表现得特别明显。

喜欢用自己或家人照片做壁纸的人往往具有很好的亲和力,这类人对待工作非常执著,常常为了完成某件事可以不眠不休,是典型的工作狂人。

喜欢用电脑系统原版配套系列壁纸做壁纸的人多半是比较因循守旧的人,这类人不喜欢冒险,做事比较理性,虽然工作上也非常严谨,但有时会显得比较呆板。

用恐怖类图片做壁纸的人内心通常都比较缺乏安全感,这类人遇事比较悲观,极度敏感,而且工作业绩经常大起大落,身边都没有什么知心朋友。

桌面上没有壁纸的人往往没有明确的工作目标,这类人做事率性而为,事先不做周密安排,缺乏自我保护意识,生活中也会经常吃亏。

如果你还是一位办公室新人,如果你想与周围人处理好关系,那么不妨多观察一下前辈们使用壁纸的风格,由此可以对每个人的性格了如指掌,从而避开办公室中人际交往的雷区,这样就可以尽快成为一名办公室人际达人。

───────── 智者寄语 ─────────

如今,电脑已经逐渐普及化,成为人们工作和生活中必不可少的工具,如果你仔细观察一下办公室里各式各样的电脑壁纸,细心的你就会发现,每个人都有其钟爱的风格,其实这就在不经意间透露出了主人的性格。

第六章
职场求人办事,从攻破心理防线开始

说话应循序渐进

在某汽车公司工作的小芳连续三次被评为"金牌"业务人员,她是如何做到的呢? 我们先来看一段她与顾客的对话。

小芳:请问你想买多大吨位的车?

顾客:很难说,大致两吨吧!

小芳:不太确定,对吗?

顾客:是这样。

小芳:选择卡车的型号主要取决于两个方面,一方面要看你运什么货,另一方面要看你在什么路上行驶,你说对吗?

顾客:对,不过……

小芳:假如你在丘陵地区行驶,加上冬季持续时间较长,这时汽车的发动机和车身所承受的压力是不是比正常情况下要大些呢?

顾客:是这样的。

小芳:你们冬天出的车比夏天多吧?

顾客:没错,多多了,夏天生意不行。

小芳:有时候货物太多,又在冬天的丘陵地区行驶,汽车是不是总处于超重状态?

顾客:对,那是事实。

小芳:从长远眼光看,选择车型主要取决于什么?

顾客:你的意思是……

小芳:从长远眼光看,你怎样判断一辆车买得值不值呢?

顾客:当然要看车的使用寿命。

小芳:一辆总是超负荷和一辆从不超载的车,你觉得哪一辆寿命更长些呢?

顾客:当然是马力大、载重多的那辆。

小芳:所以,我觉得一辆载重4吨的车可能对你来说更划算。

顾客表示赞同。

小芳就是在平淡无奇的谈话中,设法让顾客跟着她的思路走,以达到她的目的。

我们在求人特别是求陌生人时,对方能不能全力帮助你把事情办成,关键是什么? 就在于你能否让对方跟着你的思路走。这种行为就是"诱导"。

学会循序渐进,一点一点诱别人上钩,既是求人办事的小技巧,又是获得成功的大原则。

用投其所好来迎合

每个人都渴望被他人理解,若与被求之人有了情感共鸣,满足了他"被人理解"的心情,就会拉近彼此的心灵距离,对方也就乐于帮忙了。所以,在交谈中,要想说服对方,就应该投其所好。这样你的话才能在对方心中产生作用。

有一次,美国黑人出版家约翰逊想让真尼斯无线电公司在其杂志上刊登广告,当时真尼斯公司的领导是麦克唐纳,他既聪明又能干。约翰逊写信给他,要求和他面谈真尼斯公司广告在黑人社区中的利害关系。麦克唐纳马上回信说:"我不能与你见面,因为我不负责广告方面的事。"

约翰逊不愿让麦克唐纳用这种方式来避开他,他拒绝投降。因为答案是再清楚不过的:麦克唐纳管的是政策,相信也包括广告政策。约翰逊再次给他写信,要求见面,交谈一下关于在黑人社区所执行的广告政策。

"你真是个固执的年轻人,我将接见你。但是,如果你要谈在你的刊物上安排广告,我就立刻拒绝见面。"麦克唐纳回信说。

这样,一个新问题就出现了:他们该谈什么呢?

约翰逊翻阅美国名人录,发现麦克唐纳是一位探险家,在亨生和皮里准将北极探险的后几年,他去过北极。亨生是个黑人,曾经将他的经验写成书。

这对约翰逊来说是个机会。他让公司在纽约的编辑去找亨生,求他在自己所写的书上签名,好送给麦克唐纳。约翰逊还想起亨生的事迹可以作为故事的题材,这样他就从未出版的七月号月刊中抽掉一篇文章,改登一篇文章来介绍亨生。

约翰逊刚步入办公室,麦克唐纳第一句话就说:"看见那边那双雪鞋没有?那是亨生给我的,我把他当做朋友。你熟悉他写的那本书吗?"

"熟悉。刚好我这儿有一本,他还特地在书上为您签了名。"

麦克唐纳翻了翻那本书,然后用挑战的口吻说:"你出版了一份黑人杂志。依我看,这份杂志中应该有一篇介绍亨生的文章。"

约翰逊表示同意他的意见,并将一本七月号的杂志递给他。他翻阅那本杂志,并点头赞许。

"你知道,我们有很多理由在这份杂志上刊登广告。"麦克唐纳说。

生活中,我们都要跟陌生人打交道。如果你能够通过仔细观察和揣摩发现对方的独特之处,就可以找到一些可以交流的话题。

有一次,著名相声演员马季到山东烟台市演出,几家新闻单位的记者纷纷前来采访,不料,马季先生一一婉言谢绝,这使记者们十分失望。这时,一位记者再次叩响了马季的房门,说:"马季先生,我是一个相声迷,我对现在的相声表演有一些自己的看法……"马季先生一听,便十分热情地接待了他。这位记者正是用他和对方对相声的共同爱好做文章,巧妙地打开了马季先生的"话匣子",顺利完成了采访任务。

智者寄语

迎合别人的心理,投其所好,引起他的感情共鸣,就会很容易达到说服的目的。

善于夸人

求人办事时,为了拉近彼此的心理距离,更为了能办成事,我们不妨夸他几下。所谓"夸",并不是瞎夸,也不是乱夸,而要因人而夸,因为每个人各有所短,也各有所长。

战国时期,韩国给大臣段乔25天的时间,让他负责修筑新城的城墙。有一个县拖延了两天,段乔就逮捕了这个县的主管,将其囚禁起来。为了救出父亲,这个官员的儿子找到管理疆界的官员子高,让子高去替父亲求情。子高答应了。

一天,见了段乔后,子高并没有直接要求段乔放人,而是和段乔共同登上城墙,故意左右张望,然后说:"这墙修得太漂亮了,真是了不起。功劳这样大,并且整个工程结束后又未曾处罚过一个人,真让人佩服啊。不过,我听说大人将一个县里主管工程的官员抓来审查,我看大可不必。整个工程修建得这样好,出现一点小问题又没什么,何必为一点小事影响您的功劳呢?"

段乔见子高如此评价他的工作,心中甚是高兴,又觉得子高的说法也合情合理,于是便把那个官员放了。

那个官员被放出来的原因就在于子高的求情。子高就事论题,深得要领,让人大声叫好。其实,一般人都存在顺承心理和斥异心理,容易接受那些合自己心意的东西。因此,顺应事物的发展规律,巧言游说,便容易成功。

有个公司的总经理结合自己的工作实践撰写了一本《经商之道》的书稿,部门经理称赞道:"你真不该选择在企业工作,如果你专门研究经营管理,相信你一定会成为商务管理专家。"

总经理听完部门经理一席话,不满地说:"你是指我不能胜任现在的工作,只有另谋他职了?"见总经理产生了误解,本来想给总经理"戴高帽"的部门经理吓得头冒虚汗,连忙解释说:"不,不,不,我不是这个意思,我是说……"

还是秘书过来替部门经理打了个圆场,说道:"部门经理是想说您多才多艺,不仅本职工作抓得好,其他方面也非常出色。"

可见,同是夸一个人、夸一件事,不同的表达方法就会产生极为不同的结果。

夸不等于奉承,不等于谄媚。人通常都只看到别人的短处,看不见别人的长处,且把短处看得很重要,把长处看得很平凡,所以,往往会有"欲夸而已无可夸"之感。其实只要你能原谅他的短处,看重他的长处,就可以找到可夸点,从而达到你的目的。

智者寄语

同是夸一个人、夸一件事,不同的表达方法就会产生极为不同的结果。

说服别人要抓关键点

　　某商店有位营业员很会做生意,他卖出的东西比其他人都多,有人问他:"是不是因为能说会道,所以生意兴隆?"他回答说:"不是,是因为我永远为顾客着想。"

　　有一天,某位顾客不时用手摸摸摆在柜台上的布料,却不肯买货。凭经验,营业员知道这位顾客肯定是想买这块布料,于是,赶忙迎上前去说:"您是想买这块面料吗? 这块面料虽很不错,但是您要仔细看,这块布料染色深浅不一,我要是您,就不买这一块,而买那一块。"

　　说着,营业员又从柜台里抽出一匹带隐条的布料,在灯光下展开,接着说:"您像是机关里的干部,年龄和我差不多,用这种布料做出的衣服会更好看些,美观大方。要论价钱,这种面料比您刚才看到的那种每米多三块钱,做一套衣服才多七块钱,您仔细想想,哪个合算?"

　　顾客见这位营业员如此热情,居然处处为自己着想,于是不再犹豫,买下了营业员推荐的布料。

这位营业员能成功做成这笔生意,就是因为运用了"打蛇打七寸"的方法。站在买者的立场上替顾客精打细算,现身说法,大大降低对方的戒备心理,而且使对方产生了认同感,故而说服了对方,做成了生意。

俗话说,"人为财死,鸟为食亡",虽然并非人人如此,但人要生存,就离不开各种与己有关的利益,因为人们毕竟生活在一个很现实的社会里。所以,当你试图劝说别人时,应当告诉他这样做对他有什么好处,反之会有什么不良后果,相信他肯定会有所触动。

智者寄语

　　中国有句古话,"打蛇打七寸",意思就是要抓住关键点。说服别人就像"打蛇打七寸"一样,抓住对方的切身利益,触动他的心结,促使他深入思考,从而放弃自己消极的、错误的行动。

先替对方着想

最会说话的人,通常是说了让对方感兴趣的话;最会办事的人,通常是做了让对方感激和感动的事。

求人办事也是如此,只有从关怀对方的角度出发,才能赢得对方的帮助。

　　日本麦当劳大王滕田曾接到一个来自美国的陌生电话:"如果您能采用一个我们发明的游戏,它可以在一年内让您的销售业绩提升16%,我们的收费是10万美金。如果您有兴趣,我们可以专程飞往日本给您解释。"后来,滕田采纳了这个建议。

有一份广告上面写着这样一小段话:"别人比你成功十倍、收入多至万倍的原因是什么,你知道吗? 难道是他们比你聪明一万倍,运气好一万倍吗? 显然不是。那么,你想知道真正的原因吗？你想不想自己也可以做到？"当看到这段话，你是不是也被吸引了？因为对方抓住了你的需求。

如果你希望自己说出的话能产生价值，那么，你就需要记住一条广泛适用于很多领域的定律，那条定律叫做"黄金定律"。其内容是：你想让别人如何对待你，首先，你就得如何对待别人。只有先替别人着想，你才能达到自己的目的。

在英国，某家皮鞋厂的一位推销员曾试图多次拜访伦敦一家皮鞋店的老板，但每次都被拒绝。

这天，他怀揣着一份报纸再次来到了这家鞋店，报纸上刊登着一则关于变更鞋业税收管理办法的消息。推销员认为这则消息会帮助店家省下很多花费，因此就希望带给皮鞋店老板，让他看看。

当他来到鞋店前时，就大声地对鞋店的一位售货员说："请您转告您的老板，我有一个办法，不但可以让他大大减少订货费用，还可以本利双收赚大钱。"

很快，老板就接见了他。

当你能够为顾客提出有价值的信息时，顾客不可能不为你的生意着想。当你不仅仅是推销员，还是对方的顾问时，他们获得了由你提供的可靠消息后，肯定不会不管你的生意。

所以说，在求人时，你为对方着想，对方才会为你着想。

几年前，美国著名的推销员乔治·赫伯特成功地把一把斧头推销给了当今的美国总统小布什。为此，他得到了由世界著名的推销会——布鲁金斯学会颁发的刻着"最伟大推销员"字样的金靴子作为奖励。

美国总统比尔·克林顿当政时期，布鲁金斯学会出的难题是"谁能把一条内裤推销给克林顿先生"，当时，没有人完成。当他们又出"谁能把一把斧头推销给小布什先生"这个难题之后，很多人都以为没人能做到时，乔治·赫伯特做到了。

为什么乔治·赫伯特能够做到呢？大部分人都认为他有足够的自信。是的，如果没有足够的信心，谁能勇敢地把斧头卖给总统呢？但是，小布什为什么能够接受这把斧头呢？重要的是，乔治·赫伯特能站在小布什需要的角度，真诚地打动了他的心。

当所有人都认为这件事是不可能时，乔治·赫伯特却认为：把一把斧头卖给小布什总统是完全有可能的，因为他在得克萨斯州有一座农场，那里长着很多树。于是，乔治·赫伯特便给他写了一封信。

乔治·赫伯特在信中写道："尊敬的先生，我曾经有幸参观过您的农场，发现那里长着许多矢菊树，有些已经死掉，木质也变得松软了。我想，您一定需要一把小斧子。不过，从您现在的体质来看，很明显市面上的小斧子不太适合您，因为您需要一把不怎么锋利的老斧头。现在，我这里正好有一把这样的斧头，是我爷爷留下来的，用来砍伐枯树非常合适，价格只要15美元即可。如果您有兴趣，请予以回复……"

很快，小布什总统就给乔治·赫伯特汇来了15美元。

很多时候，当你想让对方按照你所想的方向走时，最好还是用关怀的观念，从替对方着想的角度出发。

有这样一个故事：

某文艺编辑邀一位名作家写稿，但这位作家，各报社的编辑都对他大伤脑筋。所以，这个编辑在见面之前也非常紧张。

果然不出所料,刚开始时,他们各说各的,怎么都不能合在一起。编辑很是头痛,只好决定下次再来。

这一次,编辑把有关那位作家近况的报道搬了出来,对他说:"您的大作最近要翻译成英文,在美国出版了。"作家见对方这般关心自己,就很感兴趣地听下去。编辑又说:"但英文能否表现出您的风格?"作家说:"就是这点令我担心……"他们就在这种融洽气氛中继续谈了下去。本来已经不抱希望的编辑,此时又恢复了自信,获得了作家答应写稿的允诺。

在生活中,没有人会喜欢别人在谈话时只谈自己,而不关心对方。

一般而言,在求人办事的过程中,求人者是不受欢迎的。那么,怎样才能消除隔阂、沟通关系呢? 那就是先替对方着想,使求人的过程变成寻求共同利益的过程,肯定能收到良好的效果。

—————————— 智者寄语 ——————————

最会说话的人,通常是说了让对方感兴趣的;最会办事的人,通常是做了让对方感激和感动的事。

求人要诚恳

生活中,任何人都离不开他人的合作与支持。因此,与他人建立愉快的合作关系是非常重要的,而求人办事的关键就是学会如何谈话。

上级给某机关分配了一些植树任务,机关几十名同志都主动承担一些任务,唯有几位"老调皮",无论主任如何动员,他们还是不愿意承担任务,搞得主任非常难堪。

下班后,主任把这几位"老调皮"叫到办公室,轻声地说:"我遇到一件很为难的事,想请你们帮个忙。"奇怪的是,听了这句充满人情味的话后,那几个"老调皮"竟纷纷表示:"主任,我们不会让你为难了!"

一句充满人情味的请求话,比通篇大道理更有说服力。主任用请求的话打动了他们,让他们觉得:主任看得起咱,咱必须得给主任办好。

可见,求人办事时,说话态度一定要诚恳,要动之以情,晓之以义,要将事情说得清清楚楚,要说明为什么找他帮忙。总之,要让别人了解得十分清楚,知根知底。你的说话态度越诚恳,对方越不会拒绝你。另外,托别人办事一般还应有一个明确的目标,这样的话,别人才能有的放矢。不要求别人办一些目的不明确、十分笼统的事,而应该求人办一些既容易办又有明确目标、能够实现显著效果的事,这样不仅容易让他答应你,还有利于你向他致谢。

真诚的要求是不说谎,不欺骗对方,但在复杂的社会活动中,要注意区分目的和手段。医生为了减轻病人的痛苦,往往向病人隐瞒病情,编造一套"谎话"给病人,这样才能使病人早日康复。这不是虚伪,而是更高、更深层的真诚,是出于高度的社会责任感的真诚。只有各方面的素质达到高度统一的人,才能表现出这种深层次的真诚。而情与义就是一种真诚,求人办事时,说话更需要真诚!

请人帮忙时,应当带着深情厚谊的诚恳态度。对别人提出任何请求,都应当"请"字当头,即使是在自己家里,也是如此。向别人提出较重大的请求时,应当注意时机。比如,对方正在聚精会神地思考问题或操作实验,或对方正遇到麻烦或心情比较沉重时,最好不要去打扰他。如果别人拒绝了你的请求,也应当表示理解,不能强人所难,不能让人觉得自己无礼。

另外,还要端正态度,注意语气,请求时既不能低声下气,又不能态度傲慢,非要别人答应不可,应当用诚恳、协商的语气。如,"劳驾,我过一下,行吗?""对不起,请别抽烟,好吗?""什么时候打打球,怎么样?"同时,还要站在对方的角度说话,如:"我知道这事对你来说不好办,但我别无他法了。"

当别人由于一些客观原因不能答应你的请求时,你也不能抱怨、愤怒甚至是恶语相对,还得礼貌道谢:"谢谢你!""没关系,我可以找别人。""没事,你忙你的吧!"这样,对方心里会内疚,以后你再找他帮忙时,他就肯定会不遗余力地帮你。如果你不能体谅对方,甚至对他加以抱怨,就等于堵死了再次请他帮忙的通路。

求人办事,最能体现一个人的表达能力,尤其是语言表达能力。口才出色的人,三言两语便能收到水到渠成之效;而言语木讷的人,吞吞吐吐半天也难以打开公关之门。可以说,求人办事的成败在一定程度上取决于一个人的语言能力,好口才是求人办事的法宝。

法国19世纪的作家左拉,其处女作《给妮侬的故事》发表时,颇有一番波折。左拉捧着一叠书稿先后光顾了三家出版商,向他们"推销"自己的作品,但都没有成功。于是,左拉又去找第四家出版商。

左拉来到出版商拉克鲁瓦的办公室外面,他有些退却,担心再次遭拒绝,但是为了维护自己的自尊,他一定要进去,他相信一定有人能赏识他的才华,于是他采取了果敢的行动。

左拉敲了拉克鲁瓦的办公室门,只听里边说:"请进。"

左拉走进了拉克鲁瓦的办公室,拉克鲁瓦抬起头看着手捧一沓书稿的年轻人,上面写着"给妮侬的故事",于是他问:"你是要出书吗?"

左拉脱口而出:"已经有三家出版商拒绝接受这部书稿,您是第四家出版商。"

拉克鲁瓦愣住了,从没有一个作家会说出这样的话,如果这样,书稿肯定出版不了。可是,这个毛头小子居然这么说了。

不过,左拉随后又补充了一句:"但我相信我很有才华,这本书完全可以体现出来。"拉克鲁瓦为左拉的坦率所感动,心想他不会是在吹牛吧?那就先看看他写得到底怎样……

拉克鲁瓦发现左拉的确很有才华,而且谦虚、坦率,便决定为他出版《给妮侬的故事》这本书,并与左拉签订了长期的出版合同。

左拉很坦率地告诉拉克鲁瓦自己碰过壁,然后又强调自己很有才华,他的话打动了拉克鲁瓦,才使他成功地出版了《给妮侬的故事》。

人们常说:"在家靠父母,出门靠朋友。"一个人一旦踏上社会,走上社会,都需要他人的帮助。无论何时都要切记:说话要诚恳,这样做别人才更容易帮你办事。

智者寄语

人际关系是十分微妙的。所以,与人交往时,说话一定要诚恳。只有以诚相交,别人才有可能会在需要的时候帮你一把。

求人办事要见机行事

人活着就不可能无事,各种是是非非是不以我们的意志为转移的,我们只有去面对、去解决。而想解决一些难办的事,你还必须学会求助于人。

李东第一次拜访张行长时,张行长正大发雷霆。小保姆哭哭啼啼地站在一边,腿肚子直打战。行长夫人坐在沙发上,嘴里一个劲儿说:"让你小心、小心的,结果……"

看着地上破碎的茶壶茶碗,李东心里差不多明白发生了什么事。他将几包土特产放在茶几上,屁股还没沾沙发,就赶紧退出。张行长在气头上,虽看到此景也没说一句话。

李东打辆的士,在贵友商厦买了一套很贵的仿古茶具和几种茶叶。等再次返回张行长家时,李东心里清楚,行长准是进屋生闷气去了,不然,大上午的,谁会躲在屋里睡懒觉呢。

李东将一套新的茶具奉上,煞有介事地吩咐小保姆烧壶水,随后与行长夫人闲聊起茶来。他说:"这茶有清明茶,清香怡人,有春天的味道,能滋阴养颜;有重阳茶,香醇浓郁,有秋实硕果的感觉,能消渴壮阳;若要喝绿茶,最好喝春天采的;若要喝红茶,秋天采的好红茶是铁观音,武夷山的最地道;花茶龙井,黄山的正宗;绿茶毛峰,江西韶山的最好……"

李东不懂装懂,将茶叶样样沏好,让行长夫人品。之后李东越说越起劲,不知不觉卧室的门开了,张行长疑惑地走了出来。

李东一抬头,"哎哟"一声:"不好意思,让您见笑了。"张行长一眼盯住这套茶具,脸上泛上红晕。李东马上奉承道:"还是请您这位专家来跟我们讲讲吧"。

张行长顿时来了精神,他坐在沙发上将茶碗冲刷一下,摆好,咳嗽一下说:"喝茶大有讲究,这其中包括很深的文化内涵。品茶不但要茶好,茶具好,水也很重要……喝功夫茶,学问就更大了,这头遍茶就像十三四岁的少女,太嫩,闻着香,品无味;这二遍茶就像十七八岁的大姑娘,风华正茂,闻着香,品也有味;这三遍茶就像二十出头的小媳妇,成熟泼辣,香味殆尽,但更值得品,耐人回味……"

张行长的品茶之道让李东大开眼界,一壶茶品了两个小时。日渐中午,张行长吩咐下厨,要留李东吃饭。李东忙推却,在告辞之际才提出贷款一事。而张行长却爽快地说:"星期一到我办公室办手续。"

折腾了一上午,李东终于实现了此行的目的。

世上没有办不成的事,主要是看你会不会办事。一个会办事的人,可以在纷繁复杂的环境中轻松自如地驾驭人生局面,把不可能的事变为可能,最后达到自己的目的。这其中的关键是看你用什么方法、用什么技巧、用什么手段。会办事的人,做什么事都很顺利,能够把各种各样的事情办得尽善尽美;会办事的人,人生也总是一帆风顺。

───────── ❧ 智者寄语 ❧ ─────────

求人办事时,一定要见机行事,如果对方情绪不佳,马上退步;或换个话题,引起对方兴趣,令其愉悦,之后再提出要求,对方才乐于接受。

求人办事的语言技巧

求人的方式多种多样,其中很大部分是由口头提出的。

所谓诚恳就是指要让被请求者感觉你是发自内心地有求于他,从而重视你的请求。这是求人成功的先决条件。

所谓礼貌是指应该尽可能选用被请求者乐于接受的称呼,比如在问路、请求让座时,这一点就显得十分重要。问路时,如果称对方为"老头""小孩子",那么你肯定会一无所获;若换成"老人家""小朋友"等,效果就会好很多。

求人办事时不能用命令、指使的语气,而应该多用委婉、征询的口气,例如,尽可能地多用"麻烦……""劳驾……""可以……吗?"这类句式,会有助于你的请求得到理想的回复。那么,如何才能使被求助者乐意答应自己的请求呢?

1. 以情动人

这一般用于比较大的或较为重要的事情上。把向对方的请求融入动情的叙述中,或申述自己的处境,以显示求助于人是不得已之举;或充分说明自己所请求之事并非与被请求者不相关,以使对方不忍心无动于衷、袖手旁观。

2. 先"捧"后求

所谓"捧",是指对所求的人恰到好处、实事求是地称赞,而不包括那种不着边际、肉麻的吹捧。求人时要说一些对方爱听的话,尤其是顺便利用所求之事的相关方面称赞对方一番,也不失为一种求人的好办法。

3. "互利"承诺

指在求人时不忘表示乐意给对方以某种回报,或者将牢记对方所提出的好处,即使不能马上回报对方,也一定会在对方用得着自己的时候鼎力相助。给以"互利"的许诺,让对方觉得他的付出是值得的,同时也会对求助者多一分好感。

4. 寻找"过渡"

倘若向特别要好或是熟悉的人求助,可以直截了当、随意一点。但有时候求助于关系一般的人、陌生人或社会地位较高的人时,则通常需要一个"导入"的过程。这个导入过程可长可短,需要视情况而定。

5. 语言禁忌

不管是交友还是工作,无论是商品推销还是谈判协商,都不能离开说服和引导。因此,掌握说服别人的语言技巧,也就成为每个人必备的能力之一。

在有求于人时,也有许多禁忌的语言。古人云:"舌为利害本,口是祸福门。""良言一句三冬暖,恶语伤人六月寒。"这几句话是说,语言既能促进事业成功、生活如意,也能伤害别人,招来祸端。

> 某上级领导要到一个监狱去视察工作,为了迎接领导的到来,监狱方不知该怎么安排欢迎仪式。他们请示领导的秘书,秘书说你们看着办吧,该怎么接待就怎么接待。结果,监狱方组织起狱里的头头脑脑们在大门口列队,当领导来时,齐声鼓掌说:"欢迎领导。"事后,监狱方被狠狠训斥了一顿。秘书说:"哪有欢迎领导来监狱的?你们成心让领导好看是吗?领导已经说了,本来准备拨给你们的一千万元无息贷款没有了,转拨给其他监狱了。"

其实,求人办事时有着很多说话的禁忌。在有些场合、有些地点、有些时间、有些人面前,是要有禁忌的。就像医生通常不把真实的病情告知病人一样,你总不能当着癌症病人的面说:"恭喜啊,你得了癌症。"可如果一味地联想、牵强附会,也是没必要,那样只会自寻烦恼,甚至自取其辱。以下是求人办事时的一些说话禁忌:

1. 忌不分对象

求人办事时,首先要知道你要求的是什么人。因为每个人的脾气、秉性各异,所以,他所能接受的说话方式就可能不太一样。要想达到求人成功的目的,就要收集各方面的信息,因人而异,运用合适的技巧,对症下药。但千万不能意气用事,一句话不和就怒发冲冠,引起被求助对象的反感,这绝不是解决问题的正确方法。所以,想求人必须先控制好自己的情绪。除了控制情绪以外,交涉时还要尽量消除自我限制的心理,因为自我限制往往使人作茧自缚,无法施展手脚,说话也不会有创造性的成果。

2. 忌表达不清

在求人办事时,言谈失败者通常不会惜字如金,而是喋喋不休,词不达意,废话连篇;不是提纲挈领,而是语序混乱,节奏滞缓,想起一句说一句;主次不分,应该说的不说,应该作为重点的不着重说;吐字不清,言语含糊,不知所云;话语不明白、不易懂,而且言语抽象,滥用新词,生涩难懂。这些都是应该避免的。

3. 忌戳人痛处

俗话说:"语言切勿刺人骨髓,戏谑切勿中人心病。""当着矮人,别说矮话。"就是说,说话应该有禁忌,切不可想怎么说就怎么说。求人失败者往往反其道行之,经意不经意地揭人隐私,伤人痛处。比如说,别人在恋爱中受过挫折,谈话失败者却偏偏和其大谈婚恋的美好感受;别人受过纪律处分,谈话失败者却偏偏和其大谈纪律松弛现象;别人曾有过工作失误,谈话失败者却偏偏在其面前时常提起此事。

4. 忌露出轻浮

在谈话时,自然适当地引用一些如"学而时习之""君子好逑"等有文化修养色彩的词汇,的确可以起到改善自己形象的效果。但是,如果滥用这些词语,则会有损自己的形象,给人留下"浅薄轻浮"的感觉,别人自然就不会答应你的请求。

5. 忌弄巧成拙

节目主持人如果想吊观众的胃口,不妨在节目演出前先告诉观众:"这是一个非常有趣可笑的节目……"这样的话,观众的期望值就提高了,假如听到或看到的内容一般,远远没有达到所期望的程度,就会引起观众的强烈反感:"简直是乱七八糟,无聊至极。"可以说,主持人的开场白不仅没有调动娱乐气氛,反而产生了相反的效果。很多人往往就是不仔细推敲听话一方的心理,一味地说动听的话、美妙的话,结果反而弄巧成拙。不但没有达到自己的目的,而且给对方留下了不好的印象,以致下次更难说服别人。

6. 忌时机不当

陈某买了一台电视机,不到一个月就因使用不当坏了。陈某气冲冲地去投诉,不论售货员小王怎么劝慰解释,他就是不肯作罢。这时,商场的杨经理走过来说:"由于我们现在对情况的了解不够,改天再解决这个问题吧!"到了第二天,双方各自都找出了自己的原因,一场争执便结束了。

为什么小王处理投诉失败,而杨经理却圆满解决了呢?原因就在于小王劝导时机不当。对方在生气时是不理性的,不可能以冷静的心态来听取你的意见。如果想求人办事成功,最好的办法就是在他心情平静或是高兴时,对方才不会轻易拒绝你。

7. 忌直来直去,以硬碰硬

求人办事,最忌讳的就是直来直去,以硬碰硬。这样,即便是再有理的事情通常也难得到妥善的解决。而聪明人却会举重若轻,巧妙地用一种表面上看起来十分柔弱的行为来对付对方锐不可当的气势,以达到自己办事的目的。

魏征在朝廷上与唐太宗争得面红耳赤。

"总有一天,我非杀了这个乡巴佬不可!"太宗回宫后愤愤地说。

"这个乡巴佬是谁?"长孙皇后连忙问道。

"当然是魏征!他总是当着众臣的面侮辱我,实在是让我难堪!"

长孙皇后听后立刻退了下去。过了一会儿,她换了一身上朝的礼服走到太宗面前叩拜道贺。

"你这是什么意思?"太宗疑惑地问。

"我听说只有明君之下才会有忠直的臣子,"长孙皇后认真地说,"现在魏征敢于直言进谏,是因为陛下贤明之故,我怎么能不庆贺呢?"

太宗听后转怒为喜,决定重用魏征。

气头之上,硬碰硬地给魏征求情显然是没用的。长孙皇后从另一个角度出发,叙述了魏征敢于进言,是由于皇上有明君之怀。她以柔克刚的劝谏及时巧妙地说服了太宗,挽救了忠臣魏征的性命。

在选择"柔术"时,一定要有的放矢,千万不能盲目地、不加选择地使用,否则会弄巧成拙,费力不讨好。

8. 忌力度不够

由于别人的失误而让自己受到伤害,不管是谁,都想从失误者那里听到与损失程度相当的道歉。然而,实际上这种期望值通常和"实际所得值"不太吻合,后者或大于前者,或小于前者,面对这两种不同的情形,受伤害者的反应却是截然相反的。若期待五分道歉,得到十分,受伤害者会在意外之余,化干戈为玉帛;若期待五分道歉,而受伤害者只得到两分,那么,他就会认为是对方的诚意不够,心中有了新的不满和怨恨。言谈失败者往往是由于自己说话的力度不够,才没有达到说话的目的。

9. 忌在众人面前揭对方的隐私

据相关资料显示,每个人都不愿意把自己的错误或隐私在公众面前"曝光",一旦被曝光,就会感到难堪或愤怒。因此,在求人办事时,如果不是为了某种特殊的需要,一般应该尽量避免触及这些敏感区,避免让对方当众出丑。必要时,可委婉地暗示对方你已知道他的错处或隐私,便可造成一种对他的压力,但不可过分,只需"点到而已"。

一个茶馆老板刚结婚两个月,他的妻子就生了一个小孩,邻居们都赶来道贺。老板的一个很好的朋友吉米也来道贺了,因为他想请求这个茶馆老板办事,于是,就送了一份特别的礼物——纸和笔,老板谢过了他,就问他:

"尊敬的吉米先生,给这么小的孩子送纸和笔,不是太早了吗?"

吉米说:"不,您的小孩儿太性急,本该九个月之后才出生,可他却偏偏两个月就出生了,再过五个月,他肯定会去上学,所以,我就把纸和笔准备好了。"

吉米的话音刚落,全场哄然大笑,弄得茶馆老板无地自容。可想而知,吉米求人办的事自然也就泡汤了。

在他人的隐私上调侃是非常不对的,吉米明显地说出了茶馆老板妻子未婚先孕的隐私,调侃时把别人的隐私说出来。虽然有时是言者无意,但听者有心,他会认为你是有意跟他过不去,从此对你产生恨意,更不用提为你办事了。

此外,在求人的过程中也要善于利用信息。现代人拥有很多的信息,却不知道如何去使用它,甚至还会错误地使用,导致相反的效果。比方当你晚上送女友回家时,你知道该让车内保持幽暗,以增加罗曼蒂克的气氛。是把车子停在两盏路灯之间呢,还是在路灯的正下方?很多人一定会认为前者比较理想。其实,光线从两边车窗斜射进来,会把车内的情景照得一清二楚;而后者由于灯光只能照到车顶,车内反倒很幽暗。信息的运用也是如此,运用得当则有利,反之就一无是处了。

所以,求人办事时必须先弄清自己的行动目标,掌握资料的正确使用方法,时刻观察对方的反应,尤其是快到最后阶段,就更不能有丝毫的疏忽,最好是顺着对方的思路去接近对方,这样才能让对方心悦诚服,与你协作。如果一意孤行、坚持己见,结果自然背道而驰,离目标就会越来越远。技巧就如同种子,种什么因,就结什么果。如果希望顺利达到求人的目的,就要研究出一套合适的手段,尤其是言谈的手段,这样才能达到预期的理想效果。

—————————— 智者寄语 ——————————

同样的请求内容,不同的人用不同的办法和语言表达出来,获得的效果却是不同的。在求人办事时,语言要做到诚恳、礼貌、不强加于人(有时还需要委婉)。

第七章
聪明女人的社交心理

女人人际交往中要留白

在中国的水墨画中,有一种绘画技巧叫做留白。画山画水,如果满纸皆是山水,那就成了死山死水,没有灵气。所以,山水绘画一定要留有空白,以使画面更加生动。通常而言,评价一幅山水画的优劣,手法线条是否流畅自然是一个标准,更重要的,还要看这幅画的留白是否巧妙,是否恰到好处。

中国的书画艺术彰显了人的交际技巧,人与人之间的交际也是一种留白的艺术,所以要学会万事留有余地。无论在工作中还是在生活中,女人常常需要充当润滑剂,调解相互竞争的人。所以,聪明的女人要学会人际交往中的留白艺术。

那么,如何在人际交往中做到留白呢?

社交中的女人首先要做的就是学会原谅他人的错误。

每个人都有犯错误的时候,如果别人在与你的交往中做错了事,你一定要原谅他,就像原谅自己一样。一方面,为他人的过错而愤怒是不值得的行为;另一方面,如果你设身处地地站在对方的角度上看,你会希望朋友如何面对你所做的错事呢?想让别人放过你,你就要先原谅别人。

人与人之间就像一面镜子,在人际交往中,别人如何对待你正是因为你如何对待了他们。"人非圣贤,孰能无过?过而能改,善莫大焉",如果能对他人的错误报以一笑,慨然谅解,别人会因为你的大度而诚心诚意改过,这岂不是比愤怒咆哮更有意义吗?

> 曾经有一位对待朋友温文有礼、很会持家的主妇,唯独不能容忍的就是欠债不还。有一次,她非常信任的挚友向她借了一大笔钱做生意,结果赔了本一时无力偿还。朋友知道无法向她交代,只好躲了起来,从此不再见这位妇人。妇人得知真相后大为恼火,满怀怨气,经常拿着菜刀和棍子到朋友的家门口破口大骂,可依然无济于事。
>
> 终于,那位借钱的朋友悄悄搬了家。多年之后,这位朋友终于赚到了钱,他来找这位妇人希望冰释前嫌。结果,他却发现这个女人已经因为经常发怒而精神恍惚,无法与人正常交谈了。

教训对方,不是不原谅他人的过错,更不是为了他人的过错而向他发怒,不要认为"只要我不原谅你,你就没好日子过"。事实上,这是愚蠢的。愤恨的受伤者是愤恨者自身,面对他人的过错把话说绝、把事做绝,导致无路可走的是自己。所以,聪明的女人在人际交往中要学会为他人所犯下的过错留下谅解的微笑,以此制造空白,以便在未来的交往中促使双方在这片空白上画下更加美好的人际交往的风景画。

此外,交际中的女人要识时务、知进退,取舍之间一定要留有余地。

现代社会,人与人的交往之中往往是情感与利益并重,但是两者之间又常常出现矛盾,一旦发生冲突,你会选择哪一方呢?

从前,有一对姐妹在荒山中迷路了,走得又累又饿,正当她们认为自己快要饿死了的时候得到了一位长者的恩赐:一张渔网和一篓鲜活的大鱼,长者说每个人只可选一种。姐妹俩都知道得到鱼的人则可以缓解目前饥饿的痛苦,而得到渔网的人则必须走到有河流的地方,依靠捕鱼才能生存下去。然而,山里什么地方才有鱼呢? 姐妹俩什么时候才能走出这山谷呢? 于是,姐姐先开口说她要鱼,然后就丢下妹妹独自走了,只剩下妹妹守着一张轻飘飘的渔网发呆。结果,姐姐吃完鱼后仍没有找到走出荒山的路,最终还是饿死了,而妹妹则背着渔网翻山越岭,在找到河流之前也饿死在了大山里。

可是这个故事完全可以有另外一种结局,那就是姐姐将鱼分给妹妹一部分,然后两个人背起渔网一起去找河流。这样,也许她们能够活着找到小河,捕到鱼以后继续往前走,最终走出那片荒山野岭。不要只看到眼前的利益,要识时务、知进退、顾全大局,这是人际交往中最基础的道理。在取舍之间,一定要留有余地,这不仅仅是对他人利益的让步,更是为自己打造一片生存的空间。

——————————— 智者寄语 ———————————

聪明的女人在人际交往中无论做什么事都要留有余地,把话说绝、把事做绝只会带来后患。

好好利用女人的温柔

温柔的女人就像是一片柔软的金色沙滩,不管是微波细流还是狂风大浪,冲击过后留下的仍然是安静的服帖。

无论是家庭中的贤妻良母,还是工作中的职场之花,这些都是女性可以用温柔换来的。所以,职场中的女性要好好利用上天赋予你们的能力,将温柔化为无限的动力。

首先,女人的温柔可以化干戈为玉帛,化暴力为平和。

有一位青年企业家年轻有为,事业开展没多久就凭着自己的胆量与才干积累了大笔的财富,成为同行中的佼佼者。但是,这个企业家有个致命的缺点,就是常常对手下的员工发火。每次发火时,他不但破口大骂,而且会乱摔东西,他火冒三丈、暴跳如雷的样子让员工们都对他惧怕不已。时间一久,许多优秀的员工都因为受不了他的坏脾气而纷纷离去。企业家意识到了自己的这个恶习,几次想克制却很难改正。一次,当他发完脾气后一个人精疲力竭地坐在椅子上懊悔时,温柔的女秘书悄悄地走进了他的办公室。面对爱发脾气的老板,女秘书并没有像其他员工一样逃得远远的,她抓住了老板的心理,微笑着将一只木鱼送给了他,温柔甜美地说道:"下次你在动怒之前,先敲敲这个木鱼。只要敲几下木鱼,你就不会再发火了。"企业家半信半疑地将木鱼放了办公桌上,他想试试看自己到底能不能克制住暴脾气。

第二天,他又为了员工的一个细小的失误而怒火中烧。正当他要破口开骂的时候,忽然想起了昨天女秘书送来的木鱼。于是他铁青着脸让犯错误的员工出去,自己则拿起木鱼敲了起来。"橐橐"的木鱼声从办公室传出来,声音从急促到轻缓。而这个木鱼,就像女秘书安静温柔的微笑一样,接纳了企业家的怒气,永远那么静谧。这声音穿透了企业家的心灵,仿佛一股清凉的泉水浇灭了他心头的怒火。

从此以后,这位青年企业家在他的办公桌、书房、甚至家里客厅的桌子上都放上了一只木鱼,每当发脾气时,就敲一敲。就这样,他爱发脾气的恶习被他温柔的女秘书用温柔的木鱼声治好了。员工们发现老板惊人的变化之后,不知不觉地开始靠近他,为他竭尽全力地工作。因为即使员工犯了错,他也能微笑面对。

这则有趣的小故事证明了温柔的无穷力量,其作用非凡。在这个充满竞争的社会中,不论是在家庭里,还是在职场中,女人都可以用温柔的手抚平他人狂躁的内心,让波涛汹涌的大江大海在微风的吹拂中静如秋水。

此外,女人的温柔还可以如兰花一样,馨香四溢,熏染着所在的空间。有清新香气的地方,每个人都愿意待,但是办公室里由于竞争激烈、工作压力大,常常会出现不和谐的紧张气氛。这时候,一声温柔的问候,一个甜美的笑容都会化为春风,吹走紧张与烦躁。温柔是上天赋予女人的特权,如同兰花的馨香,因此,女人在办公室里要充分利用这特权,如兰花一般,轻轻地释放你的清香,感化大家。

希望每一位职场中的女人都能够充分利用内心深处那一份来自上帝的温柔,以此使工作环境更加舒适宜人,给自己和他人带来更多的快乐。

───── 智者寄语 ─────

上天不仅给了女人容貌与智慧,还赋予了她们温柔。这是上天的厚爱,是女人的第三种武器。

能屈能伸也是女人所需要的

"能屈能伸"是《史记》中的一个成语,其富含的哲理使之流传久远。

女人的一大特性是坚韧。能屈能伸的女人能承受大喜大悲,她们办事干练,行动迅捷,且不为感情所累;遇阻时能审时度势,全身而退,一旦时机合适就会东山再起。

何谓"屈"?屈是拉开的弓;何谓"伸"?伸是射出的箭。屈是伸的前奏,伸以屈作为铺垫;伸是屈的目的,屈是伸的手段。只有拉得紧,才能射得远。

女人在工作、生活中扮演着诸多角色,要想在方方面面都表现出色、妥善处理是很困难的事。有时,为了更长远的发展,委屈一下在所难免。

屈伸之间彰显的是女人处世的大智慧。

屈,是难得糊涂,是一种谦恭,是能在困境中求存、能在负辱中抗争的"忍",是名利纷争中的"恕",是与世无争中的"和"。

以退为进、以柔克刚、以弱胜强都是屈的表现形式,是"无可无不可"的两便思维,这种思维有着"有也不多,无也不少"的自如心态,从而达到"不战而胜"的境地。

善于屈伸的女人在社交中总是能够左右逢源,对她们而言,没有失败,只有沉默,此沉默是面对挫折与逆境的力量,会在积蓄中爆发。

大丈夫要能屈能伸,女人同样如此,很多成就了非凡人生的女人正是凭借着这样的智慧获取成功的。

武则天14岁入宫,成为唐太宗的一个嫔妃。当时,她对统万民、御天下的唐太宗倾慕不已,甚至梦想着自己有朝一日也能够像太宗那样呼风唤雨。然而,要想做到这些,她必须像太宗那样身居高位、手握兵权,有无上的权力和威严。她深知,要想实现这个目标,就必须能屈能伸,太过锋芒毕露则会死于非命。于是,武则天把"目标"隐藏在心底,只是利用自己身为女人的魅力尽心尽力地侍奉太宗皇帝,很快就得到了太宗的依赖和亲近。当唐太宗病危之时,有意让她陪葬,武则天岂会甘做陪死的人? 面对危急,她断然舍弃皇宫中的一切,出家当了尼姑。她想:"只要保全了性命,总有东山再起的时候。"选择出家当尼姑是当时流行的一种悔罪修身、表示虔诚的方式。武则天的举动不但表达了对太宗的忠贞,更保全了自己的生命,为自己的长远计划留下了回旋的余地。她在特定情况下做出这种选择让人钦佩,也正是这种能屈能伸的智慧成就了她日后一代女皇的功业。

在封建社会,一个女人要想成就一番事业,困难何其之多,更何况是要成为一国之主,开天辟地的一代女皇。武则天的成就固然有众多的机缘巧合,但也离不开她极高的情商。正因为她能屈能伸,在最适当的时候做最恰当的事,从而渐渐地扩张了自身的势力,取得了权势。

在现实生活中,女人和男人相比,处于弱势一方。要想取得不凡的成就,除了丰富的知识和不可或缺的外界辅助力量之外,能屈能伸的处世智慧更是成功女人最有力的帮助。

莎莉·拉斐尔是美国一家自办电视台的节目主持人,曾两度获得全美主持人大奖,每天收看她所主持的节目的观众有800多万。她被誉为美国传媒界的一座金矿,无论到哪家电视台,她都会带来巨额的回报,堪称最受欢迎的主持人。然而,就是这样一位主持人,却曾因为过于自我、不肯适应时下节目的风格,而遭遇了职业生涯中18次被辞退的经历。

最初的时候,她想成为美国大陆无线电台的主持人,但是电台负责人因为她是一个女性难以吸引听众而拒绝了她。

心高气傲的她不以为然,她想,凭着自己的外貌找到一份主持人的工作很容易。她来到了波多黎各,希望会有好运气,但是不通西班牙语的她不断地遭遇拒绝。这时,她意识到必须将自己的姿态放低,这样才能迎合不同电视台的风格,没有谁仅仅因为美貌而录用她。于是,她花了三年多的时间攻克西班牙语,并且到一家小电视台义务打工。期间,她应一家通讯社的委托到多米尼加共和国采访暴乱,不仅没有工资,还自付了200多美元的差旅费。

她不停地工作,也不停地被辞退。但就在这不停地被辞退的过程中,她越来越能适应不同电视台的风格了。一个合格的主持人应知应会的本领,她都学会了。1981年,她到纽约的国家广播公司推销她的访谈节目策划,终于得到了首肯,但那家公司却让她先做一个政治类节目。她对政治一窍不通,为了适应政治节目的需要,她开始恶补政治知识,不眠不休。1982年夏天,她主持的以政治为主要内容的节目开播了,她一改往日同类型节目的沉闷,凭着娴熟的主持技巧和平易近人的主持风格使广大听众对讨论国家政治活动充满了兴趣,获得了无比的成功。一夜之间,她主持的节目成了美国最受欢迎的政治节目。

拉斐尔在放低自己的姿态后,人生有了新的转折。如果她因自己的美丽而一直高傲,只会不停地遭到淘汰。

聪明的女人能在屈中处世,在屈中做事,也能在伸中立志,在伸中立业。

智者寄语

女人在社会上闯荡,能屈能伸是一件法宝,所有的困难和挫折、厄运和耻辱,都会在屈伸的转换中化成追求幸福的力量。

多一点感情投资

在日常的社会交往活动中,多投入些感情,会有更加丰富的收获。

《三国演义》中生动地叙述了刘备的一个故事:曹操将刘备打得大败,但刘备不听众将的劝说,冒着被曹操追上的危险,带着全城的百姓出逃,看到百姓流离失所的样子,他恨不得跳江自杀。但是,刘备却在这狼狈的状况中赢得了民心,爱民如子正是他得天下之本。

作为女人,对于感情总是格外重视,感情用事成了她们的性情特征。但对于聪明的女人来说,重感情是良好的品德,而恰当使用感情投资,更是社交中的大智慧。

"得人心者得天下",这是一句老话,这句话在历史和现实中一直透出智慧的光芒。

如果有人问:世界上什么投资回报率最高? 日本麦当劳的社长藤田田在所著的畅销书《我是最会赚钱的人物》中给出了答案。他将他的所有投资分类研究,发现感情投资的回报率在所有的投资中最高,且花费最少。

藤田田非常善于感情投资。他每年给员工或员工家属支付巨额的保留病床的资金,当员工生病、发生意外时,可以立刻住院接受治疗。即使在节假日患上急病,也能马上送去指定的医院,这样就减少了因转院或病床等候等产生的治疗延误。有人曾问藤田田,如果他的员工几年不生病,那这笔钱岂不是白花了?"只要能让员工安心工作,这些投资就不算吃亏。"藤田田如是答道。

藤田田还有一项创举,就是员工生日当天可以公休,让每位员工都能在自己生日的当天和家人一同庆祝。于是,员工们在自己生日当天可以和家人尽情欢度美好的一天,放松心情、养精蓄锐后又全力投入到工作当中。

藤田田的信条是:为员工多花一点钱进行感情投资绝对值得。感情投资往往不用花费太多,但能换来员工的积极性,并因此产生巨大的创造力,这样的回报率是任何其他的投资都无法比拟的。

懂得感情投资的人,能够俘获更多的人心。只要以情动人,在危难时刻就会有力挽狂澜的作用。

由于管理混乱,一家工厂濒临倒闭。后来,投资者新聘任了一位能干的女经理,希望改变现状。女经理到任三天,就发现了问题所在:偌大的厂房里,一道道流水线如同一道道屏障,员工之间的交流被割断了;而机器的轰鸣声和试车线上滚动轴发出的噪声更让工作信息无法传递。

更重要的是,因为业绩不好,之前的领导者都一个劲儿地抓生产任务,而将大家休息聚餐、厂外共同娱乐的时间压缩到了最低线,从而使员工们情绪低落,没有松弛谈心的机会。结果,他们工作的热情大减,人际关系的冷漠也使员工们本来很坏的心情雪上加霜。工厂内部出现了混乱,口角不断发生,不必要的争议也开始增多,有的人还干脆破罐破摔,致使业绩越来越差。

意识到这一问题,女经理果断地决定以后员工的午餐费由厂里负担,而且让大家都坐到一起吃饭,说话聊天,放松心情,并且讨论工厂的发展,共渡难关。在员工看来,工厂到了最后关头,否则大家都得没饭吃。而女经理的真实意图在于给员工们一个互相沟通了解的机会,以建立信任空间,这样彼此间的人际关系就会进一步改善。

每天中午吃饭的时候,女经理还亲自在食堂的一角架起烤肉架,为每位员工烤一份肉。女经理的一番辛苦没有白费,在那段日子里,员工们餐桌上谈论的话题都是如何解决工作效率,大家纷纷献计献策,寻求最佳的解决途径。

这位女经理的决定承担着相当大的风险,免费的午餐使生产成本增加,但她成功地拯救了工厂内不良的人际关系,使所有的员工都回到了一个和谐的氛围中。依旧轰鸣的机器声已经挡不住人们内心深处的交流了,两个月后,工厂业绩神奇般地回转,5个月后,工厂终于开始赢利了。时至今日,这个工厂还保持着这一传统,午餐时大家欢聚一堂,由经理亲自派送烤肉。

在日常的社会交往活动中,感情投入得多,收获就会丰富。俗话说:"人上一百,形形色色。"在不同的情景下,对不同的人,女人进行感情投资的方式应该有所区别。细心的女性总是会注意各种细节,时刻表现出对他人的关心。

俗话说:"一分耕耘,一分收获。""感情投资"的效果可能比较缓慢,但绝对有着高回报率,而女人在操作时则要更加细致和深入。

其一,雪中送炭的感情投资能温暖人心。如果在别人危难时伸出援助之手,别人就会被你的行为感动,于是这种感情就播下了种子。当然,锦上添花也未尝不可,但效果不如雪中送炭。

其二,因势利导的感情投资催人奋进。看到他人得意时要给予肯定,泼冷水的方式不可取。虽然你的话是忠言,但逆耳的感觉会让听者怀恨在心。例如,男人追求女人时,你奉劝女人要小心提防。你的好意不容置疑,不过在那种情况下,她恐怕很难听得进去。同样,当她失意时,作为最好的朋友,关心和鼓励是你必做的功课。

其三,感情投资要不断创出新意。给人关心不能用一成不变的方法,老招数用得时间长了,会让人感觉平淡。偶尔给对方来个惊喜,变一下感情投资的方式和节奏,其效果会格外好。

感情投资不能太过浅显,而应真心实意,且有深度。进行感情投资的女人要用巧计,而不是用心计,应该保持一颗真诚和善良的心。

智者寄语

女人应当结交更多的朋友,丰富自己的生活,并用感情投资为自己的人生发展推波助澜。

学会尊重与分享

在社交中,充分地尊重他人,并学会与人分享,是受人欢迎的秘法。把自己的劳动成果、成绩、快乐与人分享,也是一种幸福。

古语说"天下熙熙,皆为利来;天下攘攘,皆为利往",人来人往的大千世界中,几乎每个人都为了"利益"二字劳苦奔波,如何在这场激烈的利益竞争中求得生存是人人都在思考的事情。但是有时候,把利益让给别人也不失为一种智慧的表现。事实上,竞争并不是一场比速度、比力量的短跑比赛,这其中还应有温情,还应有人与人之间分享快乐的气氛。在大部分人都忙着向上看的时候,不妨将自己放在比别人低一点的位置上,如此才会受到欢迎。毕竟,取得成功的最佳途径应该是人与人之间通过和谐的人际关系达到双赢。

从前，一座寺院里来了一位风尘仆仆却满怀失望的年轻人，他对住持师父抱怨说："我一心一意想学画画，但至今也没有找到一个能让我对他钦佩敬仰的好老师。"

住持师父笑笑问："你走南闯北十几年，怎么会找不到令自己满意的老师呢？"年轻人深深叹了口气说："许多号称名家的人其实都是徒有虚名啊，我去赏鉴他们的画，发现自己画得比他们还好！"住持师父听了，淡淡一笑说："老僧虽然不懂画画，但却喜欢收集一些茶具，要不你先为我画一幅茶具的画吧？"

年轻人听后欣然同意，拿出笔墨纸砚，挥毫泼墨画成了一幅《饮茶图》送给住持。画中画着一只茶壶正在徐徐往一只茶杯中注水，年轻人不但画出了茶壶、茶杯，更把那种热茶入杯的茶气画了出来，看画的人顿时感到茶香四溢。然而，住持师父看后却微微摇头说："你画错了啊，年轻人，你应该将茶杯画在茶壶的上面啊。"年轻人笑道："师父好糊涂，倒茶自然是茶杯在下，茶壶在上。"住持师父又笑笑说："原来你懂得这个道理啊，既然你希望那些绘画高人将他们茶壶中的茶水倒在你的茶杯中，那你为什么不将自己的地位放低些呢？"

在社会中，人与人之间的交际是否成功，是否愉快，往往就因为一个细微的心态，恰如故事中所言。如果你想从别人那里学到什么，放低自己的位置是首先要做的，一定要低到让对方感受到你对他的尊敬，感受到你的诚恳，这样别人才会将自己茶壶中的香茗倾倒在你的茶杯中。

很久以前，有一个葡萄园园主非常吝啬，他一生最大的爱好就是积攒金币，所以，他把他种植的葡萄出口到国外，换回大把大把的黄金，填满自己的房间，自以为心满意足。园主之所以能如此，就是因为他种葡萄很有一手，经他的管理，种出来的葡萄又甜又大，非常畅销。但是他却过于吝啬，不喜欢将种葡萄的经验拿出来与人分享，就算是穷人家的小孩捡到他落在地上的烂葡萄也会遭到他的打骂，时间一久，远亲近邻都非常憎恨他。园主年老之后忽然感到非常寂寞，他没有一个亲人和朋友，整天对着满屋子的金币发呆。

有一天，正当他苦恼万分地向上帝祈祷的时候，忽然听到了上帝的声音："友情来自于分享，将你所拥有的财富与他人共享，他人才会同你分享友情。"听到上帝的话后，老园主如梦初醒，他决定将这年所收获的葡萄全部送给村庄里的人。金秋时节，葡萄成熟了，大家来到他的家中，一边很享受地吃着甜甜的葡萄，一边与他聊天，老园主的房子里开始有了欢歌笑语声，从此他再也不寂寞了。

世界上，每个人所拥有的东西都不一样。有的人金币满屋，有的人爱心满满，有的人快乐多多，但是，想要成为真正受人喜爱、尊重的人，一定要善于交际，懂得与他人分享自己的甜蜜。

荀子曾经说过："友者，所以相有也。"意思就是说，朋友就是能够共同分享、互通有无的人。所以，在人际交往中，女人要学会尊重他人且与他人共同分享，这样你才会更受大家的欢迎。

―――――――― 智者寄语 ――――――――

聪明的女人如果想要得到大家更多的欢迎，就要学会尊重别人并将自己所拥有的甜蜜富足与他人分享。

学会在适当的时候向人求助

在人际交往中，不是每个女人都是贵族，但却有一些女人有着贵族一般的骄傲，她们绝不肯开口向他人求助,哪怕自己遇到了天大的困难,也一个人扛着,其实这是十分愚蠢的做法。

古代国家对人的等级划分十分严格,人们被分为贵族和平民,两者之间互不交往。因此,许多平民对生来即有很高地位的贵族充满了仇恨。有一天,有一位贵族妇人在出外游玩的时候不慎落入河中,眼看就要被水淹死了,这时刚好有一位平民从河边经过,可想而知,平民是不愿意跳到寒冷的河水中去救一位贵族的。因为平日里这些贵族从不肯放下身份与平民说话,但是这位落水的贵族妇人见到有人从这里经过,如同抓住了一根救命稻草。她对着岸上的平民大声地喊着:"求求你救救我,求求你……"贵族妇人竟然用这么恳切的口气与自己说话,这位平民的心被触动了,深埋在心底的助人之心被激起,于是他立刻跳入河水中将贵族妇人救起。

贵族妇人深知这时候如果用赏赐的方式感谢这位自尊心极强的平民,一定会被他唾弃。因此她除了连连道谢之外并没有提到钱的事,平民见她竟然没有贵族的架子,心里也非常高兴。聊天中贵族妇人得知平民的儿子非常喜欢学习,可是国家却不允许他们上学读书,所以贵族妇人将这个孩子认作自己的义子,把他送到城市中最好的贵族学校学习。读书改变了这个孩子贫穷的命运,他长大之后做了一名出色的医生。有一年,贵族妇人的亲生儿子不幸患上了一种不治之症,巧的是关于这种疾病的研究专家正是平民的儿子,抱着一丝希望的贵妇人找到平民的儿子,终于救回了自己儿子的命。

这是一个既充满巧合又惊喜连连的故事,但若不是贵族妇人落水后那一声诚恳的求救,就什么都不会发生了。身为贵族的她当然了解贵族与平民之间身份的差别,更理解平民对自己的仇视心理,可她却放下架子,哀求对方救自己,从而促成了她与平民之间交流的开始。

在人际交往中,每个人都有需要他人帮助的时候,肯向他人求助不是什么坏事,这恰恰能证明你也是能够帮助别人的。人与人之间的交往正是因为有了相互间的帮助与关怀,才形成了大大小小的交往圈,而每一个人际交往圈集合起来就组成了社会大环境。所以说,社会是由人与人之间的互相帮助开始的,因此,人际交往中的女人要学会适时地开口向他人求助。当然,这种求助要立足于他人的现实情况。就像故事中的那位贵族妇人,她考虑周到,在生死关头顾及了平民的骨气,利用了对方的善心,因此抛弃了贵族的架子,用她的诚恳换来之后的回报。

智者寄语

适时地求人帮助,这样不但能帮自己解决困难,而且会让助人者得到一种心理上的满足,甚至还会收获意外的惊喜。

好人脉需要日常的经营和维护

"无事不登三宝殿"是许多人惯用的伎俩,甚至还有人持有"过河拆桥"的态度,把可以利用的朋友看成受伤后的拐棍儿,身体康复后就随手扔掉。如果一个女人采用这种待人方式,那么迟早会被众人抛弃。以后等她求人帮忙办事时,相信没有人会愿意帮助她。

人与人之间的友谊不是临时建立的,它需要日常的维护。成功女人之所以能够建立起强大的人脉,正是源于她们长期的人际交往联系。在平时,成功女人会充分重视对既有人脉的经营和维护,使双方的亲密关系得以保持和加强。

　　人是有感情的动物。成功女人相信,只有做好自己感情的日常"保养",才会很容易地赢得对方的信任。那么当自己陷入困境,不得已要求人办事的时候,就可以利用原先建立起来的信任换来鼎力相助。

　　成功女人会加倍重视日常人际关系的经营和维护,因为根据感情投资分类研究发现,这样可以使人际关系的回报率大为增加。

　　杜雪梅是一家大型公司的董事长。作为一个女人,她就是依靠重视日常人际关系的经营和维护,才在事业上取得成绩的。

　　杜雪梅的信条是:为了加强与员工之间的感情维护,公司多花一点钱绝对值得。人际关系的日常经营和维护花费不多,但能换来员工高积极性所产生的巨大创造力,这种投资效果是任何事物都无法比拟的。

　　人人都需要爱。日常感情的经营和维护正是通过满足别人人性的需要、感情的饥渴而进行的投资,这种投资迎合了人们内心的期盼,自然成了一种最有效的感情投资。

　　日本企业家松下幸之助十分注重感情的日常经营和维护,每次看见辛勤工作的员工,他都要亲自沏上一杯茶,送到对方面前,并充满感激地说:"太感谢了,你辛苦了,请喝杯茶吧。"不管什么小事,松下幸之助都不忘对下级表达他的关爱和关怀,所以他获得了员工们一致的拥戴,同时,他们也将"松下"做成了国际品牌。

　　女人无论在工作上,还是在交际时,一定要多投入对别人的关心,时常帮助别人。如此一来,当你求人办事时,谁还会拒你于千里之外呢?人类最奇特的东西就是感情,只要你平时注意经营自己的人脉,将投资多用在感情方面,感情账户上的储蓄就必然会不断增加。

───── ❧ 智者寄语 ❧ ─────

成功女人之所以能够建立起强大的人脉,正是源于她们长期的人际交往联系。

老朋友间也需要礼尚往来

　　常言道:"有礼走遍天下,无礼寸步难行。"提醒众位女同胞,千万不要到有求于人的时候才想起这一条,当然,相知多年的老朋友就不需要这么"客套"了。

　　成功女人绝不会不同意这种观点。乔安娜是七家连锁超市的负责人,她说:"在工作之余得到老同学、老朋友的问候和礼物,是我最最开心的事。朋友之间更需要礼尚往来,礼可以简单随意些,只要能传达情谊就行了。朋友间的往来最好频繁些,不要等到节日来临时才往来,友谊在这样的惊喜连连中会变得更加稳固。"

　　礼尚往来是维系昔日好友之间感情的最佳手段,象征着浓厚情意的礼物可能很简单,但只要是来自友人的赠予,就绝对珍贵无比。老朋友之间联络感情,小礼品是必备的,可以根据各位朋友的喜好,采用精巧的设计,使人"爱礼及人"。在欧美,因为有严格的商业法规,所以送大礼物反而会惹下麻烦,倒不如小礼品来得贴心有意义,这样做还很适合于当地的文化和礼节。

　　朋友是以感情为基础的,彼此相处得好是相互信任的结果。既然是朋友,必定性格相近,兴趣相投,所以挑选礼物时就可以投朋友所好,给他带来惊喜。收到礼物后,他往往会真诚地感谢道:"还是你最了解我。"这是因为在朋友看来,最贵的礼物绝不是最好的礼物,甚至你什么都不用送,只要多陪陪他,逛逛街、相约一起去打球、看电影、爬爬山,就是一份不错的礼物。

但不可否认,朋友间的礼尚往来绝对存在困难的地方。朋友有很多种,如熟悉的、才交往几次的、甚至未曾谋面的等,对朋友的了解程度决定了送礼的难易程度。而且,给朋友送礼的场合也非常多。新年、生日、离别、出国以及各种喜庆日子,都是适合送礼的场合。当然,频繁送礼,多年之后很可能会江郎才尽,再也想不出更好的送礼的点子。那么,就让成功女人向你介绍一下朋友间礼尚往来的心得吧!

1. 送朋友礼物不求贵重

朋友之间,从没有比友谊更珍贵的礼物!俗话说,君子之交淡如水,只要友谊坚固,一杯水也是好礼。

一张贺卡,一枝鲜花,或者一本小书,都会使挫折中的朋友感动不已。由于这里面包含着你对他的鼓励,有时,甚至一个微笑就够了。同样,在朋友意气风发、前途顺畅的时候,即使微薄的礼品也是对他的激励和鞭策。

2. 投朋友所好

朋友间的礼尚往来要以彼此的了解为基础,要知道他本人最喜欢什么,给朋友送礼是一门艺术,有其约定俗成的规矩,送给谁、送什么、怎么送都讲究技巧,如果瞎送、胡送、滥送,只会受苦。所以,一定要借鉴一些成功的送礼经验,吸取失败的教训,让好朋友高高兴兴地收下你的礼物。

3. 兴趣为上

共同的爱好和相近的志趣促使两个人走到一起,成为好朋友。因此,给朋友送他感兴趣的礼物能表明你对你们之间友谊的重视。

4. 送礼就送土特产

土特产的意义就是让人尝个鲜,无论是亲朋好友,还是商务朋友,对于土特产都不会拒收,否则会显得他们小家子气。

5. 巧借名目

如果想送给朋友烟酒一类的东西,一定要找个适当的理由。比如,跟他打声招呼:"今晚去你那儿聚一聚,我带酒,你准备菜。"到时你们喝一瓶留一瓶,烟酒之类的也就顺便留下了。既送了礼,又加深了感情,这绝对是高超的送礼技巧。

6. 真诚很重要

给朋友送礼要真诚。若有求于朋友时才去送礼,即使用重磅礼物和糖衣炮弹轰炸,也有悖于朋友的道义。

───── 智者寄语 ─────

礼尚往来是维系昔日好友之间感情的最佳手段。

不要让友谊随着谈话的终止而结束

与人交谈的时候气氛融洽,是使人愉快的过程。可是有时候,一旦谈话结束,友谊就消失得无影无踪了。

懂社交心理的女人当然不会让这样的事情发生。在她们看来,任何一段友谊都应该有深远的影响，不能断绝在交际之后。所以，当交谈必须在某一时刻结束时，成功女人会慎重地选择结束谈话的方式。用唐突、傲慢的语气结束谈话可能会毁掉之前和谐的谈话气氛，到头来功亏一篑。

为了不让友谊随着谈话的终止而结束，选择结束谈话的最佳时机是极其重要的。比如，我们可以采取的最为委婉的方式："你好，这是我的名片，欢迎你随时打电话过来。""你的电话和地址我都有了，如果我需要，会打电话给你的。""现在是下午三点，你是否有其他的安排？""现在是上午 11 点，要不要留下来一起吃午饭？"

也许你想结束谈话的同时对方也正有此意，那就要留心对方的暗示。一旦发现对方利用"身体语言"表达出想结束话题的意思，就要趁势提议结束谈话，如"您还有别的事情吧，那我们以后再谈吧"。

如果是你自己想结束谈话，又不好意思直接说出来，也可以用肢体语言暗示对方。比如时不时地焦虑地看一眼手表，还可以做出疲倦的样子，这样和你说话的人就便能理解其中的深意了，从而知趣地结束谈话。

如果对方没有看到你的暗示，或者没有理解你的意思，必要的拒绝就是应当的了。但此时说话一定要用礼貌的语言，比如"占用你的时间太多了""影响您的休息了"等，这些话意思明显而不伤人。或者你可以邀请对方再次见面："非常高兴认识你这个朋友，与你聊天是一件令人高兴的事情。我今天比较忙，下周可以一起去看电影，你认为怎么样？我给你打电话。"

如果你与对方谈的是一笔交易，那么，你的结束语将更加重要。一次好的结束语可以巩固你的交易，反之，则会毁了一桩生意。据统计，一个冠军销售员 50% 的销售量来自于如何结束客户反对意见的谈话，40% 来自于克服拖延的能力，10% 来自于坦率说"不"的能力。

所以，一定要注意与交易对象结束谈话时的用语。你可以说"我们将会保证在 4 月 20 日交货，如果您觉得没问题，在这里签个字就可以了"。也可以说"我确认一下，您要的产品一共 36 件，单价是 80 元，总金额是 2880 元，明天送货"。或者说"恭喜您做出了明智的抉择，您选择了一件非常好的产品。"或者说"谢谢您，我会尽全力为您提供最佳的服务，我心里特别感激您对我的信赖。"再或者说："对不起，时间不早了，我还有个客户等着用这个产品。您可以考虑考虑，我随时为您服务，谢谢。"

我们常说要善始善终，以谈话建立起来的友谊需要完美的结尾，这样才算是成功，才能为你们以后的交往打下稳固的基础。所以，不要让友谊随着谈话的终止而结束。

智者寄语

任何一段友谊都应该有深远的影响，不能断绝在交际之后。

不同类型的人要不同对待

懂社交心理学的女人有修养，有智慧，她们不仅知道在自己的成长道路上维系友谊极为重要，更明白维系友谊要因人而异，如果总是一视同仁，就会留下隐患。懂心理学的女人有包容性的眼光及能容天下事的大度，因而得以与不同类型的朋友建立友情关系。即使发生争执，她们也不会针锋相对，而会根据不同人的不同特点采取措施，避免发生正面冲突，从而保护友谊不受无端的伤害。

为了更好地维系友谊,成功女人会采用不同的方式对待不同类型的朋友。

成功女人把无私的好人当做真朋友,因为这种人是天底下最善良的人,值得人信任。或许这些人不会引起旁人的注意,但一定会得到成功女人的青睐。成功女人会把这种人当做真心无私的朋友。

懂心理学的女人尽量做到少与傲慢无礼的人打交道。这种人一般以自我为中心,常常盛气凌人、唯我独尊,让人感觉很不好。和这种缺乏自知之明的人打交道或共事,一旦掌握不好分寸,就会惹来麻烦。如果因为必须打交道,长话短说,简洁明了地把事情交代完就行。

懂心理学的女人会放慢与沉默寡言的朋友谈话的节奏。这种人性格内向,不善交际与言辞,但骨子里不可能没话说。和他共处,需要把谈话节奏放慢,给对方缓冲的机会,然后多开掘话题。一旦谈到他擅长或感兴趣的事,他的心房就会被打开,滔滔不绝地向你倾诉起来。

懂心理学的女人不能与过分糊涂的人共事。遇事糊涂的人不可靠,他们注意力不集中,记忆力低下,理解能力也不够。这种人不是理想的共事伙伴,他们行动缓慢,迟早会拖后腿。但交朋友,这种人很有人缘,因为看起来随便、大度,所以要慎重对待。

懂心理学的女人知道性格古怪的朋友不可深交。这种人的古怪性格多半是天生的,甚至有遗传因素在里边,但他们不势利,也不会跟小人同流合污。当然,和这种人交往可能会莫名其妙地与他们产生矛盾,但不要记恨他们。因为他们心无城府,不会记挂在心,过些时候仍然会像从前一样对你。彼此间不要试图改变什么,所以过深的交往不可取,也不能对他们有过激的行为和言语。

懂心理学的女人不会与轻狂高傲的人计较。轻狂的人容易被人看不起,从上司到同事,从亲友到路人,都会对他们嗤之以鼻。他们处处都想显得与众不同,显得比别人优越,好像他们上知天文,下知地理,什么都知道,但其实只会当众卖弄。实际上,这种人的内心是极其自卑的,他们多半目光短浅,没见过什么大世面。对这种人,与之计较是下策,他既然喜欢吹嘘自己,那就由他去吧。就算他贬低了你,你也不要与他争执,因为与一个在层次和境界上都低于自己的人争执,是自取其辱。

与不同的人相处,要有良好的沟通技巧,区别对待。其中,要积极地看待对方的行为,找出其值得学习的地方。人生道路漫长,要利用与人交往的机会多多学习新的知识,以增加彼此的感情。

───────── 智者寄语 ─────────

懂心理学的女人有包容性的眼光及能容天下事的大度,因而得以与不同类型的朋友建立友情关系。

千里马更需要伯乐来赏识自己

"世有伯乐,然后有千里马;千里马常有,而伯乐不常有。"这是唐朝诗人韩愈的文章,说的是一个人即使再有才华,如果不能遇到自己的伯乐,也不会有出人头地的机会。姜子牙在遇到周文王之前,一直是平庸无奇的老头子,但是周文王看到了他的才华,给了他极大的信任,因此才造就了周王朝几百年的江山,从而也成就了姜子牙的人生大业。

男人要想创立一番功业,甚至成为英雄,自然需要伯乐的提携。女人要想成功又何尝不是如此呢? 在每一个成功女人的成长道路上都需要慧眼识珠的伯乐相助。

钟彬娴,以雅芳公司百年历史上第一位华裔女性 CEO 的身份为人熟知,而她的成功之路被许多人认为是一个奇迹。

1979 年,钟彬娴以优异的成绩从普林斯顿大学毕业。她一无背景,二无后台,因为觉得从事零售业可以丰富自己的阅历,把自己的脸皮磨炼得"厚"一点,而这些都将帮助自己实现成为一名优秀的律师或者记者的理想,所以进入鲁明岱百货公司做了一名销售人员。

让人想不到的是,原打算在零售业"锻炼才干,见好就收"的钟彬娴竟不知不觉地爱上了推销员这行,"说服别人购买自己的产品"这种极富挑战性的职业让钟彬娴充满斗志。但是在她的家族里没有一个人有零售背景,要想在这一行业里脱颖而出,并且有所作为,不是易事。所以除了努力工作外,她还要依靠关键人物的提拔。因此,钟彬娴决心在工作中开拓自己的人脉。

在鲁明岱百货公司,钟彬娴幸运地遇到了公司首位女副总裁万斯。为了向万斯学习丰富的工作经验和技巧,钟彬娴费尽心思地与万斯成为了好朋友,并很快取得了对方的信任,使其成为自己的职业领路人。在万斯的帮助下,钟彬娴在鲁明岱百货公司升迁很快,没几年就当上了销售规划经理和内衣部副总裁。

1987 年,万斯接受了玛格林公司的邀请成为该公司的首位女 CEO,临去前她建议已经和自己成为知己的钟彬娴与她一起跳槽。于是,钟彬娴跟随万斯来到了旧金山,她被提拔为高级副总裁的时候,时间才过去了五年。1991 年,在美国营销界小有名气的钟彬娴被美国奈曼玛克斯服装公司相中,出任执行副总裁和时尚代言人。从此,钟彬娴的商界生涯开始了。

在钟彬娴成功的道路上,万斯是不可或缺的角色,如果没有她,恐怕就没有钟彬娴的成功。正如钟彬娴所坦言的那样,"万斯女士是我的职业领路人,不愧为金发'洋伯乐'。傻傻等待好运临头的人无法等来机遇,我建议人们要抓住能带自己飞翔的人的翅膀!"

也许有一些女人还抱有传统的观点,认为只要自己的业绩突出,就不需要别人的提携,照样能脱颖而出。其实,这种观点大错特错,她们太过重视自己的成就,忽视了旁人帮助的必要性,忘记了人脉对于她们个人成功的作用。

在现实中,不管自己的才能有多高,知识有多丰富,要想成功,就需要伯乐的提拔。如果单靠自己在黑暗中探索,不但花费的时间多,而且达到成功的机会也很渺茫。谁都知道"守株待兔"是愚蠢的举动,所以没有必要傻傻等待伯乐的到来。

世界上总是"千里马"多而伯乐少,而且伯乐总是在暗处,不容易现身,所以千里马被发现的可能性就更小了。伯乐再有眼力,他的精力、智慧和时间也是有限的,单纯等待伯乐出现,会耽误我们的一生。"酒香不怕巷子深"的年代早已过去了,有才华的人不能关在家里傻等着伯乐上门发现自己。这个世界上自认为有才华的人多了,你要是不主动冒头,就会被别人压下去。所以,如果想抢先被伯乐发现,就要先学会推销自己,让伯乐看到你的才能并不可耻。

智者寄语

如果想抢先被伯乐发现,就要先学会推销自己,让伯乐看到你的才能并不可耻。

学会设身处地替他人着想

豁达大度是很高的人生境界,它要求我们舍弃私欲,不为一己之利争夺,也不为展现自己而损害他人。

在与人相处的时候,一旦发生矛盾就必须及早化解,如果有一方耿耿于怀,关系就很可能破裂。反之,如果其中一方具有很大的度量,从大局出发照顾到双方的情绪,就可以化解矛盾,另一方甚至会为此备受感动,从而转变看法,两人站到同一条战线上。

纵览古今中外,大凡胸怀大志、目光高远的女人,都一定有着宽广的度量;相反,鼠肚鸡肠,甚至只言片语也耿耿于怀的女人,只能当街头巷尾的长舌妇。

韩国女性猎头的领军人物刘纯信是风云人物,现任"You&parterners"猎头公司代表。猎头是为企业寻找合适人才的一种职业,刘纯信从事这项职业时,韩国国内对这个行业还十分陌生。当时,她在 UJnicoSearch 猎头公司是一级猎手,总经理的年薪都没有她高。工作 10 年后,她创办了自己的猎头公司 You&parterners。

刘纯信能取得今天的成功,与她重视朋友、设身处地地替他人着想的为人有着很大的关系。早在上大学时,她就宽容豁达,不与同学斤斤计较,以"知心姐姐"的形象著称,在同学中广受好评。同时,她也在这个过程中积累了许多待人处世的经验。

因为猎头是一项重在接人待物和与人交流的综合职业,所以进一步培养了刘纯信心胸豁达的性格。无论是对领导、办公室同事,或是自己的工作对象,刘纯信都能设身处地地为其着想。因此,没有人不信任她,没有人不愿与之合作。而当刘纯信遇到问题的时候,伸手救援的人也非常多。在这种情况下,刘纯信不成功是不可能的,她能拿高薪、办自己的公司,都是意料之中的事。

其实,要想做到心胸豁达,设身处地为别人着想,并不是很难。如果你想在自己苦难的时候,能够有人站出来帮自己一把,那就要在平时宽以待人。

懂心理学的女人会宽容接纳、团结更多的人,有福同享有难同当,大家共进共退,进而增加成功的力量,创造更多的成功的机会。如果你在平时总是小气量,甚至心胸狭窄、尖酸刻薄,待人时无理抢三分、得理不饶人,那么你如何会成为众人信赖的对象,又如何能获得成功呢?

女人往往能够将别人的缺点看得一清二楚,但这并不意味着可以因此而严厉地指责别人。懂得体谅人,温和而有理地指出别人的错误,帮助别人改正,这样的处世之道,谁能指责? 如果你总是以严厉的态度对待别人,就会招致他人的怨恨。尤其是在别人已经认识到自己的过错之后,你还不能够以豁达大度的态度表示谅解,仇恨就一定会随之而生。这样一来,你的事情怎么可能顺利完成呢?

懂心理学的女人不会对别人太过苛刻,她们会尊重他人的自由和权利。要想成功,先做一个肯理解、容纳他人优点和缺点的女人,成为受欢迎的人。对人吹毛求疵、批评说教没完没了的女人,人人避之不及,何谈有朋友,更何谈事业成功呢?

不要心胸狭窄,不要与人争夺蝇头小利,这样做得不偿失。真正胸襟坦荡广阔的人不会为小事而忙得团团转,他们会把目光投向生活的更深处和更广处。只要做事稳重,从容不迫,一切自然就会水到渠成。

智者寄语

豁达大度是不可缺少的交际手段，要学会设身处地地替他人着想。

多交朋友，增加人脉储蓄

朋友是办事艺术中不容忽视的环节，正所谓朋友多了路好走。一个人成功的道路有多宽，完全取决于有多少朋友，因为有多少朋友，就打开了多少扇办事的方便之门。常言道，多一个朋友，多办一件事。所以，但凡成功女人，都一定有广大的朋友群，积蓄着丰富的人脉关系。

除去环境、机遇和个人能力等因素，世界上有很多女人之所以能获得成功，多是因为她们能处理好人际关系，特别是善于结交朋友。金喜善是"韩国第一美女"，近年来在全亚洲可谓家喻户晓，同时她也被称为"广告片女王"。这是因为金喜善平日广结善缘，不但在业内拥有了很多好朋友，而且在商界认识了许多高人，从而不断开拓自己的事业道路。

后来，金喜善与成龙合作的《神话》大获成功。在胜利的喜悦之余，金喜善利用成龙在中国的号召力将自己的人脉扩展到了中国。这样做，无疑为她开拓中国市场甚至全亚洲的市场带来了巨大的帮助。

朋友多了，路子广了，办事情就得心应手，事半功倍；反之，即使费上九牛二虎之力，恐怕也没什么效果。

女人要想在社会上办成事，拥有人脉关系至关重要，这种人脉关系甚至比男人的关系网更复杂。朋友多，在社会上的办事效果就好，社会评价也就高，即使求人办事也不会遭遇冷面孔。所以，一个人朋友的多少，能直接反映出他在社会上的办事能力和水平。

景卉毕业于一所重点大学，在校期间，她和同学们相处融洽，结交了很多好朋友。

景卉毕业以后就与朋友合作创办了一家公司。刚开始的时候赚了一些钱，景卉把这些钱投资到一个自己很看好的项目上。但没想到资金效益十分缓慢，公司的资金周转出现了问题。正当景卉抓耳挠腮的时候，闻知消息的同学们纷纷倾囊相助，帮助景卉渡过难关。最终，这个项目让景卉收获颇丰，而她也不忘给老同学们送去礼品表示谢意。

这就是人情储蓄为成功女人带来的好处。如果换做一个自私自利没朋友的人，这道坎恐怕就过不去了。

朋友多就是人缘好、人缘广。如果你有广阔的人缘关系，那就相当于一笔不可估量的无形资产，有助于事业的顺利发展。因此，人缘好不只体现了你个人社交的魅力，更体现出你办事的资质魅力。

按照下面的几点建议去做，女人们的朋友会越来越多：

（1）主动了解对方的兴趣爱好，这样才有可能结交到朋友。你可以通过多种方式得到他们各个方面的信息，平时相处时多观察了解，向共有的朋友打听询问，浏览他的个人博客等。

（2）人与人的交往中会出现一些交际的好机会，哪怕是一起吃顿饭，看个电影，都可以拉近彼此间关系。多一些有益的朋友，有可能会转变你的一生，关键时候有朋友帮忙，将会促成事业的成功。所以,要时刻留意结交朋友的好机会。

(3)结交朋友不仅要把握机遇,同时还要创造机遇。不能傻傻地等朋友上门,如果你想和刚认识的朋友进一步发展关系,不妨请他们到家里做客。人与人之间接触多了,彼此间的距离就近了。所以,一定要找机会多和别人接触。

━━━━━━━━━━━ 智者寄语 ━━━━━━━━━━━

但凡成功女人,都一定有广大的朋友群,积蓄着丰富的人脉关系。

用诚信换取友谊

"诚信"不仅是衡量一个人人格和品质的标尺,更是一条交朋友的准则。女人不要常常给朋友乱开"空头支票",否则会"死"得很惨。

在那些懂心理的女人的交友秘籍里,待人接物的首要前提是诚信。人与人之间的相互信任是社会和谐稳定的深层基础。"人而无信,不知其可也。"孔夫子教导我们,一个人不讲信用,就不值得与之共事。有人认为,反正是朋友,这次没有遵守诺言没什么。殊不知失诺多了大家就不会再信任你了,天长日久,你就会失去朋友。所以,女人立身处世要言而有信、说到做到。

某村妇女主任儿子结婚,准备盖一座新房,由于木料短缺,她便托了城里的一位朋友帮忙购买。朋友千方百计把木头买来,运到她的家里,但所花费用却比预算高了很多。妇女主任的儿子感到吃了亏,不想要。妇女主任却说:"是我说的,不管什么价,弄来就行。君子一言,驷马难追。如果咱说话不算数,以后人家还会再帮咱们吗?虽然多花了几百元,但是能换来心安理得。"损失些钱财,换得了诚信,这笔买卖怎么算都是划算的。

此外,讲信用不仅仅指大事,在小事上也应该讲信用。比如约会,注意守信最重要,答应几点赴约就几点,绝对要守时。

树立自己的信用是一个长期的过程。没有谁会轻易信人,只有一次又一次地兑现诺言,才能慢慢地提高自己的信义度。所以,不要指望有一劳永逸的方法,更不要因为不愿打长久战而无故失信,这样会前功尽弃,甚至会使多年精心建造起来的信义毁于一旦。

刘芳菲为结婚置办嫁妆存了一笔钱。一次,她的一个朋友王丽来借钱,并向刘芳菲保证一定在她结婚之前归还。由于二人平时交往密切,关系不错,刘芳菲便爽快地答应了王丽。一年过去了,眼看刘芳菲婚期将近,可王丽还没把钱还来。刘芳菲只得上门催还,结果双方搞得不欢而散。从此,她们便不再往来,友谊也就此结束了。

成功女人与人往来,每一次信约都要认真对待,绝不能疏忽大意,因小失大。只有这样,才能将和谐友好的朋友关系维持下去。

━━━━━━━━━━━ 智者寄语 ━━━━━━━━━━━

诚信是做人之本,是一种美德,为此你身边会聚集很多人,而且你的朋友也会越来越多。反之,一旦你的诚信一点点消失,你就会成为大家眼中的骗子,所有的朋友都会用怀疑、歧视的目光看着你,你终会变成孤家寡人。

友情也要有度,不要越过朋友的距离

懂心理的女人会与朋友保持适当的距离,因为关系过于亲密难免会使自己的缺点暴露无遗,从而使朋友对自己的看法有所改变。把握好交友的尺度,不要越过朋友之间最合适的距离。

冬天,两只刺猬躲在冰冷的洞穴里,即使它们蜷缩着身子也瑟瑟发抖,挡不住凛冽寒风的攻势。就在它们感觉快要被冻僵的时候,一只刺猬忽然想出了一个巧妙的主意,建议道:"我们靠紧一点,让身上的热量慢点散发,这样就可以用自己的体温给对方取暖了。"另外一只刺猬非常赞同。

于是,它们往对方身边蹭了蹭,但没想到的是,由于它们太想得到对方的温暖而靠得太近,被彼此身上的刺刺痛了。第二次,它们吸取教训,小心翼翼地接近,终于找到了一个合适的距离——既能让体温传给对方,又不会刺着彼此。就这样,它们平安舒适地度过了那个极度寒冷的冬天。

故事中两只刺猬的状况,完全可以用来形容人与人之间的关系。

许多人都有这样的经验和体会:越是亲密的人越容易产生矛盾,其概率甚至比一般人之间还要高,很多关系不错的朋友产生嫌隙都是因为不起眼的琐事,甚至多年的夫妻都会在转瞬间劳燕分飞。一般人认为,朋友之间交往得越深就越容易相处,人际关系也越好。可事实上并非如此。

这究竟是为什么呢?其实就是一个"度"的问题。人们常说:"距离产生美。"事实上却总是忘了交友的"度"。希望与朋友友谊长存,希望拥有良好的人际关系,这没有错,但正是这样的美好愿望"毁"了我们多年苦心经营的友谊。"亲密并非无间,美好需要距离",朋友之间要保持一定的距离,这样才能将友好关系维持下去。

卢枫美和孙舒婉是多年的朋友,两人的友谊十分亲密深厚。但是最近她们却因为频繁接触而产生了尴尬。

事情是这样的。上个月,卢枫美因为生意失败需要资金周转,孙舒婉出于朋友情义,慷慨地拿出了自己的 10 万元积蓄。卢枫美很感动,她知道这是孙舒婉这两年来的全部积蓄。从此以后,二人无话不谈,日益亲密。为了不丢掉这段友情,她每晚都会打电话给孙舒婉,向她倾诉生意上的困境。她认为,只有孙舒婉能够理解她,但这却给孙舒婉带来了困扰。孙舒婉每天下班很晚,回来后就会接到卢枫美的聊天电话,一打就是三两个小时。后来,卢枫美自己的事情聊完了,就开始询问孙舒婉的情况,恨不得把对方家里的所有事情都评论一遍,大大小小的事她都要打听。开始,孙舒婉觉得她心情不好,只要她问起,就会说上两句。可有一天,卢枫美同孙舒婉丈夫絮叨起他们家的事,甚至连孙舒婉对丈夫偶尔的抱怨也说了,害得丈夫以为孙舒婉对自己有意见。更糟糕的是,卢枫美有几次半夜三更来找孙舒婉,严重干扰了孙舒婉的休息。

这样的日子持续了将近一个月,孙舒婉再也无法忍受了,连她的家庭生活也受到了影响。后来,孙舒婉不得不向公司请假,一家人出门旅游,借此机会来摆脱卢枫美的"骚扰"。

懂心理的女人都会为彼此保留一块心理空间,包括闺蜜们。每个人都有自己的心灵世界,需要自由,不能因为朋友关系而入侵别人的"禁地"。

朋友之间要保持一定的距离。在距离之外,和谐相处是有必要的;在距离之内,就会破坏我们的友谊。即使是再要好的朋友,彼此之间也会存在一些差异,比如,成长环境不同,所受教育不同,人生观、价值观也不同。

一旦你和朋友的距离过了"度",你们这些差别就开始发生作用了,距离越近,排斥性越大。渐渐地,你们之间的分歧和矛盾就会变多,而友谊,必然也受到影响。从喜欢开始变成容忍,到最后忍无可忍时,这段友情就破裂了。

女人们在和朋友相处时,应当保持一定距离。过多地干涉到朋友的正常生活不妥当,更不应该进入朋友的私生活,这不仅会给朋友带来压力,更会让她们的尊严受到侵犯。反过来讲,自己也不要在朋友面前变得透明。

智者寄语

过多地干涉到朋友的正常生活不妥当,更不应该进入朋友的私生活,这不仅会给朋友带来压力,更会让她们的尊严受到侵犯。

向成功女人学习交友之道

"在家靠父母,出门靠朋友",这是广泛结交朋友的至理名言。

袁君晴毕业后的第一份工作是销售,可是她根本不认识什么人,面对着陌生人,虽然拼命赔笑脸,但是却签不到几张单子。社会人脉的缺乏造成了这种局面,如果能认识几个我有社会地位和成就的人就好了,袁君晴想。

然而,当她打开自己的通讯录时,上面密密麻麻的都是老同学的联系方式。这些人和自己一样刚刚踏入社会,不要说社会关系,连基础的工作业绩都没有。

所以,郁闷的时候,袁君晴只能给这些朋友打个电话,诉诉苦水,但终究不能解决问题。后来,袁君晴开始有意识地结交那些对事业有帮助的人,尤其是行业高手,彼此建立了友情。

要善于结交各种各样的朋友,千万别做缺少人脉资源的女人。其实,可以向前人学习几招:

1. 以心交友,患难与共

女人首先要明白一件事,即自己想交什么样的朋友。如果希望交到真心的朋友,就要付出真心。如此得来的朋友,能够同甘共苦,在紧要关头时,可以帮助你。所谓"患难见真情",在你最困顿的时候,还能不变初衷地帮助你的人,才是真正的朋友。

2. 以诚交友,相知相惜

和朋友相处,知心坦诚是必不可少的。双方只有以真实的言语、真挚的感情交往,才能摈除利害关系。手足般的意气情义是男人的风格,而女人的交往则更加看重相知相惜,相互关爱,彼此扶助。如果对方是男性,那么你的柔和真诚能使他为你两肋插刀。

3. 以知交友,见多识广

见识广博或具有专业知识的人比较容易得到人们的尊重和信赖。所以,女人在结交有内涵的朋友之前,不能忽视自身涵养的培养。懂得随时汲取新知识的人,智能容易被开启,不知不觉就会吸引很多人来到她的身边。"谈笑有鸿儒,往来无白丁",这才是高级人士的交友准则。

4.以道交友,其乐融融

古语云"道风德香传千里"。有道德、有修养的人不管走到哪里,都会受到人们的欢迎,大家都会争相与之亲近。女人和这样的人交往,会受到他们的影响,提升自己的修养,所谓"与善友交,入芝兰之室,久而不闻其香,即与之化矣"。

除此之外,对自己交际圈中所缺少的人脉要有针对性地、专门地拓展。这是一个艰难的过程。

首先,要离开自己的舒适区。每个人都有自己的舒适区,在这里你会很轻松舒服,所以很容易沉迷其中。多年前一部畅销书《谁动了我的奶酪》讲了这样一个故事:小老鼠一直在自己的窝里,觉得很舒服,一旦出去,彷徨、恐惧和无奈就向它袭来,所以它不愿意出去。因此,这个窝就构成了它的舒适区。

的确,在自己的舒适区里待着是安全的、放松的,但个人发展的空间也被限制住了。我们在与老朋友相处时自然感觉舒适,其实这也是一种舒适区。要想拓展自己的发展空间,就要毅然决然地离开舒适区,开拓全新的交际圈,不能因为贪图享受而错过机遇。

其次,利用聚会的机会。现在的聚会场合都比较西化,大家往往会早到一些,一边聊天一边吃点零食,甚至这种聚会就是自助式的餐饮形式,是绝好的认识陌生人的机会。不过,很多中国人受传统观念的约束,很少积极参加这种场合,只是和亲朋好友约在一起,不愿和陌生人说话。这是错误的观念,没准那些陌生人中就有你想要认识的人呢。既然认识的机会就在身边,就不要让它白白地流失了。

— ❧ 智者寄语 ❧ —

要想在纷繁复杂的人际关系中求得一席之地,现代女性就必须注重结交朋友,扩建人脉,这一点至关重要。

第八章
女人圆润处世的心理学

选择合适的话题，拉近彼此的距离

聪明的女人都知道，在人际交往中，只要找到了双方都感兴趣的话题，就能将交往顺利地进行下去。

一位机关干部和一位中学的教师，看似没关联，可当他们到同一家做客，便发现他们各自是主人不同时期的同学。他们可以围绕"共同同学"这个突破口进行交谈，相互认识和了解，最后也成为朋友。聊天过程中，多听听对方的话，仔细地分析、认识对方，然后在闲谈中不断地发现新的共同关心的话题。

生活中经常会发现这样的女人，她们能够很快地与人打成一片，见什么人都有话可说。由于她们在任何交际场合都能有说有笑，人缘极好，因此消息很灵通，在与人竞争时无形中就占了先机。她们之所以能成功，就是因为她们拥有了可与别人交谈的话机，让人觉得与她一见如故、相见恨晚。那么，我们怎样才能像她们那样，快速找到与人聊天的话题呢？

1. 寻找彼此的共同点

如果是在朋友家遇到陌生人，那么朋友肯定会为彼此做介绍，说明双方与主人的关系、各自的身份、工作单位，甚至个性特点、爱好等。细心的人很快就能从介绍中发现对方与自己的共同之处，于是，轻轻松松地找到可以聊天的话题。一个人的心理状态、精神追求、生活爱好等，都或多或少地在他的表情、服饰、谈吐、举止等方面有所表现，如果你能做到细致观察，就不会放过对方的特点，从而找到彼此能够沟通的地方。

在火车上，一名中文女教师见对面座位上的一个年轻人正在看一本文学名著，于是主动与他交谈："你是学什么专业的呀？"对方回答："我是学中文的。""哎呀，咱们是同一个专业的，我也是学中文的，你是哪个学校毕业的？"于是，两个完全陌生的人由此打开了话题，只是因为女教师细致地发现了那本文学名著。

察言观色发现的东西，要与自己的情趣爱好相结合，如果你对此事物并不了解，如何打破沉闷的气氛？否则，即使发现了共同点，也仍然无话可讲，或讲一两句就卡壳了。

2. 投石问路

陌生人相遇，为了打破沉默的局面，就要开口说话。有人以打招呼开场，有人以讨论天气开场，有人以借书借报开场。

周小姐在医院里候诊，邻座坐着的一位大姐主动和她闲谈："你是来看什么病的？听口音不像本地人，你老家是哪里的呀？"当她得知周小姐是山东青岛人时，很高兴地说："我以前出差去过青岛，那儿真美。那您在什么单位工作呀？"就这样，她们亲切地交谈起来，等到就诊时，她们已经成为朋友了，还互邀对方有时间到自己家做客，准备长期交往下去。

3.用闲谈打开办事之门

要想发现陌生人和自己的共同点,就一定要懂得分析别人的话中之意,也可以在对方和自己交谈时揣摩对方的性格。

在公共汽车上,一个急刹车,小张踩到了旁边一位老者的脚,她忙道歉说:"对不起,对不起。"老先生笑容满面地说:"你是哈尔滨人吧?"小张转惊为喜,老先生说:"我在哈尔滨工作了三年,但那已经是十年前的事了。现在,哈尔滨变化挺大吧?"就这样,一路下来,小张和老先生谈得很投机,而老先生就是小张所在学校的教授。于是,小张成了老先生家中的常客,在学业上受益匪浅。

可见,通过细心揣摩对方的谈话,可以找出双方的共同点,使陌生的人变成朋友,甚至交往终生。闲谈好比一把钥匙,可以轻易地打开办事之门。在闲谈中根据不同人的兴趣爱好选择不同的话题,用闲谈的方式入手,可以比较容易地开启对方的心扉,甚至探知对方的心灵深处,激起对方情感的共鸣。此时再求人办事,自然顺利得多。

有一次,一位年轻的女销售员为了联系业务去拜访某公司总经理。一进经理办公室,只见墙上挂了几幅装裱精致的书法条幅。销售员稍微懂一点书法,便和经理闲谈起来:"经理,看来您对书法一定很有研究。嗯,这幅隶书悬针垂露的用笔,具有多样的变化美!"经理一听,顿生好感,想不到一个销售员还懂汉代曹全的悬针垂露之法,一定是书法爱好者,连忙热情地招呼说:"请坐,请坐下细谈。"就这样,因为一幅书法,销售员和经理结成了知己,当后来销售员谈业务之事时,自然就万分顺利了。

通过闲谈,双方发现有价值的东西,关系迅速融洽,事情也好办多了。闲谈并不"闲"在生活中,聪明的女人总能抓住闲谈的机会,得到他人的认同,产生一种共鸣。一旦建立起共识,就能建立良好的关系,一些事情也就显得轻而易举了。

━━━━━━━━━━ ❧ 智者寄语 ❧ ━━━━━━━━━━

在人际交往中,只要找到了双方都感兴趣的话题,就能将交往顺利地进行下去。

不做单飞的雁

人是群居型动物,如同生在雁群中。只有"合群"的大雁才能跟随大家飞往理想中的目的地,而掉队的大雁总是形影相吊,凄切悲凉,甚至成为被猎杀的对象。人生也是一样,只有使自己融入周围的社交环境中,才能走得更远,活得更强大。

莎莎在短短的一个月时间内就换了4次工作,无奈之余,她只好去求助一位职业咨询师。

"第一家单位的老板脾气太坏,对人特别苛刻,我忍受不了他那张严肃的脸,一气之下就走了!"莎莎不无遗憾地说,"不过那里的同事都挺好的。"

职业咨询师问:"第二家呢?"

"哦,那个部门的人太活跃了,总是特别热闹。而我是一个相对安静的人,不喜欢吵闹的环境。仅仅上了一周的班,我就发现自己受不了他们的笑声……"

咨询师笑了一下,问:"第三家是什么问题?"

"第三家我待的时间比较长,以为挺好的。可是,我却听到别人背后说我假清高。我不是那样的人,而且我反感在背后说别人坏话的人。我的情绪受到了干扰,所以想换个新的环境。"

"至于第四家,员工特难相处。虽然他们都很安静,但是我觉得似乎也太冷漠了,我干了两天活,竟然没有人拿正眼看过我……"

心理咨询师听完之后默默点头,说:"你的困难其实很好解决。你需要明白的是,你要去适应环境,而不是让环境来迁就你。如果你把自己置于群体之外,就永远找不到适合自己的工作。"

社会环境中什么人都有,苛刻的人、异常活跃的人、在背后抱怨的人、冷漠的人,你没有办法让他们消失,唯一能做的就是"合群"。你要融入你的生活环境中,适应周围人的生活习惯,因为只有这样,你才能在社会上活得轻松自在。

"从众心理"是普遍存在的一种心理状态。心理学家分析认为,这种心理在行为上表现为模仿大多数人的行为,在认知方面表现为对外界的判断和评价准则以多数人的意见为主。也就是说,那些"鹤立鸡群"的人很难得到大众的认可,也不会被环境接纳。

因此,在人际交往中,从众是必要的,唯有如此,才能融入周围的社会环境中,才能融洽地和他人相处。以下几个方法可供参考:

1. 不要总是"鹤立鸡群"

在言行举止上,我们要表示出自己的善意和坦白,并常常考虑对方的立场,所行所言不能太刻板或太过严肃,尽量和他人打成一片,别显得自己高人一等,或摆出高高在上的姿态。

2. 切忌锋芒毕露

在公司里,一个人如果整天念叨"我要当老板,我要办产业",那么,你会和他特别亲近吗?这种人很容易被同事看做异己,因为他们站到了同事的对立面。如果老板知道了他的野心,也一定会想方设法将他扫地出门。要知道,在办公室里不适合讨论人生理想,如果你公开自己的进取心,就等于公开地向同事、领导挑战。因此,低姿态做人是自我保护的好方法。你的价值应该通过业绩得以展现,该表现时表现,不该表现的时候就得韬光养晦。只有那些心有城府的沉默者,才能做成大事。

3. 表现适可而止

如果你有才能,自然要表现出来,但别表现得太过,否则容易遭忌。别人可能会对你的想法给出意见,如果不接受人家的提醒反而批评人家,那后果一定不会太好,不如显得谦卑一点。

4. 听听别人怎么说

诚恳地聆听他人的意见,不但可以得到他人的赞赏,还能增进彼此间的情谊。莎士比亚说:"对于他人的话,你若善意听之,则将得到五倍的聪明。"你若想改善自己与他人之间的关系,就必须懂得欣赏对方的长处,认同别人的意见,让对方觉得被重视。

5. 对别人不妄加评论

即使对方炫耀自己的精明能干,你也千万不要发出评论。如果你说他是个骄傲虚荣的家伙,那么你就会遭人鄙视,让自己远离嫉妒和诋毁,才是真正的智者。

6. 只当个暂时的听众

如果对方有所抱怨,他需要的是你的耐心倾听,所以最好不要反驳或者随便附和,这样能够避免很多麻烦。

智者寄语

女人应该知道在人际交往中隐藏自己的锋芒,不冒头、不露尖。在韬光养晦间沉淀实力,从而得到自己想要的。

适时冷却

金属模具加工的最后一道工序是"淬火",即把烧红的模具放入冷水中进行冷处理,模具由此变得更加坚硬、耐用。事实上,人际关系也如同这模具,只有经过淬火才能变得更加坚固。

生活中,有的人属于冲动型,反应快但错误多;有的人属于熟虑型,反应慢但错误少。两种类型各有利弊,而利用"淬火",则能够使两者之间达到平衡,从而在人际关系中游刃有余。

但需要谨记的是,"淬火"不是让你永远忘记,一旦时机到了,就需要行动起来,正儿八经地解决问题。

有一个男孩就是利用"淬火"成功地追到了自己心仪的女孩,结婚生子,过上了幸福生活。刚开始的时候,他每天都在女孩下班的时候送她一件小礼物,如此坚持了十五天,从不间断。到第十六天的时候,他突然不送了,而且第十七天也没有送,女孩子开始慌了。等到第十八天,他重新送上礼物,女孩子瞬间心花怒放!

显然,这个男孩是攻心的高手。前面十五天他让女孩习惯他的关怀,然后突然切断这种关怀,冷处理一下,能够让女孩冷静地想清楚这个男孩对自己到底重不重要。等第十八天又送礼物时,就能证明两个人彼此都已经很在乎对方了。

这就是典型的"淬火效应"的应用,适时地冷却彼此之间的关系,但不使之冷淡,反而会加深彼此的交往,有利于进一步发展彼此之间的关系,同时还能够缓和人际关系中的矛盾,达到越吵越亲的效果。

由于双方的不冷静,人与人才有了争吵。不管是哪一方失去了理智,当争吵发生的时候,最需要的就是冷静。

1. 如果是对方感情冲动,他与你争吵通常有3种原因:

一是为了激怒你;二是想从气势上压倒你;三是宣泄自己的不良情绪。心理学家提出了几种方法,可以针对此情况缓和对方的冲动:

(1)紧握他的手。一个人感情冲动的时候,往往会不自觉地大肆挥舞自己的双手,甚至做出很多具有破坏性的动作,比如摔东西,打人等。这时,与他握手可以无形地制止对方的这一行为,缓和对方的冲动。当然,握手的方式可能会遭到拒绝,但是找到合适的理由,大胆地试一试,总会成功的。

(2)给他让座。情绪激动的人大都是站着的,因为他们精神紧张,呼吸急促,手脚颤抖;而当一个人坐着的时候,这种情绪是无法发泄的,因为胸部扩张被限制住了,使其怒气不足。因此,要想冷却对方的情绪,一定要设法让他坐下来,此法百试百灵。

(3)不理会他。当人极其激动的时候,无论是赞同还是劝诫,都是火上浇油。这时,你不妨当个倾听者,让对方尽情发泄。

(4)一定不要选这时和对方争吵。面对一个情绪极其不冷静的人,你势必会不耐烦,甚至忍无可忍,想斥责他,这是火上浇油的行为。你不妨向对方大声喊出"冷静下来",这比斥责让人觉得舒服,同时还能起到棒喝的作用。

2. 如果不冷静的那个人是自己,又该如何寻找冷处理的方法呢?

这里有3个常用而有效的方式:

（1）深呼吸。这能够供给身体充足的氧,有利于人们保持积极的心理状态,并且呼气动作可以有效地排解负面情绪。

（2）伸展腿。一般来说,当人处于放松、平和状态的时候,脚会比较放松,甚至伸得很长。在自己激动或者紧张的时候伸展腿,可以利用潜意识让自己放轻松。

（3）善用锚点。所谓锚点,是指人的潜意识与一定的动作、心情之间的特定的链接关系,比如,有的人一听到某首歌就情绪盎然;有的人一紧张就会摸耳朵或者搓手,以此缓解情绪。同样,你可以通过发现自己的特定的动作来缓和情绪。如果你还没有具备此种心理锚点,不妨有意识地培养一个,不停地训练自己,当情绪过于激动的时候就做出相应的动作,久而久之就能起到有效的作用。

当彼此都暂时冷静下来以后,那个让你们激动的话题就得搁置下来,不能重谈。否则,平息的战火又会被点燃。不妨在一段时间内不联系对方,等到确信可以冷静处理问题的时候,再心平气和地坐到一起,解决问题。

总之,一旦发生争吵,就要"冷却"下来,但不要长期"冷冻",否则对方会心寒的。

智者寄语

当你与他人发生矛盾时,不妨"冷却"一下,这往往比猛攻猛打更能解决问题。

幽默可以化解对方的不满

幽默往往给人带来欢笑,人们需要用它营造愉悦的氛围。在充满幽默的环境中,烦恼会消散,痛苦会淡去,尴尬会忘记,人人心情舒畅。因此,幽默的人就像一块磁铁,人们都被吸引到他们的身边。他们八面玲珑,左右逢源,能将矛盾化解于无形,从而消除芥蒂;幽默的人做事无往而不利,即使是批评他人,被批评者也乐于接受。

吉尔森经常迟到,老板忍无可忍地对他说:"如果你再迟到一次,就准备收拾东西走人吧!"

吉尔森听了暗暗告诫自己:"一定不能再迟到了。这是不能开玩笑的。"于是,连着好几天他都起得很早,按时上班。但是,睡懒觉的习惯不是那么容易改的,这天他又睡过头了。当吉尔森急匆匆地赶到办公室时,已然过了上班时间,每个人都在埋头工作,一副很紧张的景象。一个同事朝他使了个眼色,吉尔森抬头看见老板沉着脸朝他走了过来。

没等老板开口,吉尔森突然笑容满面地用双手握住老板的手说:"您好!我是吉尔森,我知道35分钟之前这里有一个职位出缺,我是来这里应聘工作的。我想没有哪个应聘者来得比我早,希望我能捷足先登!"说完,吉尔森带着自责而又充满希望的表情望着老板,就像个犯了错误等待大人原谅的孩子。

同事们开始哄堂大笑,老板也憋不住了,笑着说:"那就马上工作吧!"幽默帮助吉尔森化解了老板对自己的不满,从而保住了他的饭碗。

幽默是最聪明的攻心术,我们要想与社会、与人群相处得更加融洽和谐,就得学会幽默。幽默的旁边常常围绕着一群"优秀的品格",它们形影不离,总能赢得人们的喜欢和赞赏,比如乐观、自信、宽容等。因此,即使处在困境中,幽默的人也能苦中作乐;即使自己的缺点暴露于众人面前,他们也能从容不迫地自我解嘲,窘迫以及恼羞成怒都不会出现在幽默的人身上;即使别人指着他们的鼻尖怒骂,他们也能一笑而过,毫不介意。这样的一个人,不论走到哪里,都会有人喜欢的。

❦ 智者寄语 ❦

懂社交心理的女人在人际交往中会不时地"幽默一下",这样不仅能给周围的人带来快乐和欢笑,自己也能从中获得成就感和幸福感,因此人见人爱。

对他人的抱怨要理智对待

生活中、工作中,如果一个人不停地在你耳边抱怨,你会不会觉得很烦、不堪其扰呢?恐怕性格急躁的人甚至想用棉布塞住对方的嘴。但是,这种做法绝对不可取。不如学点心理学,没准你可以轻松地摆平任何人喋喋不休的抱怨。

首先,倾听。这并不是一件简单的事情,很多人都不懂得倾听。在倾听的过程中,有一个大众原则需要我们遵循:只是听,别企图打断对方,不要有任何表态,同意、反对都藏在心里,不和对方争执讨论。

很多人抱怨只是因为心里憋得慌,说出来不过是为了发泄。既然是这样,让他痛痛快快地说出来就什么事情都解决了,不需要你出谋划策。当然,还有的人抱怨是想找茬,如果你只听不表态,时间长了他自己都觉得没劲。独角戏往往越唱越没劲,如果你打断他,马上就变成了有趣的对手戏,于是,他将会把所有的抱怨都发泄到你身上,和你针锋相对、乐此不疲地将戏继续演下去。

然而,只是倾听还不够,很多人的抱怨太深,需要治疗。从心理根源上说,抱怨是因为对方的"自我"受到了严重的伤害,觉得自己吃亏了、受伤了,或者某人某事让他颜面扫地了。如果这种心态严重,他就需要别人抚慰他的伤痛,而你在倾听之余,必须懂得安慰他。

如何安慰他?表示赞同就可以。

如果在对方还没有讲完时就表示同意,对方可能会觉得你是为了赶紧逃脱或者敷衍他而表示退让。所以,要等到对方讲完之后再表示同意。而且,在表达同意的时候,你应该采取正确的方式,最好用温和的方式说出来,不能客套。你可以向对方传递一个信息——你很重视他,很在意他的感觉,不是在敷衍他。比如,你可以说:"像你这么重要的人,被人这样对待真是可气。""是啊,我太了解你了,这样你肯定受不了。""这事儿,换了谁都会生气!"……如此体贴暖人的话说出来,任何郁闷都会消散了,谁还会一直生气呢?

通常情况下,通过倾听、赞同,你可以化解对方的委屈愤怒,让对方觉得自己很重要,进而停止抱怨的升级。不过,此时此刻你需要乘胜追击抚慰对方,免得抱怨卷土重来。

补偿是最有效的抚慰方式。你可以问他:"你希望我做些什么呢?"别担心对方会不识时务,让你付出很大的代价。由于你已经听完了他的发泄,他的心情已经好多了,此时提出的解决方案中的补偿额度往往会远远低于你的底线。因此,千万不要急于摆脱抱怨者,而应"先下手为强"地亮出底线,将抚慰做足。

此外,懂心理的女人在做以上这些事的同时,应保持一种默契。心理学家指出,人际交往中,默契的建立是产生信任感的基础,是彼此间心灵沟通的桥梁。建立了默契,你们之间的谈话很可能会变得更加积极,你也会得到对方的信服。

与对方建立"默契"一般有3大秘诀:

(1)姿势、动作与对方保持一致。比如:看见对方把手放在口袋里,那么你也把手放进口袋;如果对方做了一个捏鼻子的动作,那么过一会儿你也做一个。

(2)尽量与对方保持语速一致。这可以产生明显的认同感。

(3)与对方语言中的关键词保持一致。对方语言中强调的部分,你在说话的时候最好能重复强调出来。比如,他说:"我怎么会受到那样的对待?真让我难过!"那么,你一会儿劝解他的时候就可以说:"我知道,那种对待一定让你难过极了。"这样,他会很乐意地接受你的劝慰。

只要掌握以上技巧,我们就能人为地创造出一个和谐的情境氛围,与抱怨者建立起默契感。但是,要注意的是,不管怎么做,都要显得自然可信,别弄巧成拙。

有了"倾听——赞同——抚慰"这三部曲,再加上"默契感",抱怨的人一定能被你轻松地"收拾"掉。尤其是做以上这些事的时候,你的真诚和安慰会让对方觉得更加舒适惬意。

智者寄语

有了"倾听——赞同——抚慰"这三部曲,再加上"默契感",抱怨的人一定能被你轻松地"收拾"掉。

学一些拒绝他人的心理学

生活中,我们总免不了被人求,可是又不能答应每一个求助者的请求。学会一些拒绝他人的攻心术很有好处,既能把事情推掉,又会不伤害求助者的心。

1. 把难处说出来

聪明的女人要分清事情的轻重。帮别人办事,如果是举手之劳,那就一定要答应;如果我们所面对的事情往往并不如想象中那样容易,那么决不能勉强自己,而要把自己的难处说出来,这样对方就会知道你究竟为什么拒绝他。

2. 把对方的暗示挡回去

一些羞于开口的请求,对方可能会暗示出来。如果真的难办,那么,不要马上回答,而是先讲一些理由诱使对方自我否定,自动放弃原来提出的请求。这样一来,就减少了对方因遭到拒绝而产生的不快。

两个老乡到城里打工,找到在城里落户的李某诉说打工的艰难,一再说住旅店住不起,租房又没有合适的,言外之意是想借宿。

李某听后不做表态,而是感慨道:"是啊,城里比不了咱们乡下,人少地多。城里住房可紧了。就拿我家来说吧,就里外两间,住着三代人。我那上高中的儿子,晚上只得在客厅睡沙发。你们大老远地来看我,按理应该留你们几天,可是家里面实在装不下啊!"两位老乡听后,非常知趣地走了。

由于种种原因,有些求人的人不好意思直接说出请求,而喜欢用暗示投石问路,那么你也可以用暗示拒绝。

3. 让对方也理解你的苦衷

"小张，今天你得把这一叠演讲稿抄一遍。"王科长指着厚厚的一沓稿纸对秘书小张说。

小张看着那稿子，足有三四十页，很为难地说："这么多，抄得完吗？"

"抄不完吗？那你就别干了！"

小张只是问一句，就被科长骂了。由此可见，像他这样生硬直接地拒绝上级的要求，分明是在和上级对抗、不服从指示，因而扫了上级的面子。实际上，那三四十页的稿子抄起来的确很累，但作为员工，小张应该立即搬过那一堆稿子埋头就抄。等花费了一天时间抄好后交给科长时，再委婉地表示自己的困难，这样科长肯定会很满意下属的工作态度，同时意识到自己给出的任务有些重了，从而达到沟通的效果。

我们常会碰到一些来自上级、同事、朋友、邻居的要求，其中很多都是我们无能为力的。如果不能接受，应先谢谢他对你的信任和看重，并表示很乐意为他效劳，然后再将自己的困难说出来，使对方理解你。这样，彼此都可以接受，不至于弄得双方都很不愉快。

4. 陈明利害关系

聪明的女人在遇到涉及利害关系的事情时，如果不能办，就要讲清道理，陈明利害，明确地表示拒绝。这样，朋友会理解你，以后也不会再麻烦你了。

小辉的舅父是一家石油厂的厂长。小辉与朋友一起合开了一家加油站，希望舅父能打通关系，给他们批点儿"等外油"，降低成本。

舅父诚恳地对小辉说："我是厂长，只要我打个招呼，你就可以买到'等外油'。但是，我要是为你开了这个口，以后还怎么管理厂子？这几千号人还有谁会相信我呢？厂子不是我一个人的，我只有经营权，没有走后门的权利。你是我的外甥，我要是帮了你，就会被人抓到把柄，你也不愿意看到我犯错误吧。生活上有什么困难，我可以帮助你，但这个要求我不能答应，以权谋私是犯法的呀！"

小辉听了舅舅的话，什么都不再说了，从此认认真真、踏踏实实地经营着自己的加油站。

5. 降低对方的期望

大凡来求你办事的人，都相信你能解决这个问题，他们心里的期望值很高。一般来说，对你抱有的期望越高，你就越难以拒绝。所以，如果想拒绝对方，绝对不能讲自己的长处，更不能过分夸耀自己，这反而会适得其反，让对方觉得你就是不愿意帮忙，而非不能帮忙。进一步说，如果适当地讲一讲自己的短处，就能降低对方的期望，没准你还没有开口拒绝，人家就已经意识到了你的无能为力。此外，你还可以给对方提一个好的建议，这样会减少因失望带来的烦恼。

他人的请求如果真的背离了原则或者让自己很难办，聪明的女人一定要张口说"不"。但要记住，说之前必须铺垫好理由表明你是真的无能为力。这样，以后就不会三天两头地有人找你帮忙了。

智者寄语

学会一些拒绝他人的心理学很有好处，既能把事情推掉，又不会伤害求助者的心。

女人做事要根据具体情况采取行动

对女人来说,冷静是必要的,凡事不能慌张。根据当时的具体情况果断采取行动,毫不犹豫,这叫因时制宜。

女人应该明白一个道理:这个世界上的人和事,就像同一棵参天大树上的树叶一样数不清。乍一看都一样,但是如果捧在手里仔细观察,就会发现各个不同,并且越是观察得仔细,不同点就越会被放大。所以,要想尽量处理好身边的事情,一定要学会因时制宜。

这里我们所讲的因时制宜中的"时",有不同的人和不同的事情两层含义。所以,将因时制宜的概念展开讲就是要因人制宜与因事制宜。

1. 女人要学会因人制宜

在教师行业中有这样一句话:"一等人用眼教,二等人用嘴教,三等人用鞭教。"因为每个学生都有自己的特点,存在个性上的差异,所以教师应该在充分了解学生个性的基础上,品评自己的学生,因材施教。但是如果你仔细研究,就会发现这句话其实适用于所有场合。女人应该明白,人有三六九等,用同样的方式对待不同的人,事情只会越办越糊涂,这样是死脑筋,是不懂得灵活应变。既然人各不相同,那么我们办事的方式也就应该千变万化,要投其所好地去解决问题,因人制宜。

露丝在美国纽约某大银行任职员。某公司向该银行申请贷款,但其信用遭到怀疑,银行经理把露丝叫去,让她对这一公司进行调查核实。露丝来到该公司,还没坐稳,董事长的女秘书就从门后探进头来,说了一句:"真抱歉,今天没有什么邮票送给您。"随即秘书发现认错了人,忙把头缩了回去。董事长有些不好意思,连忙解释说:"由于我的儿子很喜欢邮票,所以帮他集邮也成了我的必修课。"露丝开门见山地说明来意,不料却引起了董事长的反感,故意不回答问题,一时间露丝无可奈何。

回到家中,露丝感到十分丧气,考虑到任务还没完成,更是心急如焚!露丝陷入了沉思之中,忽然女秘书的话在她耳边响起:"今天没有什么邮票送给您。"对,用邮票去对付那个董事长。银行里每天都有来自世界各地的邮件,因此邮票种类极为丰富,为什么不在邮票上做做文章呢? 露丝灵机一动产生了一个新的念头。

第二天,露丝带着数十枚精致的邮票来到董事长的办公室。见到这些罕见的邮票,董事长喜笑颜开,热情地接待了露丝。露丝闭口不提自己的公务,只是和董事长谈眼前的十几枚邮票,而且还谈到了最早的"黑便士"。董事长兴奋地把爱子的照片拿出来让露丝观看,二人越谈越投机。最后,露丝还没有开口,董事长就滔滔不绝地把公司的情况告诉了她,并且叫会计拿来报表、账簿让露丝查看。

聪明的露丝抓住了对方的喜好,真诚地关心对方,用小小的邮票就解决了大难题。按照著名的心理学家马斯洛的观点,人有 5 个层次的需要,即生理、安全、群属、尊重和自我实现。所以,女人在面对不同的人时,要从这五个方面着手,一层层地分析对方,哪怕是一个初次见面的人,也可以从对方的细节中得到信息。比如,对方的穿着可以反映其贫富,说话的口音可以反映其是哪里人,走路的快慢可以看出其性格……这些都值得我们细细观察,用心体会。

2. 女人要学会因事制宜

前面讲到的是因人制宜的重要性,但仅仅做到因人制宜是不够的,因事制宜也同样重要。

"事易时移,变法宜矣",这是做事的基本原则。具体说来,同一件事情,时间、场合的变化,参与者等各种因素的变化,都会导致处理这件事情的方式做出相应调整。正所谓"计划赶不上变化,变化赶不上领导一句话"。

余小姐在某出版社担任编辑,因为她办事能力很强,社长很器重她。有一次,该出版社策划了一本畅销书,一经出版,销量大增,为了扩大出版社的知名度,社里决定趁机造势,找作者搞一次签名售书活动。于是,这本书的责任编辑余小姐成了活动的全权负责人。

活动头一天,余小姐就和作者商议,每位读者可以带10本书来找作者签名,人数也没有具体限制。正是因为如此,前来签名购书的读者异常多。活动当天,余小姐同作者一行来到活动地点,发现这个小小的礼堂已经挤满了人,而门外还有很多人等着。余小姐为了大家的安全考虑,当即决定让读者在礼堂外面排队,以20个人为单位进入礼堂找作者签名。为了平息大家等待的烦躁情绪,余小姐还自掏腰包请在外面等候的读者喝水,和大家聊天,不停地致歉。最终活动圆满结束,反响非常热烈,领导也因此对余小姐更加欣赏。

对女人来说,凡事不慌张并且保持冷静是很难得的品质。能根据当时的具体情况果断采取行动,这就是因事制宜。而且因事制宜和因人制宜一样是需要学习、体会的,没有谁能在一朝一夕就掌握其技巧。最重要的是,女人要有意识地培养这方面的能力。

女人们只要记住因人制宜+因事制宜=因时制宜的公式,并且在实践中不断体会这个道理,就一定可以把事情处理到最好,让自己的生活和事业都得到长足的进步。

───────── 智者寄语 ─────────

要想尽量处理好身边的事情,一定要学会因时制宜。

不要讥笑不幸的人

在生活中,不幸者是需要被我们呵护的人,他们害怕讥笑和伤害。如果你包容了他们,可以让人们冷漠的心开始融化,而你的生活中也将充满温暖的阳光。

事实上,人人都会遭遇不幸。比如让你在坎坷的道路上多摔倒几次,这样你才会坚强起来,不惧怕眼前的困难。有时别人的不幸比你的不幸来得稍早些,如果你目睹了他的不幸,千万别毫无心机地嘲笑人家。记住,此刻你笑他,下一刻他就会笑你。面对他人的不幸,女人应该大度,让自己平易近人一些,这是一种美好的心灵,能够得到人们的敬仰。同时,这也是女人的一种生活态度和做人准则。

在大森林中有一只小鸭子,它长得又黑又瘦又难看,因此没有哪个动物喜欢它,它很孤独。一天丑小鸭在湖里学游泳,树上的一只松鼠讥笑着对丑小鸭说:"你别学游泳啦,长得那么丑,不怕污染了这纯净的湖水吗?"猴子们也都跑过来凑热闹,它们说:"对,对,这只丑鸭子污染了我们的湖水,快把它赶到我们看不到的地方去。"丑小鸭吓坏了,急忙逃离了湖面,找到一个山洞躲起来,再也不出来了。

丑小鸭的丑陋是天生的,但不是它的过错,结果因为松鼠和猴子的讥笑,使它不敢走出山洞,孤独地过完了一生。丑小鸭是不幸的,如果其他动物朋友不嘲笑它的丑陋,接纳它,让它感受到心灵的慰藉,那丑小鸭就可以在森林中幸福地度过自己的一生。

生活在幸福中的女人,不要嘲笑和讽刺不幸者。如果你的身边有不幸的人,那就要学敞开怀抱去接纳他,学会换位思考,从一个旁观者甚至是更亲密的朋友关系的角度去分析他人的不幸,这比尖酸刻薄的嘲笑和往人伤口上撒盐要好得多得多。安慰不幸者,对不幸者进行正确的引导,给予他们面对生活的勇气和追求目标的信念,让她们尽快从不幸中摆脱出来。这时,你会发现,你的生活也处处皆美好。

面对身边的不幸者,女人必须抛弃讥笑的话语,不嘲笑别人的不幸,多一份同情,多一份感念,对他们不幸的生活给予自己力所能及的帮助。这样的女人是善良天使的化身,同时也能够得到别人的关爱。因为,宽容、大度、善良的人生活得更幸福。

━━━━ 智者寄语 ━━━━

面对身边的不幸者,女人必须抛弃讥笑的话语,不嘲笑别人的不幸,多一份同情,多一份感念,对他们不幸的生活给予自己力所能及的帮助。

关键时刻学会示弱

女人本就是柔弱的,学会示弱并不可耻。在适当的场合里运用示弱的技巧,可以增强女人的成功指数。工作上一种潜移默化的战术就是示弱,它可以简化问题。

现在不论是职场中的女性,还是家庭中的女性,都因为经济的独立而变得强势。但是,男人从心理上是抵触女人强势的,所以很不愿意看见老婆对自己颐指气使的样子。于是,女人的幸福度在一点点减少。如果想让幸福陪伴女人走过一生,那么就要充分运用女人的柔弱。女人温柔不争的个性需要被发扬,把巧妙的示弱技巧珍藏在心里,从而抓住男人的心,增加女人的幸福指数。

职场中习惯了逞强的女性如果不会在特定的场合下适当示弱,不降低自己的身份,其办事的效果就会事与愿违。示弱,非但不会使别人低估你的身份,反而会赢得别人少有的尊重。只要掌握自强与示弱之间最合适的限度,就可以得心应手地处理一切棘手的问题,让别人心甘情愿地帮助你。而这,才是正确处理自强和示弱,才是女权主义的精髓。

著名主持人杨澜曾在接受他人的访问时被问到这样的一个问题:"是什么让您放下了庞大的文化事业?"她说:"我学会了示弱,所以就轻松地放下了,聪明女人要学会放下,因为示弱很重要。"杨澜还说:"我从不吝啬哭泣,心情不好的时候,经常会在丈夫面前哭泣。女人淡定才是美好的开始。"

小缘在大学认识了莫冬,两人大学毕业之后就决定先成家后立业。没过两年,小缘有了孩子,便没有去上班了,成了职业家庭主妇,整理家务,照顾孩子。小缘性格好强、脾气刚烈,是个女强人。既然不上班,没有用武之地,家里的活儿,诸如洗衣拖地、换煤气、粉刷墙壁等小事大事,她就全部包揽下来了。莫冬一回来,小缘就为他递上拖鞋,饭菜送到手里,放好洗澡水,然后为他洗脱下来的脏衣服,因而莫冬对家里的一切从来都不用担心。

一次大学同宿舍的姐妹约好一起吃饭,小缘将家务放下,好好打扮了一番,便带着孩子出门了。刚到了餐厅和姐妹们还没聊几句话,她就接到了莫冬打来的电话,他气势汹汹地说："你去哪里了，一个家庭妇女不在家好好待着，总是往外跑什么呀？你出去也行，把屋子打扫好了、饭做好了再走。你看看，我现在回来连下脚的地方都没有。你给我回来！"说完，莫冬就把电话挂断了。小缘无奈了，只好和姐妹们说要回家，姐妹们早听到了她丈夫的抱怨，于是说道："你就是性格太强了，什么都自己做，都成了男人的保姆了。女人是需要人疼的，你要温柔一点，有时要示弱一下，家务活你自己干不了的就让他和你一起干。他现在的理所当然就是被你给惯出来的，肯定会越来越严重。以后，你要常常装得很累很柔弱的样子，家里事多问他，让他干，这样才能过得好！"

在某些事、某些人面前适当地软弱下来，可以放松自己，甚至是给自己疗伤的最好方式。女人让自己表现得再强大也只不过是表面的功夫，生理学决定了女人天生的柔弱。细腻的温柔总会让女人因为一点小细节而感伤，她需要保护，需要关爱，即使能够展翅飞翔，也要是依人的小鸟，而不能成为雄鹰。女人比男人多了眷恋家的心，所以适当地让自己软弱一点，让男人为我们承担起生活中的一些琐事，生活会更加幸福。

如果你是忙碌的职场女性，不敢在工作中懈怠，甚至害怕一点小马虎都会造成公司巨大的损失，因此要求各个细节都不能有丝毫的错误，所以"刚性"的一面被修炼成了。但是工作过程中并不是"刚"就能完全解决问题，在必要的时候表现出"柔美"的一面，可能更容易解决难题。

女人在生意场上和别人打交道，总会有遇到难以解决的问题而出现僵局的时候，我们要用巧妙的方法化解矛盾。比如一句温柔的对不起、你的一次让步，便能妥善地化解矛盾。很多时候，同样的难题人们往往会让女人出面解决，这恰恰是利用人们对示弱的女人不忍心的特点。"示弱"不是真的证明你是错误的、你失败了、你丢了面子、你失去了晋升的机会，而是潜移默化、迂回前进的战术。

示弱并不是让女人一味软弱，其中的尺度要把握好。在适当的场合下，运用示弱的技巧可以为自己解决很多难题，让女人在生活的道路上少走很多的弯路。

—— ❧ 智者寄语 ❧ ——

女人能生存下来的大智慧绝对少不了示弱，这也是女人获取成功的最得力手段。

学会与异性相处

女人有异性朋友是很正常的，但交往中切记不要避讳老公。和异性的友情或公务交往，要取得老公的支持，营造好良好的交际气氛，不能故意玩暧昧。

女人在结婚前生活自由、情感自由，和各类男士相处时一般没有太多的顾忌，大家玩得高兴开心就行了。但结婚之后却多了很多顾虑，害怕老公介意，要顾及老公的感受。婚后的女人有的选择和之前认识的男士断绝来往，或只局限于工作往来，但有的却能与男性朋友保持和婚前一样的友情，而且处理得非常好，这便需要女人拥有精明细密的处事能力。女人结婚并不是标志着只能和老公这一个男人相处，适当地与男性交往，保持友谊，也是生存的一种需要，甚至可以为自己铺设婚后幸福的道路。

与婚姻外的男人相处不要避开老公，否则反而容易引起怀疑。在重大事情的决定上要首先征求老公的意见，取得老公的支持，这样便可以为双方的关系建造一层安全的保护膜，减少了交往中不必要的麻烦,同时,也会减少很多误会,避免引发家庭矛盾的后顾之忧。

职场中,女人不免要和成功男士打交道,而这样的男士大多成熟幽默、博学多才、宽容大度、善解人意,惹人喜爱很正常,于是成了很多女性的蓝颜知己。蓝颜知己在和女人相处的过程中,总是能充分了解女人的性格,也能够理解女人的痛苦,他们可以将女人的压力轻松化解,且不会留下各种麻烦。作为好朋友,他们坚实的肩膀让女人可以安心地依靠,但是却容易招来人们的非议。蓝颜知己固然好,但要时刻牢记他是一个男人,一旦亲密程度有所超越,产生亲昵的举动,那就后患无穷了。把自己和蓝颜知己之间的关系简单化,只是简简单单好朋友的关系,那么幸福可以一起分享,痛苦也可以一起承担。

有一类人的观念太敏感,常常偏激地看待男人与女人的感情,有些人一直否定女人和男人有正常的友情,总把女人和男人的友情推到暧昧的空间里,这种心理并不健康。其实,女人和男人正常的合作更有利于成就事业,男人的刚强可以为女人承担职场的压力,女人的柔美可以迂回解决难题,女人和男人单纯友情的配合可以让工作更轻松。所谓男女搭配,干活不累,是有道理的。与蓝颜知己之间的尺度必须是一块透明的幕布,这样别人就没有了可以猜测甚至诽谤你们的空间,而友情纯正的透明度也足以让老公放心。对待蓝颜知己可以付出一切的真心,但爱心要留给睡在身边的老公。一辈子遵守这一尺度,会让女人在交际的道路上永远璀璨。

──────────── 智者寄语 ────────────

在关键事情上一定要分清老公和蓝颜知己的差异,老公是爱情的寄托,蓝颜知己则是友情的寄托,不能跨越界线。

涵养需要时刻注意

注意涵养的女人不能让缺点长期存在,过滤掉自身的自私、自卑的心理甚至偶尔冒出的贪恋是很有必要的,要学会让自己干净地、舒服地呈现在这个精彩的社会面前。

一个女人的衣柜里,衣服的数量可以很少、样式可以不时尚、颜色可以很统一、品牌要求可以降得很低,但唯一的要求是要有质量,穿在身上一定要得体。首饰可以不名贵,但一定要有质感、有特点;妆容可以不用描画,但粉底一定要庄重温雅。真正追求自身涵养的女人,可以在此种环境中展现自己的朴实和纯美。

职场中注意涵养的女人,会过滤自己的思想,对所有的客户、商业规律、规则都进行深思。去伪存真,给自己制订在职场中应该遵守的原则,让客户依赖,甚至改变商业规律中不可能的事情,获取个人事业的成功。

身在交际圈,注意涵养的女人会过滤朋友,三六九等的人会按次序被筛选掉。对自私自利、只能相处一次的朋友,用忍耐心去回应;对只有利益往来、表面亲热的朋友,即使合作,也是逢场作戏;对和自己共患难、一辈子交心的真正朋友,就用真心去换取真心。为自己划清损友和良友的关系,扫清交际场所中的小人,可以减少麻烦和不快,成为真正有涵养的女人。

注意涵养的女人一定要学会从容、淡定、忍耐,这比你的娇艳容貌更讨人喜欢。如果你是个急性子,那就要时刻提醒自己忍耐,学会急而不乱,避免冲动,要知道手忙脚乱只能使事情更加乱七八糟,学会冷静是至关重要的。如果你性格绵软,是典型的慢性子,那就要注重思维运转能力的培养,有效率地办事是处理困难的最好捷径,加快步伐往前冲,变成有效率的人,成功也就水到渠成了。

1999 年《法治进行时》第一次出现在观众的视野中,此后 10 年间,该节目成为北京电视台乃至全国的一档品牌栏目,而本栏目的主持人徐滔则成了人人称颂的对象,也是这个栏目获得成功的大功臣。徐滔本人的涵养直接给栏目提上了一个高度,不论是上节目还是参加各种大型晚会,庄重的黑白色或者火热的红色衣服成了她的首选。黑白配让她多了一份成熟的女人美,体现着她处事理智的态度;红色系则让她多了一份柔和,更容易让人们感觉亲近。老百姓都把她当做自己的亲友一样看待,她是好闺女,是知心姐姐,是热心阿姨。她在大众心中的地位是由她自己的涵养树立起来的——正直、大气、不拘小节,这些优良的品质让人敬仰;她的奉献、她的大度、她对社会的那份简单又实在的爱,让人们每每谈到她时,都不禁慨叹称赞,这也是她得到的最大收获。

大卫·汉生曾经说过:"真正有学识、有涵养的人,是不会刻意炫耀自己的。"一个人如果有涵养,那他对待别人也会充满尊敬,始终表现得彬彬有礼,不会在别人面前做出一副高高在上的样子。如果一个人没有涵养,那么一点小成就能让他飘起来,无视别人的能力,蔑视别人的成果。其实,良好的礼貌和处事风度是一个有涵养的女人必须掌握的待人技巧,万事都要先设身处地地为他人着想,细节往往决定一切。

真正注意涵养的女人要把握小细节,但不能刻意虚伪。说小心翼翼的客套话,这是自我的贬低。你或许不需要有多么高深的学问打基础,也不需要显耀的家庭背景做陪衬,更不必依赖好运气的光顾,只要大方地表达出一份真诚、一份无私的爱、一份暖暖的情谊就足够了。要时刻明白,有涵养的女人就如一缕春季的清风,让人宠辱不惊,温暖人们的心扉,让人们更加愉快,而自己也会更幸福。

女人最重要的美便是涵养,拥有智慧的女人一定会注意自己的涵养。大多数女人总是追求美丽,却不知这是次要的东西,美而无脑的女人充其量只是一个花瓶,没有太大的作用。只有时刻注意自己涵养的女人才能让别人赏心悦目,她们从不需要跟随潮流的脚步,也不需要在名贵的化妆品前停留,因为涵养会给予女人独特的美丽。所以,塑造自己的涵养,可以使自己成为一杯上千年的醇香美酒,让人久久陶醉。

智者寄语

只有时刻注意自己涵养的女人才能让别人赏心悦目,她们从不需要跟随潮流的脚步,也不需要在名贵的化妆品前停留,因为涵养会给予女人独特的美丽。

女人得理要学会让人

俗话说:"让人非我弱,退步自然宽。"女人应该让自己宽容、大度一些,尤其是在得理的情况下,不要揪住别人不放,为彼此保留一份面子,以理相让,解除与对方的隔阂,最后往往会皆大欢喜。

女人通常用漂亮征服别人的感官,甚至为自己的错误遮掩,好像漂亮是万能的挡箭牌。有些女人得理时便趾高气扬地对别人进行一番贬低,好像谁都不如自己,这就无形中树立了敌人,让对方本来认错的心态变成了仇恨。对方因你的得理不饶人放弃了道歉的心,甚至会为了和你争夺利益、报复你而设下各种陷阱,到头来,两败俱伤。所以,任何事情,即使得理也要让人,这不仅体现出了自己的一份大度,也能得到对方的感谢。

以理相让并不是懦弱,而是坦诚地为别人打开一扇宽容的窗户,让对方可以轻松地透口气,同时也让自己有了活跃的空间,毕竟后退一步才能海阔天空。反之,得理不让人的女人则把自己的后路堵死了。

得理不让人的女人仅仅看到自己有理的一面,从不考虑他人的感受,只顾随着自己的情绪张牙舞爪地讽刺别人。这种在别人的伤口上大把撒盐的行为同时也是在为自己制造新的伤痕,最终造成隔阂,引发不必要的冲突。这种类型的女人目光短浅,没有远见,遇事宁可损人不利己,也不愿做出丝毫的妥协去实现双赢。

小嘉当会计不到半年,月底查账的时候因为算错了一个小数点,给公司造成了很大的损失。董事长为此降了女经理的职,女经理愤愤不平,便找小嘉发泄情绪。小嘉因为自己的错误觉得很愧疚,于是默默地站在那里接受女经理的指责,女经理见此越发有了精神,越说越难听,小嘉终于因为忍受不了女经理的话而哭了起来。其他同事实在看不过去了,赶忙把女经理推回了办公室,但自尊心受到严重伤害的小嘉还是决定辞职走人。结果,同事们纷纷议论女经理的为人,她得理不饶人的性格,使其在同事心中的地位急剧下降。

中国有句俗语:"有理也要让三分,得饶人处且饶人。"小嘉缺少工作经验,犯了一次错误,需要他人的理解和鼓励。女经理发泄情绪本就不是明智之举,她还以恶语伤人,这就更加不妥了。伤害他人即是伤害自己,既然一切措施都不能挽回坏的局面,不妨多鼓励一下新人,做一个得理让人的女领导。

有人说:"以势服人口,以理服人心。"得理时做到服人心,才是女人处世的睿智。女人在冲突中占据优势时千万别忘了"得饶人处且饶人"的道理,就事论事,不要进行人身攻击,切忌评论对方的人品和短处,否则矛盾一旦升级,就会造成不可弥补的伤害。得理饶人的女人是大众喜欢交往的对象,温柔而不软弱、通达而不世故、细心而不拘泥的优点,任何时候能征服大众的心。

智者寄语

任何事情,即使得理也要让人,这不仅体现出了自己的一份大度,也能得到对方的感谢。

大事讲原则,小事讲变通

原则性强、办事灵活,能兼备二者的女人一定是个优秀的女人,这种人能给人留下极好的印象,能够担当大任。

生活中有很多事情需要女人单独应对,遵循原则性是处理问题的大方向,但也不能忽视灵活性的作用,两者缺一不可。懂心理的女人为了达到自己的目的,要学会应用很多对策,但大事坚持原则是永恒不变的。至于小事上学会变通,则让女人在小事面前不苛刻,一切棘手的事情都能得到完美的处理。

斯迈尔斯说:"一个没有原则和意志的人就像一艘没有舵和罗盘的船,会随着风的变化而随时改变自己的方向。"面对事情如果不能坚持自己的原则,别人的一点小建议都能使你改变想法,改变处理问题的策略。这样的女人凡事都没有自己的方向,生活变得一团糟,犹如断线的风筝随风飘动。

做事没有原则的女人,多半是因为她们心中没有方向,或者她们总是被人左右,方向随着别人的观点不断地变化,结果什么事情都由别人安排。有一些女人心中有方向,但从不向人提起,自顾自地做自己的事情。这样的女人虽然很能干,但却很难得到别人的尊重,大家最多在表面上敷衍她一番,而在心里总是把她局限在一般朋友的范围内。这样的女人不能担当大任,别人更不会把重要的事情托付给她。

有一些女人习惯于某一种想法,凡事不会变通,判断事情要么黑,要么白,没有弹性,生活中少了丰富的可能性,也就难以享受生活路途中隐藏的种种惊喜。在充满不定性的处事环境中,想要取得求生的出路,就要懂得随机应变,并且保持原则不变,用更加巧妙的方法完善原则。在处理事情的策略上,只要大方向不变,探访不同的小径,迂回转弯,或许会意外地发现一片奇异的风景。在一个不断变化的事情上,随着事情的发展状态灵活应对,采取各种巧妙的措施,可以使女人成为把握事情发展方向的领导者。

孙婷在一家公司当总经理,最近负责公司内部选拔部门经理的工作,大家都纷纷向她示好。小宁家庭条件很优越,这次机会很难得,于是她想方设法地要登上部门经理的宝座。为了能让孙婷多考虑自己,小宁便买了一双香奈尔品牌的高跟鞋送给孙婷。面对漂亮鞋子的诱惑,孙婷坚持了原则,委婉地拒绝了对方。她表示,如果小宁表现优秀,自然会得到上司的青睐,但是这么名贵的鞋子绝对不能收。为此,小宁十分佩服孙婷。后来,有一次公司派小宁去上海出差,而小宁的妈妈突然生病住院,需要人照顾。小宁向孙婷说明自己不能出差的原因,而孙婷得知情况后便改派他人,她善解人意、灵活处事的品格让小宁感叹不已。

哪个女人不想穿上名贵的高跟鞋呢?然而,孙婷却坚持原则没有收取孙宁的馈赠。而且,在小宁因为妈妈生病的原因不能出差的事情上,她也表现得十分通情达理。可以说,孙婷做到了在大事情上坚持原则,小事情上随机变通。长此以往,同事们对她的印象自然越来越好!

原则性强、办事灵活,将这两者巧妙结合的女人能够担当大任,办事能力强。要想做成功的女人,更应该在大事上坚持原则,小事上采取多种灵活性,尽显自己的领导者风范。空谈原则的女人只会让人觉得迂腐,没有内容的原则只会变成没有原则,没有原则自然就没有方向。那么,如何实现自己的人生价值呢?

坚持原则与灵活变通是两种不同的人生态度,女人往往因为单纯地坚持原则而变得木讷。女人处事的最佳方案就是大事上坚持原则、小事上学会变通,这二者兼顾的女人可以骄傲地挺立在职场,其自信与独立总是能够得到人们的信任,生活也会因此而变得多姿多彩。

智者寄语

女人处事的最佳方案就是大事上坚持原则、小事上学会变通,这二者兼顾的女人可以骄傲地挺立在职场,其自信与独立总是能够得到人们的信任,生活也会因此变得多姿多彩。